Andreas Slogar • Die agile Organisation

Andreas Slogar

Die agile Organisation

2., überarbeitete und erweiterte Auflage

HANSER

Bibliografische Information der Deutschen Nationalbibliothek:
Die Deutsche Nationalbibliothek verzeichnet diese Publikation in der Deutschen Nationalbibliografie; detaillierte bibliografische Daten sind im Internet über *http://dnb.ddb.de* abrufbar.

Print-ISBN 978-3-446-46264-9
E-Book-ISBN 978-3-446-46396-7

www.hanser-fachbuch.de

Lektorat: Lisa Hoffmann-Bäuml, Damaris Kriegs
Herstellung: Carolin Benedix
Satz: Kösel Media GmbH, Krugzell
Coverrealisierung: Max Kostopoulos
Titelmotiv: © istockphoto.com/MediaProduction
Druck und Bindung: Friedrich Pustet GmbH & Co. KG, Regensburg

MIX
Papier aus verantwortungsvollen Quellen
FSC® C014889

Printed in Germany

Vorwort

Die digitale Revolution, der demografische Wandel, Globalisierung, die zunehmende Komplexität oder die ansteigende Flexibilität sind nur einige Stichwörter, die anzeigen, dass Unternehmen enorme Herausforderungen zu bewältigen haben, die neue Lösungsansätze erforderlich machen.

Aus meiner eigenen, andauernden Auseinandersetzung mit Innovationen, der immer massiver in unseren Alltag Einzug nehmenden Digitalisierung und dem damit verbundenen, subjektiven Anstieg der Alltagskomplexität, Informationsfülle und Veränderungsgeschwindigkeit sind das hier beschriebene Vorgehensmodell und das generische Modell eines agilen Unternehmens entstanden. Mit ihnen können in einer dynamischen und komplexen Umwelt komplexe Probleme behandelt und (über)lebensfähige Lösungen aus agilen Unternehmensorganisationen entwickelt werden.

Der Name laCoCa steht als Akronym für »lean and agile Cooperation and Capability«. laCoCa ist dabei nicht einfach eine theoretische Methodenbeschreibung, wie es sie bereits vielfach für die unterschiedlichsten und spezifischen Anwendungsfälle gibt. Es sind ein Denkmodell und dazugehörige Rahmenstrukturen (englisch frameworks), die es in integrierter und interdisziplinärer Weise ermöglichen, alle wesentlichen Aspekte einer agilen Organisationsstruktur konkret zu definieren, aufzubauen und anzuwenden.

Decken spezialisierte Vorgehensmodelle, wie beispielsweise Design Thinking oder verschiedene Industriestandards, immer einen thematischen Aspekt ab, so erlauben es das laCoCa-Modell und das daraus entwickelte Vorgehen, eine integrierte Sichtweise zu nutzen und wie eine Klammer alle Bestandteile eines agilen Unternehmens zu integrieren. Diese werden in einen Gesamtzusammenhang gebracht und mit verbindenden Elementen, wie Prozesse, Geschäftsfähigkeiten oder Geschäftsmodelle, in eine interdisziplinäre Struktur überführt. Dadurch wird erst das Ziel erreicht, ein Unternehmen in einen agilen Organisationszustand zu versetzen, der es ihm erlaubt, sich kontinuierlich und selbstverständlich an eintretende Umweltveränderungen anzupassen.

Das laCoCa-Modell und die laCoCa-Methode sind über viele Jahre entstanden, wurden in ihren Bestandteilen immer wieder praktisch angewendet, und es wurden die darin enthaltenen Elemente hinsichtlich ihrer Wirksamkeit überprüft. Dabei baut das Rahmenwerk auf verschiedenste wissenschaftliche Grundlagen auf und ist bezüglich ihrer Anwendbarkeit und Wirkung nachvollziehbar und belegbar.

Es handelt sich hier also nicht um kreative Ideen, die versuchen, einfache Rezepte für die Lösung komplexer Frage- und Problemstellungen zu vermarkten. Entstanden sind strukturierte Methoden zum Aufbau und Betrieb agiler Organisationen, die es erlauben, Antworten und Lösungen für komplexe Fragen und Problemstellungen zu entwickeln.

Am besten beschreibt der Werkzeugschrank eines Handwerkers die Qualität und das Potenzial von laCoCa-Modell und -Methode und die damit mögliche, strukturierte Herangehensweise. Der Werkzeugschrank enthält alles Notwendige, damit ein Handwerker aus gegebenen Ressourcen ein Produkt konstruieren und herstellen kann. Ebenso verhält es sich mit laCoCa-Modell und -Methode, wenn es darum geht, ein vollständig agiles Unternehmen zu designen, aufzubauen und zu betreiben.

In diesem Buch ist der aktuelle Stand zusammengetragen. Veränderung ist bekanntlich das einzig Beständige. Und deswegen werden auch das laCoCa-Modell und die laCoCa-Methode immer wieder neue Aspekte, Erkenntnisse und Erfahrungen aufnehmen und einbinden, wenn sich wirksame Methoden oder Lösungswege erschließen und entwickeln lassen, deren Anwendung leichter fällt oder diese einen höheren Wirkungsgrad aufweisen als die bereits verwendeten.

Mein Ziel ist es, bewährte und fundierte Erkenntnisse und Erfahrungen in einer möglichst wirksamen Form miteinander zu verbinden und so leicht verständlich wie mir eben möglich für Sie nachvollziehbar und nutzbar zu machen. Ich freue mich sehr darüber, dass Sie Ihre Zeit und Ihre Aufmerksamkeit diesem Buch widmen, und hoffe, dass die zusammengetragenen Inhalte eine Bereicherung für Sie darstellen, so, wie sie es für mich sind.

Die Erlöse aus dem Verkauf dieses Buches fließen nicht an mich. Diese sollen als Spendengelder an gemeinnützige und karitative Organisationen und Projekte, wie beispielsweise die Tabaluga Kinderstiftung, fließen.

Leider konnte nicht vollständig auf Anglizismen verzichtet werden. Und aus Gründen der besseren Lesbarkeit wurde nicht gleichzeitig die männliche und weibliche Sprachform verwendet. Sämtliche Personenbezeichnungen gelten für beiderlei Geschlecht.

Zum Ende des Vorworts möchte ich mich ganz herzlich bei den Mitarbeitern der GoAgile-Initiative und den Vorstandsmitgliedern der Gothaer Versicherung AG bedanken.

Sie haben sich für die Anwendung der in diesem Buch beschriebenen Grundlagen entschieden. In einer – für mein Verständnis – einzigartigen Pionierleistung arbeiten sie gemeinsam daran, ihre Konzerne zu konsequent agilen Organisationen zu transformieren. Eine solche Transformation bindet alle Bereiche des Unternehmens ein und ist nicht auf die IT oder das rein agile Projektmanagement fokussiert, sondern integriert diese von Anfang an in einen ganzheitlichen und konzernweit integrativen Ansatz.

Dabei sind zwei Aspekte bei der Gothaer AG besonders sichtbar: Zum einen bestätigen die Mitarbeiter der Gothaer mit ihrem Vorgehen, dass selbst eine große Organisation mit einer 200-jährigen Geschichte dazu in der Lage ist, sich neu zu erfinden. Zum anderen belegen sie die Hypothese, dass sie dazu in der Lage sind, die Transformation in selbstorganisierter Form mit sehr viel Enthusiasmus und Durchhaltevermögen zu entwickeln und zu praktizieren, wenn ihnen der nötige Rahmen zur Verfügung gestellt wird und ihnen das Vertrauen der Konzernleitung nachhaltig und auch bei Rückschlägen und in schwierigen Situationen sicher ist.

Ich persönlich hoffe, dass das Beispiel der Gothaer den Mitarbeitern anderer Unternehmen mit vergleichbaren Strukturen Mut macht, den spannenden, aber auch beschwerlichen Weg einer agilen Transformation anzutreten – egal für welches Model und für welche Vorgehensweise sie sich entscheiden.

Herzlichst
Andreas Slogar

Ein besonders herzlicher Dank zur zweiten Auflage

Im Zuge der Erstellung der zweiten Auflage dieses Buches möchte ich mich bei den folgenden Mitarbeitern der Gothaer Versicherung ganz besonders herzlich für ihr Vertrauen und die großartige Zusammenarbeit bedanken. Durch die GoAgile-Initiative war es möglich, die praktische Anwendung der Inhalte des Buches noch stärker zu verdeutlichen.

Henning Hackbarth, Niko Janßen, Constantin Stirnberg, Felix Pesch, Nils König und allen Mitarbeitern des GoAgile-Kernteams und dem Wertstrom Gewerbe sowie den Vorstandsmitgliedern Dr. Karsten Eichmann, Dr. Mathias Bühring-Uhle, Dr. Christopher Lohmann und Oliver Brüß sowie ihren Mitarbeitern in den Fachbereichen.

Zusätzlich bedanke ich mich bei der Geschäftsführung der Gothaer Systems GmbH, Burkhard Oppenberg sowie dem gesamten Managementteam und den Mitarbeitern des Teams TransAgil.

Den Mitarbeitern des Hanser Verlages danke ich für ihre Unterstützung bei der Erstellung und der Veröffentlichung des Buches und für das Interesse, bereits nach so kurzer Zeit eine zweite Auflage herzustellen. Dabei bedanke ich mich vor allem bei Lisa Hoffmann-Bäuml und Damaris Kriegs.

Weitergehende Informationen zu den Inhalten des Buchs, sowie Aufzeichnungen von Vorträgen finden Sie unter www.lacoca.org

Inhalt

Teil 3 Iteratives Vorgehen mit der laCoCa-Methode

Teil 4 Konkrete Anwendung und angrenzende Themen

01 Einführung

Die immer weitreichendere Digitalisierung in allen Wirtschaftsbereichen, die jedem Unternehmen, egal welcher Größe, zunehmend schnellere Entscheidungs- und Handlungsfähigkeit abverlangt, hat deutlich gemacht, dass die klassisch hierarchischen Wege des Managements und der Arbeitsorganisation nicht mehr ausreichend leistungsfähig und wirksam sind. Seit dem Einzug agiler und interdisziplinärer Vorgehensmodelle wie Scrum oder Design Thinking entstehen immer neue und konkurrierende Konzepte zeitgemäßer Managementmethoden.

Zusätzlich scheitern Unternehmen mit ihren etablierten Vorgehensmodellen und vertrauten Standardisierungsbemühungen, da im Zeitalter der digitalen Wirtschaftsdynamik bisher bewährte Lösungen wirkungslos und Entscheidungsprozesse zu zeitaufwendig geworden sind.

Jedes Unternehmen ist aus dieser Perspektive betrachtet zwei grundlegenden Problemstellungen ausgesetzt.

Die hierarchiebasierten Organisationsstrukturen von Unternehmen sind zu träge und administrativ zu aufwendig, um kurzfristig, kreativ und ergebnisorientiert die Entwicklung und Umsetzung benötigter Ideen, Produkte und Leistungen herzustellen.

An die Stelle der hierarchischen Organisationsformen rücken mehr und mehr Modelle selbstorganisierter, selbstverantwortlicher und hierarchiefreier Unternehmensstrukturen. Die Arbeitswelt, mit der wir bisher vertraut waren, löst sich auf und entwickelt sich mehr und mehr in eine Richtung, die dem einzelnen Mitarbeiter eine immer höhere oder sogar vollständige Eigenverantwortung für seine Tätigkeit überträgt. Diese Entwicklung schließt auch die Entscheidungskompetenz und Entscheidungsautorität mit ein und überträgt diese auf den verantwortlichen Mitarbeiter.

Ausgelöst wurde dieser Trend unter anderem von erfolgreichen Start-up-Unternehmen, vor allem aus dem Silicon Valley, die mit ihren Innovationen und disruptiven Geschäftsmodellen der digitalen Wirtschaft den etablierten Unternehmen das Fürchten lehren.

In einem prägnanten Vergleich dargestellt, entwickeln sich Organisationskulturen bestehender Unternehmen von einer Eltern-Kind-Beziehung zwischen dem Angestellten und seiner Führungskraft hin zu Organisationen für Erwachsene. In einer hierarchischen Organisation entscheidet der Vorgesetzte darüber, welche Aufgaben ein Mitarbeiter auszuführen hat, wie er diese ausführen muss und bis wann die Ergebnisse erbracht sein müssen. So wie Eltern ihren minderjährigen Kindern, allerdings aus pädagogisch guten Gründen, eine enge und umfassende Anleitung geben müssen.

In sich selbst organisierenden Unternehmensstrukturen, in denen Erwachsene zusammenarbeiten, ist es dem einzelnen Mitarbeiter selbst überlassen, wie er seine Aufgabe ausfüllt. Ebenso wie Eltern ihre heranwachsenden Kinder sukzessive in die Selbständigkeit entlassen und anstreben, dass diese nicht mehr auf die Anleitung und das Vorbild der Eltern angewiesen sind. In diesem Ziel liegen Sinn und Zweck der Kindeserziehung. Das Neugeborene aus der naturgegebenen und unvermeidbaren Abhängigkeit von seinen Eltern zu befreien und über die Phasen seiner Entwicklung bis zur Eigenständigkeit den individuellen Entwicklungsweg zu ermöglichen und zu fördern, damit letztlich eine völlige Selbständigkeit erreicht werden kann.

Im Kontext unserer Arbeitswelt existiert diese Form von Selbständigkeit und Eigenverantwortung paradoxerweise nicht oder nur sehr selten.

Dies geht zusätzlich einher mit der fehlenden Kompetenz von Erwachsenen in Angestelltenverhältnissen, die nötigen Entscheidungen für die Durchführung von Aufgabenstellungen nicht selbst fällen zu können, ohne die Autorisierung durch den Vorgesetzten eingeholt zu haben.

Das zweite grundlegende Problem ist, dass die bestehenden und vertrauten Konfigurationen von Unternehmensfunktionen den Anforderungen der ansteigenden Marktdynamik in allen Branchen an Flexibilität, Innovationsfähigkeit und Abwicklungsgeschwindigkeit von Geschäftsvorfällen und Geschäftsprozessen nicht mehr gewachsen sind.

Die tayloristische Verteilung spezialisierter Aufgaben, wie z. B. Vertrieb in einem Unternehmensbereich, Marketing in einem anderen und Finanzmanagement und Controlling wiederum separat, birgt zu große Reibungsverluste. Die immer kürzeren Veränderungszyklen im wirtschaftlichen Umfeld eines Unternehmens lassen ein Tolerieren dieser Nachteile nicht mehr zu. Diese nach wie vor weitverbreitete und bisher wenig infrage gestellte Konfiguration von Unternehmensfunktionen und Geschäftsfähigkeiten wird mehr und mehr als Hemmschuh für die Anpassungsfähigkeit und damit die Überlebensfähigkeit von Unternehmen erkannt.

Ein eindeutiges Anzeichen dafür, ist die reflexartige Durchführung von Umstrukturierungsmaßnahmen in Krisensituationen oder in Zeiten der Veränderung externer Einflussfaktoren. Weitverbreitet ist hierbei das Oszillieren zwischen zentralistischen und dezentralen Unternehmensstrukturen.

Allerdings wird bei Umstrukturierungen in Unternehmen an dem grundsätzlichen Architekturprinzip, Geschäftsfunktionen in spezialisierten Abteilungen zu organisieren, wenig bis nichts verändert. Zu beobachten ist dagegen, dass Unternehmen nach Reorganisationsmaßnahmen über Jahre mit der Behebung von Kollateralschäden und der Kompensation einer immer weiter ansteigenden Arbeitsverdichtung beschäftigt sind, die trotz aller Anstrengungen nicht überwunden wird. Fehlt es also an alternativen Modellen, Konzepten oder Strategien?

1.1 Alternativen werden übersehen

Um die Mitte des letzten Jahrhunderts ist eine Wissenschaft entstanden, die sich mit den Grundsätzen überlebensfähiger Organisationsformen auseinandersetzt und sehr erfolgreiche Prinzipien und Modelle hierfür entwickelt hat. Warum und wie eine Organisation, wenn man sie als komplexes System versteht, überlebensfähig ist, ist wissenschaftlich fundiert beschrieben und bewiesen. Die Forschungsergebnisse dieses Wissenschaftsbereichs, der sogenannten Kybernetik, haben sich jedoch nur begrenzt durchgesetzt.

Die damaligen Forschungsergebnisse haben die unterschiedlichsten Fakultäten beeinflusst und sind sogar in moderne Vorgehensmodelle, wie beispielsweise agile Arbeitsweisen und Modelle zur Selbstorganisation von Firmen, eingeflossen. Der Grundstein für die Entwicklung der Kybernetik ist auf eine Reihe von zehn interdisziplinären Konferenzen der sogenannten Macy Group zurückzuführen. Das Ziel der Konferenzen, die in den Jahren zwischen 1946 und 1953 in den USA durchgeführt wurden, war es, *»die Grundlagen für eine universale Wissenschaft der Funktionsweise des menschlichen Gehirns wie auch elektronischer Adapter, insbesondere Computer, zu schaffen: die Kybernetik«*. (Wikipedia 2016).

Aus den weitergehenden Entwicklungsphasen der Kybernetik entstanden eine Reihe von Denkmodellen, Prinzipien und Gesetzmäßigkeiten unter anderem für die Beschreibung der Funktionsweise überlebensfähiger Systeme. Eines der am weitesten entwickelten und auch praktisch angewendeten und validierten Modelle ist das Viable System Model, kurz VSM, von Stafford Beer (1995).

> Sowohl das laCoCa-Modell als auch die laCoCa-Methode greifen die Prinzipien und Erkenntnisse der Kybernetik und die Grundlagen des VSM auf und integrieren sie in ein Gesamtkonzept. Das Modell, die zugehörige Methode und deren Anwendung sind für jedwede Organisationsform universell geeignet.

Ob ein Wirtschaftsunternehmen, ein Verein, eine Interessengemeinschaft, eine NGO (Non-Governmental Organization) oder NPO (Non-Profit Organization) oder ein Staat in seiner Funktionsweise definiert und aufgebaut werden soll – die hier verwendeten grundlegenden Prinzipien können darauf gleichermaßen angewendet werden.

1.2 Unternehmen sind komplexe Systeme

Wie auch immer man es nennt, es entsteht ein komplexes System, sobald Menschen sich zusammenfinden, um ein Vorhaben umzusetzen und die Form ihrer Kooperation und Kommunikation zu organisieren.

Um ein derartiges Unternehmen zu entwickeln, braucht es eine einheitliche und einfach verständliche Sprache und eine entsprechende Vorgehensweise. Ohne eine gemeinsam vereinbarte Syntax, die für jedermann nachvollziehbar ist und gemeinschaftlich genutzt wird, führt eine interdisziplinäre Entwicklung derartiger komplexer Systeme immer zu chaotischen und fehlerhaften Zuständen und Ergebnissen. Da diese Konstellation meistens fehlt, werden benötigte Strukturen durch dafür autorisierte Personengruppen vorgeschrieben, die für diese Aufgabe, kraft ihres Status, vermeintlich als qualifiziert angesehen werden.

Außerdem ist eine derartige Lingua franca zwingend notwendig, wenn es darum geht, die einzelnen Bestandteile, Elemente und Komponenten eines komplexen Systems zu beschreiben und miteinander zu kombinieren. Soll also festgelegt werden, wie die einzelnen Funktionsbereiche eines Unternehmens, auch Abteilungen genannt, zusammenarbeiten, in welcher Leistungs- und Lieferbeziehung sie zueinander stehen, wie die Geschäftsprozesse und Unterstützungsprozesse im Unternehmen ablaufen, ist dies ohne eine gemeinsame »Verkehrssprache« nicht möglich. So einleuchtend und logisch dies auch klingen mag, in der praktischen Anwendung ist dieser Aspekt ein kollektiver blinder Fleck.

In über 25 Berufsjahren konnte ich mehrere Dutzend Unternehmen unterschiedlich intensiv kennenlernen. In ungefähr zehn dieser Unternehmen habe ich Um- und Reorganisationsprojekte direkt miterlebt. Teilweise sogar mehrere innerhalb eines Unternehmens. Von weiteren 20 sind mir die jeweilige Genese der Reorganisation sowie die daraus resultierenden Ergebnisse und Problemstellungen, Dysfunktionalitäten und Kollateralschäden umfassend bekannt. All diese Wissensbereiche und Erfahrungen sind in die Entwicklung des integrierten Modells und der universell anwendbaren Methode eingeflossen und haben zum gegenwärtigen Design geführt.

1.3 Strukturierung des Buches

Sie finden nachfolgend alle relevanten Inhalte und Erklärungen in vier Hauptabschnitte unterteilt, die zum Verständnis und der Nutzung des laCoCa-Modells (**Bild 1.1**) und der laCoCa-Methode (**Bild 1.2**) notwendig sind.

Der erste Teil, mit Grundlagen und Vorüberlegungen, erläutert, welche wissenschaftlichen Erkenntnisse den elementaren Bestandteilen sowohl des laCoCa-Modells als auch der laCoCa-Methode zugrunde liegen.

In diesem Abschnitt ist dargestellt, was viele Modelle und Methoden nicht erklären. Sieht man sich spezifische Methoden an, ist meist schwer bis überhaupt nicht erkennbar, warum davon auszugehen ist, dass durch deren Anwendung tatsächlich ein Nutzen oder eine Wirkung erzielt wird. Bei dem laCoCa-Modell sowie der laCoCa-Methode ist dies nicht der Fall. Es finden hier Elemente Anwendung, deren Wirkung wissenschaftlich belegt ist.

Der zweite Teil beschreibt das laCoCa-Modell und erläutert die darin enthaltenen Geschäfts-

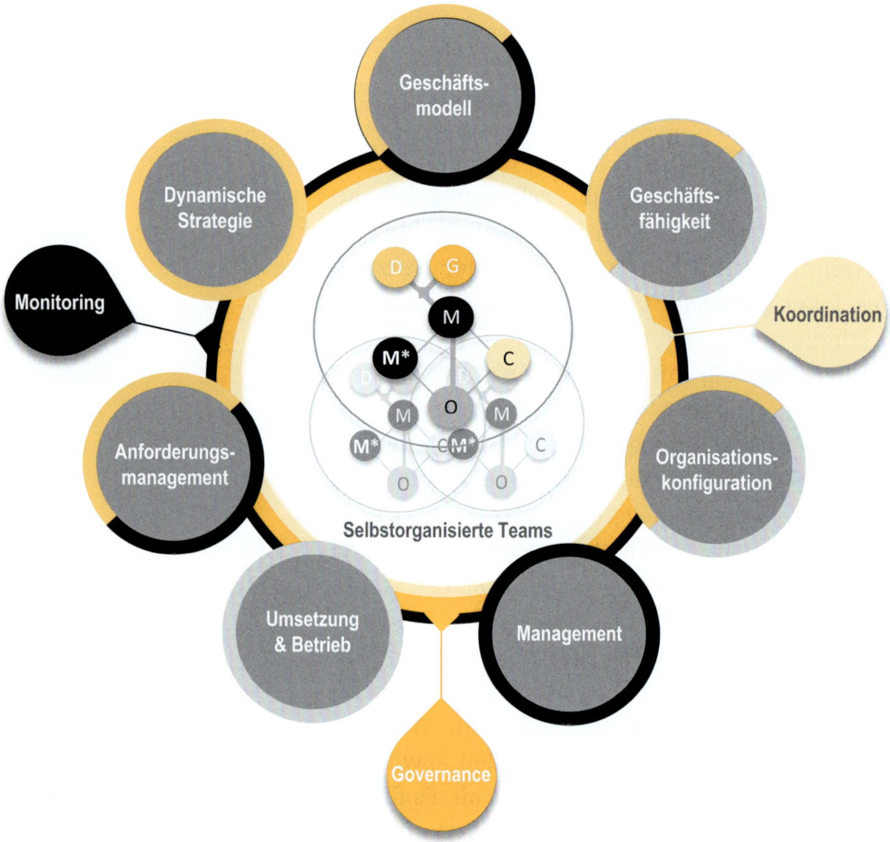

Bild 1.1 Das laCoCa-Modell

fähigkeiten und deren Anwendung. Unter dem Modell ist die generalisierte und agil anwendbare Grundstruktur eines Unternehmens zu verstehen, das der Vorgehensweise einer vollständig selbstorganisierten Organisation gerecht werden muss und ohne hierarchisch-disziplinarische Führungsstrukturen operiert. Das Modell beschreibt das Was der notwendigen Geschäftsfähigkeiten eines agilen Unternehmens. Zu einigen dieser Geschäftsfähigkeiten sind Anregungen enthalten, nach welcher Vorgehensweise deren Entwicklung bzw. Nutzung erfolgen kann.

Teil drei erläutert die laCoCa-Methode auf der Grundlage der Inhalte der vorangegangenen Ausführungen. Diese Methode beschreibt das Wie der Funktionsweise eines agilen Unternehmens und nach welchem Ablauf die dargestellten Geschäftsfähigkeiten iterativ genutzt werden.

Für das Verständnis der laCoCa-Methode ist es notwendig, die Inhalte der Grundlagen und Vorüberlegungen als auch des laCoCa-Modells gelesen zu haben. So können die Anwendung der Methode (**Bild 1.3**) und die Wirksamkeit der darin abgebildeten Struktur nachvollzogen werden.

Eine kurze Ausführung über die Konfiguration einer gesamten Teilorganisation, am Beispiel des

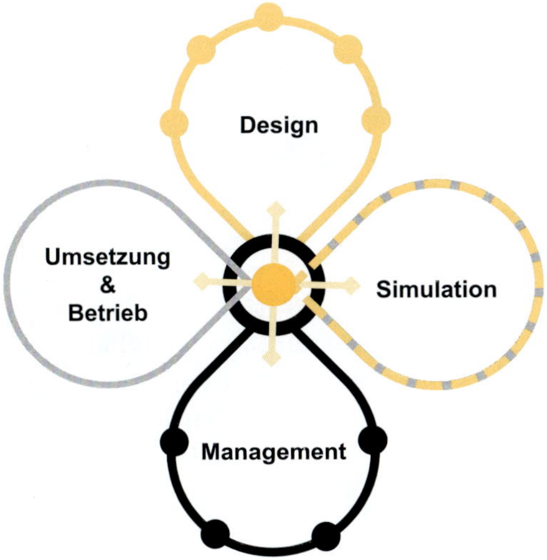

Bild 1.2 Die laCoCa-Methode

IT-Managements, ist Inhalt des vierten Teils des Buches.

Diese Ausführung baut auf dem laCoCa-Modell auf und ist als reine Anregung zu verstehen, um eine Vorstellung möglicher Anwendungsergebnisse zu vermitteln. Keinesfalls ist dieser vierte Teil als eine Best Practice, wie z. B. ITIL oder CMMI, angelegt und sollt daher in der beschriebenen Konfiguration auch nicht übernommen werden.

Der letzte Teil behandelt eine Reihe weitergehender Themen, die den Umfang des Buches sprengen würden, und daher nicht eingehend behandelt werden können. Sie werden lediglich angesprochen, da sie für die weitergehende Auseinandersetzung mit den Möglichkeiten und Konsequenzen agiler Unternehmen eine direkte Rolle spielen und bei Design und Betrieb agiler Organisationen berücksichtigt werden müssen.

Die Inhalte und Empfehlungen in den einzelnen Kapiteln sollten nur abgeändert oder ersetzt werden, wenn alternative Modelle und Methoden vorliegen, die für den individuellen Kontext einer Fragestellung im Unternehmen geeigneter sind als die hier ausgeführten Herangehensweisen.

Bei der Anwendung der in diesem Buch zusammengetragenen Inhalte verhält es sich in etwa wie mit den Reifegraden asiatischer Kampfsportarten.

Als Anfänger übt man grundlegende Bewegungen ein und baut kontinuierlich Routine auf, um die Techniken zu verinnerlichen. Als Fortgeschrittener ist man in der Lage, das Erlernte anzuwenden und die Bewegungsabläufe zu perfektionieren. Als Meister erst ist man dazu in der Lage, seine Fähigkeiten weiterzuentwickeln und

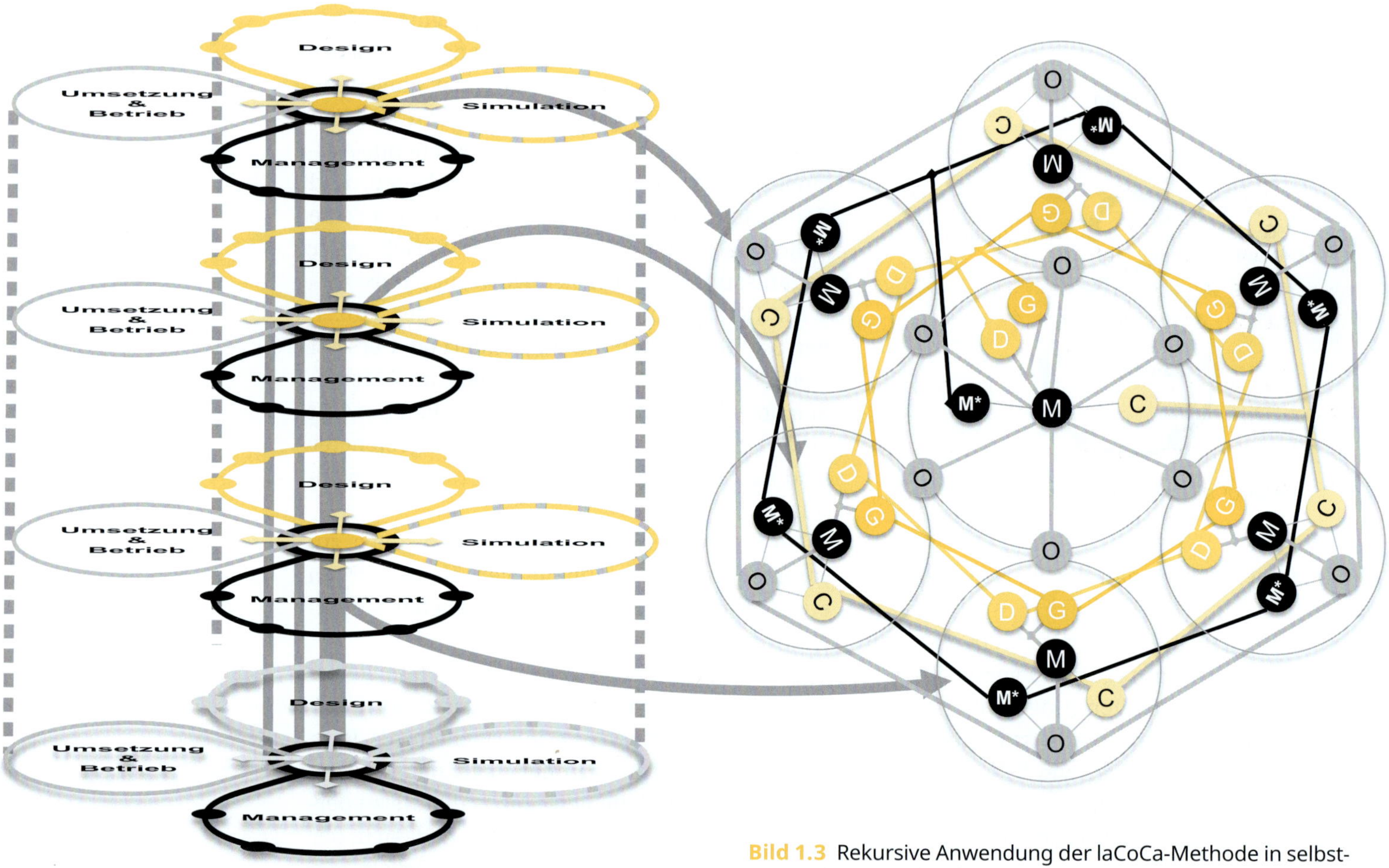

Bild 1.3 Rekursive Anwendung der laCoCa-Methode in selbstorganisierten und agilen Organisationsstrukturen

nötigenfalls abzuwandeln. Diese Abfolge ist in diesen Sportarten, wie auch in allen anderen, selbstverständlich und akzeptiert.

Im Kontext des vorliegenden Buches empfiehlt es sich, mit derselben Sichtweise und Einstellung zu verfahren. Am Anfang einer neu erlernten Vorgehensweise sollte man sich darauf konzentrieren, diese zu verstehen und zunächst die nötige Anwendungssicherheit aufzubauen.

Nachdem der fortgeschrittene Anwender das Vorgehen verinnerlicht hat und einen entsprechenden Reifegrad durch konkrete Erfahrungswerte aufbauen konnte, kann er sich als Meister daran wagen, die erworbenen Fähigkeiten weiterzuentwickeln und abzuwandeln.

Die Inhalte des Buches und deren Reihenfolge sollten daher erst dann abgeändert werden, wenn erworbene Erfahrungen zu wirksameren Vorgehensweisen führen. Auch wenn die Erklärungen simpel erscheinen, die Anwendung ist mühsam und erfordert Geduld, Disziplin und den Willen, langjährige Gewohnheiten über Bord zu werfen.

Mithilfe des laCoCa-Modells und der laCoCa-Methode können komplexe Probleme behandelt und Lösungen entwickelt werden. Sie weisen den Weg zu einer agilen Unternehmensorganisation.

TEIL 1

Vorüberlegungen und Grundlagen

Acknowledgements

Um den Aufbau und die Anwendung des laCoCa-Modells sowie der laCoCa-Methode erklären zu können, ist es nötig, eine Reihe von Vorüberlegungen und Grundlagen voranzustellen.

Unter anderem hat die Auseinandersetzung mit den in diesem Kapitel zusammengetragenen Inhalten zur Entwicklung beider Modelle geführt. Diese Einflüsse werden in den späteren Ausführungen nicht immer offensichtlich sein, haben aber direkten Einfluss auf den Aufbau, die Struktur und das Zusammenspiel der einzelnen Elemente von Modell und Methode, deren Funktion und Wirkungsweise.

Das Kapitel zu Vorüberlegungen und Grundlagen soll in diese Inhalte einführen und sie erläutern und somit die Konfiguration beider Modelle nachvollziehbar machen. Neben diesen Erläuterungen erlauben die im Literaturverzeichnis aufgeführten Veröffentlichungen die Vertiefung der Inhalte und erleichtern jedem Leser, weitere Detailfragen zu behandeln, die der Umfang dieses Buches nicht abdecken kann.

02 Aktuelle Unternehmens-praxis

Unternehmen werden wie endliche Automaten (wie Maschinen) verstanden und auch im Sinne einer deterministischen Funktionsweise organisiert und geführt. Wie bei einem Automaten, der eine bestimmte Funktion ausführt, wenn ein definierter Impuls auf ihn einwirkt, werden Menschen in Unternehmen in dieser Dynamik und Logik gesteuert.

Das vorherrschende Bild, dass ein Unternehmen in seiner Funktionsweise deterministisch ist und dementsprechend gezielt verändert und gesteuert werden kann, stammt noch aus den Zeiten der industriellen Revolution und des Taylorismus und ist mittlerweile überholt. Bei intensiverer Auseinandersetzung mit dieser Vorstellung wird klar, dass darin die Ursache für eine ganze Reihe von Problemstellungen herrührt, die in der Führung und Entwicklung von Unternehmen zu finden sind.

Dennoch gehen in der überwiegenden Zahl von Firmen die Führungskräfte nach diesem Verständnis vor und sind auch nach wie vor davon überzeugt, dass sie diejenigen sind, die alle Prozesse und Vorgaben definieren müssen, damit Mitarbeiter die dazu nötigen Aufgaben richtig ausführen können.

Das Bild des Unternehmens als endlicher Automat wird also auch auf den einzelnen Mitarbeiter übertragen. Dieser Mechanismus ist wiederum die Quelle verschiedenster Problemstellungen und Konfliktbereiche in der Kooperation aller Mitarbeiter in Unternehmen, die in der öffentlichen Wahrnehmung immer sichtbarer geworden sind und im Laufe dieses Buches an unterschiedlichen Stellen aufgegriffen werden.

Dieses Bild zur Funktionsweise von Unternehmen ist auf den Taylorismus zurückzuführen und baut auf dem damals etablierten Scientific Management auf. Dieses Modell wurde über Jahrzehnte immer weiterentwickelt und mündete in Vorgehens- und Managementmodellen wie beispielsweise dem effektiven Strategieprozess (Bild 2.1) von Robert S. Kaplan und David P. Norton (2009).

In diesen Modellen herrscht die Überzeugung vor, dass eine ganz bestimmte Art der Unternehmenssteuerung und die Beachtung spezifischer Vorgehensweisen, Prozesse und Regeln, wie beispielsweise der Nutzung von Balanced Scorecards, Strategy Maps, Kennzahlen etc., den wirtschaftlichen Erfolg einer Firma gezielt zu steuern und zu entwickeln vermögen.

Bild 2.1
Grafische Darstellung des effektiven Strategieprozesses nach Kaplan und Norton

Modelle wie der effektive Strategieprozess gehen davon aus, dass das Verhalten und die Ereignisse in und um ein Unternehmen deterministisch und damit absehbar und beeinflussbar sind. Hierzu benötigt wird eine umfassende Planung und professionelle Umsetzung. Deren Wirksamkeit wiederum wird mithilfe von Kennzahlenmodellen gemessen und gesteuert.

Die Argumentationsketten, Referenzbeispiele und Inhalte dieser Modelle sind absolut logisch, rational und nachvollziehbar. Und dennoch sind Einführung und Anwendung dieser Modelle in der Praxis ausgesprochen aufwendig und haben es nicht geschafft, das immer größer werdende Ohnmachtsgefühl vieler Manager zu beheben.

Die einzelnen Elemente, beispielsweise des effektiven Strategieprozesses von Kaplan und Norton, in ihrer Gesamtheit zu verstehen und anzuwenden, stellt eine intellektuelle und kommunikative Herkulesaufgabe dar, die für kleinere und mittlere Unternehmen wirtschaftlich nicht leistbar ist. Große mittelständische Unternehmen und Konzerne, die sich an Modellen wie diesem orientieren, müssen einen hohen Aufwand betreiben, um die Prozesse entsprechender Vorgehensweisen zu entwickeln und ihre Mitarbeiter darin auszubilden, damit diese in der Lage sind, die Abläufe praktisch anzuwenden.

Obwohl Modelle wie das von Kaplan und Norton sequenziell aufgebaut und logisch sind, ist die Nutzung sehr mühevoll, steckt voller Quellen für Missverständnisse, die wiederum zu Konflikten und damit Reibungsverlusten im operativen Ablauf eines Unternehmens führen.

> Mithilfe strategischer Managementmodelle sollten Unternehmen befähigt werden, die eigene Situation zu erkennen, um die notwendigen operativen und strategischen Entscheidungen zum richtigen Zeitpunkt treffen zu können.

Das Resultat ist dann sehr häufig, dass derartige sequenzielle und deterministisch ausgerichtete Modelle nur unvollständig angewendet werden, kompliziert wirken und um ihrer selbst willen betrieben werden.

Die Nachvollziehbarkeit von Nutzen und Wirkung ist für Mitarbeiter oft schwer möglich. Akzeptanz und Unterstützung der Anwendung bleiben daher sehr häufig hinter den Erwartungen und Erfordernissen des Unternehmens zurück.

Der eigentliche Zweck strategischer Managementmodelle und das Ziel von Wissenschaftlern und Experten wie Kaplan und Norton ist es, Unternehmen zu befähigen, ihre individuelle Situation zu überblicken, um die notwendigen operativen und strategischen Entscheidungen zum richtigen Zeitpunkt treffen zu können. Dieses Ziel bleibt oft unerreicht.

Die Frustration in den Reihen der Entscheider über diesen Zustand hat in den vergangenen 20 Jahren eine ganze Reihe von Überlegungen entstehen lassen, die versuchen, in der Praxis leichter und intuitiver anwendbare Vorgehensweisen zu entwickeln und zu nutzen. Vorgehensweisen also, die weniger intensiven und damit kostspieligen Schulungs- und Einführungsaufwand verursachen. Die Anwendung sollte außerdem weniger riskant und dafür wirksamer sein, als die bisherigen Modelle es sind, und zu konkreten Resultaten führen. Dadurch sollte wiederum die Grundlage nachvollziehbarer Entscheidungen und verlässlicher Entwicklungen entstehen und von Mitarbeitern bereitwillig oder sogar interessiert und engagiert angewendet werden.

Dass dies möglich sein muss, belegt der Siegeszug erfolgreicher Start-up-Unternehmen, die etablierten Firmen seit Jahren das Fürchten lehren und diese dazu zwingen, sich mit alternativen Organisationsstrukturen und Steuerungsmodellen auseinanderzusetzen.

2.1 Digitalisierung als Motor der Veränderung

Unterstützt wurden die vorgenannten Überlegungen aus der Situation des immer weiter ansteigenden Handlungsdrucks auf alle Wirtschaftsbereiche durch die Auswirkungen der Digitalisierung. Diese löst alle bisher bekannten und vertrauten Paradigmen der Unternehmenssteuerung auf und erhöht die Frequenz der durch technologische Innovationen verursachten Veränderungen von Rahmenbedingungen, denen Unternehmen ausgesetzt sind. Die Veränderungen durch die Digitalisierung bzw. die digitale Revolution machen vor Unternehmen aber nicht halt, sondern wirken ebenso unmittelbar auf Gesellschaften und Kulturen.

Diese Entwicklungen, die durch die unterschiedlichen Facetten der Digitalisierung ausgelöst wurden und werden, lassen den individuell wahrgenommenen Grad von Komplexität alltäglicher Abläufe kontinuierlich ansteigen.

Der Begriff »digitale Revolution« (auch dritte *industrielle Revolution* oder mikroelektronische Revolution) bezeichnet den durch *Digitalisierung* und *Computer* ausgelösten *Umbruch*, der seit Ausgang des 20. Jahrhunderts einen Wandel sowohl der *Technik* als auch (fast) aller Lebensbereiche bewirkt hat und in die *digitale Welt* führte, ähnlich wie die *industrielle Revolution* 200 Jahre zuvor. (Quelle: *wikipedia.de*)

Die bisher geltenden Regeln zur Entwicklung von Geschäftsmodellen haben durch das Entstehen digitaler Geschäftsmodelle ihre Gültigkeit verloren. Was wiederum zu dem Phänomen führt, dass etablierte, weltweit tätige und mit großen Marktanteilen ausgestattete Unternehmen von vergleichsweise kleinen Wettbewerbern bedroht werden, da diese völlig neue Methoden und Angebote anbieten, die Bestehendes schlicht ersetzen.

Digitale Geschäftsmodelle stellen keine evolutionäre Entwicklung von Märkten dar, sondern repräsentieren, was allgemein unter dem Begriff »desruptiv« verstanden wird.

Gerne werden hier Unternehmen wie Airbnb, Uber oder Tesla genannt, welche die Spitze der renommiertesten Unternehmen der digitalen Revolution darstellen. An deren Beispiel ist eine weltweite Neuausrichtung aller Wirtschaftsbereiche zu beobachten.

Dabei befindet sich das Verständnis darüber, was der Begriff der Digitalisierung eigentlich beinhaltet, erst noch oder immer noch in der Entwicklung. Eine konkrete Definition steht noch aus. Dagegen möglich ist die Beschreibung der Phänomene, die im Zuge der sich immer weiter und in alle Bereiche des persönlichen, kulturellen, politischen und wirtschaftlichen Lebens ausdehnenden Digitalisierung erkennbar sind.

2.2 Analoge Geschäftsprozesse und Geschäftsmodelle

Unter dieser Überschrift kann vereinfacht gesprochen das Wirtschaftsleben zusammengefasst werden, das vor dem Boom der ersten Interneteuphorie existierte. Bevor die sogenannten Dotcom-Unternehmen entstanden und die ersten Börsen-Crashs von Internet-Start-ups beobachtet wurden. Diese Zeit endete um die 2000er-Jahre und war gekennzeichnet von einem individualistischen Unternehmensverständnis und noch stark papierbasierten, sequenziellen Geschäftsprozessen.

> Obwohl schon Ende des letzten Jahrhunderts ein sehr intensiver Trend zur Standardisierung von Geschäftsprozessen zu erkennen war und Warenwirtschaftssysteme wie SAP eine immer größere Marktdurchdringung erreichten, war das Selbstverständnis von Unternehmen noch davon geprägt, sich von Wettbewerbern so stark wie möglich differenzieren zu müssen.

Dieses Selbstverständnis, auf dem eine spezielle Unternehmensidentität fußte und eine entsprechende Unternehmenskultur zurückzuführen war, verursachte eine ebenso individuelle und unternehmensspezifische Definition aller internen Vorgehensweisen, Arbeitsweisen und Prozesse. Der Satz »Bei uns macht man das eben so!« war prägend für ein Selbstverständnis, das wenige Entwicklungen und Zustände infrage stellte.

Qualitätsmanagement war in aller Munde und Six Sigma ein Muss in vielen Unternehmen. Die Internationalisierung und Globalisierung von Wirtschaftsräumen und Warenflüssen stieg immer weiter an, und es entwickelte sich das Verständnis, dass man das Industriezeitalter und damit das Zeitalter des Taylorismus ab ca. 1970 überwunden hatte.

Das Zeitalter des Wissens und der Globalisierung gewann immer mehr an Bedeutung. Das Internet war erfunden, und seine Verbreitung griff immer weiter um sich. Auch wenn die Innovationen und Trends vielfältig waren, ihre Entwicklungs- und Verbreitungsgeschwindigkeit war immer noch nachvollziehbar. Menschen, Unternehmen und Gesellschaften sahen sich noch in der Lage, mit all den Neuerungen Schritt halten zu können.

Die sequenzielle und deterministische Vorstellung von Wirtschaftsabläufen herrschte vor, und Unternehmen waren, bis auf ganz wenige Ausnahmen, streng hierarchisch organisiert. Arbeits- und Machtverteilung waren klar zwischen den Mitarbeitern und ihren Führungskräften geregelt.

Geschäftsprozesse waren so strukturiert, dass sie die sequenziellen Aktionen zur Durchführung eines Geschäftsvorfalls abbildeten. Geschäftsmodelle wurden darauf ausgerichtet, in der realen Welt ausgeübt zu werden. Gänzlich digitale Geschäftsmodelle waren noch nicht existent, auch wenn der Begriff der Digitalisierung bereits genutzt wurde. Allerdings in einem Verständnis, das mit dem heutigen nur wenige Gemeinsamkeiten aufweist.

2.3 Digitalisierung bestehender Geschäftsprozesse

Mit der ab den frühen 2000er-Jahren immer weiter fortschreitenden Nutzung des Internets und der immer intensiveren Nutzung von IT in allen Bereichen der Wirtschaft wurden bestehende, analoge Geschäftsprozesse in IT-Systemen abgebildet und über diese abgewickelt.

Die bereits Anfang des Jahrhunderts als veraltet eingestufte Nutzung von Formularen ging zwar zurück, war allerdings immer noch sehr weitverbreitet. Sogar Behörden und Ämter stiegen in dieser Entwicklungsphase nach und nach auf IT-Lösungen um, die ihre formularbasierten Abläufe elektronisch abzuwickeln helfen sollten.

EDI und Formate zum globalen Austausch elektronischer Dokumente, wie beispielsweise EDIFACT, wurden immer intensiver genutzt und erhöhten den Grad der automatisierten Abwicklung von Geschäftsprozessen.

Die Ausgestaltung der Geschäftsprozesse und der Geschäftsmodelle war überwiegend darauf ausgerichtet, die Interaktion von Unternehmen und Personen miteinander zu unterstützen.

Die Entwicklung unter anderem von XML vereinfachte die Nutzung der Vorteile deutlich und beschleunigte die Verbreitung und die Durchdringung von Punkt-zu-Punkt-Anbindungen zwischen Unternehmen und Lieferanten (EDI: Electronic Data Interchange; EDIFACT bzw. UN/EDIFACT: United Nations Electronic Data Interchange for Administration, Commerce and Transport).

Die Abwicklung von Geschäftsprozessen war nach wie vor davon geprägt, vorhandene Abläufe in elektronischer bzw. digitaler Art und Weise abzubilden und in identischen Schritten und Sequenzen abzuwickeln.

2.4 Automation bestehender Geschäftsmodelle

Als nächster Entwicklungsschritt ist die intensivere Automation von Prozessen und Geschäftsvorfällen zu erkennen. Phasen wirtschaftlicher Krisen, wie die der Banken, haben die Handlungsnotwendigkeit auf Unternehmen erhöht, die bestehenden Personalkosten zu senken. Ein Schlüssel hierzu lag in den immer ausgereifteren Möglichkeiten der Automation durch IT. Hier wurden Themengebiete wie Business Process Management (BPM) und Business Process Automation (BPA) immer weiter verfeinert. Bereits Anfang der 2000er-Jahre wurde das Konzept der Service-Oriented Architecture (SOA) in der IT geboren.

Die damaligen Versprechen wurden nie eingelöst, mit denen Beratungsunternehmen und Hersteller von IT-Lösungen SOA und ihre Vorteile vermarkteten. Einer der Gründe hierfür war, dass Unternehmensarchitekturen nicht dem Design eines Service folgten, also in einer logischen Einheit, in der alle Prozesse, Arbeitsschritte und Kapazitäten integriert organisiert sind, die zur Erbringung einer Leistung, eines Service oder eines Produkts, notwendig waren.

Unternehmen waren zu jener Zeit unverändert hierarchisch und tayloristisch organisiert. Die Entwicklung von Technologien, die Konzepte wie SOA anboten, konnte von Unternehmen schlicht nicht genutzt werden, da sie einem organisatorischen Paradigma folgten, das dem eines Servicedesigns diametral entgegenstand.

Vorhaben, in denen Unternehmen den Versuch unternehmen, SOA-basierte Konzepte und IT-Lösungen in den Alltag einzuführen, wurden zunächst rein aus der IT-Perspektive durchgeführt. Was aus der damaligen Perspektive richtig war, da SOA als IT-Thematik verstanden wurde.

Im Laufe des Projektfortschritts wurde einigen Unternehmen allerdings klar, dass mit dieser Einführung ein Paradigmenwechsel einhergehen musste, der ein organisatorisches Veränderungsprojekt auslöste. Neben den Kosten für die IT explodierte auch der Aufwand für die Reorganisation der betroffenen Unternehmen. Der Prozentsatz der gescheiterten und abgebrochenen Projekte war dementsprechend um ein Vielfaches höher als der der erfolgreichen.

> Trotz Rückschläge war der Trend zur automatisierten Abwicklung von Geschäftsprozessen und Geschäftsvorfällen ungebrochen. Allerdings zu dem Preis, dass sich die Prozessstrukturen und die Abbildung der Geschäftsprozesse in IT-Lösungen zu einem Wildwuchs sehr teurer und wartungsintensiver IT-Landschaften entwickelten.

Die Auswirkungen dieser Entwicklung sind noch heute daran zu erkennen, dass die Ausgaben für IT-Entwicklungen neuer und innovativer Lösungen und Anwendungen in Unternehmen weit hinter denen für IT-Wartung und IT-Betrieb stehen.

Was wiederum zur Folge hatte, dass durch die Automation von Prozessen zwar Mitarbeiterzahlen reduziert oder Mitarbeiter in anderen Aufgaben eingesetzt werden konnten, die Ausgaben für IT aber immer weiter anstiegen. Die Geschäftsabwicklung wurde trotz IT immer komplizierter, diversifizierter und kostspieliger.

2.5 Digitale Geschäftsmodelle

Mit der mobilen Nutzung des Internets durch die Verbreitung von Smartphones und anderen mobilen Endgeräten konnten digitale Geschäftsprozesse ortsunabhängig angeboten und genutzt werden.

Mit diesem technologischen Entwicklungssprung war die Grundlage für das Entstehen digitaler Geschäftsmodelle geschaffen.

War die Entwicklung und Nutzung von IT-Lösungen bis zu diesem Zeitpunkt noch ein kostspieliges und investitionsträchtiges Unterfangen, so machte die Verbreitung mobiler Endgeräte zusammen mit dem Entstehen von Cloud-Angeboten und virtuellen Rechenzentren die Entwicklung und Nutzung von weltweit verfügbaren IT-Anwendungen nach dem Pay-per-use-Prinzip ausgesprochen günstig und für jedermann herstellbar und nutzbar.

> Durch Cloud-Angebote wurden quasi über Nacht Möglichkeiten geschaffen, Geschäftsvorfälle in standardisierter Form abzuwickeln.

Für Unternehmen, die nach wie vor an der traditionell vertrauten Individualität ihrer Geschäftsabwicklung festhielten, entstand hieraus ein enormer Wettbewerbsnachteil, da sie sich diesen neuen, mobilen und kostengünstigen Möglichkeiten gegenüber verschlossen oder sie negierten und ihre gewohnte Form der Geschäftsabwicklung nicht unmittelbar anpassten.

In dieser Phase erhöhte sich die Geschwindigkeit, in der neue, d. h. digitale Geschäftsmodelle entstanden, exponentiell. Der Begriff der disruptiven Geschäftsmodelle war geboren.

Für etablierte Unternehmen ergab sich zusätzlich ein grundlegender Paradigmenwechsel, der zu einem fatalen Missverständnis führte. Unter digitalen Geschäftsmodellen wird landläufig verstanden, dass die bestehenden Geschäftsmodelle über die Möglichkeiten des Internets und der ortsunabhängigen Datenkommunikation abgebildet werden. Das ist jedoch nicht ganz zutreffend. Diese Art der Geschäftsmodelle könnte man besser als digitalisierte Geschäftsmodelle bezeichnen. Es sind aber keine digitalen Geschäftsmodelle. Dieser kleine sprachliche Unterschied wird leicht übersehen, beinhaltet jedoch einen immensen qualitativen Unterschied, der über die Existenz oder im extremsten Fall den Konkurs eines Unternehmens entscheidet.

Als Beispiel zur Veranschaulichung nutzen wir die Buchung eines Hotels über ein Reisebüro. Dieser Weg war bis vor ca. 15 Jahren üblich. Die Durchdringung des Internets hat die direkte Buchung über Reiseveranstalter oder ein Hotel selbst bereits erlaubt. Das Geschäftsmodell der Reisebüros war bedroht und daher rückläufig. Bei Hotelbuchungen kam als nächste Entwicklungsstufe die Funktion eines Buchungsportals anstelle einer Agentur. Wie ein Reisebüro konnte das Buchungsportal die Kontingente von Hotelbetten direkt vermitteln und damit Mengeneffekte zum Zweck der Preisgestaltung erzielen, die der »analoge« Wettbewerber nicht erreichen konnte.

Damit war das Geschäftsmodell der Reisebüros weiter reduziert, da diese die Mengen, beispielsweise einer HRS, nicht erreichen konnten (siehe www.hrs.com). So weit befinden wir uns noch auf der Linie einer mehr oder weniger evolutionären Entwicklung digitalisierter Geschäftsmodelle.

Mit Airbnb ist ein digitales Geschäftsmodell in die Branche der Vermittlung von Zimmern eingetreten, das als disruptiv zu bezeichnen ist (siehe www.airbnb.com). In den Markt der Vermittlung von Hotelzimmern war nun die Vermittlung von Zimmern, Wohnungen und Häusern privater Anbieter getreten, die über eine weltweit einheitliche Plattform vermittelt werden konnten. Damit wurde nicht nur das Geschäftsmodell der Reisebüros, sondern auch das der Hotels und der Buchungsplattformen angegriffen.

Das ausschlaggebende Merkmal digitaler Geschäftsmodelle ist eine grundlegende Form der Neudefinition von Wettbewerbsparametern und -paradigmen. Diese folgen nicht dem Prinzip »Mehr vom Gleichen, aber immer schneller«, sondern sind konsequent darauf ausgerichtet, neue Bedürfnisse zu erkennen oder zu wecken.

Wenn Sie sich nun das Geschäftsmodell von Uber ansehen, werden Sie ein vergleichbares Muster erkennen, das dem von Airbnb sehr nahekommt (siehe www.uber.com).

Der Verlust der Rolle des Intermediärs ist ein weiteres und ebenso radikales Muster digitaler Geschäftsmodelle, das sich durch diverse Branchen zieht und weiterziehen wird. So sind die Finanzdienstleister in ihrer Rolle als vertrauenswürdiger Vermittler von Finanztransaktionen durch die Entwicklung von Blockchain-Lösungen massiv infrage gestellt und werden innerhalb der kommenden fünf bis zehn Jahren eine radikale Zäsur ihrer gesamten Branche und nicht nur eines Geschäftsmodells erfahren. Und diese Entwicklung wird letztlich auch Börsen und vergleichbare Institutionen ersetzen. Womit wir beim nächsten Thema angekommen sind.

Zu den Auswirkungen von Blockchain auf die Finanzindustrie ist der folgende TED-Beitrag sehr zu empfehlen: Don Tapscott: »How the blockchain is changing money and business«, TED Ideas worth spreading, TEDSummit, Juni 2016, (18:49 Minuten).

2.6 Digitalisierung von Berufen und Branchen

Die in den vorangegangenen Abschnitten beschriebene Entwicklung der Einflüsse und Veränderungen von Geschäftsmodellen auf Unternehmen dehnt sich in gleicher Weise auf ganze Berufsbilder und sogar Branchen aus. Die zuletzt genannte Branche der Finanzdienstleister ist eines der prägnantesten Beispiele, die durch die Entwicklung der Blockchain-Technologie im Kern ihrer Wertschöpfung angegriffen wird. Nur langsam sind Reaktionen etablierter Banken zu erkennen, die verstehen, dass ihre Existenzgrundlage, die Abwicklung von Finanztransaktionen, überflüssig wird. Eine ganze Branche hat eine technologische Entwicklung unterschätzt und sucht nun fieberhaft nach Alternativen und eigenen Innovationen.

Ob diese Bemühungen erfolgreich verlaufen werden, hängt nicht zuletzt davon ab, wie radikal diese Branche in der Lage sein wird, sich von ihren traditionellen Vorstellungen ihrer tradierten Aufgabe zu lösen und sich selbst neu zu erfinden.

Mit dem Umbruch ganzer Branchen verändern sich auch die darin angesiedelten und daraus entstandenen Berufsbilder oder lösen sich gleichermaßen auf. Nicht nur die beschriebene Entwicklung digitaler Geschäftsmodelle spielt hier eine Rolle, sondern vor allem der Reifegrad kognitiver IT-Lösungen bzw. die Ergebnisse aus der Forschung zur künstlichen Intelligenz.

Im Bereich der kognitiven IT stellt Watson von der Firma IBM einen bekannten Vertreter dar. Die Auswirkung dieser Technologie könnte dramatischer nicht sein, da sie nicht nur die Auflösung bekannter Wirtschaftszusammenhänge bewirkt, sondern ganze Betätigungsfelder übernimmt, die bisher alleine der menschlichen Intelligenz vorbehalten waren (siehe www.ibm.com/watson bzw. www.ibm.com).

Bisher wurde mit der Auswirkung der Rationalisierung von Arbeitsplätzen und Berufsbildern vor allem die fortschreitende Automation durch den Einsatz von IT und Robotik verstanden, die überwiegend Berufsbilder mit geringem oder mittlerem Ausbildungsstand betraf. So verdrängt zukünftig die Entwicklung von Lösungen basierend auf kognitiver IT immer mehr Berufe mit höherem und sehr hohem Ausbildungsstand.

Bereits im Jahr 2013 hat die Oxford University in einer Studie die Prognose aufgestellt, dass jeder zweite Arbeitsplatz durch die Auswirkungen der Digitalisierung und der Automation, beispielsweise verursacht durch den extensiven Einsatz von Robotern in Produktion und Dienstleistung, überflüssig sein wird (Deutsche Wirtschaftsnachrichten 2013). Schon damals hat sich die Auswirkung der Digitalisierung, die noch viel mehr als heute dem Begriff der Automation zugeordnet war, branchenübergreifend und auch über Bildungsbereiche hinweg ausgebreitet. Die Studie trifft die Annahme, dass einer der letzten Berufe, der einer Digitalisierung und Automation zum Opfer fallen wird, der Krankenpfleger in einer psychiatrischen Anstalt sein wird. Dieser Teil der Studie wird oft wie eine Anekdote zitiert.

IT-Lösungen aus dem Bereich der kognitiven Systeme übernehmen schon heute Aufgaben in der Medizin, in der ein hoher Ausbildungsstand und zusätzlich jahrelange Berufserfahrung zwingend notwendig waren, und erbringen dabei qualitativ hochwertige Ergebnisse in weitaus kürzerer Zeit, zu geringeren Kosten und ohne jedwede Unterbrechung durch Urlaub oder Erkrankung. So sind die Algorithmen bilderkennender IT-Systeme mittlerweile zuverlässiger in der Lage, Gewebeschnitte auf pathologische Abweichungen zu untersuchen, als dies einem erfahrenen Histologen möglich ist. Gerade bei der Erstellung von Befunden für Karzinome liegt die Trefferquote der digitalen Histologen weit über der ihrer menschlichen »Kollegen«. Die Ausbildung von Radiologen lohnt aufgrund dieser Innovation bereits heute immer weniger.

2.7 Technologie und Moral

Diese Entwicklung erklärt, in welch moralisches Dilemma uns die Entwicklung der Digitalisierung und kognitiver IT-Lösungen bringt. Technologie kennt nun mal keine Moral. Um diese müssen sich Menschen kümmern. Paradox ist diese Aussage, da technologische Innovationen und Entwicklungen, die wir unter der digitalen Transformation zu verstehen lernen, von Menschen selbst entwickelt wurden und weiterhin entwickelt werden und von Menschen angenommen, genutzt und angefordert werden.

Und wer würde die Möglichkeiten der IT-basierten Auswertung von Gewebeschnitten und deren histologische Analyse durch ein bilderkennendes System unterbinden wollen, um einen Berufsstand zu schützen, wenn die Gesundheit unzähliger Patienten damit weitaus effektiver geschützt oder wiederhergestellt werden kann, als dies ohne die Nutzung dieser technologischen Möglichkeiten der Fall wäre? Dazu kommen die wirtschaftlichen Interessen einer Industrie, die am Erfolg der Entwicklung und Bereitstellung von technologischen Innovationen ausgerichtet ist.

Dr. Ziad Mahayni hat in seinem Essay »Mensch, Maschine, Netzwerke – Der Mensch im Zeitalter maschineller Superintelligenz« (2016) dieses Dilemma als ein vermeidbares beschrieben und doch eine ermutigende Perspektive abgeleitet. Die für die Spezies Mensch aus der Digitalisierung eine Chance erwachsen lässt, wenn der Fokus nicht darauf ausgerichtet wird, in den Wettbewerb mit der Maschine zu treten, sondern die Möglichkeiten der Maschine, also der Digitalisierung, zu nutzen, um sich dem Menschsein zu widmen. Hierzu notwendig ist ein umfassender und intelligenter Umgang mit den Möglichkeiten, die sich aus der Digitalisierung ergeben. Diese zu nutzen, wird uns keine Maschine abnehmen können.

2.8 Konsequenzen

Die Auswirkungen und die damit einhergehenden Konsequenzen der bisherigen Ausführungen sind heute gesellschaftlich, kulturell und wirtschaftlich noch nicht absehbar. Es können aktuell lediglich Hypothesen gebildet werden, und mögliche Szenarien und Simulationen helfen dabei, Zukunftsbilder zu entwickeln und einzuschätzen. Wir befinden uns mitten in der Umbruchphase, in der vertraute Formen und Vorstellungen von Gesellschaft und Wirtschaft ihre Bedeutung und ihre Struktur verlieren und neue sich erst noch in ihrer Entstehung befinden.

Was als Konsequenz jedoch zugrunde gelegt werden kann, ist die Plattitüde, dass nichts beständiger ist als der Wandel.

Als Schlussfolgerung ergibt sich, dass es nicht darum gehen kann, herauszufinden, wie der nächste stabile Zustand dieser Entwicklung aussehen wird und wann er zur realitätsbestimmenden Einflussgröße im Alltag erwachsen ist:

> Es geht darum, Arbeitsweisen, Organisationsstrukturen, -formen und mentale Modelle zu entwickeln, die Veränderungen als Prinzip und Designelement beinhalten und auf diesen aufbauen. Das gilt für Unternehmen ebenso wie für Gesellschaft und Politik und muss zwingend ethische Richtlinien verbindlich einbeziehen.

So kann der Übergang in das nächste Entwicklungsniveau kein beängstigender Kraftakt werden, an dem sich Unternehmen verheben und ihre Existenz riskieren, sondern Veränderung wird als natürliches Element positiv angenommen und aktiv genutzt. Es geht hierbei auch um die Behandlung und den konstruktiven Umgang mit den negativen Auswirkungen dieser Entwicklung, um als integraler Bestandteil Berücksichtigung finden zu können.

Genau diese Gedanken und diese Perspektive sind Grundlage der zentralen Überlegungen von laCoCa-Modell und -Methode, die im Folgenden beschrieben und in ihrer Anwendung vermittelt werden. Mit ihnen können in einer dynamischen und komplexen Umwelt komplexe Probleme behandelt und (über)lebensfähige Lösungen aus agilen Unternehmensorganisationen entwickelt werden.

03 Merkmale komplexer, anpassungsfähiger Systeme

Unternehmen bilden komplexe Systeme, deren Design, Konfiguration, Management und Steuerung vor allem im Kontext digitaler Geschäftsmodelle eine vom hierarchisch-tayloristischen Paradigma abweichende Vorgehens- und Denkweise erfordern.

3.1 Komplexität

Das Wort »Komplexität« wird im Alltag intensiv genutzt, und es ist nicht immer klar, was damit ausgedrückt werden soll. Oft wird komplex als Begriff genutzt, gemeint ist aber meistens schlicht, dass eine Situation, eine Aufgabe, eine Problemstellung oder Ähnliches nur schwer zu verstehen ist. Zusammenhänge, Ursachen und Auswirkungen sind nur schwer bis gar nicht abschätzbar, durchschaubar, und der Umgang mit diesen ist kaum planbar. Aus dieser Perspektive wirken Probleme, Fragen und Aufgaben oft erdrückend und können zu einem Gefühl der Ohnmacht führen. Fehlende oder unzureichende Informationen über ein Themengebiet oder auch eine Flut an Informationen, die kaum zu bewältigen und zu bewerten ist, werden mit der Eigenschaft »komplex« versehen. Es fällt in diesem Kontext im Alltag schwer, zu unterscheiden, ob etwas kompliziert oder komplex ist und wie damit umgegangen werden kann.

Stafford Beer hat in seinem Buch *Kybernetik und Management* (1967) eine sehr anschauliche und hilfreiche Definition zu den unterschiedlichen Kategorien komplexer und komplizierter Sachverhalte erstellt, auf die wir hier als Grundlage aufbauen wollen (**Bild 3.1**).

Beer unterteilt dabei komplizierte und komplexe Systeme in drei Kategorien und zwei Qualitäten. Die simpelste Kategorie der Qualität »determiniert« beinhaltet einfache Systeme, deren Verhalten vorhersehbar ist, die aber eine eigene Dynamik aufweisen. Fenstergriffe sind beispielsweise derartige Systeme, die eine fest vorgegebene Reihe von Zuständen und Veränderungen einnehmen können. Das Verhalten dieses Systems ist völlig voraussagbar. Sowohl in seiner Funktionsweise als auch in seinem Fehlerverhalten. Die zweite Qualität in der Kategorie der einfachen, aber dynamischen Systeme sind die sogenannten »probalistischen«. Diese zeichnen sich ebenfalls dadurch aus, dass sie in ihrem Design einfach und dynamisch

Systeme	einfach, aber dynamisch	komplex, aber beschreibbar (d. h. kompliziert)	äußerst komplex, nicht beschreibbar
determiniert Teile wirken völlig voraussagbar aufeinander ein	Fenstergriff	digitaler Elektronenrechner	unbesetzt
	Billard	Planetensystem	
	Anordnung einer Maschinenhalle	Automation *(Fahrzeug)*	
probabilistisch keine streng detaillierte Voraussage möglich	Münzenwerfen	Lagerhaltung	Volkswirtschaft
	Quallenbewegung	bedingte Reflexe	**Gehirn**
	statistische Qualitätskontrolle	industrielle Rentabilität	**Unternehmen**

Bild 3.1
Begriffsdefinitionen unterschiedlicher Systeme und den zu unterscheidenden Kategorien von Komplexität nach Stafford Beer

sind, aber in ihrem Verhalten keine exakten Voraussagen zulassen.

Einfaches Beispiel für diese Gruppe von Systemen ist das einer geworfenen Münze. Zwar kann eine Münze, die man in die Luft wirft und auf den Boden fallen lässt, nur auf eine von zwei möglichen Seiten – Kopf oder Zahl – fallen, vernachlässigt man die Kante. Es ist jedoch nicht exakt vorhersagbar, auf welche Seite sie fallen wird.

Die nächste Kategorie stellen komplexe, aber beschreibbare Systeme dar. Diese meinen wir allgemein, wenn wir von etwas sprechen, das uns kompliziert vorkommt. Diese komplizierten Systeme sind an sich beschreibbar, auch wenn der Aufwand für ihre Beschreibung, beispielsweise die eines Flugzeuges, sehr zweitaufwendig und teuer sein kann.

Dennoch ist es mit endlichem Aufwand machbar, Systeme dieser Qualität und Kategorie zu beschreiben und nachzuvollziehen. Auch die unterschiedlichen Zustände, die derartige deterministische Systeme, wie beispielsweise Fahrzeuge, einnehmen können, sind beschreibbar. Die Anzahl der möglichen Zustände erhöht dabei den

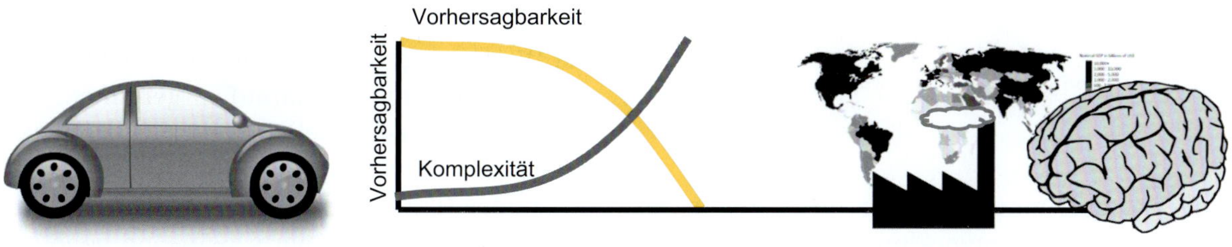

Bild 3.2
Ansteigender Komplexitätsgrad eines Systems bei gleichzeitig abnehmender Vorhersehbarkeit des Verhaltens (in Anlehnung an Stafford Beer)

Grad der Kompliziertheit. Probabilistische Systeme, die kompliziert sind, haben zusätzlich die Eigenschaft, dass nicht vorhergesagt werden kann, wann welcher Zustand eintritt.

Als wirklich komplexe Systeme sind nur diejenigen zu verstehen, die in die dritte Kategorie fallen und rein probabilistischer Qualität sind, da ihre möglichen Zustände weder in endlicher Zeit beschrieben werden können noch ihr Verhalten vorhergesagt werden kann. Diese Eigenschaft schließt aus, dass es zu ihnen deterministische Ausprägungen gibt. Diese Qualität ist daher in **Bild 3.1** unbesetzt.

Volkswirtschaften oder das Gehirn sind einprägsame Beispiele für komplexe, nicht beschreibbare und auch in ihrem Verhalten nicht vorhersehbare Systeme. Unternehmen fallen ebenfalls in diese Qualitätsstufe, nicht zuletzt deswegen, weil sie zum einen Teil einer komplexen Volkswirtschaft sind und zum anderen Menschen beschäftigen, deren Verhalten nicht vorhersehbar ist (**Bild 3.2**).

Wie geht man nun mit komplexen Systemen um, die nicht beschreibbar und in ihrem Verhalten auch nicht vorhersehbar sind? Genau das ist eines der Kernprobleme, denen wir uns im Laufe des Buches annähern wollen.

> Unternehmen sind komplexe Systeme. Die möglichen Zustände können weder in endlicher Zeit beschrieben noch kann das Verhalten vorhergesagt werden.

3.2 Ist Komplexität reduzierbar?

Im Zuge der immer rasanter fortschreitenden technologischen Entwicklung, der Verbreitung des Internets, der sich immer weiter ausbreitenden Digitalisierung in allen Bereichen unseres privaten und beruflichen Lebens stoßen wir oft auf die Aussage, man müsse Komplexität reduzieren, um sie beherrschen zu können.

Wenn wir von der vorhergehenden Begriffsdefinition ausgehen und uns den menschlichen Organismus samt Gehirn ansehen, so handelt es sich zweifelsfrei um ein komplexes System. Dieses System hat multiple Fähigkeiten und Eigenschaften. Je nach individueller Begabung und Entwicklung sind diese Fähigkeiten bei jedem Menschen unterschiedlich stark ausgeprägt.

Nutzen wir als konkretes Anschauungsbeispiel einen Hochleistungssportler. Speziell einen Zehnkämpfer. Dieser beherrscht die unterschiedlichsten Disziplinen der Leichtathletik. Seine physische Konstitution, Ausdauer, Geschicklichkeit und andere Fähigkeiten unterschiedlicher Ausprägung sind für Disziplinen wie Weitsprung, Langstreckenlauf oder Diskuswerfen notwendig und darauf ausgerichtet.

Umständlich beschrieben, weist das komplexe System des Zehnkämpfers eine spezifische Varietät oder Handlungsvielfalt auf, die er für die Durchführung seines Sports zwingend benötigt. Was wäre das Resultat bzw. worin läge der Vorteil, wenn man die Komplexität dieses Systems reduzieren würde?

Ein weiteres Beispiel. Volkswirtschaften sind komplexe Systeme, in denen unzählige Faktoren aufeinander wirken und auf die externen Faktoren, ausgehend von interagierenden Volkswirtschaften, einwirken. Wenn man nun die Komplexität einer Volkswirtschaft reduzieren würde, indem man beispielsweise eine spezielle Eigenschaft, wie die Fähigkeit, Innovationen und Inventionen zu entwickeln, einstellt, damit die bestehende Komplexität nicht weiter ansteigt. Welche Wirkung hätte diese Maßnahme zur Komplexitätsreduzierung auf eben diese Volkswirtschaft?

Der entgegengesetzte Gedankengang macht den Unsinn der Aussage, man müsse Komplexität von Systemen reduzieren, um sie besser beherrschbar zu machen, ebenfalls sehr plastisch.

Was wäre die Folge, würden einem bestehenden, komplexen System zusätzliche Fähigkeiten hinzugefügt?

> Der Ansatz, Komplexität zu reduzieren, ist nicht zielführend.

Sagen wir, dass wir in einer existierenden Volkswirtschaft die Möglichkeit schaffen, einen Weg zur Nutzung der künstlichen Fotosynthese zu finden. Es wäre dieser Volkswirtschaft darüber möglich, eine von fossilen Brennstoffen und der Kernspaltung unabhängige nachhaltige Energiegewinnung aufzubauen. Wie wäre diese Entwicklung, die eine zusätzliche Fähigkeit darstellt und damit ihre bestehende Komplexität weiter erhöht, zu bewerten?

Diese zugegebenermaßen stark vereinfachten Überlegungen sollen zu den Erkenntnissen eines Wissenschaftlers überleiten, der mit seinen Forschungsergebnissen einen weiteren, wesentlichen Baustein für unsere Grundlagen darstellt.

3.3 Mit Komplexität umgehen

William Ross Ashby war ein britischer Psychiater, einer der Pioniere der Kybernetik und ein einflussreicher Wegbereiter in der Entwicklung der Systemwissenschaften.

Das *Gesetz von der erforderlichen Varietät* (englisch *Law of Requisite Variety*) *oder Handlungsvielfalt* gehört zu den zentralen Erkenntnissen der Kybernetik. Es wurde von William Ross Ashby formuliert und wird daher auch *Ashbys Gesetz* (englisch *Ashby's Law*) genannt.

> **Ashby's Law**
>
> »Das Gesetz besagt, dass ein System, welches ein anderes steuert, umso mehr Störungen in dem Steuerungsprozess ausgleichen kann, je größer seine Handlungsvarietät ist. Eine andere Formulierung lautet: ›Je größer die Varietät eines Systems ist, desto mehr kann es die Varietät seiner Umwelt durch Steuerung vermindern.‹
>
> Häufig wird das Gesetz in der stärkeren Formulierung angeführt, dass die Varietät des Steuerungssystems mindestens ebenso groß sein muss wie die Varietät der auftretenden Störungen, damit es die Steuerung ausführen kann«. (Quelle: Wikipedia)

Wenn wir von dieser Gesetzmäßigkeit ausgehen, dann werden die vorgenannten Beispiele in ihren Aussagen nachvollziehbarer. Es kann also nicht das Ziel sein, die Komplexität eines Systems zu reduzieren, sondern seine Handlungsvarietät derart zu steigern, dass die Steuerungsfähigkeit verbessert wird.

Ein System, das sich erfolgreich entwickelt und überlebensfähig bleiben will und seine Überlebensfähigkeit sicherstellt, zeichnet sich durch eine Vielzahl von Fähigkeiten aus, die es ihm ermöglichen, den extern einwirkenden Einflussfaktoren adäquat zu begegnen. Ist die Vielfalt der Fähigkeiten des Systems, also die Handlungsvarietät, geringer als die der Einflussfaktoren, so kann das betroffene System nicht langfristig bestehen. Relevant ist außerdem, dass die Handlungsvarietät angemessen und für den Umgang mit den Einflussfaktoren geeignet ist. Bedeutet also, dass Handlungsmöglichkeiten einem komplexen System schaden, wenn sie nicht an die Notwendigkeit der Umwelt angepasst wurden.

Eine Volkswirtschaft, um bei unserem Beispiel zu blieben, die sich der Entwicklung adäquater Fähigkeiten beraubt, wird schlicht in Schwierigkeiten geraten und läuft in letzter Konsequenz sogar Gefahr, zu zerfallen. Es nützt aber auch nichts, beliebige oder möglichst viele Fähigkeiten zu entwickeln oder an bestehenden Fähigkeiten festzuhalten. Die benötigte Fähigkeit muss immer an die Einflussfaktoren des Systems, also in diesem Fall der Volkswirtschaft, angepasst sein. Verändern sich die Einflussfaktoren, muss sich auch die Handlungsvarietät anpassen. Und unser Zehnkämpfer, der auf spezifische Fähigkeiten verzichtet oder diese nicht adäquat entwickelt, wird im sportlichen Wettkampf nicht bestehen können.

Die Fragestellung zur Bewältigung von Einflussfaktoren und damit einem Ansteigen der Komplexität der Umwelt lautete also:

> Wie identifiziert und entwickelt ein komplexes System die aktuell und zukünftig benötigten Fähigkeiten zur Sicherung der notwendigen Handlungsvarietät?

Bevor wir den Lösungsweg für diese Fragestellung behandeln, müssen wir noch eine spezifische Thematik einbinden. Diese schließt sich direkt an unsere Überlegungen zum Komplexitätsmanagement an und klärt einen weiteren Begriff, der immer inflationärer genutzt zu werden scheint – die Agilität.

3.4 Agil oder raus!

Bemüht man den *Duden* (2018), um die Definition des Begriffs »agil« zu klären, findet man die folgenden Synonyme: *betriebsam, beweglich, energiegeladen, geschäftig, geschickt, gewandt, lebhaft, quecksilbrig, rege, rührig, temperamentvoll, unruhig, vital, wendig.*

Der Begriff der Agilität wurde in seiner konkreten Nutzung im Wirtschaftskontext sehr stark durch die Softwareentwicklung geprägt. Umgangssprachlich ist mit Agilität vielmehr Flexibilität gemeint. Aus dem Entstehen agiler Entwicklungsmethoden und Vorgehensmodelle in der Softwareindustrie, wie beispielsweise Scrum oder XP, ist mittlerweile eine Flut von Wortschöpfungen entstanden, deren Inhalte und die eigentliche Sinnhaftigkeit noch nicht geklärt und einheitlich definiert sind. Es wird von agilem Management, agiler Unternehmensführung und agilen Führungsprinzipien ebenso gesprochen wie von agilen Organisationsstrukturen. Wie all diese Begrifflichkeiten zu verstehen sind und wie die reale Anwendung und Ausprägung beispielsweise in Form von Vorgehensmodellen aussieht, befindet sich derzeit noch in einer Art Entwicklungsphase.

Im Kontext dieses Buches soll die folgende Definition des Begriffs »Agilität« genutzt werden.

> Agilität ist die Fähigkeit eines komplexen Systems, beispielsweise eines Unternehmens, sich unmittelbar auf Veränderungen der auf sie einwirkenden Umwelt anzupassen.

Ein agiles Unternehmen zeichnet sich dadurch aus, dass es in der Lage ist, die sich ändernden Einflussfaktoren zu erkennen und seine bestehenden Fähigkeiten so anzupassen oder zu ergänzen, dass es mit diesen Veränderungen umgehen oder sie für sich nutzen kann.

Agilität ist demnach die Eigenschaft der Anpassungsfähigkeit eines komplexen überlebensfähigen Systems, um auf die Dynamik der sich verändernden Umwelt reagieren zu können.

3.5 Die Natur als Vorbild

Diese Form der Agilität ist für die Evolution ein alter Hut und eine Selbstverständlichkeit. Die immer weiter um sich greifende Diskussion über agile Unternehmen ist ein Indiz dafür, dass immer klarer wird, wie wichtig sich kontinuierlich entwickelnde Geschäftsfähigkeiten für die Wettbewerbsfähigkeit und damit das Überleben von Unternehmen sind. Dabei geht es auch darum, dass jedes Unternehmen den Markt und die Umwelt beobachtet und sich kontinuierlich auf die Anforderungen dieser einstellt und ausrichtet.

Ein agiles Unternehmen findet seine Nische, in der es seine Leistungen und Produkte anbieten und damit einen konkreten Bedarf decken kann. Verändert sich die Nische, auf die sich das Unternehmen ausgerichtet hat, so muss sich auch das Unternehmen verändern. Löst sich eine Nische, d.h. ein Markt sogar auf, da er beispielsweise durch eine neue Technologie ersetzt wurde, so ist das Unternehmen gezwungen, eine neue Nische zu identifizieren, oder es wird mit der Auflösung der Nische vom Markt verschwinden.

Prägnante Beispiele für derartige Entwicklungen und Veränderungen von Nischen, also Märkten, sind in der Geschichte immer wieder zu finden. Der Siegeszug der digitalen Fotografie hat das Silberbild vollständig ersetzt, eine ganze Industrie überflüssig gemacht und eine völlig neue entstehen lassen.

Unternehmen, die diese radikale Umwälzung ihrer Nische zu spät erkannt oder falsch eingeschätzt haben, sind heute entweder verschwunden oder besetzen nur noch sehr spezifische Marktsegmente. Firmen wie Kodak, Polaroid und Agfa sind in diesem Zusammenhang eindrucksvolle Belege.

Die Evolutionsforschung kennt diesen Kausalzusammenhang unter dem Begriff der strukturellen Kopplung.

3.6 Strukturelle Kopplung

Charles Darwin ist in seinem Buch *Über die Entstehung der Arten*, das er 1859 veröffentlichte, auf ein Problem gestoßen. Er hat bei seinen Forschungen auf den Galapagos-Inseln beobachtet, wie sich Arten entwickelten. So konnte er Evolution beobachten und dokumentieren. Was er aber nicht erkennen konnte, war, was die treibende Kraft bzw. der Grund dafür war, dass diese Entwicklung der Arten kontinuierlich stattfand. Er lehnte sich an eine Idee seines Freundes und Wirtschaftswissenschaftlers Herbert Spencer an und traf die Annahme, dass dieser unsichtbare Grund und Motor der Evolution der Wettbewerb der Arten untereinander sei.

Der chilenische Biologe und Philosoph Humberto R. Maturana hat ca. 120 Jahre später das von ihm als strukturelle Kopplung benannte Phänomen als treibende Kraft identifiziert, nicht die Konkurrenz der Arten.

In der Biologie ist unter der strukturellen Kopplung der Prozess zu verstehen, in dem ein Organismus mit seiner Umwelt in einer Art und Weise interagiert, dass sie gegenseitig und aufeinander Einfluss nehmen und ihre jeweilige Entwicklung anpassen.

Mit dieser gegenseitigen Beeinflussung, zwecks immer besserer Anpassung, ist die eigentliche Bedeutung des Satzes von Darwin viel eindeutiger zu verstehen, wenn er von »survival of the fittest« spricht. Unter »fittest« ist zu verstehen, dass ein Organismus sich immer weiter an die Anforderungen seiner Umwelt anpasst und damit eine Nische dergestalt ausfüllt, dass er darin überleben kann. Umgekehrt profitiert auch die Nische von der Anpassung des Organismus.

Ein prägnantes Beispiel einer derartigen Interaktion zwischen Organismus und Umwelt ist die Anpassung des Kolibris an spezifische Blüten, die einen tiefen Blütenkelch aufweisen. Der Kolibri ernährt sich zum einen vom Nektar dieser

Bild 3.3
Breitschwanzkolibri
(Quelle: Fotolia.de)

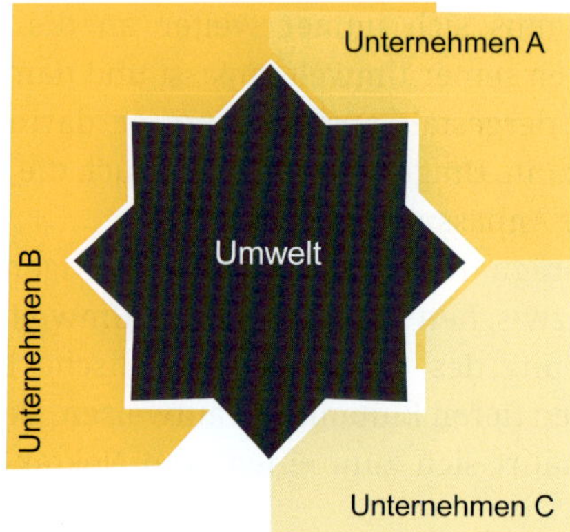

Bild 3.4 Je besser sich ein Unternehmen an die Anforderungen und Bedingungen der Umwelt anpasst, desto »fitter« ist es

Blüten und zum anderen von Insekten, die sich in den tiefen Blütenkelchen befinden und ihm als Eiweißquelle dienen (Bild 3.3). Die Blüten ihrerseits entwickelten im Laufe der Evolution diese charakteristischen Blütenkelche, die nur durch den langen schmalen Schnabel des Kolibris genutzt werden können. So haben sich Blütenart und Kolibri in eine spezifische Ausprägung der strukturellen Kopplung begeben, um gegenseitig davon zu profitieren.

Auf das Wirtschaftsleben übertragen ist die fitteste Organisation oder das fitteste Unternehmen genau jenes, das sich drauf versteht, die Anforderungen der Umwelt bzw. ihres Marktes zu identifizieren und sich darauf anzupassen und passende Leistungen oder Produkte zu entwickeln und anzubieten (Bild 3.4).

04 Das Viable System Model (VSM)

Nachdem die Grundlagen aus interdisziplinären wissenschaftlichen Bereichen zusammengetragen sind, können wir uns dem nächsten und für das Verständnis des laCoCa-Modells wichtigsten Thema widmen.

Um die Bestandteile eines überlebensfähigen und an seine Umweltanforderungen anpassungsfähigen komplexen Systems beschreiben zu können, braucht es eine spezifische Sprache. Eine Art Lingua franca und eine Nomenklatur, die es uns erlaubt, ein System mit all seinen Bestandteilen so zu definieren, dass Außenstehende, die eine derartige Systembeschreibung lesen, diese ohne Erklärungen und Kommentierungen interpretieren und verstehen können.

4.1 Anatomie als Vorbild

So wie die Anatomie die Sprache der Medizin ist, um einen Organismus in seinen Bestandteilen zu beschreiben, so benötigen wir eine Sprache zur Beschreibung einer Organisation, eines Unternehmens als komplexes System. Derartige Beschreibungssprachen gibt es in den verschiedensten fachlichen Disziplinen. In der Softwareentwicklung hat sich über viele Jahre die sogenannte UML, Unified Modeling Language, durchgesetzt, die es möglich macht, komplizierteste Softwarearchitekturen und -entwürfe zu beschreiben und nachzuvollziehen.

Stafford Beer hat im Jahr 1959 in seinem Buch *Kybernetik und Management* ein Modell für das Design und die Konfiguration lebensfähiger Systeme entwickelt. Das Viable System Model gehört zu den bekanntesten Arbeiten von Stafford Beer und wurde von ihm durch praktische Anwendung in seiner Wirksamkeit belegt. Es handelt sich hierbei also nicht um ein rein theoretisches Konstrukt, sondern um ein Modell, dass eine Reihe kybernetischer Grundsätze und Prinzipien vereint und für jedermann nutzbar macht. Wir nutzen das VSM als Grundlage des laCoCa-Modells.

Das VSM selbst wird von Beer in mehreren seiner Bücher detailliert behandelt. Die umfassendsten Erläuterungen finden sich in den Veröffentlichungen *Brain of the Firm* (1981) und *The Heart of Enterprise* (1979). In *Brain of the Firm* beschreibt Beer zusätzlich, wie er das Modell in den Jahren 1971 bis 1973, im Auftrage der damaligen Regierung Allende, in unterschiedlichen

Wirtschaftsbereichen des Landes (Chile) erfolgreich eingesetzt hat. Das VSM orientiert sich hierbei vor allem an Vorbildern aus der Biologie und macht umfassende Anleihen in Medizin und Anatomie.

Stafford Beer selbst war britischer Betriebswirt und gilt als Begründer der Managementkybernetik. Außerdem war er Professor an verschiedenen Universitäten und arbeitete für diverse Unternehmen und Staaten als Berater. Aus seiner Forschungsarbeit entwickelte Beer eine klare Definition davon, was die Lebensfähigkeit von komplexen Systemen auszeichnet. Dabei betonte er immer wieder, dass das Überleben und die kontinuierliche Anpassung an Einflussfaktoren der Umwelt wichtiger sind als reine Gewinnmaximierung. Diesen Grundsatz kennen wir heute unter dem Begriff der Nachhaltigkeit, der intensiv diskutiert wird und betont, dass wirtschaftliches Wachstum um jeden Preis nicht der eigentliche Zweck einer Marktwirtschaft sein kann.

Auch zum Thema des Managements hat Stafford Beer schon Mitte des letzten Jahrhunderts eine eindeutige Perspektive formuliert, die sich seit Anfang der 2000er-Jahre mehr und mehr durchsetzt. Die Aufgabe des Managements, so Beer, ist es nicht, Menschen zu führen, sondern das Steuern, Lenken und Regulieren ganzer Unternehmen im Kontext ihrer Umwelt. Damit hat er die Funktion des Managements auf alle Mitarbeiter eines Unternehmens übertragen und belegte in seinen Forschungen, dass Informationsnetzwerke und die Befähigung von Mitarbeitern zur Selbstorganisation und selbstverantwortlichen Erbringung ihrer Arbeit ein wirklich lebensfähiges und damit erfolgreiches, weil agiles Unternehmen auszeichnen.

Auch dieses Thema wird aktuell intensiv diskutiert und ist mittlerweile so salonfähig geworden, dass sich selbst klassisch hierarchisch orientierte Großunternehmen wie beispielsweise die Swisscom oder die Ölfördergesellschaft Saudi-Arabiens damit auseinandersetzen, wie sich selbstorgansierte Arbeitsformen in ihren Unternehmensorganisationen und Behörden einführen lassen können.

Zu diesen aktuellen Themen eröffnet die Kybernetik, die interdisziplinäre Wissenschaft von der effizienten Funktionsweise komplexer Organisationen (*Systeme*), nach wie vor einen zentralen Zugang zum Verständnis der Funktionsweise sowie zu ihrem Design, ihrer Entwicklung und ihrer Steuerung.

Der Mathematiker Norbert Wiener, ein weiterer Urvater der Kybernetik, hat die damals noch junge Wissenschaft folgendermaßen beschrieben:

> »Cybernetics is the science of communication and control in the animal and the machine.« (Quelle: Beer 1985)

Dieser in seiner Aussage ausgesprochen konzentrierte Satz liegt allen hier behandelten Themen als roter Faden zugrunde.

Bild 4.1
Der menschliche Organismus

4.2 Struktur und Bestandteile des VSM

Um die Bestandteile und Zusammenhänge des VSM und damit auch die Funktion und Bedeutung der einzelnen darin genutzten Elemente verstehen zu können, ist eine Vorlage aus der Natur ausgesprochen anschaulich und hilfreich.

Der menschliche Organismus stellt ein komplexes System dar (Bild 4.1). Es erfüllt alle Eigenschaften eines überlebensfähigen Systems, das seine Handlungsfähigkeit kontinuierlich durch die Entwicklung erforderlicher Varietät erhält, um der Dynamik der Umwelt begegnen und die jeweils vorhandene oder eine entstehende Nische nutzen zu können.

Dieser Organismus setzt sich aus den folgenden Hauptbestandteilen zusammen, die mit den Elementen des VSM als Lingua franca abstrahiert beschrieben werden können:

G	Höhere Gehirnfunktionen (*Governance*) – der Kortex. Die Politik oder auch Governance-Funktion des Menschen. Sie gibt Klarheit über Richtung, Identität, Werte, Sinn und Zweck für alle Bestandteile des Organismus, um so und überlebensfähig wie möglich funktionieren zu können.
D	Mittelhirn (*Development*) – konzentriert unsere Sinne. Hier ist der Ort des Gehirns, an dem die Eindrücke unserer Sinnesorgane zusammentreffen und für die Entwicklung von Zukunftsplänen, Projektionen und Prognosen weitergegeben werden.
M, M*	Stammhirn inklusive des parasympathischen Nervensystems (*Management* und *M* für Monitoring*) – verwaltet den ganzen Komplex der Muskeln und Organe und stellt sicher, dass diese im Sinne einer optimalen Leistung zusammenarbeiten.
C	Sympathisches Nervensystem (*Coordination*) – koordiniert die Wechselwirkungen zwischen Muskeln und Organen und hält diese stabil.
O	Organismus und Bewegungsapparat (*Operations*) – beinhalten alle Muskeln und Organe, die für operative Abläufe und Funktionen wie Bewegungsfähigkeit, Stoffwechsel, Sensorik etc. zuständig sind.

Stafford Beer hat diese Komponenten oder Elemente, aus denen überlebensfähige komplexe Systeme bestehen, abstrahiert und im Viable System Model zusammengefasst und beschrieben. Den einzelnen Elementen hat er konkrete Eigenschaften zugeordnet und sie zusätzlich in bestimmte Beziehungen hinsichtlich ihrer Kooperation gesetzt. Beer hat die einzelnen Elemente durchgängig Systeme genannt und diese von 1 bis 5 durchnummeriert (Bild 4.2).

Bild 4.2 wirkt auf den ersten Blick etwas kompliziert. Daher nutzen wir zu weitergehenden Erläuterungen eine etwas vereinfachte Form der Darstellung (Bild 4.3). Die fachlichen Inhalte des Originals werden vollständig und unverändert beibehalten.

Wichtiger Grundsatz bei der limitierenden Darstellung als zweidimensionale Zeichnung ist, dass das VSM keine Hierarchie und damit auch keine abgestufte Bedeutung oder Wertigkeit der Elemente untereinander kennt. Egal ob es sich um System 5 oder System 1 handelt, egal an welcher Stelle im Modell sich ein Element befindet, es ist in seiner Bedeutung gleichwertig mit allen übrigen Systemen. Bei der Interpretation und der Nutzung des VSM ist es ausgesprochen wichtig, zu berücksichtigen, dass jedes System und jedes darin enthaltene Element, das man als eine im System verortete Funktion verstehen kann, eine bestimmte Aufgabe erfüllt und damit einen Beitrag zur Erhaltung und Entwicklung des Gesamtsystems leistet. Keine dieser Funktionen ist dabei relevanter als eine andere.

Die Analogie zum menschlichen Organismus ist hier für ein besseres Verständnis wieder hilfreich. Im menschlichen Organismus ist kein Organ wichtiger als ein anderes. Die Leber ist nicht wichtiger als das Herz oder der Darm oder die Haut. Jedes Organ übt eine ganz bestimmte Funktion aus und erfüllt einen bestimmten Zweck. Der jeweilige Zweck dient dazu, den Organismus als Ganzes am Leben und funktionsfähig zu (er)halten. Bei einigen Organen ist eine Funktionsbeeinträchtigung, ein Ausfall oder ein Verlust mehr oder weniger systemkritisch oder kann auch toleriert werden. Die Milz ist hierfür ein Beispiel. Zwar kann ein Organismus den Verlust der Milz überleben, dennoch ist der menschliche Körper in der Funktion seines Immunsystems beeinträchtigt, wenn er auf dieses Organ verzichten muss. Oder, um es aus der

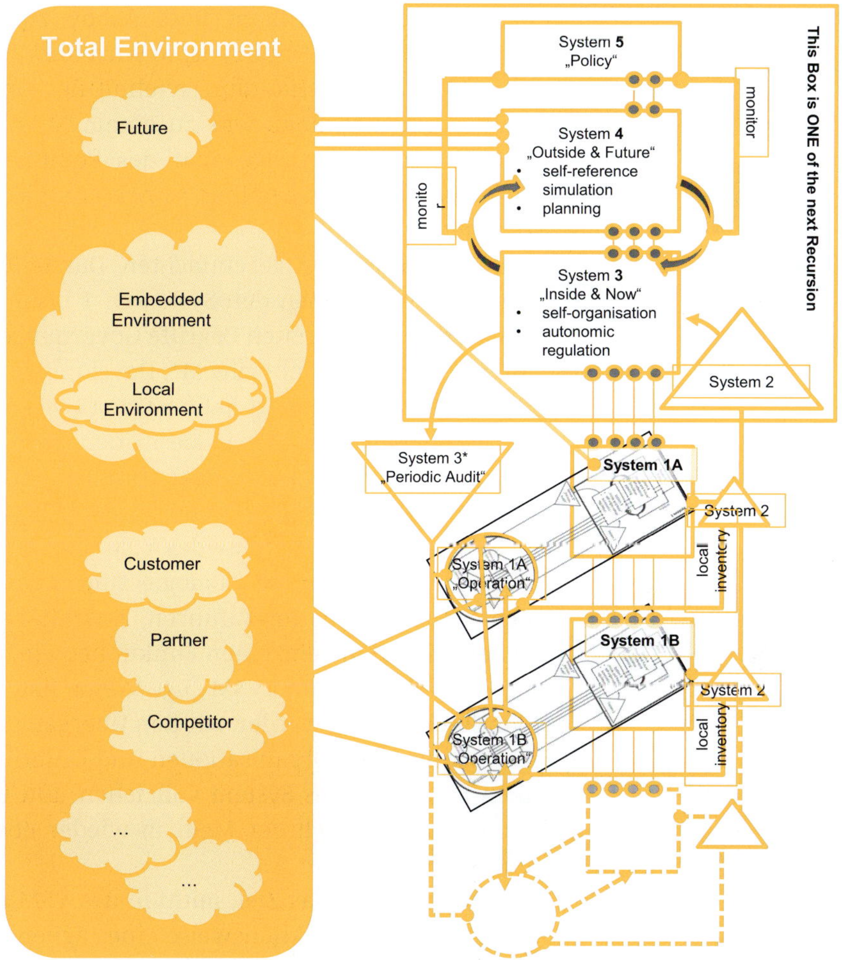

Bild 4.2
Das Viable System Model (VSM) nach Stafford Beer

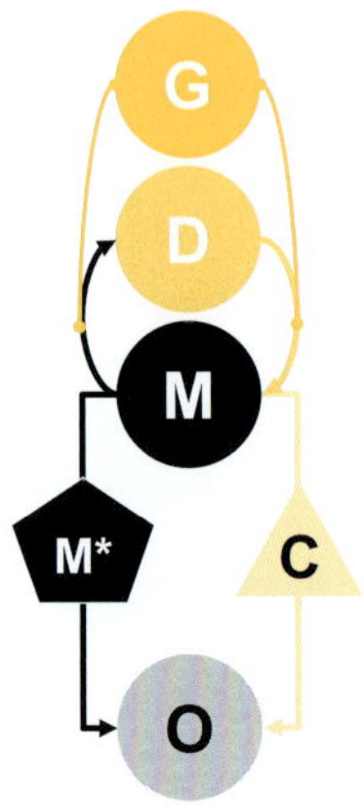

Bild 4.3
Vereinfachte Form des Viable System Model

Perspektive von William Ross Ashby zu beschreiben, fällt ein Organ aus, so wird die Varietät und damit die Handlungsvielfalt des Organismus eingeschränkt, was zu einem Missverhältnis oder Ungleichgewicht des komplexen Systems Mensch gegenüber seiner komplexen Umwelt führt.

Doch zurück zur vereinfachten Darstellung des VSM. Wir ordnen den Systemen 1 bis 5 zunächst die vorgenannten Begriffe Governance **G**, Management **M**, Monitoring **M***, Development **D**, Operations **O** und Coordination **C** zu (Bild 4.4).

Anschließend setzen wir sie in den gleichen Bezug zueinander, wie es Beer in seiner detaillierten Darstellung vorgenommen hat. Zusätzlich bilden wir die Systeme des VSM auf unsere Fußballerin ab, um die Analogie zum menschlichen Organismus fortzuführen. Anschließend gehen wir auf die einzelnen Funktionen ein, die Beer den Systemen im VSM zugewiesen hat. Bei der Beschreibung werden wir den Übergang zur Betrachtung von Organisationen und Unternehmen als komplexes System vollziehen und uns damit von der Welt der Medizin wieder etwas entfernen.

Letztlich ist es das Ziel, mithilfe des VSM das Design und die Funktionsweise eines agilen Unternehmens zu beschreiben. Aus diesem Grund ergänzen wir die Systeme des VSM mit den Begrifflichkeiten und Inhalten aus der Sicht eines (Wirtschafts-)Unternehmens. Als Ergebnis erhalten wir das Design der Anatomie einer komplexen und agilen Organisation.

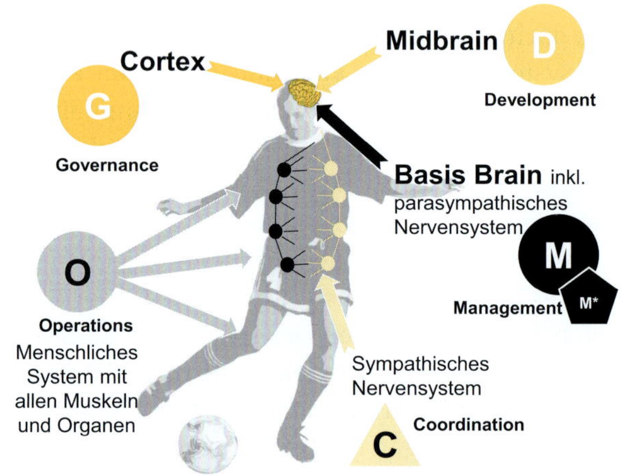

Bild 4.4 VSM unter Einbindung des menschlichen Organismus und seiner Grundfunktionen

Governance G – System 5

Im VSM wird dieses System auch *Policy* genannt. Die Aufgabe von System 5 ist es, die Identität des Gesamtsystems zu definieren, den Sinn seines Daseins und Wirkens zu erkennen und zu entwickeln. Außerdem fungiert System 5 als oberste Entscheidungsinstanz, sofern andere Systeme nicht in der Lage sind, eine Entscheidung zu treffen, oder eine Fehlentscheidung vorliegt. Das System **G**, wie wir das System 5 für Governance abkürzen, legt die grundsätzlichen Rahmenbedingungen fest, die für das Gesamtsystem relevant sind. Alle Systeme und Elemente orientieren sich an diesen gleichen und verbindlichen Grundsätzen und wirken und kooperieren nach dieser Ausrichtung zusammen.

G besitzt die Richtlinienkompetenz, mischt sich aber in die Durchführung der Funktionen anderer Systeme nicht aktiv ein. Das ist schlicht nicht seine Aufgabe. Das System **G** ist kein »Übersystem«, das alle anderen Systeme überstrahlt oder im Status höher steht. Es hat lediglich die Aufgabe, und das ist nicht trivial, Sinn zu stiften, die Identität des Gesamtsystems zu wahren und notwendige Grundlagen für diesen Zweck bereitzustellen und weiterzuentwickeln.

G wacht auch darüber, dass diese Grundlagen von anderen Systemen eingehalten werden, und prüft über Rückkopplungen kontinuierlich, ob diese anwendbar und angemessen sind. Ist eine Grundlage nicht mehr haltbar, weil sich beispielsweise Einflussfaktoren der Umwelt verändert haben, so ist es die Aufgabe von **G**, diese zu überarbeiten oder zu verwerfen. Aus Sicht der Governance ist also keine Grundlage als endgültig, unumstößlich oder von Gott geben anzusehen. Wenn Grundsätze, Richtlinien oder Vorgaben als absolut deklariert würden, entstünde daraus ein Dogma, das wiederum ein Risiko für alle anderen Systeme darstellen kann.

Development D – System 4

Das System 4 richtet seine Aufmerksamkeit hauptsächlich auf die Einflüsse der Umwelt auf das Gesamtsystem und analysiert diese hinsichtlich ihrer Bedeutung und Auswirkungen. Wenn sich Bedrohungen abzeichnen, die von der Umwelt ausgehen, neue Entwicklungen wie Innovationen, neue Wissensgebiete, Gesetze, Wettbewerber oder neue Kundenanforderungen zu erkennen sind, so ist es die Aufgabe von System 4, das wir mit **D** für Development abkürzen, diese zu identifizieren und zu analysieren, deren Bedeutung und Relevanz einzuschätzen und Vorhersagen über ihre Auswirkung zu treffen.

Aus den gewonnenen Erkenntnissen des Blicks nach draußen, d. h. aus dem Gesamtsystem auf die Umwelt, trifft **D** Schlussfolgerungen und Entscheidungen für zukünftig notwendige Entwicklungsmaßnahmen des Unternehmens. Aus diesem Blick nach draußen, den wir »Extern & Zukunft« nennen, entstehen Inhalte, Prognosen und Planungen für die Unternehmensstrategie und fließen in diese ein.

Seine Aufgabe und Verantwortung nimmt D im Zusammenspiel mit den angrenzenden Systemen wahr, da die Entwicklung und Umsetzung einer Strategie nur dann wirksam und praktikabel ist, wenn die übrigen Systeme und Funktionen dazu in der Lage sind. Sind sie das nicht oder noch nicht, so müssen sie zunächst in die Lage versetzt, also dazu befähigt werden, eine entwickelte oder aktualisierte Strategie umzusetzen.

Sollte **D** eine Strategie autark und ohne die Interaktion und Kooperation mit den angrenzenden Systemen erstellen, kann das die Überforderung des Gesamtsystems oder einzelner Systeme zur Folge haben. Das nötige Leistungsniveau und die benötigte Handlungsvarietät müssen sichergestellt sein, bevor die Umsetzung einer Strategie erfolgt.

Im besten Fall verpufft eine autark entwickelte Strategie und entfaltet keinerlei Wirkung. (Anmerkung: Da über 95 % aller Unternehmensstrategien unwirksam sind, ist Letzteres in der Wirtschaft der Regelfall.)

Management M und Monitoring M* – Systeme 3 und 3*

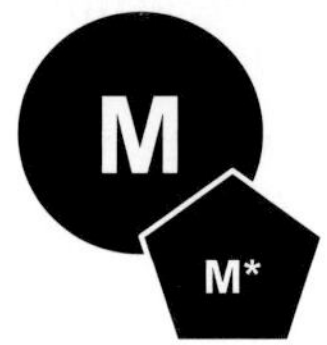

Die Systeme Management und Monitoring, die mit **M** und **M*** abgekürzt werden, erfüllen im Kern die Aufgabe, alle benötigten Mitarbeiter, Ressourcen und Rahmenbedingungen bereit- und sicherzustellen, damit sie von allen beteiligten Elementen effizient und effektiv genutzt werden können.

Räume, Elektrizität, Produktionsmittel wie Maschinen, die Lagerlogistik und was sonst benötigt wird, um die erarbeitete Strategie umzusetzen, bestehende Prozesse und Arbeitsabläufe durchzuführen und die Anforderungen der Umwelt, beispielsweise Kundenaufträge, zu erfüllen bzw. diesen zu entsprechen.

In dieser Aufgabe erbringt **M** alle Funktionen, die benötigt werden, um zwischen System **D** und den angrenzenden Systemen zu vermitteln und die reibungslose Organisation und Bereitstellung von Mitarbeitern und Ressourcen sicherzustellen. Dabei muss **M** die bestehenden Grundsätze und Vorgaben von **G** und auch die Restriktionen und Leistungsmöglichkeiten der übrigen Systeme beachten.

M kann sich weder über die gegebenen Grundsätze und die Identität des Gesamtsystems hinwegsetzen oder die Möglichkeiten und das Leistungsniveau aller anderen Systeme ignorieren. Hierfür sind eine lückenlose und kontinuierliche Kommunikation mit den betroffenen und beteiligten Systemen und die Kontrolle ihrer Leistungsfähigkeit nötig. Diesen Beitrag leistet **M***. Diese Form von Kontrolle und Prüfung ist allerdings nicht so zu verstehen, dass kooperierende Systeme in ihrer Funktion überwacht werden. Die Aufgabe von Kontrolle und Prüfung ist wie ein Sensor oder Messfühler definiert, der den Zustand eines Systems erfasst.

Mithilfe der erfassten Daten und Informationen können die kooperierenden Systeme den Status des bestehenden Leistungszustands miteinander austauschen und die weitergehende, operative und strategische Vorgehensweise entwickeln und vereinbaren. Hier hilft uns erneut die Medizin für ein besseres Verständnis der Zusammenhänge.

Wenn ein Arzt für seinen Patienten ein Blutbild erstellen lässt und sich die Werte für Eisen, Cholesterin, unterschiedliche Hormone und Vitamine oder Entzündungswerte ansieht, dann ist es nicht seine Absicht, dem Patienten Vorwürfe bei verfehlten Normwerten zu machen. Was der Patient in seiner Lebensweise möglicherweise falsch macht und dass es ihm deswegen gesundheitlich schlecht geht, sind nicht Ziel einer ärztlichen Konsultation. Diese Form von Kontrolle und Prüfung ist unter der vorgenannten Definition genau nicht zu verstehen.

Der Arzt sieht sich das Blutbild an, um den Gesundheitszustand des Patienten, also des Organismus herauszufinden. Mit diesen Informationen bewertet er, welche Maßnahmen notwendig sind, um die Funktionsweise insgesamt sicherzustellen oder wiederherzustellen. Aus seiner Interpretation der vorliegenden Daten, in diesem Fall der Blutwerte, ergeben sich sowohl Diagnose als auch Behandlungsplan.

Und in vergleichbarer Form erfüllt **M*** die Funktion von Kontrolle und Prüfung. Wie man die Blutwerte eines Unternehmens, also die Kennzahlen, die den Gesundheits- und Leistungszustand einer Firma beschreiben, erfassen und organisieren kann, behandeln wir in dem Kapitel »Monitoring – VI anstatt KPI«.

Im englischen Sprachgebrauch zum VSM wird **M*** mit *Monitoring* definiert. Der Begriff trifft die Qualität dieses Systems genau und ist für das richtige Verständnis sehr passend.

Die Fokussierung der Ausrichtung von **M** und **M*** ist nach innen gerichtet und auf die für das Unternehmen hier und jetzt notwendigen Fragestellungen. So kann eine stabile und ausgewogene Funktionsweise sichergestellt werden. Wir nennen diese Perspektive daher »Intern & Gegenwart«.

Die vorgenannte Perspektive, die nach außen und in die Zukunft gerichtet ist, wird damit ergänzt. Diese haben wir spiegelbildlich »Extern & Zukunft« genannt und wird von **G** und **D** abgedeckt.

Anmerkung:
Die hier generell getroffene Definition der Perspektiven gilt, solange ein Modell keine weitergehenden Rekursionen enthält. Die Nutzung und Bedeutung von Rekursionen wird im Kapitel »Fraktale Strukturen und die Rekursion« vertieft.

M und **M*** erfüllen Funktionen, die spezifische Aufgaben haben, eine bestimmte Verantwortung für das Gesamtsystem tragen und damit einen definierten Beitrag zum Gesamterfolg leisten müssen.

Management ist aus dieser Definition heraus keine Rolle, die eine bestimmte Gruppe von Menschen in einem Unternehmen ausübt. Management beinhaltet definierte Funktionen, die an jeder Stelle im Unternehmen von jedem Mitarbeiter ausgefüllt werden können oder müssen.

Diese Betonung zur Bedeutung des Managementbegriffs ist deswegen so wichtig, weil er im alltäglichen Verständnis in Unternehmen aktuell noch in einer Form definiert ist oder in einer Form verstanden und gelebt wird, die dem VSM und den Grundsätzen der Kybernetik fremd ist und in ihren Auswirkungen potenziell schädlich für die Überlebensfähigkeit einer Firma. Die Hintergründe dieser Aussage werden im Laufe des Buches vertieft und unterlegt.

Operations O – System 1

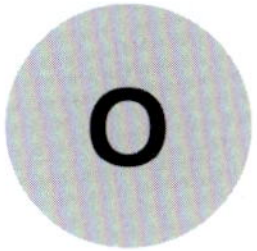

In diesem System sind die aktiv produzierenden Funktionen des Unternehmens zusammengefasst. Die bisher genannten Systeme und Funktionen haben im Kern die Aufgabe, sicherzustellen, dass **O**, wie Operations abgekürzt wird, alle Grundlagen, Rahmenbedingungen, Informationen, Kennzahlen, Ressourcen und Mitarbeiter erhält, die notwendig sind, um die operative Arbeit durchführen zu können.

O kann dabei unterschiedlichste Ausprägungen aufweisen. Es kann eine Produktionsstätte im Ausland sein, der Bereich der Softwareentwicklung eines Unternehmens, die Produktentwicklung oder die Forschungsabteilung. Welchen fachlichen Inhalt **O** enthält, ist abhängig von Design und Konfiguration des jeweiligen Unternehmens hinsichtlich der benötigten Geschäftsfähigkeiten, wie wir auch synonym Funktionen nennen können. Auf den Aspekt der Geschäftsfähigkeiten gehen wir in dem Kapitel »Geschäftsfähigkeiten entwickeln – Business Capability« noch näher ein.

So wie **M** und **M*** richtet **O** die Fokussierung seiner Perspektive primär auf »Intern & Gegenwart« aus.

Coordination C – System 2

Die zentrale Aufgabe von **C**, wie wir das System 2 – Coordination – abkürzen, ist es, das Zusammenspiel, also die Koordination und den Informationsaustausch aller Systeme und Funktionen untereinander und miteinander sicherzustellen.

Mechanismen und Werkzeuge, um diese Aufgaben zu erfüllen, sind beispielsweise die Nutzung übergreifender Standards und Richtlinien wie ISO-Normen, die Bereitstellung von Besprechungsprotokollen und unternehmensweiten bzw. relevanten Entscheidungen und Ereignissen, die Produktionsplanungen und Schichtpläne, Urlaubspläne und dergleichen mehr.

Der Beitrag von **C** besteht darin, die Zusammenarbeit aller Systembereiche so reibungslos wie möglich zu gestalten, indem alle benötigten Informationen, Regelungen und Vereinbarungen zur richtigen Zeit in der nötigen Qualität an der jeweiligen Stelle im Unternehmen verfügbar sind sowie von den Nutzern verstanden und angewendet werden können.

Wie bedeutend dieser Beitrag ist, kann an einem einfachen Beispiel nachvollzogen werden. Stellen Sie sich vor, Sie kommen nachts in die

Notaufnahme eines Krankenhauses und dort findet sich weder ein Arzt noch eine Krankenschwester, weil der gültige Schichtplan nicht erstellt und bereitgestellt wurde. Sicherzustellen, dass der Schichtplan erstellt und bereitgestellt ist und alle Arbeiten entsprechend koordiniert werden, ist Aufgabe von **C**.

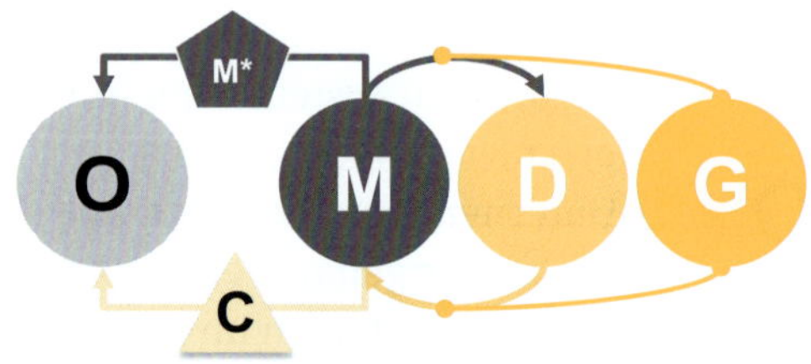

Bild 4.5 Vereinfachte Darstellung des Zusammenspiels der einzelnen Elemente des Viable System Models (VSM)

4.3 Vereinfachte Darstellung der Systeme im VSM

Ausgehend von den bisherigen Beschreibungen und Erklärungen zu den einzelnen Systemen des VSM und ihren jeweiligen Funktionen, Aufgaben und Verantwortungsbereichen ergibt sich auch eine, im Vergleich zum Original, vereinfachte Darstellung des Zusammenspiels (Bild 4.5). Diese Darstellung des VSM ist bewusst im Querformat gehalten, um auch optisch zum Ausdruck zu bringen, dass es sich um gleichberechtigte Systeme handelt, da jeder individuelle Beitrag gleichermaßen relevant ist.

Wenn in einem Unternehmen von jedem System nur genau eine einzige Instanz existiert, kann man davon ausgehen, dass es sich um eine recht überschaubare Firma handelt. Eine Schreinerei, als Beispiel, kann mit einem Standort, einer einzigen Produktionsstätte und einigen Mitarbeitern, die für Planung, Vertrieb und Entwicklung zuständig sind, vollständig ausgestattet und funktionsfähig sein. Auch wenn das Beispiel auf den ersten Blick simpel und überschaubar erscheint, so stellt dennoch auch eine Schreinerei mit nur einem Standort und einer Handvoll Mitarbeitern ein komplexes System dar. Dieses Unternehmen steht in direkter Verbindung und Interaktion mit der sie umgebenden und beeinflussenden Umwelt. Die einzelnen Systeme des

Unternehmens, je nach Funktion und Aufgabe, gehen dabei eine jeweils spezifische Interaktion mit dieser Umwelt ein.

Die Perspektive entspricht den vorgenannten Aufgaben und dem jeweiligen Beitrag zum Gesamtsystem. So sind für **O** der Auftragseingang und die Erstellung und Erbringung von Produkten und Leistungen der Schwerpunkt der Interaktion. Für **D** hingegen ist es die Analyse der wirtschaftlichen Entwicklung der eigenen Branche, um daraus Auswirkungen für das eigene Unternehmen und nötige Weiterentwicklungs- und Veränderungsmaßnahmen ableiten zu können.

Jedes System setzt sich mit der Umwelt in seinem jeweiligen Aufgabenkontext auseinander. Die Gesamtmenge der Interaktionen ermöglicht es dem Unternehmen, durch die Vielfalt der Perspektiven und Interaktionsgruppen so umfassen wie nötig mit der Umwelt im Austausch zu stehen und sich auf kommende Veränderungen anzupassen. Um die erste vollständige Darstellung des vereinfachten VSM zu erreichen, sind auch die zeitlichen und qualitativen Perspektiven der Systeme nötig, die sich in »Extern & Zukunft« und »Intern & Gegenwart« unterscheiden (Bild 4.6).

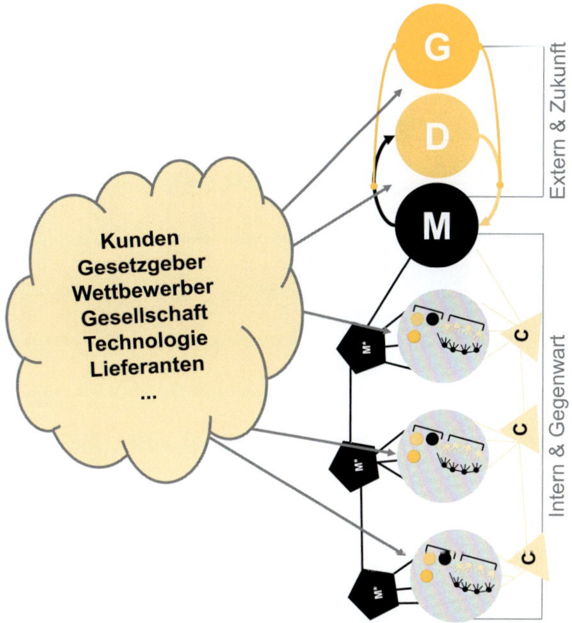

Bild 4.6
Interaktion der Systeme des VSM mit der sie umgebenden und beeinflussenden Umwelt

05 Fraktale Strukturen und die Rekursion

Der nächste Schritt ist darauf ausgerichtet, mit dem Modell größere und sehr große Unternehmen zu definieren, die aus einer Vielzahl von Geschäftsfähigkeiten, Abteilungen, Niederlassungen, Produktionsstandorten und Lieferantenbeziehungen bestehen und auch international oder gar weltweit tätig sind.

Um ein derart vielfältiges Unternehmen mit all seinen Systemen beschreiben zu können, benötigen wir noch ein Hilfsmittel, das aus den unterschiedlichsten Fachrichtungen wie der Mathematik, der Biologie oder auch der Medizin bekannt ist. Es ist die fraktale Struktur.

Zur Verdeutlichung machen wir erneut einen kurzen Ausflug in die Welt der Anatomie, der uns inhaltlich allen aus dem Schulunterricht bekannt sein wird.

Jeder Organismus besteht aus einer Reihe von Organen, die jeweils wiederum aus unzähligen spezialisierten Zellen geformt werden (Bild 5.1). Muskelzellen, Knochenmarkzellen oder Langerhans-Inselzellen sind Beispiele für diese Zellarten mit jeweils eigenen Funktionen, die spezialisierte Organe formen. Auch wenn sich die Funktionsweise und Aufgabe dieser unterschiedlichen Zellen unterscheidet, sind sie im Aufbau sehr ähnlich.

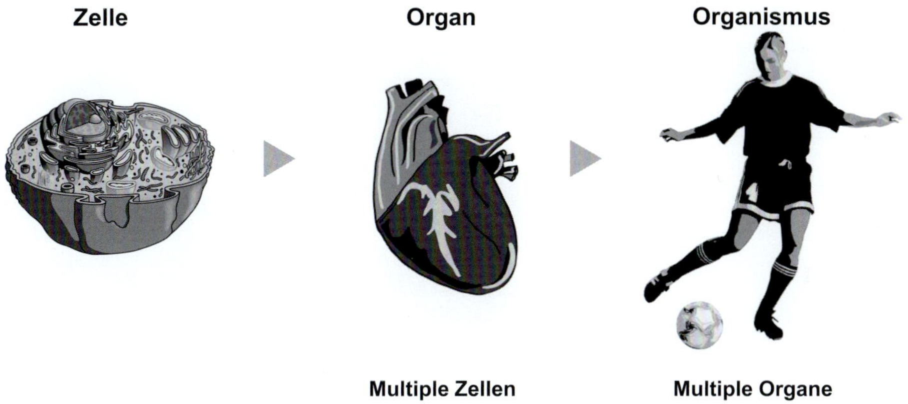

Bild 5.1
Fraktale und rekursive Strukturen

Jede Zelle ist nach einem ganz bestimmten Schema aufgebaut. Bestimmte Elemente des Zellaufbaus wiederholen sich also in allen Zelltypen. Diese Wiederholung oder auch Rekursion ist äußerst effizient und robust. Die DNA der Zelle legt fest, welche spezifische Aufgabe sie erfüllt. Zellen können als Bausteine verstanden werden, die mit spezifischen Eigenschaften ergänzt werden, um eine definierte Funktion zu erfüllen.

Aus der Natur sind fraktale Strukturen, die auch selbstähnliche Strukturen genannt werden, weitverbreitet und haben sich evolutions-

Bild 5.2
Schnitt durch ein Perlboot (Nautilus)

geschichtlich durchgesetzt. Wenn Sie sich den Aufbau eines Farnes, einer Schneeflocke oder einer Nautilus-Muschel (Bild 5.2) ansehen, erkennen Sie in all diesen Beispielen die Verwendung fraktaler, also selbstähnlicher Strukturen.

Die Nutzung fraktaler Strukturen bei der Definition der Geschäftsfunktionen und des Aufbaus eines Unternehmens ist deswegen so sinnvoll, da darüber ein in sich logischer, überschneidungsfreier und für jedermann nachvollziehbarer, um nicht zu sagen selbsterklärender Bauplan des Unternehmens entsteht.

Die im vorhergehenden Kapitel eingeführten Begriffe machen es uns möglich, mit einem einheitlichen Vokabular die Qualität und Notwendigkeit unterschiedlicher Funktionen zu beschreiben. Fraktale Strukturen erlauben es uns, die Nutzung der Funktionen in einem logischen Kontext miteinander zu kombinieren. Wir schaffen darüber eine Konfiguration der Funktionen bzw. Geschäftsfähigkeiten, die es uns erlaubt, ein gemeinsames Bild von den Zusammenhängen und Abhängigkeiten der verschiedensten Bereiche eines Unternehmens zu entwickeln. Und selbst Außenstehende, die an der Entwicklung der Unternehmensstruktur nicht direkt mitgearbeitet haben, benötigen nur das grundlegende Verständnis des VSM und fraktaler Strukturen, um den Aufbau eines Unternehmens nachvollziehen zu können, sich in diesem zurechtzufinden oder es sogar weiterentwickeln zu können.

Versuchen Sie einmal, die Funktionsweise und die funktionale Struktur eines Unternehmens über ein Organigramm (Bild 5.3) nachzuvollziehen, das Ihnen lediglich die Befehlsstruktur bzw. Hierarchie des Unternehmens visualisiert und aufzeigt, welche fachliche Unterteilung ein Unternehmen aufweist. Das bedeutet, dass Sie aus

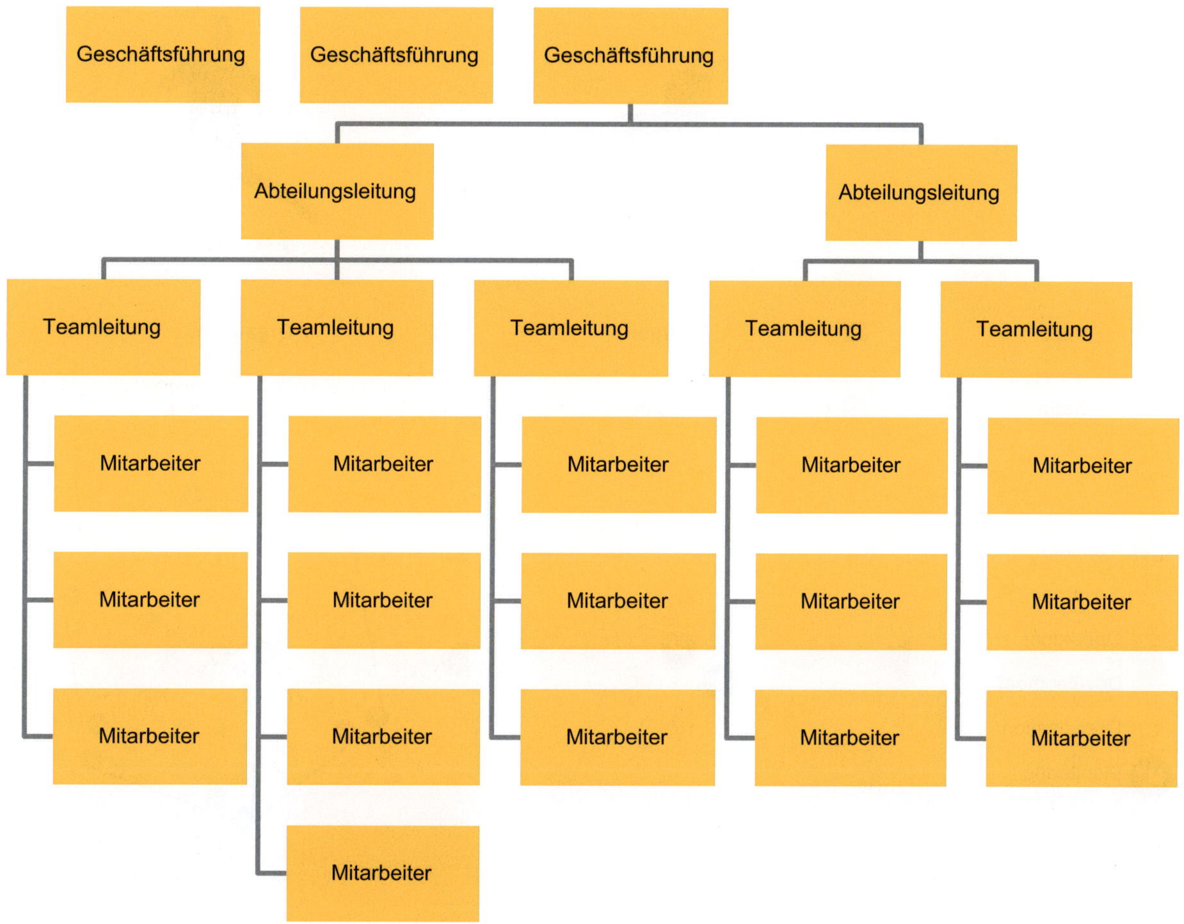

Bild 5.3
Typische Organisationshierarchie in Unternehmen

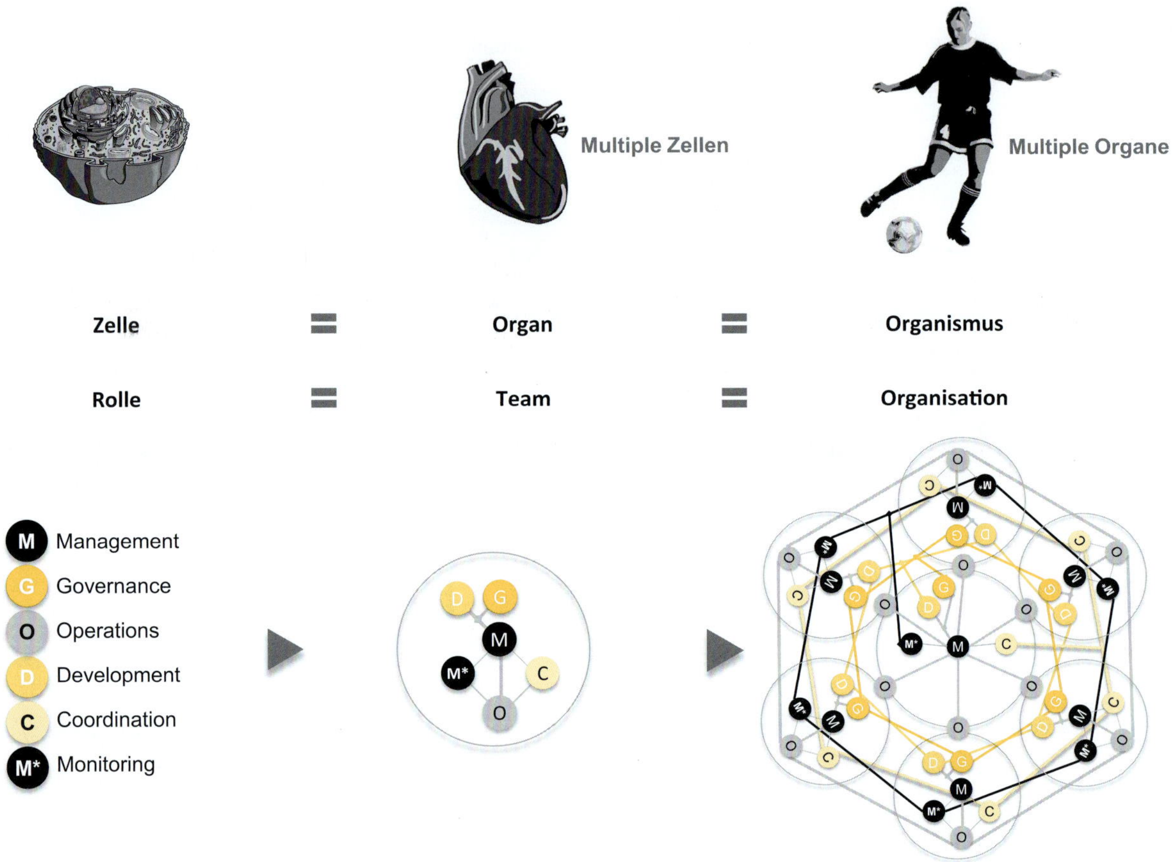

Bild 5.4
Fraktale bzw. rekursive Struktur des menschlichen Organismus und der analog dazu aufgebauten rekursiven Anatomie agiler Organisationen

dem Organigramm erkennen können, welche und wie viele Mitarbeiter im Personalbereich oder im Finanzbereich tätig sind und wer an welcher Entscheidungsposition im Unternehmen angesiedelt ist. Wie das Unternehmen funktioniert, erfahren Sie aber darüber nicht.

Die Darstellung eines Unternehmens als fraktale Struktur würde in etwa so aussehen, wie in Bild 5.4 dargestellt, wenn wir die Möglichkeiten des vereinfachten VSM anwenden. Durch den Aufbau und die Zusammensetzung der Systeme im VSM als fraktale Struktur ist ein wesentliches Element der Überlegungen von Beer abbildbar (Bild 4.6).

Der elementare Vorteil einer fraktalen Unternehmensstruktur liegt in der Überlebensfähigkeit jeder einzelnen Rekursionsebene, unabhängig von der nächsthöheren. Das bedeutet, dass jede Rekursionsebene, die für ihren fachlichen Aufgabenbereich nötige Handlungsvarietät aufweist, um ihrer Aufgabenstellung gerecht werden zu können. Das versetzt sie in die Lage, ohne einen Eingriff oder eine Unterstützung von außen oder einer anderen Ebene der Rekursion des eigenen Unternehmens funktionsfähig zu sein.

Über dieses Design ist die Grundlage dafür geschaffen, dass jede Stufe des Fraktals in einem Unternehmen die benötigte Leistungsfähigkeit und Entscheidungskompetenz beinhaltet, um autonom existieren zu können. Diese Qualität erlaubt, dass alle notwendigen Entscheidungen und Entwicklungen in kürzester Zeit innerhalb eines Fraktals getroffen und unmittelbar umgesetzt werden können. Zusätzlich sind unabhängig lebensfähige Fraktale in der vorteilhaften Lage, notwendige Innovationen von Produkten und Leistungen, ausgehend von der direkten Interaktion mit der sie umgebenden Umwelt, umzusetzen und auch auftretenden Risiken entgegenzuwirken, ohne auf Vorgaben oder Genehmigungen einer separaten Autorität warten zu müssen.

Ist das Fraktal über verschiedenste Ebenen der Rekursion in ein größeres Netz von Fraktalen in einem Unternehmen eingebunden, kann es seine Entwicklungen und Erkenntnisse weitergeben, wovon wiederum andere Systemverbünde, wie man Gruppierungen von Fraktalen auch nennen kann, profitieren.

Vergleicht man diese Form des Unternehmensaufbaus mit der einer historisch gewachsenen oder durch diverse Umstrukturierungen entstandenen hierarchischen Struktur, so sind die Vorteile bereits in dieser theoretischen Betrachtung erkennbar. In einer hierarchischen Unternehmensstruktur dauern Entscheidungswege und Entscheidungsprozesse oft viel länger, als es die Veränderungsgeschwindigkeit der Umwelt erfordert. Außerdem werden in Entscheidungsprozesse nicht nur zwingend die Teile des Unternehmens einbezogen, die für die Entscheidung verantwortlich oder von ihr direkt betroffen sind. Vielfach müssen Stakeholder und Machtpromotoren aus unternehmenspolitischer Motivation einbezogen werden, egal ob diese einen direkten Beitrag leisten oder eine unmittelbare Verantwortung tragen.

Um unser Beispiel der Organe im menschlichen Organismus zu bemühen, wäre das so, als würde die Leber den Magen um Erlaubnis bitten, erkannte Giftstoffe aus dem Blut zu filtern. Die Leber fragt in diesem Beispiel den Magen nicht um Zustimmung oder Freigabe, weil dieser einen Beitrag zur Blutreinigung leisten kann, sondern weil er ein Machtpromotor ist, den man besser nicht ignoriert. Die Leber will schlicht keinen Ärger mit dem Magen oder Nachteile bei der nächsten »Stoffwechselerhöhung« bekommen.

Auch wenn das Beispiel absurd wirken mag, im Unternehmensalltag unzähliger Firmen verschiedenster Kulturkreise werden derartige Konstellationen als selbstverständlich betrachtet, berücksichtigt und ernst genommen.

5.1 Unternehmen mit fraktalem Design

Ein Beispiel für ein ausgesprochen erfolgreiches Unternehmen, das konsequent in fraktalen Strukturen aufgebaut ist, ist W. L. Gore & Associates (www.gore.com/de_de/aboutus/culture/corporate_culture.html). Gore ist ein in unterschiedlichen Märkten und Branchen diversifiziertes Unternehmen, das mit innovativen Produkten für Elektronik, Medizin, Industrie oder Textilien erfolgreich ist. Dabei beschäftigt das Unternehmen weltweit 10 000 Mitarbeiter in 30

Ländern. Gore bezeichnet die Konfiguration des Unternehmens als Gitterstruktur, welche die Eigeninitiative und Kommunikation aller Mitarbeiter, die bei Gore Associates genannt werden, in den Vordergrund stellt und fördert. Aus der Entwicklungsgeschichte des Unternehmens ist erkennbar, dass genau dieses Designprinzip den Erfolg geprägt und sichergestellt hat.

Ein weiteres Beispiel für ein erfolgreiches Unternehmen, das in fraktalen Strukturen aufgebaut ist, ist die dm-drogerie markt GmbH & Co. KG (siehe www.dm.de/unternehmen/ueber-uns/grundsaetze/). Bei diesem Unternehmen ist jede einzelne Filiale als eigenständig lebensfähiges Fraktal konfiguriert, in dem die dort tätigen Mitarbeiter weitgehend eigenverantwortlich den Betrieb leiten und organisieren.

Diese Unternehmen zeichnet, neben ihren speziellen Strukturen, die dem VSM sehr nahekommen, auch eine spezifische Unternehmenskultur aus, die dem Mitarbeiter weitreichende Eigenverantwortung und Entscheidungsautonomie überträgt. Dies berührt einen eigenen Themenbereich, den wir in einem der späteren Kapitel (Organisationsformen für Erwachsene) behandeln werden.

5.2 Attenuator und Amplifier

Ein weiterer Baustein aus der Welt der Systemanalyse und der Kybernetik ist nützlich für das Verständnis der Interaktion von Systemen und ihren Elementen mit angrenzenden Systemen und der sie umgebenden Umwelt insgesamt. Es handelt sich hierbei um ein Denkmodell zur Beschreibung des Gleichgewichts der Interaktion von Systemen untereinander und mit ihrer Umwelt. Der Fachbegriff, der in Naturwissenschaften ebenso genutzt wird wie in der Wirtschafts- oder Sozialwissenschaft, ist die Homöostase oder auch Homöodynamik (griechisch *homoiostásis* für »Gleichstand«). Ein allgemein bekannter Homöostat ist der Thermostat, welcher die Wärmeleistung eines Heizkörpers reguliert. Dieser stellt durch den eingebauten Temperaturmesser das voreingestellte Gleichgewicht zwischen der Temperatur des Umfelds und der Wärmestrahlung des Heizkörpers her. Aus der Biologie ist uns die Osmoseregulation als Homöostat bekannt, der den osmotischen Druck der Kör-

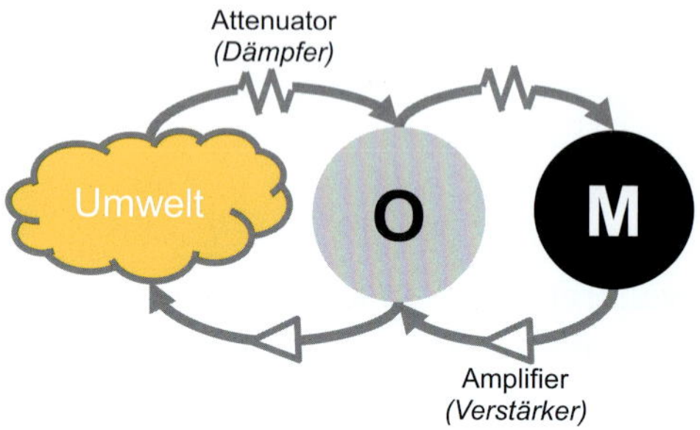

Bild 5.5
Homöostat unter Verwendung der Systeme des Viable System Model

perflüssigkeiten eines Organismus im Gleichgewicht hält.

Das Modell des Homöostaten nutzt Stafford Beer als Bestandteil des VSM. Beer beschreibt damit die Wechselwirkung zwischen Systemen und ihren Elementen im Inneren und nach außen, in der Interaktion mit der Umwelt. Das Modell ermöglicht es, das Gleichgewicht eines Systems mit seiner Umwelt hinsichtlich der benötigten Varietät zu beschreiben. Das benötigte Gleichgewicht wird über die Entwicklung und Weiterentwicklung der notwendigen Varietät hergestellt, um auf die Komplexität der Umwelt adäquat reagieren zu können (Bild 5.5).

Zur Beschreibung nutzt Beer folgende Begriffe:

- *Attenuator (Dämpfer)*
  Er wirkt wie ein Filter, der die Einflussfaktoren, die auf das System und seine Elemente einwirken, auf das Maß reduziert, das von der eigenen Varietät abgedeckt werden kann. So kann ein operatives System **O** die Vielzahl seiner Kunden in Marktsegmente zusammenfassen. Das Managementsystem **M** wiederum kann die Komplexität der operativen Organisation **O** steuern, indem zusammengehörige Aufgaben in zentralen Teams oder Abteilungen zusammengefasst werden.
- *Amplifier (Verstärker)*
  Als Verstärker gelten Maßnahmen, die vom System ausgehen und auf andere Systeme oder die Umwelt wirken, um einer Anforderung gerecht zu werden oder eine Reaktion auszulösen. So kann das vorgenannte operative System **O** seine Varietät erhöhen, indem es seine bestehenden Marketingmaßnahmen auf Anzeigen und Vertriebsaktionen ausdehnt. Das Managementsystem **M** wiederum kann die Komplexität der operativen Organisation **O** erhöhen, indem Entscheidungsbefugnisse entsprechend verlagert werden.

Attenuatoren ermöglichen es, mit der auf das System einwirkenden Komplexität adäquat umzugehen. Amplifier wiederum ermöglichen ein Einwirken auf die Umwelt, um mit dieser bedarfsgerecht zu interagieren. Je ausgeglichener die Wirkweise dieser Regelungsmechanismen ausgebildet ist, desto unmittelbarer und wirkungsvoller kann ein System auf angrenzende Systeme und die Umwelt reagieren.

Bei der späteren Definition der Geschäftsfähigkeiten (englisch *business capabilities*) werden wir hierfür benötigte Dämpfer und Verstärker beschreiben, um darüber die Handlungsvielfalt bewusst steuern zu können.

06

Methode für iteratives Vorgehen: OODA-Loop

Die geeignetste und bewährteste Methode für eine kontinuierliche und iterative Vorgehensweise zur hat der amerikanische Militärstratege John Boyd entwickelt. Im Kontext einer agilen Organisation ist diese Arbeitsweise ein grundlegender Bestandteil und wird bei fast allen Aufgabenstellungen, ob strategisch oder operativ, angewendet. Daher soll sie auch als Teil der Vorüberlegungen und Grundlagen an dieser Stelle explizit eingeführt werden.

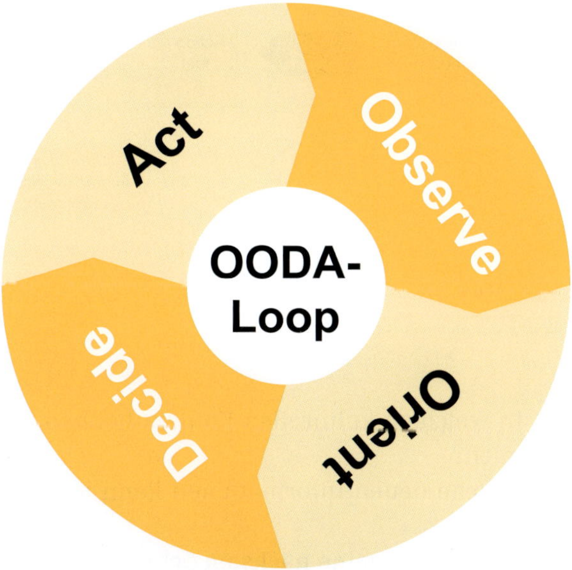

Bild 6.1 OODA-Loop: Methode eines agilen Entscheidungsprozesses

Die als OODA-Loop (Bild 6.1) bekannte Methode wurde von Boyd ursprünglich dazu eingesetzt, um in möglichst kurzer Zeit Entscheidungen in der Situation eines Luftkampfes zu treffen.

Schnell wurde klar, welchen Nutzen die Methode auch im Kontext der Entscheidungen von Wirtschaftsunternehmen stiftet. Boyd hatte aus seinen militärischen Analysen die Erkenntnis gewonnen, dass Agilität der Entwicklung und Anwendung schierer Stärke, d. h. militärischer Überlegenheit, vorzuziehen ist und im Vorteil ist, wenn es darum geht, eine Auseinandersetzung, egal aus welcher Position heraus, für sich zu entscheiden.

Die Methode seines agilen Entscheidungsprozesses besteht aus den folgenden, iterativ zu durchlaufenden Phasen (Bild 6.2):

- *Observe (beobachten)*
  - In welcher Situation befinde ich mich?
  - Welche Faktoren nehmen auf mich Einfluss?
  - Welche Informationen über meine Situation stehen mir zur Verfügung?

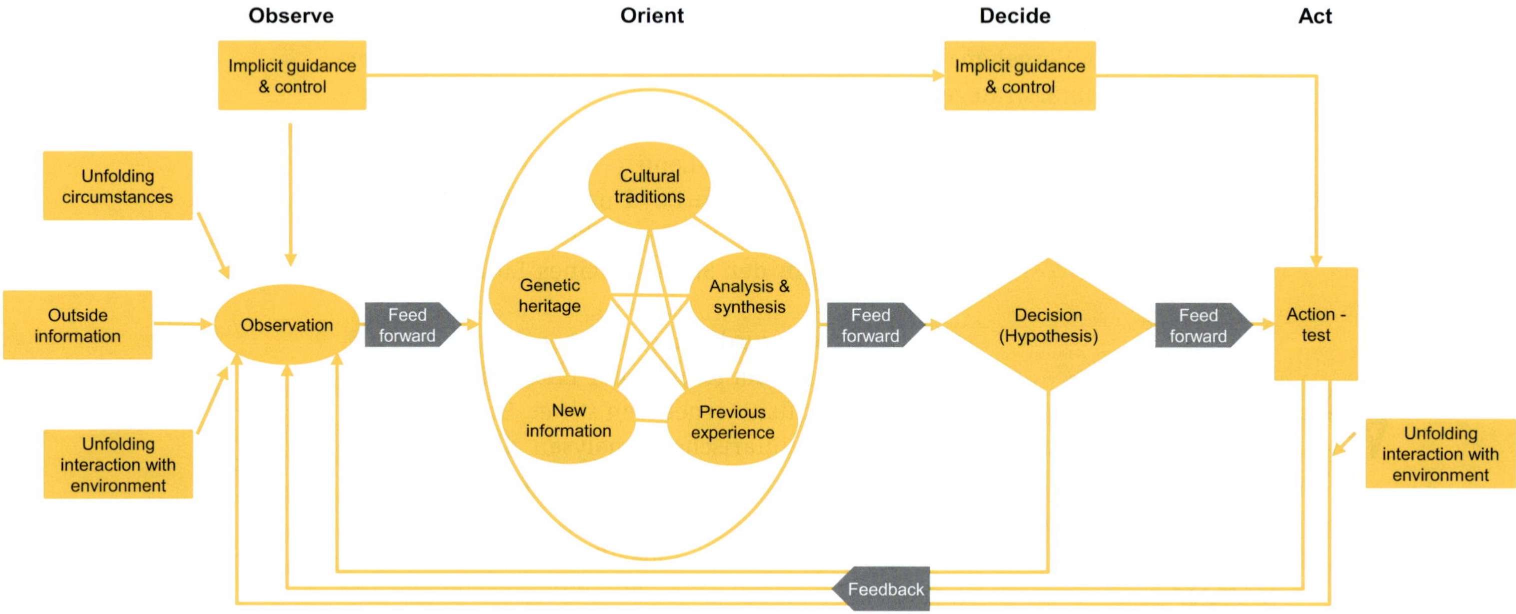

Bild 6.2
OODA-Loop im Überblick

- *Orient (orientieren)*
  - Welche Fähigkeiten stehen mir zur Verfügung?
  - Auf welche Erfahrungen kann ich zurückgreifen?
  - Welche Analyse und Synthese kann ich durchführen?
  - In welchem kulturellen Kontext befinde ich mich?
  - Welche neuen Informationen kann ich verwerten?
  - Wie sehen meine nächsten Schritte aus und wie reagiere ich auf die Einflussfaktoren?
  - Welche Handlungsalternativen habe ich?

- *Decide (entscheiden)*
  Treffe Entscheidungen auf Basis der erkannten Situation und auf Grundlage entwickelter Hypothesen!
- *Act (handeln)*
  Setze die Entscheidung um und prüfe die Wirksamkeit!

> Entscheidende Erfolgselemente:
> Agilität, Feedback und Zeit!

Durch Rückkopplungsmechanismen und -schleifen stellt die Methode sicher, dass die Wirksamkeit der Entscheidung und das umgesetzte Vorgehen zum notwendigen Ergebnis führen. Dabei ist das Vorgehensmuster selbst nicht vorbestimmt oder vorgefertigt, sondern entsteht immer aus der jeweiligen Situation. Daraus resultierte für die Kontrahenten in den Luftkämpfen, worauf sich Boyd bei der Entwicklung des Vorgehensmodells ursprünglich fokussierte, ein unberechenbares Vorgehen und damit ein Überraschungseffekt, der die nötige Agilität ermöglichte, die einer rein militärischen Stärke überlegen ist.

Im Kern des OODA-Loop geht es um zwei Faktoren. Dem Gegner immer mindestens einen Schritt voraus zu sein sowie das Überraschungsmoment auf der eigenen Seite zu haben und auszunutzen. Peter F. Drucker formulierte eine vergleichbare Erkenntnis in einer seiner Aussagen. Die größte Gefahr in turbulenten Zeiten, so Drucker, ist nicht die Turbulenz selbst, sondern das Handeln mit überholter Logik. Was Boyd und Drucker damit ausdrücken, ist, dass die weitverbreitete Vorgehensweise des »*mehr vom Gleichen*« fatale Folgen hat, da die in vergangenen Situationen gewonnenen Erfahrungen nicht zwingend die richtigen und wirksamen Antworten, auch bekannt als Strategien, auf aktuelle und zukünftige Fragestellungen beinhalten.

Diese Erkenntnisse und die dazugehörigen Überlegungen sind für dynamische Wirtschaftsumfelder, in denen digitale Geschäftsmodelle entstehen und wirken, elementar und erfolgsentscheidend. Nur agile Unternehmen, die in dynamischen Strategiemustern denken und handeln, sind in der Lage, angemessen auf wechselnde Einflussfaktoren rechtzeitig und vor allem schnell zu reagieren.

Denn Boyd hat zusätzlich festgestellt, dass der Faktor Zeit die alles entscheidende Größe bei der Entwicklung und Umsetzung einer Strategie darstellt. Er hatte nicht ohne Grund den Spitznamen »40-seconds-Boyd«. Seine stehende Wette, dass er jeden Luftkampf aus einer nachteiligen Position heraus innerhalb von 40 Sekunden für sich entscheiden und den Gegner besiegen kann, hat er, so wird es zumindest kolportiert, nur ausgesprochen selten verloren.

TEIL 2

Das IaCoCa-Modell

Aus all den bisher zusammengestellten Grundlagen und Vorüberlegungen und einer Fülle an Erfahrungswerten ist das nachfolgende Modell der Bestandteile eines agilen Unternehmens entwickelt worden. Es integriert die wesentlichen Bestandteile und Systeme der vorhergehenden Erläuterungen und beschreibt deren Qualität und Konfiguration ausgehend von den Strukturen des VSM, Ashbys Gesetz, dem Gesetz der strukturellen Kopplung und weiteren Methoden und interdisziplinären Praktiken.

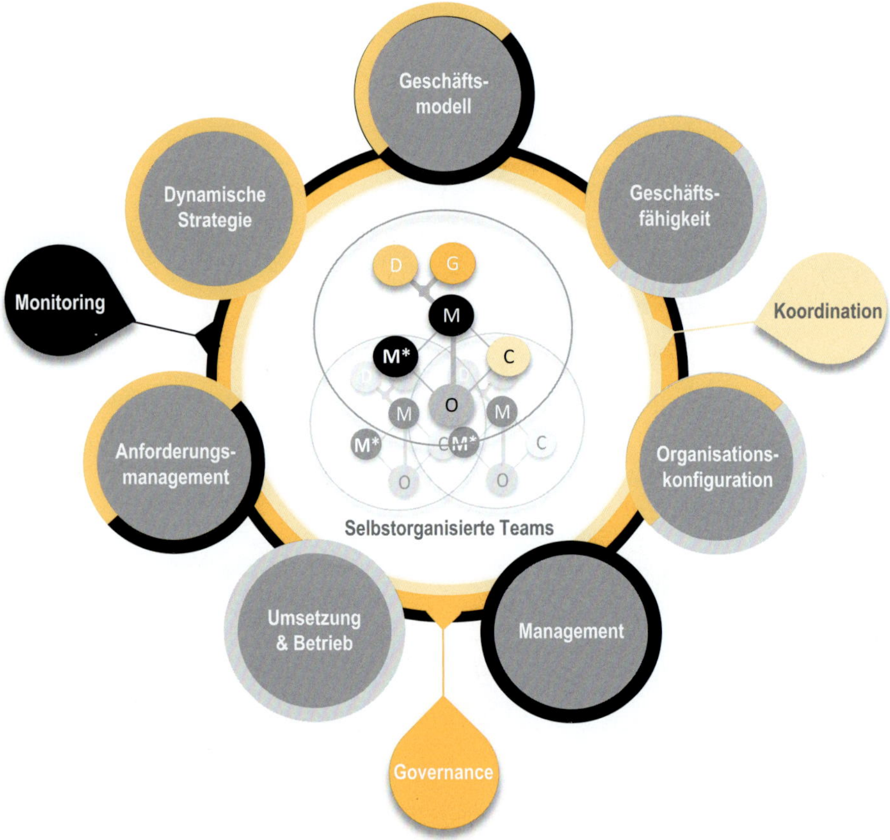

Das laCoCa-Modell stellt die generalisierte Grundstruktur eines agilen Unternehmens dar. Wie in unseren Beispielen aus der Welt der Medizin und Biologie repräsentiert das laCoCa-Modell die Anatomie einer agilen Organisation. Die Inhalte und das Zusammenspiel der Bestandteile dieses anatomischen Modells vertiefen wir im folgenden Abschnitt und beschreiben an verschiedenen Stellen zusätzlich die Vorgehensweise zur Entwicklung und Nutzung dieser Elemente.

Wir verlassen die Perspektive der allgemeinen Betrachtung, aus der wir uns mit den Grundlagen und Vorüberlegungen befasst haben, und sehen uns die verschiedenen Themengebiete an, aus denen das laCoCa-Modell besteht. Die Inhalte des laCoCa-Modells finden sich auch in der späteren Darstellung der laCoCa-Methode wieder.

Es ist nützlich, die folgenden Erläuterungen zum laCoCa-Modell als Grundlage für die Anwendung der darauf aufbauenden Methode zu nutzen. Die späteren Beschreibungen der Methode bauen auf den Inhalten des Modells auf und referenzieren auf diese. Darüber ist es möglich, die Erklärung der Methode vergleichsweise kurz ausfallen zu lassen.

Bei der Entwicklung des laCoCa-Modells werden immer drei Themengebiete in ihrer Interaktion betrachtet:

- Geschäftsfähigkeit (*Business Capability* oder nur *Capability*),
- Konfiguration von Geschäftsfähigkeiten in einem komplexen System (*Configuration*),
- Kooperation der Mitarbeiter in einer selbstorganisierten und selbstverantwortlichen Organisationsform (*Cooperation*).

Diese Themengebiete konzentrieren sich in ihren Schwerpunkten auf drei Kernfragen:

- Welche Geschäftsfähigkeiten (*Business Capabilities*) benötigt ein Unternehmen, um den dynamischen Anforderungen seiner Umwelt, seiner Kunden oder einer Branche gerecht zu werden?
- In welcher Qualität und in welchem Zusammenhang müssen diese Fähigkeiten ausgeprägt, miteinander verbunden und kombiniert sein, damit sie eine möglichst hohe Wirksamkeit entfalten können?
- Wie muss die Zusammenarbeit aller Mitarbeiter organisiert, koordiniert geregelt und unterstützt werden, damit die notwendigen Rahmenbedingungen eine möglichst eigenständige und selbstverantwortliche Arbeitsweise aller erlauben und sicherstellen?

Im Rahmen der Beschreibung des grundlegenden Konzepts zur Methode werden diese drei Themengebiete immer wiederkehrend behandelt.

Beginnen wir zunächst mit dem Themengebiet des Managements und der Führung, da dies den neuralgischen Ausgangspunkt im Verständnis der Funktionsweise und der Kooperation agiler Teams darstellt. Einige Mythen hierzu haben sich bereits allgemein etabliert und können hoffentlich aufgedeckt werden.

07 Management – Wirksam führen ohne Führung

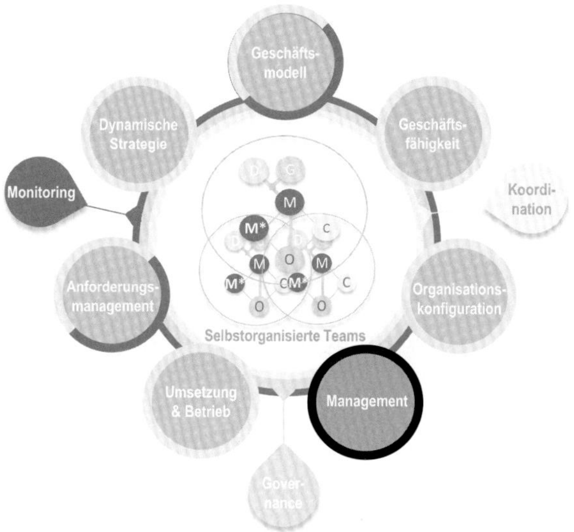

Für die strategische und operative Organisation eines Unternehmens auf der Basis des individuell zu entwickelnden laCoCa-Modells ist das hier beschriebene Verständnis zum Thema Führung und Management als Dreh- und Angelpunkt zu verstehen. Die hier dargestellte Perspektive und die Qualitäten der Inhalte und Vorgehensweise zum Management **M** in einer agilen Organisation sind Grundlage für die praktische Ausgestaltung dessen, was unter dem laCoCa-Modell und der laCoCa-Methode sowie der Geschäftsfähigkeit und der Rolle Management **M** zu verstehen ist.

Aufgrund der Bedeutung dieser Thematik und dem Umstand, dass Management ein gänzlich anderes Denkmodell und eine diametral entgegengesetzte Zielsetzung in agilen Organisationen verfolgt, als dies in tayloristisch-hierarchischen Umfelder der Fall ist, betrachtet das folgende Kapitel eine Vielzahl von Sachgebieten, die mittelbar und auch unmittelbar dieses Denkmodell betreffen. Darüber soll verdeutlicht werden, dass die Aufgabe und Verantwortung von Management im Kontext agiler Organisationen um einiges anspruchsvoller und vielfältiger ist, als es in hierarchischen oder militärischen Strukturen üblich oder notwendig ist.

M

Methoden, Vorgehensmodelle und Strategien können noch so ausgefeilt und durchdacht sein, sie können noch so sehr auf wissenschaftlichen und empirischen Erkenntnissen beruhen, sie scheitern dennoch in der praktischen Anwendung und im Alltag eines Unternehmens, wenn die betroffenen und beteiligten Mitarbeiter ihre Unterstützung verweigern.

Mitarbeiter, die sich gegen eine Veränderung im Unternehmen entscheiden, und sei diese noch so notwendig, logisch und existenziell, haben eine enorme und meist unterschätzte Macht. Peter F. Drucker wird der Satz *»Culture eats strategy for breakfast«* zugeordnet, der diese Tatsache treffend auf den Punkt bringt.

Das Spannungsverhältnis zwischen Mitarbeitern und Führungskräften ist in allen Wirtschafts- und Gesellschaftsbereichen ein chronisches und negatives Dauerthema. Unzählige Bücher, vom wissenschaftlichen Fachbuch über wirkungsvolle Führungsmethoden bis hin zum Ratgeber für Führungskräfte und diversen Biografien erfolgreicher Manager, behandeln aus diversen Perspektiven und mit den unterschiedlichsten Empfehlungen und Rezepturen ein einziges, zentrales Problem.

Zentrale Fragestellung

Wie schaffen es Führungskräfte, ihre Mitarbeiter davon zu überzeugen, das zu tun, was sie von ihnen verlangen, weil es von ihnen als richtig und notwendig definiert wird?

Veröffentlichungen und Erkenntnisse von Koryphäen wie Peter F. Drucker oder Michael Porter füllen unzählige Regalmeter (Harvard Business Manager 2011). Es gibt Management »by motivation«, »by exception«, »by delegation«, »by objectives« oder »by participation«. Es gibt Managementmethoden, die esoterischen Strömungen folgen, und Methoden aus der Psychoanalyse, die den nötigen Charakter und die Persönlichkeit einer erfolgreichen Führungskraft zu analysieren und zu entwickeln versprechen. Es gibt emotionale Führungsmodelle sowie transaktionale und transformationale. Die Vielfalt ist ebenso faszinierend wie erdrückend und verwirrend. Was vom individuellen Standpunkt und der Einstellung zu diesem Themengebiet abhängig ist.

Sieht man sich die regelmäßig durchgeführten Studien an, in denen ausgewertet wird, wie zufrieden Mitarbeiter mit ihren Vorgesetzten sind, wie motiviert und wie gut orientiert sie sich von diesen fühlen, dann entsteht der Eindruck, dass all die angebotenen Modelle, Ratschläge und Rezepte ihre Wirkung verfehlen oder ihr Versprechen nicht einlösen können.

Paradoxerweise ist die Nachfrage nach Managementratgebern und Managementseminaren ungebrochen. Und nach wie vor ist es für sehr viele Menschen ein wichtiges berufliches Ziel ihrer Kariere, Führungskraft zu werden. Einkommen, soziale Anerkennung, Status und weitere gesellschaftlich relevante Faktoren fördern diese Zielsetzung.

Sucht man im Internet nach dem Begriff »Mitarbeiter unzufrieden mit ihrer Führungskraft«, kann man ca. 82 000 deutschsprachige Ergebnisse erwarten (bei einer Nutzung von Google als Suchmaschine). Da ist zu lesen, dass jeder zweite Mitarbeiter mit seiner Führungskraft unzufrieden ist, dass der Chef der Störfaktor Nummer eins ist und seine Mitarbeiter frustriert sind. Und all dies trotz der vielen goldenen Regeln und der teuren Seminare, die Führungskräfte erlernen und besuchen, um ihre Mitarbeiter nicht zu frustrieren, sondern zu motivieren.

Die 2016 von Gallup durchgeführte Analyse zur Mitarbeiterzufriedenheit unter ca. 1400 Angestellten in Deutschland macht deutlich, wie groß das Leistungspotenzial ist, das durch die bestehenden Formen der hierarchischen Unternehmensorganisation und des direktiven Managements regelrecht zerstört wird. 70 % der befragten Angestellten leisten lediglich Dienst nach Vorschrift, und weitere 15 % haben innerlich gekündigt. Die Gründe für diese desolate Situation in einem Arbeitsmarkt, in dem qualifizierte Fachkräfte als Mangelware gelten, sind qualitativ unzureichende Führungskräfte und eine Unterforderung der Mitarbeiter.

Betrachtet man das Thema Management und Führung aus dieser, zugegebenermaßen etwas skeptischen Perspektive, kann man den Eindruck nicht verhindern, dass es besser wäre, damit aufzuhören und jede Form der etablierten Managementvorgehensweisen einzustellen.

In der Kybernetik gibt es einen Grundsatz, der in der Systemanalyse Anwendung findet. Es geht dabei darum, herauszufinden und zu beschreiben, welchen Zweck (englisch *purpose*) ein System erfüllt. Und um das zu tun, hat Stafford Beer den folgenden Satz geprägt:

> »The purpose of a system is what it does« (POSIWID).

Der Zweck eines Systems ist, was es tut. Anders formuliert: Der Zweck eines Systems ist an seinen Ergebnissen oder seiner Wirkung zu erkennen.

Übertragen auf ein Unternehmen bedeutet es, dass beispielsweise der Zweck einer Bäckerei darin besteht, Brote, Brötchen und vergleichbare Teigwaren herzustellen und zu verkaufen. Auf ein anderes System übertragen kann man sagen, dass der Zweck eines Fahrzeugs darin besteht, Menschen und Güter zu transportieren.

Wechselt man die Perspektive, kann der Zweck eines Fahrzeugs, sagen wir konkret eines Automobils, aber auch darin bestehen, Reifen zu verschleißen. Dem genannten Grundsatz folgend ist das richtig. Der Verschleiß von Reifen ist ein von dem System produziertes Ergebnis bzw. eine messbare Wirkung.

Es geht in der Systemanalyse und der Kybernetik, der Wissenschaft von der Funktionsweise von Systemen, darum, zu beobachten und festzustellen, wie ein System wirkt und welche Ergebnisse es produziert. Über diese Analyse kann weitergehend abgeleitet werden, wie das System gesteuert und beeinflusst wird.

Wenn diese Resultate den Anforderungen der Umwelt nicht genügen und daher kein anpassungs- und damit lebensfähiges System zu erkennen ist, bietet uns die Kybernetik vielfältige Wege an, diesen Zustand zu verändern.

Das kann so weit gehen, dass ein System zerstört werden muss. Das klingt dramatischer, als es ist. Es handelt sich bei dieser Aussage lediglich um die Konsequenz, speziell bei komplexen Systemen, in unserem Fall einem Unternehmen, wenn es in unterschiedlichen Konstellationen nicht in der Lage ist, aus sich selbst heraus notwendige Veränderungen zu erkennen und umzusetzen. Dann ist es nötig, unvermeidbar oder nützlich, wenn der Veränderungsimpuls von außen auf das System einwirkt und es im extremsten Fall zerstört wird, damit eine Situation geschaffen wird, in der eine Neugestaltung, also ein Neuaufbau möglich ist. Diese Sichtweise ist bewusst provokant formuliert, um im weiteren Verlauf auf die positiven Effekte überleiten zu können.

Übertragen wir den erwähnten Grundsatz auf das Thema Management und Führung. Formulieren wir dafür den Satz von Stafford Beer um.

> »Der Zweck von Management und der Führung von Mitarbeitern ist an den Ergebnissen und seiner Wirkung zu erkennen.«

Am VSM orientiert, verstehen wir in dieser Überlegung Management **M** als System innerhalb eines komplexen Systems. Wenn das Ergebnis des Systems Management darin besteht, dass jeder zweite Mitarbeiter frustriert ist, dann ist eben dies der Zweck.

Wenn die Beobachtung und Analyse der Resultate von Management aufzeigen, dass durch Management Unternehmen ineffizient arbeiten, nötige Innovationen verschleppt werden oder Entscheidungen einzelner Führungskräfte den wirtschaftlichen Ruin eines Unternehmens auslösen, dann ist festzustellen, dass dies auch der Zweck von Management und Führung ist.

Diese Art der Argumentation erscheint etwas krude und überzeichnet. Sie spiegelt allerdings eine Sichtweise wider, die sich seit Anfang der 2000er-Jahre immer weiter durchsetzt und immer mehr Verbreitung findet. Diese Perspektive ernst nehmend, muss Management und Führung, in der aktuell praktizierten Wirkungsweise, vollständig eingestellt, also im positiven Sinne zerstört und gegen ein völlig andersartiges System ersetzt werden, das in seiner Wirkung und seinen Ergebnissen die notwendigen, positiven und konstruktiven Effekte ermöglicht.

Aber vorher noch zu einer weiteren Perspektive, die beleuchtet, welche weitergehenden Problembereiche sich aus der Form von Management und Führung ergeben, die wir heute als weitverbreitet ansehen können. Es handelt sich hierbei um einen Widerspruch, der nur schwer aufgelöst werden kann.

7.1 Der Mitarbeiter: Erwachsen und entmündigt

7.1.1 Eine eigenverantwortliche, erwachsene Person

Stellen Sie sich zur Verdeutlichung des Problems eine Person vor, die mit Mitte 20 heiratet, gerade das Studium abgeschlossen hat und dabei ist, eine Familie zu gründen. Die erste feste Anstellung ist unter Vertrag, und in spätestens zwei Jahren ist auch ein Hausbau geplant. In diesem kurzen Szenario sind mindestens vier Entscheidungen enthalten, die im Leben unserer fiktiven

Person und für ihre direkte Umwelt, von Ehepartner und zukünftigen Kindern ganz zu schweigen, grundlegende Veränderungen zur Folge haben. Diese sind teilweise irreversibel, beinhalten eine Vielzahl an Risiken und können umfangreiche finanzielle Konsequenzen nach sich ziehen. Eine Familie zu gründen bedeutet, Verantwortung für neues Leben zu übernehmen. Ein Eheschluss stellt, aus christlicher Sicht, einen Bund für das ganze Leben dar. Und ein Haus zu bauen oder zu kaufen, hat weitreichende finanzielle Folgen und Verpflichtungen.

Alles keine Entscheidungen, die eben schnell unter der Dusche getroffen werden. Die Chancen und Risiken wollen wohldurchdacht und abgewogen sein. Auch wenn die Entscheidung, ein Haus zu kaufen, statistisch weniger Zeit in Anspruch nimmt als die Auswahl eines neuen Automobils, so sind die Auswirkungen dennoch sehr viel weitreichender.

Und in all diesen Entscheidungen hat der erdachte Protagonist die Verantwortung für alle Aspekte und Konsequenzen vollständig selbst zu tragen. Er hat, davon können wir in unserem Szenario ausgehen, niemanden um Erlaubnis gefragt, ob er all diese Entscheidungen treffen darf oder ob er möglicherweise seine Kompetenzen bei einer dieser Entscheidungen überschreitet. Für den Hauskauf, sofern eine Finanzierung nötig ist, wird eine Bank aufgesucht und der Kredit verhandelt. Aber die Bank gewährt lediglich den Kredit. Sie entscheidet nicht darüber, ob die Person ein Haus bauen oder kaufen darf. Diese Entscheidung liegt alleine bei unserem fiktiven Helden.

Auch wenn die Person andere Personen mit entsprechender Lebenserfahrung zurate zieht und sie nach deren Meinung und Ansicht fragt, bleibt die Entscheidung weiterhin bei der Person und wird nicht weitergegeben oder geteilt. Verantwortung ist weder teilbar noch kann man sie delegieren.

Erwachsene Menschen treffen erwachsene Entscheidungen und tragen die Verantwortung für jedwede Konsequenz.

7.1.2 Der entmündigte Angestellte

Und jetzt wechseln wir kurz die Szenerie, bleiben aber weiter bei unserer fiktiven Person. Wir begleiten unseren erwachsenen Helden, der gerade noch eine Reihe fundamentaler Entscheidungen getroffen hat, an seinen (oder ihren) Arbeitsplatz. Er ist als Fachexperte für internationale Logistik und Seefracht bei einer weltweit operierenden Spedition tätig und arbeitet in einer Gruppe zusammen mit sieben weiteren Experten. Diese Expertengruppe bildet eine Abteilung, die von einem Vorgesetzten gesteuert wird. Und in diesem Kontext beobachten wir bei unserem Helden eine sehr wundersame Metamorphose. Derselbe Mensch, der gerade noch sein eigenes Schicksal und das nahestehender Menschen durch grundlegende Entscheidungen beeinflusst und verändert hat, lässt sich jede berufliche Verantwortung und Entscheidungsautorität von seinem Vorgesetzten abnehmen. Wie er arbeitet, welche Prioritäten verschiedene Aufgaben haben müssen und zu welchem Zeitpunkt und in welcher Güte unterschiedliche Tätigkeiten zu erfüllen sind, entscheidet unsere Person nicht selbst und autark oder nachdem sie sich bei erfahrenen Kollegen einen Rat oder Tipp eingeholt hat. Nein, all dies wird von der Führungskraft vor- oder freigegeben.

> »It doesn't make sense to hire smart people and then tell them what to do; we hire smart people so they can tell us what to do.« – Steve Jobs

Unsere Person ist erwiesenermaßen Expertin ihres Fachs. Hat ein Diplom in einem entsprechenden Studiengang vorzuweisen und wurde genau wegen dieser Qualifikationen und ihrer persönlichen Eigenschaften wie Teamfähigkeit, Selbständigkeit und Eigeninitiative, ihrer Kommunikationskompetenz und ihres Verantwortungsbewusstseins von dem Speditionsunternehmen eingestellt.

Das hier beschriebene Phänomen ist allgemein üblich und stellt keinen überzeichneten Ausnahmefall dar. So mündig unsere fiktive Person in allen privaten Bereichen ist, und so eigenverantwortlich sie in persönlichen Belangen auch entscheiden muss, so entmündigt ist dieselbe Person, sobald sie die Bürotür durchschreitet und in den Einzugsbereich des Vorgesetzten gerät und den Verpflichtungen und Regulierungen des Arbeitsvertrags und der unsichtbaren, aber allgegenwärtigen Unternehmenskultur unterliegt.

> Der mündige Erwachsene wechselt seine Rolle in eine Eltern-Kind-Beziehung zu seinem Vorgesetzten und weiteren Personen, die in der Unternehmenshierarchie mit entsprechender Befugnis oder Macht ausgestattet sind, die ihnen ihr Status verleiht.

7.1.3 Dramadreieck versus Empowerment-Dynamik

Um die bisher beschriebene Dynamik der Eltern-Kind-Beziehung zwischen Mitarbeitern und Vorgesetzten in einer hierarchisch-disziplinarischen Organisationsstruktur zu verdeutlichen, sind zwei gegensätzliche Modelle sehr anschaulich.

Der Psychologe Stephen Karpman hat 1960 das nach ihm benannte Karpman-Dreieck entwickelt. Es handelt sich hierbei um ein Modell aus der Transaktionsanalyse, die es ermöglicht, die Dynamik und Abhängigkeit verschiedener Rollen in der gesellschaftlichen Interaktion zu beschreiben.

In diesem Modell wird, vereinfacht gesagt, erklärt, wie drei definierte Rollen in einem Interaktionsverhältnis zueinander stehen (Bild 7.1). Hierbei ist der Persecutor der Verfolger, der das Opfer, Victim, verfolgt und kontrolliert. Auf die Eltern-Kind-Situation in hierarchischen Organisationsstrukturen übertragen, ist der Mitarbeiter in der Opferrolle und der disziplinarische Vorgesetzte in der Rolle des Täters oder Verfolgers. Die dritte Rolle steht den beiden ersten gegenüber und spielt zum einen die Rolle des Bemitleiders und ist von der Angst getrieben, nicht benötigt oder gemocht zu werden. Die Rollen sind in der Beziehungsdynamik von Personengruppen nicht starr, sondern können, je nach Situation und Kontext, wechseln.

Vor allem die Opferrolle ist deswegen relevant, weil sie in ihrer extremsten Ausbildung eine ausgesprochen machvolle Position darstellt, die jedwede Verantwortung abweisen und für keine ihrer Handlungen verantwortlich gemacht werden kann. Es ist immer der Täter, der dem Opfer gegenübersteht und dessen Freiraum und Handlungsmöglichkeit limitiert. In einem disziplinarischen Verhältnis zwischen Mitarbeiter und Vorgesetztem bedeutet dies, dass immer der Vorgesetzte für die Fehler seiner Mitarbeiter verantwortlich ist. Nicht der Mitarbeiter selbst. Dieser kann wiederum als Opfer nicht

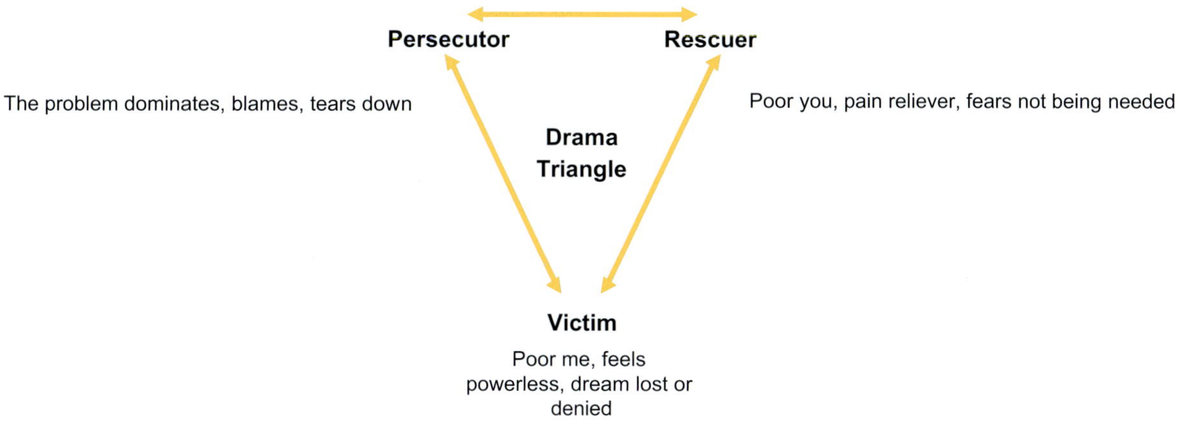

Bild 7.1 Dramadreiecks nach Stephen Karpman (Karpman 2014)

anders handeln, da er weder für die Inhalte seiner Aufgaben noch für die Qualität der Umsetzung verantwortlich gemacht werden kann. Im extremsten Fall führt die Dynamik der drei Rollen des Dramadreiecks zu vollständiger Handlungsunfähigkeit.

Zu beachten ist, dass die hier beschriebene Dynamik der Akteure nicht von ihnen selbst intendiert ist, sondern durch die hierarchische Struktur und das darin festgelegte Interaktionsverhältnis provoziert wird. Prinzipiell ist davon auszugehen, dass kein Mitarbeiter bewusst oder freiwillig eine Opferrolle einnimmt und auch kein Vorgesetzter in dieser Absicht die Rolle des Täters übernimmt.

Dem Dramadreieck steht ein diametral entgegengesetztes und alternatives Modell gegenüber, das die Kooperationsdynamik in agilen Organisationen sehr anschaulich repräsentiert. David Emerald ist Autor des Buches *The Power of TED* (2016) und Fakultätsmitglied des Mendoza College of Business der University of Notre Dame. Das von ihm entwickelte Modell der Empowerment-Dynamik (TED) stellt drei gänzlich gegensätzliche Rollen und Interaktionsmuster zur Verfügung (Bild 7.2).

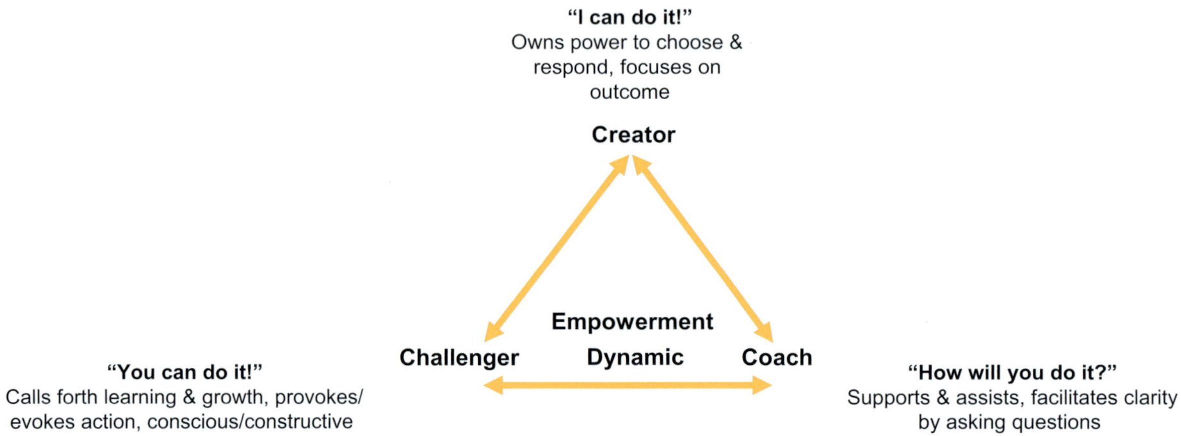

Bild 7.2
The Empowerment Dynamic (in Anlehnung an David Emerald)

In seinem Modell definiert Emerald drei kooperierende Rollen, die einander unterstützen und der Beziehungsdynamik von Erwachsenen entsprechen, die einander respektieren. Dabei ist der Mitarbeiter, um bei unserem Kontext der agilen Organisation zu bleiben, in der Rolle des Creators oder Co-Creators, wenn er im Verbund mit weiteren Mitarbeitern agiert, als Ersteller oder Erschaffer, der von der Grundüberzeugung ausgeht, dass er für die Durchführung der von ihm verantworteten Tätigkeiten geeignet ist. Das Selbstverständnis des Creators wird von dem Motto »I can do it!« bestimmt.

Ihm gegenüber steht der Challenger, der aus der Haltung des Unterstützers den Creator darin fördert und fordert, seine Funktion und Aufgabe auszuführen. Dies entspricht der Rolle Manager **M** in einer agilen Organisation, die aus der Überzeugung handelt, dass jeder Mitarbeiter in der Lage ist, seine Arbeit auszuführen. Der Challenger begegnet dem Creator mit dem Motto »You can do it!«.

Die dritte Rolle ist die eines Coaches. Er beobachtet die Interaktion und die Kooperationsdynamik der ersten beiden Rollen und unterstützt diese aus seiner Rolle und dem Selbstverständnis eines Beraters. Mit der Fragestellung »How will you do it?« fördert er Challenger und Creator darin, die angemessenste, effizienteste oder effektivste Problemlösung oder Kooperationsform zu finden.

Diese drei Perspektiven der Rollen und die Qualität einer daraus resultierenden, respektvollen Kooperationsmöglichkeit auf Augenhöhe sind ideal für die Interaktion in einer agilen Organisation.

Eine auf Selbstorganisation und Eigenverantwortung ausgerichtete Arbeitsumgebung scheitert, wenn das Interaktionsmodell der Beteiligten in der Opfer-Täter-Logik des Dramadreiecks verharrt, das Eltern-Kind-Verhältnis also erhalten bleibt. Dieser Aspekt ist zwar offensichtlich, dennoch scheint er in den meisten Organisationen, die den Wechsel aus einer hierarchischen Struktur in eine agile wagen wollen, nicht ausreichend bewusst zu sein. Das führt dazu, dass man vordergründig selbstorganisiert und eigenverantwortlich kooperieren will, die etablierten und vertrauten Formen der Zusammenarbeit aber nicht ersetzt werden. Die Ursache hierfür ist schlicht, dass das Wissen und die Erfahrung fehlen, wie eine Empowerment-Dynamik im beruflichen Alltag hergestellt und praktiziert wird.

> Unternehmen, die den Wechsel von Selbstverständnis und Kooperationsmodell nicht vollziehen und bewusst und konsequent zur Empowerment-Dynamik wechseln, sind zum Scheitern verurteilt.

7.1.4 Die Macht der Gewohnheiten

Um sich aus der Sackgasse des Dramadreiecks zu befreien und von den Möglichkeiten der Empowerment-Dynamik zu profitieren, muss eine spezielle und ausgesprochen kritische Hürde überwunden werden. Die Macht der Gewohnheit. Jeder, der sich Neujahrsvorsätzen verpflichtet hat, mehr Sport treiben oder sich gesünder ernähren will, kennt das Phänomen nur zu gut. Wie kann man eine neue Gewohnheit etablieren und eine bestehende, die ungeliebt und sogar gesundheitsschädlich ist, damit ersetzen?

> »Die schlimmste Herrschaft ist die der Gewohnheit.« – Publilius Syrus

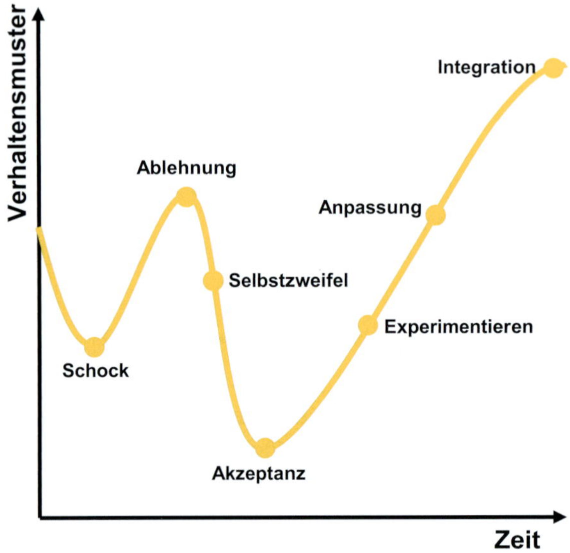

Bild 7.3
Sieben Phasen der Veränderung (in Anlehnung an Kübler-Ross)

Die simple Antwort auf diese Frage lautet: »Einfach machen!« Funktioniert jedoch nur selten und nur, wenn der Handlungsdruck so hoch ist, dass ein Wechsel der Gewohnheit alternativlos ist oder die Konsequenzen unerträglich sind.

Im Kontext unserer Thematik ist ein grundlegendes Modell hilfreich, um zu verstehen, welche Anstrengungen über einen sehr langen Zeitraum aufgebracht werden müssen, um nur eine einzige Gewohnheit zu ersetzen.

In Anlehnung an das Modell der fünf Phasen der Trauer (2014), das von der schweizerisch-US-amerikanischen Psychiaterin Elisabeth Kübler-Ross entwickelt wurde, können wir die Phasen der Veränderung definieren, die durchlebt werden müssen, um Gewohnheiten zu überwinden oder Veränderungen im Organisationsablauf eines Unternehmens etablieren zu können (Bild 7.3).

Bei der Durchführung von Veränderungen im Unternehmen sind die in Bild 7.3 dargestellten sieben Phasen zu durchschreiten und zu verarbeiten, um ein neues Entwicklungsniveau zu erreichen und als selbstverständlich zu verinnerlichen. Erst nach Abschluss der sieben Phasen sind neue Arbeitsformen etabliert, die damit auch vertraute Gewohnheiten der Kooperation und Kommunikation ersetzen. Aus den unterschiedlichen wissenschaftlichen Fachrichtungen haben sich eine ganze Reihe ähnlicher Phasenmodelle entwickelt, die mit abweichenden Begrifflichkeiten letztlich einen vergleichbaren Entwicklungszyklus beschreiben.

Allen Modellen gleich ist die Tatsache, dass derartige Veränderungsprozesse eine Eigenzeitlichkeit aufweisen, die nicht vorhergesagt, auf einen Abschlusstermin hin geplant oder verkürzt werden kann.

So wie die Dauer der Trauerzeit individuell von jedem Menschen, seiner Konstitution und Situation abhängig ist, so ist gleichermaßen die Geschwindigkeit der Veränderungen in einem Unternehmen von der Anpassungsfähigkeit des einzelnen Mitarbeiters abhängig.

Die zentralen Fragen sind hier: In welchem Umfang und in welcher Güte ist ein Unternehmen in der Lage, seine Mitarbeiter in diesem Veränderungsprozess zu unterstützen? Welche unterstützenden Maßnahmen werden angeboten und angewendet, um es den Mitarbeitern zu ermöglichen, die Phasen der Veränderung zu durchleben, ohne dabei existenziellen Ängsten ausgesetzt zu sein und eine Bedrohung für den eigenen Arbeitsplatz in der Veränderung zu befürchten?

Um die Dynamik der Veränderung in einem Unternehmen wirkungsvoll zu begleiten, werden meist sogenannte Change-Projekte ins Leben gerufen. Über diese soll die notwendige Veränderung in einem Unternehmen durchgesetzt und so schnell wie möglich, auf einen Plantermin hinarbeitend, abgeschlossen werden. In den überwiegenden Fällen scheitern diese Projekte allerdings, da sie das Momentum der Eigenzeitlichkeit ignorieren und unterschätzen bzw. davon ausgehen, dass eine Transformation in definierter Zeit abgeschlossen sein kann, wenn man nur eine Fülle von Kommunikations- und Informationsmaßnahmen umsetzt.

Wesentlich bei Veränderungsprozessen ist, dass die Mitarbeiter das Vertrauen und die Überzeugung aufbauen müssen, dass die angestrebte Veränderung einen insgesamt für jedermann und das Unternehmen positiven Zielzustand verfolgt.

Welche alternativen Wege des Veränderungsmanagements möglich sind, wird im Rahmen dieses Buches aus den verschiedenen Inhalten und Erläuterungen ersichtlich und ist außerdem als integraler Bestandteil im Design der laCoCa-Methode enthalten, das wir später ausführlich darstellen.

Doch kommen wir vorher zu der historischen Entwicklung unterschiedlicher Organisationsformen und der aktuell unvermeidbaren Notwendigkeit eines Paradigmenwechsels bezüglich der Strukturierung und Führung von Unternehmen. Aus dieser Kenntnis über die Entwicklungsgeschichte kann besser nachvollzogen werden, warum etablierte Organisations- und Führungsmodelle wirkungslos geworden sind oder sein werden.

Mit immer weiter ansteigendem Bildungsstand in der Bevölkerung und einem Anstieg an Wissensarbeitern entwickelte sich über die letzten 20 Jahre ein Trend, der das hier beschriebene, traditionell hierarchisch geprägte Eltern-Kind-Verhältnis in Unternehmen infrage stellt.

Immer mehr Unternehmen oder Unternehmer stellen sich die Frage, welche alternativen Formen der Arbeitsorganisation und Verantwortungswahrnehmung es gibt, die alle Nachteile der klassisch hierarchischen Verhaltensmuster ausschließen?

In allen Wirtschaftsbereichen und auch in fast allen Wirtschaftsnationen ist, nicht zuletzt durch den Veränderungsdruck der Digitalisierung ausgelöst, die Erkenntnis mittlerweile vergemeinschaftet, dass die starren Entscheidungsstrukturen und Kommunikationswege der vertrauten Führungs- und Organisationsmodelle überholt sind. Unternehmen erkennen in dieser Ursache eine massive Lähmung und eine existenzielle Risikoquelle, anstatt den Fortbestand und die Handlungsfähigkeit der Firma zu sichern.

7.2 Organisation und Management neu erfinden

7.2.1 Organisationsmodelle im Laufe der Zeit

Frederic Laloux hat in seinem Buch *Reinventing Organizations* (2015) die Genese des Untergangs klassisch hierarchischer Organisationsstrukturen sehr anschaulich und gründlich analysiert und beschrieben. Er stellt eine Reihe alternativer Modellen vor, die auch in praktischer Anwendung interessante und relevante Lösungswege darstellen. In seinem Buch beschreibt er die historische Entwicklung, die Gründe für die erreichten Grenzen bekannter Organisationsmodelle, speziell in Unternehmen, und die Chancen und Erfahrungen neuer und teilweise sehr radikaler Konzepte.

Im Zentrum der laufenden Diskussionen und Überlegungen zu all diesen neuen Modellen steht ein mündiger, erwachsener Mitarbeiter, der wie für seine privaten Belange auch für die beruflichen Aufgaben die volle Verantwortung und Entscheidungsautorität trägt.

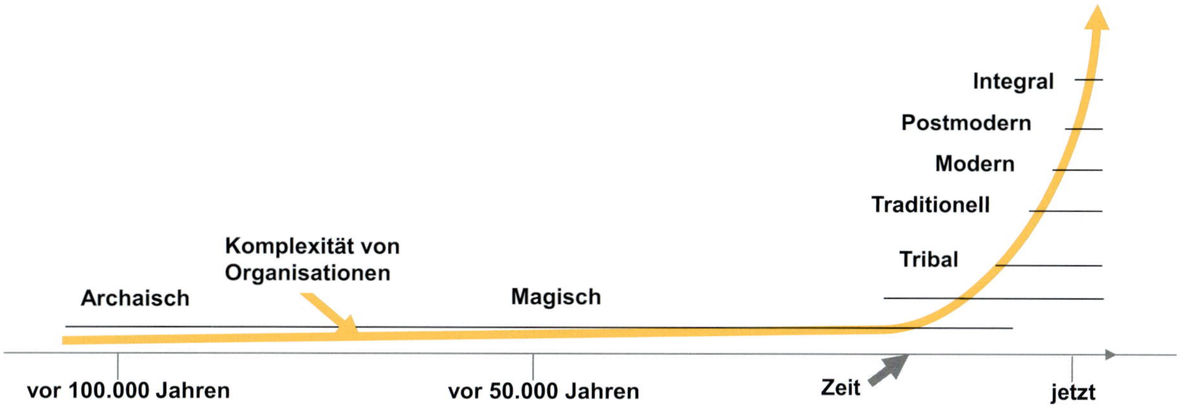

Bild 7.4
Historischer Entwicklungsverlauf menschlicher Organisationsmodelle nach Frederic Laloux

Die Rolle des Managers bzw. der Führungskraft, mit seiner Weisungsbefugnis und Entscheidungsautorität, wird hierbei abgelöst. Jedwede Verantwortung für seine individuelle Tätigkeit wird an den einzelnen Mitarbeiter übertragen. Dadurch entwickeln sich völlig neue Formen und Möglichkeiten der Kommunikation, des Leistungsniveaus und der Kooperation in Unternehmen, die das Konzept der Kooperation Erwachsener und Mündiger für sich entdeckt und entwickelt haben. Die Schlüsselbegriffe hier sind Wertschätzung, Augenhöhe, Respekt und Selbstwirksamkeit.

Laloux unterteilt die von ihm identifizierten Typen der evolutionären Entwicklung der Organisationsmodelle in sieben Gruppen (Bild 7.4). Diese stellen Kategorien dar, die der Komplexität des gesellschaftlichen, aber auch technologischen Fortschritts des Menschen entsprechen. Durch die industrielle Revolution wurde es notwendig, eine immer größer werdende Zahl an Menschen effizient zu organisieren.

Die Abhängigkeit von der Landwirtschaft ist aus historischer Sicht erst »kürzlich« überwunden worden, und die Geschwindigkeit der Evolution gesellschaftlicher Organisationsformen hat

Tabelle 7.1 Übersicht der Organisationsmodelle (Laloux 2015)

Typus	Beispiel heute	Wichtige Durchbrüche	Bestimmende Metapher
Tribale im pulsive Organisationen Ständige Machtausübung durch den Anführer, um den Gehorsam der Untergebenen zu sichern. Angst hält die Organisation zusammen. Sehr reaktiv, kurzfristiger Fokus. Gedeiht in chaotischen Umgebungen.	• Mafia • Straßengang • Stammesmilizen	• Arbeitsteilung • Befehlsautorität	Wolfsrudel
Traditionell konformistische Organisationen Stark formalisierte Rollen innerhalb einer hierarchischen Pyramide, Anweisung und Kontrolle von oben nach unten (Was und Wie), Stabilität ist der höchste Wert und wird durch exakte Prozesse gesichert, die Zukunft ist die Wiederholung der Vergangenheit.	• Katholische Kirche • Militär • Die meisten Regierungsbehörden • Das öffentliche Schulsystem	• Formale Rollen (stabile und skalierbare Hierarchien) • Prozesse (langfristige Perspektiven)	Armee
Moderne leistungsorientierte Organisationen Das Ziel ist, besser zu sein als die Konkurrenz, Profite zu erwirtschaften und zu expandieren. Durch Innovationen kann man an der Spitze bleiben. Management durch Zielvorgaben (Anweisung und Kontrolle bei dem, was getan wird; Freiheit dabei, wie es getan wird).	• Multinationale Unternehmen • Privatschulen (Charter-Schulen)	• Innovation • Verlässlichkeit • Leistungsprinzip	Maschine
Postmoderne pluralistische Organisationen Innerhalb der klassischen Pyramidenstruktur, Fokus auf Kultur und Empowerment, um eine herausragende Motivation der Mitarbeiter zu erreichen.	• Kulturorientierte Unternehmen (Southwest Airlines, Ben & Jerry's ...)	• Empowerment • Wertorientierte Kultur • Berücksichtigung aller Interessengruppen (Stakeholder-Modell)	Familie
Integrale evolutionäre Organisationen	?	?	?

sich in den letzten fünf Dekaden überproportional erhöht.

Davon ausgehend, dass sich das Themenfeld des Managements erst in den letzten 50 Jahren als akademisches Forschungsfeld entwickelt und etabliert hat, können wir annehmen, dass wir uns in einer Entwicklungsphase befinden, in der mehrere Organisationsmodelle überlappend Anwendung finden.

Lässt man die sehr frühen Formen, wie archaisch und magisch, der Entwicklung von Organisationsmodellen außen vor, so lassen sich diese Modelle wie in Tabelle 7.1 dargestellt zusammenfassen.

Die zuletzt aufgeführte und sich aktuell entwickelnde Organisationsform hat Laloux »integrale evolutionäre Organisation« benannt. Deren Charakteristiken bilden sich derzeit noch aus und sind noch nicht ausreichend differenziert zu erkennen, um sie bereits festzulegen.

Die hier forschenden Wissenschaftsrichtungen sind, im Gegensatz zu den vier vorhergehenden Evolutionsstufen, noch nicht ausreichend einig darüber, welche Elemente diese integrale Stufe beinhaltet. Die folgenden Bestandteile sind darin bereits zu erkennen und werden derzeit noch an sich entwickelnden Organisationsmustern und -beispielen beobachtet und tiefer gehend analysiert.

Elemente integraler evolutionärer Organisationen sind unter anderem:

- ganzheitliches Verständnis über die Zusammenhänge und Entwicklungen von Sachverhalten,
- Sinnstiftung der individuellen und kollektiven Tätigkeit,
- Nachhaltigkeit vor Ego,
- Selbstverwirklichung,
- Verständnis der eigenen Existenz als Reise,
- Verständnis von Komplexität,
- Ganzheit und Naturverbundenheit,
- Selbstwirksamkeit und Selbstbestimmtheit des Einzelnen.

Charakteristisch ist bei diesen Elementen, dass die tradierten, auf Leistung, Wohlstandsmehrung und Status ausgerichteten Schwerpunkte der bisher bekannten Organisationsformen auf der nächsten Evolutionsstufe keinen Bestand mehr haben werden. Es ist eine Form und Qualität der Werteverschiebung festzustellen, die ein Indiz dafür ist, warum sich gerade Unternehmen mit einer hierarchiegeprägten Organisationstradition so schwer damit tun, sich in agile und selbstorganisierte Arbeitsweisen zu transformieren.

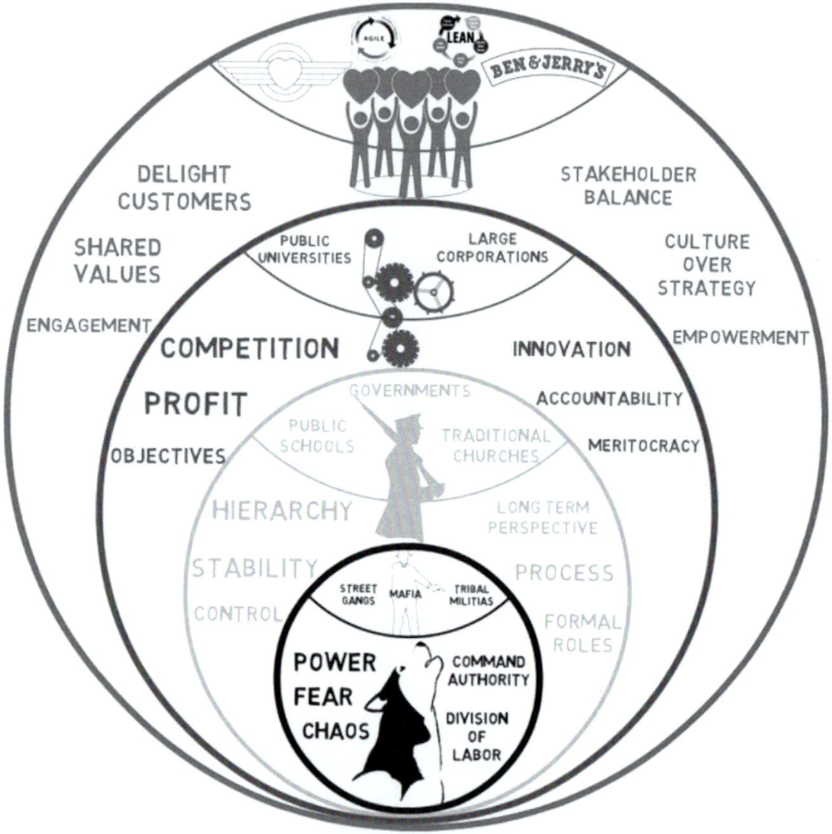

Bild 7.5 Organisationsmodelle nach Laloux (Quelle: youtu.be/g0Jc5aAJu9 g; Nutzung der Grafik mit freundlicher Genehmigung von Peter Green)

Die Ursache dieser Hürde ist darin zu finden, dass die Verhaltensmuster und mentalen Modelle, die in der konformistischen, modernen und postmodernen Organisationsform bestimmend waren, in der integralen evolutionären keine Entsprechung und Verwendung mehr finden. Dieser Konflikt führt dazu, dass völlig neue und daher nicht vertraute Verhaltensmuster erst eingeübt werden müssen, bevor ein Wechsel aus einer der vertrauten Organisationsmodelle in die integrale evolutionäre möglich ist. Was zur Folge hat, dass Veränderungsbestrebungen von Unternehmen in dieser Richtung mit immensen Verhaltensunsicherheiten unter den Mitarbeitern verbunden sind, die zu kritischen Frustrationen und einem unbewussten Rückfall in vertraute Verhaltensmuster führen.

Peter Green von der Firma Agile For All (agileforall.com) hat in einem ausgesprochen professionellen und ansprechenden Video die Ergebnisse der Recherchen von Frederic Laloux aufbereitet und in knapp zehn Minuten zusammengefasst (**Bild 7.5**). Nutzen Sie dieses Video als Kurzinformation (Peter Green: Agile for all, YouTube-Video über Reinventing Organizations, https://youtu.be/g0Jc5aAJu9 g).

Im dritten Teil des Buches gehen wir konkret auf die Anwendung der Modelle und Methoden in der Unternehmenspraxis ein, die sich aktuell in unterschiedlichen Reifegraden entwickeln und wie diese, im Kontext der Verwendung des laCoCa-Modells, operativ genutzt werden können.

> Management spielt als Aufgabe auch in den neuen Formen der Unternehmens- und Arbeitsorganisation eine wichtige und unersetzliche Rolle. Der Paradigmenwechsel besteht allerdings darin, dass die Aufgabe des Managements und der Führung von jedem Mitarbeiter ausgeht und nicht in der Konzentration von Macht und Autorität auf eine exklusive Gruppe von Personen beschränkt bleibt. Dies entspricht exakt der Ausrichtung des Systems Management **M** und der Rolle **M** des laCoCa-Modells.

Für diesen Wechsel des Paradigmas ist es notwendig, dass eine klare und für jedermann nachvollziehbare Vereinbarung darüber existiert, in welcher Art und Weise miteinander gearbeitet wird. Für alle Mitarbeiter gleichermaßen verbindlich geltende Spielregeln der Kooperation, welche Rolle im Unternehmen welche Aufgaben verantwortet und wie Entscheidungen getroffen werden, gilt es verbindlich festzulegen. Diese Vereinbarung wird in niedergeschriebener und öffentlicher Form jedem Mitarbeiter uneingeschränkt zur Verfügung gestellt und dient als bindende Grundlage und Referenz der Zusammenarbeit. Weitere Informationen hierzu sind im Kapitel zur Geschäftsfähigkeit »Corporate Governance« zu finden.

7.2.2 Im Würgegriff der Konsenskultur?

Wesentliches Merkmal in allen Modellen der Selbstorganisation und Eigenverantwortung ist der Ausschluss jedweder Form von Konsenskultur. Womit wir ein weiteres Missverständnis oder einen wesentlichen Trugschluss ansprechen und ausräumen, der oft agilen Unternehmen gegenüber vorherrscht, aber gerade in diesen selbstorganisierten und eigenverantwortlichen Organisationsformen nicht vorkommt oder vorkommen darf.

In Unternehmen, in denen eine Konsenskultur vorherrscht, dominiert eine Unklarheit über Entscheidungsbereiche und Zuständigkeiten das tägliche Miteinander.

Zwar besitzen die Personen innerhalb der hierarchischen Strukturen der Unternehmen eine mit ihrer Position verbundene Entscheidungskompetenz und fachliche Zuständigkeit. Zusätzlich konzentrieren jedoch weitergehende Personenkreise Entscheidungsautorität auf sich, die aus ihrer organisatorischen Stellung im Unternehmen nicht direkt erkennbar und ableitbar ist. Um eine Entscheidung für einen spezifischen Sachverhalt herbeizuführen, müssen in derartigen Arbeitskulturen in Unternehmen unzählige Gespräche mit diversen Personen, meist auch noch in spezifischer Reihenfolge, wie einer diffizilen und nicht rational nachvollziehbaren Choreografie folgend, beachtet werden. Der Status einer Person im Machtgefüge der Hierarchie muss bei diesem Kommunikationstanz neben der Machtposition berücksichtigt werden.

Beobachtet man dieses ungeschriebene Gesetzeswerk der unternehmensinternen Interaktion und Kommunikation nicht, kommt es in konsensgetriebenen Unternehmen dazu, dass Entscheidungen nicht möglich sind oder verhindert werden, da sie eine ungenügende Unterstützungsgrundlage besitzen. Dies hat wiederum zur Folge, dass derart instabile Entscheidungen von Machtpromotoren boykottiert oder sabotiert werden können, wenn sich diese nicht ausreichend berücksichtigt sehen.

Verhaltensmuster und Dynamiken dieser Ausprägung haben keine Wert- oder Nutzenausrichtung, sondern sind Ausdruck einer impliziten Machtstruktur, die in ihrer Bedeutung über den Erhalt und das Wohl des Unternehmens gestellt wird.

> Konsensstreben ist der Tod jeder Bemühung, eine agile und an wechselnde, dynamische Umweltanforderungen ausgerichtete Organisation zu erreichen.

Der für Konsensentscheidungen notwendige Zeitaufwand und der Bedarf an Mitarbeiterkapazitäten sind in agilen Unternehmen, die sich schnell und unmittelbar an veränderte Rahmenbedingungen anpassen müssen, nicht zu leisten. Zusätzlich führen konsensbasierte Unternehmenskulturen dazu, dass nicht die jeweils beste Entscheidung getroffen wird, sondern die mit der größtmöglichen Unterstützung und Zustimmung innerhalb des unternehmensinternen Machtgefüges beziehungsweise die mit dem geringsten Widerstand der Machtpromotoren im Unternehmen.

Neben der Konsenskultur ist auch die Hierarchiekultur ein weitverbreitetes Managementmuster, das oft fälschlicherweise mit der Befehls- und Kooperationsstruktur im militärischen Umfeld verglichen wird. In Unternehmenskulturen, die streng hierarchischen Entscheidungsprinzipien folgen, sind, wie auch schon in der Konsenskultur beschrieben, die Entmündigung der Mitarbeiter und eine gelebte Eltern-Kind-Beziehung zwischen Führungsmannschaft und Belegschaft selbstverständlich. Getrieben sind beide Formen, die hier nur als charakteristische und weitverbreitete Exemplare aufgeführt sind, von drei grundlegenden Verhaltensmustern: Fehlervermeidung, Statuserhalt und Misstrauen.

7.2.3 Probabilistische Führungswerkzeuge

Zurückgehend auf das tayloristisch geprägte Modell, ist in diesem Organisationsverständnis nicht nur der Ablauf der Arbeiten in einem Unternehmen vollständig vorhersehbar, beschreibbar und steuerbar, sondern auch alle aus den durchgeführten Tätigkeiten entstehenden Resultate.

Dieses probabilistische Denkmodell beinhaltet auch, dass die Zukunft eines Unternehmens über einen strategischen Plan, Strategie genannt, obwohl er keine ist, vorbestimmt und gelenkt werden kann. Die vorausgegangene Auseinandersetzung mit den Herausforderungen und Gesetzmäßigkeiten komplexer Systeme hat uns gezeigt, dass es sich hierbei um einen Trugschluss handelt. Dieser Trugschluss hat zur Konsequenz, dass auch das Verhalten und die Entscheidungen der Mitarbeiter dem Dogma der Vorhersehbarkeit und Kalkulierbarkeit unterworfen sind.

Da dies nicht der Fall ist, versuchen hierarchiegetriebene Organisationen, die Anzahl der möglichen Fehlerquellen, unter anderem durch enge Kontrolle und eine Tabuisierung von Fehlern, zu reduzieren. Dies ist nur möglich, wenn Entscheidungskompetenzen an wenigen Stellen und damit unter wenigen Machtpromotoren im Unternehmen konzentriert werden. Diese Konzentration und die darüber mögliche enge Verhaltens- und Ergebniskontrolle fördern das Misstrauen der Mitarbeiter untereinander und ihren Vorgesetzten gegenüber. Und je nach Unternehmenskultur und Erlebbarkeit dieses Wertesystems ist die Entmündigung der Mitarbeiter mehr oder weniger sichtbar, spürbar und psychisch belastend.

7.3 Motivation und Wettbewerbsfähigkeit

7.3.1 Sinnfrage als Wettbewerbsfaktor

Die sich entwickelnden Gegenmodelle zu den hier genannten, die nur Beispiel zur Veranschaulichung sind und nicht die einzigen darstellen, enthalten als Ausgangspunkt ihres mentalen Modells ein zusätzliches, völlig anderes Element. Neben dem Vergleich der Eltern-Kind-Beziehung mit dem der Kooperation Erwachsener besteht eine wesentliche Antriebsfeder der Selbstorganisation und Selbstverantwortung in der Frage der Sinnhaftigkeit der eigenen Arbeit.

Der hohe Bildungsstand und der Entwicklungsstand der meisten Wirtschaftsnationen haben den Willen zur Selbstwirksamkeit, auch in der Arbeitswelt, immer stärker werden lassen. Einhergehend mit der Selbstwirksamkeit, die eine Emanzipation des Mitarbeiters im Unternehmen von seinem Vorgesetzten und den Hierarchien verstärkt, gesellt sich die Sinnfrage der eigenen, individuellen Tätigkeit. Aus dieser Entwicklung und der sich daraus ergebenden Dynamik ist ein Trend in der Wirtschaft zu beobachten, der sich in sogenannten sinnstiftenden oder auch Purposeful Organisations niederschlägt.

> Hoch qualifizierte Mitarbeiter sind immer weniger dazu bereit, Anweisungen und Arbeitsaufträge umzusetzen oder einer Tätigkeit nachzugehen, wenn Sinn, Zweck und Nutzen dieser nicht ersichtlich sind oder erklärt werden.

Nicht zuletzt die Verhaltensmuster der sogenannten Generation Y (*Why*?) haben gezeigt, dass Unternehmen sich nur dann die Kooperation mündiger Mitarbeiter sichern können, wenn sie diese kontinuierlich davon überzeugen, dass ihre Aufgabe eine sinnvolle ist.

In einer Wirtschaftsphase des Fachkräftemangels befinden wir uns aktuell in einem Arbeitsmarkt, der von den Anforderungen des knappen Angebots qualifizierter Mitarbeiter bestimmt wird. Und Unternehmen, die zum Inhalt und der Glaubwürdigkeit des Sinns des Unternehmensgegenstands heute und zukünftig keine ansprechende Aussage treffen können, werden im Wettbewerb Nachteile gegenüber den notwendigen Mitarbeitern, aber auch gegenüber ihren Kunden und Auftraggebern haben.

Denn auch diese hinterfragen immer mehr und immer stärker den Sinn und nicht zuletzt auch die Nachhaltigkeit eines Unternehmens. Auch hier sind es die Möglichkeiten der Digitalisierung, die eine Mündigkeit und Kritikfähigkeit des einzelnen Kunden immer stärker fördern und diese an wirtschaftlichem Einfluss gewinnen lassen. Die Perspektive, aus der Mitarbeiter, Kunden oder Auftraggeber Unternehmen betrachten, geht von der Frage aus, ob der Firma der Profit wichtiger ist als der Unternehmenszweck und die Wirkung dieses Zwecks auf Umwelt und Gesellschaft.

Laloux beschreibt in seinem Buch unter anderem das Unternehmen Buurtzorg aus den Niederlanden als eines, das den Zweck und den Sinn des Geschäftsmodells über den wirtschaftlichen Profit stellt. Und letztlich ist Buurtzorg aus genau diesem Grund wesentlich erfolgreicher als die traditionellen Modelle in einem etablierten Markt.

Buurtzorg bietet Leistungen rund um die häusliche Kranken- und Altenpflege an. Dabei stellt das Unternehmen das Wohlbefinden und den menschlich zugewandten und respektvollen Umgang mit seinen Kunden, also alten und kranken Menschen, bedingungslos in den Mittelpunkt aller Überlegungen und Handlungen. Der Markt der häuslichen Gesundheitspflege war in den Niederlanden, wie in vielen anderen Industrienationen, durch eine jahrzehntelang vorangetriebene Rationalisierung und Spezialisierung der Leistungserbringung geprägt. Purer Turbo-Taylorismus, sofern es diesen Begriff geben kann.

Die Folge war, dass die Kosten zu hoch waren und die Qualität der Gesundheitsversorgung weit unter dem Bedarf und der Erwartung der Betroffenen lag. Der Gründer von Buurtzorg hat diese Situation mit einem diametral entgegengesetzten Angebot derart erfolgreich genutzt, dass er mittlerweile über die Hälfte des Marktes in den Niederlanden dominiert. Allerdings war und ist dieser wirtschaftliche Effekt, der sich aus dem Erfolg des analogen Geschäftsmodells ergab, nicht die Zielsetzung des Unternehmens. Der Motivator, der den Erfolg letztlich ermöglicht hat, war nicht die Fokussierung auf wirtschaftliche und organisatorische Optimierung, sondern auf Sinnhaftigkeit und Nachhaltigkeit. Diese hat es ermöglicht, dass Buurtzorg entsprechend qualifizierte Mitarbeiter gewinnen konnte, die sich persönlich mit dem Geschäftsmodell und den Zielen des Unternehmens identifizierten. Eine derart konsequente Geschäftsethik wird zukünftig einen höheren Stellenwert und eine höhere Aufmerksamkeit erreichen und somit zu einem kritischen Wettbewerbsfaktor.

Aus den intensiven Recherchen, die Laloux in seinem Buch verarbeitet, wird deutlich, dass sich eine vollständig auf Selbstorganisation und Selbstverantwortung ausgerichtete Kooperationsform mehr und mehr durchsetzt. Nicht nur in agilen Unternehmen, deren Geschäftsmodelle rein digitaler Natur sind, ist dies der Fall. Auch Unternehmen, die sich in Branchen entwickeln, deren Geschäftsmodell zweifelsfrei analog ausgerichtet ist, streben danach, diese alternative Organisationsform zu etablieren oder sind von Anfang an auf einer derartigen Ausrichtung aufgebaut.

Laloux führt hierzu in seinem Buch sehr viele Unternehmen unterschiedlichster Größe und Branchen als Beispiele an und gibt deren Vorgehen und Erfahrungen wieder. Was aus den Beispielen der Unternehmen nicht erkannt werden kann, sind die Struktur und die Konfiguration der Unternehmen selbst. Um eine Vorstellung davon zu erhalten, wie selbstorganisierte Arbeitsformen in der Praxis angewendet werden, ist Laloux' Recherche von unschätzbarem Nutzen, kann aber im Rahmen seiner Analysen nicht tief genug hinter die Kulissen blicken.

Will man verstehen, wie agile Unternehmen strukturell und fachlich operieren, wie diese aufgebaut und nach innen wie nach außen ausgestaltet sein müssen, erreicht man die Grenze seiner Analysen. Auch die Vorgehensmodelle agiler Arbeitsformen wie Holacracy, Scrum oder ähnliche erklären nicht, wie die Struktur und der Aufbau der Geschäftsfähigkeiten eines agilen Unternehmens ausgestaltet sein müssen.

An dieser Grenze schließt sich das vorliegende Buch an und ergänzt diese beiden wesentlichen Themen, die zwingend notwendig sind, um ein ganzheitliches Unternehmensdesign zu erreichen.

7.3.2 Sinnstiftung als Designelement des Unternehmens

Ein immer wiederkehrender und im Kontext selbstorganisierter und agiler Organisationen immer relevanter werdender Aspekt der individuellen, aber auch kollektiven Tätigkeit sind, wie beschrieben, der zugrunde liegende Sinn, der Zweck und das Ziel eines Unternehmens.

Erkennbar ist, dass die Sinnfrage der Organisation, in der ein einzelner Mitarbeiter tätig ist, ebenso glaubwürdig durch den Unternehmenszweck beantwortet werden will, wie die Bedingung erfüllt sein muss, dass die individuelle Tätigkeit sinnstiftend und sinnvoll ist.

> Agile Organisationen, die Selbstorganisation und Selbstverantwortung des einzelnen Mitarbeiters als zentrales Prinzip etabliert haben, speisen die Motivation ihrer Mitarbeiter unter anderem aus dem Element der Sinnhaftigkeit und der Selbstwirksamkeit.

Wie in der Auseinandersetzung mit dem VSM schon zu erkennen war, ist das Element der Sinnhaftigkeit und der Identität ein integraler Bestandteil eines überlebensfähigen, komplexen Systems und wird dort im System Governance **G** entsprechend instanziiert und kontinuierlich behandelt.

Die Erkenntnis, dass Identität und Sinn für das Überleben eines komplexen Systems zwingend notwendig sind, hat die Forschung zum VSM aus der Mitte des letzten Jahrhunderts bereits bestätigt. Was wir in integralen evolutionären Organisationen, wie Laloux sie nennt, jetzt sehen können, ist, welchen Wert dieses Element für den Erfolg eines Unternehmens darstellt, da er ein wesentlicher Bestandteil der Motivation der Mitarbeiter ist. Dieser Zusammenhang erleichtert das Verständnis eines wesentlichen Elements des VSM, die Rekursion.

Einen Unternehmenssinn definiert zu haben, der auf der initialen Rekursionsstufe nicht mit den Definitionen und dem Verständnis des individuellen Sinns der Arbeit des einzelnen Mitarbeiters in Verbindung steht, ist nicht anschlussfähig, wird in Summe nicht getragen und daher auch nicht beachtet.

Wenn die Verbindung zwischen diesen Ebenen und Elementen fehlt, was in der Mehrzahl der Unternehmen der Fall ist, wird zwar ein Unternehmenssinn auf der Ebene der Unternehmensführung festgelegt und veröffentlicht. Was aber nicht erfolgt, ist die systematische Verknüpfung des individuellen Sinns der einzelnen Rolle oder Tätigkeit mit dieser übergreifenden Definition.

Zum Verständnis des internen Einflussfaktors der Motivation von Mitarbeitern in einem Unternehmen sind die Aspekte von Belohnungssystemen und der Kreativitätsförderung zu beachten. Diese spielen, neben der Definition des Unternehmenssinns, in agilen Organisationen eine weitere zentrale Rolle und müssen speziell berücksichtigt und behandelt werden.

7.3.3 Mythos Belohnungssystem

Was seit Jahrzehnten vor allem in modernen und postmodernen Organisationen fast schon verzweifelt angewendet und mit ungeheurer Energie verfolgt wird, sind Methoden und Modelle zu Entwicklung und Förderung der Mitarbeitermotivation durch Belohnungssysteme.

Bereits in den 1960er-Jahren wurde in empirischen und weltweit durchgeführten Studien der Beleg erbracht, dass sich Belohnungssysteme negativ auf die Leistungsfähigkeit, die Produktivität und die Motivation von Menschen auswirken. Der Psychologe Sam Glucksberg hat im Jahr 1962 mit dem sogenannte »Kerzenproblem«, das von Karl Duncker, dem Mitbegründer der Gestalttheorie, 1945 entwickelt wurde, den Beleg erbracht, dass finanzielle Anreize die Lösungskreativität von Menschen negativ beeinflusst.

Diese Studien wurden durch international durchgeführte Wiederholungen als kulturell unabhängiges Phänomen überprüft und bestätigt. Das Ergebnis der Studie kann in zwei Hauptpunkten zusammengefasst werden.

> Die Erbringung simpler Aufgaben, die entlang einer vorgegebenen Anweisung auszuführen sind und sich hinsichtlich ihres Ablaufs statisch wiederholen, können in ihrer Produktivität durch finanzielle Anreize positiv beeinflusst werden. Die Lösung komplexer Probleme wird jedoch durch derartige Anreize negativ beeinflusst und verhindert kreative Lösungsprozesse.

Dennoch hält der überwiegende Teil der Unternehmen weltweit an der Überzeugung fest, dass finanzielle Anreize oder individuelle Belohnungssysteme eine positive Auswirkung auf die Leistungsfähigkeit und die Leistungsbereitschaft von Mitarbeitern haben, egal welcher Aufgabenstellung sie ausgesetzt sind.

Zwar kämpfen diese Unternehmen mit den negativen Auswirkungen, die durch die Anwendung dieser Modelle entstehen, jedoch werden sie nach wie vor verfolgt und weiter verfeinert, obwohl deren negative Wirkung belegt und alternative Konzepte fast ebenso lange bekannt sind wie die Erkenntnisse aus der Analyse der negativen Effekte.

Spätere Studien, die den gleichen Effekt in abweichenden Versuchsanordnungen analysiert haben, sind zu ähnlichen Resultaten gekommen. So haben beispielsweise im Jahr 2013 Joachim Ramm, Sigve Tjøtta und Gaute Torsvik an der Universität in Stavanger nachgewiesen, dass kreative Gruppenarbeit durch finanzielle Anreize hinsichtlich der Leistungsfähigkeit nicht positiv beeinflusst werden kann.

7.3.4 Kreativität als Unternehmenswert und Wettbewerbsfaktor

Das bedeutet also, dass nicht nur eine kreative Problemlösung durch finanzielle Anreize verhindert wird und damit schädlich ist, sondern dass Prozesse der kreativen Entwicklung von Ideen und Innovationen durch derartige Anreize nicht verstärkt werden können.

An diesen Forschungsergebnissen relevant ist, dass gerade Unternehmen, die agile Organisationsformen nutzen oder in diese wechseln wollen, einen weitaus höheren Bedarf an Problemlösungen und kreativen Entwicklungen aufweisen, als dies für simple, repetitive Produktionstätigkeiten nötig ist.

> Das Überleben und die Wettbewerbsfähigkeit von Unternehmen werden, im Gegensatz zum Zeitalter der industriellen Revolution, nicht mehr durch eine immer weitergehende Steigerung der Produktivität repetitiver Tätigkeiten sichergestellt, sondern durch die Entwicklung kreativer Ideen und der kreativen Lösung von Problemen.

Die Absicht von Unternehmen, die Motivation ihrer Mitarbeiter durch finanzielle Anreizsysteme positiv zu beeinflussen, um komplexe Aufgabenstellungen erfolgreich durchzuführen, sind mit den traditionellen Modellen und Werten der Mitarbeiterführung und Unternehmensentwicklung nicht erreichbar.

Welche Modelle erlauben es, die Problemlösefähigkeit und die Lösungsbereitschaft von Mitarbeitern in komplexen Umfeldern positiv zu beeinflussen? Die Antwort auf die Frage liegt ebenfalls in den Erkenntnissen der vorgenannten Studien.

Alleine der Erfolg, der darin liegt, ein komplexes Problem oder eine anspruchsvolle Aufgabe kreativ gelöst zu haben, ist eine aus sich selbst heraus, also intrinsisch wirkende Motivation. Das Element der Selbstwirksamkeit ist hier der entscheidende Motor für Mitarbeiter in komplexen Arbeitsumfeldern, der die individuelle Motivation positiv beeinflusst.

Das wirksamste Motivationsmodell liegt für Unternehmen darin, ihren Mitarbeitern komplexe Aufgaben zu stellen und ihnen die Entwicklung von Ideen und Lösungen zu übertragen.

Der Lösungserfolg der Arbeit selbst ist einer der relevanten Faktoren, der den finanziellen Anreizmodellen, also der extrinsischen Motivation, weit überlegen ist. Motivation kann von Mitarbeitern nicht erkauft werden. Es gilt die Rahmenbedingungen zu schaffen, damit Motivation bei Mitarbeitern entstehen kann.

Selbstwirksamkeit und Eigenverantwortung gehen also über das sogenannte »*Stick and Carrots*«-Modell. Simple und repetitive Tätigkeiten dagegen entwickeln sich mehr und mehr in die Richtung der Automation und der Übertragung der Durchführung an Roboter und Automaten und immer weniger durch qualifizierte Mitarbeiter eines Unternehmens.

Dieser Umgang mit der Förderung der Eigenmotivation von Mitarbeitern steht in direktem Einklang mit den Erkenntnissen und Empfehlungen von Reinhard K. Sprenger, der die gleiche Dynamik in seinem Buch *Mythos Motivation. Wege aus der Sackgasse* (2014) beschrieben hat.

Die Wertschöpfung in agilen Organisationen, die der integralen evolutionären Entwicklungsstufe zugeordnet werden kann, ist in den Bereichen der Problemlösung und kreativen Lösungsentwicklung zu finden. Es gilt also viel stärker durch Modelle der Förderung der Kreativität die Arbeit der Mitarbeiter zu unterstützen und darüber deren intrinsische Motivation anzusprechen.

An dieser Stelle sind Unternehmen gefordert, sich mit der Frage auseinanderzusetzen, wie ein Arbeitsumfeld geschaffen werden kann, das diese Sichtweise fördert, und welche Methoden, wie beispielsweise Design Thinking, hierfür einzusetzen sind.

Eine generelle Erklärung und Einführung in das Themenfeld der Entwicklung und Förderung von Kreativität hat der Komiker und Schauspieler John Cleese in einem seiner Vorträge sehr anschaulich dargestellt (z. B. youtu.be/DMpdPrm6Ul4 – John Cleese on Creativity). John Cleese, der eine Reihe seiner Erfahrungen in Schulungen und Workshops mit Führungskräften von Unternehmen zum Thema Kreativität weitergegeben hat, beschreibt folgende, persönliche Erkenntnisse.

- Kreativität erfordert Ungestörtheit in einem geschützten Raum, d. h. die Möglichkeit der unterbrechungsfreien und konzentrierten (Denk-) Arbeit in, wie Cleese es nennt, einer Oase von Ruhe und Zeit (Kahneman 2012).
- Kreative Arbeit folgt einer Eigenzeitlichkeit und produziert daher keine Ergebnisse auf Abruf oder auf Bestellung.
- Kreative Arbeit integriert Intuition und Unterbewusstsein, d. h. die kooperative Nutzung des sympathischen und parasympathischen Nervensystems.
- Alltagshektik und Termindruck unterbinden Kreativität.
- Die Quelle der Kreativität ist nicht das Notebook (der Computer).

Der Wert der Kreativität wird in der Wirtschaft als Wettbewerbsvorteil mehr und mehr erkannt, aber in ihrer Entwicklung und Förderung erst langsam verstanden. Bis zur Jahrtausendwende dominierten Werte wie Leistungsorientierung und Expansion oder Effektivität und Effizienz weitaus mehr als Kreativität und die Wirksamkeit und Bedeutung von Innovationen.

Durch die disruptive Wirkung digitaler Geschäftsmodelle wurde sichtbar, fühlbar und messbar, welchen Wert Kreativität in der Wirtschaft darstellt und wie wesentlich es ist, Kreativität als Entwicklungsfaktor des Mitarbeiterengagements einzusetzen. John Cleese hat dieses Phänomen in der folgenden Aussage zusammengefasst.

> »Um zu verstehen, wie gut man in einer bestimmten Sache (Fähigkeit) ist, erfordert die gleichen Fähigkeiten wie die Beherrschung der Sache selbst.«

Das bedeutet, dass ich als Individuum nicht in der Lage bin, zu bewerten, wie gut ich beispielsweise in der Fähigkeit der analytischen Problemlösung bin, wenn ich die Fähigkeit hierzu nicht entwickelt habe. Und damit ist nicht gemeint, lediglich ein Fachbuch, wie dieses, zu einem Sachgebiet gelesen zu haben.

Ebenso verhält es sich mit Unternehmen, die nicht bewerten können, wie gut sie im Bereich der Kreativität und Innovation tatsächlich sind, wenn sie nicht die Fähigkeit zu kreativer Arbeit besitzen oder diese zulassen. Damit einher geht die Tatsache, dass der Wert kreativer Arbeit selbstverständlich dann auch nicht erkannt werden kann. Kurz gesagt, ich muss selbst die Fähigkeit zur Kreativität besitzen, um den Wert der Kreativität wertschätzen zu können.

Unternehmen, die in der Lage sind, die Perspektive von Cleese anzunehmen und die Rahmenbedingungen zu schaffen, die er für die Förderung von Kreativität als seine Erfahrungswerte aufgeführt hat, können auch kreative Prozesse fördernde Methoden erfolgreich einsetzen. Das bedeutet, dass die Anwendung einer Methode wie Design Thinking scheitert, wenn die genannten Rahmenbedingungen und die Wertschätzung kreativer Arbeitsformen nicht die notwendige Ernsthaftigkeit erfahren.

Dieser Zusammenhang erklärt, warum zahlreiche Versuche in der Wirtschaft scheitern, wenn Führungskräfte von falschen oder nicht verstandenen Annahmen und Aussagen ausgehen und darüber versuchen, die Potenziale kreativer Arbeit für das eigene Unternehmen zu erschließen. Die Nutzung einer kreativitätsfördernden Methode anzuwenden, führt nicht zu gesteigerter Kreativität.

> Ist man als agile Organisation in der Lage, ohne eine hierarchische Führungsstruktur, aber mit einem professionellen, verantwortungsbewussten und distribuierten Verständnis von Führung die Selbstorganisation und Selbstverantwortung von Mitarbeitern zu respektieren, und behandelt diese somit wie erwachsene und mündige Individuen, ist ein wesentlicher Grundstein für eine integrale und evolutionär ausgerichtete Form des komplexen Systems Unternehmen verstanden.

Baut man diese Grundlage weiter auf den Prinzipien des laCoCa-Modells auf und integriert in die Ausgestaltung und Entwicklung des Unternehmens die Aspekte von Sinn, Motivation und Kreativität, kommt man dem Zielbild einer lebenden und überlebensfähigen Organisation näher. Diese wird dazu befähigt, auf dynamische Einflussfaktoren der sie umgebenden Umwelt unmittelbar – also agil – zu reagieren.

08 Design und Koordination agiler Teams

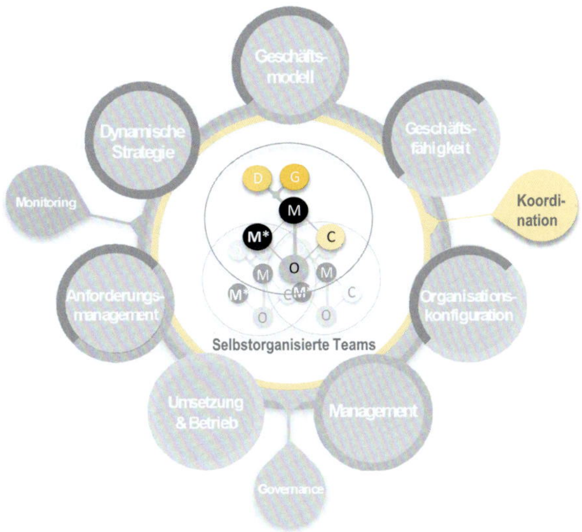

Durch das Design agiler Teams, die in ihrer Summe das Design einer agilen Organisation bilden, wird sowohl das laCoCa-Modell als auch die Methode konkret sichtbar und angewendet.

Im Rahmen der Anwendung der laCoCa-Methode nutzen die agilen Teams einer Organisation die Geschäftsfähigkeiten wie dynamische Strategien, die zugrunde liegende Corporate Governance, die Prozesse und Geschäftsmodelle und koordinieren ihre Kooperation über dynamische Kennzahlen (VI), spezifische Koordinationsmaßnahmen und ergänzende Methoden.

Im Sinne einer strukturierten Erläuterung unterscheiden wir zu diesem Zeitpunkt zwischen dem Design und dem Aufbau agiler Teams, auf die wir in diesem Kapitel eingehen wollen, und ihrer aktiven Tätigkeit, in der sie die Geschäftsfähigkeiten des Modells iterativ anwenden.

Die Beschreibung der laCoCa-Methode behandeln wir in Teil III.

> »If you can hire people whose passion intersects with the job, they won't require any supervision al all. They will manage themselves better than anyone could ever manage them. Their fire comes from within, not from without.« – Stephen Covey

Das Design und die Konfiguration agiler Teams, die auf allen Ebenen der Rekursion einer agilen Organisation die gegebenen Geschäftsfähigkeiten mit Leben füllen, aktiv anwenden und selbstorganisiert weiterentwickeln, folgen immer einer konsistenten Struktur.

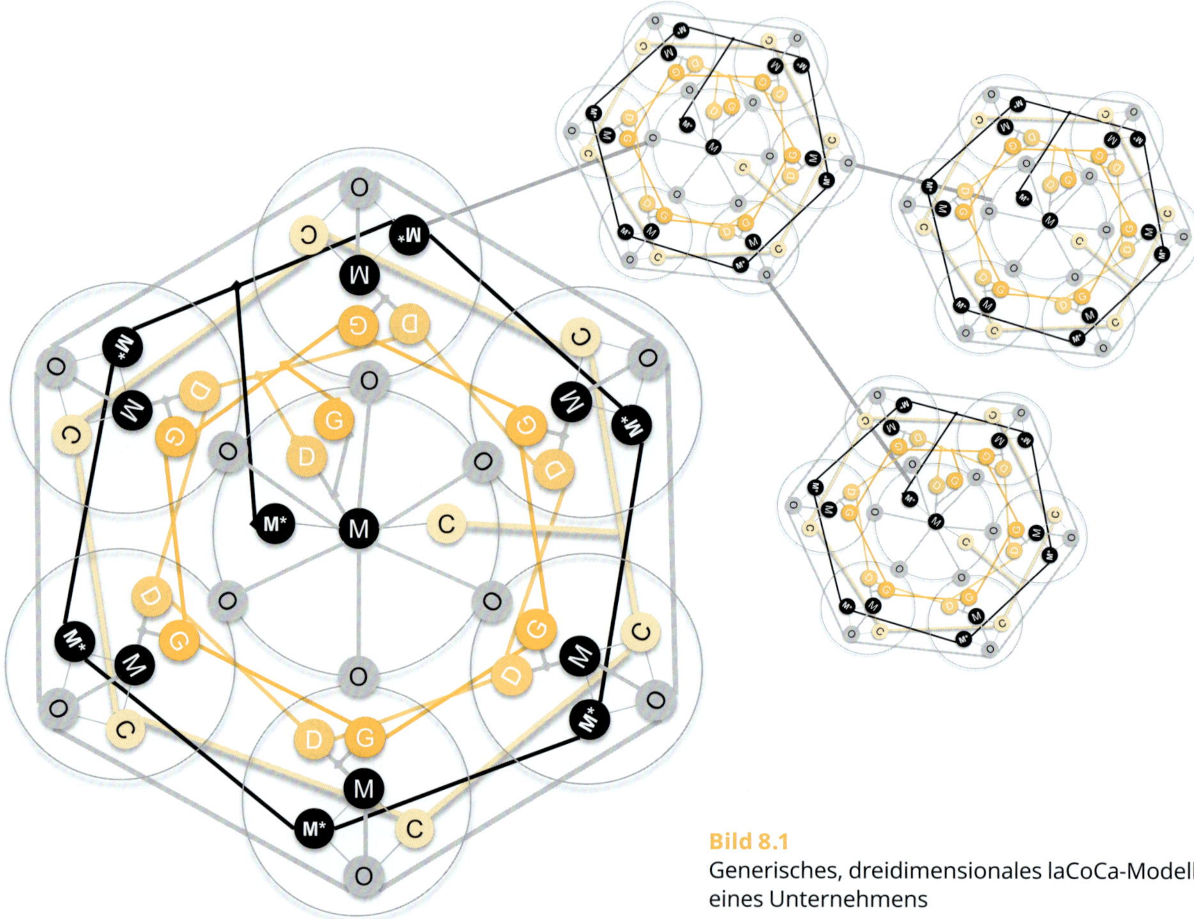

Bild 8.1
Generisches, dreidimensionales IaCoCa-Modell eines Unternehmens

Wie wir in den Definitionen zum Thema der Geschäftsfähigkeiten noch ausführlicher erläutern werden, setzen sich diese aus den Ressourcen, (Geschäfts-)Prozessen und Fähigkeiten der Mitarbeiter zusammen.

Damit diese Elemente möglichst produktiv miteinander kombiniert werden können, muss das Design der Teams auf den gleichen Prinzipien und Konzepten aufbauen.

Bild 8.1 visualisiert, wie die Rekursionsstufen des dreidimensionalen laCoCa-Modells einer agilen Organisation dargestellt werden können. So wurde das Design der Gesamtorganisation nach der bisher beschriebenen Anwendungsweise auf der obersten Ebene entwickelt.

Nach demselben Vorgehen können alle anschließenden Ebenen, beispielsweise das fachliche Themenumfeld des Vertriebs, organisiert werden. Daran wiederum anschließend das Produktmanagement und darauf die Produktion, die Logistik und so weiter.

Mit den Begriffen »oben«, »unten«, »anschließend« oder »darunter« ist keinerlei hierarchische Priorität oder Qualität ausgedrückt, sondern diese Bezeichnungen werden nur genutzt, um die 3-D-Struktur des Modells zu erläutern.

Beispiel der Zusammenhänge und Abläufe

Interdisziplinär operierende Mitarbeiter im Vertriebsumfeld prüfen kontinuierlich die Anforderungen der externen Umwelt hinsichtlich der erbrachten operativen Vertriebsleistung. Diese Anforderungen werden für die gesamte Organisation ausgewertet, bewertet und priorisiert. Darauf aufbauend wird eine dynamische Vertriebsstrategie entwickelt oder die bestehende angepasst, nachdem geprüft ist, welche Aspekte erfüllt sein müssen, damit eine Vertriebsstrategie mit der Unternehmensstrategie harmoniert bzw. sie sich beide gegenseitig unterstützen oder ergänzen.

Die vertrieblichen Aspekte werden anschließend in Bezug auf die bestehenden oder neuen Geschäftsmodelle geprüft und nötigenfalls angepasst, bevor die Geschäftsfähigkeiten im Vertriebsumfeld ebenfalls weiterentwickelt werden. Im nächsten Schritt wird die Konfiguration der vertrieblichen Geschäftsfähigkeiten ihrer Organisation erarbeitet und modifiziert, bevor die Validierung der erarbeiteten Änderungen im Zyklus »Simulation« erfolgt.

Hat die Simulation die Wirksamkeit der geplanten Weiterentwicklungen und Anpassungen bestätigt, übernehmen die Zyklen »Management« und »Umsetzung & Betrieb« die operative Durchführung. Dabei wird das erreichte Leistungsniveau gemessen und werden die Kooperationsqualität der Mitarbeiter und die Qualität der Arbeitsergebnisse innerhalb der behandelten Fachlichkeit und Fragestellung in den agilen Teams reflektiert. Nötigenfalls werden die Zyklen »Design« und »Simulation« wiederholt, bis das benötigte Ergebnis erreicht ist. Und so wiederholen sich die einzelnen Schritte der praktischen Anwendung der laCoCa-Methode von Iteration zu Iteration.

Analog dazu kann die Vorgehensweise des Produktmanagements, der Finanzplanung, der Logistik und aller weiteren fachlichen Rekursionen der agilen Organisation beschrieben werden.

Durch den gleichartigen Wechsel zwischen der Sicht nach außen, mit dem Fokus auf zukünftige Entwicklungen und Anforderungen, und dem Blick nach innen und auf die gegenwärtige Situation teilen alle Rekursionsebenen ein miteinander und untereinander kompatibles Vorgehen und eine synchrone Ausrichtung.

Über den Weg der rekursionsübergreifenden Koordination und die Nutzung von ebenfalls übergreifenden Viability Indicators (dynamischen Kennzahlen) und Kommunikationswegen, wird die Kooperation und Synchronisation der interdisziplinären Teams und aller Mitarbeiter ermöglicht und gefördert.

Die bisherige Darstellung beschreibt die Vorgehensweise im Unternehmen aus methodischer Sicht, also hinsichtlich der laCoCa-Methode. Aus dieser kann wiederum die organisatorische Sicht abgeleitet und strukturiert werden, die ebenfalls die gleichen Elemente nutzt. Dies kann als Design der Organisationsstruktur und der Zusammensetzung der Teams beschrieben werden.

Auf allen Ebenen der Rekursion wird die gleiche Logik verfolgt und über eine zentrale Governance – als Dreh- und Angelpunkt – synchron ausgerichtet und über die Systeme **C** (Coordination) und **M*** (Kennzahlen und Steuerung) miteinander in Kooperation und im Informationsaustausch gehalten.

8.1 Von der hierarchischen Struktur zu agilen Teams

8.1.1 Verbreitete Unternehmensrealität

In einer hierarchisch strukturierten Organisation sind alle Mitarbeiter, die beispielsweise für Verträge zuständig sind, in einer spezialisierten Abteilung zusammengefasst. Sie unterstützen aus dieser Organisationseinheit heraus alle Vertriebsstellen mit der Erstellung von Verträgen. Die Verantwortung der Vertragsabteilung ist dabei ausschließlich auf die juristisch relevante Qualität des Vertrags ausgerichtet, die für die jeweilige Vertriebssituation notwendig ist.

Ein Vorgesetzter oder mehrere, je nach Mitarbeiterzahl bzw. der jeweiligen Führungsspanne, koordinieren den Einsatz der Mitarbeiter der Abteilung und prüfen die Qualität der erbrachten Arbeitsleistung. Der Vorgesetzte fungiert in einer hierarchischen Organisation nicht selten als das Maß der zu erreichenden fachlichen Qualität seiner Mitarbeiter.

Diese Situation ist charakteristisch und ein Ergebnis der Beförderungskultur und -systematik in den meisten Unternehmen. Führungskräfte werden meist jene Mitarbeiter, die eine besonders hohe fachliche Kompetenz aufweisen. Da diese in ihren Unternehmen vielfach keine fachlichen Karrieremöglichkeiten besitzen, schlagen sie den Weg der hierarchischen Karriere ein. Nur dieser Karriereweg beinhaltet die Möglichkeit einer Gehaltssteigerung und ist mit entsprechendem Status und sozialem Ansehen verbunden.

Mitarbeiter mit dem höchsten fachlichen Wissen oder dem größten fachlichen Erfahrungsschatz werden in eine Managementfunktion »gehoben«. In der sind allerdings gänzlich andere Fähigkeiten und Fertigkeiten notwendig als fachliche Expertise.

Aufgrund dieser Beförderungslogik konzentriert sich Fachkompetenz an den hierarchischen Entscheidungspositionen eines Unternehmens. Wodurch sich die Führungskraft zum Gradmesser der Qualität und der Abteilungsleistung entwickelt und auch zu ihrem limitierenden Faktor. Die von einem Fachexperten gesteuerte Abteilung kann nur so gute Leistung und eine so hohe Initiative entwickeln, wie es von der Führungskraft zugelassen wird oder mit ihr möglich ist.

Da die Führungskraft als oberster Experte mit einer Leitungsposition bestätigt bzw. geadelt wurde, wird sie alle Ergebnisse ihres Bereichs regulieren und oft auch limitieren. Dies beruht allzu oft auf der Dynamik, dass kein Mitarbeiter einer Abteilung eine höherwertige Leistung aufweisen darf als der Vorgesetzte, um nicht dem Führungsexperten zur Gefahr zu werden. Diese Wechselwirkung ist ein Würgegriff der Potenzialentwicklung und führt dazu, das Engagement von Mitarbeitern im Keim zu ersticken.

Die hier dargestellte Konstellation ist bewusst überzeichnet dargestellt und keine statistisch valide Aussage. Jedoch stellt sie das prägende Modell für das überwiegend wahrgenommene Image von Führungsmustern und -verhalten in hierarchischen Organisationen dar. Die Umfrageergebnisse verschiedener Unternehmensberatungen, wie beispielsweise Gallup, bestätigen diese ernüchternde Situation regelmäßig. Die fehlende Trennung von Fachkompetenz und Führungskompetenz stellt daher eine seit langer Zeit von Organisationsentwicklern identifizierte Schwäche hierarchischer Organisationen dar, die in agilen Organisationen grundsätzlich nicht vorzufinden ist.

> Agile Organisationen trennen Fach- und Führungskompetenz. Die selbstorganisierte und selbstverantwortliche Organisation erlaubt es Mitarbeitern mit fachlichem Talent, ebenfalls einen persönlichen Entwicklungsweg zu entwickeln, wie Mitarbeitern mit dem Talent zur Anleitung und Koordination von Mitarbeitern in interdisziplinären Teams.

Auf unser vorgenanntes Beispiel heruntergebrochen, hat das beschriebene Dilemma weitverbreiteter Organisationsstrukturen und hierarchischer funktionaler Arbeiterorganisation die folgenden, bekannten Konsequenzen:

- Der Vorgesetzte entscheidet darüber, welche Aufgabe von welchem Mitarbeiter bearbeitet wird und ob er die dafür notwendigen Qualifikationen besitzt. Dem Mitarbeiter ist damit die Verantwortung abgenommen, über seine Qualifikation und seine Eignung für die Durchführung der Aufgabe selbst zu entscheiden. Die Konsequenz daraus ist, dass der Vorgesetzte und nicht der Mitarbeiter auch für die Qualität des Arbeitsergebnisses verantwortlich ist. Eine bequeme, wenn vielleicht auch oft frustrierende Position für den Mitarbeiter. Dies stellt den Eintritt in die Spirale des Dramadreiecks dar (Dramadreieck: Beschreibung der Beziehungsmuster zwischen mindestens zwei Personen, die darin die drei Rollen des Opfers, des Verfolgers und des Retters einnehmen).
- Da eine Abteilung lediglich für den von ihr abzudeckenden Fachinhalt zuständig ist, besitzt sie keinen Bezug dazu, ob ihr Arbeitsergebnis beispielsweise von einem Kunden akzeptiert oder eine erfolgreiche Zusammenarbeit mit dem Kunden dadurch ermöglicht wurde. Darüber entsteht eine Entkopplung zwischen dem eigentlichen Zweck der Tätigkeit und den Arbeitsinhalten. Die Wirkung des Arbeitsergebnisses wird dadurch für die einzelnen Mitarbeiter abstrakt und verliert ihren persönlichen Bezug.
- Im Falle von Konflikten mit Kunden oder bei auftretenden Fehlern im Arbeitsergebnis entsteht eine Abgrenzung zwischen Abteilungen und ihren Mitarbeitern. Da es keine gemein-

same Verantwortung wahrzunehmen gilt, sondern Partikularinteressen im Vordergrund stehen, und deren Erfüllung honoriert wird, existiert keine kollektive Zielsetzung und Leistungsmotivation. Daraus resultierende Zielkonflikte der Abteilungen untereinander führen zu Abgrenzungstendenzen. Der Begriff »Silobildung« wird in Unternehmen oft zur Bezeichnung dieses Phänomens genutzt. Das Dramadreieck wird hierdurch über die Grenzen eines Teams hinaus erweitert.

- Durch die monotone Ausrichtung der Bearbeitungsperspektive einer Abteilung auf spezifische Aufgabenstellungen und Aspekte (Taylorismus) ist ein Perspektivwechsel, wie in einer interdisziplinären Arbeitsorganisation selbstverständlich, nicht möglich. Dadurch wird ausgeschlossen, dass sich fachlich versierte Mitarbeiter mit der Umsetzbarkeit oder Verwendbarkeit der (Teil-)Ergebnisse ihrer Arbeit auseinandersetzen und die Auswirkung dieser auf benachbarte Unternehmensbereiche nachvollziehen können.

Insbesondere der letzte Punkt ist in den vielen Unternehmen die Ursache dafür, warum ganze Wertschöpfungsketten systematisch standardisiert werden und auch werden müssen. Da in einer sequenziellen und arbeitsteiligen Organisationsstruktur der einzelne Mitarbeiter aus seiner fachlichen Spezifikation heraus nicht den gesamten Prozess überblicken kann und eine interdisziplinäre Kommunikation erschwert ist, muss eine strikte Standardisierung aller Arbeiten sichergestellt werden.

Nur so kann, wie in unserem Beispiel beschrieben, der Vertrieb ein Produkt anbieten. Der Bereich weiß, ohne sich mit den Mitarbeitern in der Produktion auszutauschen, dass dieses Produkt in der vordefinierten Konfiguration bereitgestellt und ausgeliefert werden kann. In Branchen, die sich mit der Produktion von Konsumgütern befassen, ein unabdingbares Strukturprinzip. Dies geht allerdings zulasten einer flexiblen Individualisierung von Produkten mit kurzen Entwicklungs-, Produktions- und Lebenszyklen. Aspekten, die in der digitalisierten Wirtschaft immer mehr an Bedeutung gewinnen.

8.1.2 Konfiguration agiler Teams

Es wurde schon mehrfach von interdisziplinären Teams gesprochen. Darunter ist zu verstehen, dass alle Disziplinen, also Fähigkeiten und Fertigkeiten der Mitarbeiter, miteinander kombiniert werden, die notwendig sind, um eine bestimmte Gruppe von Aufgaben und Funktionen effektiv und effizient durchzuführen.

Im Gegensatz zu einer hierarchischen Organisationsstruktur, in der die Mitarbeiter meist rein funktional organisiert sind, werden diese in einer agilen Organisation nach Aufgabenstellungen und fachlichen Kontexten kombiniert. Auf das fachliche Themengebiet des Vertriebs übertragen bedeutet das exemplarisch, dass alle Mitarbeiter in einem interdisziplinären Team direkt zusammengefasst sind und zusammenarbeiten, die benötigt werden, um alle Kunden in der Pharmaindustrie kaufmännisch zu betreuen.

Hierfür werden die Funktionen, beispielsweise für das Vertragsmanagement, die Angebotserstellung, das Backoffice, das Beschwerdemanagement, die Vertriebskommunikation, das Customer Relationship Management (CRM) und das Service Level Management (SLM) in einer integrierten Gruppe direkt zusammengefasst. In dieser fachlich interdisziplinären Konfiguration koordinieren die beteiligten Mitarbeiter ihre Aufgaben, Funktionen und Prozesse alleinverantwortlich und selbstorganisiert.

Diese Zusammenstellung ist die reale Implementierung eines agilen Teams, in dem Mitarbeiter mit sogenannten T-Shaped Skills entwickelt oder gefördert werden. Anstelle von spezialisierten Abteilungen, in denen Experten mit eingeschränktem, aber ausgesprochen detailliertem Fachwissen konzentriert werden, sind die Kombinationen der Wissensbereiche in interdisziplinären Teams auf fachliche Vielfalt ausgerichtet.

Darüber ist es möglich, das Fachwissen der Mitarbeiter insgesamt zu erweitern, da sie innerhalb des Teams Kenntnisse untereinander weitergeben und austauschen können. Außerdem sind diese T-Shaped-Skill-Teams resilienter gegenüber Personalausfällen, da unterschiedliche Themengebiete gleichzeitig von mehreren Mitgliedern im Team abgedeckt werden können.

8.2 Rollen und Spielregeln in selbstorganisierten und agilen Teams

In der Zusammensetzung interdisziplinärer und selbstorganisierter Teams sind zumindest die vorgenannten Konfliktpunkte ausgeschlossen bzw. treten weniger massiv auf. Wesentlich ist aber, dass innerhalb einer interdisziplinär zusammengesetzten Gruppe von Mitarbeitern nicht nur geregelt ist, welche Rolle und Verantwortung von welchem Mitarbeiter übernommen wird, sondern eben auch, wie die gemeinsame Arbeit erfolgen soll.

Und an dieser Stelle schließt das laCoCa-Modell eine kritische Lücke in den aktuell bestehenden agilen Organisationsmodellen.

Für das Design selbstorganisierter und agiler Teams benötigen wir zwei wesentliche Elemente, damit sich diese auf die Umsetzung ihrer fachlichen Funktionen und die Ausgestaltung der Geschäftsfähigkeiten konzentrieren können. Neben den Rollen, die jeder Mitarbeiter zusätzlich zu seiner fachlichen Funktion und Expertise ausfüllt, regelt und organisiert eine Team-Governance, wie wir Spielregeln auch nennen können, die Kooperation der Mitarbeiter.

Im Anschluss an die Beschreibung dieser Elemente wird nachfolgend die Konfiguration von Rollen und Spielregeln zu einem selbstorgansierten und agilen Team erläutert. Analog zu den Systemen eines agilen Unternehmens, bestehen auch die Rollen eines Teams aus den Systemen **G**, **D**, **M**, **M***, **C** und **O** (Bild 8.2).

Wie im laCoCa-Modell des Unternehmens decken die Rollen in Teams die entsprechend deckungsgleichen Funktionen und Verantwortlichkeiten ab. Die nachfolgende Kurzbeschreibung der Aufgabenfelder der einzelnen Rollen soll die Charakteristika der Systeme des laCoCa-Modells verdeutlichen.

Bild 8.2 Rollenmodell agiler und selbstorganisierter Teams

G wie Governance

Die Rolle Governance **G** stellt sicher, dass Sinn, Zweck, Identität und Regeln der Kooperation eines Teams definiert sind und von allen Mitgliedern nachvollzogen, unterstützt und anerkannt werden und sich alle Mitarbeiter des Teams mit dem Sinn, Zweck und der Aufgabenstellung des Teams identifizieren können. Sie stellt zusätzlich sicher, dass Sinn, Zweck und Identität des Teams mit den Definitionen und dem Verständnis dieser Themenfelder mit den angrenzenden Teams und Rekursionsstufen konsistent zusammenpassen bzw. sich ergänzen und der Gesamtdefinition des Unternehmens entsprechen.

Die Rolle Governance **G** analysiert die Einflussfaktoren und Anforderungen, die auf das Team einwirken und denen das Unternehmen ausgesetzt ist. Sie sorgt dafür, dass Sinn, Zweck und Identität des Teams der aktuellen Situation entsprechend angemessen sind und passt diese nötigenfalls an. Diese Entwicklung findet im Dialog mit den Teammitgliedern und den angrenzenden Rekursionsstufen der Organisation statt.

Die Rolle Governance **G** achtet darauf und unterstützt die Teammitglieder dabei, die Spielregeln der Zusammenarbeit anzuwenden und einzuhalten, und klärt Verständnisfragen.

D wie Development

D

Mit dem Blick nach außen, auf die das Team umgebende Umwelt, und auf zukünftige Entwicklungen, Einflüsse und Anforderungen ausgerichtet, analysiert und bewertet die Rolle Development **D** den Umfang und die Qualität der Fähigkeiten und Fertigkeiten der Mitarbeiter, die Geschäftsfähigkeiten und Prozesse und die verfügbaren Ressourcen.

Dabei prüft sie den Zustand der requisiten Varietät des Teams in Abhängigkeit zur Interaktionsdynamik mit der mittelbaren (angrenzende Teams und Rekursionsstufen) und unmittelbaren Umwelt (externe Einflussfaktoren wie Kunden, Lieferanten etc.).

Die Rolle Development **D** berücksichtigt auch die zugrunde liegende Strategie des Unternehmens und entwickelt Maßnahmen zur Anpassung der Fähigkeiten und Fertigkeiten des Teams. Die Rolle steht in direkter Kooperation und Interaktion mit den Rollen Management **M** und Monitoring **M***.

M wie Management

M

Die von der direkten und indirekten Umwelt an das Team gerichteten Aufträge und Anfragen werden von der Rolle Management **M** koordiniert und in Kooperation mit der Rolle Operations **O** umgesetzt. Hierbei steht sie auch in direkter Interaktion mit der Rolle Development **D**, um sicherzustellen, dass die bestehenden Fertigkeiten und Fähigkeiten des Teams den zukünftigen Anforderungen und Einflussfaktoren gerecht werden.

Die Rollen Management **M** und Operations **O** handeln miteinander aus und legen fest, welche Kapazitäten an Mitarbeitern und Ressourcen benötigt werden, um die bestehenden und absehbaren Aufträge und Anfragen bearbeiten zu können. Dabei achtet die Rolle Management **M** darauf, dass sich die Auslastung der Rolle Operations **O** in einem ausgewogenen Rahmen bewegt und Überlastungs- sowie Unterforderungssituationen unmittelbar entgegengewirkt wird.

Erkenntnisse zu Fehlerquellen, Reibungsverlusten und Verbesserungspotenzialen werden von der Rolle Management **M** im Rahmen von Reflexionen gesammelt, bewertet, verarbeitet und kommuniziert.

Die Rollen Monitoring **M*** und Coordination **C** unterstützen die Rollen Management **M** und Operations **O** unmittelbar in ihren Aufgabengebieten und stellen sicher, dass die benötigten Viable Indicators (VIs, aka dynamische Kennzahlen) und die Kommunikation notwendiger Informationen sichergestellt sind (siehe auch Kapitel »Monitoring – VI anstatt KPI«).

M* wie Monitoring

M*

Durch die Entwicklung geeigneter Metriken und die Erfassung dynamischer Kennzahlen stellt die Rolle Monitoring **M*** sicher, dass der Betriebs- und Entwicklungszustand des Teams und des mittelbaren und unmittelbaren Umfelds gemessen werden kann. Die gewonnenen Viable Indicators (VIs) stellt die Rolle **M*** den beteiligten Rollen im Team in angemessener Form zur Verfügung, sodass sie für den jeweiligen Verwendungszweck genutzt, weiterverwendet oder möglicherweise veredelt werden können. **M*** stellt sicher, dass die Anpassungen der Metriken aus den Erkenntnissen der Reflexionen und den Entwicklungsmaßnahmen der Rolle Development **D** erfolgen.

C wie Coordination

C

Die Versorgung aller Rollen eines Teams mit den für deren Aufgabenstellungen notwendigen Informationen und Dokumentationen sind Kernaufgabe der Rolle Coordination **C**. Dabei stellt die Rolle sicher, dass Form, Umfang, Qualität, Nachvollziehbarkeit und Aktualität der Informationen und Kommunikationswege den Anforderungen der Funktionen und Aufgabenstellungen im Team gerecht werden. Hierzu gehören auch die Frequenz, die Ausgestaltung und die Durchführung von Besprechungen, Workshops und Ähnlichem zur Unterstützung der direkten und persönlichen Kommunikation und Kooperation der Mitarbeiter im Team untereinander und mit den mittelbaren und unmittelbaren Teilen der Umwelt.

Zu den Aufgaben der Rolle Coordination **C** gehört weiterhin die Auswahl und Bereitstellung der notwendigen Methoden, Vorgehensmodelle, Best Practices oder Standards, die für die jeweilige Aufgabenstellung eines Teams oder auf der Ebene einer Rekursion innerhalb der Organisation anzuwenden sind. Darüber kann die Rolle Coordination **C** einen effizienten Arbeitsablauf in den Teams unterstützen, damit diese die jeweils geeigneten methodischen Grundlagen oder Industriestandards anwenden und sich auf ihre eigentliche operative Tätigkeit fokussieren können. Im Dialog mit den Rollen Management **M** und Development **D** stellt Coordination **C** sicher, dass die genutzten Standards den bestehenden und zukünftigen Anforderungen gerecht werden.

O wie Operations

Eine spezifische fachliche Funktion ist der Verantwortungsbereich der Rolle Operations **O**, die wir im Rahmen des laCoCa-Modells und der Methode als Geschäftsfähigkeit »Umsetzung & Betrieb« bezeichnen. Sie stellt die eigentlich wertschöpfende Funktion im Team dar und wird durch die Beiträge und Leistungen der bisher beschriebenen Rollen unterstützt. Die Vielfalt der fachlichen Inhalte der Rolle Operations **O** ist unendlich und stellt das Element der fachlichen Expertise innerhalb eines agilen Teams dar. Es kann die Leistung des Vertriebsmitarbeiters oder die des Controllers, der Mitarbeiter im Lager oder der Chemiker im Labor sein. An dieser Stelle in unserem Modell steht Operations **O** als Stellvertreter oder Platzhalter für diese Vielfalt an Fachwissen und fachlichen Detailprozessen, die hier individuell je Team und Organisation hinzugefügt werden müssen.

Aus diesem Grund macht es auch an dieser Stelle keinen Sinn, auf deren Ausgestaltung näher einzugehen, da dies weitestgehend selbstverständlich sein sollte und der betrieblichen Praxis in jedem Unternehmen entspricht.

8.2.1 Rollenverteilung im Team

Jeder Mitarbeiter eines Teams kann entweder eine einzige Rolle vollständig verantworten oder mehrere Rollen übernehmen. Die Anzahl der verantworteten Rollen ist vom jeweiligen Arbeitsaufwand und der benötigten Qualifikation einer Rolle abhängig. Die wird von der Vielfalt inhaltlicher Funktionen einer Rolle, der Größe eines Teams, der Komplexität des Umfelds und weiteren Faktoren beeinflusst. Dabei ist der für die Rolle verantwortende Mitarbeiter ebenfalls für die Qualität der Ausgestaltung und Durchführung der jeweiligen Funktion verantwortlich. Jeder Mitarbeiter eines Teams kann Rat und Unterstützung bei den übrigen Mitarbeitern anfordern, wenn er für das Treffen von Entscheidungen einen entsprechenden Austausch benötigt, um Wirkung, Konsequenzen und Alternativen seiner Überlegungen abzuwägen.

Jedoch hat keine Rolle und damit kein eine andere Rolle verantwortender Mitarbeiter die Autorität, Entscheidungen für ein Teammitglied zu fällen oder diesem Vorgaben zu machen.

8.2.2 Trennung von Rolle und Person

Die Aufgaben und Funktionen, die von jedem einzelnen Mitarbeiter in einem Unternehmen durchgeführt werden, und die Rollen, die anvertraut oder zugeordnet werden, stellen einen zentralen Aspekt der täglichen Arbeit in Unternehmen, Organisationen und Teams dar. Nur zu schnell wird übersehen, dass ein Mitarbeiter im Kontext seiner Tätigkeit und Verantwortung Rollen und Funktionen ausfüllt, er selbst als Person nicht die Rolle oder Funktion ist.

Diese Differenzierung ist im Zusammenhang einer agilen Organisation ausgesprochen relevant und stellt eines der wesentlichen Unterscheidungsmerkmale gegenüber einer hierarchischen Struktur dar.

Diese Differenzierung ist deswegen so wichtig, um eine Distanz zwischen der einzelnen Person, ihrer Persönlichkeit, ihrer Würde und ihrem Charakter zu der von ihr ausgeführten Aufgabe und ausgefüllten Rolle oder Rollen sicherzustellen.

> Aus der Sicht des Mitarbeiters geht es darum, dass er sich darauf konzentrieren soll, alle Funktionen, Abläufe, Informationen, Prozesse, Kooperationen und weitergehende Rahmenbedingungen sicherzustellen, die seine Rolle(n) erfordern, um das bestmögliche Arbeitsergebnis in der vereinbarten und benötigten Qualität herbeizuführen. Er verantwortet demnach seine Rolle(n), er selbst ist nicht die Rolle(n).

Der Vorteil dieser Differenzierung ist darin zu finden, dass ein Team von Mitarbeitern aus dieser Perspektive konstruktiv darüber diskutieren und daran arbeiten kann, was nötig ist, um die einzelnen Verantwortungen der im Team angesiedelten Rollen wahrzunehmen.

Dadurch wird ausgeschlossen, über die persönliche Qualifikation eines Mitarbeiters wertend zu sprechen oder darüber zu urteilen, welcher Mitarbeiter qualifiziert ist und welcher nicht. Die persönliche Betroffenheit eines Mitarbeiters kann reduziert und eine sachliche Auseinandersetzung und Kooperation gefördert werden.

Es geht also nicht darum, festzustellen und zu bewerten, ob ein Mitarbeiter ausreichend qualifiziert oder talentiert dafür ist, bestimmte Aufgaben und Anforderungen zu erfüllen, sondern vielmehr darum, welche Qualifikationen und Talente benötigt werden, um die anstehenden Aufgaben zu erfüllen, und wo im Team, in der Organisation oder beim Kooperationspartner diese gefunden und genutzt werden können.

Zusätzlich wird die Kombination von Mitarbeitern und Rollen in einem agilen und selbstorganisierten Team (kurz ASOT) nicht von einem Vorgesetzten zugeteilt, sondern von den Mitgliedern des Teams aktiv angenommen.

> Es ist nicht der disziplinarische Vorgesetzte, der entscheidet, wer welche Aufgabe übernehmen muss oder darf, sondern jeder einzelne Mitarbeiter schätzt selbst ein, ob er für die Übernahme einer spezifischen Aufgabe und der Verantwortung für eine Rolle geeignet ist.

Die Trennung zwischen Person und Rolle ist nützlich, um sachlich und ergebnisorientiert die Wahrnehmung von Verantwortung im Team und der Organisation zu streuen und um die Selbstverantwortung der Mitarbeiter zu fördern, aber auch einzufordern.

Hier stellt sich die Frage, wer in einer derartigen Konstellation die Leistung des Mitarbeiters wie bewertet. Die Frage ist ebenso verständlich wie für eine agile Organisation unzulässig. In einer Kooperation von Erwachsenen geht es nicht darum, dass ein Mitarbeiter über die Leistung eines anderen urteilt und mit diesem Urteil meist auch unterschiedliche Konsequenzen verbunden sind. Gehalt, Karriere, Status und Wertschätzung im Unternehmen hängen meist von diesen Urteilen ab, die entweder Vorgesetzte oder andere Machtpromotoren über Mitarbeiter fällen.

> Die Steuerung von Leistungsfähigkeit und Leistungsniveau erfolgt in einer agilen Organisation über Rollen und über Teams und nicht über die persönliche Bewertung einzelner.

Die Leistungsfähigkeit und das Leistungsniveau in einer agilen Organisation werden über andere Mechanismen gesteuert, um die eigentliche Zielsetzung eines überlebensfähigen und anpassungsfähigen Unternehmens sicherzustellen.

Zum einen ist an den VIs ersichtlich, auf welchem Leistungsniveau sich ein Team und alle darin enthaltenen Rollen befinden. In Reflexionsphasen einer Iteration wird die erbrachte Leistung mit der erforderlichen Leistung verglichen und analysiert, an welcher Stelle Potenziale zur Leistungssteigerung identifiziert und genutzt werden können.

Über dieses Vorgehen wird im Team und für jeden einzelnen Mitarbeiter sichtbar, welche Rolle seine Leistung in welchem Umfang erbringen konnte. Diese Analyse zeigt auf, wie mit einer spezifischen Rolle umzugehen ist und was benötigt wird, um die Leistungsfähigkeit einer Rolle in den erforderlichen Zustand zu bringen. Es findet die sachlich und wirkungsorientierte Entwicklung einer Lösung statt, die bedeuten kann, dass ein Mitarbeiter eine Rolle abgibt, da er die spezifische Verantwortung nicht wahrnehmen kann.

Konsequenterweise gibt der Mitarbeiter in diesem Fall die Verantwortung für eine Rolle von sich aus ab und übernimmt andere Rollen, die dem Entwicklungsstand seiner Fähigkeiten besser entsprechen.

Voraussetzungen für die Übernahme von Verantwortung

Damit eine derartige Dynamik und Form der Verantwortungsverteilung in konstruktiver Art und Weise stattfinden kann, sind folgende Elemente entscheidend:

- die Verinnerlichung der Empowerment-Dynamik zwischen den Perspektiven Challenger, Creator und Coach als sich ergänzendes und unterstützendes Kooperationsmodell,
- die Verabredung einer entsprechenden Vorgehensweise von Annahme und Abgabe von Rollenverantwortungen im Rahmen der gelebten Governance,
- einfordern der Einhaltung und Beachtung dieser Vereinbarungen durch die Rolle Governance **G**,
- die Koordination der nötigen Reflexionsphasen durch die Rolle Coordination **C**.

Was letztlich über dieses Vorgehen erreicht werden kann, ist, dass eine Kultur der konstruktiven und kritikfähigen Kooperation entsteht, in der sich Mitarbeiter nicht über die Akzeptanz ihrer individuellen Leistung, ihren Status im Unternehmen oder ihre hierarchische Position identifizieren.

Indem die Aufmerksamkeit der Mitarbeiter und die Investition ihres Engagements auf die Verantwortung für eine Rolle und das gemeinsam im Team und in der Organisation vereinbarte Ziel gerichtet wird, bleibt wenig Raum für das Ausleben von Egoismen und narzisstischen Tendenzen. Denn diese sind für die Wirkung eines Teams nicht erforderlich oder nützlich und schaden nicht nur den Kollegen im Team, sondern lassen den Spaß an der eigenen und gemeinsamen Arbeit im Keim ersticken.

8.2.3 Zusammenstellung von Rollen in Teams

Um den Aufbau eines Teams möglichst einfach zu gestalten und mit der Konfiguration der nötigen Rollen nur so viel Zeit wie nötig zu verbringen, bietet sich folgende Vorgehensweise an. Diese orientiert sich zum einen an den elementaren Rollen des laCoCa-Modells und definiert sie als Grundlage der Konfiguration von Rollen in einem Team. Was auch immer der fachliche Inhalt und die in einem Team angesiedelten Aufgaben sind, die sechs elementaren Rollen werden immer sichergestellt (Bild 8.3).

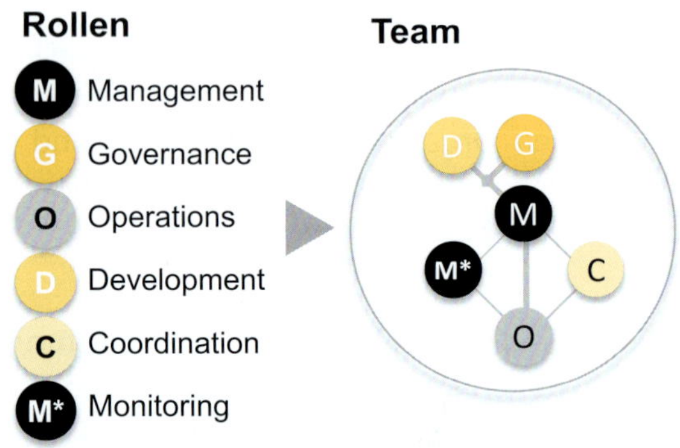

Bild 8.3 Sechs Rollen in einem agilen Team

Dies ist von der Anzahl der Mitarbeiter zunächst unabhängig. Selbst ein einzelner Mitarbeiter kann alle Rollen auf sich vereinen. Das ist deswegen theoretisch möglich und sachlich richtig, da er für sich als Person bereits alle sechs

Rollen verantwortet. Im Kontext seiner Tätigkeit übernimmt er eine natürliche Konfiguration elementarer Rollen, die notwendig sind, um eine Funktion wahrnehmen zu können.

Mit steigender Anzahl an Mitarbeitern im Team und anwachsendem Anforderungsumfang werden die Rollen in iterativer Vorgehensweise umverteilt oder ergänzt. Dies ist als Ergebnis von Reflexionsphasen und als Entwicklungsschritt eines Teams nach jeder Iteration möglich.

Die Definition der Inhalte der Rolle Operations **O** ist die individuelle Aufgabe der Mitarbeiter in den einzelnen Teams. Diese kann und darf das laCoCa-Modell nicht vorgeben, da sie von der jeweiligen fachlichen Aufgabenstellung und Zuständigkeit des Teams abhängig sind.

8.2.4 Gründung eines neuen Teams

Ist die Vielfalt der Aufgaben eines Teams in einer Form angewachsen, dass es wirksamer ist, verschiedene Funktionen in ein separates Team auszulagern und darüber die notwendige Leistungsfähigkeit und agile Arbeitsorganisation sicherzustellen, übernimmt die Rolle Management **M** den initialen Aufbau eines weiteren Teams.

Die Gründung eines zusätzlichen Teams erfolgt, indem das abgebende Team den Umfang der Anforderungen und Leistungen definiert, die ausgelagert werden sollen. Der Verantwortliche der Rolle **M** übernimmt die Aufgabe, die geeigneten Mitarbeiter für diesen Leistungsumfang zu finden. Sobald ein Mitarbeiter die Rolle **M** für das neue Team übernommen hat, führt dieser den weiteren Aufbau des Teams durch und findet wiederum Mitarbeiter für die elementaren und weitergehenden operativen Rollen.

Das Vorgehen insgesamt ist in der Governance der Organisation als Standard festzulegen, damit ein Team, das Aufgaben auslagern muss, den dafür nötigen Prozess und das Vorgehen nicht erst entwickelt und vereinbart.

Ist die Abdeckung der Verantwortung für die elementaren Rollen erfolgt, legt das neue Team fest, wie mit den übernommenen Aufgaben weiter zu verfahren ist, und beantwortet außerdem die in Bild 8.4 dargestellten Leitfragen zur Organisation der Teamentwicklung.

Leitfragen für Aufbau und Betrieb agiler Teams

- Welche Auslöser oder Einflussfaktoren sind für das Team relevant und bestimmen seine requisite Varietät? *Attenuator*
- Welche Eingangsparameter benötigt das Team für die Durchführung seiner Aufgaben und den Prozess? *Input*
- M Welche Rahmenbedingungen und Kapazitäten müssen bereitgestellt werden?
- G Welche Regeln und Vereinbarungen sind zu übernehmen oder zu definieren? *extern/intern*
- C Welche Informationen werden benötigt und wie wird die Kooperation organisiert? *extern/intern*
- M* Welche Kennzahlen (VI) werden benötigt oder bereitgestellt? *extern/intern*
- O Welche operativen Rollen sind festzulegen und durchzuführen? Welche Geschäftsfähigkeiten und Prozesse sind operativ anzuwenden? *Prozesse/Methoden*
- D Welche Anforderungen muss das Team zukünftig erfüllen?
- Welche Ausgangsparameter werden bereitgestellt? *Output*
- Welche Wirkung oder welches Ergebnis erreicht das Team? *Amplifier*

Bild 8.4 Leitfragen für die Unterstützung der Definition und Organisation agiler Teams entlang der elementaren Rollen

8.2.5 Auflösung eines Teams

Ein existierendes Team auflösen zu können ist ebenso relevant wie die Fähigkeit, ein neues Team bedarfsgerecht aufzubauen. Die Gründe für diesen Schritt können vielfältig sein. Mögliche Faktoren hierfür sind beispielsweise:

- Einstellung eines Produkts oder einer Dienstleistung, da das Ende des Lebenszyklus erreicht ist,
- Rückgang des Auftragsvolumens und damit notwendige Reduzierung der Produktionskapazität,
- Steigerung der Leistungsfähigkeit oder Handlungsvielfalt einer Organisation durch Verschmelzung unterschiedlicher Teams,
- Einfluss neuer Technologien und Innovationen auf den Leistungsumfang eines Teams durch Automation der bisher erbrachten Aufgaben,
- Einstellung eines etablierten Geschäftsmodells aufgrund mangelnden Marktbedarfs.

Ist die Auflösung eines Teams notwendig, so ist die Rolle Management **M** dafür zuständig, dies sicherzustellen. Auch für die Auflösung eines Teams ist es hilfreich, ein standardisiertes Prozedere in der Governance festzulegen, damit das Vorgehen zum Rückbau eines Teams nicht individuell erarbeitet werden muss. Das ist umso kritischer, wenn nicht nur organisationsinterne Aspekte, sondern auch rechtliche, wie beispielsweise der Datenschutz, beachtet werden müssen. Ein Team aufzulösen kann qualitativ in etwa mit der Auflösung eines Unternehmens verglichen werden. Vor allem ist durch **M** sicherzustellen, dass die Mitarbeiter des Teams die Möglichkeit haben, alternative Rollen in der Organisation zu übernehmen und damit dem Unternehmen insgesamt erhalten zu bleiben. Die Rolle **M** wird bei der Auflösung vor allem von **C** und **G** darin unterstützt, dass ein koordiniertes Vorgehen sichergestellt wird und die Regelungen der Governance Anwendung finden.

8.2.6 Spielregeln

Wie aus den Beschreibungen der Rollen ersichtlich wird, fehlt die disziplinarisch direktive Autorität einer Führungsfunktion, wie sie in hierarchischen Organisationsmodellen bekannt ist.

Das Rollenverständnis einer agilen Organisation ist darauf ausgerichtet, eine konstruktive Unterstützung der Rollen untereinander durch die individuelle und eigenverantwortliche Erbringung spezifischer Leistungen und Beiträge sicherzustellen. Die beschriebenen Managementfunktionen tragen dabei die Verantwortung, dass alle übrigen Rollen in einem Team die Rahmenbedingungen vorfinden, die notwendig sind, um ein bestmögliches Leistungsniveau zu erreichen oder zu erhalten.

Für die Funktionsfähigkeit und Koordination eines selbstorganisierten Kooperationsmodells ist es zwingend notwendig, gemeinsame und verbindliche Vereinbarungen zu treffen, festzuschreiben und deren Einhaltung einzufordern, damit das tägliche Miteinander geregelt stattfinden kann.

Derartige Spielregeln oder Vereinbarungen werden in Form einer Team-Governance festgeschrieben, deren Verfügbarkeit, Entwicklung und Einhaltung von der Rolle Governance **G** verantwortet wird.

Die Qualität einer Team-Governance kann mit der einer Verfassung, den Spielregeln einer Sportart oder einer Gesetzesgrundlage verglichen werden.

Welche Analogie auch immer bemüht wird, um das Verständnis des Begriffs zu unterstützen, ist es relevant, sicherzustellen, dass die Definitionen der Team-Governance folgende Kriterien erfüllen:

- *Angemessenheit*
  Die Regelungen der Team-Governance müssen der Kritikalität und Komplexität der Aufgaben-

stellungen im Team gerecht werden und dürfen kein bürokratisch überregulierendes Konstrukt darstellen.

- *Detaillierung*
  Die Inhalte der Team-Governance müssen sich auf die Beschreibung von Rahmenbedingungen und Grundsätzen beschränken und nicht die konkrete Ausgestaltung oder Durchführung einer Funktion oder Aufgabe im Team beinhalten. Eine derartige Detaillierung ist entweder dem Mitarbeiter überlassen, der eine Rolle verantwortet, bzw. muss als Inhalt einer Geschäftsfähigkeit bei der Ausgestaltung eines (Geschäfts-)Prozesses enthalten sein.
- *Nachvollziehbarkeit*
  Die Inhalte der Team-Governance müssen sprachlich verständlich formuliert werden. Abkürzungen, Fremdworte und Fachbegriffe sind zu erklären, damit Dritte in der Lage sind, die Vorgaben und Regelungen der Team-Governance eigenständig und unmissverständlich nachzuvollziehen. Wo immer möglich, sollten konkrete Beispiel oder Anwendungsfälle als Referenzen genutzt werden.
- *Aktualität*
  Die Inhalte und Definitionen der Team-Governance müssen der aktuellen Situation der Anforderungen und den fachlichen Leistungsinhalten des Teams entsprechen.
- *Anwendbarkeit*
  Die Umsetzung und das Befolgen der Team-Governance müssen praktisch möglich sein. Dies ist im Rahmen von Simulationen zu validieren. Hierbei ist sicherzustellen, dass der Arbeitsaufwand für die Einhaltung der Team-Governance in einem ausgewogenen Kosten-Nutzen-Verhältnis steht.
- *Sinn- und Zweckhaftigkeit*
  Welche Zielsetzung verfolgt ein Team hinsichtlich seiner Aufgabenstellung und welchen Beitrag leistet es individuell und zur Erreichung und Erfüllung der Zielsetzung der gesamten Organisation? Der Sinn der Arbeitsinhalte wird, abgeleitet von Sinn und Zweck der gesamten Organisation, spezifisch für das Team festgelegt und nötigenfalls angepasst. Mit dieser Definition ist es jedem Mitglied im Team möglich, seinen individuellen Wertbeitrag zu beschreiben und den Sinn und den Zweck der eigenen Aufgaben zu klären und zu erklären.

8.2.7 Ausschluss

Eine Team-Governance beinhaltet keinerlei Beschreibung von (Geschäfts-)Prozessen. Die Beschreibung dieser ist Bestandteil und Aufgabe der Entwicklung und Definition von Geschäftsfähigkeiten. Die Governance des Teams beschreibt die Rahmenbedingungen, die Grundlagen und die Grundsätze, die in der Definition und Anwendung von Geschäftsfähigkeiten und Prozessen berücksichtigt werden müssen.

Im Kapitel zur Geschäftsfähigkeit Corporate Governance **G** gehen wir auf die Relevanz, den Aufbau und die Entwicklung von Spielregeln zur Kooperation noch detaillierter ein.

8.3 Konfiguration und Visualisierung

8.3.1 Menschlicher Organismus als Vorbild

Auf unser Ausgangsbeispiel, den menschlichen Organismus, zurückgreifend, kann eine einzige Person alle der hier aufgeführten Rollen ausfüllen. Das ist im Rahmen einer Teamkonfiguration nicht gleichermaßen sinnvoll. Es verdeutlich jedoch die Konsistenz des Modells in seiner praktischen Anwendung und spiegelt das Design eines komplexen Organismus wider. Dessen Organe bestehen aus einer Vielzahl von Zellen, und der Organismus selbst besteht wiederum aus einer Vielzahl von Organen. Die Organe leisten, wie auch die Zellen, jeweils einen individuellen Beitrag, der die Gesamtfunktion des komplexen Systems Mensch ermöglicht und sicherstellt (Bild 8.5).

8.3.2 Skalierung durch Rekursionen

Für den Aufbau eines Unternehmens mit requisiter Varietät, also einer erforderlichen Handlungsvielfalt, die den Anforderungen und Einflüssen einer komplexen Umwelt gerecht werden muss, ist eine umfassende Organisationskonfiguration notwendig. Diese erfordert zumeist nicht nur ein einzelnes Team, sondern eine Vielzahl an Teams, die unterschiedliche, d.h. zueinander komplementäre Aufgaben erfüllen. (Erforderliche Varietät wird als Übersetzung des englischen Begriffs der »*requisite variety*« verwendet.)

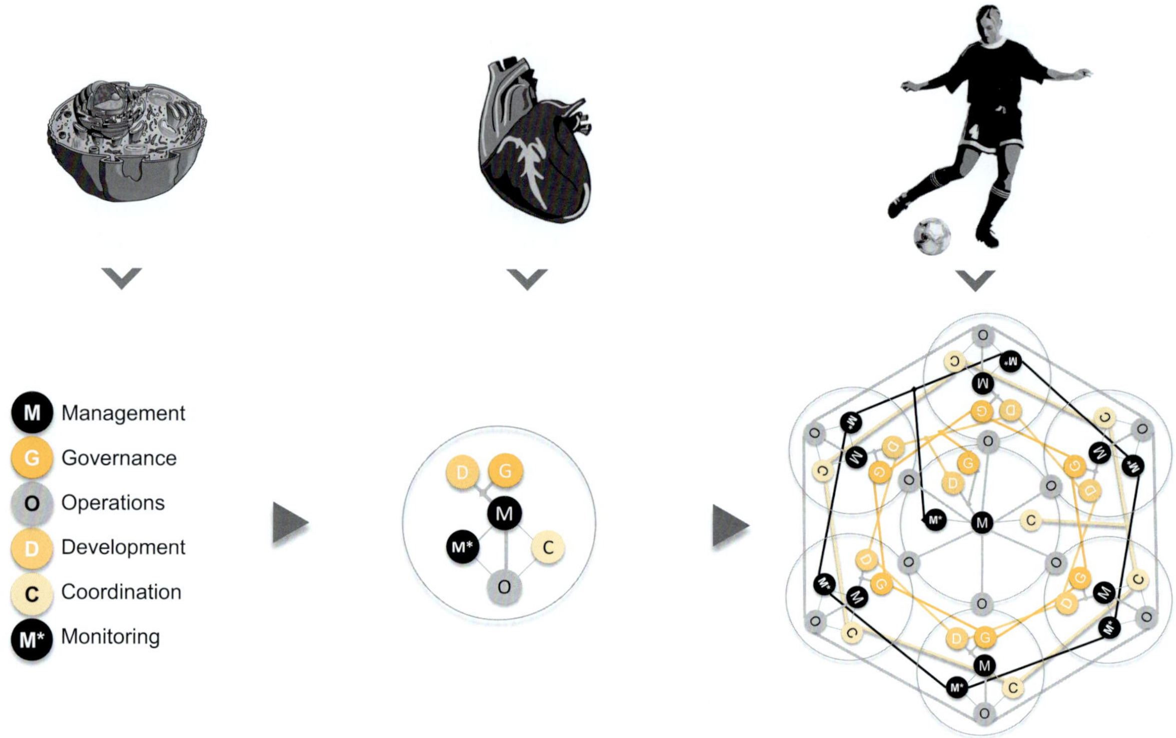

Bild 8.5 Analoge Struktur von Organismen und agilen Organisationen

Die Grundlagen aus Teil I. machen diese Skalierung vergleichsweise einfach, da sich alle weitergehenden Ausbaustufen aus einer Zusammensetzung und Rekursion der gleichen, elementaren Konfiguration ergeben. Das Konfigurationsprinzip folgt stets derselben Logik und Struktur. Bild 8.6 visualisiert die mögliche Ausbaustufe einer agilen Organisation, ausgehend von dem zugrunde liegenden Modell, den Rollen und der elementaren Konfiguration in einem Team. Diese

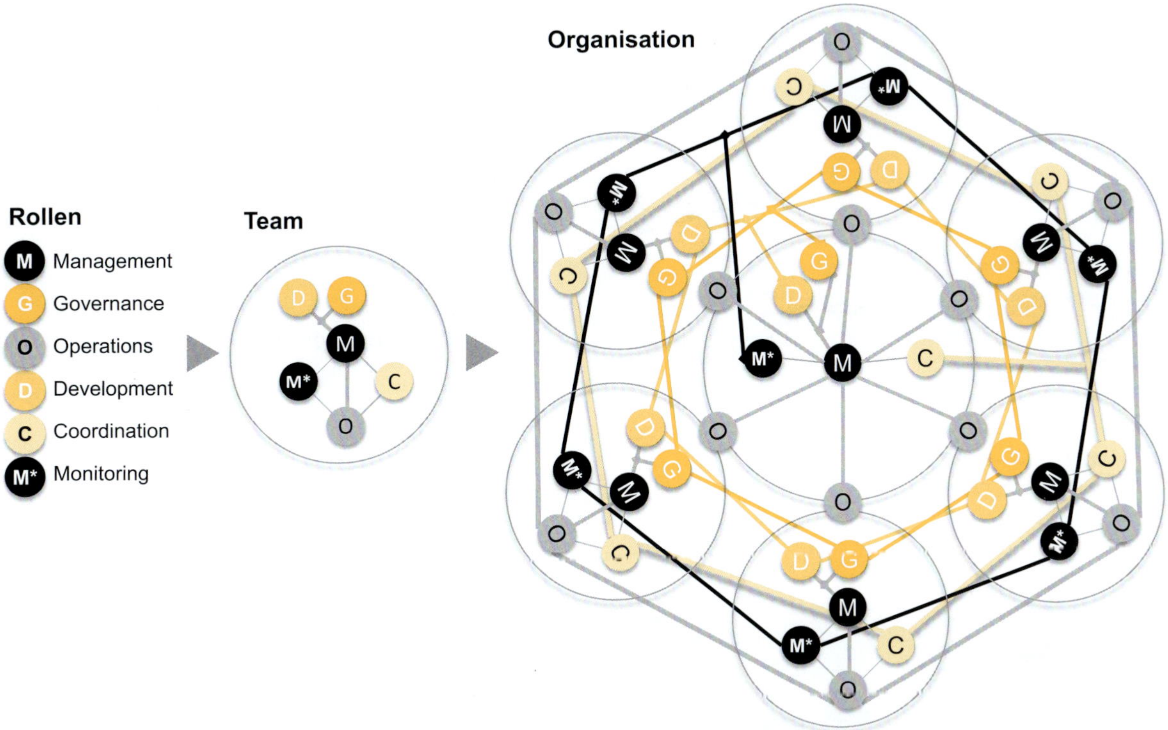

Bild 8.6
Rekursionen von Rollen in Teams, der Konfiguration eines elementaren Teams mit allen notwendigen Rollen und der fraktalen Struktur der Heterarchie selbstorganisierter Teams

Skalierung ist, vergleichbar mit einem Mandelbrotbaum, prinzipiell beliebig erweiterbar und in der Lage, mehrstufige Strukturen darzustellen, die auch aus Tochtergesellschaften oder Kooperationspartnern bestehen können.

Derartige externe Organisationen können, müssen aber nicht zwingend dem Design des laCoCa-Modells entsprechen. Sie können dennoch angebunden und in einer Kooperationsbeziehung stehen, da die Rollen des laCoCa-Modells

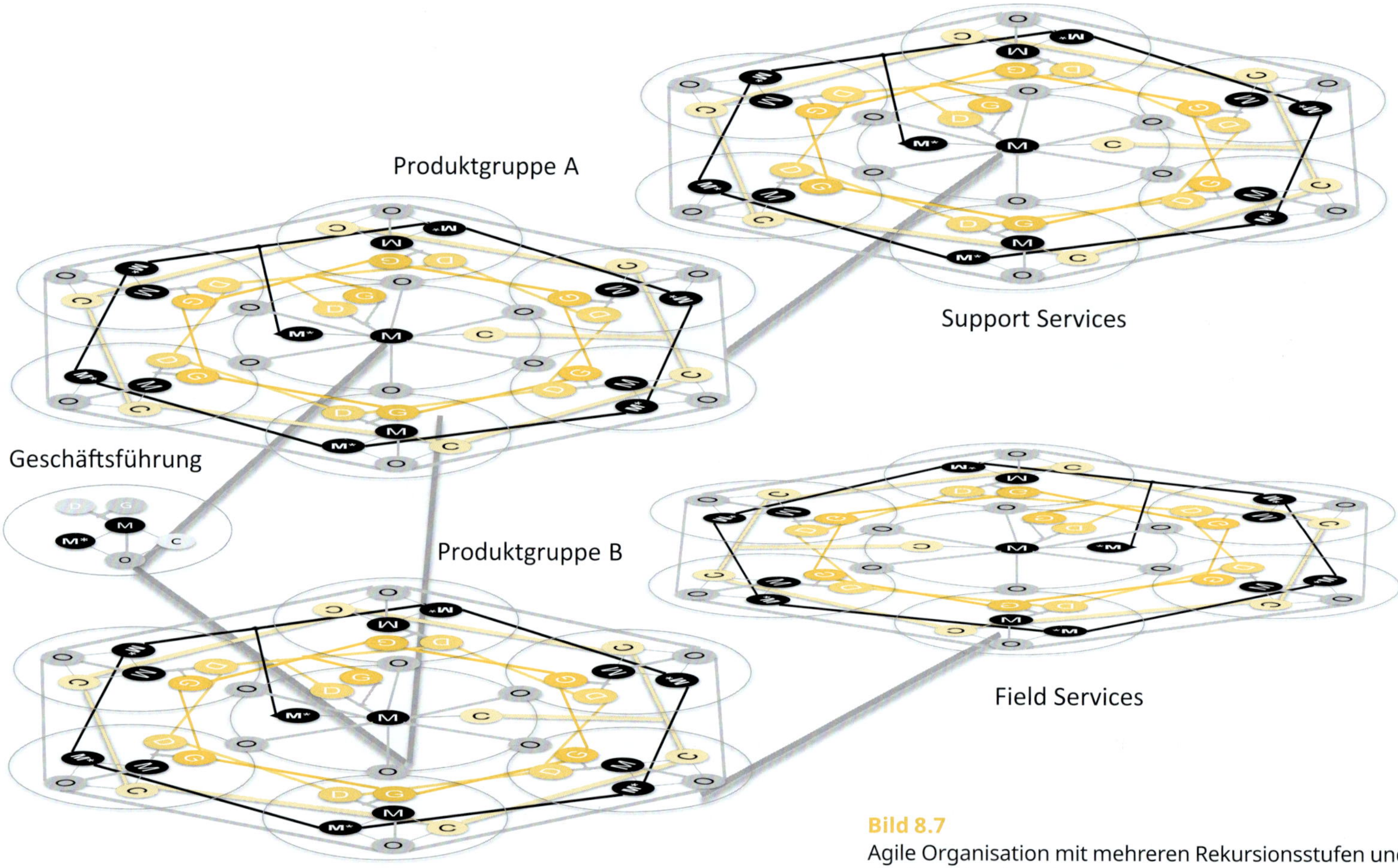

Bild 8.7
Agile Organisation mit mehreren Rekursionsstufen und der Kombination elementarer Teams – Seitenansicht

es erlauben, definierte Schnittstellen und Integrationspunkte zu nutzen und zur Verfügung zu stellen.
Eine Konfiguration, bestehenden aus verschiedenen fachlichen Bereichen, wird in Bild 8.7 exemplarisch dargestellt. In der hier gewählten Darstellungsform wird außerdem die Möglichkeit einer Visualisierung als 3-D-Modell genutzt.

Eine weitergehende Perspektive zur Darstellung eines rekursiven Organisationsmodells ist die Draufsicht (Bild 8.8).

Das konkrete Beispiel der vereinfachten Konfiguration einer agilen Organisation ist in Bild 8.9 visualisiert. Sie stellt verschiedene fachliche Themenbereiche und Geschäftsfähigkeiten von komplementären IT-Teams eines Unternehmens dar. Für eine verbesserte Übersichtlichkeit sind in dieser Darstellung die Kommunikations- und Kooperationsbeziehungen **C** und das Monitoring **M*** ausgeblendet.

8.3.3 Technische Möglichkeiten der Konfiguration und Visualisierung

Die hier zusammengestellten Darstellungsformen sind als Anregungen zu verstehen. Jeder Organisation ist es überlassen, welche Art und Weise der Visualisierung für sie die nachvollziehbarste ist und den geringsten Erstellungs- und vor allem Pflegeaufwand verursacht.

Erfahrungsgemäß werden Darstellungen und Dokumentationen, die einen unangemessen hohen Pflegeaufwand verursachen, vernachlässigt, da die operativen Prioritäten der alltäglichen und konkreten Tätigkeit dieser Aufgabe überwiegen.

Für die Konfiguration agiler Organisationen gibt es mittlerweile eine ganze Reihe von IT-Lösungen, die teilweise sogar kostenlos im Internet als Software as a Service angeboten werden. Zum Zeitpunkt der Erstellung dieses Buches kann auf die folgenden beiden Lösungen hingewiesen werden. Der Vorteil derartiger Lösungen ist es, dass die grafische Darstellung der Organisation emergent aus der alltäglichen Kooperation der Mitarbeiter und Teams entsteht und nicht gesondert erstellt werden muss:

- *GlassFrog*
  Hierbei handelt es sich um eine Cloud-basierte Lösung, die in einer Grundversion kostenlos genutzt werden kann. GlassFrog wird von der Firma HolacracyOne angeboten und betrieben und unterstützt daher primär Holacracy als

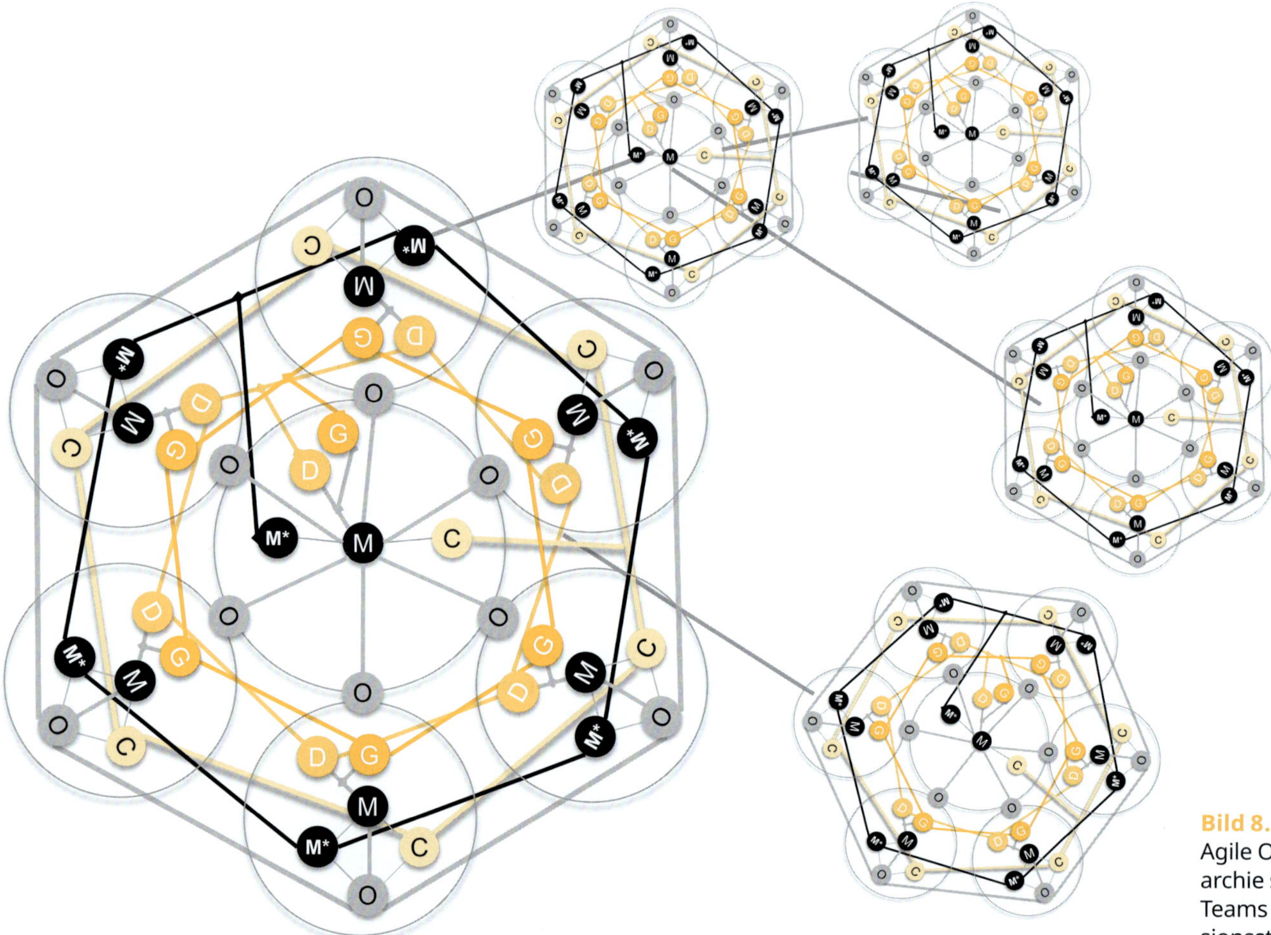

Bild 8.8
Agile Organisation als Heterarchie selbstorganisierter Teams auf mehreren Rekursionsstufen – Draufsicht

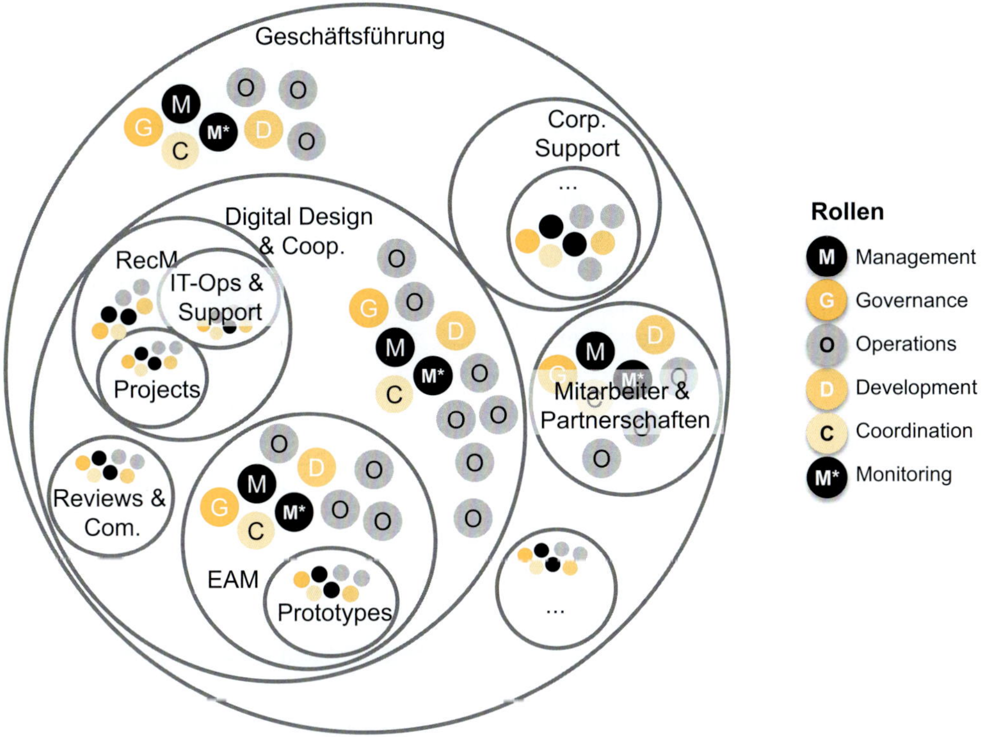

Bild 8.9
Agile IT-Organisation mit mehreren Rekursionsstufen und der Kombination elementarer Teams und Rollen nach dem laCoCa-Modell – vereinfachte Draufsicht ohne Kommunikations- und Kooperationsbeziehungen

Organisationsmodell. Die Elemente und Besonderheiten des laCoCa-Modells können in GlassFrog abgebildet und integriert werden. (GlassFrog ist eingetragenen Markenzeichen der Firma HolacracyOne, LLC.)

- *holaSpirit*
  Wie GlassFrog ist auch holaSpirit als Cloud-basierte Lösung im Internet verfügbar und in einer Grundversion kostenlos nutzbar. Auch diese Lösung orientiert sich an dem Organisa-

tionsmodell Holacracy. (holaSpirit wird von der Firma holaSpirit SAS, Paris angeboten.)

Es kann jedwede IT-Lösung genutzt werden, die für die Entwicklung von Grafiken geeignet ist. Die hier genannten Cloud-basierten Lösungen haben den Vorteil, dass die Bedienung einfach und intuitiv gehalten ist und über eine eingebundene Datenbank auch weitergehende Informationen wie Rollenprofile oder Besprechungsprotokolle erstellt und verwaltet werden können.

8.4 Das laCoCa-Modell und die Rollen in Holacracy

Anhand des Organisationsmodells Holacracy und des laCoCa-Modells und seiner sechs Rollen wollen wir nachfolgend exemplarisch darstellen, wie die Konfiguration von Teams und Rekursionen durchgeführt werden kann.

Innerhalb des Organisationsmodells Holacracy existieren vier grundlegende Rollen, die für die Organisation aller Tätigkeiten einer agilen Unternehmensstruktur und der Kommunikation und Interaktion mit der Außenwelt definiert sind. Alle anderen Funktionen eines Unternehmens werden als operative Rollen verstanden, die je nach ihren fachlichen Inhalten auszugestalten und zu benennen sind.

Wesentlich ist, dass alle Rollen in einer agilen und selbstorganisierten Unternehmenskonfiguration für ihr individuelles Themengebiet voll verantwortlich sind und auch die dafür nötige Entscheidungsautorität besitzen.

Managementfunktionen sind bei Holacracy auf die folgenden beiden Rollen verteilt.

Die Rollen »Lead Link« und »Rep Link«

Der Lead Link (LL) erfüllt spezifische Funktionen, die einen reinen Managementcharakter aufweisen und keine fachliche Kompetenz besitzen.

- Sicherstellung von Sinn und Zweck eines Teams (auch Zirkel genannt).
- Übertragung von Rollen und Aufgaben innerhalb eines Teams.
- Die Regelung der Kooperation, die Strukturierung der Governance, die Strukturierung des

Teams und sicherstellen, dass diese mit dem zugrunde liegenden Sinn und Zweck im Einklang stehen und die geregelten Verantwortlichkeiten der Rollen erfüllt werden.

- Die notwendigen Rollen im Team verteilen und darauf achten, dass diese Zuordnung den Fähigkeiten der Rolleninhaber entspricht. Für Feedback und Reflexion zur Verfügung stehen und nötigenfalls die Rollenverteilungen anpassen.
- Die Ressourcen des Teams zwischen den Rollen in ihren Funktionen und Projekten verteilen und sicherstellen, dass es nicht zu Überlast oder Überkapazitäten kommt.
- Prioritäten und operative Strategien für das Team festlegen.
- Blockaden und Einschränkungen mit den festgelegten Kooperationsmitteln beheben, die eine optimale Leistungsfähigkeit des Teams beeinträchtigen oder gefährden.
- Übernahme nicht zugewiesener Rollen, solange diese nicht an ein zusätzliches oder bestehendes Mitglied des Teams übertragen werden können.

Das Ziel des Lead Link (LL) ist es also, sicherzustellen, dass der Sinn und Zweck des jeweiligen Teams konsistent gehalten wird, von allen beteiligten Mitarbeitern verstanden wird und in Einklang mit allen angrenzenden und in der gesamten Organisation enthaltenen Governance-Definitionen und -Funktionen steht.

Demgegenüber ist der Rep Link (RL) für die nachfolgenden Aufgaben verantwortlich und komplementiert das Duo der Managementfunktionen in einem Team bzw. Zirkel.

- Vertritt die Interessen des Zirkels im nächsthöheren Kooperationsgremium (dem sogenannten Superzirkel). Nach dem IaCoCa-Modell ist das die nächsthöhere Rekursionsstufe.
- Trägt Spannungen, Engpässe oder Einschränkungen aus dem eigenen Team in den Superzirkel, um dort eine Lösung herbeizuführen, wenn dies innerhalb der eigenen Teamrollen nicht möglich ist (nächsthöhere Eskalationsebene).
- Sicherstellung der Kooperation und Kommunikation mit den umliegenden Zirkeln.
- Kommunikation unter anderem von Kennzahlen, die aus dem eigenen Zirkel entstehen und in benachbarten Zirkeln benötigt werden.

Der Rep Link, in Englisch »Representation Link«, ist also für den Kontakt und die Kooperation mit angrenzenden und thematisch in Verbindung stehenden Zirkeln innerhalb der eigenen Organisation verantwortlich.

Unterschiede und Gemeinsamkeiten

Ordnet man diesen beiden Rollen zusätzlich das Verständnis des laCoCa-Modells zu und präzisiert ihren Wirkungsgrad dementsprechend, so ergeben sich für Lead Link (LL) und Rep Link (RL) die Definitionen und Qualitäten von **G** für Governance sowie **M** für Management und **C** für Coordination.

Die Aufgabe, die Funktionsfähigkeit und den Ressourcenbedarf der zugehörigen Rekursionsstufe sicherzustellen, wird bei Holacracy durch den LL sichergestellt. Das Monitoring zu gewährleisten, wie es für **M*** als Rolle im laCoCa-Modell möglich ist, verortet Holacracy als kollektive Aufgabe in die operativen Besprechungstermine eines Zirkels.

Die Rollen »Facilitator« und »Secretary«

Mit den Rollen *Facilitator* (FA) und *Secretary* (SE) sind in Holacracy zwei weitere Rollen festgelegt, die eine möglichst produktive Organisation und Kommunikation der Zusammenarbeit in den Zirkeln gewährleisten sollen.

Der Facilitator eines Teams (oder Zirkels) stellt sicher, dass

- die Regeln der Kooperation (Governance) innerhalb des Teams und die gelebten Praktiken der Rollen mit der übergreifenden Governance des Unternehmens im Einklang stehen,
- die notwendigen Besprechungen nach Vorgabe der Governance eingehalten und durchgeführt werden,
- Fehlverhalten und Verstöße gegen die Kooperationsregeln des Teams sichtbar gemacht werden, damit diese korrigiert werden.

Unterschiede und Gemeinsamkeiten

Der FA übernimmt aus Sicht des laCoCa-Modells die Rolle Coordination **C** und stellt damit sicher, dass die Zusammenarbeit der Mitglieder im Zirkel kooperativ, ergebnisorientiert und gemäß den Grundlagen der Governance durchgeführt werden kann.

Die Aufgabe der Rolle Secretary besteht darin, dass

- die Beschlüsse und Vereinbarungen des Zirkels festgehalten und nachvollziehbar dokumentiert sind,
- die Terminplanung und Terminlogistik aller Zirkelbesprechungen durchgeführt wird,
- die Ergebnisse, die jeweils aktuelle Governance des Zirkels und deren Kennzahlen veröffentlicht und kommuniziert werden,

- die Regeln der Kooperation (Governance) innerhalb des Zirkels und auch gegenüber der Umwelt erklärt werden.

Aus Sicht des laCoCa-Modells ist die Rolle Coordination **C**, aber auch Governance **G** der Rolle SE zuzuordnen. Der SE in Holacracy ist nicht nur für den Informationsaustausch innerhalb der eigenen Rekursionsstufe (Zirkel) zuständig, sondern auch dafür, dass die Durchführung nötiger Arbeitstermine organisiert wird und die Einhaltung der Governance erfolgt.

> Die vollständigen Definitionen der Rollen im Holacracy-Organisationsmodell können auf der Webseite http://www.holacracy.org in der jeweils aktuellen Fassung nachgelesen werden.

Die Rolle »Development« D

Um eine vollständige Integration des Holacracy-Modells mit dem laCoCa-Modell herzustellen, ist die Ergänzung einer Rolle notwendig, die Holacracy in dieser qualitativen Ausprägung nicht kennt.

Das System **D** (Development) fehlt Holacracy als spezifische Rolle. Der Entwickler und geistige Vater von Holacracy, Brian Robertson, geht davon aus, dass die fachliche und strategische Weiterentwicklung eines Zirkels (Teams) und der gesamten Organisation ein emergentes Ergebnis der täglichen Arbeit darstellt. Dies ist in der Kooperationsform enthalten, die im Rahmen operativer Besprechungen (Operational Meeting) und den Meetings zur Entwicklung der Kooperationsregeln (Governance Meeting) stattfindet. Aus diesen Arbeitskreisen entstehen spezifische Projekte und Maßnahmen, die ein Zirkel vereinbart und durchführt.

Aus der Sicht des laCoCa-Modells stellt dies eine potenzielle Dysfunktionalität dar.

> Die Weiterentwicklung eines Teams und weiter einer Rekursionsstufe und damit in Summe der gesamten Organisation ist eine permanent und konsistent zu erbringende Funktion und sicherzustellende Aufgabe. Diese muss sich kontinuierlich mit dem Entwicklungsbedarf und der Anpassungsnotwendigkeit auftretender oder absehbarer externer Einflussfaktoren auseinandersetzen. Alle notwendigen Maßnahmen zur Anpassung der eigenen Fähigkeiten und Fertigkeiten des Teams oder der Rekursionsstufe müssen dezidiert entwickelt werden und deren Umsetzung muss sichergestellt werden.

Dieser Grundsatz findet nicht nur eine Entsprechung in den Inhalten, die wir in Teil I. behandelt haben, sondern auch in ganz pragmatischen Alltagsphänomenen.

Betrachtet man die Arbeitssituation operativer Teams, wird die Notwendigkeit der expliziten Sicherstellung einer eigenen Rolle, mit der Verantwortung zur Entwicklung der Fähigkeiten, also der benötigten Geschäftsfähigkeiten, erkennbar. Operative Einheiten müssen ihre Aktivitäten kontinuierlich priorisieren und den Verantwortungsbereichen der im Team enthaltenen Rollen entsprechend organisieren.

Ist die Verantwortung zur Weiterentwicklung von Teamfähigkeiten eine kollektive Aufgabe, die emergent entstehen soll, so steht diese in direkter Konkurrenz zu den operativen Verpflichtungen der Rollen, der verfügbaren Kapazitäten und Ressourcen.

Die Konsequenz hieraus ist, dass die Entwicklung von Geschäftsfähigkeiten der eigenen Rekursionsstufe eine geringere Priorität erhält und dadurch allzu oft, gegenüber den Alltagsverpflichtungen, das Nachsehen hat.

Wenn aber eine Rolle die spezifische Verantwortung hat, die Fähigkeiten des Teams zu beobachten, zu analysieren und mit den zukünftigen Notwendigkeiten zu vergleichen, um über die identifizierten Abweichungen den notwendigen Handlungsbedarf zu erkennen, so kann diese Tätigkeit keiner operativen Priorität untergeordnet werden. Und die Mitarbeiter der operativen Rollen haben den Rücken frei, um sich voll und ganz auf ihre jeweilige fachliche oder organisatorische Verantwortung zu konzentrieren.

Kurz gesagt, wenn nicht eine Rolle für die Entwicklung der Fähigkeiten der Rekursionsstufe die explizite Verantwortung trägt, ist es sehr riskant, sich auf die kollektive und implizite Entwicklung dieser Aufgabe zu verlassen.

Eine spezifische Rolle für diese Entwicklungsaufgabe zu definieren bedeutet nicht, dass diese einsame Vorgaben zur Weiterentwicklung der Fähigkeiten entwickelt und erstellt. Der interdisziplinäre Diskurs ist auch für die Rolle Development **D** ein erfolgsentscheidender Faktor.

> Eine der wesentlichen Fähigkeiten überlebensfähiger, komplexer Systeme ist deren Anpassungsfähigkeit an die Veränderungen der Umwelt.

Der menschliche Organismus hat hierfür spezifische Funktionen entwickelt und ist daher in der Lage, sich den unterschiedlichsten Umweltbedingungen anzupassen. Dies ist vielleicht das beste und anschaulichste Argument und Beleg dafür, warum in einem Team bzw. einer Rekursionsstufe eine explizite Rolle **D** (Development) enthalten sein muss und darüber eine systematische Lücke in dem Organisationsmodell Holacracy geschlossen werden kann.

Die Notwendigkeit einer Weiterentwicklung kann im Widerspruch zu den Einschätzungen innerhalb eines Teams oder Zirkels stehen. Wenn es hier kein derartiges Regulativ gibt, das als Beobachter und Coach in der Lage ist, auch eine gegenteilige Perspektive einzunehmen, wird die Fähigkeit zur Anpassung und Weiterentwicklung gefährdet.

Die operativen Rollen

Alle anderen Funktionen einer agilen Organisation, ob an Holacracy ausgerichtet oder einem alternativen oder gar selbst entwickelten Modell folgend, wie es bei der Firma W. L. Gore & Associates der Fall ist, können als operative Rolle verstanden werden.

Die operativen Rollen stellen die Summe aller fachlichen Disziplinen, Fähigkeiten und Fertigkeiten einer Organisation dar und sind der eigentliche Motor des Unternehmens. Alle bisher erklärten Rollen, wie im Rahmen des laCoCa-Modells definiert oder innerhalb Holacracy abgebildet, und deren Aufgaben verfolgen nur einen zentralen Zweck. Es geht darum, den operativen Rollen ein möglichst effektives, effizientes Arbeitsumfeld zu schaffen, in der Selbstorganisation und Eigenverantwortung möglich sind, um Höchstleistung zur erzielen und das Überleben des Unternehmens zu sichern.

Alle für einen

Verantwortet ein Mitarbeiter eine operative Rolle und befindet sich dieser in einer Situation der Überlastung oder Unterforderung, so ist es die Aufgabe der vorhergehend beschriebenen Rollen, diesen Zustand aufzulösen.

Da eine operative Rolle die Verantwortung für die Erbringung ihrer Leistung trägt, wird von dem Mitarbeiter, der die Rolle ausfüllt, auch festgelegt und kommuniziert, woraus die Arbeitsinhalte und Kompetenzen der Rolle bestehen und was nicht darin enthalten ist. Dabei sind die Grundsätze der Zusammenarbeit zu berücksichtigen, wie sie in der Governance der Organisation und des Teams festgelegt sind.

Der Mitarbeiter definiert auch, welche Aufgaben seiner Rolle stellvertretend oder alternativ von anderen ohne vorhergehende Konsultation durchgeführt werden können und welche Aufgaben immer eine Rücksprache mit dem Rolleninhaber erfordern.

So kann eine Rolle innerhalb des beispielhaft beschriebenen interdisziplinären Vertriebsteams für das Beschwerdemanagement zuständig sein. Der für die Rolle verantwortliche Mitarbeiter legt fest, ob seine Rolle alle eingehenden Beschwerden der Kunden alleine und ausschließlich aufnimmt und deren Klärung organisiert, ob die Aufnahme und Klärung von jeder Rolle und damit jedem Mitarbeiter im Team geleistet werden kann oder ob spezielle, operative Rollen diese Aufgabe übernehmen können.

Er hat alleine die Autorität, Inhalte und Teilaufgaben seiner fachlichen Funktion zu delegieren, sofern die betroffenen und beteiligten Rollen dies bei ihm anfragen oder eine Delegation von ihm akzeptieren und unterstützen.

Ändern sich die Rahmenbedingungen einer operativen Rolle und müssen die Aufteilungen von Arbeitsinhalten angepasst werden, so kann dies nach einem strukturierten Prozess erfolgen, der in der Team-Governance oder der Governance der übergreifenden Gesamtorganisation festgelegt ist.

Um derartige Anpassungen vorzunehmen, braucht es weder einen Vorgesetzten noch eine aufwendige Restrukturierung. Es ist Ausdruck der kontinuierlichen Anpassung an interne und externe Einflüsse, Notwendigkeiten und Erkenntnisse.

Übereinstimmung der Rollen des laCoCa-Modells mit Holacracy

Auch wenn die Grundlagen der Kybernetik bei den Überlegungen zur Entwicklung des Holacracy-Modells nicht im Vordergrund standen, ist es überraschend, zu sehen, wie groß die prinzipiellen Übereinstimmungen sind. Außerdem existiert derzeit, neben dem laCoCa-Modell, kein anderes, so weit entwickeltes Konzept, das einen derart hohen Reifegrad aufweist, wie dies bei Holacracy der Fall ist.

Die Übereinstimmung beider Rollenmodelle kann nicht ganz trennscharf vorgenommen werden. Holacracy versucht, ähnliche Bestandteile und Inhalte wie im laCoCa-Modell in nur vier Rollen abzubilden. Daraus ergibt sich, dass einige Aspekte, die im laCoCa-Modell getrennt betrachtet werden können, bei Holacracy in einer anderen Konfiguration verteilt werden müssen.

Die geringere Anzahl an Rollen führt zu einer etwas aufwendigeren Zuordnung und Organisation von Arbeitsinhalten und Aufgaben. Die Rollen des laCoCa-Modells schaffen durch die erweiterte Anzahl expliziter Rollen eine leichtere Kategorisierung und Strukturierung von Aufgaben und Handlungsperspektiven. Zusätzlich werden durch die Rollen des laCoCa-Modells die potenziellen Ziel- und Interessenkonflikte reduziert, da die Verantwortungen besser voneinander differenziert werden können.

Bild 8.10 stellt die Rollen beider Modelle gegenüber, um die Einordnung und das Verständnis der Gemeinsamkeiten und Unterschiede zu erleichtern.

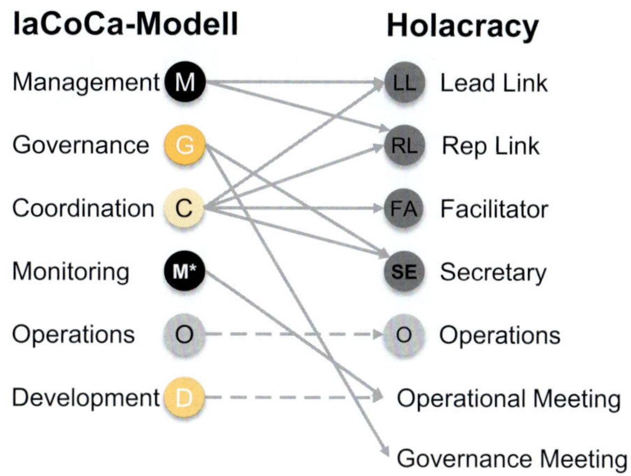

Bild 8.10
Gegenüberstellung der Rollenmodelle von Holacracy und dem laCoCa-Modell

Kombination von laCoCa-Modell und Holacracy

Holacracy bietet ein detailliertes Rollen- und Kooperationsmodell an und basiert auf der Grundlage einer mitarbeiter- und leistungsorientierten Governance.

Diese Grundlage zu übernehmen und die eigene agile Organisation darauf auszurichten ist ein Ansatz, der viele wertvolle Erfahrungswerte und validierte Vorgehensweisen erschließt. Die Lernkurve der eigenen Organisation, die im Rahmen einer agilen Transformation durchschritten werden muss, lässt sich mit Holacracy weitestgehend verkürzen. Auch die Phasen der Veränderung zu durchlaufen, fällt auf dieser validierten Grundlage leichter, als alle Elemente selbständig erarbeiten, definieren und vereinbaren zu müssen.

Was Holacracy dahingegen fehlt und durch das laCoCa-Modell ergänzt wird, ist die Definition genereller Geschäftsfähigkeiten und Designprinzipien für die Strukturierung und den Betrieb einer Organisation. So stellt das laCoCa-Modell die Grundlagen für die Entwicklung dynamischer Strategien, die Definition und Entwicklung von Geschäftsmodellen und Prozessen, den Aufbau von (digitalen) Geschäftsmodellen, den Aufbau von Kennzahlensystemen auf der Grundlage der VIs (Viable Indicators) und viele weitere Elemente zur Verfügung, die Holacracy nicht kennt und separat hinzufügen muss.

Zusätzlich wird eine interdisziplinäre und integrative Methode hinzugefügt, die eine gesamte Organisation, die Planung und Steuerung von Kooperation und Kommunikation sowie die iterative Anpassungsfähigkeit und Entwicklung eines agilen Unternehmens sicherstellt.

Darüber hinaus ermöglicht es die laCoCa-Methode, weitergehende, spezifische Methoden, wie Design Thinking oder Scrum und Industriestandards wie Cobie 5 oder IT4IT etc., homogen zu integrieren und in einer agilen Organisation anwendbar zu machen.

Auch das stellt eine Eigenschaft dar, die außerhalb des fachlichen Umfangs und der Zielsetzung von Holacracy steht.

Die Möglichkeiten und der Reifegrad von Holacracy sind derzeit alternativlos, wenn ein Unternehmen die Vorteile einer vordefinierten und standardisierten Organisationskonfiguration nutzen will. Durch die Kombination mit dem laCoCa-Modell und der laCoCa-Methode entsteht ein Framework, das für die Entwicklung aller Planungs-, Entwicklungs- und Steuerungsaufgaben einer Organisation nutzbar ist.

Entscheidet man sich als Organisation gegen eine Nutzung von Holacracy, da man sich von anderen Denkmodellen, wie beispielsweise Management 3.0, die benötigten Vorteile verspricht, so erlaubt es das laCoCa-Modell, die notwendige Konfiguration und Organisation eigenständig zu definieren.

09

Monitoring – VI anstatt KPI

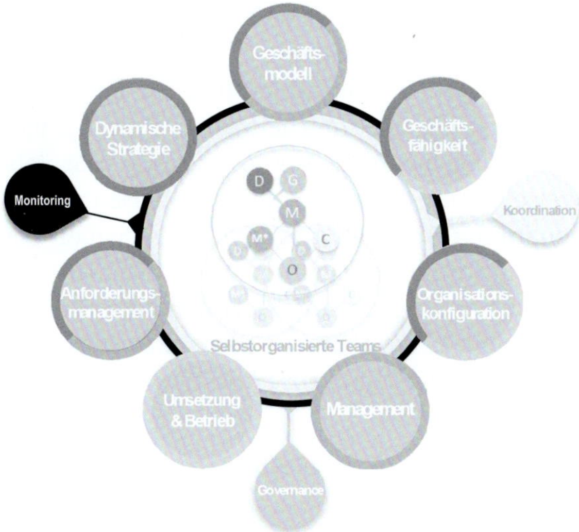

Nachdem wir uns mit dem ausgesprochen wichtigen und umfangreichen Themenumfeld der Konfiguration von Teams und der Ausgestaltung der darin enthaltenen Rollen im Kontext agiler Organisationen befasst haben, kommen wir zu den Kennzahlen. Im laCoCa-Modell und auch innerhalb der Methode spielen Kennzahlen eine sehr wichtige Rolle, da sie nötig sind, um den Vitalzustand einer agilen Organisation festzustellen. Außerdem stellen Kennzahlen die Grundlage der Ausgestaltung des Systems Monitoring **M*** dar, das wir in allen Rekursionen der agilen Organisation einsetzen, damit die selbstorganisierten Teams in der Lage sind, die Leistung und Effizient der eigenen Arbeit beurteilen und steuern zu können.

Im Gegensatz zum etablierten Umgang mit Kennzahlen geht es bei agilen Kennzahlenmodellen nicht darum, so viele Werte wie möglich zu erfassen, um jeden Teilbereich eins Unternehmens in seiner Leistungsqualität zu messen, sondern nur eine ausgesuchte Gruppe relevanter Zahlen. Diese geben Auskunft über den Leistungszustand, das Leistungspotenzial und das notwendige Entwicklungspotenzial eines Teams, einer Rekursionsstufe oder des gesamten Unternehmens.

Die Nutzung von Kennzahlen ist integrierter Bestandteil agiler Arbeitsorganisation. In agilen Organisationen werden Kennzahlen nicht von Führungskräften genutzt, um die Leistung der Mitarbeiter verfolgen und bewerten zu können, sondern von den Mitarbeitern selbst.

Die Mitarbeiter können so nachvollziehen, in welchem Zustand sich das von ihnen verantwortete Team, der Service, das Produkt oder ihre individuelle Rolle befindet. Nötige Entwicklungs- und Korrekturarbeiten können selbstorganisierte Mitarbeiter mit diesen Kennzahlen sinnvoll und wirkungsvoll festlegen, vereinbaren und umsetzen. Kennzahlen stellen in agilen Organisationen ein wesentliches Werkzeug zur Messung und Entwicklung der Selbstwirksamkeit eines Mitarbeiters dar.

Wie elementar und sogar existenziell Kennzahlen sind, weiß jeder, der einmal seinen Hausarzt besucht und dieser eine Analyse der Blutwerte veranlasst hat. Ohne Blutwerte, faktisch eine Teilmenge diverser medizinischer Kennzahlen, die den Vitalzustand des Organismus beschreiben, sind fundierte Aussagen der klassischen Medizin zu Gesundheitszustand oder Krankheitsursachen so gut wie ausgeschlossen.

Wenn wir diese Aussage als Analogie nutzen und auf Unternehmen übertragen, so können wir einen Manager oder das Management **M** als Ärzte verstehen und das Unternehmen als Organismus. (Dass Manager selbst Teil des Organismus sind, wird im Rahmen der Analogie vernachlässigt.)

Gerade im Zuge der sich immer weiter ausbreitenden »Agilisierung« aller Wirtschaftszweige werden Kennzahlen in ihrer Bedeutung als Werkzeug zur Unternehmenssteuerung noch existenzieller. Agile Methoden, wie beispielsweise Scrum, LeSS oder SAFe, arbeiten mit sogenannten Burn-down Charts. Diese geben täglich Auskunft über den Arbeitsfortschritt und Fertigstellungsgrad eines Sprint-Teams. Die Nutzung von Kennzahlen ist also integrierter Bestandteil agiler Arbeitsorganisation.

Webseiten zu Methoden agiler Kooperation

www.scrum.org

less.works

www.scaledagileframework.com

wikipedia.org/wiki/Burn-Down-Chart

Darüber behalten die Mitarbeiter eines Sprint-Teams den Überblick über ihre eigene Produktivität und können damit jederzeit feststellen, ob sie den geplanten Leistungsumfang einer Iteration erreichen.

Wie also können Unternehmen den Vitalzustand ihres Unternehmens ebenso unmittelbar und zuverlässig an Kennzahlen erkennen und Entscheidungen fällen, wenn alle bisher gemachten Erfahrungen mit Kennzahlen das genaue Gegenteil von agil oder lean zu sein scheinen? Kennzahlen wie Liquidität, Fluktuationsrate, Altersdurchschnitt der Mitarbeiter, Umsatz je Produkt oder Produktkategorie und Ähnliches isoliert zu sammeln und regelmäßig zu veröffentlichen, verursacht nur zeitaufwendige Recherche- und Berichtsarbeit ohne jeden Erkenntnisgewinn (Bild 9.1).

Der erste und kritischste Schritt liegt darin, genau diejenigen Fragestellungen zu identifizieren, die für das jeweilige/eigene Unternehmen, sein Überleben und seine Fortentwicklung relevant sind.

Auch wenn diese Herangehensweise erst mal trivial erscheint, steckt hierin tatsächlich ein Kernproblem, das dazu führt, dass Kennzahlen ein so tristes und bedauernswertes Dasein fristen.

Gerade für agil arbeitende Unternehmen sind – nach Patrick Hoverstadt (2008) und Stafford Beer (1985) – die vier wesentlichen Themenbereiche, zu denen Kennzahlen benötigt werden, ausgesprochen kritisch, aber auch besonders wertvoll (Bild 9.2):

- der Vitalitätsstand des Unternehmens (*Actuality – Capability – Potentiality*),
- die Effizienz des Unternehmens (*Operational Performance*),
- das Entwicklungspotenzial und die Innovationskraft im Vergleich zur Marktentwicklung (*Latent Performance*) und
- die Wirksamkeit des eigenen Managements (*Organisational Performance*).

Diese Themengebiete beinhalten alle Detailaussagen, die notwendig sind, um das Fortbestehen und die Zukunftssicherheit des Unternehmens einschätzen und unmittelbar und agil steuern zu können. Wie sehen diese Details aus? Welche Schlüsse lassen sich aus ihnen ziehen?

Beginnen wir mit der Vitalität des Unternehmens und hierbei dem ersten Element, dem bestehenden und tatsächlichen Grad und der Qualität der Leistungserbringung (*Actuality*).

Dieser Bereich ist auch direkt mit dem vorgenannten Anwendungsproblem verbunden

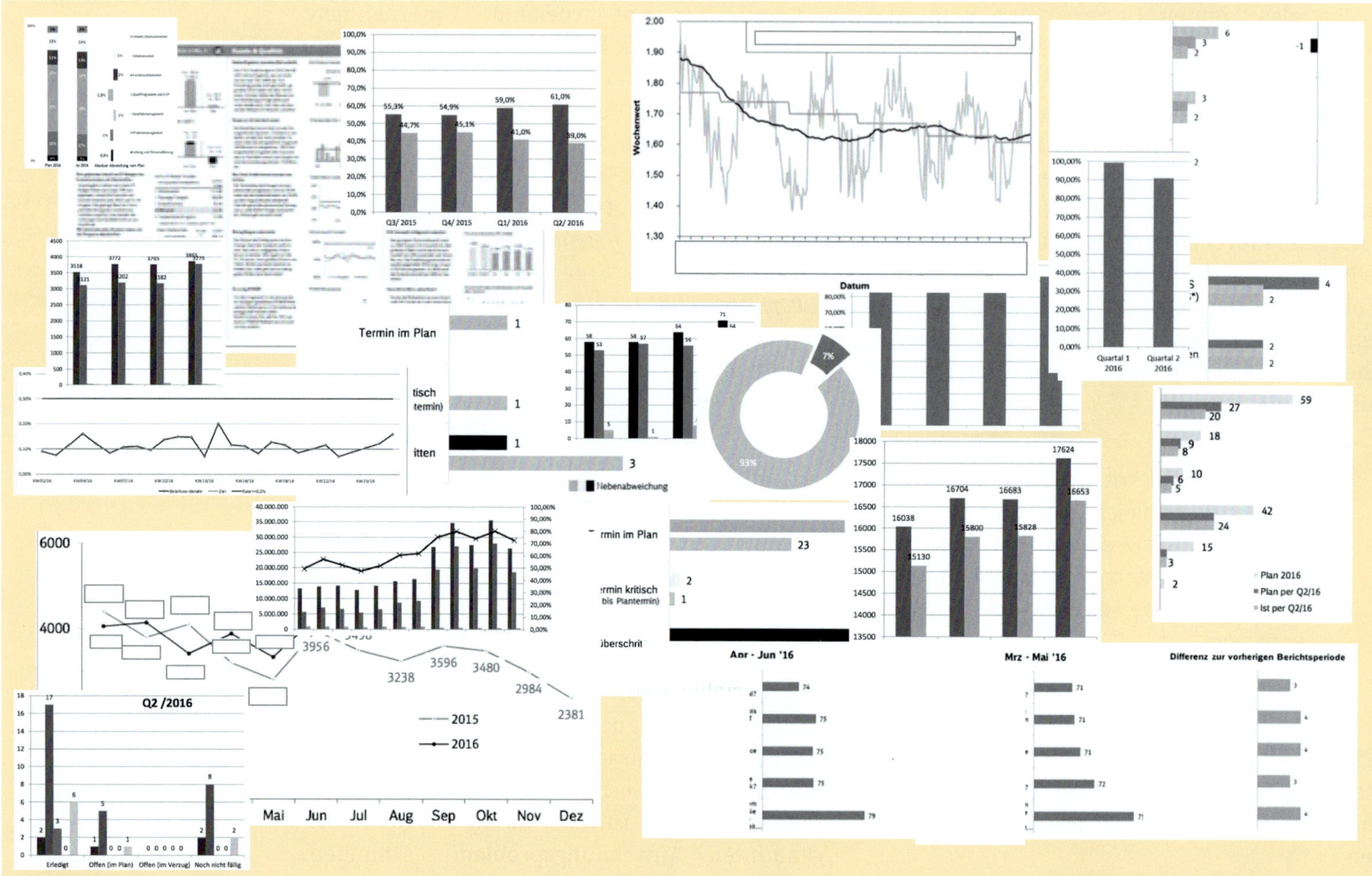
Termin im Plan
Nebenabweichung
Wochenwert
Datum
Quartal 1 2016
Quartal 2 2016
Plan 2016
Plan per Q2/16
Ist per Q2/16
Q2 /2016
Erledigt
Offen (im Plan)
Offen (im Verzug)
Noch nicht fällig
2015
2016
Mai
Jun
Jul
Aug
Sep
Okt
Nov
Dez
Apr - Jun '16
Mrz - Mai '16
Differenz zur vorherigen Berichtsperiode

und verdeutlicht die verbreiteten Fehler im Umgang mit Kennzahlen.

Es geht darum, festzustellen, wie die gegenwärtige Leistungsfähigkeit des Unternehmens und der agilen Teams und Rekursionsstufen im Vergleich zu den bestehenden Anforderungen der (wirtschaftlichen) Umwelt, konkret der Kunden und Auftraggeber, entwickelt ist und ob sie sich auf dem vertraglich zugesicherten und erwarteten Niveau bewegt.

Aussagekräftige Werte sind hier unter anderem Liefer- und Produktionszeiten im Vergleich zu getroffenen Leistungszusagen oder Qualitätsmängel pro 1000 Produkte, Kundenbeschwerden im zeitlichen Verlauf ihrer Bearbeitung, Reaktionszeiten von Serviceteams im Vergleich zu den vereinbarten Services und Ähnliches. Dabei ist nicht das Erreichen vorgegebener Zielwerte primär relevant, sondern die Erfassung der Werte und die Betrachtung der aufgetretenen Bandbreiten und Abweichungen (*Minimum-Maximum-Durchschnitt*).

◄ **Bild 9.1**
Beispiel eines realen monatlichen Kennzahlenberichts mit 50 Seiten, der ohne Verbindung zu Unternehmensstrategie oder operativen Zielen erhoben und veröffentlicht wird

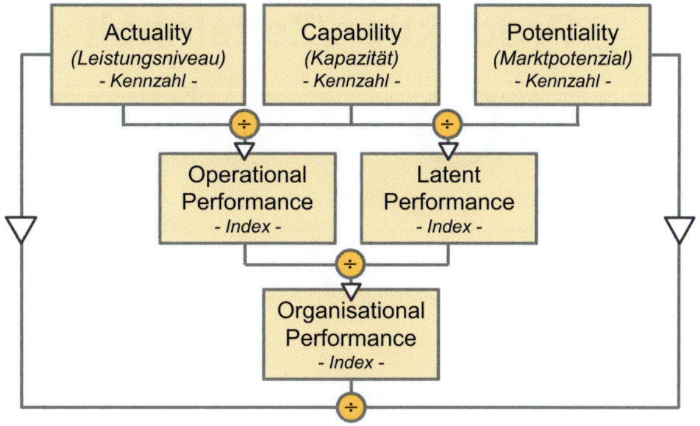

Bild 9.2
Kennzahlenstruktur des Viable Indicator Model (VI Model) (in Anlehnung an Stafford Beer)

Und in diesem Einordnen der Werte liegt ein wesentliches Merkmal erfolgreicher, agiler Anwendung und Nutzung von Kennzahlen.

Eine Organisation, die sich darauf konzentriert, vorgegebene Zielwerte definierter Kennzahlen zu erreichen, wird sich exakt auf die Einhaltung dieser Vorgaben fixieren. Nicht selten sind variable Gehaltsbestandteile von derartigen Vorgaben abhängig. Es ist leicht absehbar, in welche Aktivitäten die Energie, die Aufmerksamkeit, die Kreativität und der Ehrgeiz der Mitarbeiter investiert werden.

Dies wiederum ist der Grund, warum Kennzahlenmessungen sehr häufig so angepasst wer-

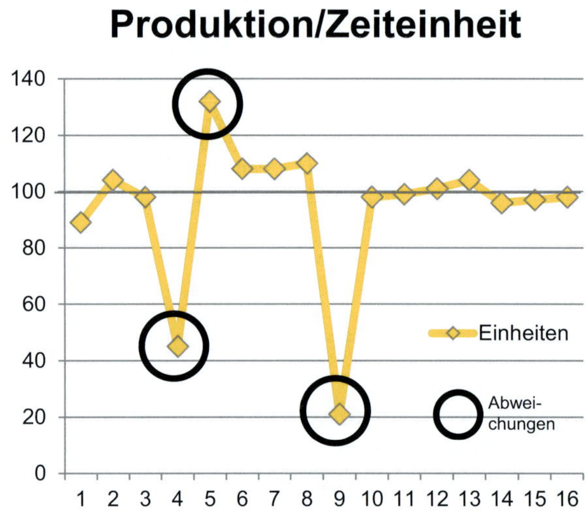

Bild 9.3
Viable Indicator-Werte zur Identifikation extremer Abweichung und Situationsanalyse als Grundlage der Entwicklung von Verbesserungsmaßnahmen

den, dass die Ergebnisse den Vorgaben entsprechen. Da Managern diese Wechselwirkung bewusst ist, trauen sie den vorgelegten Zahlen oftmals nicht. Sie wissen, dass die Kennzahlen nicht Abbild der tatsächlichen Unternehmensrealität sind.

In einem, dem kontinuierlichen Lernen verpflichteten Unternehmen sollte gerade der Nutzen zur Unternehmenssteuerung durch Kennzahlenvergleiche betrachtet werden (Bild 9.3). Hierfür sind vor allem aus Kennzahlen gebildete Indexe wertvoll. Erst die Analysen der Abweichungen vom geschätzten oder berechneten Normwert enthalten die wirklich wertvollen Informationen für die Definition wirksamer Maßnahmen und das Treffen notwendiger Entscheidungen.

Schließlich bestätigt der Normwert lediglich, dass die Leistungsfähigkeit der Organisation und der von ihr angewendeten Prozesse den Anforderungen entspricht. Die Abweichungen aber geben Aufschluss darüber, was nicht den Notwendigkeiten entsprechend durchgeführt wurde und was zur Verbesserung hier potenziell getan werden kann. Somit ermöglichen Abweichungen es überhaupt erst, nach Ursachen zu suchen. Wohlgemerkt nach Ursachen, die wertvolle Aufschlüsse liefern, nicht nach Schuldigen!

Dieses Modell lässt sich auf alle Bereiche eines Unternehmens übertragen. Auf das Controlling ebenso wie auf den Bereich des Personalmanagements, des Produktmanagements und sogar auf die interne IT.

Das zweite Element befasst sich mit der Leistungsfähigkeit und Kompetenz (*Capability*) des Unternehmens. Hierbei geht es darum, zu verfolgen, inwiefern die bestehenden Ressourcen in bestmöglicher Weise den Organisationseinheiten zur Verfügung gestellt und von diesen genutzt werden.

Je besser es den Organisationseinheiten und ihrem Management **M** gelingt, den Einsatz der verfügbaren Ressourcen und die daraus entstehenden Kosten im Überblick zu behalten, Verschwendung zu vermeiden, Engpässe aufzulösen oder diese vorausschauend zu vermeiden, konkurrierenden Ressourcenbedarf unterschiedlicher Organisationseinheiten auszugleichen und den Nutzungsgrad der verfügbaren Kapazitäten optimal auszuschöpfen, umso höher wird der entsprechende Wert für die Leistungsfähigkeit (*Capability*) ausfallen.

Dementsprechend lässt sich hieraus die Güte des Zusammenspiels zwischen operativen Einheiten **O**, unterstützenden Funktionen **C** und operativem Management **M** ablesen. Abweichungen geben Aufschluss darüber, was die Organisation theoretisch zu leisten imstande sein müsste und was sie tatsächlich an Leistungsfähigkeit realisieren kann (*Actuality* <> *Capability*).

Wieder sind es die Abweichungen, die für wirksame und zielgerichtete Veränderungsmaßnahmen so wertvoll sind, denn nur sie lassen Schlüsse zu, die zu nachvollziehbaren Entscheidungen führen können.

Wichtig zu erwähnen ist auch, dass es nicht darum gehen darf, einen Index von 100 %, beispielsweise bei der Auslastung der Produktionskapazitäten, zu erreichen. Denn dies würde bedeuten, dass die Auslastung ungesund hoch ist und früher oder später zum Zusammenbruch oder zum Ausfall von Mitarbeitern und Gerät führen wird. Ein sinnvolles Gleichgewicht und eine gewissenhafte Berechnung oder zumindest wiederholte Schätzung der erwarteten oder notwendigen Leistungsfähigkeit sind hier entscheidend.

Mögliche Abweichungen zwischen der theoretisch möglichen und der tatsächlich erbrachten Leistungsfähigkeit kann beispielsweise in mangelhafter Kommunikation zwischen unterschiedlichen Teams und Organisationseinheiten zu finden sein. Oder die Kapazitätsplanung (Mitarbeiterplanung) der Personalabteilung war in ihrer Abstimmung mit den produzierenden Organisationseinheiten **O** fehlerhaft oder sie wurde von diesen unzureichend umgesetzt.

> Wesentlich ist es, dass Kennzahlen und Vergleichswerte so einfach erfasst und erhoben werden, dass sie, wenn nötig, täglich ausgewertet werden können.

Wenn die Erhebung von Kennzahlen Wochen in Anspruch nimmt, dann sind die Zahlen wertlos, sobald sie vorliegen. Eine Momentaufnahme eines längst veralteten Zustands ist überflüssig.

Das letzte Element in diesem Dreiklang misst und beschreibt das aktuell gegebene, aber ungenutzte Leistungspotenzial des Unternehmens (*Potentiality*). Dabei geht es um die Verbesserungsmöglichkeiten der bestehenden Arbeitsweisen, die bestehende Effizienzen weiter steigern könnten, wenn man entsprechende Änderungen gezielt durchführt.

Zusammengefasst beschreiben die drei Elemente oder Werte,

- wie leistungsfähig das Unternehmen aktuell ist (*Actuality*),
- in welchem Umfang und wie professionell und wohlkoordiniert diese Leistungsfähigkeit genutzt wird (*Capability*) und
- welches noch ungenutzte Leistungspotenzial durch Verbesserungen erschlossen werden könnte (*Potentiality*).

Der bisher beschriebene Themenbereich konzentriert sich auf den aktuell zu beobachtenden und benötigten Leistungszustand des Unternehmens. Nennen wir diese Perspektive »Intern & Gegenwart« (»*Insight & Now*«). Im Gegensatz dazu richten die nächsten ihren Blick auf das zukünftig notwendige Entwicklungs- und Leistungsniveau, das erreicht werden will, um wettbewerbs- und überlebensfähig zu bleiben. Nennen wir diese Perspektive »Extern & Zukunft« (»*Outside & Future*«).

Diese Entwicklungspotenziale der Zukunft oder auch Entwicklungsmöglichkeiten und Innovationskraft (*Latent Performance*) werden im Vergleich zur Marktentwicklung beobachtet und konsequent ermittelt wie die vorangegangenen Themenbereiche. Es geht darum, festzustellen, inwieweit der bestehende Entwicklungsstand des Unternehmens von dem zukünftig vom Markt benötigten abweicht. Das Entwicklungspotenzial beschreibt, wie gut das gesamte Unternehmen in der Lage ist, auf auftretende (Markt-) Risiken zu reagieren oder schlicht seine Zukunft zu gestalten (Bild 9.4).

Als Geschäftsfähigkeit ist hier vor allem das Business Development Management (BDM) gefordert, Marktentwicklungen zu analysieren, neue Märkte und Kundenbedürfnisse zu antizipieren, zu wecken oder zu entwickeln. Darüber werden zunächst die Entwicklungsmöglichkeiten des Unternehmens gesteigert.

Ist ein Unternehmen aktuell beispielsweise in der Lage, 100 Einheiten eines Produkts je Zeitintervall herzustellen, und findet das BDM eine Lösung, durch Prozessverbesserungen oder neue Technologien diese Produktivität auf 120 Einheiten zu erhöhen, so wurde die Entwicklungsmöglichkeit des Unternehmens erst erhöht und anschließend genutzt.

Ebenso kann die Entwicklung einer neuen Geschäftseinheit oder eines neuen agilen Teams einen zusätzlichen Markt adressieren und damit Umsatzquellen erschließen, welche die vorhandenen erweitern oder absichern. Wieder ist von einer Steigerung der Entwicklungsmöglichkeit des Unternehmens durch das BDM zu sprechen. Gerade die Entwicklung digitaler Geschäftsmodelle ist ein gutes Beispiel dafür, wie relevant es ist, dass das BDM aktuelle Kennzahlen nutzt, um wirksam und unmittelbar auf Marktentwicklungen reagieren zu können. Das BDM erfüllt damit die Funktion des Development **D** innerhalb der agilen Organisation.

Wenn Entwicklungsmöglichkeiten identifiziert, aber nicht genutzt werden (können), so handelt es sich um sogenannte Latent Performance, zu Deutsch ungenutzte Leistungsfähigkeit. Diese stellt den Gegenpol zur vorher be-

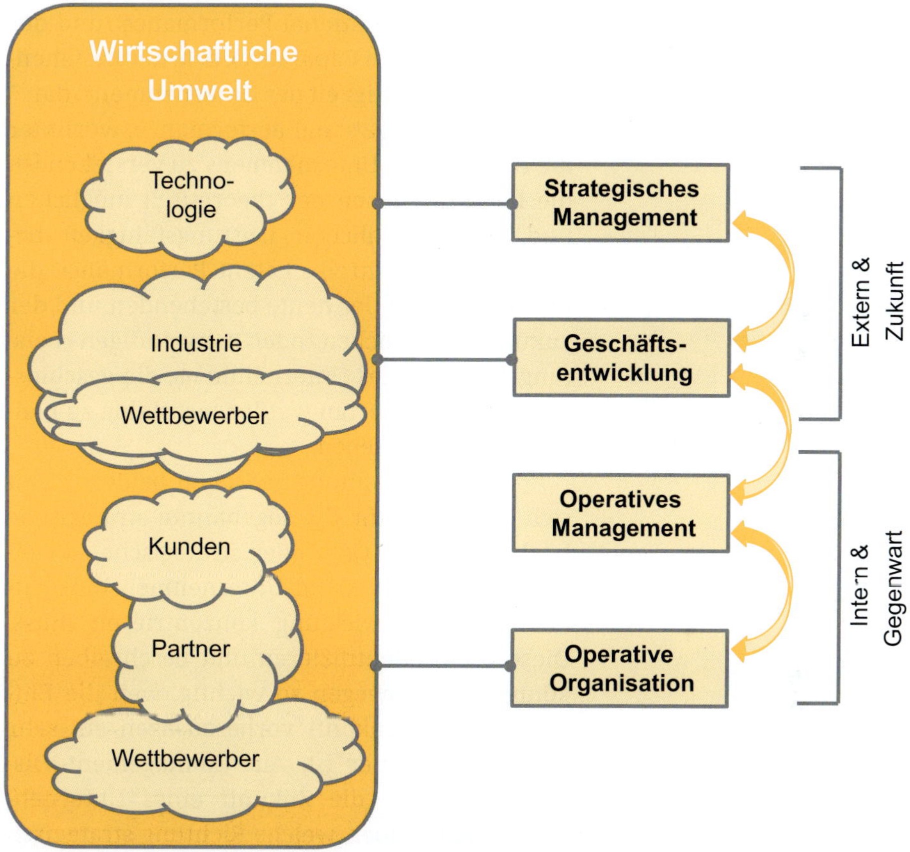

Bild 9.4 Viable-Indicator-Modell in Anlehnung an das Viable-System-Modell von Stafford Beer

schriebenen Operational Performance (und der darin enthaltenen Capability), d. h. der bestehenden Leistungsfähigkeit des Unternehmens, dar.

Während Operational Performance, worunter die Effizienz des Unternehmens zu verstehen ist, die Lücke zwischen der theoretisch möglichen und der tatsächlichen Leistungsfähigkeit beschreibt, so beschreibt Latent Performance die Lücke zwischen der heute bestehenden und der zukünftig möglichen oder notwendigen Leistungsfähigkeit des Unternehmens, die geschlossen werden muss, um wettbewerbsfähig zu bleiben und zu überleben.

Aus dieser Spannung zwischen beiden ergibt sich der Index für die sogenannte strategische Lücke (*Strategic Gap*) oder strategische Abweichung, auf die sich ein Unternehmen hinsichtlich seiner Entwicklung konzentrieren muss. Diese Lücke identifizieren und beschreiben zu können, ist deswegen so wichtig, weil die Entwicklung der Zukunft vorherzusagen ein sehr ungewisses Metier ist. Aus (Management-)Diskussionen über die Zukunft eines Unternehmens und darüber, welche Richtung strategisch eingeschlagen werden muss, werden die meisten schöngeistigen, unkonkreten und zeitfressenden Aktionen in einem Unternehmen ausgelöst, die nur zu oft wertvollste Ressourcen und Kapazitäten ohne konkretes Ergebnis binden. Erfahrungsgemäß werden in diesen Diskussionen eher Überzeugungen debattiert als Fakten analysiert, die zu gemeinsamen und kooperativen strategischen Entscheidungen führen.

Wir befinden uns damit bereits mitten in dem Themenbereich, in dem die Leistungsfähigkeit und der Wertbeitrag des Unternehmensmanagements sichtbar und messbar werden (Bild 9.5).

Im Verhältnis zwischen der Latent Performance und der Operational Performance, also im Verhältnis von aktuell ungenutzter und zukünftig notwendiger Leistungsfähigkeit zur gegenwärtigen Effizienz des Unternehmens wird sichtbar, wie ausgeprägt die Fähigkeit der einzelnen Teams oder Rekursionsstufen des Unternehmens ist, die strategische Lücke zu schließen.

So kann mit dem erarbeiteten Index die Wirksamkeit im Management **M** (*Organisational Performance*) der agilen Organisation gemessen werden. Damit ist dieser letztlich der zentrale Gradmesser für die tatsächliche Agilität oder Anpassungsfähigkeit des Unternehmens.

Sind die Anforderungen an die zukünftige Leistungsentwicklung identifiziert, um die Zukunftssicherheit des Unternehmens zu gewähr-

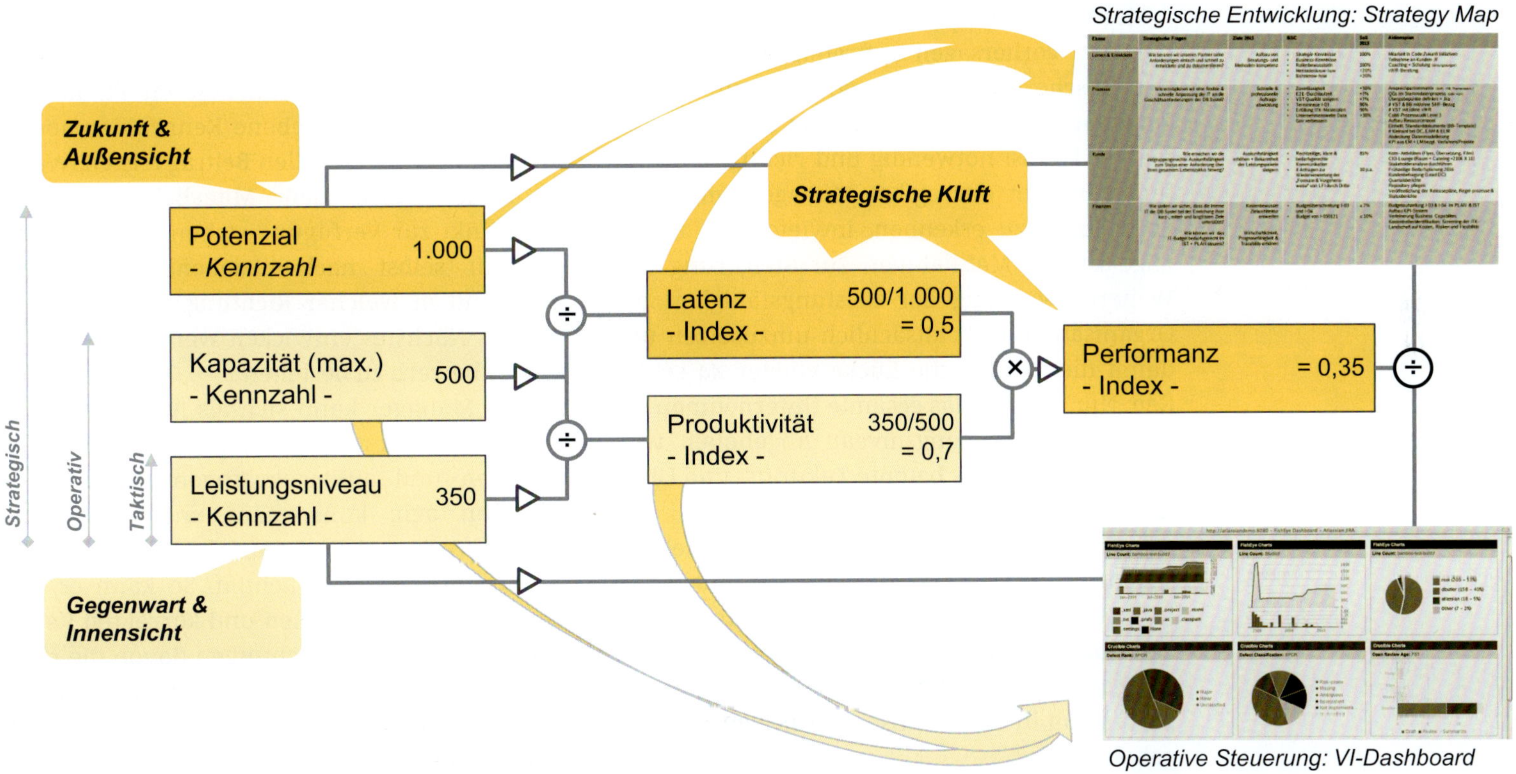

Bild 9.5
Darstellung eines VI-Modells auf Grundlage des Kennzahlenmodells von Stafford Beer

leisten, so ist es nötig, diese in eine erhöhte Leistungsfähigkeit (*Capabilities*) zu überführen und zu realisieren. Nur so kann das aktuelle Leistungsniveau (*Actuality*) angehoben werden. Daran ist erkennbar, ob die strategische Lücke wirklich geschlossen wurde oder wie groß die Abweichung ist und wie lange diese Abweichung bestehen bleibt.

Managementteams, die mit großartigen Plänen und Vorhersagen auftreten und damit die strategische Lücke öffnen oder erweitern, steigern zunächst die Differenz zur Latent Performance. Das ist notwendig und richtig. Die Leistungsfähigkeit des agilen Managements **M** ist aber daran zu erkennen, inwiefern es in der Lage ist, die Maßnahmen zur Steigerung und Weiterentwicklung der Leistungsfähigkeit der Organisation auch tatsächlich umzusetzen und damit die strategische Lücke wieder zu schließen. Nur so kann das gesamte Unternehmen auf ein höheres Leistungsniveau angehoben werden, um die bereits betonte Zukunfts- und Überlebensfähigkeit sicherzustellen.

Dieser Index versachlicht letztlich vielerlei schöngeistige Debatten darüber, ob und inwiefern ein Unternehmen schon oder immer noch agil oder lean ist oder doch nur schöne Pläne schmiedet und die Organisation letztlich damit permanent in einer kritischen Überlastsituation gehalten wird.

In derartigen Unternehmensstrukturen werden traditionell bei Misslingen strategischer Projekte oder operativer Fehler Schuldige auf dem weiten Feld der hierarchischen Organigramme gesucht oder wird ein weiteres gescheiteres Veränderungsprogramm (*Change Management*) verzeichnet, das am Widerstand der Mitarbeiter zerbrochen ist. Und eben bei diesem Phänomen kann das hier beschriebene Kennzahlenmodell einen weiteren wertvollen Beitrag leisten. Wenn all diese Werte den Mitarbeitern uneingeschränkt zur Verfügung stehen, kann die Belegschaft selbst nachvollziehen, an welcher Stelle und in welcher Richtung das Unternehmen als Nächstes entwickelt werden muss, um im Wettbewerb zu bestehen.

Jeder Manager kann sich als Arzt seines Unternehmens verstehen und kontinuierlich mit aktuellen und aussagekräftigen Kennzahlensystemen agil, konsequent und verantwortungsbewusst auf die Gesundheit seines »Organisationsorganismus« achten. So kann er mit den relevanten, aktuellen und korrekten Kennzahlen und den Abweichungen davon die richtigen Schlüsse über die notwendigen Therapien und Maßnahmen zum Erhalt der bestehenden Agilität oder zur agilen Weiterentwicklung des Unternehmens ziehen. Und sogar einem möglichen Veränderungswiderstand unter den Mitarbeitern vorbeugen, da diese ehrlich und umfassend über den Gesundheitszustand ihres Unternehmens informiert sind.

Kennzahlen sind auch oder vor allem für agil tätige Unternehmen von außerordentlicher Bedeutung. Sie sind darauf angewiesen, Faktoren sofort zu erkennen, die eine Anpassung an externe oder interne Einflussfaktoren notwendig machen. Früher als der Wettbewerber dies kann.

Dem Markt immer mindestens einen Schritt voraus zu sein, stellt die Stärke und den Überlebensvorteil eines agilen Unternehmens dar. Kennzahlen entsprechend in den agilen Arbeitsablauf zu integrieren, ist ein wesentlicher Faktor für die nachhaltige Organisation.

Da der Zweck des Modells dazu dient, die Lebensfähigkeit des Unternehmens zu überblicken, zu steuern und sicherzustellen, wird das Akronym VI, für Viability Indicator, genutzt, da es besser geeignet ist, die Qualität und Bedeutung dieser Grundlage zu repräsentieren, als der klassische Key Performance Indicator (KPI), das sich lediglich auf die Messung der Leistung eines Unternehmens und dessen Zielerreichung beschränkt und daher für die Arbeitsweise eines agilen und selbstorganisierten Unternehmens unzureichend ist.

10 Corporate Governance

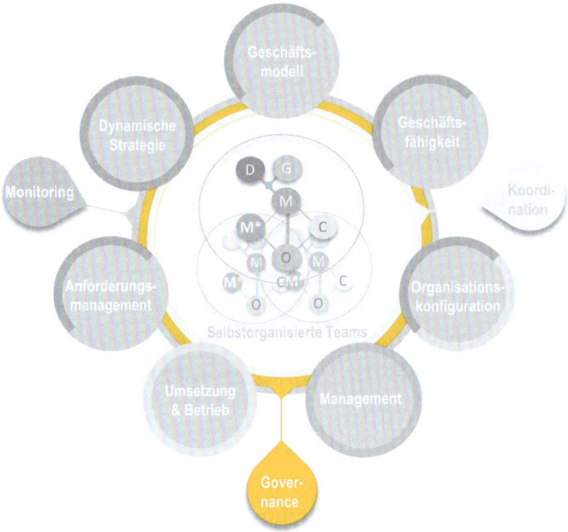

Um in einem Unternehmen in allen Bereichen, Teams, Rekursionen oder Projekten einheitliche Spielregeln als Orientierung zur Verfügung zu stellen, ist die Entwicklung einer verbindlichen Governance notwendig.

Derartige Spielregeln sind wie eine Verfassung oder das Grundgesetz des Unternehmens zu verstehen, die von jedem Mitarbeiter uneingeschränkt anzuwenden und auch zu schützen sind. Die Corporate Governance oder Unternehmensrichtlinie stellt das Fundament des Unternehmens dar. Es definiert die Vorgaben, Prinzipien und Grundsätze, nach denen die Zusammenarbeit innerhalb des Unternehmens erfolgen soll. Darin enthalten ist auch die Regelung von Kooperation und Kommunikation nach außen, zu allen unternehmensrelevanten Kontakten und Bezugspunkten der Umwelt.

Ursprung der Corporate Governance

Der Begriff »Corporate Governance«, der in Deutschland als Grundsätze der Unternehmensführung bezeichnet wird, ist aus der Betriebswirtschaft oder dem Börsenrecht bekannt. Eine international einheitliche Definition des Begriffs existiert jedoch nicht.

Eine ganze Reihe von Richtlinien und Gesetzen wurde entwickelt, um die Anforderungen unter anderem der Gesetzgeber und Aufsichtsbehörden zu diesem Themenbereich zu formulieren. Die bekanntesten gesetzlichen Verankerungen der Corporate Governance finden sich im Aktiengesetz (AktG), Gesetz zur Kontrolle und Transparenz im Unternehmensbereich (KonTraG, 1998), Gesetz zur weiteren Reform des Aktien- und Bilanzrechts, zu Transparenz und Publizität (TransPuG, 2002), Bilanzrechtsreformgesetz (BilReG, 2004) und dem Vorstandsvergütungs-Offenlegungsgesetz (VorstOG, 2005).

All diese gesetzlichen Vorgaben haben die Wahrnehmung und den Umgang mit dem Thema Corporate Governance geprägt.

Grundsätzlich und vereinfacht können wir festhalten, dass die Corporate Governance immer im Einklang mit geltendem Recht steht und sich darüber nicht hinwegsetzen kann.

> Sinn und Zweck einer Corporate Governance ist, eine konkrete Orientierung darüber zu ermöglichen, wie mit geltenden Regelungen im Inneren des Unternehmens und in der Interaktion mit der Umwelt konkret zu verfahren ist und was in Zweifels- und Konfliktfällen getan werden muss.

Die Corporate Governance dient also dazu, allen Beteiligten die Sicherheit zu geben, die richtigen Dinge auf der richtigen Grundlage zu machen. Dieser sinnstiftende Aspekt gerät in der Diskussion und Ausgestaltung des Themas oft aus dem Fokus.

Sinn und Nutzen einer Corporate Governance

Fehlen derartige Grundsätze der Unternehmensführung, ist die Stabilität und Konsistenz des Unternehmens gefährdet. In diesem Fall muss ein Effizienzverlust erwartet werden. Notwendige Vereinbarung für die Zusammenarbeit nach innen und die Interaktion nach außen müssen dann immer neu ausgehandelt, festgehalten und kontrolliert werden, wenn eine einheitliche Governance fehlt. Von Nachteil ist aber auch, wenn eine Governance existiert, diese aber entweder nicht anwendbar ist, da sie nicht den aktuellen Anforderungen entspricht, oder keinerlei Beachtung findet, da ihr Einhalten nicht konsequent eingefordert wird.

G

Wer die Annahme oder die Behauptung trifft, agile Unternehmen würden keine Corporate Governance, also derartige Grundlagen, Orientierungshilfen und Spielregeln benötigen, da diese Agilität und Dynamik behindern, irrt gewaltig. Er geht damit sogar ein hohes Risiko ein, dass die Reibungsverluste, die durch ein Fehlen dieses Fundaments entstehen, die Existenz des Unternehmens bedrohen. Von den möglichen rechtlichen Risiken und Auswirkungen ganz zu schweigen.

Diese Annahme beinhaltete einen weiteren, oft erkennbaren Trugschluss. Nämlich den, dass agile und selbstorganisierte Unternehmen keine Reglungen und Vorgaben benötigen, da diese emergent, also aus der täglichen Arbeit der Mitarbeiter, entstehen.

Diese Vorstellungen sind überwiegend in Unternehmen zu finden, die gerade erst damit beginnen, sich mit den Möglichkeiten agiler Arbeitsformen und Unternehmensstrukturen zu beschäftigen und denen grundlegendes Wissen und Erfahrungen mit agilen Vorgehensmodellen fehlen.

Quelle für Mythen

Die Quelle und Ursache für derartige Mythen, wie diese Aussagen auch bezeichnet werden können, sind als Gegenreaktion oder Hoffnung von Mitarbeitern zu verstehen, die unter einer hierarchisch sehr restriktiven Unternehmenskultur leiden.

In derartigen Umfeldern findet man unter anderem

- eine durch Macht-, Entscheidungs- und Autoritätskonzentration geprägte Unternehmenshierarchie,
- eine strenge und sehr detaillierte Regulierungskultur sowie
- ein strenges, starres und oft dogmatisches Verständnis von Geschäftsprozessen und deren Anwendung.

Wenn aus derartigen Umfeldern der Versuch unternommen wird, in eine agile Arbeitsform zu wechseln, werden Hoffnungen und Befürchtungen auf ein liberaleres und durch mehr Entscheidungs- und Verhaltensspielraum geprägtes Arbeitsumfeld gleichermaßen in den Veränderungsprozess projiziert.

Die Annahme, auf Agilität ausgerichtete Unternehmen benötigen keinerlei Regularien und Spielregeln, entstammt der Befürchtung, auch weiterhin durch erfahrungsgemäß lähmende Vorgaben der Vorgesetzten eingeschränkt zu bleiben. Nicht notwendige Spielregeln sind dabei das eigentliche Problem, sondern deren Anwendung und Nutzung durch die hierarchischen Machtstrukturen in Unternehmen.

Spielregeln im Sport

Als ausgesprochen triviales Beispiel zur Verdeutlichung genügt ein Ausflug in die Welt des Sports. Niemand würde ernsthaft versuchen, Fußball ohne Spielregen zu spielen. Wenn ausschließlich das Ziel vereinbart wäre, immer ein Tor mehr als die gegnerische Mannschaft zu erzielen, würde es zu keinem Fußballspiel kommen, wie wir es kennen. Das Spiel hätte nicht einmal Ähnlichkeit mit Rugby.

Erst die Grundlage allgemein festgelegter, für jeden Spieler und jede Mannschaft gleichermaßen gültiger, verbindlicher und nachvollziehbarer Spielregeln, von dem Thema Abseitsregel mal abgesehen, ermöglicht letztlich erst ein dynamisches Fußballspiel.

Diese Regelungen legen nicht fest, wie ein Spieler seine individuellen Fähigkeiten und die Verantwortung seiner Spielposition (Rolle) erfüllen soll. Das auszufüllen ist alleine Aufgabe des Spielers (Operation O) in Kooperation mit seinem Trainer (Management M).

Wenn diese triviale Tatsache für den Sport gültig ist, warum sollte sie dann nicht auch für noch komplexere Systeme als Fußballteams ebenso gelten?

Wenn Vertrauen fehlt

Eine weitere Quelle für das Entstehen von Mythen und unrealistischen Vorstellungen agiler Arbeitsformen ist in fehlendem oder mangelndem Vertrauen und Respektlosigkeit zwischen Mitarbeitern und Vorgesetzten und Mitarbeitern untereinander zu finden.

Unternehmenskulturen, die von Misstrauen, fehlendem Respekt und eventuell sogar der Angst vor Repressalien geprägt sind, tendieren dazu, Regularien und Prozessvorgaben festzulegen und deren konsequente Anwendung einzufordern.

Beschließt ein Unternehmen, in eine agile Organisationsstruktur zu wechseln, führt diese Situation zu einer Überladung der Erwartungshaltungen an die Möglichkeiten und Funktionsweisen agiler und selbstverantwortlicher Arbeitsweisen. Die Hoffnungen und Befürchtungen führen gleichermaßen zur Entstehung besagter Mythen und Fehlannahmen, die oft sehr anarchistische Züge aufweisen.

In diesem Fall ist nicht die Corporate Governance das Problem, sondern die existierende Kooperationskultur.

10.1 Corporate Governance entwickeln und kontinuierlich anpassen

Sind Spielregeln vorhanden und vereinbart, ist es relevant, dass ein Mechanismus definiert und etabliert wird, der eine kontinuierliche Entwicklung und Anpassung der Corporate Governance sicherstellt.

Wechselnde innere und äußere Rahmenbedingungen machen es notwendig, dass auch eine Corporate Governance angepasst werden kann, wie es das gesamte Unternehmen als komplexes System können muss. Eine starre Corporate Governance, die wie in Stein gemeißelt und als unantastbar gehandhabt wird, lähmt ein Unternehmen und ist in seiner Kritikalität fast genauso bedrohlich wie das Fehlen oder die Missachtung dieser Grundlage.

> Die Anpassung und Weiterentwicklung der Governance ist nach einem fest definierten Vorgehen durchzuführen. Dieses Vorgehen muss sicherstellen, dass Änderungen an der Corporate Governance vorgegebenen Kriterien und Rahmenbedingungen entsprechen. Nur so wird verhindert, dass geltende Spielregeln beliebig und willkürlich verändert und damit sowohl ihre Verbindlichkeit wie auch ihre Wirksamkeit und damit den Nutzen für das gesamte Unternehmen einbüßen.

Entwicklung einer nützlichen Governance

Wie kann eine nachvollziehbare und als Orientierungshilfe anerkannte Corporate Governance entwickelt werden? Definieren wir zunächst die Inhalte, die wir dem Begriff der Governance zuordnen wollen.

Corporate Governance beschreibt für jeden Mitarbeiter nachvollziehbar und verbindlich

- die zu beachtenden gesetzlichen Vorgaben,
- die zu berücksichtigenden Richtlinien,
- die zugrunde liegenden Kodizes,
- alle Absichtserklärungen, die für das Unternehmen von Bedeutung sind und umgesetzt werden sollen (z. B. zum Umweltschutz oder einem karitativen Engagement),
- das Unternehmensleitbild mit den zugrunde liegenden Normen und Werten,
- das Leitbild zur Unternehmensführung und der Überwachung zur Einhaltung der Inhalte dieser Corporate Governance,
- den Sinn und Zweck des Unternehmens an sich und warum es überhaupt existiert.

Diese Inhalte zusammenzutragen und festzulegen kann als Vorgabe durch den oder die Inhaber, den Aufsichts- oder Verwaltungsrat erfolgen, oder besser durch die Mitarbeiter selbst.

Je nach Unternehmensgröße ist festzulegen, wie viele Mitarbeiter an der Entwicklung und Festlegung beteiligt werden. Gruppen mit mehr als sieben Personen – plus/minus zwei – sind erfahrungsgemäß zu unproduktiv. Es sollte daher darauf geachtet werden, dass bei großen Organisationen mehrere Personengruppen parallel an der Entwicklung der Corporate Governance arbeiten und eine interne Harmonisierung und Zusammenführung der Arbeitsergebnisse erfolgt.

Die Rolle Governance des laCoCa-Modells dient dazu, die Definition und Entwicklung der Spielregeln im Unternehmen und in den Teams der Rekursionen sicherzustellen.

Werkzeug zur Entwicklung einer Corporate Governance

Das Arbeitsformat der Syntegration (www.syntegration.com), wie sie von Stafford Beer entwickelt wurde, ist als Methode zur Erstellung einer derartigen Gruppendynamik und -kommunikation zu empfehlen. Damit kann die Anzahl der gleichzeitig arbeitenden und zu synchronisierenden Personen sowie eine Vielzahl von Themen strukturiert und lückenlos in definierter Zeit bearbeitet werden. Über dieses Vorgehen ist eine größtmögliche Interaktion, Produktivität und Anschlussfähigkeit der Beteiligten erreichbar.

Ist die Corporate Governance erarbeitet, dient sie als Grundlage und Ausgangspunkt für die darauf aufzubauende Definition der Grundsätze für alle weitergehenden Bereiche und Teams im Unternehmen. Dies kann bis zum einzelnen Mitarbeiter wirken, der für sich und den Kontext seiner Tätigkeit eine individuelle Governance definiert.

Wie auf der unternehmensweiten Ebene der allgemeine Rahmen geschaffen wird, der für alle Abteilungen, Teams, Bereiche und Personen (kurz Rekursionsstufen) gleichermaßen gilt, sollen die darauf aufbauenden Detaildefinitionen sicherstellen, dass jede Personengruppe die Corporate Governance als Bezugs- und Orientierungspunkt für sich und ihre Arbeit ansieht. Vereinfacht ausgedrückt: Was aus der Sicht des Unternehmensdesigns »top-down« gilt, muss »bottom-up« unterstützt werden.

In der Regel fehlt eine derart interdisziplinär erarbeitete und entwickelte Corporate Governance als Spielregel für alle Mitarbeiter in einem Unternehmen. Worin ein wesentlicher Grund dafür zu finden ist, warum sie allgemein ein sehr arbeitsfremdes und abstraktes Dasein fristet und mancherorts missbilligend akzeptiert, ignoriert oder kreativ umgangen wird.

10.2 Rekursionen der Governance

Indem die Corporate Governance als »Input« für die folgenden Rekursionsstufen im Unternehmen aktiv Anwendung findet, wird ein konsistenter Bezug hergestellt, den jeder Mitarbeiter nachvollziehen und auf seine individuelle Situation anwenden kann (Bild 10.1).

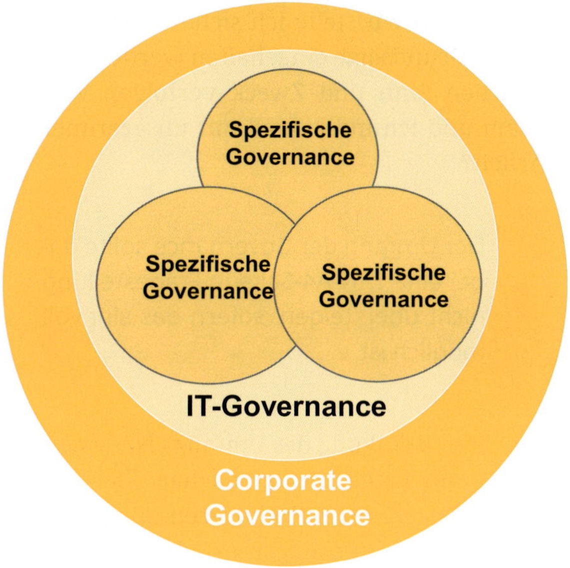

Bild 10.1 Governance einer agilen Organisation

Bei der Erarbeitung dieser Rekursionen zu Grundsätzen und Spielregeln sind die gleichen Fragen für die Erarbeitung und Formulierung anwendbar, wie sie auch auf der unternehmensübergreifenden Ebene genutzt wurden:

- Welche rechtlichen Vorgaben und Richtlinien sind für uns/mich relevant und müssen berücksichtigt werden?
- Welche Kodizes, beispielsweise zu Verhaltensweisen, sind einzuhalten?
- Welche Ergebnisse wollen wir/will ich erzielen?
- Welches Leitbild ist für mich/uns wichtig und wie setzen wir dies im Alltag um?
- Welchen Beitrag leisten wir/leiste ich durch unsere/meine Arbeit zum Erfolg des Unternehmens?
- Welche Konsequenzen hat es, wenn wir/ich die Grundsätze verletzen?

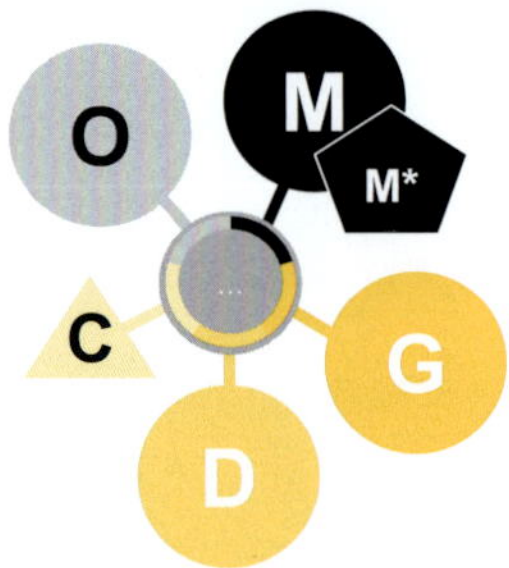

Bild 10.2
Bestandteile des laCoCa-Modells als Elemente einer Geschäftsfähigkeit zur Verdeutlichung des Rekursionsprinzips

- Wie stellen wir/stelle ich sicher, dass unsere/meine Grundsätze eingehalten werden?
- Welchen Sinn und Zweck verfolgen wir im Team und ich individuell mit unserer/meiner Arbeit?

Der Umfang der Governance sollte dabei eine DIN-A4-Seite je Fragestellung nicht übersteigen, sofern das sinnvoll möglich ist.

Eine Beschränkung des Umfangs ist deswegen wichtig, um keine bürokratischen Richtliniendokumentationen zu produzieren, die niemand liest und versteht, sondern praxisnahe und alltäglich anwendbare Orientierungs- und Handlungsgehilfen zur Verfügung zu stellen.

Bei zugrunde liegenden Gesetzen und Richtlinien sollte auf die Quellen verwiesen und nur in Auszügen zitiert werden.

Bild 10.2 zeigt die Bestandteile des laCoCa-Modells als Elemente einer Geschäftsfähigkeit zur Verdeutlichung des Rekursionsprinzips.

Sich im Klaren darüber zu werden, in welchem Kontext jeder einzelne Mitarbeiter wirkt, welche Grundsätze für ihn und seine Arbeit relevant sind und welchen Beitrag er persönlich leistet, wurde von Simon Sinek in einem sehr anschaulichen TED Talk erklärt. Der Vortrag »*How great leaders inspire action*« ist nicht nur für diesen Ausgangspunkt der Entwicklung der Corporate Governance von großem Nutzen, sondern generell als Grundlage für die Entwicklung des Selbstverständnisses eines eigenverantwortlichen und selbstorganisierten Unternehmens.

Simon Sinek hat hierzu ein Modell entwickelt, das er »*The Golden Circle*« nennt (www.startwithwhy.com/default.aspx). Es behandelt die drei grundlegenden W-Fragen – »Was?«, »Wie?« und »Warum?« – auf allen Ebenen des Unternehmens. Darüber kann bis zum einzelnen Mitarbeiter die Formulierung einer Governance-Struktur entwickelt werden, die ineinander verzahnt ist wie eine Matrjoschka (Bild 10.3).

Wenn Sie sich an die Beschreibung des VSM erinnern und daran, was dort zum Zweck (englisch *purpose*) eines Systems beschrieben wird, manifestiert sich in der Definition der verschiedenen Governance-Ebenen genau diese Beschreibung.

Aus der Summe der verschiedenen Definitionen von Corporate Governance, Team-Governance bis hin zur individuellen Governance kann erkannt und sichergestellt werden, ob und

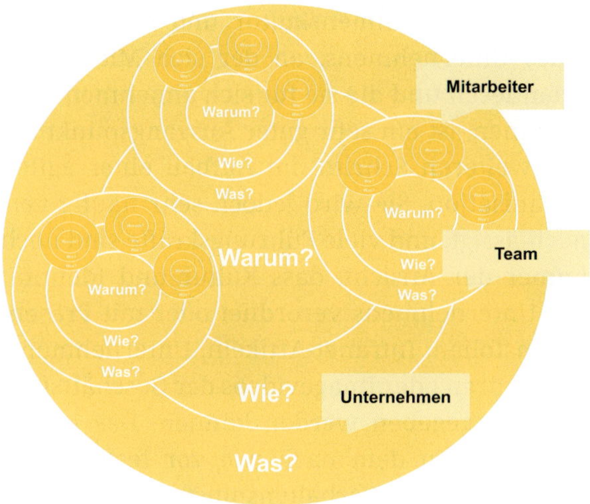

Bild 10.3 Rekursion einer Governance-Logik im Unternehmen (in Anlehnung an Simon Sinek »The Golden Circle«)

dass der Zweck eines Unternehmens dem Verständnis der Mitarbeiter entspricht und sich darin wiederfindet. Wenn der übergeordnete Zweck des Unternehmens in den verschiedenen Governance-Ebenen nicht erkennbar oder konsistent nachvollziehbar ist, kann davon ausgegangen werden, dass die Mitarbeiter der Organisation sich mit sinnvollen Dingen beschäftigen und wertvolle Ergebnisse produzieren. Es besteht allerdings das Risiko, dass sich diese vom eigentlichen Zweck, auf den das Unternehmen ausgerichtet und fokussiert sein sollte, entfernen. Die Integration und Synchronisierung der verschiedenen Governance-Rekursionen ist deswegen nicht nur relevant, sondern auch nützlich.

> Die Governance dient als Orientierungspunkt der Sinnstiftung.

Ausgehend von der Entwicklung und Vereinbarung von Spielregeln zum übergreifenden und individuellen Beitrag und den Zielen des Unternehmens, entwickelt sich ein Verständnis zu Sinn und Zweck der Gesamtorganisation (Bild 10.4).

Aus diesen Bestandteilen und Zusammenhängen können sich wiederum eine Unternehmenskultur und eine Unternehmensidentität entwickeln. Sind die beschriebenen Elemente von den Mitarbeitern selbst gestaltet worden und lassen sich diese auch von neu hinzugekommenen Mitarbeitern eigenständig nachvollziehen, erleben und nachempfinden, dann ist eine emotionale Bindung der Mitarbeiter untereinan-

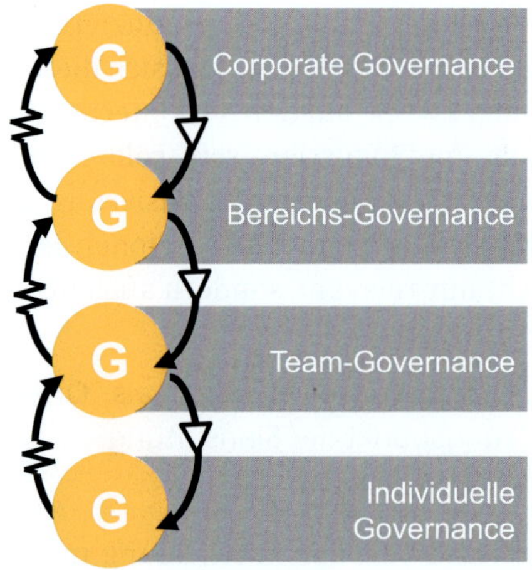

Bild 10.4 Governance-Struktur von der übergreifenden Unternehmens-Governance bis zur individuellen Governance eines agilen Teams und dem einzelnen Mitarbeiter in ihrer homöostatischen Beziehung

der und implizit eine Bindung zum Unternehmen möglich.

Dieser Bestandteil ist in seiner Wirkung und damit seiner Bedeutung für eine Organisation nicht zu unterschätzen und kann durch Projekte zur Kulturentwicklung, wie sie allgemein sehr weitverbreitet sind, nicht erreicht werden.

Eine Unternehmenskultur und die Identität eines Unternehmens, an der sich Mitarbeiter orientieren und die sie für sich annehmen oder ablehnen, ist ein sehr guter Ausgangspunkt für alle weiteren Schritte im Aufbau einer agilen Organisation. Sie wird jedoch sehr häufig vernachlässigt, und viele Führungskräfte sind noch immer der Ansicht, dass Kultur und Identität des Unternehmens verordnet oder mit Präsentationsfolien, Intranet-Artikeln, Unternehmensbroschüren oder Imagevideos der Geschäftsführung vorgegeben werden können. Das ist ein Irrglaube, an dem nach wie vor festgehalten wird. An diesem Verhaltensmuster ist gut zu erkennen, wie weitverbreitet und wie nachhaltig die Denkmodelle in der Wirtschaft verankert sind, dass ein Unternehmen wie ein Automat gesteuert werden kann, wenn man nur die richtigen Steuerimpulse in der nötigen Qualität aufwendet.

Auch das Vorgehen, über Besuche agiler Unternehmen die dort wahrgenommene Kooperationskultur nachzuvollziehen und im eigenen Unternehmen zu imitieren, erscheint wenig sinnvoll zu sein. Dieser Ansatz belegt, dass noch nicht verstanden wird, wie Unternehmenskultur und -identität als emergente Ergebnisse aus der Wirkung primärer Faktoren entstehen.

Was im Umkehrschluss bedeutet, dass die Veränderung der primären Faktoren und die aus deren Anwendung und Veränderung entstehende Wirkung die Kultur und Identität eines Unternehmens verändern, da die betroffenen und beteiligten Mitarbeiter eine Veränderung unmittelbar gestalten, annehmen, verinnerlichen und selbst vermitteln.

> Die Corporate Governance als Geschäftsfähigkeit hat die operative Aufgabe, sicherzustellen, dass die Identität des Unternehmens erhalten bleibt, und arbeitet kontinuierlich daran, die Entwicklung dieser zu analysieren und aktiv so zu gestalten, damit die Akzeptanz der Mitarbeiter und die Kultur der Kooperation im Unternehmen dem Zweck und den Zielen des Unternehmens entsprechen und den ethischen Maßstäben und rechtlichen Rahmenbedingungen der Umwelt gerecht werden.

10.3 Theorie und Realität

Der persönliche Dialog

Das wichtigste und zentralste Werkzeug, das angewendet werden muss, um die Corporate Governance zu entwickeln und sicherzustellen, ist der persönliche Dialog. Über diesen kann am wirksamsten erreicht werden, dass die gelebte Praxis mit den theoretischen Definitionen und den Absichtserklärungen übereinstimmt.

Diese Aussage gilt grundsätzlich für fast alle Geschäftsfähigkeiten und deren Entwicklung, Anwendung und der Prüfung ihrer Wirksamkeit.

Im Falle der Corporate Governance ist der Faktor der Kommunikation von besonderer Bedeutung, da die Wirkung ihrer Inhalte permanent von der Wahrnehmung der betroffenen und beteiligten Mitarbeiter und auch der Umwelt abhängig ist. Um festzustellen, welche Corporate Governance für ein Unternehmen wirksam ist, hilft es nur eingeschränkt, die Dokumentationen und Veröffentlichungen zu studieren. Nur im direkten Dialog mit den Kollegen können die Mitarbeiter, die für die Entwicklung der Corporate

Governance zuständig sind, feststellen, ob sie im Alltag genutzt und berücksichtigt wird und welche Inhalte in welcher Weise real Anwendung finden. Durch diese Form der Kommunikation können Abweichungen zwischen der definierten und der notwendigen Governance festgestellt und kann deren Kritikalität für das Unternehmen erkannt werden.

Diese Vorgehensweise zur Feststellung von Akzeptanz und Wirksamkeit der Governance ist qualitativ von der Auditierung eines Industriestandards zu unterscheiden. Wird beispielsweise eine ISO-Zertifizierung durchgeführt, sind lediglich die Dokumentationen und schriftlichen Nachweise prüfungsrelevant. Für den Abgleich zwischen gelebter und niedergeschriebener Governance ist ein derartiges Vorgehen ungenügend.

Für die Durchführung einer Prüfung eignen sich Interviews von Einzelpersonen und Kleingruppen bis maximal fünf Personen und eine strukturierte Befragung. Diese sollten persönlich, also in einem direkten Gespräch und nicht durch Fragebögen, durchgeführt werden.

Die Nutzung von Fragebögen, die über IT-Lösungen des Unternehmens oder über Online-Services von Internet-Providern, wie beispielsweise SurveyMonkey, angeboten werden, können die persönliche Befragung unterstützen, dürfen diese aber nicht ersetzen. (SurveyMonkey ist eingetragenes Warenzeichen der Firma SurveyMonkey Europe UC, Dublin, Ireland.)

Schlüsse zum Zustand der Unternehmenskultur und der Unternehmensidentität ausschließlich aus webbasierten Datensammlungen zu ziehen, ist aus verschiedenen Gründen sehr riskant. Eine webbasierte Befragung bzw. ein statischer Fragenkatalog erlaubt nur die Auswahl vorgefertigter Antworten auf die von Ihnen gestellten Fragen. Da zwischenmenschliche Kommunikation ein komplexer Prozess ist, blenden statische Fragenkataloge 90 % des Informationsflusses einer wertvollen Kommunikation aus. Außerdem besteht keine Möglichkeit, Rückfragen zu stellen, die sich erst aus dem Kontext eines Dialogs ergeben.

Zweitens ermöglichen statische Umfragen lediglich statistische Auswertungen erhaltener Antworten. Die Schlüsse, die aufbauend auf diesen statistischen Ergebnissen gezogen werden, sind lediglich Interpretationen von Rückmeldungen. Deren Relevanz und Korrektheit ist schwer belegbar. Wie irreführend und fehlerhaft derartige Auswertungen sind und wie gefährlich es ist, sich auf diese Berechnungen und Interpretationen zu verlassen, haben die Präsidentschaftswahlen in den USA im Jahr 2016 sehr drastisch belegt. Obwohl alle Befragungen und deren Auswertungen durch Experten einen Sieg der demokratischen Kandidatin vorhersagten, hat letztlich der republikanische Kandidat die Wahl für sich entschieden.

Analysen dieser Art bewegen sich in einem Umfeld der Komplexität, die durch statistische Vorgehensweisen nur mit großen Schwankungsbreiten erfasst und abgeschätzt werden können. Aus kybernetischer Sicht wäre das vermeidbar gewesen.

Im Kontext eines Unternehmens und der Anwendung der Corporate Governance sollten daher statische Umfragen lediglich als Indikationen und Tendenzaussagen genutzt werden, nicht aber als Grundlage für strategische Entscheidungen oder als Reflexion einer momentanen Realität.

Narrative als Abbild der Unternehmensrealität

Zusätzlich ist das Einsammeln von Erfahrungsberichten, sogenannten Narrativen, von großem Wert, da durch diese erkennbar und nachvollziehbar wird, wie verschiedene Inhalte und Ereignisse im Unternehmen nicht nur verstanden, sondern auch vermittelt und weitergetragen werden.

Diese Narrative gehen über die Qualität von Gerüchten hinaus und erfassen im wahrsten Sinne des Wortes die Geschichten, die im Unternehmen weitergetragen werden und Meinungen und Sichtweisen von Mitarbeitern widerspiegeln und prägen. Keine Präsentation der Geschäftsführung prägt die Sichtweise von Mitarbeitern mehr als die Geschichten über die Präsentation, die über die Flure des Unternehmens getragen werden.

Narrative lassen sich sehr gut im Rahmen ungezwungener Runden, Team-Building-Veranstaltungen oder Team-Reflexionen erfahren. Das heißt aber auch, dass diese nur im informellen Rahmen geäußert und sichtbar werden können. Ausgesprochen wirksam ist, auch wenn es etwas merkwürdig wirken mag, das Gespräch bei einem Spaziergang zu führen.

Das Gehen bei gleichzeitiger Unterhaltung hat positive Auswirkungen physiologischer und psychologischer Art, die einen ungezwungenen und fokussierten Dialog fördern helfen. Wichtig hierbei ist, dass der Spaziergang keine Wanderung ganzer Personengruppen darstellt. Der positive Effekt wird am stärksten im Gespräch zwischen nur zwei Personen ausgelöst.

Das Werkzeug der Narrative setzt ein hohes Maß an Vertrauenswürdigkeit der Dialogpartner voraus. Wenn Narrative missbraucht werden, um an sensible Aussagen zu kommen, die zu Repressalien oder zur Diffamierung einzelner Mitarbeiter führen, ist das Werkzeug sofort stigmatisiert und verliert sein konstruktives Potenzial.

In Unternehmenskulturen, die von gegenseitigem Misstrauen der Mitarbeiter untereinander und gegenüber Führungskräften geprägt sind, kann es sehr lange dauern, bis eine Vertrauensbasis hergestellt ist, die den Austausch von Narrativen erlaubt.

Aus den gesammelten Wahrnehmungen, nichts anderes sind Narrative, kann nun die Erstellung von Profilen erfolgen, die beschreiben, wie weit das konkrete Verständnis der Unternehmensidentität und der gelebten Unternehmenskultur von dem eigentlich angestrebten Zustand entfernt ist. Auf der Grundlage dieser Profile können Maßnahmen entwickelt werden, die auf die vorgenannten Faktoren einwirken. Deren Veränderung hat wiederum einen Einfluss auf die Kultur und Identität des Unternehmens.

10.4 IT-Governance

Die Entwicklung einer IT-Governance ist als Rekursion der bestehenden Corporate Governance zu verstehen und wird hier als Beispiel zur Verdeutlichung dieser Struktur genutzt. An dieser Stelle könnte also auch die Governance für Finanzen, Marketing oder Vertrieb aufgeführt werden.

Auch für die Nutzung und Entwicklung der Unternehmens-IT sind Spielregeln nötig, damit die Arbeit an dieser so effizient und reibungsfrei wie möglich erfolgen kann. Die IT-Governance folgt hier bei der Entwicklung und Definition den gleichen Regeln und dem gleichen Vorgehen, wie sie bereits für die Corporate Governance angewendet wurden. Mit einer Ausnahme. Die Grundlage der IT-Governance ist die Corporate Governance. Bedeutet also, dass die IT-Governance alle Eigenschaften der Corporate Governance erbt bzw. übernimmt und spezifische Elemente hinzugefügt werden, die für eine Entwicklung und Nutzung der IT zusätzlich notwendig sind.

So sind beispielsweise Prinzipien für das Design und die Entwicklung von IT-Architekturen und IT-Lösungen des Unternehmens im Rahmen der IT-Governance festzulegen. Gleiches gilt für Themenbereiche wie IT-Sicherheit, Datenschutz und Ähnliches.

Wichtig dabei ist, dass die IT-Governance, wie auch die Corporate Governance, für das gesamte Unternehmen übergreifend gültig und verbindlich ist. Dies ist deswegen so relevant, weil alle Bereiche des Unternehmens IT-Lösungen nutzen, darin Daten verarbeiten und Geschäftsprozesse mit diesen abwickeln.

Um möglichst geringe Reibungsverluste durch einen uneinheitlichen oder gar widersprüchlichen Umgang mit IT zu verursachen, benötigt ein Unternehmen eine einheitliche IT-Governance, d.h. Spielregeln für den Umgang mit IT-Technologien, die für alle Bereiche des Unternehmens und alle Mitarbeiter gleichermaßen und verbindlich gelten.

Das bedeutet nicht automatisch, dass alle Bereiche eines Unternehmens eine zentral gesteuerte IT nutzen müssen. Das ist daraus weder implizit noch explizit abzuleiten. Eine rein zentralistische, z. B. von einem CIO gesteuerte IT befindet sich mehr und mehr auf dem Rückzug und stellt ein veraltetes, da zu starres und zu wenig anpassungsfähiges, im eigentlichen Sinn agiles Steuerungsmodell dar.

Die IT-Affinität und das Wissen über Informations- und Kommunikationstechnologien, den Umgang mit diesen Themen, ihre Nutzung und die Entwicklung von IT-Anwendungen sind unter Mitarbeitern weitverbreitet. Autarkiebestrebungen in Teams und Abteilungen, sich eine individuelle und bedarfsgerechte IT-Architektur eigenständig aufzubauen, setzen sich mehr und mehr durch.

Diese Entwicklung zu bekämpfen, ist ein sinnloses Unterfangen und kann potenziell ausgesprochen negative Auswirkungen auf den Gestaltungswillen, das Verantwortungsbewusstsein und die Kreativität der Mitarbeiter eines Unternehmens haben.

In Zeiten von Internetservices, SaaS-Angeboten und kostenlosen Apps für mobile Endgeräte ist es unvermeidbar, dass einzelne Personengruppen in einem Unternehmen ihre individuellen IT-Landschaften aufbauen. Damit wird aus subjektiver Sicht der aktiven Personengruppe oder Abteilung die jeweilige fachliche Aufgabenstellung bestmöglich und möglichst wirksam IT-gestützt umgesetzt.

Eine IT-Governance soll diese Entwicklung nicht verhindern, sondern lediglich regeln, wie mit dezentralen Initiativen umzugehen ist, die neben einer übergreifend verfügbaren Kern-IT, wie man die klassische Form der IT-Organisation nennen kann, aufgebaut werden.

So kann eingegrenzt werden, dass unerkannt Risiken entstehen, die potenziell die Existenz des Unternehmens bedrohen können. Der Begriff der Two-Speed-IT findet aus dieser Perspektive vielleicht eine sinnvollere Definition als in der Fachdebatte der letzten Jahre.

Ein weitverbreiteter Fall, der die Notwendigkeit derartiger IT-Spielregeln verdeutlicht, ist der Datenschutz. Bis Oktober 2015 regelte das sogenannte Safe-Harbor-Abkommen die Verarbeitung personenbezogener Daten aus Europa in IT-Systemen, die in den USA betrieben wurden.

Durch den damaligen Wegfall dieser Regelung, die zwischen Europa und den USA die Nutzung von Daten regelte, sahen sich Unternehmen über Nacht der Situation ausgesetzt, dass bestimmte IT-Betriebsmodelle durch den Beschluss des EuGH illegal wurden. Aus rechtlicher Sicht haften in Wirtschaftsunternehmen jedoch die Geschäftsführer persönlich für derartige Gesetzesverstöße. Diese Entwicklung hatte damals zu einer etwas kuriosen Situation geführt. Dass diese Entwicklungen und ihre Konsequenzen wenig bekannt oder bewusst sind, bedeutet nicht, dass sie keine Relevanz haben.

Hatte nun ein Team in einem Unternehmen einen kostenlosen Webservice auf mobilen, eventuell sogar privaten Endgeräten genutzt, um seine fachliche Aufgabe für das beschäftigende Unternehmen umzusetzen, und wurden dabei personenbezogene Daten verwendet, dann waren die Geschäftsführer für den daraus resultierenden Gesetzesverstoß verantwortlich. Diese Situation ist keine Fiktion, sondern war in fast allen Unternehmen anzutreffen und kann sich jederzeit in anderen Konstellationen wiederholen.

Wie aber begegnet ein Unternehmen dieser Entwicklung in konstruktiver Art und Weise?

Die Vielzahl meist kostenlos angebotener Applikationen für mobile Endgeräte, vor allem für

Smartphones, hat diesen Zustand noch weiter verschärft. Jeder Mitarbeiter ist durch sein Smartphone in der Lage, weitestgehend unkontrolliert IT-Anwendungen zu nutzen, die personenbezogene und schützenswerte Daten in Rechenzentren transferieren, die außerhalb der EU-Regulierungen betrieben werden.

Die Amazon Cloud ist hier eine der am intensivsten von mobilen Applikationen genutzte Lösung für den Betrieb von Softwareservices. Die wenigsten Mitarbeiter lesen die Nutzungsbedingungen der Anbieter, aus denen ersichtlich ist, in welchem Umfang und wie Daten jedweder Art verarbeitet werden. Dies hat zur Folge, dass Mitarbeiter mit einem dynamischen Wischen mit dem Finger über das Display ihres Smartphones die Geschäftsführung potenziell ins Gefängnis bringen. Das Problembewusstsein der meisten Mitarbeiter hierzu ist nicht sehr ausgeprägt.

Eine unternehmensweite IT-Governance hat die Aufgabe, derartige Themen und Problemstellungen aufzugreifen und Wege zu beschreiben, die es dem Mitarbeiter ermöglichen, verantwortungsvoll mit den Angeboten der Internetunternehmen und den Möglichkeiten digitaler Geschäftsmodelle umzugehen. So können sie die potenziellen und entstehenden Risiken gegen den gewonnenen Nutzen abwägen. Im Kontext einer selbstorganisierten und selbstverantwortlichen Organisation, die sich agilen Prinzipien verschreiben will, ein wichtiger und kritischer Punkt.

> Die IT-Governance muss Wege aufzeigen, die es dem Mitarbeiter ermöglichen, die Nutzung digitaler Angebote legal durchführen zu können. Hier ist es sinnvoll, die Erstellung der IT-Governance zusammen mit den Mitarbeitern oder durch die Mitarbeiter selbst vornehmen zu lassen und so das notwendige Problembewusstsein aufzubauen.

Dieses kurze Beispiel verdeutlicht den Nutzen einer IT-Governance und die Perspektive, die von dieser eingenommen werden muss. Sie darf nicht dazu missbraucht werden, den Mitarbeiter zu bevormunden oder in ein unverständliches, da in Amtssprache gehaltenes regulatorisches Gerüst zu zwängen. Die meisten IT-Spielregeln hierarchisch geprägter Unternehmen sind in dieser Form und Ausrichtung entwickelt. Das Resultat ist entweder, dass sie ignoriert werden, da sich die Mitarbeiter darüber hinwegsetzen müssen, um ihrer Aufgabe nachkommen zu können, oder sie lähmen die Initiative der Mitarbeiter eines Unternehmens, da unklar bleibt, wie ein korrektes Verhalten aussehen muss, das nicht gegen diese Vorgaben verstößt. Beide Varianten sind Belege für misslungene Arbeitsgrundlagen und fehlende Orientierungshilfen im Umgang mit IT.

Auch bei der Entwicklung und Aktualisierung der IT-Governance sind die gleichen Überlegungen und Mechanismen anzuwenden, wie sie für die Corporate Governance beschrieben wurden. Auch die IT-Governance muss sich den externen und internen Einflussfaktoren entsprechend anpassen und den Bedürfnissen von interner Organisation und externer Umwelt gerecht werden. Hier gilt es gleichermaßen, einen Mechanismus und Regelungen festzulegen, die das nötige Maß an Verbindlichkeit sicherstellen, damit die jeweils existierende und gültige Version der IT-Governance angewendet wird und nicht willkürlich durch Partikularinteressen ihre Wirkung einbüßt. Der Nutzen, der für den Mitarbeiter durch die Nutzung der IT-Governance entsteht, muss immer im Vordergrund stehen.

11 Agiles Anforderungsmanagement

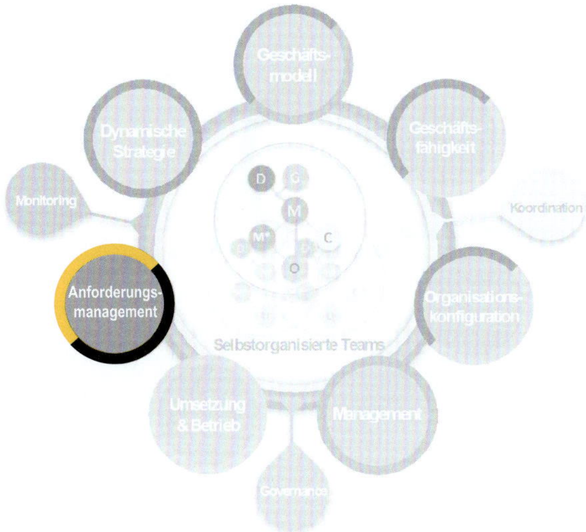

Um die Strategie für ein Unternehmen entwickeln zu können, ist es zunächst notwendig, zu recherchieren, zu analysieren und zu verstehen, welche Einflussfaktoren der Umwelt auf ein Unternehmen wirken und beachtet werden müssen. Die Fachdisziplin und Geschäftsfähigkeit, die für diese Analyse und Auswertung geeignet ist, nennen wir agiles Anforderungsmanagement oder agile requirements management. Agil deswegen, weil wir in unserer Vorgehensweise schon bei der Bearbeitung der Einflussfaktoren und daraus entstehenden Anforderungen nicht nach der klassischen, sequenziellen Arbeitsweise vorgehen wollen, sondern in iterativen Schritten. Dabei werden die Veränderungen der internen und externen Faktoren kontinuierlich beobachtet und ausgewertet, die eine Ausrichtung und Ausgestaltung der Unternehmensstrategie und der Unternehmensarchitektur maßgeblich beeinflussen und bestimmen.

Die Nutzung eines agilen Anforderungsmanagements (Bild 11.1) ist aber auch dann von grundsätzlicher und zwingend notwendiger Bedeutung, wenn ein Unternehmen keine Strategie entwickeln und umsetzen kann. Es ist nicht ungewöhnlich, dass Unternehmen keine oder keine wirksame Strategie besitzen. Die Recherche, Analyse und Bearbeitung von Anforderungen findet dennoch immer statt. Ein Unternehmen ist alleine schon einer neu zu betrachtenden Anforderung ausgesetzt, wenn beispielsweise ein Kunde eine vom bestehenden Angebot abweichende Produkt- oder Leistungskonfiguration anfragt und beauftragen will. Diese aufzunehmen und ihr zu entsprechen, ist auch ohne eine Strategie möglich.

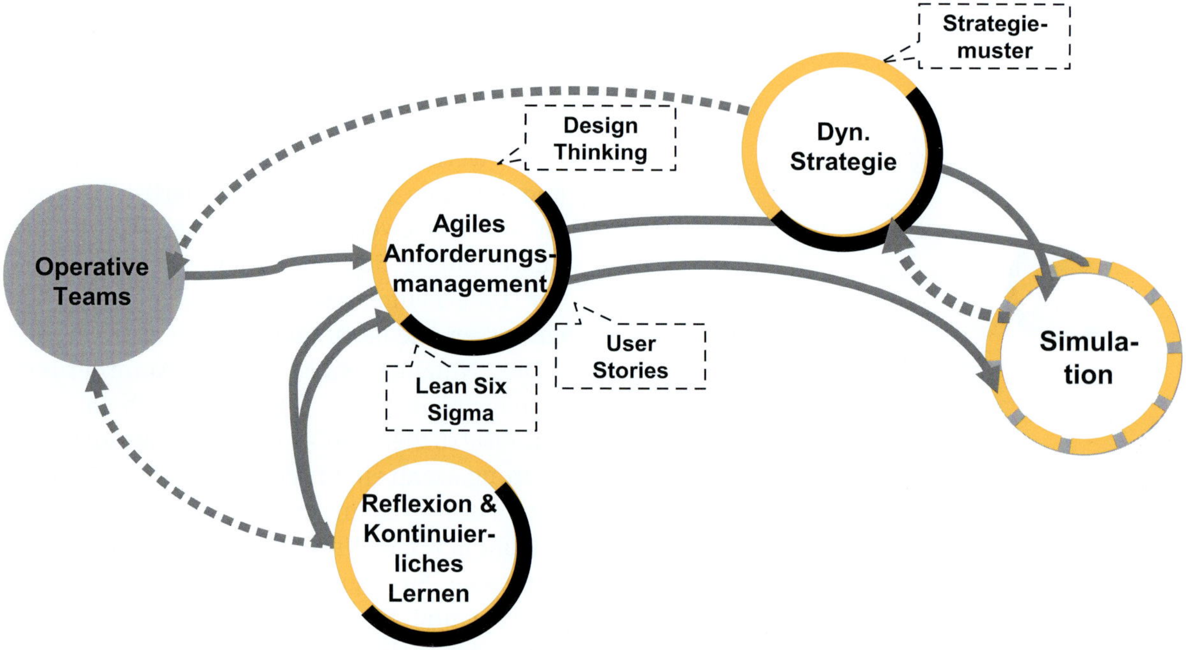

Bild 11.1 Interaktion zwischen einzelnen Geschäftsfähigkeiten im Kontext der Anforderungsentwicklung

Im Rahmen der Überlegungen zu einem agilen Anforderungsmanagement soll zwischen zwei unterschiedlichen Perspektiven unterschieden werden. Einem passiven und einem aktiven Umgang mit Einflussfaktoren und daraus resultierenden Anforderungen.

11.1 Passives Anforderungsmanagement

Das gerade exemplarisch genutzte Szenario, in dem ein Kunde eine vom Standardangebot abweichende Beauftragung formuliert, stellt den Fall einer passiven Anforderung dar, die an das Unternehmen herangetragen wird. Passive Anforderungsentwicklung beschränkt sich darauf, reaktiv Einflüsse aufzunehmen und diese individuell zu behandeln, zu verwerfen oder auf sie zu reagieren.

Bei einem passiven Umgang mit Anforderungen blendet ein Unternehmen die Notwendigkeit aus, dass es Veränderungen von Einflussfaktoren vorausschauend behandeln und sich darauf einstellen sollte, um von den Entwicklungen der Umwelt nicht überfordert zu werden. Ein passiver Umgang mit Anforderungen ist beispielsweise im Handwerk weitverbreitet, wo Einzelunternehmer oder kleinere Betriebe auf jeden Auftrag individuell reagieren und nur in geringem Maße die mittel- oder langfristige Entwicklung ihres Marktumfelds analysieren oder versuchen, diese zu antizipieren. Ein derartiger Umgang mit Einflussfaktoren und den sich daraus ergebenden Anforderungen ist tendenziell riskant oder nur in Umfeldern mit geringem Komplexitätsniveau möglich.

11.2 Aktives Anforderungsmanagement

Bei der aktiven Bearbeitung von Anforderungen wird bewusst und gezielt daran gearbeitet, die Entwicklung des Marktumfelds im Vergleich zur eigenen, internen Unternehmenssituation zu analysieren und Zusammenhänge und mögliche Auswirkungen zu erkennen.

Dabei geht aktive Anforderungsentwicklung über das reine Sammeln, Strukturieren und Beschreiben von Informationen und Kennzahlen hinaus.

> Durch die Nutzung spezifischer Methoden, wie beispielsweise Design Thinking oder LEGO Serious Play™, werden Anforderungen im Rahmen kreativer und interaktiver Prozesse in Kleingruppen entwickelt. Anforderungen werden im Rahmen ihrer zugrunde liegenden Aufgaben- und Fragestellung behandelt. Der Bearbeitungsprozess wird bis zur Entwicklung eines prototypischen Lösungsansatzes geführt.

In Iterationen wird diese Form der aktiven Anforderungsentwicklung immer weiter ausgestaltet und verfeinert, bis die folgenden Arbeitsergebnisse vorliegen:

- für Außenstehende nachvollziehbare Beschreibung der Anforderung,
- für Außenstehende nachvollziehbare Beschreibung der Problemstellung und deren Auswirkungen oder Potenziale für das Unternehmen,
- validierter Prototyp eines möglichen Produkts bzw. einer Problemlösung.

Neben diesen konkreten und verwertbaren Ergebnissen besteht ein weiterer Effekt in dem vergemeinschafteten Verständnis einer größeren Personengruppe zur behandelten Fragestellung. Die Bedeutung für das Unternehmen wird in einheitlicher Weise für jeden Mitarbeiter nachvollziehbar und einschätzbar gemacht. Hiermit können beispielsweise der Herstellungsaufwand einer Lösungsentwicklung und die daraus resultierenden Chancen und Risiken besser eingeschätzt werden.

Wer sich mit dem Themenfeld der Anforderungsentwicklung auseinandersetzt, weiß, dass die Beschreibung von Anforderungen in Form von schriftlichen Konzepten eine ausgesprochen aufwendige und in den Risiken ihrer Realisierung schwer abschätzbare Grundlage darstellt. Die anfordernden Personen sind meist von den Problemstellungen der Lösungsentwicklung und -umsetzung so weit entfernt, dass ihnen das Verständnis für auftretende Probleme und dadurch entstehende negative Auswirkungen, wie erhöhte Erstellungskosten oder verzögerte Fertigstellungstermine, fehlt. Dass die Umsetzung einer fachlichen Anforderung, beispielsweise die Entwicklung eines neuen Produkts oder einer neuen Dienstleistung, weitaus komplexer sein kann, als es aus der Lektüre eines Konzepts ersichtlich wird, bleibt für die meisten Beteiligten schwer nachvollziehbar.

Interdisziplinäre Vorgehensweisen, wie Design Thinking, vermitteln einen realen Eindruck der Hintergründe, Wechselwirkungen und des Aufwands, die mit einer Lösungsentwicklung einhergehen. Ein derartig direkter Einblick erleichtert die Zusammenarbeit und Kommunikation der eingebundenen Personengruppen, wenn es um die konstruktive Bewältigung auftretender Problemstellungen und eintretender Risiken während der Realisierungsphase geht.

Nicht zuletzt ist die gemeinsame Bearbeitung einer fachlichen Anforderung oder einer neuen

Idee mithilfe interaktiver, interdisziplinärer und kreativitätsfördernder Methoden wie Design Thinking auch ein gruppendynamisches Ereignis.

> Das praktische Erleben einer Anforderungsentwicklung bis zur Erstellung eines Prototyps ist wesentlich wirkungsvoller als ausgefeilte Team-Building-Maßnahmen, um den persönlichen Austausch und die konstruktive Kooperation von Mitarbeitern untereinander zu fördern.

Vor allem die relevanten emotionalen und zwischenmenschlichen Effekte persönlicher Interaktion und Kommunikation werden in klassischen Vorgehensweisen zur Analyse und Definition fachlicher Anforderungen ignoriert. Sie stellen das rein akademisch-sachliche Vorgehen in den Mittelpunkt und blenden dadurch die Relevanz der Beziehungsebene von Mitarbeitern und Teammitgliedern untereinander gänzlich aus.

Die Konsequenzen aus dieser rein sachorientierten Konzeption sind nicht zuletzt in mangelnder Unterstützung der beteiligten Mitarbeiter begründet, die die Phase der Anforderungsklärung und -entwicklung inhaltlich und methodisch überfordert. Zusätzlich erfahren die erreichten Lösungsergebnisse oftmals eine negative Akzeptanz und Unterstützung auf der Seite der betroffenen Nutzer.

Aus dem Themengebiet des Projektmanagements ist Bild 11.2 bekannt. Es wird in Schulungen zu Projektmanagementmethoden gerne genutzt, um die Bedeutung und Kritikalität einer professionellen und konstruktiven Anforderungsentwicklung und -klärung zu verdeutlichen.

Kommunikation über reine Schriftsprache und den mündlichen Austausch von Informationen stellt ebenso wenig sicher, dass die Überlegungen des Senders, der Person, die eine Anforderung oder ein spezifisches Bedürfnis formuliert, vom Empfänger, der Person, die das Gehörte oder Gelesene aufnimmt und in eine Lösung überführen soll, ambivalenzfrei verstanden werden. Ganz im Gegenteil. Die Wahrscheinlichkeit, dass der Informationsaustausch der beteiligten Personen untereinander scheitert, ist wesentlich höher als ihr Gelingen.

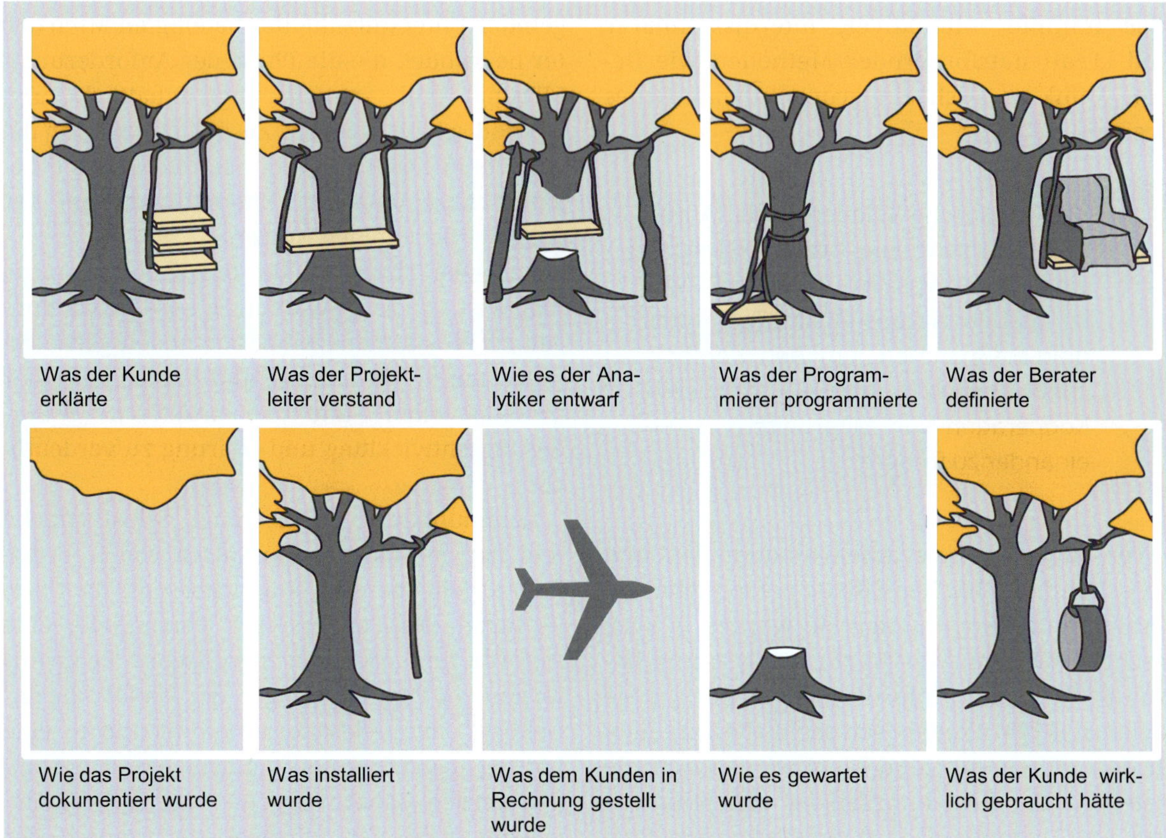

Bild 11.2 Relevanz eines Anforderungsmanagement (Quelle: dotnet-forum.de)

Vorgehensweisen wie die Design-Thinking-Methode reduzieren die Fehlerquellen eingeschränkter menschlicher Kommunikation, die auf die Möglichkeiten der Sprache reduziert wird, indem sie die Ebene der Interaktion und der dynamischen Entwicklung von Modellen und Prototypen zur Visualisierung mit einbinden. Dies erlaubt es, die Qualität der ausgetauschten Informationen zu erhöhen.

Die Kommunikationspartner erfahren im Rahmen einer derartig interaktiven Kooperationsform nicht nur, welche Informationen sie miteinander austauschen, sie erleben gemeinsam Vorstufen des letztlich als Ergebnis zu realisierenden Produkts in konkreter und haptischer Form. Design Thinking steht hier nur stellvertretend für eine ganze Reihe von Vorgehensmodellen und Methoden, die dem reinen textuellen und sprachlichen Informationsaustausch überlegen sind.

Je nach Zielsetzung, Aufgabenstellung und Kontext kann die nachfolgend aufgeführte Auswahl an Methoden erfolgreich für die Entwicklung und Beschreibung von Anforderungen und deren Umsetzungsplanung und -organisation eingesetzt werden. Die Auflistung soll einen Eindruck darüber vermitteln, wie vielfältig die Alternativen sind, um die Aufgabe der Analyse und Beschreibung von Einflussfaktoren und deren Anforderungen in einer Qualität zu erfassen, die der rein akademischen Form weit überlegen sind:

- TRIZ
- Blue Ocean
- Business Model Canvas
- LEGO Serious Play
- Lean Six Sigma
- User Stories
- Storytelling
- Visual Recording
- Open Space
- World-Café
- Denkhüte von de Bono
- Walt-Disney-Methode

Zusätzlich wird über deren Anwendung das Risiko des Scheiterns relevanter Vorhaben zur Unternehmensentwicklung reduziert, das bei der rein schriftlichen Form der Anforderungsbeschreibung empirisch belegt ist.

Nachfolgend wird eine Auswahl weitverbreiteter und ausgereifter Methoden eingeführt und deren Anwendung erläutert, da sie für die Integration in das laCoCa-Modell gut geeignet sind und das Vorgehen ergänzen.

11.3 Design Thinking

Da sich diese spezifische Methode der interdisziplinären Kooperation in den letzten zehn Jahren besonders hoher Akzeptanz erfreut, binden wir Design Thinking in den Ablauf des agilen Anforderungsmanagements exemplarisch ein.

Als die Kreativität und die Kommunikation von Menschen förderndes Vorgehensmodell dient Design Thinking vor allem dazu, die Lösung von Problemen und die Entwicklung neuer Ideen zu unterstützen. Dabei ist bei der Zusammensetzung von Personengruppen, die mithilfe dieser Methode eine Aufgabenstellung oder Fragestellung behandeln, darauf zu achten, dass es sich um eine möglichst interdisziplinäre Kombination von Fachgebieten und persönlichen Perspektiven handelt.

Die Entwickler des Design-Thinking-Ansatzes, wie die Methode in der Literatur auch bezeichnet wird, sind von der Annahme ausgegangen, dass eine möglichst hohe Vielfalt an Wissensbereichen, Erfahrungen und Fachgebieten die kreative Produktivität der teilnehmenden Personen fördert.

Anstelle ausschließlich die Experten eines einzigen Fachgebiets für die Lösung eines Problems oder die Entwicklung einer Idee zu konsultieren, in deren Themenbereich die Fragestellung angesiedelt ist, verfolgt Design Thinking den Ansatz, möglichst unterschiedliche und fachlich nicht miteinander verwandte Wissensbereiche zu kombinieren, um in gruppendynamischer Interaktion eine Lösung zu erarbeiten.

Der Grund liegt schlicht in der Monotonie von Denkmodellen und Lösungsansätzen, die in spezifischen Fachgebieten etabliert sind. Ingenieure werden immer nach den Grundsätzen ihrer Ausbildung und universitären Prägung Problemstellungen begegnen.

Stellt man also eine Gruppe von Ingenieuren zusammen, die alle aus dem Umfeld des Maschinenbaus stammen, so werden sie Fragestellungen und Probleme auf der Grundlage ihrer Denkmodelle und ihrer analytisch konstruktiven Modelle angehen. Dieser Umstand soll nicht bewertet werden.

Er ist weder gut noch schlecht. Es ist lediglich davon auszugehen, dass das Ergebnis einer Problemlösung den Prinzipien des Fachbereichs und des Erfahrungsbereichs eines Ingenieurs entspringen wird. Die Lösungswege eines Biologen, eines Mediziners, eines Sozialpädagogen oder eines Landwirts werden ebenfalls eigenen Denkmodellen und Vorgehensweisen entspringen.

Empirische Studien, die der Entwicklung von Design Thinking zugrunde liegen, haben ergeben, dass eine möglichst heterogene Zusammensetzung von Wissensbereichen innerhalb einer Personengruppe eine vielfach höhere Varianz an Losungswegen entstehen lässt. Die Teilnehmer ergänzen sich durch ihre jeweiligen Fachgebiete und sind dadurch in der Lage, Lösungswege zu entwickeln, die jedem innerhalb seines eigenen Fachgebiets verschlossen bleiben.

Die bewusste und gezielte Kombination von Fachgebieten erlaubt erst, eine höhere Vielfalt an Lösungswegen entstehen zu lassen und damit eine Form der fachübergreifenden Kreativität zugänglich zu machen.

Akademisch formuliert ist diese Methode ein multidisziplinärer Ansatz. Design Thinking stellt hierzu eine strukturierte Vorgehensweise zur Förderung der kreativen Interaktion von Personengruppen zur Verfügung. Darüber können, in möglichst kurzer Zeit und unter gezielter Provokation spontaner Reaktionen der Teilnehmer untereinander, Ideen zur Lösung vorhandener Problemstellungen oder innovative Produkte entwickelt werden.

Genutzt werden hierbei sechs aufeinander aufbauende Bearbeitungsphasen, die in ihren Schwerpunkten voneinander abgegrenzt sind (Bild 11.3). Im Laufe der Anwendungen werden diese Phasen iterativ wiederholt. Das Iterieren einer vorhergehenden Phase ist immer sinnvoll und erfolgt immer dann, wenn das Arbeitsergebnis der aktuellen Phase Erkenntnisse hervorbringt, die eine Rückkehr zur vorhergehenden Phase sinnvoll oder notwendig macht.

Phase 1: Understand

Die erste Phase konzentriert sich darauf, die eigentliche Problemstellung oder Aufgabenstellung zu verstehen und das thematische Umfeld

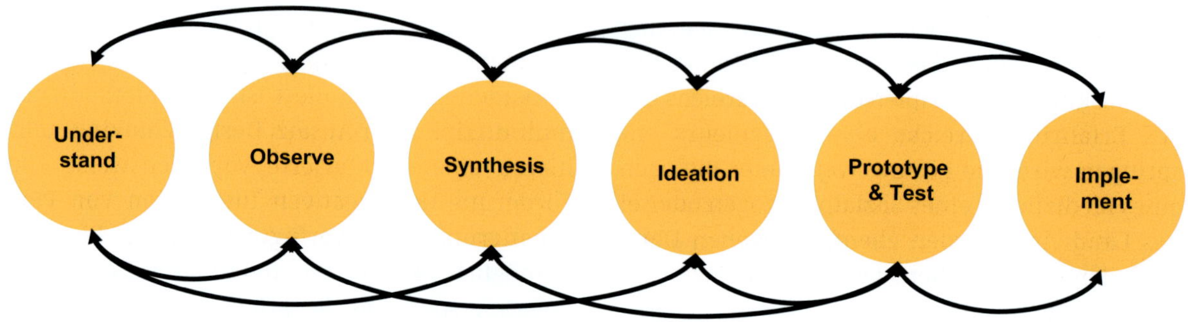

Bild 11.3 Sechs Phasen des Design-Thinking-Vorgehensmodells

dieser nachzuvollziehen. Diese erste Phase wird mit dem Begriff »*Understand*« (Verstehen) etikettiert. Darauf aufbauend folgt die Phase »Observe« (Beobachten).

Phase 2: Observe

In der Phase »*Observe*« werden Informationen, Daten, Aussagen, Wahrnehmungen und jede andere Form von Impulsen recherchiert und zusammengetragen, die nützlich sind, den Kontext der Fragestellung besser beschreiben zu können. Dazu werden beispielsweise Interviews mit betroffenen Personen geführt. In dieser Phase geht es darum, das Umfeld und den Kontext der Problemstellung direkt und persönlich zu erfahren und zu begreifen.

Phase 3: Synthesis

Die Phase »*Synthesis*« (Synthese) wird genutzt, um die bisherigen, individuellen Eindrücke und Erkenntnisse der Teilnehmer zu vergemeinschaften und zu verdichten. Die Aussagen werden auf Pinnwänden gesammelt, in Kurzgeschichten erzählt, in Rollenspielen vermittelt, durch Zeichnungen visualisiert oder über andere, der Gruppe verfügbare und anwendbare Wege der Interaktion untereinander ausgetauscht und miteinander verknüpft.

Stößt die Gruppe in dieser Phase beispielsweise auf Unklarheiten, die die eingangs definierte Problemstellung betreffen, so kann jederzeit in eine der vorhergehenden Phasen zurückgekehrt werden. Als Grundsatz ist dabei zu beachten, dass man innerhalb einer Phase auch nur den jeweiligen Schwerpunkt dieser behandelt. Befinden sich die Teilnehmer in der Phase der »Synthesis«, dürfen sie nicht währenddessen in die Phase »Understand« zurückspringen, sondern müssen die Phase konsequent abschließen oder kontrolliert und bewusst abbrechen.

> Auch wenn es bei Design Thinking darum geht, die kreative Zusammenarbeit multidisziplinärer Personengruppen zu fördern, ist dies nicht ohne eine sehr strikte Disziplin erreichbar, die dazu nötig ist, die Gruppendynamik nicht in ein kakofonisches Chaos der Teilnehmer zerfallen zu lassen.

Phase 4: Ideation

Auf »Synthesis« folgt »*Ideation*« (Ideen). In diesem Schritt werden alle Ideen gesammelt, die aus einem Brainstorming der Teilnehmer entstehen. Die Ideen können wiederum auf Pinnwänden gesammelt werden. Keine der Ideen wird kommentiert oder bewertet. Das Ziel der Sammlung von Ideen ist es, möglichst viele bzw. alle Ideen aufzuführen, die den Teilnehmern einfallen und auf der Grundlage der Informationen und Erkenntnisse der vorhergehenden Phasen aufbauen.

Auch das Entwickeln und Sammeln von Ideen unterliegt dem sogenannten *Timeboxing*. Das bedeutet, dass alle Phasen und die darin enthaltenen Schritte in streng limitierten Zeitfenstern durchgeführt werden.

Über das Timeboxing kann sichergestellt werden, dass sich die Teilnehmer auf die jeweilige Phase und den Arbeitsschritt vollständig konzentrieren und nicht in langatmige und ergebnislose Detaildiskussionen verfallen. Auch die Versuchung, sich mit den E-Mails und Nachrichten auf einem Smartphone zu beschäftigen, ist weitaus geringer, wenn man durch ein knappes Zeitfenster gezwungen ist, konzentriert zu arbeiten und die verfügbare Zeit so intensiv und effizient wie möglich zu nutzen.

Die gesammelten Ideen werden anschließend gruppiert und mit Überschriften versehen, sodass jede Ideengruppe einen Namen oder ein Stichwort trägt und damit repräsentiert wird.

Phase 5: Prototype & Test

Nun folgt die vielleicht kreativste und intensivste Phase des gesamten Design-Thinking-Vorgehens. Die Phase »*Prototype & Test*« (Prototyp & Test).

Je nach Teilnehmerzahl werden in diesem Schritt Personengruppen gebildet, die sich die interessantesten Ideen als Grundlage nehmen und in einen physischen Prototyp überführen. In einer Art Bastelstunde arbeiten alle Teilnehmer an einem Modell, das die Umsetzung der ausgesuchten Idee haptisch erfassbar und erfahrbar macht. Wurden bisher Texte, Zeichnungen und Collagen für die Darstellung, Erklärung und Entwicklung einer Idee genutzt, folgt nun die Realisierung in einer ersten, spielerisch physischen Form. Damit wird es erst möglich, die Idee anderen Teilnehmern oder Personen außerhalb des Design-Thinking-Workshops vorzuführen und die Nutzung der potenziellen Problemlösung oder der möglichen Innovation zu vermitteln. Die aus der Präsentation entstehenden Reaktionen werden als Feedback eingesammelt und ausgewertet.

Durch das Testen des Prototyps hinsichtlich seiner Verwendbarkeit und Einsetzbarkeit und die Auswertung der ausgelösten Reaktion der Umwelt konnte validiert werden, wie funktionsfähig, erfolgreich, ansprechend, effizient oder akzeptiert die umgesetzte Idee oder die entwickelte Lösung potenziell sein kann.

Stellt sich bei dem Test des Prototyps heraus, dass die Resonanz unter den Erwartungen oder der angestrebte Nutzen unter dem notwendigen Niveau liegt, kann in die Phase »Ideation« oder die Phase »Protoype & Test« zurückgesprungen werden, um dort einen neuen Ansatz zu verfolgen.

Durch die strukturierte Vorgehensweise und die Stringenz der aufeinander aufbauenden Phasen des Design-Thinking-Ansatzes ist es allen Teilnehmern jederzeit möglich, mit den Arbeitsergebnissen der jeweiligen Phasen immer wieder neue Iterationen durchzuführen. Wie durch agile Methoden allgemein sichergestellt, wird ein immer höherer Reifegrad der Umsetzung dadurch erreicht, dass die Auswirkungen auftretender Fehler und die Gewinnung neuer Erkenntnisse unmittelbar in einen weiteren mit verbesserten Grundlagen integriert werden können.

Phase 6: Implement

Die letzte Phase »*Implement*« (Implementierung) muss auf jeden Fall und bis zu einem konkreten Planungsergebnis durchgeführt werden. So wird sichergestellt, dass die investierte (Lebens-) Zeit der Teilnehmer und die verwendeten Ressourcen nicht verschwendet wurden.

Diese so wichtige Phase wird in einigen Beschreibungen und Workshops zu Design Thinking weder erwähnt noch durchgeführt, was erfahrungsgemäß sehr bedenklich ist und unbedingt ausgeschlossen werden sollte.

Es ist nicht üblich, dass nach der Testphase des Prototyps die Implementierung, also die Umsetzung der erfolgreichsten Lösung tatsächlich erfolgt oder verfolgt wird. Sehr oft wird der Design-Thinking-Ansatz nur bis zum Prototyp durchgeführt und damit beendet. Die Teilnehmer des Workshops fallen sich abschließend euphorisiert und glücklich in die Arme, tauschen Adressen aus und genießen das mit so viel positiver Energie und kreativen Erfolgsmomenten gefüllte Workshop-Erlebnis. Sie verabschieden sich voneinander in alle Himmelsrichtungen, um anschließend wieder in das Alltagsleben zurückzukehren.

Und der Prototyp? Was geschieht nun mit diesem wertvollen Werk intensivster, multidisziplinärer Dynamik?

Wenn man einen Design-Thinking-Workshop dazu nutzen möchte, ein interdisziplinäres Team zu formen und deren kreative Zusammenarbeit und Produktivität in kürzester Zeit als eine Art Team-Building-Maßnahme zu entwickeln, kann der Prototyp verworfen werden.

An die Implementierung zu denken und diese vorzubereiten oder durchzuführen ist hierbei nicht nötig und richtet auch keinen Schaden an. Die verfolgte Zielsetzung des Workshops ist erreicht, wenn durch das gemeinsame Erleben sich alle Teilnehmer kennengelernt und miteinander vertraut gemacht haben. Eine sehr empfehlenswerte und ausgesprochen effektvolle Vorgehensweise, wenn man als Unternehmen hochgradig produktive Teams aufbauen muss, die im Alltag konstruktiv und konfliktfrei zusammenarbeiten sollen.

Geht es in der Anwendung von Design Thinking wirklich darum, ein Problem zu lösen oder eine Innovation zu entwickeln, muss die Phase »Implement« zwingend durchgeführt werden. Die Mindestanforderung ist hier, dass die getestete und als wirksamste Lösung validierte Idee hinsichtlich ihrer Realisierung als Produkt oder der Umsetzung der erarbeiteten Problemlösung durchdacht, beschrieben und auch betriebswirtschaftlich bezüglich der notwendigen Investitionen berechnet wird.

So können Dritte, die nicht an dem Workshop beteiligt waren, das Ergebnis übernehmen und weiterführen, also tatsächlich umsetzen.

Wenn diese kritische Phase »Implement« nicht zumindest bis zu diesem Punkt, der planerischen Vorbereitung einer späteren oder anschließenden Umsetzung, durchdacht und beschrieben wird, kann kein Mensch, der nicht selbst an dem Workshop direkt und ununterbrochen beteiligt war, eine Umsetzung oder Realisierung durchführen. Die Ergebnisse sind in einem Design-Thinking-Workshop in einer Art und Weise entstanden, dass sie nur von den Teilnehmern selbst verstanden und erklärt werden können. Soll ein validierter Prototyp realisiert werden, muss die Ergebnisbeschreibung eine Güte, Vollständigkeit und einen Reifegrad haben, die es Außenstehenden erlaubt, die Umsetzung weiterzuführen.

Wer Mindmaps nutzt, hat dieses Phänomen schon selbst erlebt. Mindmapping ist ein sehr kreatives und einfaches Werkzeug, um seine Gedanken zu einem Thema oder einer Fragestellung zu sammeln und zu strukturieren. Gibt man aber ein Mindmap an eine Person weiter, die an der Erstellung dieses Gedankengerüstes nicht beteiligt war, so ist es für diese nur bedingt oder gar nicht nachvollziehbar und daher auch nicht weiter verwendba

Mit Ergebnissen aus Design-Thinking-Workshops verhält es sich ähnlich wie mit weitergegebenen Mindmaps. Auch wenn der Prototyp einen gewissen Grad an Selbsterklärung beinhaltet, kann er dennoch keine primären oder sekundären Informationen transportieren und die Übertragung dieser an Dritte sicherstellen. Daher muss ein Mindestmaß an begleitender Dokumentation und Planung vor allem zu den betriebswirtschaftlichen Auswirkungen und Anforderungen einer Realisierung von den »Schöpfern« der Lösung, der Innovation bzw. des Produkts erstellt und bereitgestellt werden.

11.4 Persona und User Story

Im Rahmen eines agilen Anforderungsmanagements sollen zwei weitere Werkzeuge beschrieben werden, die sich im Umfeld agiler Methoden ebenfalls sehr stark verbreiten und eine hohe Akzeptanz erlangt haben, da sie mit etwas Übung leicht angewendet und flexibel eingesetzt werden können.

> Agile Vorgehensmodelle, wie beispielsweise Scrum oder die Design-Thinking-Methode gehen immer konsequent vom Nutzer eines Produkts, vom Anwender oder von einem Kunden aus. Also immer von der Person, für die eine Leistung, ein Prozess, ein Produkt oder eine Softwarelösung entwickelt wurde oder von ihr genutzt wird.

Bleiben wir bei den Anwendungsfällen, in denen Menschen Serviceleistungen, Informationen und physische Produkte oder Software unmittelbar benötigen und nutzen.

Um in der Entwicklung eines Produkts in der Lage zu sein, die Anforderungen der späteren Nutzer nachvollziehen und beschreiben zu können, werden traditionell sogenannte Anforderungsdefinitionen oder Lastenhefte erstellt. Diese Form der Anforderungsdefinition wird in verschiedenen Branchen unterschiedlich erfolgreich und mit unterschiedlich großen Risiken verwendet. Potenzielle Informationslücken und Auslegungsspielräume bei der Ausgestaltung fachlicher Inhalte müssen berücksichtigt werden.

In der Bauindustrie sind der Ablauf und die Entwicklung aller notwendigen Dokumentationen und Beschreibungen für die Erstellung, beispielsweise eines Gebäudes, über Erfahrungswerte und daraus entstandene Normierungen über Jahrhunderte derart standardisiert worden, dass die beschriebenen Risikofaktoren sehr umfassend ausgeschlossen werden können.

Dass dies dennoch nicht vollständig gelingt, belegen so katastrophale Projekte wie beispielsweise der Bau des Berliner Flughafens BER, Berlin Brandenburg. Der Spatenstich des Bauvorhabens fand am 5. September 2006 statt. Ursprünglich geplanter Fertigstellungstermin war laut Planung der Oktober 2011. In der zweiten Hälfte 2016, also genau zehn Jahre nach dem Spatenstich und fünf Jahre nach dem Plantermin, ist es nach wie vor ungewiss, wann der erste Flug vom Rollfeld abheben wird. Erfahrungen, Normen und Standardisierungen sind nicht der Grund dafür, dass es zu diesen kostspieligen Verzögerungen kam. Vielmehr wurden genau diese von einer ganzen Reihe von Mitwirkenden nicht ausreichend sachkundig angewendet und verfolgt.

Derartige Entwicklungen sind die Ausnahme, nicht die Regel. Wechseln wir dagegen in einen anderen Bereich des Ingenieurwesens, die Softwareentwicklung, dann sieht der Normalzustand fast so aus wie die vorgenannte Ausnahme. Trotz jahrzehntelanger Anstrengungen und Investitionen in die Entwicklung von Standards und Methoden schaffen es, je nach Marktstudie, nach wie vor 20 bis 45 % der Realisierungsprojekte, die geplanten Termine und Inhalte einzuhalten und umzusetzen.

Die Gründe hierfür sind vielfältig, und das Internet ist voll von Ratschlägen und Beratungsangeboten, die beispielsweise die Top Ten der Fehler in Softwareentwicklungsprojekten ausweisen und versprechen, diese verhindern zu können. Immer wieder sind die folgenden drei Fehler zu finden.

- mangelhafte Definition fachlicher Anforderungen,
- unzureichende Einbindung der Anwender,
- mangelhafte Unterstützung der Führungskräfte und Entscheider.

Gerade der erste Punkt hat dazu geführt, dass in den vergangenen 15 Jahren eine ganze Reihe von Versuchen unternommen wurde, die Nachvollziehbarkeit der Beschreibung von funktionalen und nicht funktionalen Anforderungen zu erhöhen, die an eine zu entwickelnde Software gestellt werden. Oder es wurde versucht, einen Weg zu finden, besser mit der Komplexität eines Softwareentwicklungsprojekts umzugehen. Unter anderem sind aus diesen Entwicklungen die Methode der Entwicklung einer sogenannten Persona und die User Story entstanden. Die User Story wird zur Beschreibung einer Anforderung aus der Sicht des Anwenders oder des Kunden genutzt. Die Persona wiederum stellt die Beschreibung des Anwenders bzw. eines charakteristischen Kunden selbst dar und beinhaltet dessen Erwartungen und charakteristische Besonderheiten.

11.4.1 Entwicklung einer Persona

Gehen wir zunächst auf die Persona ein. Sie ist der Ausgangspunkt einer User Story. Eine Persona stellt das Profil eines Anwenders oder den Archetyp eines Kunden dar, für den eine neue Software entwickelt oder, allgemein gesprochen, ein Produkt hergestellt werden soll.

Die Nutzung der Persona wird auch im Rahmen des Design-Thinking-Ansatzes verwendet und kann auch außerhalb dieser Vorgehensweise genutzt werden, wenn es darum geht, sich über die Bedürfnisse und Verhaltensweisen von Anwendern und Kunden ein Bild zu verschaffen.

Diese Grundlage ist aus verschiedenen Gründen ausgesprochen relevant und erfolgskritisch. Wenn die Mitglieder eines Entwicklungsteams, egal ob mit der Entwicklung einer Softwarelösung oder eines physischen Produkts beauftragt, sich nicht einig darüber sind, für wen sie die geplanten Ergebnisse entwerfen und erstellen, werden immer unausgesprochene und nicht untereinander abgeglichene Vorstellungen und Interpretationen zum Kontext der Nutzung die Kooperation und Kommunikation im Team beeinflussen.

Die Beschreibung eines Nutzerprofils, wie man eine Persona auch nennen kann, dient also dazu, die Kommunikation der Mitarbeiter im Team untereinander und mit ihrer Umwelt, beispielsweise mit den Auftraggebern, zu harmonisieren. Über das Nutzerprofil gewinnt jeder Beteiligte ein einheitliches Bild von der Person oder Personengruppe, für die das Produkt hergestellt wird.

Der Begriff »Persona« stammt ursprünglich aus der Psychologie und stellt die nach außen sichtbare und wahrnehmbare Einstellung eines Menschen dar. Die Beschreibung einer Persona wird in unterschiedlichen Wissensbereichen intensiv angewendet und hat vor allem im Industriedesign einen festen Platz.

Die Definition einer Persona kann in unterschiedlicher Form erfolgen. Diese kann als bildhafte Darstellung oder als textuelle Beschreibung, in Form eines Rollenspiels oder als Collage von Zeitungsausschnitten und Inter-

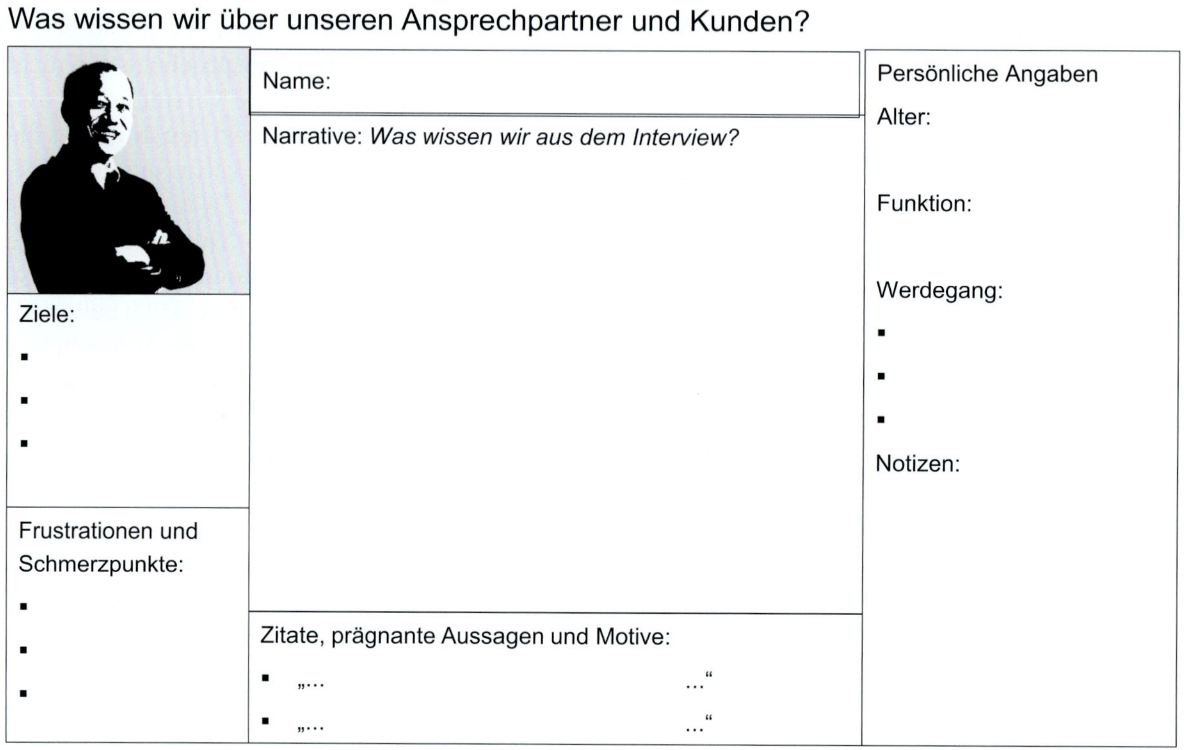

Bild 11.4
Formatvorlage für die Definition einer Persona

netseiten erstellt werden. Welches Werkzeug und Hilfsmittel letztlich genutzt wird, ist immer von den Beteiligten zu entscheiden. Die zu erreichende Zielsetzung muss sein, ein für jedermann möglichst klar nachvollziehbares Bild der beschriebenen Person(en) in der Vorstellung des Betrachters oder Lesers zu entwickeln.

Bild 11.4 zeigt den exemplarischen Aufbau eines Steckbriefs, der eine interaktive Sammlung und Strukturierung der Informationen einer Persona unterstützt.

> Personas (lateinisch persona »Maske«) sind fiktive, typische Personen, die eine spezifische Kunden-, Konsumenten- oder Nutzergruppe repräsentieren. Sie helfen dabei, wichtige Eigenschaften der Zielgruppe zu verdeutlichen, und unterstützen bei Designentscheidungen in der Entwicklungs- und Umsetzungsphase eines Geschäftsmodells.
>
> Das Konzept der Personas stammt aus der Entwicklung von Mensch-Computer-Interaktionslösungen und wurde 1998 von Alan Cooper veröffentlicht. (Quelle: http://www.cooper.com/journal/2008/05/the_origin_of_personas)

11.4.2 User Story

Von der Persona ausgehend, schließt sich im nächsten Schritt die Beschreibung der jeweiligen Anforderung an eine Funktion des Produkts, worunter auch eine zu entwickelnde Softwareanwendung zu verstehen ist, an. Hierfür kann eine kurze Geschichte, ein Zitat, die Darstellung einer Verhaltensweise oder Ähnliches zusammengetragen werden.

Eine User Story enthält primär die Darstellung und Beschreibung der Nutzung einer Funktion und des Kontextes der Anwendung. Die Definition der Eigenschaften einer Funktion, wie es in den erwähnten Lastenheften der Fall ist, steht bei der User Story nicht alleine und auch nicht ohne Nutzenkontext im Fokus.

> Die Perspektive des Kunden einzunehmen, ist bei der Erstellung der User Story konsequent und auch in allen Beschreibungen beizubehalten.

Hier ein Beispiel für eine kurze und möglichst konkrete User Story.

»Als Immobilienmakler möchte ich an einem mobilen Endgerät meinen Kunden alle aktuell verfügbaren Einfamilienhäuser darstellen können, um ihnen diese anzubieten.«

Was an diesem Beispiel sichtbar wird, ist, dass es nicht darum geht, möglichst alle Anforderungen vollständig aufzuführen. Vielmehr soll eine spezifische Anforderung im Kontext ihrer Nutzung erfasst werden, die nicht weiter detaillierbar ist.

Aus der Vielzahl derartiger Detailbeschreibungen ergibt sich im Laufe der Anforderungsentwicklung ein Katalog an Funktionen, der in Summe den Umfang der benötigten Eigenschaften eines Produkts repräsentiert. Darüber wird es erst möglich, den Fokus der Produktentwicklung stets aus der Perspektive des spezifischen Kunden beizubehalten und im Rahmen einer späteren, agilen Vorgehensweise kontinuierlich an (Produkt-)Inkrementen zu arbeiten.

Initial wird bei der Erstellung von User Stories, ausgehend von der zugrunde liegenden Persona, eine Skizze des benötigten Produkts entworfen. Dies kann, wie bei dem Design-Thinking-Ansatz, ein validierter Prototyp sein. Auf der Grundlage von Skizze und Persona werden die User Stories kontinuierlich in Interaktion mit den Anwendern erstellt.

Diese Vorgehensweise deckt zwei der vorhergehend genannten drei Problemstellungen ab, die so oft für das Scheitern von Projekten verantwortlich gemacht werden:

- mangelhafte Definition fachlicher Anforderungen,
- unzureichende Einbindung der Anwender.

Dadurch dass Anforderungen von einer Persona ausgehend und in enger Interaktion mit den Anwendern entwickelt und erarbeitet werden, wird sichergestellt, dass die Entwicklungsergebnisse mit den Anforderungen möglichst übereinstimmen. Davon ausgehend, dass die Realisierung des Produkts in Iterationen erfolgt und Zwischenergebnisse regelmäßig vorgestellt und mit den bereitgestellten Anforderungen verglichen werden, kann einer Fehlentwicklung kurzfristig entgegengewirkt werden.

11.5 Arbeiten mit Inkrementen

Wenn die Bereitstellung von Zwischenergebnissen beispielsweise in iterativen Entwicklungsabschnitten von maximal vier Wochen kontinuierlich erfolgt, so ist dies auch der maximale Zeitraum einer Fehlentwicklung, der entgegengewirkt werden muss oder die zu korrigieren ist. Außerdem ist es über diese kurzen Intervalle möglich, neue Erkenntnisse oder Änderungen an den Inhalten der Anforderungen in den Entwicklungsprozess eines Produkts einfließen zu lassen, bevor das gesamte Endergebnis umgebaut und eine neue Anforderung, die eventuell sogar eine kritische Funktion darstellt, nachträglich eingebaut werden muss.

Bekanntlich sind zwei Faktoren in der Produktentwicklung besonders teuer. Zu spät erkannte Fehler, die korrigiert werden, und funktionale Anforderungen, die erst nach der Fertigstellung des Produkts eingebaut werden müssen. Hier ist als nachvollziehbares Beispiel die Automobilindustrie zu nennen. Wenn ein Konstruktionsfehler erst erkannt wird, nachdem das fertige Fahrzeug die Produktionsstraße verlassen hat, sind kostspielige und imageschädliche Rückrufaktionen nötig. Aus diesem Grund werden auch in der Automobilindustrie zunächst Prototypen gebaut und getestet, bevor das Endprodukt gefertigt wird. Und auch der nachträgliche Einbau fachlicher Anforderungen an einem fertiggestellten Haus ist immer teurer und aufwendiger, als diese im ursprünglichen Entwurf bereits berücksichtigt zu haben. Würde man nach der Hausübergabe entscheiden, dass doch eine Tiefgarage benötigt wird, da dies als Bauauflage hätte berücksichtigt werden müssen, so ist leicht vorstellbar, welche nachträglichen Kosten diese Korrektur zur Folge hätte.

Die kontinuierliche Entwicklung fachlicher Anforderungen und Funktionen ist nicht in allen Branchen und Produktionsbereichen möglich und sinnvoll. Im Aufbau von Geschäftsfunktionen und in der Entwicklung von Softwareprodukten ist diese Herangehensweise allerdings immer vorzuziehen, da es ein Maximum an Flexibilität und Anpassungsfähigkeit auf entstehende und unvorhergesehene Einflussfaktoren der Umwelt erlaubt. Und genau diese Faktoren sind in der Softwareentwicklung ebenso relevant wie im Kontext einer Unternehmensentwicklung.

> Der Vorteil einer agilen Anforderungsentwicklung beruht zusammengefasst darauf, dass eine enge, interdisziplinäre und kontinuierliche Kommunikation und Zusammenarbeit mit den anfordernden Personengruppen oder Auftraggebern sichergestellt und gefördert wird. Zusätzlich ist eine kontinuierliche Prüfung und Bewertung von Zwischenständen des entstehenden Produkts möglich, da Inkremente bereitgestellt und darüber unvorhergesehene Änderungen und erkannte Fehler unmittelbar berücksichtigt und korrigiert werden können.

Von einer agilen Ausrichtung der Anforderungsentwicklung können Arbeitsergebnisse ebenso kontinuierlich an nachfolgende Geschäftsfähigkeiten übergeben werden, um beispielsweise die Architektur oder Statik eines Produkts zu entwickeln und festzulegen, um zur Analogiebildung weiterhin im Vokabular der Baubranche zu bleiben.

12

Entwicklung einer dynamischen (Unternehmens-)Strategie

Wir wechseln aus der Geschäftsfähigkeit zur agilen Entwicklung von Anforderungen in die der dynamischen (Unternehmens-)Strategie. Dabei stellen die Ergebnisse und Erkenntnisse aus der vorhergehenden Geschäftsfähigkeit das Arbeitsmaterial für die Entwicklung einer dynamischen Strategie dar.

Unsere Betrachtungsperspektive richtet für die Strategieentwicklung den Blick weiter nach außen auf die das Unternehmen umgebende Umwelt und auf zukünftige Entwicklungen, denen die Organisation wird entsprechen müssen. Die in dieser Ausrichtung tätige Geschäftsfähigkeit der dynamischen Strategieentwicklung steht in direktem Austausch mit der Umwelt und entwickelt Maßnahmen, die sicherstellen, dass sich das Unternehmen an die relevanten, d. h. auf die eigene Organisation einwirkenden Einflussfaktoren vorausschauend und agil anpassen kann.

Das hier genutzte Verständnis einer Strategie unterscheidet sich stark von den Modellen, die allgemein Verbreitung gefunden haben. Aus diesem Grund wird bewusst die Bezeichnung der dynamischen Strategie genutzt. Am Anfang dieses Kapitels beginnen wir daher mit der Erläuterung des bestehenden Problemfelds der Strategieentwicklung bzw. der Unternehmensstrategie. Anschließend wird der Begriff der dynamischen Strategie und der Strategiemuster eingeführt und deren Nutzung verdeutlicht.

12.1 Warum Strategien scheitern

Strategiedilemma

Das Themenfeld der Strategieentwicklung stellt ein schwieriges, ambivalentes und allgemein missverstandenes dar. Wie auch einige andere Themenbereiche im Umfeld der Unternehmens- und Organisationssteuerung fristet die Strategie ein sehr widersprüchliches Dasein. Auf der einen Seite stimmt jedes Unternehmen, jeder Mitarbeiter und jede Führungskraft der Aussage zu, dass eine Strategie oder verschiedene Strategien für eine Firma zwingend notwendig sind. Wenn man auf der anderen Seite nachfragt, inwiefern die individuelle Arbeit eines Mitarbeiters einen Bezug zur Unternehmensstrategie aufweist und welchen Beitrag die eigene Leistung zur Umsetzung der Strategie darstellt, dann ergibt sich ein widersprüchliches Bild im Vergleich zur ursprünglichen Aussage.

Für diesen Abriss der Verbindung zwischen der unternehmensweiten oder themenspezifischen Strategie, wie beispielsweise einer Vertriebsstrategie oder Produktstrategie, und der geringen Bedeutung für die alltägliche Arbeit individueller Mitarbeiter gibt es eine Fülle unterschiedlichster Ursachen. Diese wurden und werden immer wieder von Wissenschaftlern, Beratungsunternehmen und Analysten identifiziert und veröffentlicht. Die Ergebnisse dieser Recherchen sind ausgesprochen frustrierend und lassen darauf schließen, dass die Entwicklung von Strategien für Unternehmen eine kostspielige und überflüssige Übung und Bemühung darstellt. Sie kostet sehr viel Geld und nimmt sehr viel (Arbeits-)Zeit der Mitarbeiter in Anspruch, was in keinem gesunden Verhältnis zu dem mit ihr erreichten Effekt und der feststellbaren Wirkung steht.

Die Bewertungen und Ergebnisse der Analysen und Studien zu dem speziellen Thema der Unternehmensstrategie sind niederschmetternd. Vor allem, da unterschiedliche Analysten zu vergleichbaren Ergebnissen kommen. Gehen wir bei diesem Ergebnis nicht davon aus, dass sie voneinander abschreiben, wenn beispielsweise in unterschiedlichen Quellen übereinstimmend veröffentlicht wird, dass 90 % der Unternehmen weltweit daran scheitern, ihre Strategien umzusetzen.

Zusätzlich sollen alleine in den USA jährlich, laut Aussage des Beratungsunternehmens Gallup, 370 Milliarden US-Dollar Produktivitätseinbußen durch Mitarbeiter verursacht werden, die sich mit dem Unternehmen und seinem Vorgehen nicht identifizieren und engagieren. Diese Zahl wirkt vielleicht nicht ganz so dramatisch, wenn man das Bruttoinlandsprodukt von 17,9 Billionen US-Dollar der USA im Jahr 2015 gegenüberstellt. Dennoch lassen diese Zahlen eine etwas sarkastisch wirkende Interpretation zu. Obwohl 90 % der Unternehmen nicht in der Lage sind, ihre Strategien umzusetzen, und ein signifikanter Anteil der Beschäftigten sich nicht für die Geschicke und den Fortschritt der Arbeitgeber interessiert, wuchs das Wirtschaftsergebnis der USA seit 2009 bis 2016 ungebrochen an.

Also warum werden Strategien immer und immer wieder entwickelt, aktualisiert, veröffentlicht und zitiert, wenn sie von den Mitarbeitern selbst entweder nicht verstanden oder für ihre eigene Arbeit nicht verwendet werden und damit schlicht überflüssig bzw. verzichtbar zu sein scheinen?

Strategietheater

Mit etwas ironischem Blick auf diese Situation erinnert das Geschehen in Firmen an eine Art Strategietheater. Auf der Bühne stehen das Management und die Geschäftsführung eines Unternehmens und stellen das neue Strategiestück vor. Jedes Jahr gibt es zu diesem Stück eine Premiere. Die Mitarbeiter verfolgen die Aufführung interessiert, spenden Beifall und verlassen anschließend die Vorstellung, um sich wieder ihrer erfolgreichen Arbeit zu widmen.

Die Mitarbeiter sind in ihrer passiven Rolle als Informationsempfänger nur beteiligt, fühlen sich aber nicht angesprochen oder gar betroffen. In diesem Zusammenspiel zwischen den Akteuren auf der Bühne und den Zuschauern auf den Rängen befindet sich real fast jedes Unternehmen. Dabei steht die Größe des Unternehmens, bezüglich der Mitarbeiterzahl und des Grads seiner Dezentralisierung, in proportionalem Verhältnis zur Distanz zwischen Führungsteam und Mitarbeitern.

Paradox ist auch die oft getätigte Aussage, dass ein Unternehmen oder ein Vorhaben gescheitert ist, weil keine Strategie zugrunde lag.

Wie man sich dem Thema auch nähert, aus unterschiedlichen Perspektiven fehlt ein positives, konstruktives und nachvollziehbares Verständnis zu Entwicklung, Umgang, Nutzung und Umsetzung wirksamer Strategien.

Aus der Fülle an Gründen für diese ambivalente Situation soll nachfolgend eine kleine Auswahl zitiert werden, um den Boden für das weitergehend vorgestellte Konzept der dynamischen Strategie und der Strategiemuster zu bereiten.

Ursachenforschung

Umfassende Situationsanalysen und Ursachenforschung zu den hier zusammengetragenen Symptomen sind den im Internet veröffentlichten Studien zu entnehmen:

- *Abgrenzung der Unternehmenselite*
  Strategien sind in Unternehmen in einer Sprache verfasst, die nur für eine kleine, mit speziellem Wissen ausgestattete Personengruppe verständlich ist und daher nicht von jedermann nachvollzogen und verstanden werden kann. Darüber wird die Abgrenzung einer intellektuellen Elite innerhalb des Unternehmens gefördert, die sich von den restlichen Mitarbeitern distanziert.
- *Ganz neu und doch veraltet*
  Die Erstellung einer Strategie ist derart zeitaufwendig, dass sie in dem Moment der Veröffentlichung bereits veraltet ist. Allgemein verbreitet ist die Erstellung und Veröffentlichung von Strategien in jährlichen oder halbjährlichen Zyklen. Gerade für agile Unternehmen in dynamischen Wirtschaftsbereichen mit wachsender Zahl digitaler Geschäftsmodelle ein untragbarer Zustand.
- *Flexibilität/Größenordnung*
  Dieser Grund steht mit dem vorgenannten in enger Verbindung. Der Umgang mit Strategien ist, vor allem in Deutschland, davon geprägt, dass der Anspruch gestellt wird, alle Aspekte, alle nur denkbaren Themengebiete und fachlichen Inhalte in einer Unternehmensstrategie abzubilden.

Dieser Anspruch bzw. die Annahme, dass einfach alles, was ein Unternehmen betrifft und bewegt, in einer Strategie verarbeitet sein muss, führt dazu, dass der Aufwand für die Erstellung und Aktualisierung dieser schnell zu einem aufwendigen und damit teuren Kraftakt wird. Die Aufnahme und Integration kurzfristiger Änderungen und die direkte Reaktion auf neue Einflussfaktoren werden dadurch verhindert oder zumindest erschwert.

Vor dem Hintergrund des Anspruchs, dass eine Strategie immer vollständig sein muss, erscheint die Idee bzw. die Notwendigkeit, eine Strategie jedes Quartal, jeden Monat, jede Woche oder vielleicht sogar jeden Tag anpassen und aktualisieren zu können, wie eine Illusion oder ein Fiebertraum.

- *Methodisches Verständnis/Diversität/Perspektivenmonotonie*
Der Ursprung der aktuell genutzten Methoden zur Entwicklung von Strategien stammt aus den Zeiten des Taylorismus. Also aus einer Epoche, in der die Überzeugung vorherrschte, dass die Entwicklung der Zukunft und die Steuerung eines Unternehmens vorhersehbar und planbar sind.

Aus dieser Entwicklung stammen auch das Streben und der Grundsatz, dass es jährliche oder sogar mehrjährige Planungen für ein Unternehmen geben muss. Dazu passt das Sprichwort, dass Menschen den lieben Gott zum Lachen bringen, sobald sie Pläne machen.

Nimmt man dagegen den Standpunkt ein, dass Menschen, Unternehmen und deren Umwelt einer Fülle komplexer und damit in ihrem Verhalten, ihren Auswirkungen und in ihrer Entwicklung unvorhersehbarer Dynamiken unterliegen, ist die Vorstellung der Planbarkeit und Vorhersehbarkeit unsinnig.

Da Menschen, Unternehmen und deren Umwelt nicht deterministisch sind, müssen Pläne für einen Zeitraum von zwölf oder 36 Monaten ausgesprochen fragwürdig sein.

Der Umstand wird dadurch ergänzt, dass Strategien nach einer bestimmten Methode erstellt werden, die einer vordefinierten Perspektive und einem spezifischen Vorgehen folgen, die meist von nur einer spezialisierten Gruppe von Mitarbeitern verstanden und angewendet werden.

Auch wenn die vorgenannte Fülle an Inhalten eine Strategie umfangreich, arbeitsintensiv und zeitaufwendig macht, führen methodische Restriktionen und die Limitierung auf spezialisierte Personengruppen wiederum zu einer Monotonie der Einfluss nehmenden Perspektiven. Die Konsequenz hieraus ist, dass die getroffenen Aussagen und Entscheidungen einer Strategie nicht validiert werden können. Außerdem beinhaltet eine Strategie nur die Antworten auf die durch die genutzte Methode vorgegebenen Fragen.

- *Integrationstiefe/Anschlussfähigkeit*
Von Unternehmensleitungen und spezialisierten Mitarbeitergruppen erstellte Strategien werden nach ihrer Fertigstellung an die Mitarbeiter und auch in Teilen an die Umwelt kommuniziert.

Die Empfänger der Informationen zur Strategie erhalten lediglich das Ergebnis, nicht aber die Überlegungen oder Grundlagen und Annahmen, die zu diesen Ergebnissen geführt haben. Diese Details ebenfalls zu vermitteln, ist in den etablierten Methoden nicht vorgesehen.

Daraus folgt wiederum, dass ebenfalls zeitaufwendige und damit kostspielige Kommunikationsmaßnahmen in möglichst kurzer Zeit möglichst viele betroffene Personengruppen erreichen müssen, um die Inhalte der Strategie zu vermitteln.

Erst wenn diese Inhalte verstanden sind, können die Empfänger der Informationen damit beginnen, ihrerseits zu planen, wie der Beitrag ausgestaltet werden muss, den ein Team, eine Abteilung oder ein einzelner Mitarbeiter leisten muss, damit die Strategie operativ umgesetzt werden kann.

Das führt zu der Situation, in der Personengruppen, die an der Entwicklung der Strategie nicht beteiligt wurden, also den Entwicklungsweg nicht nachvollziehen können, sich der Strategie anschließen, darauf aufbauen die Umsetzung festlegen müssen.

Der Ausweg aus der beschriebenen Misere ist ebenso einfach zu erklären, wie er in der Umsetzung anfangs mühsam erscheint. Die darin enthaltenen Elemente und Überlegungen sind nicht weitverbreitet und damit wenig bekannt und vertraut. Dennoch belegen verschiedenste Entwicklungen und Beispiele die Wirksamkeit des nachfolgend beschriebenen Vorgehens gegenüber der traditionellen Form einer Strategieentwicklung.

Der Ausweg

Am Anfang steht die Definition des Begriffs »Strategie« und was darunter zu verstehen ist. Jahresplanungen oder gar Planungen über drei Jahre stellen keine Strategie dar, sondern beschreiben lediglich einen Generalplan an Maßnahmen und einen Katalog an Absichtserklärungen, Vorgaben und Kennzahlen, die es zu erreichen gilt.

Klassische Strategien beschreiben außerdem einen Kanon von Ursache-Wirkung-Maßnahme-Ketten. Soll beispielsweise der Marktanteil eines Fertigungsunternehmens im europäischen Ausland um 30 % erhöht werden, da die dort identifizierte Wirtschaftsentwicklung und das Marktpotenzial es zulassen und die Binnennachfrage im eigenen Land rückläufig ist, so enthält der Masterplan den Katalog taktischer Schritte zur Erreichung dieser Vorgabe. Eine dieser Maßnahmen kann sein, innerhalb von zwölf Monaten eine neue Niederlassung mit zwei Produktionsstandorten aufzubauen.

So weit, so gut. Aber warum ist dieser Schritt für das Unternehmen der richtige? Warum ist die Reaktion auf eine rückläufige Binnennachfrage die Expansion oder Abwanderung ins Ausland? Warum ist dazu eine neue Niederlassung mit weiteren Produktionsstandorten notwendig? Welche Alternativen wurden entwickelt und verworfen, da die letztlich entschiedene Vorgehensweise als die wirksamste eingeschätzt wird? Wie sehen die vorbereiteten Maßnahmen aus, falls sich die entschiedene Vorgehensweise dennoch als nicht ausreichend wirksam oder gar falsch erweisen sollte? Was, wenn zwölf Monate für die Umsetzung zu lang sind?

Rund um das Thema Strategie herrscht folgendes Verständnis zu Sinn und Zweck einer Strategie vor:

»Eine Strategie beschreibt die Situation, in der sich ein Unternehmen aktuell befindet, entscheidet darüber, in welche Richtung sie sich entwickeln soll, und plant die Maßnahmen, um dorthin zu gelangen.«

Durch die gegebene Granularität der Informationen, die Art und Weise der Kommunikation und die Anwendung einer klassischen Methode zur Strategieentwicklung, werden oft mehr zusätzliche Fragen aufgeworfen als beantwortet. Die Antworten auf diese Fragen, die sich als Verständnisfragen verstehen lassen, sind jedoch relevant, um weitergehende Detailaufgaben erfüllen und erbringen zu können.

Dieses Verständnis impliziert, dass eine Strategie mit der Planung beispielsweise einer Urlaubsreise verwechselt oder verglichen wird:

»Ich befinde mich in Bottrop und möchte im August für zwei Wochen nach Mallorca reisen. Um dorthin zu gelangen, muss ich bis Ende März eine geeignete Transportmöglichkeit und eine Unterkunft buchen.«

Das ist ein guter Plan, aber es ist keine Strategie. Dies ist daran zu erkennen, dass in diesem mentalen Modell davon ausgegangen wird, dass für die Erreichung eines Ziels ausschließlich das Wissen darüber benötigt wird, welche Ressourcen notwendig sind, um von einem Zustand A in einen Zustand B in einer vorgegebenen Zeit zu gelangen.

Und wenn ein ausgefeilter Plan, der als Strategie missverstanden wird, letztlich erstellt ist und der Belegschaft vorgestellt wurde, wird unterschlagen, wie mächtig der bereits zitierte Satz »*culture eats strategy for breakfast*« sein kann.

Sie erinnern sich noch an die kürzlich zitierten Statistiken über den Prozentsatz engagierter Mitarbeiter? Die Wechselwirkung dieser beiden Faktoren, falsches Verständnis von Sinn, Zweck und Aufbau einer Strategie und die Macht der Unternehmenskultur, wie sie durch das Verhalten der Mitarbeiter entsteht, wird völlig unterschätzt und sehr selten infrage gestellt.

12.2 Die Bedeutung einer dynamischen Strategie

12.2.1 Grundlegende Prinzipien

Der Schlüssel zur agilen Entwicklung einer nachvollziehbaren, anschlussfähigen und damit wirksamen Strategie liegt in der Beachtung der folgenden Prinzipien. Mit diesen wird sogar eine Kaskade rekursiv aufeinander aufbauender Strategien ermöglicht, die in konsistenter Form auf eine einheitliche Ausrichtung hin synchronisiert sind.

- Das Unternehmen ist unvermeidbar einem permanenten Wandel ausgesetzt, intern und extern, ob gesteuert oder nicht.
- Das Verhalten, die Anforderungen und der Bedarf der Kunden und Auftraggeber verändern sich ununterbrochen.
- Alle Teilnehmer am Markt wirken direkt und indirekt aufeinander ein und verändern damit kontinuierlich die Dynamik des Geschehens.
- Das Zusammenspiel der Kräfte im Markt und innerhalb des eigenen Unternehmens wird durch komplexe Systeme in komplexen Umfeldern ausgelöst und ist zeitlich und inhaltlich nicht vorhersagbar.
- Beobachtung, Analyse und Integration emergenter Entwicklungen und Ereignisse sind die Quelle zur Validierung der Wirksamkeit durchgeführter Aktionen.

Eine Strategie muss zum Ziel haben, auf konkrete Entwicklungen und Interaktionen des dynamischen Umfelds und Markgeschehens einzugehen (**Bild 12.1**). Anstatt das Erreichen eines fiktiven Zielzustands zu planen, der in fiktiver Zeit erreicht werden soll, dient die Strategie dazu, konkreten Marktentwicklungen und Einflussfaktoren zu entsprechen, diese selbst auszulösen oder zu verändern.

12.2.2 Beispiel einer dynamischen Strategie

Im Umfeld der digitalen Geschäftsmodelle, auf die wir uns mit dem laCoCa-Modell und dem hier beschriebenen Weg der Unternehmensentwicklung, -steuerung und -kooperation ausrichten, ist die Strategie der Firma Uber ein hervorragendes Beispiel.

Ubers Strategie ist es, neben den vielen anderen agilen Unternehmen im Umfeld digitaler Geschäftsmodelle, mit seinem sogenannten disruptiven Vorgehen ein bestehendes Marktgleichgewicht gezielt auszuhebeln, ein Geschäftsmodell zu etablieren. Dadurch werden die bestehenden Akteure neutralisiert und durch ein eigenes Angebot substituiert. Uber hat sich nicht darauf fokussiert, den existierenden Markt des individuellen Personenverkehrs zu revolutionieren und eine Strategie umzusteuern, wie das vorhandene Marktgeschehen radikal neu definiert wird. Das bestehende Angebot der existierenden Akteure attraktiver zu machen, um seine eigenen Marktanteile zu steigern, ist dabei nicht die Absicht.

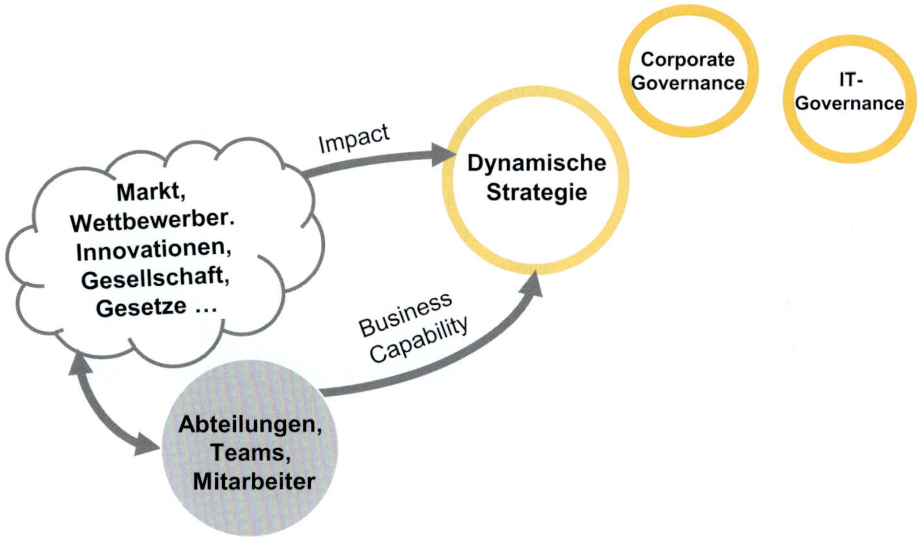

Bild 12.1 Homöostatische Interaktion zwischen einzelnen Geschäftsfähigkeiten im Kontext der Entwicklung einer dynamischen (Unternehmens-)Strategie

Uber hat gewollt oder intuitiv die folgenden Einflussfaktoren konsequent analysiert, behandelt und ein Geschäftsmodell dabei als Strategie zur Veränderung dieser Faktoren entwickelt und konsequent umgesetzt:

- Welche unabhängigen Akteure sind in einem Markt tätig und wie viele sind aktiv?

- Zeichnet sich der Markt durch Wettbewerb oder Kooperation der Akteure aus?
- Welche Manöver sind nötig, um den Markt zu verändern?
- Wie gut passen wir mit unserem Geschäftsmodell und unserem Vorgehen in den Markt und in unsere Umwelt?
- Welche Werte und Geschäftsfähigkeiten sind für die Umsetzung für uns relevant/entscheidend?
- In welchem Zeitraum müssen wir handeln?

Vor allem der letzte Faktor, die Zeit, wird in klassischen Strategien unzureichend berücksichtigt. Klassisch wird die Frage gestellt, wie lange es dauert, eine Maßnahme umzusetzen.

Aus dieser Frage und den verfügbaren oder finanzierbaren Ressourcen und Mitarbeitern entsteht eine Einschätzung der Entscheider und Strategen, wann eine Maßnahme abgeschlossen sein wird, sein muss oder sein kann. Der Faktor Zeit muss aber dahin gehend betrachtet werden, dass festgestellt wird, wie viel Zeit überhaupt für eine Veränderung zur Verfügung steht. Dies ist notwendig, weil der Markt sich wiederum so schnell verändern kann, dass die geplante Maßnahme die benötigte Wirkung verliert oder verfehlt, wenn sie zu langfristig oder zu zeitaufwendig ausgelegt ist.

Es geht also nicht darum, zu entscheiden, in welchem Zeitraum eine definierte Anzahl an Mitarbeitern und eine notwendige/verfügbare Kapazität an Ressourcen eine Maßnahme umgesetzt haben muss. Es geht vielmehr darum, Maßnahmen und Vorgehen zu entwickeln, die in der verfügbaren Zeit umgesetzt werden können, solange diese am Markt überhaupt einen Effekt erzielen.

Neben der besonderen Bedeutung des Faktors Zeit werden alle anderen der aufgeführten Faktoren kontinuierlich betrachtet und wird die Strategie in agiler Form iterativ entwickelt, validiert, umgesetzt, geprüft und angepasst. Nicht nur als Ritual einmal jährlich, sondern fortlaufend.

Aus dieser Sichtweise auf das Thema ergibt sich folgende Definition des Begriffs der Strategie, auf der weitergehend aufgebaut werden soll:

> Eine Strategie verändert unsere bestehende Anpassung an unsere Unternehmensumwelt, durch eine differenzierte Entwicklung unserer Geschäftsfähigkeiten und Geschäftsmodelle, zu unserem Vorteil und in angemessener Zeit.

Die hier genutzte Definition des Begriffs »Strategie« lehnt sich an die von Patrick Hoverstadt und Lucy Loh in ihrem Buch Patterns of Strategy verwendete an. »*Strategy: Changing our fit with the environment to our advantage by differential use of power and time.*«

12.3 Dynamische Strategieentwicklung durch Strategiemuster

»There is no digital strategy. Only a strategy in a digital world.« Quelle unbekannt.

Um eine dynamische Strategie zu entwickeln und umzusetzen, ist die Nutzung von oder zumindest die Orientierung an sogenannten Strategiemustern hilfreich. Wie in dem Beispiel der Firma Uber angedeutet, hat das Unternehmen ein bestimmtes Vorgehen gewählt, mit dem es den bestehenden Markt aus den Angeln heben konnte. Dieses Vorgehen können wir als ein Strategiemuster verstehen, wenn wir seine Wirkmechanismen analysieren, beschreiben und für andere Situationen nutzen können.

Patrick Hoverstadt und Lucy Loh haben in ihrem Buch *Patterns of Strategy* (2017) in akribischer Detailarbeit 80 Strategiemuster zusammengetragen, beschrieben und mit konkreten Beispielen unterlegt, die in den unterschiedlichsten dynamischen Marktkonstellationen beobachtet werden konnten. Ihr Buch ist wie eine Einführung und Gebrauchsanleitung ausgesprochen praxisorientiert aufgebaut und damit sehr nützlich, um sich in das Denk- und Vorgehensmodell einer dynamischen Strategie, ihrer Struktur, Entwicklung und Umsetzung einzufinden.

12.3.1 Grundlegende Prinzipien

Strategiemuster sind wie ein Kompass zu verstehen und einzusetzen (Bild 12.2). Mit ihrer Hilfe kann die Ausrichtung in einer bestimmten Entwicklungsstufe des Unternehmens definiert wer-

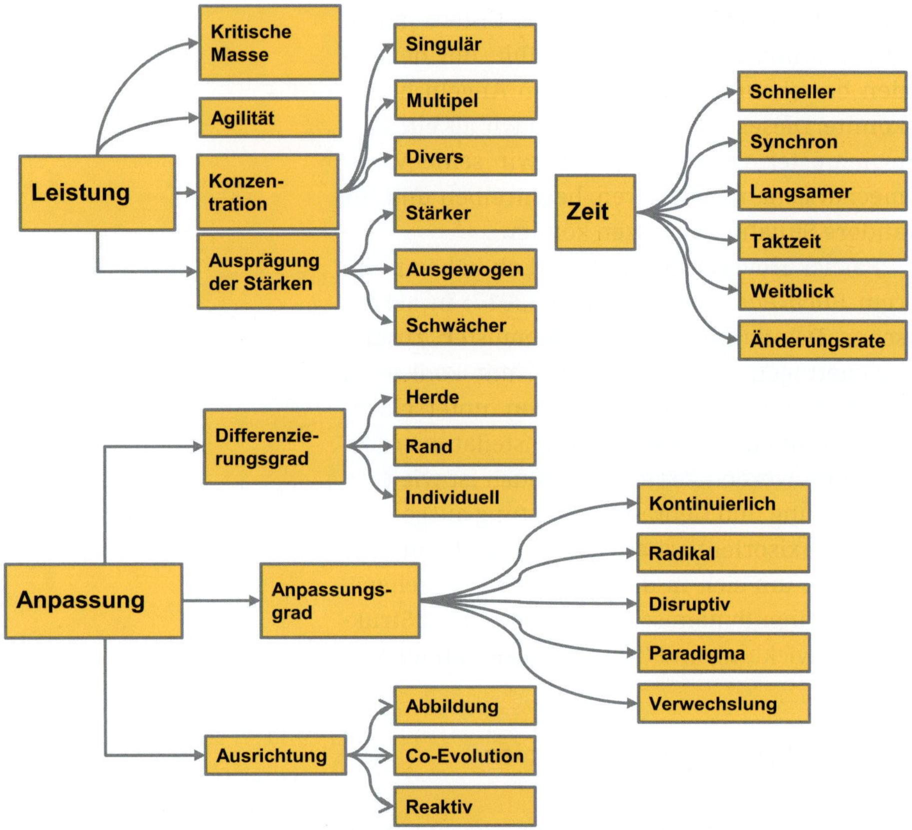

Bild 12.2 Zu beachtende Dimensionen eines Strategiemusters (Hoverstadt/Loh 2017)

den. Dabei sind die Geschäftsfähigkeiten, die Konfiguration der Unternehmensorganisation und die Ausgestaltung der Geschäftsmodelle konsistent in diese Ausrichtung eingebunden.

Zum Verständnis der Anwendung dieser Strategiemuster ist die Analogie zum Schachspiel hilfreich. Beim Schachspiel geht es darum, eine Strategie zu entwickeln, in der die Positionierung der eigenen Figuren gegenüber der des Gegners überlegen ist und Umstellungen dieser so vorausschauend durchgeführt werden, dass man letztlich das Spiel für sich entscheiden kann. Das Spiel ist dann entschieden, wenn die gegnerische Spielfigur des Königs matt gesetzt ist und diese keinen Zug mehr machen kann, ohne erneut im Schach zu stehen.

Bei der Nutzung von Strategiemustern geht es darum, die eigenen Geschäftsfähigkeiten (*analog zu den Spielfiguren*) in den Faktoren Leistung (*Power*), Anpassung (*Fit*) und Zeit (*Time*) so zu verändern, dass sie im Vergleich zur Vorgehensweise im Markt, d.h. gegenüber den Wettbewerbern, zum Vorteil für das eigene Unternehmen eingesetzt werden.

Die genannten Faktoren können dabei in ihren Eigenschaften im Vergleich zum Wettbewerber und im Vergleich zur aktuellen Ausprägung verändert werden. An dieser Stelle wird eine Lücke in der genutzten Analogie sichtbar, da die Fähigkeiten der Schachfiguren nicht weiterentwickelt und angepasst werden können. Aus der Perspektive der hier vorliegenden Erläuterungen ist Schach kein sehr agiles Spiel.

Das bedeutet beispielsweise für den Faktor der *Anpassung*, dass der bestehende Anpassungsgrad des eigenen Unternehmens und seiner Geschäftsfähigkeiten an die Dynamik des Marktes von »*Kontinuierlich*« auf »*Disruptiv*« verändert wird, um darüber die eigene Marktposition zu verändern und einen Vorteil gegenüber den Wettbewerbern zu erlangen, die ihrerseits bisher ebenfalls eine kontinuierliche Entwicklung ihres Anpassungsgrads aufweisen.

Oder als weiteres Beispiel den Faktor der »*Zeit*«, um aus der aktuellen Situation »*Synchron*«, die Entwicklungszyklen neuer Produkte und Dienstleistungen betreffend, auf »*Taktzeit*« umzustellen und damit in kürzeren, aber regelmäßigen Intervallen Neuentwicklungen und Innovationen am Markt anzubieten.

Die Lesart und die Richtung der Veränderung der Faktoren und ihrer Elemente ist also immer »von → nach« und »im Gegensatz zum Wettbewerb« zu verstehen.

Diese Modifikation der Faktoren und Elemente, vor dem Hintergrund der eigenen dynamischen Strategie zur Veränderung von Geschäftsfähigkeiten und Geschäftsmodellen, stellt den konkreten Detaillierungsgrad innerhalb der Strategiemuster dar.

Aus der umfangreichen Recherche und Fülle von 80 Strategiemustern, die Lucy Loh und Patrick Hoverstadt zur Verfügung gestellt haben, sollen an dieser Stelle drei exemplarisch vorgestellt werden. Hierdurch können Struktur und Denkmodell eines Strategiemusters nachvollzogen werden, die im Rahmen der Entwicklung einer dynamischen Strategie Anwendung finden:

12.3.2 Beispiel 1: Knight's Move – Der Königszug – Schritt für Schritt

Das Strategiemuster des Königszugs konzentriert sich darauf, den Bedarf des Marktes nach und nach, Schritt für Schritt, Produktverbesserung für Produktverbesserung vom Wettbewerber zum eigenen Unternehmen zu verlagern. Dies ist zu erreichen, indem die Produkt- und Angebotsschwächen des Konkurrenten analysiert und gezielt gegen eigene, qualitativ höherwertige oder attraktivere substituiert werden.

Die Autoren nennen als Beispiel für die Anwendung dieses Strategiemusters die sukzessive Verdrängung englischer Motorradhersteller aus ihren angestammten Märkten durch japanische Konkurrenten. Diese haben kontinuierlich Modelle angeboten, die stetig die Leistungsmerkmale der angestammten Marktteilnehmer ersetzten. Diese Entwicklung fand in England nach Ende des Zweiten Weltkriegs statt und endete darin, dass englische Motorradhersteller lediglich in einzelnen Nischenmärkten überleben konnten.

12.3.3 Beispiel 2: Jeeves – Der stille Berater

Für Lieferanten oder auch Unternehmensberater kann eine optimale Anpassung an die Umwelt darin bestehen, als stiller Berater seine Kunden zu unterstützen und diese mit Informationen und Leistungen derart zu versorgen, dass sie in eine Abhängigkeitssituation geraten, ohne diese selbst zu erkennen.

Gerade freiberufliche Berater sind nicht selten über einen langjährigen Zeitraum für ihre Auftraggeber tätig, was nur schwer zu erkennen ist, obwohl sie eigentlich unternehmensfremde Personen sind, die auf eigene Rechnung handeln.

Die Bezeichnung Jeeves für dieses Strategiemuster entstammte der Romanfigur des britisch-amerikanischen Schriftstellers Pelham Grenville Wodehouse. Jeeves ist der Name eines Butlers, der einen Adeligen durch dessen Alltag begleitet.

Der Adelige selbst wäre faktisch nicht ohne den Rat und das Wissen seines Butlers überlebensfähig. Die offensichtliche Abhängigkeit und die Tatsache, dass der Butler derjenige ist, der Entscheidungen fällt und Entwicklungen bestimmt, ist dem etwas exzentrischen Adeligen fremd bzw. wird von diesem bestritten. Das Strategiemuster Jeeves ist also dadurch gekennzeichnet, dass das Kunde-Berater-Verhältnis umgekehrt wird und der Berater die führende Rolle übernimmt und die eigentlichen Entscheidungen für den Kunden trifft.

Ein Konzept, das die Firma IBM über Jahrzehnte sehr erfolgreich anwenden konnte und ganze Branchen, beispielsweise die der Finanzdienstleistung, geprägt hat.

Die taktischen Manöver zur Anwendung des Strategiemusters konzentrieren sich auf die folgenden Aspekte:

- Der Umgang mit dem Faktor Zeit ist so zu verändern, dass das eigene Unternehmen als Berater oder Lieferant dem Kunden gegenüber Entwicklungen vorausschauend erkennt. Befand sich das Unternehmen, im Verhältnis zu seinem Kunden, in einem synchronen oder langsameren Modus bezüglich des Zeitfaktors, so stellte es seine Reaktionen bisher auf die Aktionen des Kunden ein. Um das Strategiemuster Jeeves anzuwenden, muss der Faktor Zeit in seiner Ausprägung von »*Langsamer*« oder »*Synchron*« auf »*Weitblick*« verändert werden und müssen damit die Handlungen und Bedürfnisse des Kunden antizipiert werden.
- Das Strategiemuster Jeeves baut auf umfassendes Vertrauen zwischen dem Kunden und dem eigenen Unternehmen auf. Jede interne Aktivität und die Abwicklung der Geschäftsprozesse sind hierzu mit denen des Kunden zu synchronisieren. Das hierzu nötige Manöver besteht darin, die Anpassungsrate für Leistungen und die Entwicklungsgeschwindigkeit von Produktneuerungen auf die für den Kunden notwendige auszurichten. So fühlen sich diese Anpassungen besser in die Geschäftsabläufe des Kunden ein. Das eigene Unternehmen verbessert hierdurch seine strukturelle Kopplung mit der Organisation und den Geschäftsprozessen des Kunden.
- Um das sich entwickelnde Vertrauensverhältnis weiter zu stärken und zu vertiefen, muss das eigene Unternehmen so viele explizite, aber auch implizite Anforderungen wie möglich seines Kunden recherchieren und bedienen. Das Manöver hierzu besteht in der eigenen Unternehmensanpassung hin zu einem agilen, aber reaktiven Modus, der sich ausschließlich am Bedarf des Kunden ausrichtet. Stichwort Customer Centricity. Dieses Manöver verändert den Faktor *Anpassung* hin zu »*Reaktiv*«.

Das Strategiemuster Jeeves besteht in der Analyse von Hoverstadt und Loh aus insgesamt sechs taktischen Manövern. Wir haben die ersten drei inhaltlich beschrieben, um, wie eingangs erklärt, das Denkmodell und das Vorgehen zur Anwendung des Strategiemusters zu verdeutlichen.

Disintermediation – Vermittlungsbruch

Das Disruptionsmuster von Airbnb, Uber und Co. Diverse Branchen und Unternehmen leben davon, als Vermittler zwischen Anbieter und Bedarfsträger zu fungieren. Reiseveranstalter ebenso wie Notare oder Personalberater.

Den Markt der Hotelbuchungen hatte seinerzeit HRS vollständig neu definiert, als das Unternehmen etablierte Geschäftsverhältnisse zwischen Hotelier und Gast und auch in Teilen dem Reiseveranstalter umgekrempelte. HRS schob sich als Vermittler zwischen diese Akteure und definierte in der bestehenden Marktdynamik neu Spielregeln. Airbnb wiederum hat als Vermittler zwischen den Anbietern privater Wohnräume, privater Ferienwohnungen und den Reisenden selbst als Vermittler einen völlig neuen Markt aufgebaut und damit die etablierten Geschäftsmodelle der Reiseveranstalter und Hoteliers attackiert. Anstatt ein Hotelzimmer zu buchen, vermittelt Airbnb privaten Wohnraum zu günstigen Konditionen. Und letztlich hat Uber nicht nur die Notwendigkeit von Taxizentralen als Vermittlungsstellen infrage gestellt, sondern das Taxi und seinen geschulten Fahrer selbst.

Ein weiteres Beispiel für Disintermediation ist die Entwicklung des Internets hinsichtlich der Auswirkung auf das Gesundheitswesen und das Verhältnis zwischen Arzt und Patient. War in den Vor-Internet-Zeiten der Arzt noch der unangefochtene Informationsträger medizinischen Wissens, erlaubt das Internet den freien Zugang zu medizinischen Fachinformationen und damit die Entstehung des informierten Patienten. Dieser kann mit den neuen Informationsmöglichkeiten die Diagnosen und Aussagen des Arztes hinterfragen. Auch wenn das Internet dieses Strategiemuster nicht bewusst eingesetzt hat, um Ärzten den Alltag zu erschweren, zeigt das Beispiel dennoch die Wirkung disintermedierender Vorgehensweisen auf.

12.4 Iterative Umsetzung einer dynamischen Strategie

In Bild 12.3 ist das Zusammenspiel der wesentlichen Elemente für Entwicklung und Umsetzung einer dynamischen Strategie dargestellt. Diese drei Elemente stellen immer eine Einheit in der agilen Anpassung der Reaktionsweise eines Unternehmens auf Marktveränderungen dar. Zu lesen ist die Grafik folgendermaßen. Die Marktdynamik nimmt Einfluss auf das Unternehmen. In der Nomenklatur des VSM als Attenuator dargestellt. Diesen Faktoren wird mit definierten Geschäftsmodellen begegnet, deren Erbringung, Bereitstellung oder Produktion durch spezifisch ausgeprägte Geschäftsfähigkeiten ermöglicht werden. Die Geschäftsfähigkeiten werden in einer selbstorganisierten und eigenverantwortlichen Arbeitsform – *Kooperationsmodell* – von den Mitarbeitern entwickelt und erbracht. Die Anwendung der Geschäftsfähigkeiten sowie die Qualität und Fokussierung der Geschäftsmodelle werden durch die dynamische Strategie festgelegt und synchronisiert.

Verändern sich die Einflussfaktoren, die vom Markt auf das Unternehmen einwirken, so wird in einer Iteration der Istzustand dieser drei Bestandteile in einen neuen Sollzustand transformiert. Dabei wird zuerst die dynamische Strategie überarbeitet und neu ausgerichtet. Anschließend werden die vorhandenen Geschäftsfähigkeiten und die Konfiguration der Organisation angepasst und weiterentwickelt, damit diese in der Lage sind, veränderte oder neue Geschäftsmodelle zu unterstützen.

Nur in dem konsistenten Dreiklang der Anpassung dieser Ebenen kann eine kontinuierliche Entwicklung des Unternehmens sichergestellt und an die Veränderung des Marktes angepasst oder eine Marktveränderung bewirkt werden.

Diese Iteration ist in ihren Entwicklungsergebnissen der drei Ebenen so lange stabil, bis die Intensität des Attenuators des Marktgeschehens eine erneute Anpassung notwendig macht. Durch dieses Vorgehen entsteht nach und nach zwischen Marktdynamik und Unternehmen im Idealfall ein homöostatischer Zustand der Selbstregulation, und die strukturelle Kopplung zwischen Markt und Organisation wird kontinuierlich verbessert.

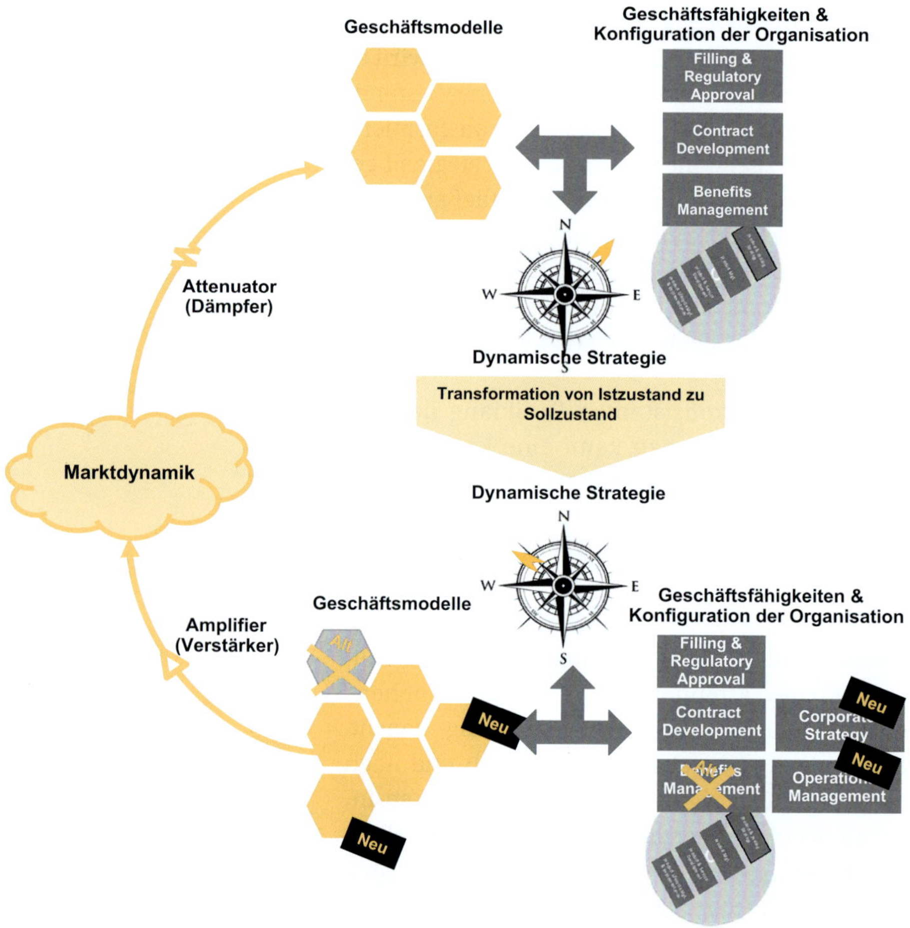

Eine derartige Konsequenz und Kontinuität ist es, was, vereinfacht ausgedrückt, im Kern die alltägliche Umsetzung charakteristischer Vorgehensweisen überlebensfähiger komplexer Systeme darstellt und ausmacht, die unter einer agilen Organisation zu verstehen sind.

12.4.1 Instanziieren der OODA-Loop

Die Elemente des OODA-Loop finden sich in dem hier beschriebenen, operativen Vorgehen ebenfalls wieder. So konzentriert sich die Analyse des Attenuators auf die Beobachtung der Wirkung der Marktdynamik auf das eigene Unternehmen, auf die Chancen und Risiken, die hieraus auf seine Geschäftsmodelle einwirken. Die Orientierungsphase konzentriert sich auf die Analyse der bestehenden Geschäftsmodelle, der Konfiguration und Wirksamkeit der Unterneh-

Bild 12.3
Dynamisches Zusammenspiel der Geschäftsfähigkeiten zur Entwicklung von Geschäftsmodellen, der dynamischen Strategieentwicklung und der Organisationskonfiguration in einem interaktiven Zyklus

mensorganisation und der bestehenden dynamischen Strategie (Bild 12.4).

Auf die Arbeitsergebnisse dieser beiden Schritte folgt die Entscheidung über eine Richtungsänderung und die Bildung einer neuen dynamischen Strategie. Die Grundlage hierfür sind Hypothesen, die aus den vorhergehenden Analysen abgeleitet werden. Die neue dynamische Strategie, die auf der Auswahl eines geeigneten Strategiemusters beruht, wird getestet, bevor die Ausprägung der Geschäftsfähigkeiten und die Konfiguration der eigenen Organisation sowie das Design der Geschäftsmodelle transformiert werden. Ein derartiger Test kann beispielsweise durch die Entwicklung von Prototypen, die Durchführung von Marktstudien und Feldversuchen oder unter Einbeziehung sogenannter Friendly Customer erfolgen.

In jedem Schritt stellt eine Feedback-Schleife sicher, dass die bestehende Entwicklung über Rückkopplungsergebnisse in eine kontrollierte und wirksame Richtung entwickelt wird. Das Risiko von Fehlentwicklungen und Fehlinvestitionen kann durch diesen Test und die Rückkopplungsmechanismen minimiert werden.

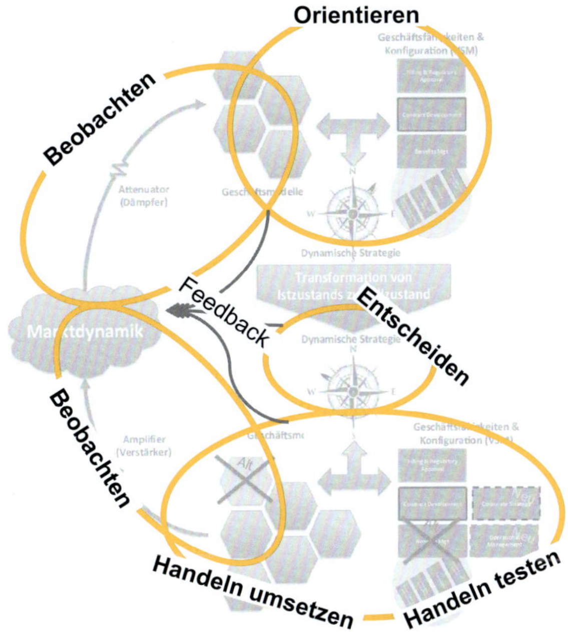

Bild 12.4 Phasen des OODA-Loop in Bezug auf die Vorgehensweise zur Entwicklung der Geschäftsfähigkeiten einer agilen Organisation

12.4.2 Organisatorisches Vorgehen zu Entwicklung und Umsetzung einer dynamischen Strategie

Wie erstellt man in der Praxis, ausgehend von dem vorhergehend beschriebenen Modell und der Methode, eine dynamische Strategie? Wie legt man weiterhin fest, welche Veränderungen an den Geschäftsmodellen und den Geschäftsfähigkeiten vorbereitet und transformiert werden müssen, um der neu erkannten oder angestrebten Marktdynamik gerecht werden zu können?

Ausgehend von dem laCoCa-Modell und dem erreichten Verständnis über selbstverantwortliche Organisationsformen, wie beispielsweise Holacracy, nutzen wir hierzu gezielt jene Mitarbeiter in der Organisation, die im System **D** (Development) die Verantwortung für die Analyse der auf das Unternehmen einwirkenden Faktoren haben. Diese sind darauf fokussiert, eine Strategie zu entwickeln, die auf allen Ebenen der eigenen Firma nachvollzogen und genutzt werden kann. Aus der Sicht des laCoCa-Modells sind das alle Mitarbeiter, die auf den einzelnen Rekursionsstufen diesen Beitrag leisten.

Es existiert in dieser Organisationsstruktur keine Stabsstelle für das gesamte Unternehmen, die eine Marktanalyse und Strategieentwicklung durchführt. Ebenso brütet die Geschäftsführung nicht hinter verschlossenen Türen darüber, welche Art und Weise der strategischen Weiterentwicklung die wirksamste ist.

Vielmehr arbeiten aus allen Bereichen des Unternehmens jene Mitarbeiter an der Erstellung der dynamischen Strategie, deren Wissen und Expertise interdisziplinär zusammengefasst werden muss und die die Verantwortung für die Rolle **D** (Development) tragen (Bild 12.5). Die Definition der Rollen im laCoCa-Modell beinhaltet, dass diese für ihre Arbeitsergebnisse die Verantwortung tragen und damit auch die volle Autorität besitzen, notwendige Entscheidungen zu treffen.

An dieser Stelle und im Kontext der Entwicklung einer dynamischen Strategie wird sichtbar, welche Bedeutung und welche Auswirkung es mit sich bringt, von einer hierarchischen Unternehmensorganisation, in der das Management oder eine Stabsstelle und die Geschäftsführung für alle Mitarbeiter denken, alle Vorgaben festlegen und Arbeitsaufträge vergeben, in eine vollständig selbstverantwortete und selbstorganisierte Organisationsform zu wechseln.

In einer hierarchischen Organisation sind der Auftrag und die Verantwortung zu einer Strategieentwicklung, sei sie nun dynamisch oder klassisch ausgerichtet, von der Autorität, die notwendigen Entscheidungen zu fällen, meist entkoppelt.

Die Entscheidungsautorität verbleibt üblicherweise innerhalb der Führungshierarchie und beim jeweiligen Auftraggeber, der die Strategieerstellung anfordert.

Aus diesen gegensätzlichen Vorgehensweisen zur Strategieentwicklung wird erkennbar, welche Wirksamkeit das jeweilige Arbeitsergebnis potenziell entfalten kann. Die Strategieentwicklung innerhalb einer selbstverantwortlichen Arbeitsform (Bild 12.5) ist, im Vergleich zu der klassischen, hierarchischen Vorgehensweise, unmittelbarer mit der Arbeitssituation der Mitarbeiter verbunden.

Eine wesentliche Rolle spielt die Unternehmenskultur. Diese beeinflusst zusätzlich, wie erfolgreich die eine Vorgehensweise im Vergleich zur anderen ist. Es ist davon auszugehen, dass ein selbstorganisiertes Arbeitsumfeld eine wenig wirksame und nur bedingt akzeptierte Strategie entwickeln wird, wenn es von Misstrauen und Tabus geprägt ist. Und eine hierarchieorientierte Organisation ist in der Lage, eine wirksame und nachvollzieh-

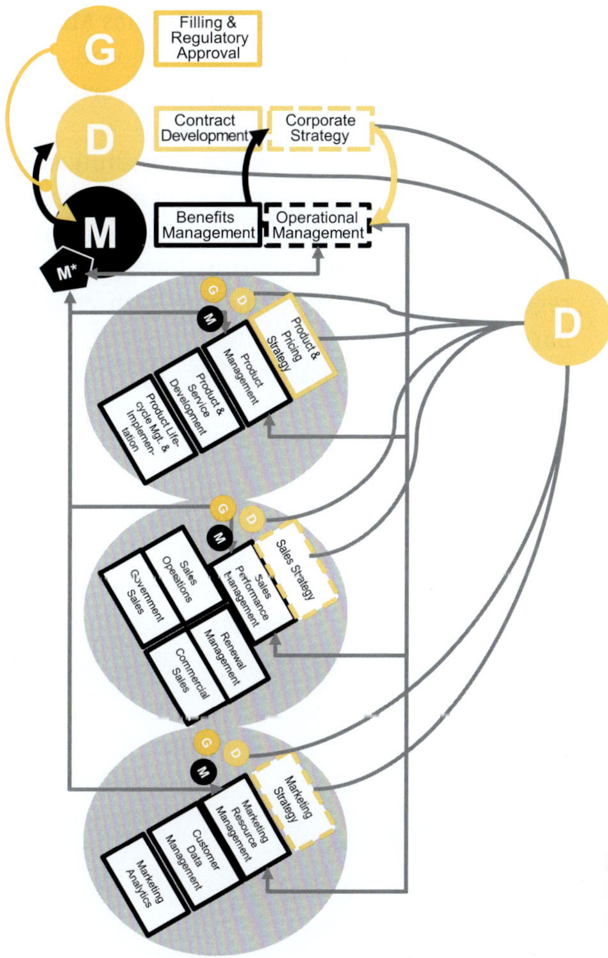

Bild 12.5
Strategieentwicklung innerhalb einer selbstverantwortlichen Arbeitsform

bare Strategie zu entwickeln, wenn das Miteinander zwischen Führungskräften und Mitarbeitern von Wertschätzung und Vertrauen bestimmt wird.

Diese Problematik und die Entscheidung über die wirksamste Vorgehensweise gilt es im jeweiligen Unternehmen zu diskutieren und dabei eine Festlegung mit entsprechenden Spielregeln – Stichwort Governance – zu vereinbaren.

Bereits die Entwicklung der dynamischen Strategie, die in Iterationen und kontinuierlich erfolgt, wird unter anderen Rahmenbedingungen durchgeführt, wenn sie im Umfeld einer agilen, auf den Grundlagen des laCoCa-Modells basierten Unternehmung erfolgt. Die Konsequenzen sind weitreichend und wirken unmittelbar auf die Entwicklung des gesamten Unternehmens.

Eine dynamische Strategie, die im Rahmen einer agilen Arbeitsorganisation entsteht, schließt die folgenden beiden Eigenschaften ein: Sie berücksichtigt alle Ebenen des Unternehmens als integrierte Bestandteile und muss keine abstrakte Ebene verlassen, sobald sie in den Abteilungen und Niederlassungen eines Unternehmens vorgestellt, erklärt und operationalisiert werden soll. Zusätzlich ist diese dynamische Strategie von den Mitarbeitern selbst entwickelt worden, bindet damit das Wissen und die Erfahrung der Organisation mit ein und reduziert das Risiko ihrer Ablehnung.

12.5 Werkzeuge zur dynamischen Strategieentwicklung

Folgende Werkzeuge oder Methoden haben sich für die gruppenorientierte und interdisziplinäre Erstellung dynamischer Strategien bewährt. Die Werkzeuge werden aus der Perspektive empfohlen, die Arbeit einer selbstorganisierten und eigenverantwortlichen Kooperation innerhalb des Unternehmens zu fördern und zu unterstützen.

Situationsanalyse

Zielsetzung: Die relevanten Einflussfaktoren (intern wie extern) zu identifizieren und in ihrer Wirkung im und auf das Unternehmen zu beschreiben.

Das beutet, dass jene Einflussfaktoren isoliert werden sollen, die eine Entwicklung des eigenen Unternehmens bzw. der eigenen Rekursionsebene innerhalb des Unternehmens beeinflussen oder zur eigenen Entwicklung oder Beeinflussung der Marktdynamik genutzt werden können.

Ergebnis: Die Identifikation der Faktoren und damit die Situationsanalyse schließt damit ab, deren Qualität und Relevanz für das Unternehmen zu bestimmen.

Im Rahmen der Ausführungen zur laCoCa-Methode wird noch auf weitere, geeignete Werkzeuge hingewiesen.

TAS-DO: Tension, Action, Solution – Desired Outcome

Diese mit sehr wenig Zeitaufwand anwendbare Methode zur Situationsanalyse konzentriert sich auf die Identifikation und Beschreibung eines möglichen Lösungswegs eines einzelnen Problems.

Der Detaillierungsgrad einer TAS-DO-Analyse (Bild 12.6) ist bewusst gering gehalten und daher nicht auf jedwede Fragestellung anwendbar, da der Informationsverlust für umfangreichere Themen unangemessen sein kann.

Demgegenüber steht die simple und fokussierte Struktur, die eine Nutzung in kürzester Zeit und mit geringem Einarbeitungsaufwand erlaubt.

Um sicherzustellen, dass existierende Einflussfaktoren und daraus resultierende Probleme und Fragestellungen erfasst werden, um sie anschließend gegebenenfalls in einer detail-

TAS-DO zur fokussierten Beschreibung von Problemstellung, Lösungsweg und angestrebtem Ergebnis
Formatvorlage

Titel	Kurzbezeichnung der Fragestellung
Tension	▪ Welches Problem liegt vor? ▪ Welche Auswirkungen oder Konsequenzen resultieren aus dem Problem?
Action	▪ Welche Aktionen und Maßnahmen sind nötig?
Solution	▪ Wie sieht die mögliche Lösung aus?
Desired Outcome	▪ Welche Ergebnisse und welcher Nutzen wird von der Umsetzung der Lösung erwartet?

Bild 12.6 Formatvorlage für einen TAS-DO-Steckbrief

lierteren Vorgehensweise zu bearbeiten, stellt bereits einen Gewinn für die Strukturierung und Organisation der nötigten Arbeiten dar.

Analyse und Bewertung von Einflussfaktoren

Einflussfaktoren wirken immer aus zwei Richtungen auf eine Organisation. Als externer Faktor von außen, der nur indirekt oder gar nicht beeinflusst werden kann. Oder aber als interner Faktor, der innerhalb der eigenen Organisation wirkt und direkt beeinflusst, d. h. verändert werden kann.

In beiden Fällen ist der Einflussfaktor, auch kurz Faktor genannt, zu beschreiben, damit er inhaltlich nachvollzogen werden kann (Bild 12.7). So kann eine Vorstellung zu dem Faktor entwickelt werden, die für jede betroffene oder beteiligte Person nachvollziehbar ist, ohne zwingend eine umfangreiche Detailerklärung vorausschicken zu müssen.

Von dieser Beschreibung ausgehend, die auf recherchierten Fakten und Informationen aufbauen muss, wird eine Interpretation zur Auswirkung auf die eigene Organisation getroffen. Liegen keine Fakten vor und können lediglich Annahmen zu den potenziellen Auswirkungen des Faktors getroffen werden, müssen diese kenntlich gemacht werden. Wird dies unterlassen, besteht das Risiko, sie für validierte Fakten zu halten und damit nicht als Quelle kritischer Fehlentscheidungen erkennbar zu sein.

Die Analyse eines Faktors schließt mit einer kurzen Zusammenfassung, der Quintessenz der gewonnenen Erkenntnisse und der getroffenen Auswirkungen ab.

Beispiele für externe Faktoren:

- Wettbewerber
- Kunden oder Konsumenten
- Gesetzgebung

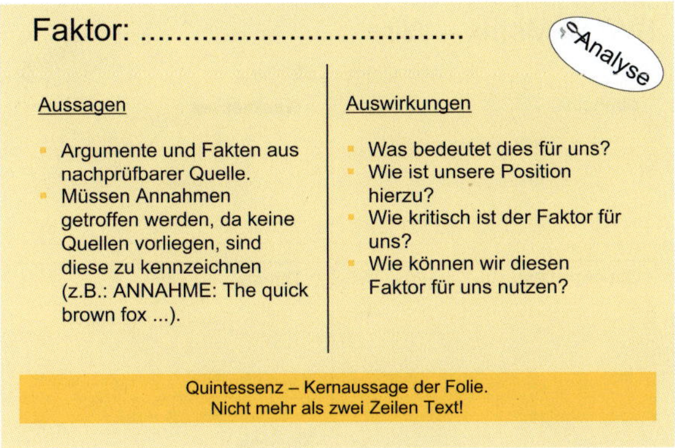

Bild 12.7 Formatvorlage für die Beschreibung eines Einflussfaktors und der von ihm zu erwartenden Konsequenzen für das Unternehmen

- Geschäftsumfeld
- Technologische Entwicklung
- ...

Mögliche Fragestellungen zu diesen externen Faktoren am Beispiel Wettbewerber:

- Wer sind die Wettbewerber?
- Welche Typen gibt es?
- Gewinnen oder verlieren sie Marktanteile?
- Was zeichnet sie aus?
- Wie verändern sie sich?
- In welchem Marktsegment konkurrieren sie mit uns?
- Was sind ihre Schlüsselprodukte?
- Welche Strategiemuster können wir erkennen?
- ...

Beispiele für interne Faktoren:

- Marketing
- Logistik
- Vertrieb
- Finanzen
- Arbeitsorganisation
- Kultur
- ...

Mögliche Fragestellungen zu diesen externen Faktoren am Beispiel Marketing:

- Wie bearbeiten wir den Markt?
- Wie gehen wir bei Produktplatzierungen (Merchandising) und -positionierungen vor?
- Welches Preismodell verfolgen wir aktuell?
- Welche Promotion und Werbung betreiben wir?
- Wie ist unser Strategiemuster zu Trade Marketing und Category Marketing? ...

SWOT-Matrix

Die gesammelten Faktoren werden nun in vier qualitative Gruppen zusammengefasst. Die Perspektive dieser Gruppen ist dabei zunächst die Sicht auf die eigene Organisation und welche Qualität der einzelne Faktor für diese aktuell aufweist. Aktuell deswegen, weil sich ein Faktor nicht nur hinsichtlich seiner Inhalte, seiner Ausprägung und seiner Auswirkung kontinuierlich verändert, sondern auch bezüglich seiner Qualität für die Organisation bzw. das Unternehmen. Die vier Qualitäten eines Faktors sind:

- *Strength* – eine (eigene) Stärke, die genutzt werden kann.
- *Weakness* – eine Schwäche, die beobachtet oder behoben werden sollte.
- *Opportunity* – eine Chance, die genutzt oder weiterentwickelt werden kann.
- *Threat* – eine Gefahr, ein Risiko, eine Bedrohung, die dringend ausgeglichen oder für die eine Gegenmaßnahme vorbereitet werden muss.

Die qualitative Gruppierung aus Sicht der eigenen Organisation kann beispielsweise wie in der in Bild 12.8 dargestellten Form erfolgen.

Aus der qualitativen Zuordnung zu den Gruppen innerhalb der SWOT-Matrix ist erkennbar, welche Nutzungsmöglichkeiten und Konsequenzen sich aus jedem einzelnen Faktor ergeben.

Dies ist für die spätere Entwicklung des strategischen Vorgehens und die Auswahl des Strategiemusters hilfreich, da es eine Orientierung darüber ermöglicht, welche Schwerpunkte gesetzt werden sollten. Sie erleichtern die Festlegung, in welchen Themen, Problemen oder Möglichkeiten Mitarbeiter ihr Wissen ausbauen müssen oder in welche Ressourcen eine Organisation investieren oder de-investieren muss.

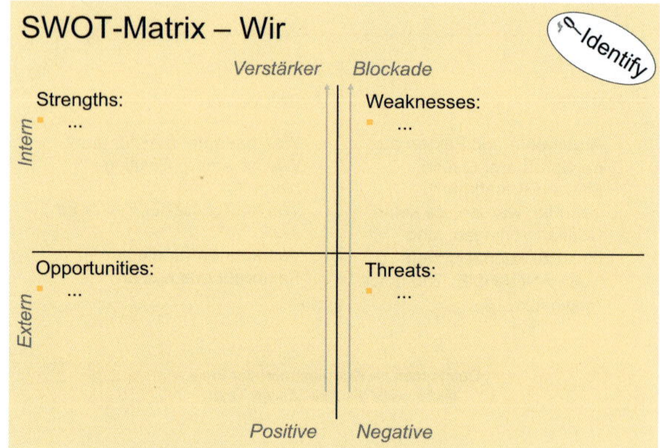

Bild 12.8 Aufbau einer SWOT-Matrix

Im nächsten Schritt wird die SWOT-Analyse für jeden relevanten Wettbewerber durchgeführt und in einer Matrix mit der Perspektive der eigenen Organisation verglichen (Bild 12.9). Dadurch ist es möglich, sich in die Sichtweise des Wettbewerbers zu versetzen und sie mit der Bewertung der eigenen Situation zu vergleichen. Die spätere Entwicklung von Manövern für die Umsetzung des präferierten Strategiemusters kann darüber umfassender durchdacht und ausgestaltet werden.

Dieses Vorgehen der Gegenüberstellung der SWOT-Bewertungen stellt eine Möglichkeit der Simulation dar, deren Vorbereitung bereits in der Situationsanalyse und der Erstellung der SWOT-Matrix beginnt.

Siehe hierzu auch die Ausführungen zum OODA-Loop aus Teil I. und dem Zyklus »Simulation« innerhalb der laCoCa-Methode.

12.6 Empfehlung zum Vorgehen

Je nach Unternehmenskultur, aber auch je nach Kulturkreis kann es sein, dass die unausgesprochene Annahme verfolgt wird, alle Faktoren lückenlos zusammentragen und analysieren zu müssen. Vor allem deutsche Unternehmen sind von einem Perfektionismus beseelt, der die Tendenz aufweist, alles vollständig und richtig zu machen.

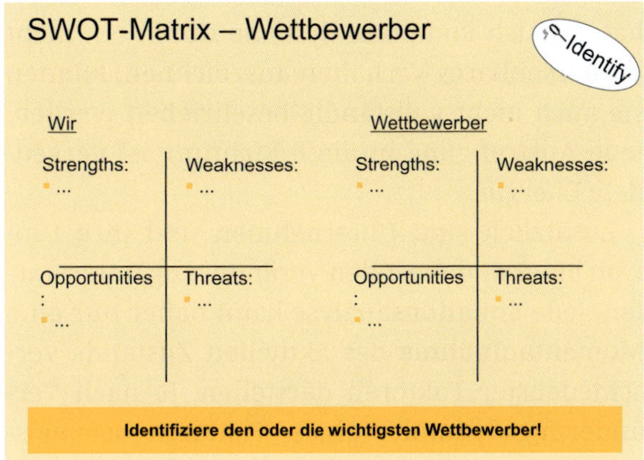

Bild 12.9 Aufbau einer SWOT-Matrix für den Vergleich mit Wettbewerbsunternehmen

Wer die Absicht verfolgt, eine perfekte Situationsanalyse zu erstellen, wird folgende Resultate ernten:

Sisyphos – Situationsanalysen sind nie fertig

Würde es tatsächlich möglich sein, alle Einflussfaktoren erfassen, beschreiben und analysieren zu können, würde man von zwei Annahmen ausgehen. Die erste besteht darin, dass man eine Organisation bzw. ein Unternehmen und sein Umfeld nicht als komplexe und miteinander dynamisch interagierende Systeme verstanden hat. Da sich komplexe Systeme durch ein nicht vorhersehbares Verhalten auszeichnen, können sie auch nicht vollständig beschrieben werden. Jede Anstrengung in diese Richtung ist vergeudete Energie.

Zusätzlich sind Unternehmen und ihre Umwelt einer andauernden Veränderung unterworfen. Jede Situationsanalyse kann daher nur eine Momentaufnahme des aktuellen Zustands verschiedenster Faktoren darstellen. Je nach Veränderungsdynamik eines Faktors, beispielsweise eines Wettbewerbers, kann das heute durchgeführte Analyseergebnis in der kommenden Woche bereits überholt sein.

Was agile Unternehmen auszeichnet und was diese benötigen, ist nicht, dass sie alle Faktoren vollständig erfassen und analysieren, um ja nichts zu übersehen, sondern die als relevant identifizierten kontinuierlich zu betrachten, in ihrer Wirkung zu verstehen und unmittelbar darauf reagieren zu können.

Es gilt das strategische Prinzip:
Geschwindigkeit geht vor Vollständigkeit.

Ermüdungserscheinung und Stigmatisierung

Stellen Sie sich vor, Sie müssten 65 interne und externe Faktoren alle sechs Monate analysieren und auswerten! Wenn wir den Zeitaufwand aus Erfahrungswerten einmal hochrechnen und zugrunde legen, dass 35 Personen aus zwölf Abteilungen, Teams oder Niederlassungen eingebunden werden müssen, kommen wir zu folgendem Zeitaufwand.

Je Faktor sind erfahrungsgemäß ca. drei Stunden für eine ausreichende Analyse nötig. Voraussetzung hierfür ist, dass alle Teilnehmer mit dem Vorgehen vertraut sind und die Informationen zu und das Wissen über einen Faktor vorhanden sind.

Die Bearbeitung eines Faktors sollte in Kleingruppen, nicht größer als fünf (plus/minus zwei) Personen, unterstützt durch einen Moderator, erfolgen. Aus dieser Konfiguration würde sich ergeben, dass elf Gruppen über 24 Tage einen Gesamtzeitaufwand, ohne die Moderatoren sowie Vor- und Nachbereitung, 6825 Arbeitsstunden aufbringen müssten.

Und damit sind zunächst »nur« die Analysen der Faktoren erreicht. Noch ist keine Strategie definiert, kein Strategiemuster mit zugehörigen Manövern ausgewählt, keine Validierung erfolgt. Diese Tätigkeiten kommen anschließend noch hinzu.

An dieser ersten Aufwandsabschätzung ist bereits erkennbar, mit wie viel Begeisterung die Teilnehmer sich für einen weiteren Analysezyklus engagieren würden, wenn sie einmal die Erfahrung einer derart langwierigen Prozedur durchlitten haben. Diese Erfahrung wird umso unangenehmer empfunden, wenn im Anschluss der Analyse erkannt wird, dass keine Umsetzung von Maßnahmen erfolgen konnte und die ganze Mühe damit nutzlos war.

Das Fazit der Beteiligten wird dann aber sein, dass die Methode der Situationsanalyse ein bürokratisches Monster ist, das viel Arbeit und Aufwand verursacht, ohne einen Nutzen zu stiften. Mit anderen Worten: Dieses Vorgehen ist in dieser Organisation stigmatisiert und nicht mehr verwendbar.

»Bend and wait!«

Halten das Management oder die Geschäftsführung dennoch an einer vollständigen Analyse aller Faktoren fest, weil sie von der Überzeugung ausgehen, dass man da einfach durchmuss, egal wie schwierig das ist, dann ist davon auszugehen, dass die Mitarbeiter gute Miene zum mühsamen Spiel machen.

Das Resultat ist vielfach ein Verhalten, das Prof. Dr. Peter Kruse so treffend »Bend and wait!« genannt hat (»*8 Regeln für den totalen Stillstand in Unternehmen*«, YouTube/DE).

Damit ist gemeint, dass Mitarbeiter sich sehr elastisch verhalten können und irrsinnige Vorgehensweisen mit stoischer Ruhe und Genügsamkeit ertragen. Sie wissen aus Erfahrung, dass derartige Etappen endlich sind. Kruse hat dieses Phänomen im Kontext seiner Vorträge zur Geschwindigkeit von Veränderungen in Unternehmen beschrieben.

Bei Vorgehensweisen, die von den Mitarbeitern einer Organisation als unsinnig und wirkungslos angesehen werden, ist dieses Verhaltensmuster analog zu erkennen.

Im Gegensatz zu den negativen Auswirkungen einer perfektionistischen Überziehung der Situationsanalyse liegen in einer kontinuierlichen und iterativen Anwendung dieser Form der Phase »Observe«, wie wir sie aus dem OODA-Loop kennen, eine ganze Reihe ausgesprochen positiver Potenziale und Effekte.

Diese sind vor allem für den Aufbau und die Entwicklung einer selbstorganisierten und eigenverantwortlichen Kultur kooperierender Mitarbeiter hilfreich.

12.6.1 Wertschätzung von Expertenwissen

Immer wieder ist davon zu lesen, dass das größte Kapital eines Unternehmens die eigenen Mitarbeiter sind. Die Förderung und Wertschätzung dieser stellt eine der wichtigsten Aufgaben der Unternehmensführung dar.

Blickt man allerdings hinter die Kulissen der unterschiedlichsten Firmen, fällt es schwer, zu erkennen, woran diese Förderung und Wertschätzung festgestellt werden kann. Nutzt man allerdings die Mitarbeiter im Unternehmen als Experten, um für unterschiedliche Einflussfaktoren eine Analyse zu erstellen und dazu auch eine Einschätzung zu Bedeutung und Qualität des Faktors für das eigene Unternehmen zu treffen, so wird durch diese Art der Wahrnehmung und Einbindung des Mitarbeiters eine konkrete Förderung und Wertschätzung implizit erreicht.

Zum einen wird der Mitarbeiter gefördert, weil er dem Anspruch genügen und gerecht werden möchte, das Wissen eines Experten weitergeben zu können. Zum anderen ist die Wertschätzung des Unternehmens oder der Organisation, also auch der Kollegen, darin zu erkennen, dass ihm als Experte das Vertrauen entgegengebracht wird, eine belastbare Einschätzung abgeben zu können.

Die daraus potenziell entstehende Motivation und das Engagement der Mitarbeiter können von keinem Bonussystem vergleichbar ausgelöst werden.

Eben diese Wirkung lässt man sich als Manager entgehen, wenn man derartige Analysen und darauf aufbauende Strategien ausschließlich beauftragten Beratungsspezialisten überlässt. Mit dieser Vorgehensweise, die sehr weitverbreitet ist, wird den Mitarbeitern aber deutlich gemacht, dass die externen Berater und nicht sie selbst die nötige Kompetenz und das Wissen haben, um die Zukunft des Unternehmens zu gestalten. Externe Berater sollten daher immer mit internen Mitarbeitern eng zusammenarbeiten.

Einen Mitarbeiter ernst zu nehmen und ihn wie einen Erwachsenen zu behandeln, sind Kernelemente eines agilen und selbstorganisierten Unternehmens.

Hier gilt das strategische Prinzip: *Das intern verfügbare Wissen und die emergent entstehende Expertise der eigenen Mitarbeiter geht vor externe Kompetenz.* Externe Kompetenz sollte immer konsequent genutzt werden, um internes Wissen weiterzuentwickeln und zu ergänzen.

12.6.2 Transparenz über Zustand und Handlungsnotwendigkeit

Mitarbeiter von Beteiligten zu Betroffenen zu machen und mit ihnen und durch sie eine Analyse und Bewertung interner und externer Faktoren erstellen zu lassen, setzt voraus, dass diesen Mitarbeitern das nötige Vertrauen entgegengebracht wird. Nur eine vertrauensvolle Arbeitsgrundlage ermöglicht intime und valide Einblicke in den Zustand der eigenen Organisation und den Zustand unterschiedlicher Aspekte der Zusammenarbeit.

Mitarbeiter in diesen Prozess einzubinden, ist ohne eine Veröffentlichung der benötigten Informationen für die Durchführung einer Analyse unmöglich. In Unternehmen, die von gegenseitigem Misstrauen geprägt sind, sind die hierfür nötige Offenheit und der Aufbau des notwendigen Vertrauens eine kritische Hürde.

Einmal genommen, kann davon ausgegangen werden, dass die beteiligten Mitarbeiter eine veränderte Wahrnehmung und damit eine veränderte Einstellung und persönliche Haltung entwickeln können.

Durch die gewonnenen Einblicke hinter die Kulissen kann sich der Zustand entwickeln, dass sich die bisher abstrakt als Arbeitgeber verstandene Firma zum eigenen Unternehmen entwickelt. Darüber kann ein Zugehörigkeitsempfinden der eigenen Person und damit potenziell ein höheres Verantwortungsbewusstsein dem Unternehmen und den Kollegen gegenüber entstehen. Diese Dynamik ist möglich, wenn Unternehmen sich ihren Mitarbeitern gegenüber öffnen und diese in die Entwicklung der Firma mit einbeziehen, ihnen die Gestaltungsmacht und die Autorität zur Unternehmensentwicklung übertragen.

Diese Art der Offenheit hat aber auch Konsequenzen, denen sich eine Unternehmensleitung ebenfalls bewusst sein wird. Je transparenter ein Unternehmen ist und je weiter es seine Mitarbeiter aktiv in die Gestaltung des Unternehmens einbindet, umso sichtbarer und messbarer ist das Leistungsniveau des Managements in der Organisation. Die damit einhergehende implizite Transformation des Führungsverständnisses beinhaltet, dass Führungskräfte in agilen Organisationen ihren Informationsvorsprung oder -vorteil gegenüber ihren Mitarbeitern aufgeben müssen.

12.6.3 Kontinuierliche Kommunikation und Diskussion, nicht Gerüchte und Mythen

Eine Strategie in öffentlich integrativer Form zu entwickeln, enthält einen impliziten Kommunikations- und Transformationsweg.

> Jeder Mitarbeiter, der an Situationsanalyse und Strategieentwicklung beteiligt ist, wirkt automatisch als Informationsstelle für alle Mitarbeiter, die nicht unmittelbar an den Arbeitsinhalten beteiligt sind.

Diese Informationsträger sind in der Weitergabe und der Aufklärungsarbeit gegenüber ihren Kollegen wirksamer als jede aufgesetzte Kommunikationsmaßnahme, jeder Mitarbeiterbrief oder eine Schulung, die Entscheidungen und Entwicklungen vermitteln und erklären müssen, damit die jeweiligen Empfänger diese verstehen und vor allem akzeptieren.

Umgekehrt sind diese Informationsträger automatisch Rückkopplungsschleifen, da sie aus den Diskussionen und dem Informationsaustausch mit ihren Kollegen in die Lage versetzt sind, Feedback einzusammeln und in die nächste Iterationsstufe einfließen zu lassen (Stichwort OODA-Loop).

Und der dritte Effekt ist, dass immer da, wo Informationen vorliegen, die aus vertrauenswürdigen Quellen stammen, weniger Raum für Gerüchte und Mythen bleibt.

Jede Veränderung in einer Organisation führt dazu, dass unter den Mitarbeitern darüber gesprochen wird. Der soziale Austausch und die Reflexion mit den Kollegen sind ein zwangsläufiger Effekt, der immer ausgelöst wird. Wenn eine Veränderung nun ohne oder mit nur wenigen oder unglaubwürdigen Informationen weitergegeben wird, entwickelt sich durch entstehende Fragen ein Informationsvakuum, das zu Diskussionen und Befürchtungen führt und mit Gerüchten, Vermutungen und Annahmen aufgefüllt wird.

Aus dieser nachvollziehbaren und weitverbreiteten Dynamik erwächst die Notwendigkeit, dass sich selbst das positivste Veränderungsvorhaben verteidigen und Gerüchten gegenüber rechtfertigen muss. Nur eine Kommunikation und Diskussion durch Beteiligte mit Betroffenen kann diese Entwicklung abschwächen oder bestenfalls verhindern, wenn sie in Iterationen mit überschaubarer Informationsmenge geplant und durchgeführt wird.

Eine Möglichkeit, diese Form der Informationsweitergabe zu unterstützen, um die Qualität der weitergegebenen Aussagen zu sichern, sind Reflexionsrunden. In diesen erklären sich die am Entwicklungs- und Analyseprozess beteiligten Mitarbeiter und die davon betroffenen gegenseitig, was sie in der zurückliegenden Iteration wahrgenommen, entwickelt und verstanden haben und wie sie planen, diese Inhalte weiterzuvermitteln.

Über die Rückmeldungen der Mitarbeiter kann die Wirksamkeit des Vorgehens besser eingeschätzt werden.

12.6.4 Strategiemuster identifizieren

Auf der Grundlage der SWOT-Analyse ist das geeignete Strategiemuster zu entwickeln oder festzulegen, das auf den Chancen und Stärken des eigenen Unternehmens aufbaut und die Schwächen und Bedrohungen des Wettbewerbers nutzt.

Bei der Auswahl des eigenen Strategiemusters ist darauf zu achten, dass eine Einschätzung der Strategie des Wettbewerbers mit einbezogen wird. Wer die Tatsache ignoriert, dass der Wettbewerber eine spezifische Strategie verfolgt und sich damit an ganz bestimmten Zielsetzungen orientiert, riskiert, dass die eigene Vorgehensweise unwirksam ist, da sie von der Vorgehensweise des Wettbewerbers neutralisiert wird oder man sich selbst ungewollt in eine schwächere Position manövriert.

Um dieses Risiko so weit wie möglich zu reduzieren und um auch im Zuge einer späteren operativen Durchführung der Manöver keine Zeit zu verlieren, ist neben einer präferierten Strategie bzw. einem präferierten Strategiemuster ein weiteres als Rückfallebene zeitgleich auszuwählen. Erst zu dem Zeitpunkt, an dem erkannt wurde, dass die eigene Strategie unwirksam oder eventuell sogar in seiner Wirkung nachteilig für die eigene Situation ist, erneut durch die Phase der Situationsanalyse und Strategieentwicklung zu gehen, ist zu spät und ist sehr riskant, da wertvolle Zeit vergeht, in der sich der Wettbewerber bereits weiterentwickelt oder der fokussierte Faktor verändert hat.

Die notwendige Aktualisierung der Strategie findet dann meist in einem reaktiven Zustand statt, der eine eingeschränkte Auswahl an Handlungsoptionen erlaubt und einen eingeschränkten Handlungsspielraum beinhaltet. Das bedeutet, man gerät unter Zugzwang. Ein derartiger Zustand ist immer sehr nachteilig, da er zu hektischen und zu wenig durchdachten oder aus Zeitnot zu nicht mehr validierbaren Entscheidungen führt. Von dem unnötigen Mehraufwand und damit einhergehenden Stress für die betroffenen Mitarbeiter ganz zu schweigen.

Keine Alternativstrategie in petto zu haben, ist Ausdruck von mangelhaftem Management bzw. einem ungenügenden Reifegrad von System und Rolle **D** (Development).

Ist das eigene strategische Vorgehen bzw. das eigene Strategiemuster ausgewählt, kann es hinsichtlich der nötigen operativen bzw. taktischen Manöver vorbereitet und simuliert werden. Die Manöver konzentrieren sich dabei auf ihre Wirkung auf die im Vorfeld beschriebenen Faktoren und deren Ausprägungen im Vergleich zum aktuellen Zustand der eigenen Geschäftsfähigkeiten.

Identisch ist mit der zweiten Strategie, der Rückfallebene, zu verfahren, die wir Alternativstrategie nennen. Die Alternativstrategie wird allerdings nur bis zur Ausarbeitung der taktischen Manöver und einer Simulation ausformuliert. In diesem Fertigstellungsgrad wird sie bereitgehalten, falls sich die präferierte Strategie nicht ausreichend wirksam erweisen sollte.

Ob eine Strategie bzw. die Anwendung eines Strategiemusters ausreichende Wirksamkeit entfaltet, ist an den definierten VIs – Viable Indicators – zu erkennen, die wir in dem Kapitel »Monitoring – VI anstatt KPI« erläutert haben.

12.6.5 Manöver umsetzen

Welche Veränderungen sich aus den Manövern der dynamischen Strategie ergeben und in welcher Reihenfolge oder Simultanität und in welchem Zeitraum diese iterativ vorzunehmen sind, ist Bestandteil der Umsetzungsplanung. Dabei ist es hilfreich, zu verstehen, welchen Charakter, in Bezug auf die Veränderung oder Ergänzung der Geschäftsfähigkeiten, die einzelnen Manöver haben.

Grundsätzlich ist die Unterscheidung in die drei Kategorien qualitätsverbessernd, innovativ und investiv nützlich (Tabelle 12.1). Eine einfache Unterscheidung zu treffen und damit eine klare Orientierung herzustellen, unterstützt die Kommunikation innerhalb der eigenen Organisation.

> Die Perspektive, aus der wir Manöver entwickeln, ist immer, dass die vorhandenen Geschäftsfähigkeiten und die Konfiguration der Organisation so angepasst oder ergänzt werden, dass sie die Mitarbeiter in die Lage bringen, die ausgewählte dynamische Strategie wirksam umzusetzen.

Tabelle 12.1 Drei Kategorien der Entwicklung von Geschäftsfähigkeiten

Kategorie	Charakteristik	Methode (Beispiele)
Qualitätsverbesserungen	Bestehendes Geschäftsmodell kontinuierlich und iterativ verbessern	Lean Six Sigma, Kanban
Innovationen	Neues Geschäftsmodell evolutionär entwickeln	Persona, Design Thinking, BMC (Business Model Canvas)
Inventionen (Erfindungen)	Neues Geschäftsmodell revolutionär erfinden	TRIZ

Das bedeutet, wir können unsere Geschäftsfähigkeiten entweder qualitativ weiterentwickeln, durch Innovationen die Geschäftsfähigkeiten neu ausrichten, neue Geschäftsfähigkeiten entwickeln oder durch Inventionen gänzlich neue Geschäftsfähigkeiten für neuartige – digitale – Geschäftsmodelle erfinden.

Die meisten Veränderungen von Geschäftsfähigkeiten werden in der Kategorie der qualitativen Verbesserung und der Innovation, also der evolutionären Ausrichtung an neue Geschäftsmodelle, zu finden sein. Zwischen den Kategorien Innovation und Invention existiert ein schmaler Grat bzw. ein fließender Übergang.

Man kann darüber streiten, ob es überhaupt sinnvoll ist, zwischen Innovation und Invention zu unterscheiden. Jede Invention stellt eine Innovation dar, aber nicht jede Innovation ist eine Invention. Der Großteil der Innovationen, ob nun technologisch, methodisch, wissenschaftlich oder in einer anderen Kategorie, baut auf vorhandene Entwicklungen auf. Neue Technologien ermöglichen beispielsweise neue Behandlungsweisen in der Medizin durch verbesserte Verfahren in der Diagnostik. Ein Quantensprung in diesem Segment ist aber nur durch Inventionen, wie der Erfindung des Ultraschallgeräts, möglich geworden.

Wobei die Entwicklung des Smartphones als evolutionärer Schritt der technologischen Entwicklung mobiler Endgeräte angesehen werden kann. Viele sehen aber in der Entwicklung des Smartphones eine revolutionäre Erfindung, also eine Invention.

War nun das Smartphone die Invention oder waren erst die durch das Smartphone möglichen digitalen Geschäftsmodelle, auf der Grundlage des bereits bestehenden Internets, die eigentliche Invention? Und haben erst diese zu den Auswirkungen geführt, die wir heute unter der digitalen Transformation und Begriffen wie Arbeit 4.0, Industrie 4.0 etc. verstehen? Die Grenzen sind auf alle Fälle fließend.

> Für unsere Fragestellung ist relevant, dass innerhalb einer Organisation ein gemeinsames Verständnis erreicht werden sollte, worüber gesprochen, woran gearbeitet und was gemeinsam erreicht werden soll.

Was die Auswahl der Methoden angeht, so sind die in der Tabelle aufgeführten nicht die einzigen, die für die Anwendung innerhalb einer der drei Kategorien geeignet sind. Die hier aufgeführten haben sich in der Praxis als leicht vermittelbar, verständlich und anwendbar erwiesen.

12.6.6 Mythos IT-Strategie

Für Unternehmen ist es schon anspruchsvoll genug, eine wirksame und agil an dynamische Änderungen der Umwelt anpassbare Strategie zu entwickeln. Statistisch gesehen ist hierzu nur eine verschwindend geringe Zahl von Unternehmen wirklich in der Lage. Wie viel anspruchsvoller muss es dann sein, eine IT-Strategie zu entwickeln, wenn man davon ausgehen muss, dass die Grundlage einer strategischen IT-Entwicklung die vorgenannte Unternehmensstrategie ist?

In diesem Punkt scheint Einstimmigkeit unter Experten zu herrschen, die eine aufeinander aufbauende und ineinander übergehende Kaskade von Unternehmensstrategie zu IT-Strategie als die einzig richtige und professionelle Vorgehensweise postulieren.

Versucht man jedoch Belege dafür zu finden, dass erfolgreiche Unternehmen ihren Erfolg einer zugrunde liegenden Unternehmensstrategie verdanken, die allen Mitarbeitern bekannt ist, von diesen umgesetzt und im Alltag weiterentwickelt wird, so findet man diese nur sehr selten. Die überwältigende Mehrheit der Unternehmen ist auch ohne eine wirksame Strategie erfolgreich. Man könnte schon fast die ketzerische Annahme treffen, dass Unternehmen aus eben diesem Grund erfolgreich sind.

Was notwendig ist, um ein Unternehmen erfolgreich zu betreiben und weiterzuentwickeln, wissen die wichtigen Mitarbeiter, die an den entscheidenden Stellen im Unternehmen als Leistungsträger tätig sind, ganz unmittelbar und ohne Analyse, intuitiv und ausgehend von ihrer Erfahrung und ihren Fähigkeiten.

Welche Perspektive im Umgang mit dem Themenfeld der Strategie einzunehmen ist, bleibt auch weiterhin Gegenstand einer kontroversen Diskussion. Was allerdings den Punkt der Entbehrlichkeit von Strategien anbelangt, so ist diese Sichtweise für das Themengebiet der IT-Strategie zutreffend. Wirksame IT-Strategien sind noch seltener anzutreffen als wirksame Unternehmensstrategien. Von einer erfolgreichen Kombination beider Elemente ganz zu schweigen.

Warum aber bemühen sich unzählige Unternehmen darum, eine IT-Strategie zu entwickeln? Wie schon erwähnt, es sind offensichtlich die Experten und Berater, die nicht nachlassen, zu beteuern, dass eine IT-Strategie, wie auch eine Unternehmensstrategie, für ein erfolgreiches Unternehmen zwingend notwendig ist. Sonst könne man ja keine professionelle und nachvollziehbare Planung und Umsetzung strategischer Entwicklungsmaßnahmen erreichen. Dem letzten Satz kann, vor dem Hintergrund des in diesem Buch zugrunde gelegten

Verständnisses von Komplexität und dem Umgang mit ihr, nur widersprochen werden. Und zusätzlich lehrt uns die Praxis, dass die Empfehlungen der Experten in der Realität keinen Bestand haben. In dieser realen und statistisch belegten Situation liegt das einfache und offensichtliche Argument, warum die Entwicklung einer IT-Strategie, wie sie derzeit postuliert wird, fallen gelassen und ersatzlos gestrichen werden sollte.

Es ist wie mit hierarchiegetriebenen Unternehmens- und Managementstrukturen. Die fachliche Kompetenz und die Entscheidungskompetenz voneinander zu trennen, ist nicht mehr ausreichend wirkungsvoll, um sich in dynamisch entwickelnden Märkten und digitalen Geschäftsmodellen behaupten zu können. Was nicht ausreichend wirksam ist oder sogar Schaden verursacht, muss konsequenterweise unterlassen werden.

Jede Aktion, die keinen Nutzen für das Unternehmen stiftet, ist eine Vergeudung von Energie, Engagement und Ressourcen, die auf keinen Fall wiederholt werden darf. Genau das ist unter Muda zu verstehen, wenn in Kaizen von Verschwendung gesprochen wird.

Wann immer eine Aktion umgesetzt wird, die keinen Nutzen stiftet oder unwirksam ist, muss eine Reflexion über die Ursachen stattfinden, um aus den gewonnenen Erfahrungen zu profitieren und für die nächste Iteration oder Aktion wertvolle Erkenntnisse für ein verbessertes Vorgehen nutzen zu können.

Derartige Rückkopplungsschleifen sind Grundelemente aller agilen Methoden und Vorgehensmodelle und auch der Designprinzipien des laCoCa-Modells.

Für unser Thema der IT-Strategie bedeutete es, dass sie ersatzlos zu streichen ist, wenn die Erkenntnis erreicht wurde, dass die Entwicklung einer derartigen Arbeitsgrundlage nicht ausreichend wirksam ist, mehr Aufwand als Nutzen verursacht und vielleicht sogar dem Unternehmen Schaden zufügt. Diese Entscheidung ist dann konsequent zu fällen, wenn die aus der Strategie entstandenen Maßnahmen nicht den notwendigen Erfolg erwirtschaften.

12.6.7 Konsequent, aufeinander aufbauend und abgestimmt

Hat ein Unternehmen es allerdings geschafft, eine wirksame Unternehmensstrategie zu entwickeln, und ist der strategische Managementprozess außerdem noch in der Lage, diese Strategie kontinuierlich und agil an dynamische Einflüsse der Umwelt anzupassen, dann stellt sich die Frage, warum die IT nicht direkt in dieser, als integraler Bestandteil der Unternehmensentwicklung, enthalten ist?

Warum sollen Unternehmensstrategie und IT-Strategie getrennt und aufeinander aufbauend entwickelt werden? Warum werden in Unternehmen neben einer Unternehmensstrategie auch noch Vertriebsstrategien, Marketingstrategien, Kommunikationsstrategien, Strategien für die Logistik oder die Produktion von Dienstleistungen und viele weitere Strategien erstellt? Und warum sind diese, wenn sie denn existieren, so oft nicht eins zu eins mit den Inhalten der Unternehmensstrategie verbunden und daran angebunden?

> Nur eine Strategie, aber diese konsequent umsetzen!

Warum finden sich in diesen spezifischen Strategien der genannten Themen zumeist abweichende Überlegungen im Vergleich zu der das ganze Unternehmen betreffenden Ausrichtung?

Die Gründe sind wie immer vielfältig. Einer ist ein gewisses Autarkiestreben in den verschiedenen Teilen eines Unternehmens und die Überzeugung, dass das eigene fachliche Thema, wie beispielsweise der Vertrieb oder die Logistik, so spezifisch ist, dass es einer zusätzlichen oder getrennten Strategie bedarf.

Das mag fachlich tatsächlich stimmen, aber welchen Vorteil verschafft sich ein Unternehmen über die Entwicklung multipler strategischer Überlegungen und daraus resultierender Planungen? An einem bestimmten Punkt, zumeist in der Phase der Umsetzung, wird oft festgestellt, dass die Unterstützung und Beteiligung benachbarter Unternehmensbereiche benötigt wird, um die eigenen Maßnahmen umzusetzen. Nur so können letztlich die festgelegten Ziele der spezifischen Strategie erreicht werden.

Spätestens an dieser Stelle wird sichtbar, wie nachteilig es ist, kein aufeinander aufbauendes und abgestimmtes Vorgehen erarbeitet und vereinbart zu haben. Und wie nachteilig es für das

Unternehmen ist, nicht gemeinsame Ziele zu verfolgen, sondern separate.

Die überwiegende Mehrheit der Unternehmen, vor allem diejenigen mit mehr als 300 Mitarbeitern und besonders Konzerne, praktizieren ein derartiges Vorgehen in dieser oder ähnlicher Art und Weise und sind dennoch meistens, zumindest von außen betrachtet, wirtschaftlich erfolgreich. Was von außen allerdings nicht erkennbar ist, sind die Mühen, die aufgebracht werden, um die hierdurch verursachten Konflikte der Mitarbeiter untereinander, die Abgrenzungsbestrebungen der Abteilungen und Teams voneinander und den Aufwand multipler Planungen zu bewältigen.

Was wäre, wenn diese erfolgreichen Unternehmen einen Weg nutzen würden, der ihren Erfolg weiterhin unterstützt, der aber für alle Mitarbeiter schlicht und einfach leichter in der Umsetzung und der Anwendung im Alltag ist? Das klingt zwar utopisch, ist aber realistischer, als es zu sein scheint. Alleine die Macht der Gewohnheit zu überwinden, steht meist im Weg.

An einem Beispiel formuliert sind die vorgenannten Erläuterungen in ihrem Ausmaß leicht zu verdeutlichen: Wie erfolgreich könnte die Deutsche Bahn AG sein, wenn die Gesellschaften des Konzerns an einer gemeinsamen Strategie arbeiten würden, die integriert und interdisziplinär ausgerichtet ist, anstatt ihren Autarkiebestrebungen und Partikularinteressen zu folgen? Die Deutsche Bahn AG hätte tatsächlich das Potenzial zu einem einzigartigen Unternehmen. Tragisch an dieser Aussage ist, dass sich der Konzernvorstand und die Geschäftsführer der Gesellschaften dieser Tatsache wohl bewusst sind.

Zusammenfassend lässt sich festhalten:

- Eine dynamische Strategie, die ein Unternehmen ganzheitlich versteht, dessen Teile untrennbar voneinander abhängig sind und die untereinander kooperieren, um als Ganzes zu überleben und sich weiterentwickeln zu können, benötigt keine Unterscheidung spezifischer Strategien.

  Wenn wir unser Beispiel vom menschlichen Organismus als überlebensfähiges, agiles und an seine dynamischen Umwelteinflüsse hochgradig erfolgreich anpassungsfähiges System an dieser Stelle erneut bemühen, wird dieses Vorgehensprinzip in seiner Bedeutung und Konsequenz noch deutlicher. Für den menschlichen Organismus kann es immer nur eine Strategie geben, an der sich alle Organe orientieren und ihren individuellen Beitrag erbringen.

Jedes Organ konzentriert sich dabei jeweils auf die notwendigen Manöver und Mechanismen, um seinen spezifischen Beitrag leisten zu können. Wird die Entscheidung getroffen, als strategisches Ziel innerhalb von zwölf Monaten einen Marathon zu laufen, und werden ein entsprechender Trainingsplan und die Durchführung regelmäßiger Konditionsübungen umgesetzt, dann passen sich der Bewegungsapparat und die Organe, der Stoffwechsel und alle anderen Subsysteme in ihren Fähigkeiten kontinuierlich an die sich verändernden Anforderungen an.

Kein Organ, also kein Subsystem, käme auf die Idee, eine andere Strategie zu verfolgen oder sich in eine Ecke des Körpers schmollend zurückzuziehen und sich mit den Worten zu verweigern: »Ich bin von der Strategie nicht überzeugt, ich fühle mich nicht ausreichend abgeholt. Ich mach mein eigenes Ding!«

Umgekehrt wird ein halbwegs gesundes Gehirn, das mit dem Trainingsplan auf die Bühne getreten ist und diese Weiterentwicklung zum Marathonläufer ausgelöst hat, nicht zwanghaft an der Umsetzung festhalten, wenn es feststellt, dass die einzelnen Fähigkeiten der Subsysteme oder die Summe dieser nicht dafür geeignet sind, einen Marathon zu laufen oder zu überleben. Ganz egal, wie viele Trainingseinheiten schon geplant oder investiert wurden oder werden.

- Wenn nur eine dynamische Strategie als Ausgangsbasis notwendig ist, die alle Teile des Unternehmens mit einbezieht, dann versetzt diese alle Bereiche in die Lage, sich auf ihre individuellen Stärken und Manöver zu konzentrieren. Dadurch wird gewährleistet, dass die Summe der Einzelbeiträge eine maximale Wirksamkeit in der Umsetzung der Strategie erreicht.

Dieser kleine, aber wesentliche Unterschied bestätigt, dass ein individueller Beitrag der einzelnen Teile des Unternehmens, also seiner Subsysteme, dringend erforderlich ist, um eine dynamische Strategie wirksam und damit erfolgreich umzusetzen. Dazu ist es nicht notwendig, zusätzlich individuelle und separate Strategien zu fördern.

Die Konzentration auf die Entwicklung und den Aufbau von Geschäftsfähigkeiten erfordert derart viel spezifische Fachkompetenz, die eine einzelne zentrale Stelle zur Planung und Umsetzung der notwendigen taktischen Manöver nicht bereitstellen kann. Das genau soll auch in einer agilen Organisation ausgeschlossen werden, da sonst aus den Betroffenen keine Beteiligten werden und die Expertise der Mitarbeiter in den Teams und den Abteilungen ungenutzt bleibt.

Der Effekt der Ablehnung oder sogar der Sabotage kann durch konsequente Integration der Fachleute vermieden werden.

- Wirksame dynamische Strategien und deren taktische Manöver erfordern die Akzeptanz und die aktive Nutzung der individuellen Expertise verantwortlicher Mitarbeiter.

Nicht nur die sich mehr und mehr verbreitenden Vorgehensmodelle agiler Arbeitsorganisation, wie beispielsweise Holacracy oder Management 3.0, betonen, mit welcher Konsequenz die den Mitarbeitern übertragene Verantwortung und Entscheidungsautorität mit deren Expertise verbunden sein muss. Diese Kombination entscheidet letztlich, wenn sie von den Machtpromotoren uneingeschränkt verstanden wird, über den Erfolg oder den Misserfolg eines Unternehmens.

Das bedeutet, dass die entwickelte dynamische Strategie nur so wirksam sein kann, wie es durch die Nutzung der Expertise der Mitarbeiter möglich ist.

Das Grundprinzip der konsequenten und kompromisslosen Anwendung dieses Prinzips beschreibt einen weiteren Wesenszug agiler Unternehmen, da sie sich den Luxus ungenutzter Expertise schlicht nicht leisten können.

12.6.8 Bedeutung und Nutzen des EAM

Nach dieser Abkehr von der Entwicklung spezifischer Strategien und vor dem Hintergrund der alleinigen Fokussierung auf eine Unternehmensstrategie wird somit die IT-Strategie ersatzlos gestrichen. Womit sich konsequenterweise die Frage stellt, wie sich die Struktur, die Verbindung und die Entwicklung einer dynamischen Unternehmensstrategie mit den spezifischen Manövern in den einzelnen fachlichen Bereichen des Unternehmens erreichen und umsetzen lassen?

Seit der Entwicklung des Zachman Framework durch John Zachman, im Jahre 1987, hat sich die Disziplin des Enterprise Architecture Management (EAM) entwickelt. Dieses Fachgebiet der Entwicklung von Unternehmensarchitekturen hat mittlerweile einen ausgesprochen hohen Reifegrad erreicht. Nicht zuletzt durch die umfassenden Standardisierungen und Anwendungserfahrungen durch die Standardisierungsorganisation The Open Group und die von dieser unermüdlich vorangetriebene Entwicklung und praktische Validierung des Vorgehensmodells TOGAF ist es heute möglich, alle Aspekte des Designs und der Gestaltung einer Unternehmensarchitektur in einer einheitlichen Nomenklatur zu bearbeiten (www.opengroup.org/togaf/).

Die Vorgehensmodelle, Standardisierungen und Frameworks haben sich bisher noch nicht ausreichend von ihrer historischen Abstammung von der IT emanzipiert. Daher wird das Fachgebiet des EAM von den meisten Mitarbeitern und Managern, wenn sie es denn überhaupt kennen oder darüber gelesen haben, als reines Werkzeug von IT-Experten und IT-Abteilungen missverstanden.

> EAM ist die einzige und auch zentrale Disziplin, die in interdisziplinärer Weise und in einer vereinheitlichten Form der Beschreibung in der Lage ist, den Aufbau eines Unternehmens und dessen interne und externe Zusammenhänge und Abhängigkeiten zu entwickeln.

Hierbei werden durch das EAM alle Ebenen eines Unternehmens integriert und ganzheitlich betrachtet, beschrieben und in ihren Entwicklungsschritten geplant. Prozesse werden im EAM zusammen mit der Organisationsstruktur des Unternehmens in ihrer Aufbau- und Ablaufstruktur, ihren Geschäftsfähigkeiten und Geschäftsfunktionen, den fachlichen Daten, deren Nutzung, Organisation und Veredelung zusammen mit den technischen Aspekten der IT betrachtet. Kurz gesagt, wenn es darum geht, zu verstehen, wie ein Unternehmen funktioniert und an welchen Stellen der Organisation, der Prozesse und der IT spezifische Änderungen notwendig sind, um eine strategische Weiterentwicklung umzusetzen, dann sollte man mit den Experten des Fachgebiets EAM zusammenarbeiten oder, wenn noch nicht existent, dieses aufbauen.

Anstatt erst eine IT-Strategie auf einer Unternehmensstrategie aufzubauen, soll mithilfe der Möglichkeiten des EAM direkt eine Verbindung und Umsetzung der dynamischen Unternehmensstrategie mit der konkreten fachlichen und operativen Umsetzung in den unterschiedlichen Fachbereichen durchgeführt werden. So erspart man sich einen Zwischenschritt, der in der Realität der meisten Unternehmen ohnehin nicht umgesetzt werden kann, und die Experten der Unternehmensarchitektur, also des EAM, können unmittelbar in die konkrete Entwicklung der nötigen Veränderungen des Unternehmens eingebunden werden.

So gesehen sind die EAM-Experten dem System Development **D** zuzuordnen, da sie mit dem Blick auf die externen Umweltfaktoren und den zukünftigen Veränderungsbedarf die Auswirkungen auf die Architektur und Konfiguration des Unternehmens bewältigen können.

13 Geschäftsmodelle anpassen

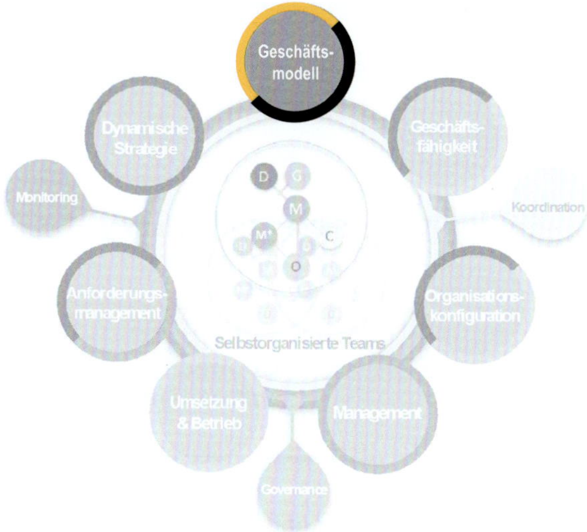

Nachdem die dynamische Strategie auf der Grundlage der Ergebnisse aus der Analyse relevanter Einflussfaktoren festgelegt wurde, steht als nächster Schritt die Anpassung der Geschäftsmodelle an. Und genau hier findet die primäre Entwicklung und Umsetzung dessen statt, was unter digitalen Geschäftsmodellen verstanden wird (**Bild 13.1**).

Wie auch den bisherigen, »analogen« Geschäftsmodellen geht den digitalen eine Strategie voraus. Hierbei ist durch die Entwicklung und Nutzung dynamischer Strategien eine erste und grundlegende Fähigkeit zum agilen Umgang mit sich ebenfalls dynamisch verändernden Einflussfaktoren erreicht, welche auf die eigene Organisation einwirken.

Im Rahmen von Analyse und Strategieentwicklung kann beispielsweise erkannt worden sein, dass die technologische Entwicklung von mobilen Endgeräten, in Verbindung mit Algorithmen zur Analyse und Auswertung von Videobildern, die Grundlage für ein innovatives, gänzlich neues Geschäftsmodell für das eigene Unternehmen erschließt.

In diesem fiktiven Beispiel gehen wir als Nächstes dazu über, die Design-Thinking-Methode zu nutzen, um die Ausgestaltung, Entwicklung und Erprobung dieses neuen Geschäftsmodells durchzuführen.

Als Ergebnis erhalten wir einen validierten Prototyp des neuen Geschäftsmodells, der uns in die Lage versetzt, zu berechnen und zu entscheiden, welche Investitionen in Mitarbeiter, Know-how und Ressourcen zur Realisierung benötigt werden.

Die Ausgestaltung von Personas, die im Rahmen des Design-Thinking-Vorgehens bereits

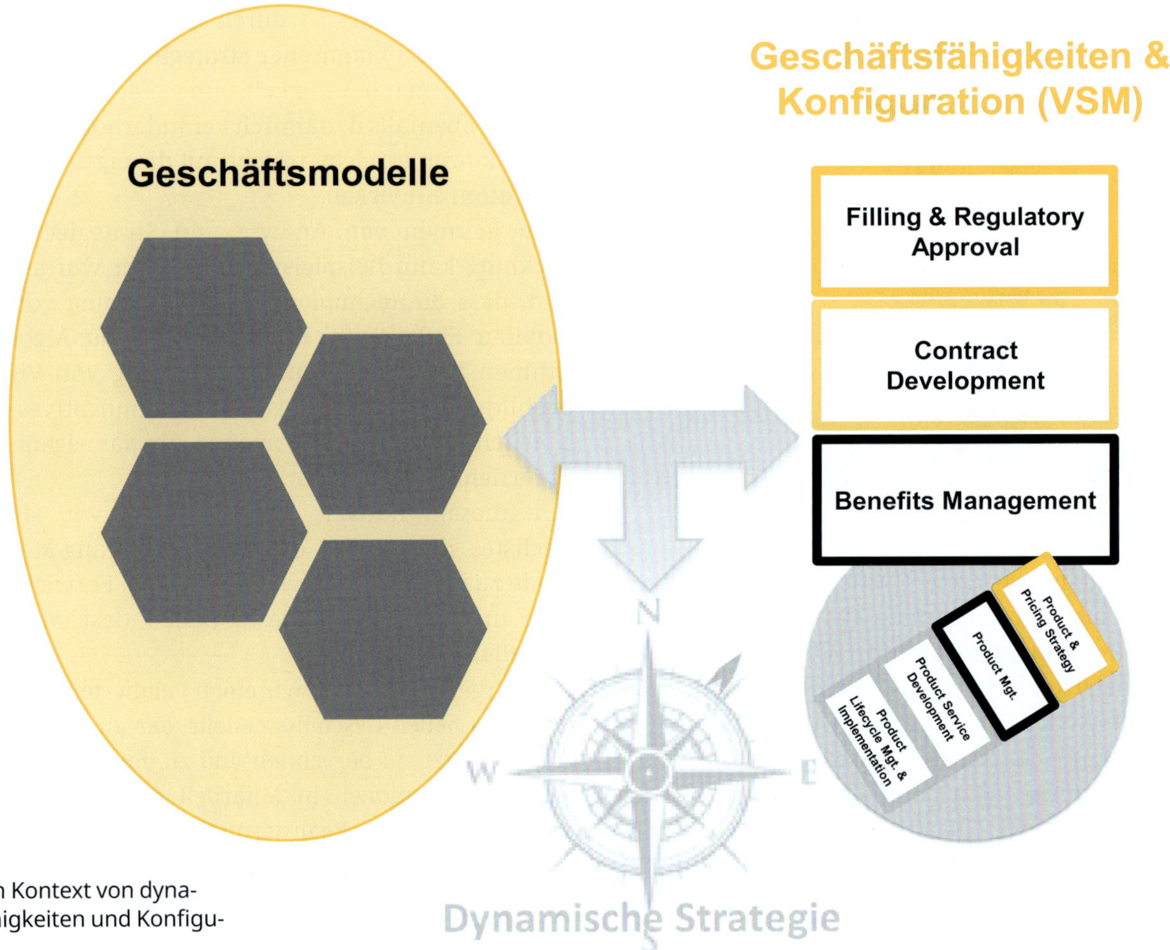

Bild 13.1
Geschäftsmodellentwicklung im Kontext von dynamischer Strategie, Geschäftsfähigkeiten und Konfiguration der Organisation

vorgenommen wurde, wird nun ausformuliert und weiter auf die Kunden- und Nutzergruppen des eigenen Unternehmens spezialisiert und hinsichtlich ihrer Umsatzpotenziale priorisiert.

Zur Entwicklung von Geschäftsmodellen wird für die Vorbereitung der Operationalisierung mit dem Business Model Canvas nach Alexander Osterwald gearbeitet. Über diese Methode lassen sich alle Elemente einer Produktion und Vermarktung entwickeln und in einer leicht nachvollziehbaren und konzentrierten Form darstellen.

Ein Business Model Canvas (BMC) teilt sich in neun Themenschwerpunkte auf, die alle Informationen zusammenführen, die für die Beschreibung, Entwicklung und Nutzenargumentation gegenüber der Zielgruppe nötig sind. Die Zielgruppe wird durch eine stellvertretende Persona repräsentiert.

Aufbauend auf den Inhalten des BMC (Bild 13.2) kann eine erste Validierung und Machbarkeitsprüfung einer dynamischen Strategie durchgeführt werden. Außerdem ist es die Grundlage für eine anschließende Planung der konkreten Umsetzung.

13.1 Empfehlung zum Vorgehen

Auch bei der Anpassung und Entwicklung von Geschäftsmodellen empfiehlt es sich, wie schon bei der Situationsanalyse erwähnt, einem Streben nach Vollständigkeit oder Perfektion zu widerstehen. Nicht jede denkbare Persona muss sinnvollerweise beschrieben werden, sondern nur eine Auswahl, die repräsentativ für die wichtigsten, weil beispielsweise umsatzstärksten Kundengruppen ist. Oder es wird auf jene Personas fokussiert, die eine neue Zielgruppe verkörpern, die beispielsweise durch ein neues, digitales Geschäftsmodell gewonnen werden soll.

Der Grundsatz »weniger ist mehr« mag lapidar klingen, ist an dieser Stelle jedoch sehr zutreffend. Ziel ist es, über die Persona und für die Unternehmensentwicklung, entlang der dynamischen Strategie und vor dem Hintergrund des entwickelten Geschäftsmodells, eine relevante Auswahl zu treffen. Eine Vielzahl erstellter Personas führt dazu, dass die nötige Fokussierung,

Business Model Canvas

Steckbrief zur Beschreibung eines neuen Geschäftsmodells

Partner

Arten von Partnerschaften:
1. Strategische Partnerschaft zwischen Unternehmen, die nicht im Wettbewerb zueinander stehen.
2. Kooperationen: strategische Partnerschaft unter Wettbewerbern.
2. Joint Ventures, um ein gemeinsames Unternehmen zu gründen.
3. Käufer-Lieferanten-Beziehungen, um zuverlässige Lieferungen sicherzustellen.

Orientierungsfragen:
- Wer sind unsere wichtigsten Partner?
- Wer sind unsere wichtigsten Lieferanten?
- Welche Ressourcen kaufen wir bei Partnern ein?
- Welche Aktivitäten übernehmen unsere Partner?
- Welche Fähigkeiten haben unsere wichtigsten Partner?
- Welchen Vorteil haben unsere wichtigsten Partner von einer Zusammenarbeit und wie können wir sie an uns binden?

Aktivitäten und Fähigkeiten

- Welche Aktivitäten erfordern unsere Leistungen, Vertriebskanäle, Kundenbeziehungen und Einnahmequellen?
- Welche Aktivitäten sind für die Umsetzung unseres Angebots notwendig?
- Welche Aktivitäten können wir mit unseren heutigen Möglichkeiten bereits umsetzen?
- Welche neuen Aktivitäten und Fähigkeiten benötigen wir noch?

Interne Ressourcen

- Welche Ressourcen erfordern unsere Leistungen, Vertriebskanäle, Kundenbeziehungen und Einnahmequellen?
- Welche Ressourcen sind für die Umsetzung unseres Angebots notwendig?
- Welche Ressourcen können wir bereits heute nutzen/bereitstellen?
- Welche neuen Ressourcen benötigen wir?

Werte und Nutzenversprechen

- Welchen Nutzen liefern wir den Kunden?
- Welche Probleme helfen wir, zu lösen?
- Welche Bedürfnisse befriedigen wir?
- Welche Produkte oder Leistungen bieten wir unterschiedlichen Kundensegmenten?
- Welchen Wert schaffen wir für unsere Kunden?
- Wie unterscheidet sich unser Leistungsangebot vom Wettbewerb?

Kundenbeziehungen

- Wer sind unsere Zielkunden?
- Worauf richten wir uns in der Kundenbeziehung aus?
  - Neukundengewinnung
  - Kundenbindung
  - Absatzsteigerung

Kommunikations- und Vertriebskanäle

- Durch welche K&V-Kanäle erreichen wir unsere Kunden?
- Sind diese in unsere anderen Geschäftsfunktionen integriert?
- Sind diese auf die Ansprüche, Erwartungen, Präferenzen unserer Kunden ausgerichtet/fokussiert?

Kundensegmente

Kundengruppen können segmentiert werden, wenn …

... ihre Bedürfnisse unterschiedliche Angebote erfordern.
... sie über unterschiedliche Vertriebswege erreicht werden.
... sie unterschiedliche Kundenbeziehungen benötigen.
... sie sich wesentlich in ihrer Wirtschaftlichkeit unterscheiden.
... sie für unterschiedliche Aspekte eines Angebots bereit sind, zu zahlen.

- Für wen generieren wir zusätzlichen Nutzen und Vorteile (Personen)?

Kostenstruktur

- Welches sind die wichtigsten/wesentlichen Ausgabeposten in unserem Geschäftsmodell?
- Welche Ressourcen verursachen die größten Kosten?
- Welche Aktivitäten verursachen die größten Kosten?
- Welche finanziellen Risiken bestehen? Wie adressieren wir diese?
- Welche Maximalinvestition sind wir bereit, für den Aufbau des Geschäftsmodells zu erbringen? (Über welchen Zeitraum?)

Einnahmequellen

- Welches sind die Ertragsquellen?
- Wofür ist der Kunde bereit, zu zahlen?
- Wie bezahlen die Kunden momentan und zukünftig?
- Wie viel trägt jeder einzelne Ertragsstrom zum Gesamtumsatz bei?
- Wie hoch muss die Minimaleinnahme pro Quartal/Jahr sein (ROI-Anforderung)?

die Konzentration auf das Wesentliche, zu leicht aus den Augen verloren wird. Zu viel Zeit und wertvolle Kapazität wissender Mitarbeiter wird damit in unnötige Arbeiten investiert. Vor dieser Entwicklung schützt eine kontinuierliche Reflexion in der Gruppe der Beteiligten zu der Frage »Machen wir die wichtigen Dinge und machen wir sie richtig?«.

Für die Nutzung des BMC wiederholt sich diese Empfehlung in analoger Form. Nicht jeder denkbare Aspekt eines Geschäftsmodells ist relevant. Hierzu hat es sich bewährt, das BMC im Format DIN A1 zu erstellen, an einer Wand zu fixieren und in Kleingruppen, in der Größe von fünf (plus/minus zwei) Personen, vor dem Poster stehend zu bearbeiten. Diese Konfiguration ermöglicht es, dass die Dynamik der Gruppe durch einen einzigen Moderator unterstützt werden kann und das Stehen vor dem Poster eine Konzentration auf das Erreichen von Ergebnissen fördert. Die Bearbeitung eines BMC im Sitzen fördert eine intensive Detaildiskussion, nicht aber Effizienz, Effektivität und Kreativität.

◄ **Bild 13.2**
Business Model Canvas mit integrierten Leitfragen zur Unterstützung interdisziplinärer Gruppenarbeit

Zusätzlich sollte jede Kategorie, aus der das BMC besteht, in festen, vorgegebenen Zeiteinheiten von der Personengruppe bearbeitet werden. Dieses Timeboxing fördert die Fokussierung und Arbeitsdisziplin der Gruppenmitglieder. Erfahrungsgemäß sind maximal 15 Minuten je Kategorie ausreichend, um ein vollständiges BMC zu erstellen. Die so in 135 Minuten erarbeitete Version eines BMC kann in weitergehenden Iterationen weiterentwickelt oder qualitativ verbessert werden, sofern die bearbeitende Gruppe dies für notwendig erachtet.

Alternativ kann ein BMC auch nach dem folgenden Ablauf iterativ bearbeitet werden. Die hier empfohlene Vorgehensweise ist nicht nur durch ihre Orientierung am OODA-Loop besonders effektiv, sondern hat sich in der praktischen Anwendung für alle Beteiligten als ausgesprochen produktiv und vor allem in unterhaltsamer Weise kommunikativ erwiesen.

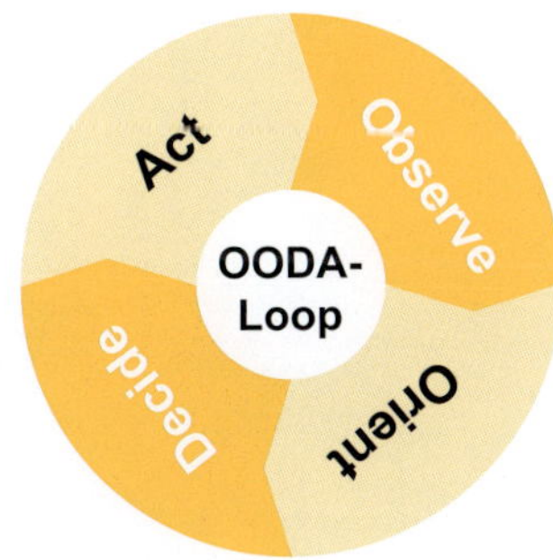

Iterative Erstellung eines BMC im Timeboxing-Verfahren:

- *Beobachten (Observe)*
  Individuelle Sammlung der spontanen Inhalte einer Kategorie. / 3 Minuten (Einzelarbeit)

- *Orientieren (Orient)*
  Konsolidierung der individuellen Sammlungen in der Gruppe, Eliminierung von Dubletten, Priorisierung nach Relevanz. Was ist wichtig und warum? / 6 Minuten (Gruppeninteraktion)
- *Entscheiden (Decide)*
  Individuelle Überlegung und Entwicklung von Ideen zu Vorgehensweisen und Umsetzungsmaßnahmen je priorisierter Inhalt einer Kategorie. / 3 Minuten (Einzelarbeit)
- *Entscheidung – Feedback (Decide)*
  Konsolidierung der individuell entwickelten Maßnahmen in der Gruppe und Einschätzung der Wirksamkeit jeder Überlegung mit Stimmabgabe (Punktevergabe). / 6 Minuten (Gruppeninteraktion)
- *Handeln testen (Act)*
  Simulation der konkreten Umsetzung der top 3 Maßnahmen durch Simulation von Szenarien. / 3 Minuten je Maßnahme (Gruppeninteraktion)
- *Handeln umsetzen (Act)*
  Definition und Zuordnung von Mitarbeiterkapazitäten, Ressourcen und Zeiträumen zur Umsetzung einer Maßnahme. / 6 Minuten (Gruppeninteraktion)
- *Feedback zum Vorgehen »I like, I wish.«*
  Was hat am Vorgehen und dem Ergebnis gefallen, was wünscht sich jeder für die nächste Iteration. / 2 Minuten je Teilnehmer (Gruppeninteraktion)

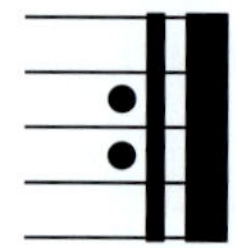

- Pause / 10 Minuten vor einer erneuten Iteration
  Werden mehrere Iterationen zu einem einzigen BMC durchgeführt, sollten nicht mehr als drei Zyklen an einem Tag geplant werden. Die Intensität der Gruppenarbeit ist nicht zu unterschätzen und kann zu Übermüdung der Teilnehmer führen.

Das Bearbeiten eines BMC nach dem beschriebenen Ablauf eignet sich insbesondere dazu, neue Gruppierungen von Mitarbeitern, die sich noch nicht gut kennen, in sehr kurzer Zeit in einen sehr positiven Zustand der Kooperation zu versetzen. Die durch die intensive Interaktion entstehende Dynamik wirkt sich unter anderem positiv auf das gegenseitige Vertrauen aus und ermöglicht es den Teilnehmern, sich sehr intensiv kennen- und einander schätzen zu lernen.

13.2 Customer Journey – Der Lebenszyklus eines Geschäftsmodells

Bei der Entwicklung und dem Management von Geschäftsmodellen, ob analog oder digital ausgerichtet, ist das Erleben des Kunden, Anwenders, Nutzers etc. die entscheidende Orientierungshilfe. Diese Perspektive wird gemeinhin unter dem Begriff »Customer Centricity« verstanden. Alle Aktionen und Überlegungen innerhalb des Unternehmens sollen sich konsequent an der Perspektive und Erwartungshaltung des Kunden ausrichten. So lautet der zugehörige Grundsatz dieser Unternehmensausrichtung.

Dabei gilt es, über den gesamten Lebenszyklus eines Produkts oder einer Dienstleistung die Interaktion der gesamten Organisation und der darin enthaltenen agilen Teams aus der Sicht des Kunden zu betrachten.

Ausgehend von identifizierten Trends und Einflussfaktoren, die im Rahmen der Anforderungsanalyse als relevant bewertet werden, konkretisieren dynamische Strategie und Prototypen die Ausgestaltung eines neuen oder die Anpassung eines vorhandenen Geschäftsmodells. BMC und Persona dienen beispielsweise als Methoden zur spezifischen Ausgestaltung. Diese Bestandteile und Arbeitsschritte sind in **Bild 13.3** innerhalb der unteren Hemisphäre dargestellt.

Wird ein Geschäftsmodell mit seinen Produkten und/oder Dienstleistungen für die aktuelle

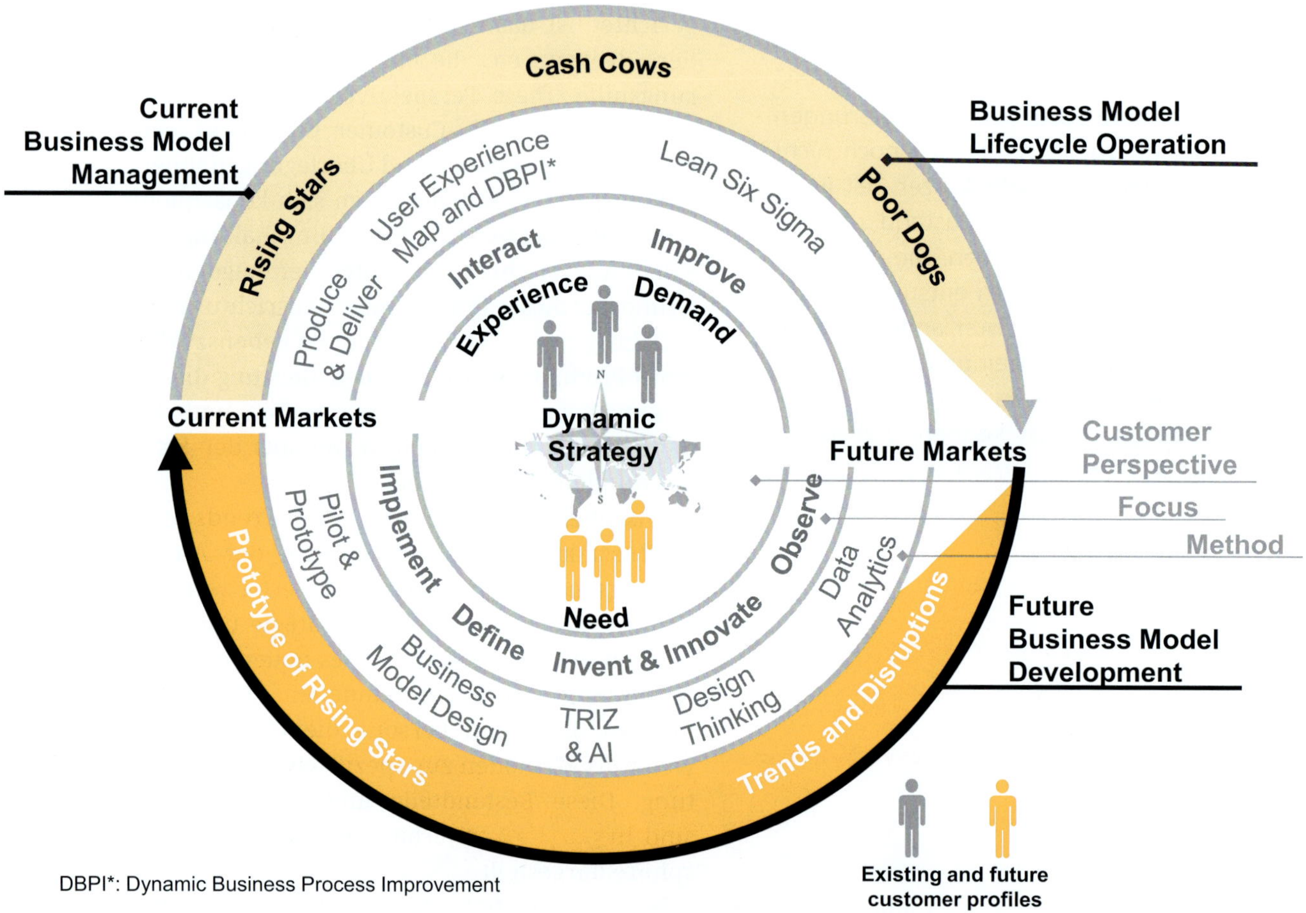

Bild 13.3 Iterativer Zyklus zur Entwicklung und Pflege analoger und digitaler Geschäftsmodelle

Marktnachfrage angeboten, durchlebt es in seinem Lebenszyklus drei Stadien.

Als Rising Star wächst idealerweise, die erfolgreiche Vermarktung vorausgesetzt, der Marktanteil kontinuierlich. Hat es sich zur Cash Cow entwickelt, haben sich die Entwicklungsinvestitionen amortisiert und ist die eigentliche Phase wirtschaftlichen Profits erreicht. Diese Phase gilt es so intensiv wie möglich zu unterstützen und sicherzustellen, dass sie so lange wie möglich in diesem Zustand gehalten und nicht vorzeitig, durch Wettbewerbsprodukte oder Substitute, obsolet wird.

Neigt sich der Lebenszyklus eines Geschäftsmodells dem Ende zu, ist die letzte Phase erreicht, die es zum Poor Dog werden lässt, indem die Nachfolgegeneration oder besagte Substitute den Markt übernehmen.

Über das iterative Vorgehen einer auf dem laCoCa-Modell aufbauenden Organisation wird sichergestellt, dass eine kontinuierliche, konsequente und konsistente Entwicklung, Vermarktung und Pflege von Geschäftsmodellen und der darin enthaltenen Produkte und Dienstleistungen über den gesamten Lebenszyklus erfolgt. Dabei sind im Kontext des jeweiligen Stadiums unterschiedliche, spezifische Methoden anzuwenden, um den jeweiligen Anforderungen der Kunden, Nutzer oder Anwender gerecht werden zu können, wie sie in der Entwicklungsphase als Archetypen (Stichwort Persona) festgelegt wurden.

Die Customer Journey ermöglicht es, die Strukturierung der jeweiligen Interaktions- und Kommunikationswege und -mittel mit dem Archetyp festzulegen, der in dem jeweiligen Stadium des Geschäftsmodells angewendet werden muss.

Ist zur Entwicklung eines neuen Geschäftsmodells der Einsatz von Design Thinking als Methode sinnvoll, um das eigentliche Bedürfnis der Persona auszuarbeiten und zu konkretisieren, so benötigt das Stadium der Cash Cow beispielsweise die Anwendung von Lean Six Sigma, um die Qualität von Produkt und/oder Dienstleistung den Kundenanforderungen entsprechend zu steuern. Ist das Stadium des Poor Dog erreicht, neigt sich das Geschäftsmodell dem Ende seines Lebenszyklus entgegen und muss durch neue Entwicklungen ersetzt werden. Diese müssen zu diesem Zeitpunkt die nötige Marktreife erreicht haben.

14 Geschäftsfähigkeiten entwickeln – Business Capability

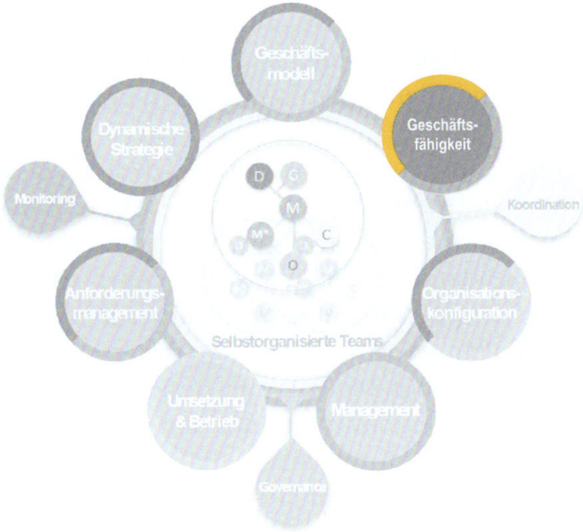

Eine Geschäftsfähigkeit, oder auch Business Capability, legt fest und beschreibt, »was« ein Unternehmen in seinen Funktionen bzw. Systemen ausführt. Dies unterscheidet sich davon, »wie« Dinge getan werden oder »wo« sie getan werden.

Geschäftsfähigkeiten stellen außerdem den Kern der fachlichen Geschäftsarchitektur (Business Architecture) eines Unternehmens dar. Unter Geschäftsfähigkeiten sind die unterschiedlichsten Geschäftsfunktionen, Geschäftsprozesse, Wissens-, Erfahrungsbereiche und Kompetenzen zu verstehen, die in fachlichen Themenfeldern, sogenannten fachlichen Domänen oder einfach nur Domänen, zusammengefasst werden können (**Bild 14.1**).

Bild 14.1 Fachliche Domänen einer Geschäftsarchitektur

So sind beispielsweise der fachlichen Domäne Marketing alle Geschäftsfähigkeiten zuzuordnen, die notwendig sind, um alle Leistungen zu

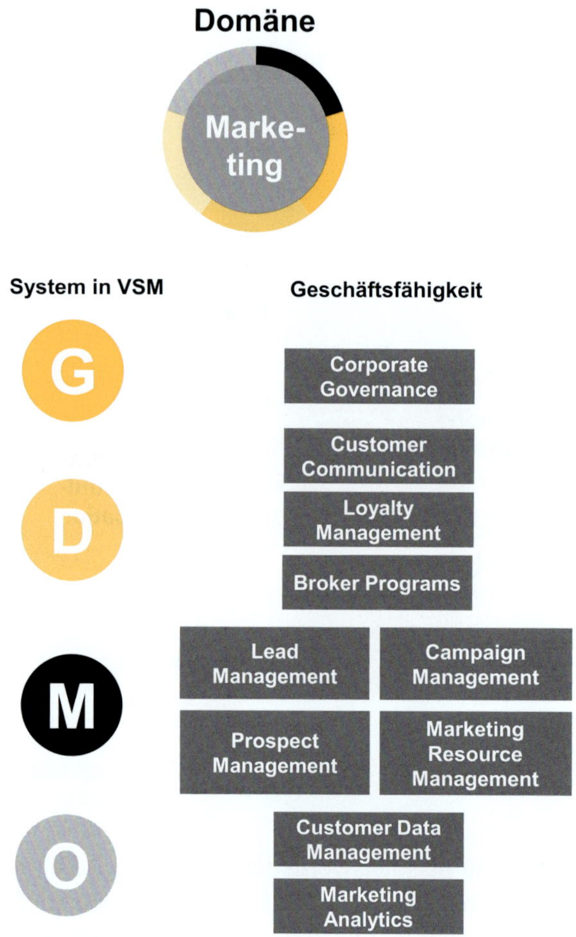

Bild 14.2
Domäne und ihre Geschäftsfähigkeit

erbringen, die für eine professionelle Vermarktung der hergestellten und angebotenen Produkte und Dienstleistungen des Unternehmens notwendig sind.

Dazugehörende Geschäftsfähigkeiten sind unter anderem Kundenkommunikation, Kampagnenmanagement oder das Management von Kundendaten. Jede Domäne repräsentiert eine Gruppe von Geschäftsfähigkeiten. Sie kann aber auch dafür genutzt werden, aus Sicht des laCoCa-Modells eine in sich funktionsfähige Rekursionsstufe innerhalb des Systems Unternehmen darzustellen, die alle notwendigen Leistungen beinhaltet, um die Vermarktung von Produkten und Services zu ermöglichen.

Ein Unternehmen kann über diese Darstellungsformen in seiner einfachsten Strukturierung, rein über die enthaltenen Domänen und, eine Stufe detaillierter, über die Geschäftsfähigkeiten der Domänen selbst dargestellt werden (Bild 14.2).

Vergleichbar sind diese logischen Darstellungsformen eines Unternehmens mit den Explosionszeichnungen (Bild 14.3), wie sie in unterschiedlichen Sparten des Ingenieurwesens genutzt werden. Um eine derartige Explosionszeichnung eines agilen Unternehmens zu entwickeln, worunter ein individuelles laCoCa-Modell zu verstehen ist, werden wir später die laCoCa-Methode nutzen. An dieser Stelle wollen wir die Definition und die Entwicklung von Geschäftsfähigkeiten noch vertiefen, bevor wir mit diesen die gesamte Architektur des Unternehmens mit nötigen Kommunikations- und Steuerungsmechanismen betrachten.

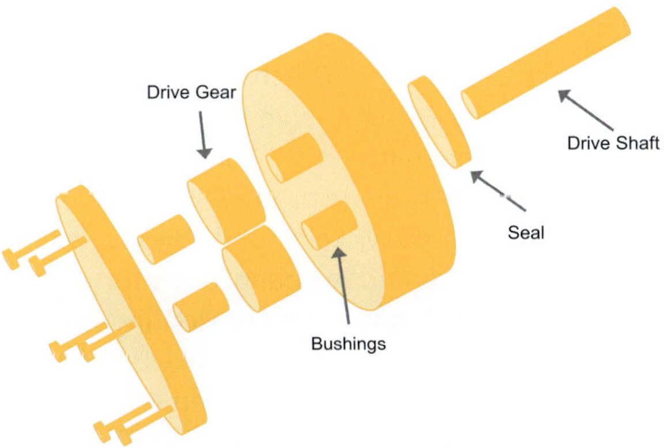

Bild 14.3 Informationsgrafik zur Erläuterung einer Pumpe

14.1 Was sind Geschäftsfähigkeiten?

Was eine Geschäftsfähigkeit ausmacht, wie man sie beschreibt und aus welchen Bestandteilen sie zusammengesetzt sein muss, kann in einem Unternehmen dogmatische Grundsatzdebatten auslösen. Derartige Diskussionen entstehen immer dann, wenn es keine eindeutige und allgemein anerkannte Grundlage gibt, welche die Nutzung eines Begriffs, wie den der Geschäftsfähigkeit, festlegt und damit erleichtert.

Zum Teil werden die Geschäftsfähigkeiten auch von EAM-Experten in der IT-Abteilung entwickelt und den operativen Bereichen der Organisation zur Verfügung gestellt (EAM: Enterprise Architecture Management). Diese nehmen die Darstellungen und Definitionen meist achselzuckend zur Kenntnis, wissen sie im Alltag aber nicht zu nutzen.

Sofern Sinn, Zweck und Nutzen der Festlegung und Beschreibung von Geschäftsfähigkeiten erkannt und anerkannt sind, ist es angemessen und ausreichend, wenn die Definition des Begriffs und die Festlegung der Geschäftsfähigkeiten in Iterationen immer wieder weiterentwickelt, verfeinert und verändert werden.

> Geschäftsfähigkeiten und das Verständnis zu diesen verändern und entwickeln sich über die Zeit ebenso, wie ein Unternehmen sich selbst kontinuierlich entwickelt, verändert und sich den Einflüssen seiner Umwelt anpasst. Und eben diese Eigenschaft müssen Geschäftsfähigkeiten gleichermaßen aufweisen. Auch sie müssen sich über die Zeit und aufgrund der externen und internen Einflüsse des Unternehmens immer wieder entwickeln und anpassen lassen.

Der ultimative und dogmatische Umgang mit der Definition von Geschäftsfähigkeiten ist eher schädlich, da er zu einem Verständnis führt, dass starre und nicht flexibel anpassbare Beschreibungen der Unternehmensfähigkeiten entwickelt werden, wie ein Ziegelstein, der in der Wand eines Hauses verbaut ist.

Die Analogie ist vielleicht passender, wenn man eine Geschäftsfähigkeit damit beschreibt, dass über sie festgelegt wird, wie man Ziegelsteine herstellt und verbaut und was für deren Herstellung und Nutzung notwendig ist. Sie selbst sind aber nicht der Ziegelstein und sie sind auch nicht das Haus. Allerdings versteht man aus der Summe der Geschäftsfähigkeiten, also der Beschreibung zur Herstellung und Nutzung von Ziegelsteinen, wie das Haus als Ganzes aufgebaut und strukturiert ist und wie man sich darin bewegt und es nutzt.

Für den letzten Schritt betrachten wir später noch ausführlicher den Aspekt der Konfiguration (Configuration), der uns die konkrete Architektur, also die Zusammensetzung des Hauses aus all den verfügbaren Geschäftsfähigkeiten vermittelt.

> Wichtig ist bei der Definition und Beschreibung von Geschäftsfähigkeiten, dass die Personen, die hierzu in direkter Kooperation und Kommunikation stehen, ein gemeinsames Verständnis darüber entwickeln und dieses als Grundlage und Ausgangsbasis für alle weiteren Schritte der Entwicklung und Nutzung von Geschäftsfähigkeiten miteinander vereinbaren können.

Diese Vereinbarung und das Verständnis stellen zusätzlich die Grundlage für das Kernelement dar, das für das spätere Design und die Konfiguration oder auch Komposition eines Unternehmens als lebensfähiges, komplexes System notwendig ist.

Nachfolgend ist ein exemplarischer Vorschlag zur Definition und Beschreibung von Geschäftsfähigkeiten zusammengestellt.

14.2 Beschreiben von Geschäftsfähigkeiten

Zur Definition von Geschäftsfähigkeiten (englisch *business capability*) benötigen wir als Ausgangsbasis nur einen schlichten Satz als Grundlage. (Die hier verwendete Bedeutung des Begriffs »Geschäftsfähigkeit« ist von der juristischen zu unterscheiden und weicht von dieser grundsätzlich ab.)

> Eine Geschäftsfähigkeit beschreibt die Kapazität eines Unternehmens, notwendige Geschäftsfunktionen hinsichtlich seiner Mitarbeiter, Prozesse und Ressourcen wirksam auszuführen.

Dabei beinhaltet die Geschäftsfähigkeit Prozesse, Wissen, Ressourcen und Rahmenbedingungen, die für das »Was« ihrer Ausführung notwendig sind (Bild 14.4). Die Geschäftsfähigkeit selbst beschreibt nicht das »Wie« ihrer Anwendung oder Umsetzung.

Verschiedene Organisationen, die sich auf die Entwicklung von Industriestandards spezialisiert haben, stellen ihrerseits Begriffsdefinitionen zur Verfügung. So hat beispielsweise The Open Group die Geschäftsfähigkeit folgendermaßen beschrieben und in dem TOGAF-9.1-Standard veröffentlicht (www.opengroup.org).

> *An ability that an organization, person, or system possesses. Capabilities are typically expressed in general and high-level terms and typically require a combination of organization, people, processes, and technology to achieve. For example, marketing, customer contact, or outbound telemarketing.*

Auch wenn die Arbeitsergebnisse und Standardisierungen des Gremiums aus der Welt der IT stammen, sind diese in ihrer Nutzung und Bedeutung nicht auf IT begrenzt. Ganz im Gegenteil. TOGAF eignet sich hervorragend dazu, die

Bild 14.4
Darstellung der Bestandteile einer Geschäftsfähigkeit

gesamte Thematik der Beschreibung der inneren Zusammenhänge und der fachlichen Konfiguration eines Unternehmens und der Weiterentwicklung dieser zu erfüllen. TOGAF wird außerhalb der IT-Welt nicht durchgängig aus dieser Perspektive verstanden und genutzt. Für den Kontext unseres hier behandelten Vorgehensmodells ist dies jedoch exakt die Perspektive, die wir zu TOGAF verfolgen wollen.

Im Rahmen der Definition des Begriffs wird Geschäftsfähigkeit in TOGAF als die Eigenschaft eines Unternehmens verstanden, die es in Kombination mit Menschen, Prozessen und Technologie ermöglicht, Geschäftsfunktionen auszuführen.

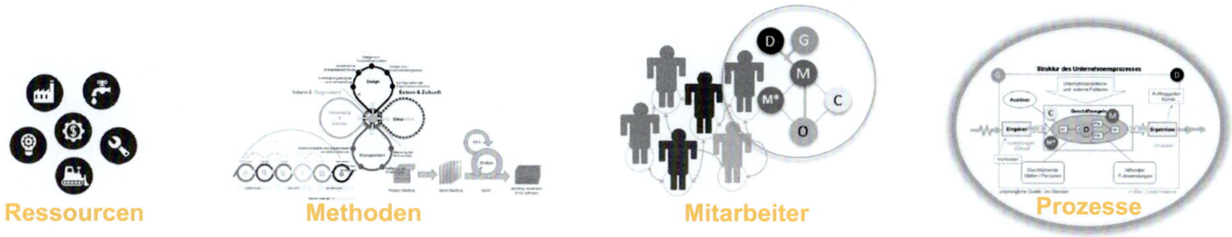

Bild 14.5 Capability Increments nach der Definition von TOGAF

Die Geschäftsfähigkeiten werden in TOGAF in sogenannte Capability Increments – Menschen, Prozesse, Technologie – aufgebrochen (Bild 14.5).

Die Beschreibung einer konkreten Geschäftsfähigkeit kann aber auch aus den folgenden Dimensionen bestehen. Dabei lehnen wir uns an den Dimensionen der Strategy Map von Kaplan und Norton an. Die beiden Wirtschaftswissenschaftler haben die Strategy Map (2004) entwickelt, um eine strukturierte Übersicht über die Wertschöpfung eines Unternehmens darzustellen. Neben den vorgenannten Dimensionen einer Geschäftsfähigkeit, bestehend aus Menschen, Prozessen und Technologien, unterschieden Kaplan und Norton sogenannte Perspektiven, was analog zu den Dimensionen in TOGAF zu verstehen ist – Lernen und Entwickeln, intern bzw. Prozesse, Kunden und Finanzen.

Für diejenigen Leser, die sich in der Vergangenheit bereits mit Balanced Scorecards befasst haben, sind diese Dimensionen bzw. Perspektiven vertraut. Es werden beide Varianten als Vorschläge aufgeführt, um eine Orientierung darüber zu ermöglichen, was Geschäftsfähigkeiten sind, wie sie sich zusammensetzen und wie sie definiert und beschrieben werden können.

Welche Grundlage zum Einsatz kommt, ob die Definition von TOGAF oder die Perspektiven der Strategy Map oder eine gänzlich andere, selbst entwickelte oder die Nutzung vordefinierter Rahmenwerken wie IT4IT (www.opengroup.org/IT4IT) , bleibt der individuellen Vorliebe und der Notwendigkeit des Unternehmens überlassen.

Was keines dieser Modelle beinhaltet, ist eine Erklärung, wie Geschäftsfähigkeiten für die Nutzung in einer agilen Organisation definiert und darin angewendet werden. Diese Lücke schließen wir mit dem laCoCa-Modell und der laCoCa-Methode.

Wir wollen die Dimensionen »Lern- und Entwicklungsperspektive«, »interne bzw. Prozessperspektive«, »Kundenperspektive« und »Finanzperspektive« aus der Sicht der Geschäftsfähigkeit und der darin zusammengefassten Geschäftsfunktionen nutzen, um so von einer Wiederverwendung allgemein etablierter Modelle und Begriffe zur profitieren (Bild 14.6). Jedes Unternehmen kann zusätzlich oder alternativ seine eigenen Dimensionen/Perspektiven entwickeln, festlegen und kommunizieren. Wir nutzen hier nur die Inhalte von Kaplan und Norton, da sie in der Literatur umfassend beschrieben sind und als allgemein bekannt vorausgesetzt werden können. Die Modelle von Kaplan und Norton sind vor allem Wirtschaftsingenieuren, Betriebswirten und Volkswirten vertraut.

Exkurs zu Geschäftsfähigkeiten und den Dimensionen/Perspektiven der Strategy Map

Sollten in einem Unternehmen individuell entwickelte Dimensionen festgelegt werden, die von den Vorgaben von Kaplan und Norton abweichen, müssen zwingend konkrete und mit Praxisbeispielen unterlegte Beschreibungen, Erklärungen und Dokumentationen erstellt und allen Mitarbeitern bereitgestellt werden.

Nur so sind ein gemeinsames Verständnis und ein möglichst homogener Informationsstand unter den Mitarbeitern zu erwarten. Zu berücksichtigen ist aber bei derartigen, notwendigen Informationen und Dokumentationen, dass diese keine Anwendungssicherheit herstellen. Diese kann ein Mitarbeiter nur entwickeln, indem er die Beschreibungen zu den Dimensionen praktisch und kontinuierlich anwendet und fachkundige Kollegen konsultieren kann, um entstehende Fragen zu klären und Missverständnisse aufzulösen. Dieser Grundsatz gilt auch für alle anderen Beschreibungen zu Geschäftsfähigkeiten und -funktionen eines Unternehmensmodells.

Dieser Absatz wirkt wahrscheinlich wie eine Belehrung. Was nicht beabsichtigt ist. Der vorhergehende Absatz betont lediglich einen kritischen Erfahrungswert, der nur allzu oft im betrieblichen Alltag übersehen oder ignoriert wird.

Es ist ein weitverbreiteter Trugschluss, dass mit der Veröffentlichung einer Dokumentation, eines Artikels oder einer E-Mail an alle Mitarbeiter – in analogen Zeiten noch als Rundschreiben bekannt – ein neuer Sachverhalt kommuniziert, erklärt und damit automatisch auch verstanden ist und angewendet werden kann. Dies ist sehr selten und nur bei vergleichsweise trivialen Sachverhalten der Fall.

Komplexe und komplizierte Themengebiete, wie die der Definition und Nutzung von Geschäftsfähigkeiten, erfordern eine intensive, langfristige, kontinuierliche und aktive Vermittlung von Informationen. Durch eine entsprechende Rückkopplung kann gemessen und geprüft werden, in welchem Umfang und in welcher Qualität bereitgestellte Informationen von den Betroffenen verstanden und praktisch angewendet werden. Sehr weitverbreitet ist auch die Nutzung von Präsentationsfolien, die mit Programmen wie PowerPoint (Microsoft), OpenOffice (Open Source) oder Keynote (Apple) erstellt werden. Diese werden ebenfalls zur Weitergabe oder Vermittlung von Informationen genutzt. Meist ohne jedwede Kommentierung und in einer sprachlichen Form, die nur umfassend verstanden werden kann, wenn der Autor seine Erklärungen persönlich zur Verfügung stellt. Wenn beispielsweise der Vortrag zu einer Präsentation nicht unmittelbar miterlebt oder zumindest per Video nachvollzogen werden kann, sind Präsentationsfolien für vorgenannte Zwecke ungeeignet und stellen sogar ein Kommunikationsrisiko dar.

Eine Möglichkeit, Verständnis und Akzeptanz definierter Geschäftsfähigkeiten zu erhöhen, ist, die nachfolgende Tiefe an Detailinformationen nur in wirklich nützlichem Umfang zu erweitern.

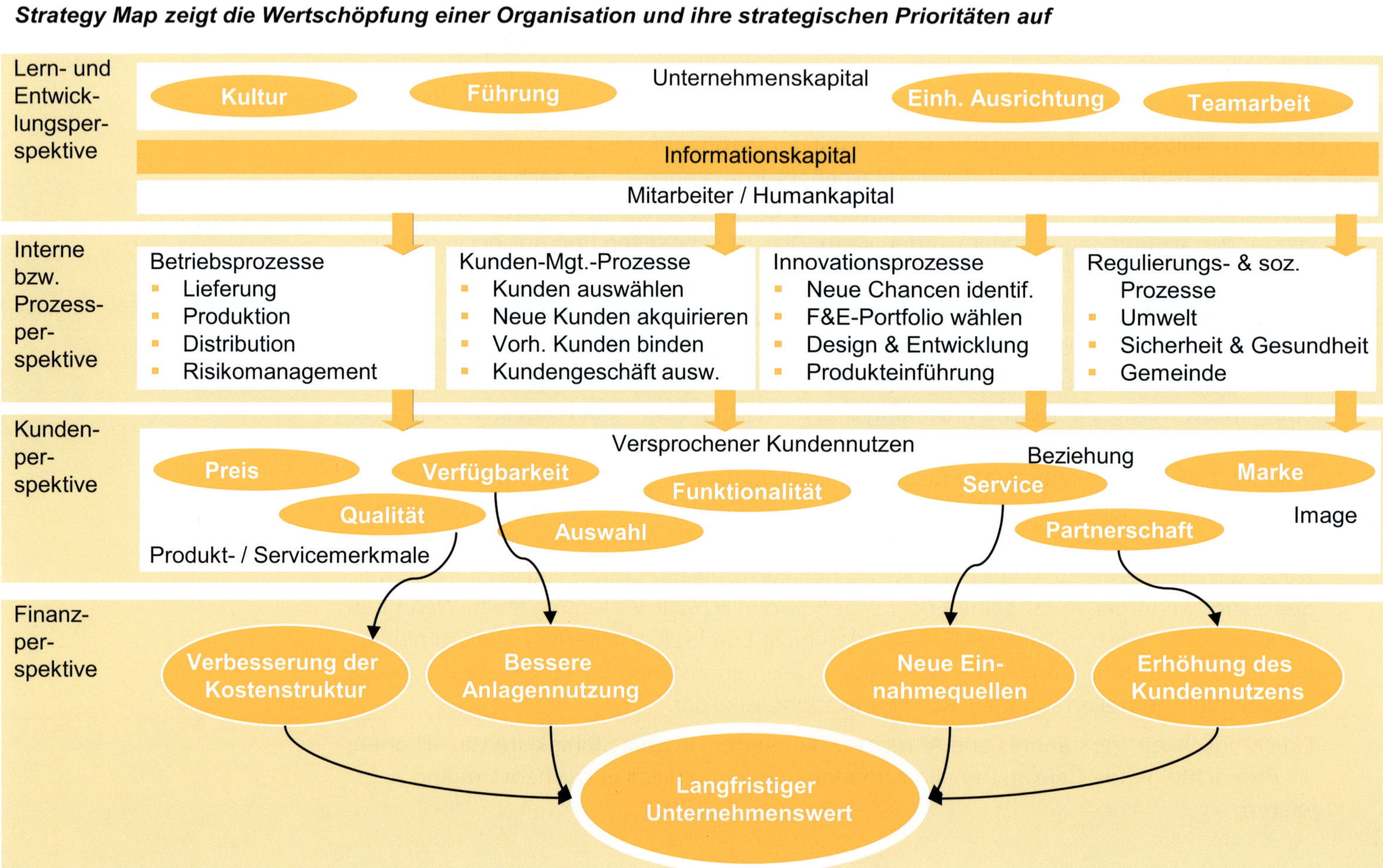

Bild 14.6 Strategy Map nach Kaplan und Norton

14.3 Geschäftsfähigkeiten definieren

Nach der theoretischen Einführung in das Themenfeld der Geschäftsfähigkeiten kommen wir jetzt zu ihrer praktischen Entwicklung. Für Experten dieses Spezialgebiets werden die nachfolgenden Konzepte und Inhalte nicht ausreichend sein. Sie sind vielmehr für die Entwicklung und Anpassung von Geschäftsfähigkeiten gedacht und können, mit wachsendem Erfahrungsschatz, erweitert und detailliert werden.

Erfahrungsgemäß ist der hier zusammengetragene Umfang an Inhalten und Werkzeugen ausreichend, um in interdisziplinären Teams in kurzer Zeit ein gemeinsames Verständnis zu Inhalt und Umfang einer notwendigen Entwicklungsarbeit zu erhalten und die konkret durchzuführen.

Wir beginnen mit den notwendigen Metadaten, die für die Beschreibung von Geschäftsfähigkeiten benötigt werden, die eine Fokussierung auf die relevanten Inhalte unterstützen. Anschließend vertiefen wir die Detaillierungsebene der Informationen, erstellen Steckbriefe und befassen uns zusätzlich mit der interaktiven Entwicklung durch selbstorganisierte Teams.

14.3.1 Metamodell – Beschreibung von Geschäftsfähigkeiten

Kommen wir zur Fragestellung der Definition und Kommunikation von Geschäftsfähigkeiten und deren Beschreibung mithilfe von Steckbriefen.

> Unter einem Steckbrief ist die Beschreibung einer Geschäftsfähigkeit auf möglichst nur einer einzigen Übersichtsseite zu verstehen. Diese stellt als Zusammenfassung die wichtigsten Informationen in konzentrierter Form zur Verfügung und verweist auf vertiefende Detail- und Hintergrundinformationen und Dokumentationen.

Das Ziel des ersten Schrittes ist es, eine strukturierte Darstellung einer Geschäftsfähigkeit zu erstellen, die als Standard für die Beschreibung aller benötigten bzw. vorhandenen Geschäftsfähigkeiten gleichermaßen genutzt werden kann. Damit ist ein wichtiger Baustein für die spätere Konfiguration des Gesamtsystems des Unternehmens verfügbar, dem wir uns in den nächsten Kapiteln widmen.

Sind alle Geschäftsfähigkeiten in derartigen Steckbriefen definiert, ist ein Katalog entstanden, der das Unternehmen in der Gesamtheit seiner Fähigkeiten und Fertigkeiten beschreibt.

Tabelle 14.1 fasst das Metamodell eines Steckbriefs zur Beschreibung einer Geschäftsfähigkeit mit verständnisrelevanten Detailinformationen zusammen. In den Inhalten des Metamodells sind die bisher behandelten Aspekte eingeflossen.

Tabelle 14.1 Metamodell zur umfassenden Beschreibung von Geschäftsfähigkeiten

Bestandteil der Geschäftsfähigkeit	Beschreibung	Wert
Identifikationsnummer (ID)	Ein eineindeutiger Code, der eine Geschäftsfähigkeit kennzeichnet.	Fortlaufende Zahl oder Buchstabe-Zahl-Kombination, die eine Identifikation sicherstellt und die Sortierung von Geschäftsfähigkeiten in Listen und Auswertungen ermöglicht.
Name	Beschreibender Name, der eine spontane Assoziation mit dem verbundenen Zweck oder der Fachlichkeit ermöglicht.	Ein bis maximal drei Begriffe wie beispielsweise Marktanalyse, Direktvertrieb, Produktentwicklung etc.
Domäne	Bezeichnung der fachlichen Domäne des Unternehmens, der die Geschäftsfähigkeit zugeordnet ist.	Ein bis maximal drei Begriffe wie beispielsweise Vertrieb, Marketing, Informationstechnologie etc.
(Subdomäne)	*Sofern das Design der Unternehmenskonfiguration es erfordert, können Domänen Subdomänen enthalten. Allerdings reduziert die Nutzung von Subdomänen die Übersichtlichkeit.*	*Ein bis maximal drei Begriffe wie beispielsweise Partnervertrieb als Subdomäne der Domäne Vertrieb oder Marketingkommunikation als Subdomäne der Domäne Marketing.*
Zweck	Welchen Zweck erfüllt die Geschäftsfähigkeit bzw. welchen Nutzen stiftet sie?	Freitext, nicht mehr als eine halbe DIN-A4-Seite.

Bestandteil der Geschäftsfähigkeit	Beschreibung	Wert
Kurzbeschreibung	Fachliche Erklärung der Inhalte einer Geschäftsfähigkeit.	Sofern möglich, in nicht mehr als drei knappe Sätze fassende Beschreibung. Auf weitergehende Details ist zu verweisen.
Beschreibung/Dokumentation	Sofern nötig, kann die Beschreibung der Geschäftsfähigkeit die Dokumentationen enthalten, die für eine umfassende Erklärung und nötigenfalls rechtliche Auskunftspflichten relevant sind.	Verweis auf Dokumentationen in elektronischer oder physischer Form.
laCoCa-Modell	Zuordnung zu den Systemen des laCoCa-Modells.	Buchstabe oder Name des zugehörigen Systems: **G**, **D**, **M**, **M***, **C**, **O**.
Input	Informationen, Daten, Prozesse, die als Quellen genutzt werden, damit die Geschäftsfähigkeit ihren Zweck erfüllen kann.	Stichwortartige Auflistung mit Verweis auf weitergehende Detailbeschreibungen.
Output	Ergebnistypen, die von der Geschäftsfähigkeit bereitgestellt oder produziert werden, damit andere Geschäftsfähigkeiten diese als Input nutzen können oder an die Umwelt übergeben werden.	Stichwortartige Auflistung mit Verweis auf weitergehende Detailbeschreibungen.
Amplifier (*Verstärker*)	Ergebnis oder Wirkung, die von der Geschäftsfähigkeit ausgeht und auf angeschlossene Geschäftsfähigkeiten oder die Umwelt Einfluss nimmt und somit die requisite Varietät des Unternehmens darstellt.	Darstellung von Arbeitsergebnissen oder Auswirkungen durch Ergebnisbeschreibungen oder Kennzahlen, wie beispielsweise der Kundenzufriedenheit. Hinweis: *Weitergehende Informationen zu diesem Themenbereich sind im Kapitel »Monitoring – VI anstatt KPI« zusammengefasst.*

Bestandteil der Geschäftsfähigkeit	Beschreibung	Wert
Attenuator (*Dämpfer*)	Auslöser, die eine Nutzung und Anwendung einer Geschäftsfähigkeit auslösen.	Auflistung von Einflussfaktoren bzw. Anforderungen beispielsweise in Form von Ergebnistypen, Ereignissen oder Kennzahlen. Hinweis: *Weitergehende Informationen zu diesem Themenbereich sind im Kapitel »Monitoring – VI anstatt KPI« zusammengefasst.*
Rechtlich relevant	Angabe, ob die Geschäftsfähigkeit aus rechtlichen Gründen (zwingend) erforderlich ist.	Ja/Nein-Angabe mit kurzer Erklärung und/oder Verweis auf gesetzliche Vorgaben.
Kritikalität	Wie abhängig ist das Unternehmen von dieser Geschäftsfähigkeit und wie lange können andere Geschäftsfunktionen ausgeführt werden, wenn diese ausfällt? Welche Konsequenzen und Risiken wirtschaftlicher oder qualitativer Form sind zu erwarten oder entstehen, wenn die Geschäftsfähigkeit ausfällt.	Definition der Kritikalität in Form einer qualitativen Ausprägung und eines Zeitraums, in dem die Funktionsfähigkeit und Verfügbarkeit der Geschäftsfähigkeit wiederhergestellt sein muss, um bekannte Konsequenzen oder Risiken zu vermeiden. Beispiel: Kritikalität niedrig – mittel – hoch, Wiederherstellung in x Minute(n)/Stunde(n)/Tage(n).
Marktdifferenzierend	Verschiedene Geschäftsfähigkeiten können für ein Unternehmen ein Alleinstellungsmerkmal bedeuten oder zumindest marktdifferenzierend sein und dadurch einen Wettbewerbsvorteil darstellen. Wenn die Geschäftsfähigkeit eine Marktdifferenzierung darstellt, ist darüber auch erkennbar, ob und wie sie vor Missbrauch, Informationsdiebstahl etc. geschützt werden muss.	Definition der Marktdifferenzierung in Form einer qualitativen Aussage (gering – mittel – hoch) und Nennung schützenswerter Elemente (Daten, Patente oder Innovationen).

Bestandteil der Geschäftsfähigkeit	Beschreibung	Wert
Wissensbereiche	Welches Fachwissen ist für die Bereitstellung und Durchführung der Geschäftsfähigkeit notwendig?	Auflistung der Wissensgebiete wie beispielsweise Betriebswirtschaft, Controlling oder internationales Handelsrecht in einem Spinnennetz-Diagramm, aus dem die Güte der Qualifikation ersichtlich ist. Anmerkung: Diese Darstellung ist nützlich, um die im Unternehmen vorhandene Güte des verfügbaren Fachwissens mit der benötigten oder zukünftig notwendigen vergleichen zu können. 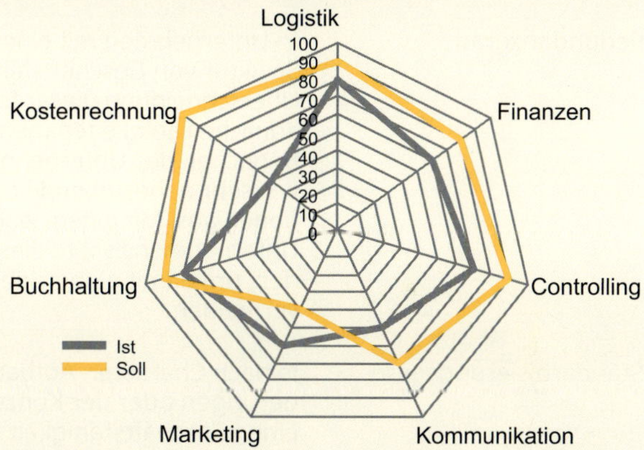
Abhängige Geschäftsfähigkeiten	Auflistung der Geschäftsfähigkeiten des Unternehmens, die von der hier beschriebenen abhängig sind, also den oben genannten Output benötigen, um selbst funktionsfähig zu sein.	Liste abhängiger Geschäftsfähigkeiten und die Darstellung der Liefer- und Leistungsbeziehung zu diesen.

Bestandteil der Geschäftsfähigkeit	Beschreibung	Wert
Qualitative Ausprägung	Unterscheidung von Geschäftsfähigkeiten hinsichtlich ihrer übergreifenden Nutzung oder einer notwendigen Spezialisierung. Beispiel: Die Geschäftsfähigkeit Personalmanagement wird als übergreifende Unterstützung allen angebundenen Unternehmensfähigkeiten gleichermaßen angeboten. Die Fähigkeit der Produktentwicklung stellt dagegen eine spezialisierte Fähigkeit dar.	Geschäftsfähigkeit (auch *Business Capability* genannt) Unterstützungsfähigkeit (auch *Enabling Capability* genannt)
Redundanzgrad	In Unternehmen mit einer langjährig gewachsenen Struktur von Geschäftsfähigkeiten ist oft eine gewisse Überschneidung dieser festzustellen. So existieren ähnliche Fähigkeiten mehrfach in verschiedenen Bereichen des Unternehmens und führen damit fachlich sehr nahestehende oder überlaufende Funktionen aus. Mit einem wachsenden Reifegrad des Unternehmens sollte dieser Zustand reduziert werden, um damit einhergehende Kosten und Risiken zu vermeiden.	Auflistung der redundanten Geschäftsfähigkeiten und Angabe des geschätzten oder, sofern möglich, gemessenen Überlappungsgrads der fachlichen und funktionalen Inhalte und Tätigkeiten. Beispiel: Zentrales Unternehmens-Controlling redundant zu Controlling in dezentralen Organisationseinheiten oder Regionalniederlassungen.
Standardisierungsgrad	Je nach Charakter, Aufbau, Eigenschaften und Anforderungen oder der Konzeption und dem Reifegrad einer Geschäftsfähigkeit ist diese unterschiedlich stark standardisiert. Geschäftsfähigkeiten, wie beispielsweise das Controlling in einer Domäne Finanzmanagement, sind in vielen Branchen vollständig standardisiert.	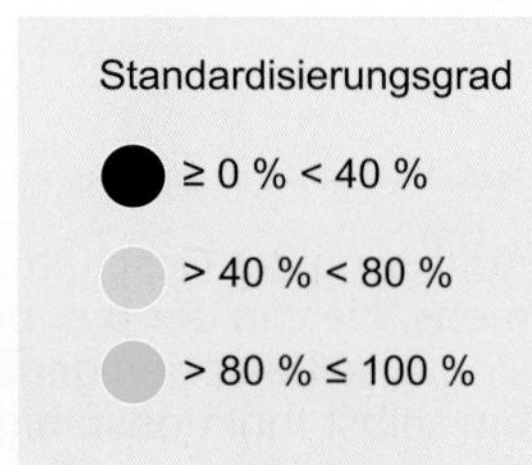 Angabe des Standardisierungsgrads der unternehmensinternen Geschäftsfähigkeit im Vergleich zum Branchenstandard in Prozent (%). Dieser Wert kann je nach Informationsgrundlage als Messung oder durch Schätzung angegeben werden.

Bestandteil der Geschäftsfähigkeit	Beschreibung	Wert
Digitalisierungsgrad/ Automationsgrad	Der Grad der Digitalisierung beschreibt, wie hoch der manuelle Aufwand ist, um die Geschäftsfähigkeit zu erbringen oder ob diese vollständig IT-gestützt und automatisiert erfolgt.	Angabe des Digitalisierungs- und Automationsgrads im Vier-Quadranten-Modell bei gleichzeitiger Darstellung des Standardisierungsgrads je Geschäftsfähigkeit. 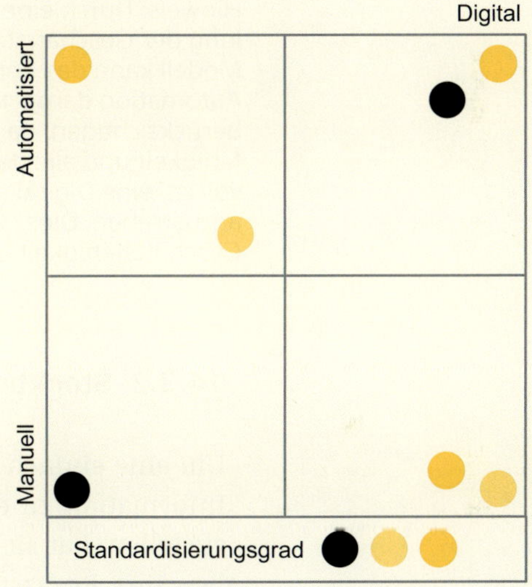

Bestandteil der Geschäftsfähigkeit	Beschreibung	Wert
Kognitive/kreative Qualität	Kreative Prozesse sollten von kognitiven unterschieden werden, da kreative Prozesse nicht standardisiert, digitalisiert oder automatisiert werden können. (Daher geringes/kein Digitalisierungspotenzial). Hinweis: Durch eine unterschiedlich große Darstellung der Geschäftsfähigkeit im Vier-Quadranten-Modell kann das Potenzial einer Digitalisierung oder Automation dargestellt werden. Allerdings ist zu berücksichtigen, dass es nicht für jede Geschäftsfähigkeit und alle darin enthaltenen Aktivitäten sinnvoll ist, eine Digitalisierung oder Automation anzustreben. Dies ist stark von der Qualität der Geschäftsfähigkeit abhängig.	Zuordnung zu einer qualitativen Kategorie wie kognitiv, kreativ, innovativ, inventive (englisch für *erfinderisch*), repetitiv oder produktiv.

14.3.2 Steckbrief der Geschäftsfähigkeit

Um eine einfach lesbare und schnell erfassbare Information zu einer Geschäftsfähigkeit bereitzustellen, hat sich das Format eines Steckbriefs bewährt. Er fasst die wichtigsten Informationen zusammen, die dafür notwendig sind, um die Inhalte, die Qualität, die Bedeutung und den Kontext im Zusammenspiel mit angrenzenden und abhängigen Geschäftsfähigkeiten des Unternehmens nachvollziehen und verstehen zu können.

Eine derartige Darstellung ist leichter lesbar als lange Tabellen und nimmt weniger Zeit in Anspruch als umfassende und vollständige, meist veraltete Dokumentationen.

Der in Bild 14.7 dargestellte Steckbrief dient als rein generisches Beispiel der Visualisierung, wie eine derartige Zusammenfassung relevanter Informationen aussehen kann, die eine Geschäftsfähigkeit konzentriert beschreiben.

Ein derartiger Steckbrief stellt keinen Ersatz für eine vollständige und umfassende Dokumenta-

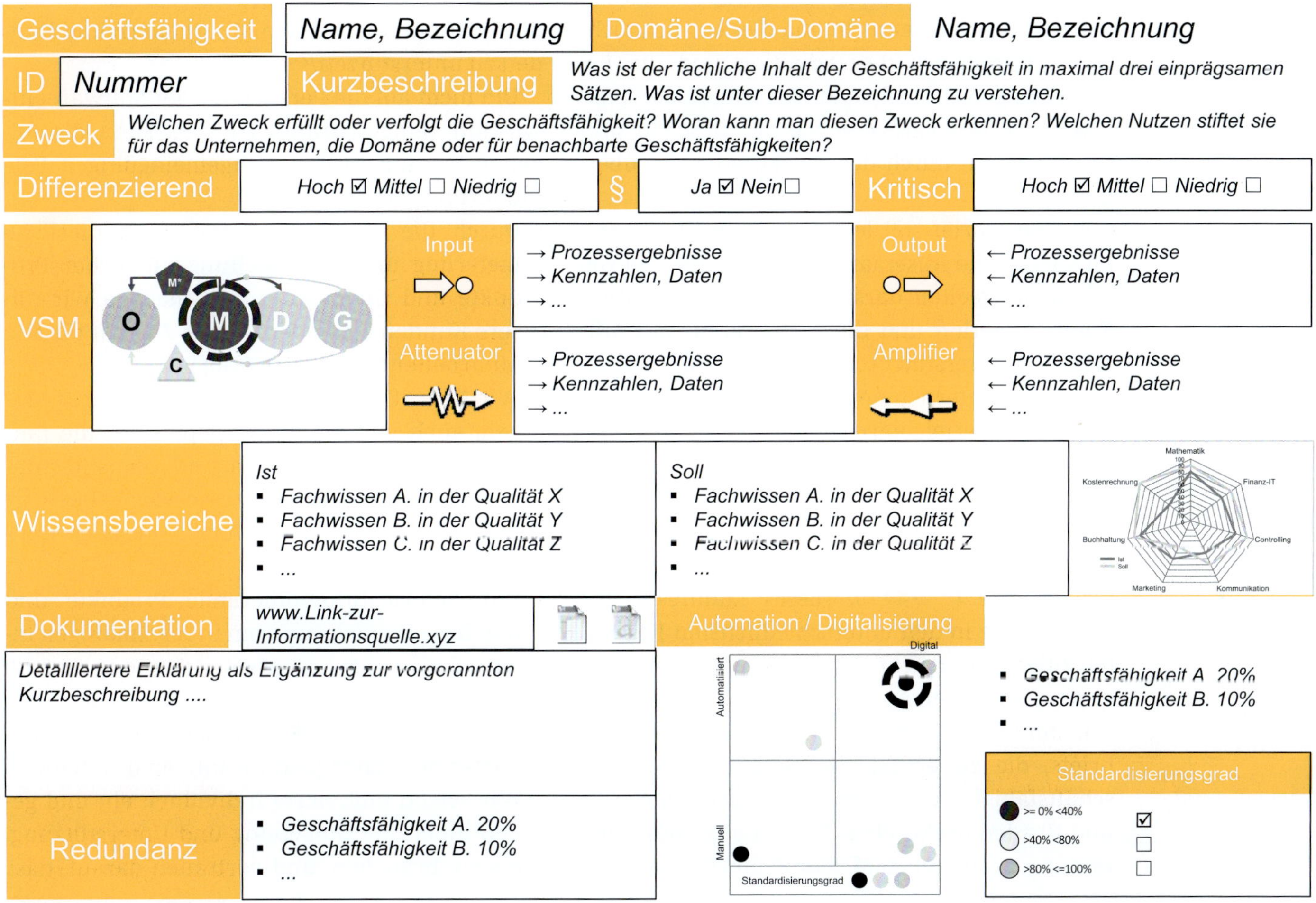

Bild 14.7 Steckbrief mit den Kurzbeschreibungen einer Geschäftsfähigkeit

tion dar. Das kann er nicht und dies ist auch nicht beabsichtigt. Auch die Definition und die Beschreibung weitergehender Informationsgrundlagen, wie beispielsweise die der Geschäftsprozesse, werden durch den Steckbrief nicht überflüssig.

Ein Steckbrief soll lediglich einen leichteren Einstieg in die Auseinandersetzung mit den Geschäftsfähigkeiten darstellen, der eine bessere Kommunikation und die Kooperation mit Mitarbeitern unterstützt sowie Partnern und kooperierenden Unternehmen und Ansprechpartnern die Nutzung erleichtern soll.

Diese Reduzierung und Fokussierung orientiert sich an den Festlegungen des Manifests für agile Softwareentwicklung, das 2001 von einer Gruppe innovativer Vordenker veröffentlicht wurde (Bild 14.8). Dieses Manifest wird mittlerweile in den unterschiedlichsten Kontexten zitiert, da es nicht nur für die agile Softwareentwicklung alleine geeignet ist.

Im Sinne des Manifests ist es das Ziel des Steckbriefs, die zu erstellende Definition von Geschäftsfähigkeiten auf einem möglichst geringen und für den praktischen Nutzen angemessenen Umfang zu halten und damit die Kooperation und Kommunikation von Mitarbeitern und Kunden zu unterstützen.

Um nicht auf die Perspektive der Softwareentwicklung eingeschränkt zu sein, kann die folgende Version in einer allgemeingültigen Formulierung genutzt werden:

- Durch die rechtzeitige und kontinuierliche Lieferung und Bereitstellung nützlicher Produkte und Dienstleistungen machen wir unsere Kunden zufrieden. Dieses Ziel hat für alle Mitarbeiter die höchste Priorität.
- Wir begrüßen Änderungen der Anforderungen, auch wenn diese ungeplant in die Entwicklung von Produkten und Dienstleistungen einfließen. Agile Prozesse nutzen bewusst die Veränderung zum Vorteil unserer Kunden.
- Wir liefern funktionierende Produkte und nutzbare Dienstleistungen in regelmäßigen Intervallen, wobei kürzere Zeiträume bevorzugt werden.
- Geschäftsleute aus den Fachbereichen und Experten müssen täglich zusammenarbeiten.
- Wir setzen motivierte Individuen ein und geben ihnen die Umgebung und Unterstützung, die sie brauchen, und vertrauen darauf, dass

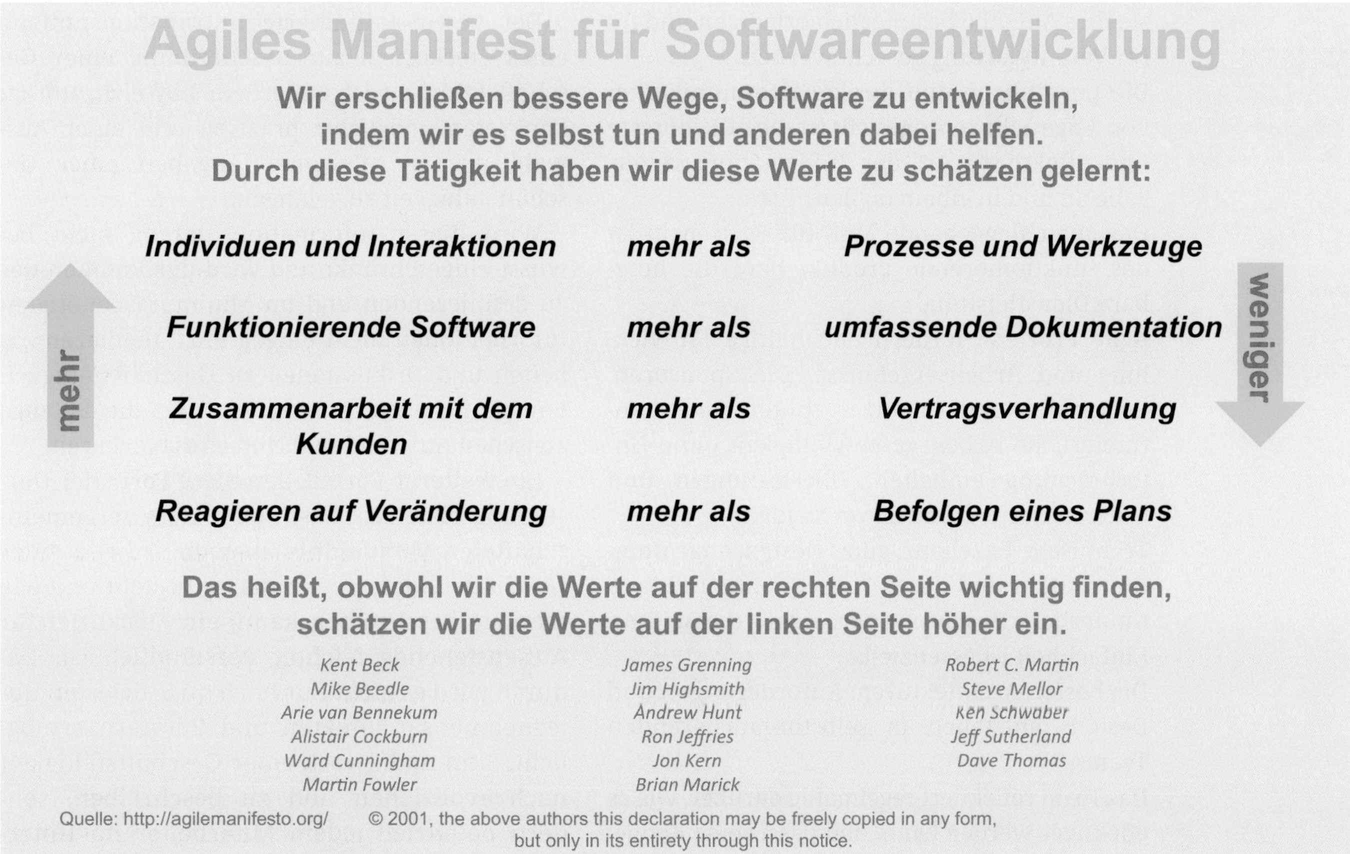

Bild 14.8 Manifest für agile Softwareentwicklung (Quelle: agilemanifesto.org)

sie ihre Aufgabe bestmöglich erledigen und ihrer Verantwortung gerecht werden.

- Die persönliche und direkte Kommunikation von Angesicht zu Angesicht ist die effizienteste und effektivste Art der Informationsweitergabe an und in einem (agilen) Team.
- Das ausschlaggebende Maß für Fortschritt ist das funktionierende Produkt bzw. die nutzbare Dienstleistung.
- Agile Prozesse fördern nachhaltige Entwicklung und Arbeitsergebnisse. Die Sponsoren, Entwickler und Benutzer sollten eine kontinuierliche Arbeitsgeschwindigkeit ohne Unterbrechung einhalten. Überlastungen und Unterforderung sind zu vermeiden.
- Technische Exzellenz, gutes Design, enge Kommunikation und deren konsequente und kontinuierliche Beachtung verbessern die Agilität.
- Einfachheit ist essenziell.
- Die besten Architekturen, Anforderungen und Designs entstehen in selbstorganisierenden Teams.
- Das Team reflektiert regelmäßig darüber, wie es effektiver werden kann, und passt seine Kooperation und Kommunikation kontinuierlich an.

(In Anlehnung an die Übersetzung von Think-Pi Group 2016)

Der bewusst limitierte Informationsumfang eines Steckbriefs zur Beschreibung einer Geschäftsfähigkeit ist außerdem hilfreich, um zu konkreten, möglichst präzisen und einer Auswahl primär relevanter Angaben einer Geschäftsfähigkeit zu gelangen.

Wird dieser Informationsumfang nicht bewusst eingeschränkt und wird der Rahmen der zu definierenden und im Minimum benötigten Informationen nicht eingegrenzt, tendieren Arbeiten und Diskussionen zu Geschäftsfähigkeiten häufig dazu, auszuufern und die Balance zwischen Aufwand und Nutzen zu verlieren.

Ein weiterer Vorteil, den diese Form der Darstellung bietet, ist, dass neben dem vergemeinschafteten Verständnis über die Inhalte einer Geschäftsfähigkeit, woraus sie besteht und wie man sie beschreiben kann, ein Steckbrief für Außenstehende leichter verständlich ist. Dadurch wird es nicht nur hoch qualifizierten Unternehmensarchitekten und Beratern ermöglicht, Sinn und Zweck einer Geschäftsfähigkeit nachzuvollziehen und zu beschreiben, sondern potenziell jedem Mitarbeiter im Unternehmen.

Diese Vorteile unterstützen den Abbau von Kommunikationshürden und ermöglichen es einer größeren Zahl von Mitarbeitern, in einer nachvollziehbaren und für jedermann verständlichen Form informiert und aktiv eingebunden zu werden.

Wenn es darum geht, in einem Unternehmen die Unterstützung und die Akzeptanz für notwendige Veränderungen und Maßnahmen zu Weiterentwicklung der Organisation zu erreichen, ist dieser Vorteil von hohem Wert und reduziert die Risiken, die mit Veränderungsprozessen immer einhergehen. Mitarbeiter, die einer mangelhaften Information und unverständlichen Kommunikation ausgesetzt sind, neigen dazu, Neuerungen als Bedrohung wahrzunehmen und sich diesen zu widersetzen, sie zu boykottieren oder gar zu sabotieren. Wenn wir in dem Kapitel »Transformation – Veränderung operativ umsetzen« das Thema des Veränderungsmanagements behandeln, werden wir auf diese Aspekte noch genauer eingehen.

Zur Veranschaulichung der Nutzung der vorgenannten Steckbriefe, für die Beschreibung der Inhalte und der Ausprägung einer Geschäftsfähigkeit, haben wir an dieser Stelle zusätzlich ein fiktives Beispiel für die Corporate Governance eingefügt (Bild 14.9).

Inhalte und Umfang sind von Unternehmen zu Unternehmen abweichend und stellen das Ergebnis der Entwicklungsarbeit zu dieser Geschäftsfähigkeit dar.

Um Redundanzen zu vermeiden wird das Beispiel eines Steckbriefs nur an dieser Stelle genutzt und in den folgenden Kapiteln nicht für jede Geschäftsfähigkeit wiederholt.

Das hier verwendete Beispiel des Steckbriefs der Corporate Governance verfolgt das Ziel, seine Anwendung und mögliche inhaltliche Ausgestaltung zur veranschaulichen. Die Details und der inhaltliche Umfang sind vom jeweiligen Unternehmen und den dort vorherrschenden Informationsbedürfnissen abhängig, können also erheblich voneinander abweichen.

Steckbriefe müssen für jede einzelne Geschäftsfähigkeit erstellt werden, damit die weitergehende Konfiguration der Gesamtstruktur des Systems Unternehmen möglich ist. Dazu soll eine Darstellung gewählt werden, die eine klassische, zweidimensionale Form erweitert und somit den Informationsgehalt und die Nachvollziehbarkeit zum Aufbau und zu den Zusammenhängen eines Unternehmens erheblich erweitert und verbessert.

Geschäftsfähigkeit	*Corporate Governance*	Domäne/Sub-Domäne	*Corporate*
ID	*CG1*	Kurzbeschreibung	*... stellt die Grundlagen für Richtlinien und Grundsätze zur Verfügung und passt diese kontinuierlich an den Unternehmensbedarf an.*

Zweck: *Sicherstelen der Einhaltung gesetzlicher Vorgaben, Entwicklung uns Sicherung einer positiven Unternehmenskultur und einer allgemein akzeptierten und unterstützten Unternehmensidentität. Entwickelt Normen und Regeln der Zusammenarbeit.*

Differenzierend	*Hoch ☐ Mittel ☑ Niedrig ☐*	§	*Ja ☑ Nein☐*	Kritisch	*Hoch ☑ Mittel ☐ Niedrig ☐*

VSM

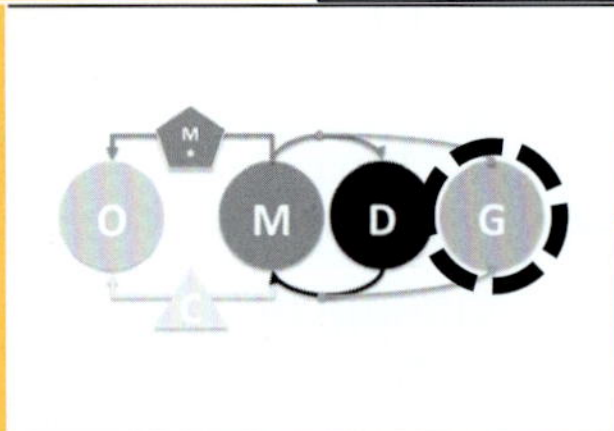

Input	*→ Gesetze und Verträge* *→ Befragungsergebnisse* *→ Kennzahlen*	Output	*← Richtlinien* *← Mission, Vision* *← Werte und Normen*
Attenuator	*→ Werteentwicklungen der Gesellschaft* *→ Rückmeldungen der Belegschaft* *→ Unternehmensentwicklung*	Amplifier	*← Einhaltung von Vorgaben* *← Vermittlung von Inhalten* *← Schulungen, Workshops*

Wissensbereiche

Ist
- *Strategische Unternehmensführung*
- *Pädagogik, Wirtschaftspsychologie*
- *Betriebswirtschaft*
- *Wirtschaftsrecht*

Soll
- *Interkulturelle Kommunikation*
- *laCoCa Vorgehensmodell*
- *Europäisches Recht*
- *Nutzung sozialer Medien*

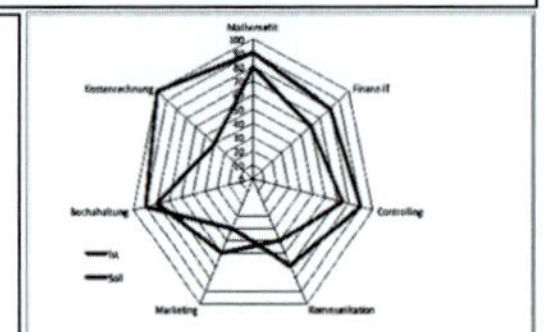

Dokumentation: *www.Corporate-Governance-Infotheke.xyz*

Um dem gesamten Unternehmen in allen seinen Bereichen, Geschäftsfähigkeiten, Team oder Projekten einheitliche Speiregeln zur Orientierung zur Verfügung zu stellen, ist die zentrale Bereitstellungeiner verbindlichen Spielregeln notwendig. Derartige Spielregeln sind wie eine Art Verfassung zu verstehen, die von jedem Mitarbeiter uneingeschränkt anzuwenden und auch zu schützen gilt. Die Corporate Governance oder Unternehmensrichtlinie stellt demnach das Fundament des Unternehmens dar und definiert, nach welchen Vorgaben, Prinzipien und Grundsätzen die Zusammenarbeit innerhalb des Unternehmens und auch nach außen mit allen Bestandteilen der Umwelt gültig sind

Redundanz

Geschäftsfähigkeit
- *Strategieentwicklung 20%*
- *Business Development 10%*

Automation / Digitalisierung

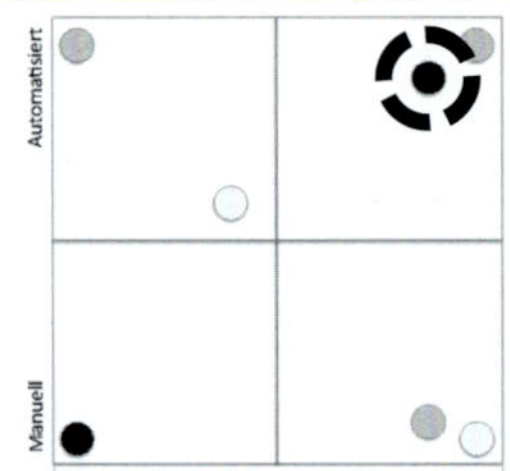

Abhängige Geschäftsfähigkeit.
- *Strategieentwicklung 20%*
- *Business Development 10%*
- *Unternehmenskommunikation 30%*

Standardisierungsgrad

● >= 0% <40%	☑	68
● >40% <80%	☐	
● >80% <=100%	☐	

Bild 14.9 Geschäftsfähigkeit am Beispiel der Governance

14.3.3 Darstellung von Geschäftsfähigkeiten

Klassische Darstellung – 2-D

Die aktuell verbreitete Darstellungsweise von Geschäftsfähigkeiten im Kontext ihrer fachlichen Domänen ist streng zweidimensional angelegt (Bild 14.10). Geschäftsfähigkeiten werden üblicherweise in einem sogenannten Domänenmodell dargestellt (im Englischen *Business Capability Map* genannt.) Diese Übersicht oder dieser Übersichtsplan – übernimmt man die englische Bedeutung von Map – der Geschäftsfähigkeiten dient dazu, die vorhandenen Fähigkeiten eines Unternehmens in fachlichen Gruppierungen darzustellen.

Was diese Form der Darstellung in ihrer Detaillierung allerdings nicht vermitteln kann, sind Informationen zu den folgenden Fragen.

- Welche Qualität hat die jeweilige Geschäftsfähigkeit für das Unternehmen?
- Welche Aufgabe erfüllt eine Geschäftsfähigkeit?
- In welchem Kontext steht eine Geschäftsfähigkeit innerhalb des Unternehmens zu weiteren Geschäftsfähigkeiten?
- In welcher Art und Weise steht die einzelne Geschäftsfähigkeit in einer Kommunikations- oder Kooperationsbeziehung zur Umwelt?
- Stellt die Geschäftsfähigkeit Informationen bereit, produziert sie Ergebnisse oder unterstützt sie die Funktionsweise anderer Bestandteile des Unternehmens?

Die Aussagequalität eines klassischen Domänenmodells in 2-D entspricht in etwa der einer grafischen Darstellung der Hierarchie eines Unternehmens. Man erkennt zwar, aus welchen Abteilungen ein Unternehmen besteht, es ist aber nicht zu erkennen, wie diese funktionieren, miteinander interagieren, in welcher Form beispielsweise operative Geschäftsprozesse oder eine strategische Planung durchgeführt wird und wer an derartigen Themen beteiligt ist.

Das klassische Domänenmodell erklärt in vergleichbarer Form nicht, wie die Konfiguration eines Unternehmens zu verstehen ist und wie die einzelnen Bestandteile miteinander kooperieren oder wie relevant diese für das Unternehmen sind. Man kann nicht einmal erkennen, ob eine Geschäftsfähigkeit überhaupt von dem betreffenden Unternehmen selbst erbracht wird oder durch einen externen Kooperationspartner oder

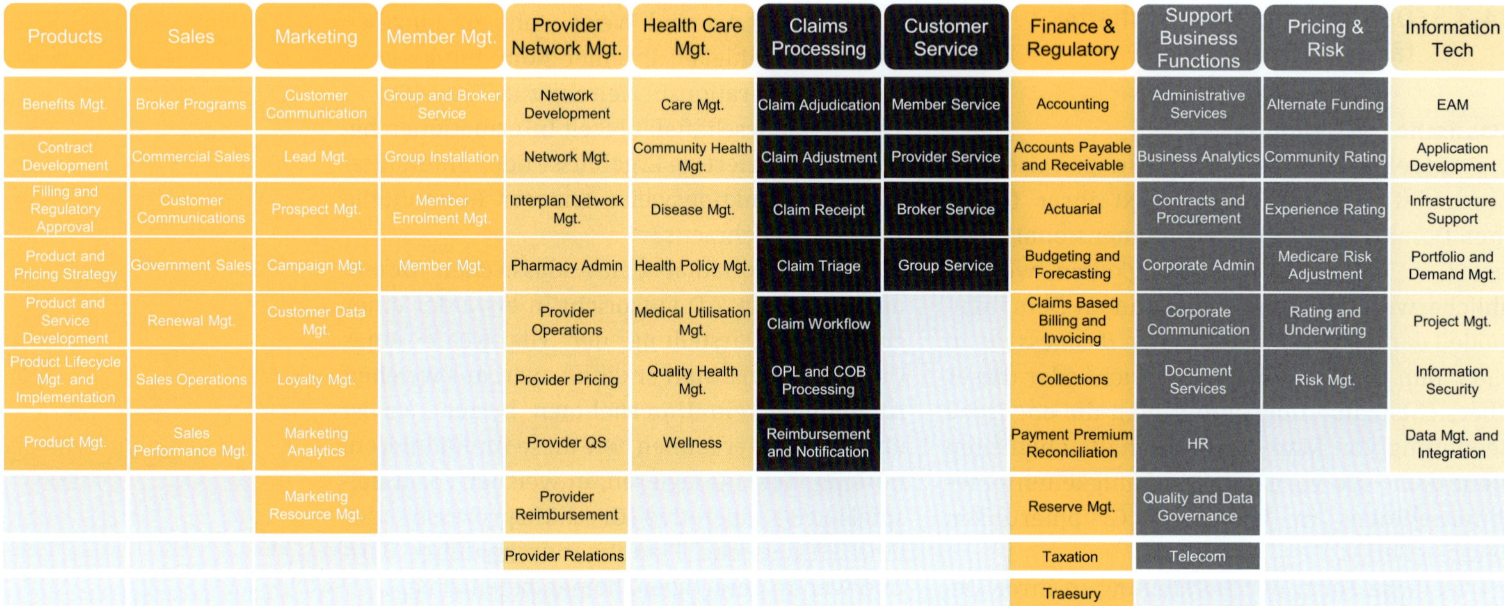

Bild 14.10 Business Capability Map (Quelle: *www.slideshare.net/leobarella/business-value-measurements-and-the-solution-design-framework*, Leo Barella, Blue Cross Blue Shield of Michigan, The 2015 Blue National Summit, Slide 18)

einen Lieferanten. Insgesamt ist die Informationstiefe und Informationsqualität eines derartigen Domänenmodells ausgesprochen limitierend.

Klassische Darstellungen und Modellierungsvorgehen erinnern ein wenig an die Zeit des Mittelalters, als die vorherrschende Meinung der Gelehrten war, die Erde sei eine Scheibe. Aus heutiger Sicht war das damalige Weltbild grober Unfug. Dennoch waren dieses Modell und die Vorstellung vom gesamten Universum im wissenschaftlichen Entwicklungsstand der Menschheit das Maß der Dinge. Und alle Überlegungen und Beweise, die diesem Modell widersprachen, wurden angezweifelt, verhöhnt und bekämpft.

Eine Analogie zwischen dem zweidimensionalen Domänenmodell und dem Weltbild des Mittelalters herzustellen, ist natürlich nicht ganz ernst zu nehmen. Es geht lediglich darum, zu verdeutlichen, dass jeder Entwicklungsstand eine Zeit hat, in der er gültig ist. Dies gilt für die Entwicklung von Modellen zur Darstellung der Funktionsweise komplexer Systeme in gleicher Weise wie für die Entwicklung des Weltbilds. Für die Anforderungen eines agilen Unternehmens, in möglichst kurzer Zeit mit möglichst geringem Aufwand eine Orientierung über den aktuellen und den als nächsten anzustrebenden Entwicklungsschritt zu erfahren, sind die etablierten Vorgehensweisen und Darstellungsformen nicht mehr geeignet, da sie in ihrem Informationsgehalt zu limitiert und zu spezialisiert sind.

Um die Funktionsweise eines Unternehmens beschreiben, vermitteln, verstehen und entwickeln zu können, sind die vorgenannten Informationen relevant und werden benötigt. In möglichst kurzer Zeit ist somit die aktuelle Konfiguration, man kann auch sagen das Design bzw. die Anatomie eines Unternehmens, nachzuvollziehen.

Darauf aufbauend kann festgelegt werden, an welcher Geschäftsfähigkeit eine spezifische Veränderung vorgenommen werden muss, um einem internen oder externen Einflussfaktor – *Attenuator* (Dämpfer) und *Amplifier* (Verstärker) – entsprechen zu können.

Um das zu erreichen, ist es nötig, eine spezifische und den agilen Anforderungen entsprechende Darstellungsform für das Design des Systems Unternehmen zu nutzen.

Geschäftsfähigkeiten anpassen

Nachdem die dynamische Strategie erarbeitet und die Anpassung oder Neuentwicklung der Geschäftsmodelle initiiert ist, gilt es, als Nächstes die bestehenden Geschäftsfähigkeiten zu ergänzen, anzupassen und aufzugeben oder gänzlich neue zu entwickeln. Hierfür werden die standardisierten Kurzbeschreibungen (Steckbriefe) der Geschäftsfähigkeiten benötigt, um eine Übersicht zum aktuellen Definitionsstand zu erhalten.

Aus den taktischen Manövern der dynamischen Strategie und den Veränderungen an den Geschäftsmodellen ist festzulegen, welche

Geschäftsfähigkeiten von den Auswirkungen der identifizierten Einflussfaktoren betroffen sind, welche angepasst oder ersetzt und welche neuen Geschäftsfähigkeiten aufgebaut werden müssen.

Gehen wir zur Veranschaulichung fiktiv davon aus, dass ein Unternehmen aus der Entwicklungsarbeit zur neuen Version seiner dynamischen Strategie herausgefunden hat, welche Bedeutung die berufliche und private Nutzung mobiler Endgeräte für das Entstehen digitaler Geschäftsmodelle besitzt.

Das Unternehmen selbst hat bisher die Strategie verfolgt, sich den allgemeinen Trends seines Marktes gegenüber konservativ und passiv zu verhalten und verfügbare technologische Innovationen erst dann zu nutzen, sobald diese eine nennenswerte Akzeptanz unter den Kunden erreicht haben. Damit hat das Unternehmen sehr erfolgreich Fehlinvestitionen vermieden, aber auch immer um Marktanteile kämpfen müssen, da es den Vorsprung des Wettbewerbs immer durch das Einräumen von Rabatten kompensieren musste.

Die vorhandenen Geschäftsfähigkeiten sind in unserem Beispiel bisher darauf ausgerichtet, möglichst effizient und zu geringen Kosten Leistungen und Produkte anzubieten, die im Wettbewerb mit vergleichbaren Angeboten stehen. Dadurch befindet sich das Unternehmen mit seinen Leistungen in einem permanenten Preiswettbewerb gegenüber seinen Konkurrenten.

Das geringe Risiko von Fehlinvestitionen in potenziell wenig erfolgreiche eigene Innovationen »bezahlt« das Unternehmen mit einem erhöhten Aufwand in den Bereichen Vertrieb und Marketing und ist darüber gezwungen, kontinuierlich Maßnahmen zur Effizienzsteigerung umzusetzen, um im Markt bestehen zu können.

Als Konsequenz aus dieser Situationsanalyse erfolgt der Wechsel zu einem anderen Strategiemuster. Es wurde die Entscheidung getroffen, im Unternehmen eine neue Geschäftsfähigkeit für die Entwicklung eigener Innovationen aufzubauen.

Die Prüfung der bestehenden Geschäftsfähigkeiten ergab, dass die Entwicklung von Innovationen in keine der existierenden passte. Die reine Erweiterung bestehender Fähigkeiten, um die definierten Aufgabenstellungen zu erbringen, konnte mit dem vorhandenen Wissen der Mitarbeiter und deren Erfahrung nicht sichergestellt werden. Außerdem fehlten Geschäftsprozesse, die beispielsweise für ein Innovationsmanagement geeignet sind.

Neue Geschäftsfähigkeiten entwickeln

Im Kontext der Entwicklung und Beschreibung von Geschäftsfähigkeiten ist es oft nützlich, eine Reihe grundsätzlicher Fragestellungen zu beantworten, um ihre Inhalte und ihre Nutzung zu erfassen. Diese Leitfragen unterstützen auch dabei, festzustellen, ob eine Geschäftsfähigkeit überhaupt notwendig oder deren Definition vollständig ist.

Die in Bild 14.11 dargestellten Fragen bauen auf den Denkmodellen des laCoCa-Modells auf und erlauben es so, in einem späteren Arbeitsschritt dazu passende Prozesse und die Konfiguration der Organisationsstruktur, inklusive der benötigten agilen Teams, konsistent vorzunehmen.

Leitfragen

- Welche Auslöser oder Einflussfaktoren wirken auf die Geschäftsfähigkeit? *Attenuator*
- Was sind die Eingangsparameter? *Input*
- (M) Welche Rahmenbedingungen und Kapazitäten müssen sichergestellt werden?
- (G) Welche Regeln sind relevant? *extern/intern*
- (C) Welche Informationen werden benötigt oder bereitgestellt?
- (M*) Welche Kennzahlen werden benötigt oder bereitgestellt?
- (O) Wie wird die Geschäftsfähigkeit ausgeführt? *Prozesse/Methoden*
- (D) Wie wird die Fähigkeit weiterentwickelt?
- Was sind die Ausgangsparameter? *Output*
- Welche Wirkung erzielt die Geschäftsfähigkeit? *Amplifier*

Bild 14.11
Leitfragen zur konsistenten Definition und Entwicklung von Geschäftsfähigkeiten

Als Arbeitserleichterung und zur Förderung der Kommunikation, beispielsweise in Expertenrunden oder Entwicklungsworkshops, kann ein erster Steckbrief nach dem in Bild 14.12 dargestellten Beispiel genutzt werden. Die Inhalte werden im weiteren Verlauf der Erstellung iterativ ergänzt und detailliert.

Vor dem operativen Aufbau einer neuen Geschäftsfähigkeit sollten folgende grundlegende Aspekte bearbeitet, durchdacht und vorbereitet werden:

- Welche fachlichen Inhalte und Vorgehensweisen (Methoden), Prozesse, Daten und Arbeitsweisen sollen in der neuen Geschäftsfähigkeit enthalten sein (ausgehend vom Metamodell)?
- Welche Qualität weist die neue Geschäftsfähigkeit im Rahmen des laCoCa-Modells auf (Zugehörigkeit zu Government, Development, Management oder Operation)?
- In welcher Beziehung steht die neue Geschäftsfähigkeit zu den vorhandenen und mit der Umwelt? In welcher Interaktionsform steht sie mit diesen?

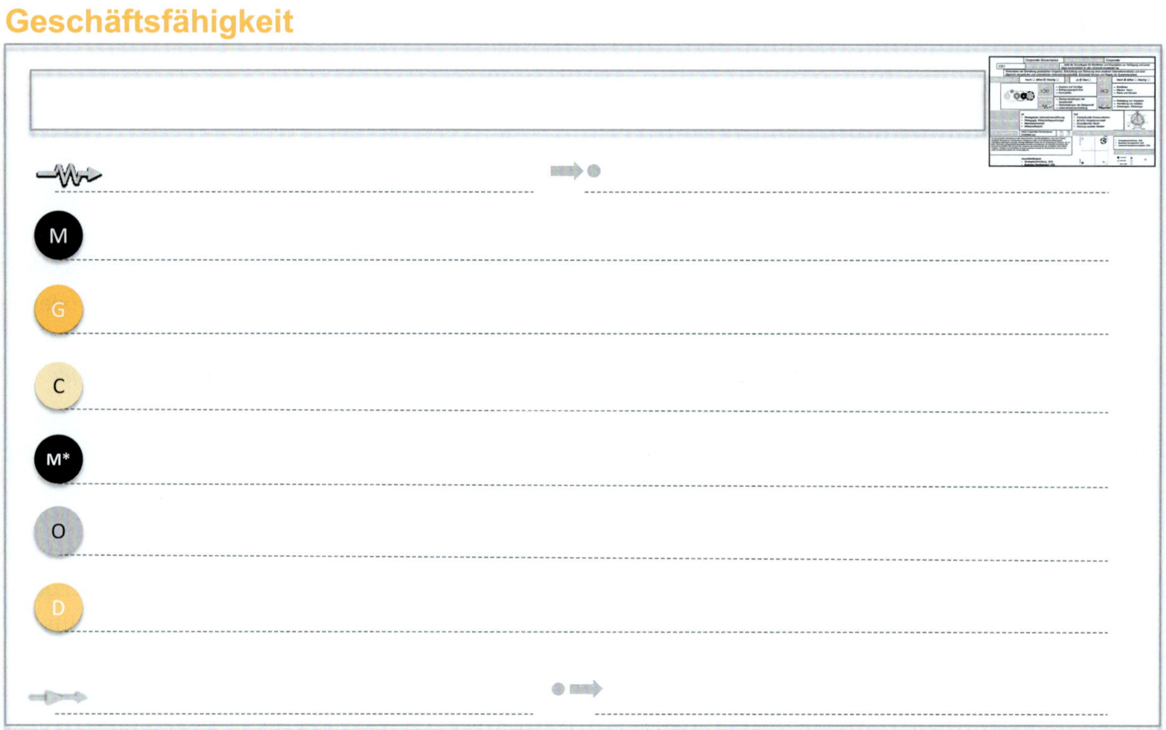

Bild 14.12
Initialer Steckbrief zur Definition der Bestandteile einer Geschäftsfähigkeit

- Welche Änderungen müssen vorgesehen werden, damit die existierenden Geschäftsfähigkeiten in die Lage versetzt werden, mit der neu geschaffenen zu interagieren?
- Welche kulturellen Fragestellungen müssen beim Aufbau der neuen Geschäftsfähigkeit berücksichtigt werden, um eine größtmögliche Unterstützung und Akzeptanz der Mitarbeiter

der betroffenen und beteiligten Abteilungen und Teams sicherzustellen?
- Welches Fachwissen muss von den Mitarbeitern erworben werden, um die Ausgestaltung und Durchführung der Geschäftsfähigkeiten sicherstellen zu können?

Vor allem die letzten beiden aufgeführten Punkte werden bei der Planung und dem Aufbau neuer Geschäftsfähigkeiten, aber auch bei der Modifikation bestehender in der Praxis oft übersehen oder ignoriert. Bevor jedoch die Konfiguration eines Unternehmens verändert wird, das als separates Thema behandelt wird, sind diese Vorüberlegungen ausgesprochen erfolgskritisch, um eine möglichst hohe Wirksamkeit sicherzustellen.

Der Aspekte des potenziellen Widerstands durch die Mitarbeiter im Unternehmen ist einer der wesentlichen Gründe, warum Veränderungen, und allem voran notwendige Transformationen für den Aufbau digitaler Geschäftsmodelle, immer wieder scheitern.

Wenn Mitarbeiter eine Änderung als Bedrohung wahrnehmen und nicht als positive Entwicklung zur Sicherung des eigenen Arbeitsplatzes anerkennen, grenzt die Wahrscheinlichkeit eines Scheiterns schon an eine Gewissheit. Mindestens aber ist die Wirksamkeit der angestrebten Veränderung eingeschränkt.

Eine Geschäftsfähigkeit aufzubauen, ohne die angrenzenden Teams und Bereiche darauf vorzubereiten und sicherzustellen, dass eine Zusammenarbeit, Integration und Interaktion vorbereitet und validiert ist, führt dazu, dass die neue Entwicklung isoliert bleibt. Weder wird benötigter Input (Informationen, Wissen, Daten, Prozessergebnisse etc.) ausgetauscht, noch werden Arbeitsergebnisse der neuen Geschäftsfähigkeit zur Weiterverarbeitung oder Veredelung übernommen und weiter genutzt.

Gerade im Zuge des Hypes rund um die Zusammenarbeit etablierter Unternehmen mit Start-ups ist exakt dieses Fehlermuster deutlich zu erkennen. Sehr häufig treffen Führungskräfte oder Geschäftsführer die innovative, aber einsame Entscheidung des Aufbaus oder der Zusammenarbeit mit einem Start-up-Unternehmen. Die Maßnahme ist von der Absicht motiviert, das eigene Unternehmen mit Innovationen oder innovativen Ideen zu versorgen, da die eigene Organisation als innovationsfeindlich wahrgenommen und eingeschätzt wird.

Darüber vergessen sie aber, dass ein Start-up in der Zusammenarbeit mit einem etablierten

Unternehmen in die Lage versetzt werden muss, mit diesem zu interagieren. Informationen, Ressourcen, Wissen, Daten, Arbeitsergebnisse etc. müssen untereinander ausgetauscht werden können. Wird die Form der Kooperation zwischen Start-up und Unternehmensorganisation nicht vorbereitet und sichergestellt, führt es im besten Fall dazu, dass ein Start-up isoliert bleibt und damit nur eingeschränkten Nutzen für die etablierte Organisation entfalten kann.

Im schlimmsten Fall attackiert, boykottiert oder sabotiert die etablierte Organisation das Start-up so lange, bis dieses aufgibt, scheitert oder zerfällt.

Aus diesem Grund entscheiden sich viele Führungskräfte dazu, eine Kooperation mit einem Start-up oder den Aufbau eines eigenen Start-up-Unternehmens von vornherein getrennt von der bestehenden Organisation durchzuführen.

So verständlich diese strategische Überlegung auf den ersten Blick zu sein scheint, so zweifelhaft sind die daraus potenziell resultierenden Effekte. Zum einen ist die Integration eines Start-ups in einem weiterentwickelten Reifegrad nicht einfacher, als die eigene Organisation von Anfang an systematisch anzubinden. Eine nachträgliche Integration ist wie ein klassischer Merger zweier Unternehmen anzusehen, deren Kulturen so unterschiedlich sein können, dass eine Integration auch dann scheitert. Zum anderen fördern die separate Investition und die getrennte Nutzung eines Start-up-Unternehmens das Misstrauen aller Mitarbeiter der angestammten Organisation in die Führungsmannschaft, da die Wahrnehmung gefördert wird, der eigenen Belegschaft zu misstrauen oder ihr keine Innovationsfähigkeit zuzutrauen.

Wie eine derartige Entwicklung verhindert werden kann, ist Thema des Kapitels »Transformation – Veränderung operativ umsetzen«.

14.4 Modellierung agiler Prozesse

In unterschiedlichen Diskussionen zum Thema der agilen und selbstorganisierten Unternehmen wird immer wieder darüber debattiert, ob es in einer der Eigenverantwortung verpflichteten Organisation überhaupt Definitionen von Geschäfts- und Unterstützungsprozessen geben kann oder geben darf.

Wie so viele Kontroversen, die dem Entwicklungsstand des Themengebiets agiler Organisationsformen geschuldet sind, erscheint auch diese auf den ersten Blick nachvollziehbar und richtig. Warum sollen sich selbstorganisierende Mitarbeiter und ihre Teams Arbeitsabläufe dokumentieren und diesen folgen? Steht das nicht im Widerspruch zu der angestrebten agilen Form der Kooperation? Steht eine Prozessbibliothek oder Dokumentation nicht im direkten Widerspruch und damit im Konflikt mit den Prinzipien agiler Arbeitsorganisation?

Stellen wir uns vor, wir würden in einem Unternehmen keinerlei nachvollziehbare Prozessvereinbarung vorfinden, und die Informationen über die Arbeitsabläufe eines Unternehmens sind nur über die persönliche Interaktion und Kommunikation mit den Mitarbeitern zu erfahren.

Jeder Kunde müsste individuell recherchieren, wie eine Bestellung an das Unternehmen gerichtet werden kann und nach welchem Ablauf die Bearbeitung eines Auftrags von welchem Team und welchem Mitarbeiter des Auftragnehmers erfolgt.

Neu eingestellte Mitarbeiter müssen alle Abläufe im Unternehmen alleine über die Zusammenarbeit mit den Kollegen erfahren und erlernen. Und jeder Mitarbeiter hat in diesem Unternehmen die Freiheit, Arbeitsabläufe so zu erstellen, wie er sie für sich als angemessen und richtig erachtet, und muss bei jeder Anpassung jeden Mitarbeiter, mit dem er in einer Kooperationsbeziehung steht, über die Änderung informieren, damit sich dieser darauf einstellen kann.

Diese Beispiele weiterführend wird schnell erkennbar, dass ein Fehlen nachvollziehbarer Beschreibungen von Arbeitsabläufen in einem Unternehmen zu sehr hohem Kommunikationsaufwand führt, der die Leistungsfähigkeit der gesamten Organisation eher dämpft als fördert.

Die Richtung, in die diese Diskussion über die Notwendigkeit von Prozessen führt, ist daher irreführend und erscheint mancherorts eher ideologischer Natur zu sein.

Von der Zielsetzung ausgehend, dass ein von Mitarbeitern selbstorganisiertes Unternehmen ein höheres Leistungsniveau erreichen kann als ein hierarchisch organisiertes, stellt sich immer die Frage, welche Rahmenbedingungen und Grundlagen notwendig sind, um dieses Ziel bestmöglich zu erreichen.

Das ist eine ausschließlich pragmatische und auf das wirtschaftliche Überleben des Unternehmens fokussierte Perspektive. Sobald Mitarbeiter einander als Erwachsene begegnen und sie sich eigenverantwortlich für die Leistung der von ihnen ausgefüllten Rollen und Funktionen zuständig fühlen, bleibt wenig Raum für philosophische Sichtweisen oder die Debatte individueller Überzeugungen.

Wir betrachten an dieser Stelle das Themengebiet der Prozesse in einem Unternehmen aus der Perspektive, dass sie Bestandteile von Geschäftsfähigkeiten sind, die eingesetzt werden, um die Arbeitsbedingungen und damit die Leistungs- und Kooperationsfähigkeit der Mitarbeiter untereinander und mit ihrer Umwelt zu unterstützen. Darüber haben wir eine angemessene Verständnisgrundlage geschaffen, die uns aus der etablierten Form der Prozessdefinition und des Prozessmanagements entfernt.

Allgemein verbreitet werden Prozessdefinitionen und die Entwicklung von Geschäftsprozessen so verstanden und angewendet, dass sie Arbeitsvorgaben für die betroffenen und beteiligten Mitarbeiter darstellen und die individuellen Kompetenzen und Zuständigkeiten der Rollen regeln, die von den Mitarbeitern auszufüllen sind. Und in dieser Ausrichtung und Formulierung sind die grundsätzlichen Unterschiede zu Fokussierung und Nutzung von Prozessen in einer agilen Organisation zu finden.

> Die agile Organisation nutzt Prozessdefinitionen nicht zur Festlegung von Vorgaben und Arbeitsanweisungen, sondern als Mittel zur Unterstützung und Erleichterung der Selbstorganisation. Sie werden als Grundlage für die Verabredung und Koordination der Kooperation von Rollen und Teams definiert und kontinuierlich von den verantwortlichen Rolleninhabern selbst und unmittelbar angepasst, ergänzt, korrigiert oder verworfen.

Keine Stabsstelle von Prozessmanagern oder Prozessverantwortlichen wacht in einer agilen Organisation über die Definition und Einhaltung von Arbeitsabläufen. Die Dynamik zwischen Prozessmanager und Rolleninhaber ist in einer hierarchischen Organisation von einem Eltern-Kind-Verhältnis geprägt. Der Prozessmanager hat die Aufgabe, den Mitarbeitern die anzuwendenden Prozesse vorzugeben, ihnen die Anwendung dieser zu erklären und dafür zu sorgen, dass die Vorgaben Anwendung finden. Entsprechende Kennzahlen messen, ob dies erfolgt. Je nach Unternehmensvorgabe und Unternehmenskultur werden Abweichungen von diesen Vorgaben sanktioniert.

Damit eine agile Organisation, in der Erwachsene miteinander kooperieren und kontinuierlich nach Wegen und Lösungen suchen, ihre Leistungsfähigkeit erhält und steigert, sind Prozessdefinitionen als Kooperationsvereinbarungen und Arbeitserleichterung ausgesprochen sinnvoll und nützlich.

Die diametral entgegengesetzten Denkmodelle im Umgang mit Prozessen und die Vorgehensweise zu Definition und Weiterentwicklung dieser sind im Vergleich zu etablierten Methoden gänzlich anders. Die Grundlage der folgenden Herangehensweise besteht in der konsequenten und konsistenten Anwendung der bisher erläuterten Inhalte.

14.4.1 Perspektivwechsel

Als Ausgangsbasis nutzen wir wieder das vereinfachte Modell des VSM (Bild 14.13) und die

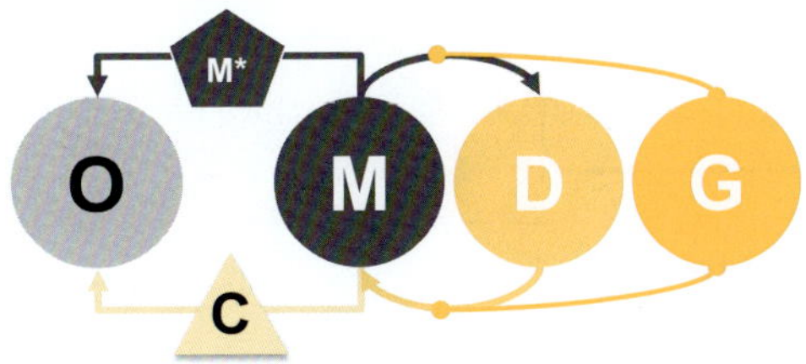

Bild 14.13 Vereinfachtes Modell des VSM

darin enthaltenen Systeme. Diese wenden wir als Elemente im Rahmen der Prozessdefinition an und transformieren sie in Rollen und Funktionen, die für die Beschreibung und Anwendung von Prozessen benötigt werden. Anschließend modellieren wir die Prozesse in zwei Detaillierungsstufen. Als Black Box (Bild 14.14) zur Interaktion mit kooperierenden Personengruppen und Teams innerhalb und außerhalb der eigenen Organisation(en) und zur Interaktion mit der Umwelt. Und als White Box, um die vollständige Beschreibung aller Detailinformationen, die für den Prozess, seine Ausgestaltung und Anwendung durch die verantwortlichen Rollen notwendig sind, bereitstellen zu können.

Über die Black Box ist es möglich, dass Interaktions- und Kooperationspartner einen Pro-

Bild 14.14
Interaktionen werden ohne Detailkenntnisse möglich

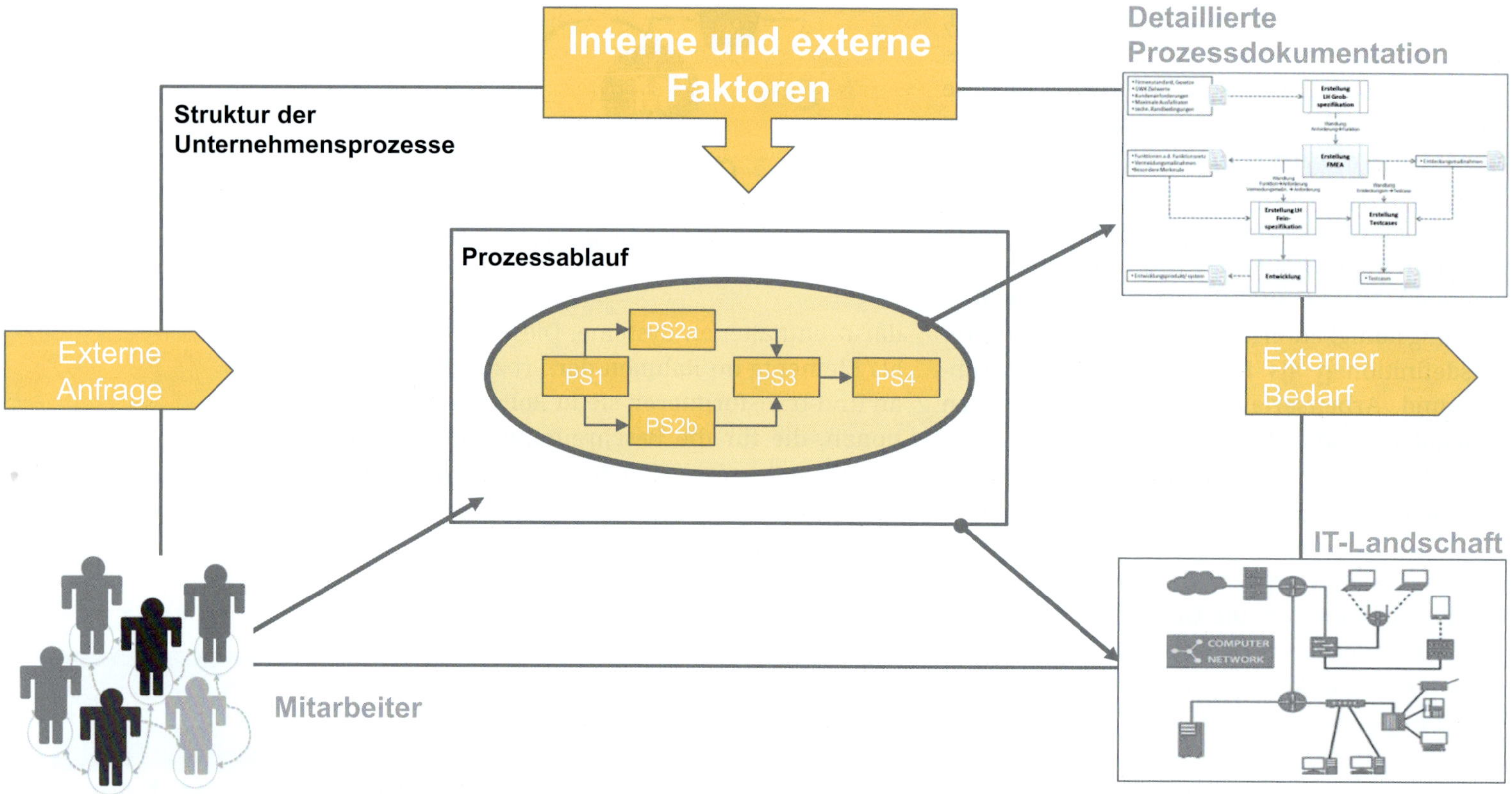

Bild 14.15 Struktur des Unternehmensprozesses

zess nutzen können, ohne die Details des Prozesses selbst kennen und verstehen zu müssen. Egal wie komplex ein Prozess ist, der genutzt oder dessen Ausführung initiiert wird. Über die propagierten Kooperations- und Interaktionsmechanismen (auch Schnittstellen genannt) einer Black Box sind die Nutzung und sogar die Integration in anschließende Prozesse sichergestellt.

Die White Box erlaubt es, Einblick und Einfluss in die Interna des Prozesses zu nehmen, dessen Ausgestaltung und Reifegrad zu entwickeln und seine requisite Varietät den Einflussfaktoren der Umwelt entsprechend agil anzupassen.

14.4.2 Etablierte Darstellungsformen

Sehen wir uns zunächst als Ausgangsbasis und Vergleichsmöglichkeit die etablierte Darstellung von Prozessen an. Wir nutzen hierfür die generische Darstellung der Uni Gießen (Bild 14.15).

Jeder Prozess wird zusätzlich mit einer RACI- oder RASCI-Matrix versehen, in der die Regelung der Zuständigkeiten vorgegeben ist. Da innerhalb einer derartigen Matrix betroffene und beteiligte Rollen gleichermaßen enthalten sind, werden diese tabellarischen Definitionen schnell unübersichtlich und schwer lesbar. Dieser Umstand führt dazu, dass komplizierte und wenig intuitive Darstellungen wie diese meist eine sehr geringe Akzeptanz bei den Anwendern im Unternehmen genießen. Dennoch werden sie eingesetzt, um die Zuständigkeiten und Kompetenzen einzelner Rollen zu dokumentieren.

Ergänzt man diese Informationsebene noch mit weiteren Darstellungselementen einer Unternehmensarchitektur, so wird die Unübersichtlichkeit und erschwerte Nachvollziehbarkeit noch weiter gesteigert.

In Unternehmen ist daher die Kompetenz zur Entwicklung derartiger Dokumentationen entweder in einer Stabsfunktion, wie die des Prozessmanagers, konzentriert, die methodisch in der Lage ist, derartige Darstellungen zu entwickeln. Alternativ existieren, meist im Umfeld der Unternehmens-IT, sogenannte EAs (Enterprise Architects), die als hoch qualifizierte Experten das Fachwissen besitzen, eine Unternehmensarchitektur mit allen Bestandteilen, wie dem Domänenmodell, dem Modell der fachli-

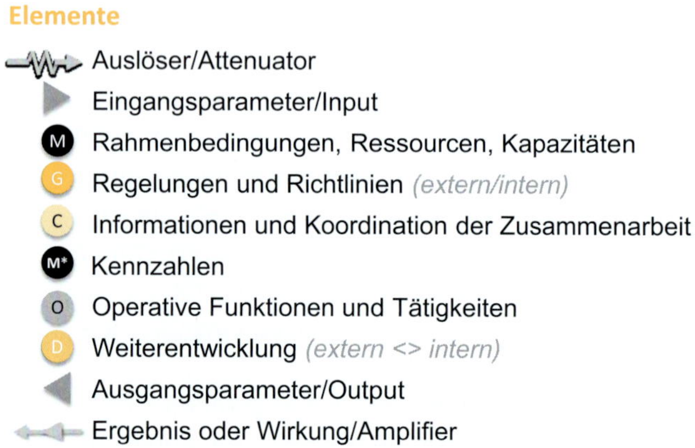

Bild 14.16 Übersicht der Elemente agiler Prozessdefinitionen

chen und technischen Datenstruktur etc., zu erstellen und zu pflegen. So beeindruckend die Arbeitsergebnisse der Expertengruppen auch sind, so enttäuschend ist der Nutzungs- und Akzeptanzgrad dieser in den IT-fernen Abteilungen der Unternehmen. Ganz zu schweigen von der Nutzung dieser Dokumentationen in den Management- und Führungsebenen.

Soll ein derartiger Zustand verändert und der Nutzen für die Anwendung dieser Dokumentationen im betrieblichen Alltag erhöht werden, dann ist eine sehr stark angepasste Darstellungsform nötig.

14.4.3 Transfer zur Nutzung in einer agilen Organisation

Wir beginnen mit den Elementen, aus denen ein Prozess besteht. Wir nutzen auf der Ebene der Prozesse bewusst den Begriff des Elements, um eine sprachliche Unterscheidungsmöglichkeit gegenüber dem Begriff des Systems zu schaffen. Die Elemente, aus denen ein Prozess zusammengesetzt wird, damit er von einem selbstorganisierten Team in einer agilen Organisation angewendet und weiterentwickelt werden kann, sind in Bild 14.16 dargestellt.

Zusätzlich ergänzen wir die Rollen, die im Rahmen einer agilen Organisation und der darin aktiven Teams eingesetzt werden (Bild 14.17). In diesem Fall nutzen wir bewusst den Begriff der Rolle zur leichteren sprachlichen Unterscheidung.

Hieraus ergeben sich die folgenden Rollendefinitionen. Über die Trennung zwischen den Elementen eines Prozesses und den Rollen in einem Team können wir zwischen der Qualität der fachlichen Inhalte eines Prozesselements und einer Rolle und der Verantwortung im Kontext des Prozesses als Mitglied einer agilen Organisation differenzieren.

Der Vorteil ist, dass wir darüber aus unterschiedlichen Perspektiven eine Modellierung und Konfiguration von Prozessen und agilen Teams vornehmen können, ohne dabei befürchten zu müssen, inkonsistent zu werden oder einen wesentlichen Baustein zu übersehen.

Wenden wir nun diese Elemente und Rollen auf die bereits genutzte generische Darstellung eines Prozesses an. Zusätzlich vervollständigen wir sie dahin gehend, dass ein oder mehrere agile Teams diesen anwenden und selbstorganisiert weiterentwickeln können (Bild 14.18). Diese Kombination erlaubt es, bereits visuell zu erkennen, welche Elemente des Prozesses in welchem Kontext der Prozessdurchführung angewendet werden.

Die Elemente Governance **G** und Development **D** stellen sicher, dass sowohl die übergeordneten Regelungen bereitgestellt werden, die für den Prozess nötig sind, wie auch die Leistungsfähigkeit hinsichtlich der Anforderungen der Umwelt kontinuierlich überprüft und nötigenfalls angepasst wird.

Coordination **C** und Monitoring **M*** versorgen als Elemente den Prozess mit den notwendigen Informationen, Kooperationspunkten und Messwerten, die für die Interaktion und Steuerung im Zusammenspiel mit der Umwelt, angrenzenden Prozessen und ihren Teams benötigt werden.

Die Elemente Management **M** und Operations **O** sorgen dafür, dass die Bereitstellung von Ressourcen und Kapazitäten sowie die Sicherung der Rahmenbedingungen vorhanden sind, damit die Durchführung des Prozesses in einem Gleichgewicht zu den Anforderungen der Umwelt erfolgen kann.

Über Eingangsparameter und Ausgangsparameter werden die Qualität und der Umfang von Informationen beschrieben, die für die Steuerung und Durchführung des Prozesses notwendig sind. Sie stellen die Auslöser dar, die einen Prozess aktivieren, um das notwendige Ergebnis oder die erforderliche Wirkung zu erzielen.

Black Box

Soll der Prozess in Interaktion mit der Umwelt treten können und von angrenzenden Prozessen und deren agilen Teams genutzt werden, kann der Detaillierungsgrad reduziert werden. Für die Interaktion ist lediglich relevant, dass die Interaktions- und Kooperationspunkte des Prozesses, technisch auch Schnittstellen genannt, nachvollziehbar und eindeutig beschrieben sind.

Bild 14.17
Übersicht der notwendigen Rollen zur agilen Abwicklung von Prozessen

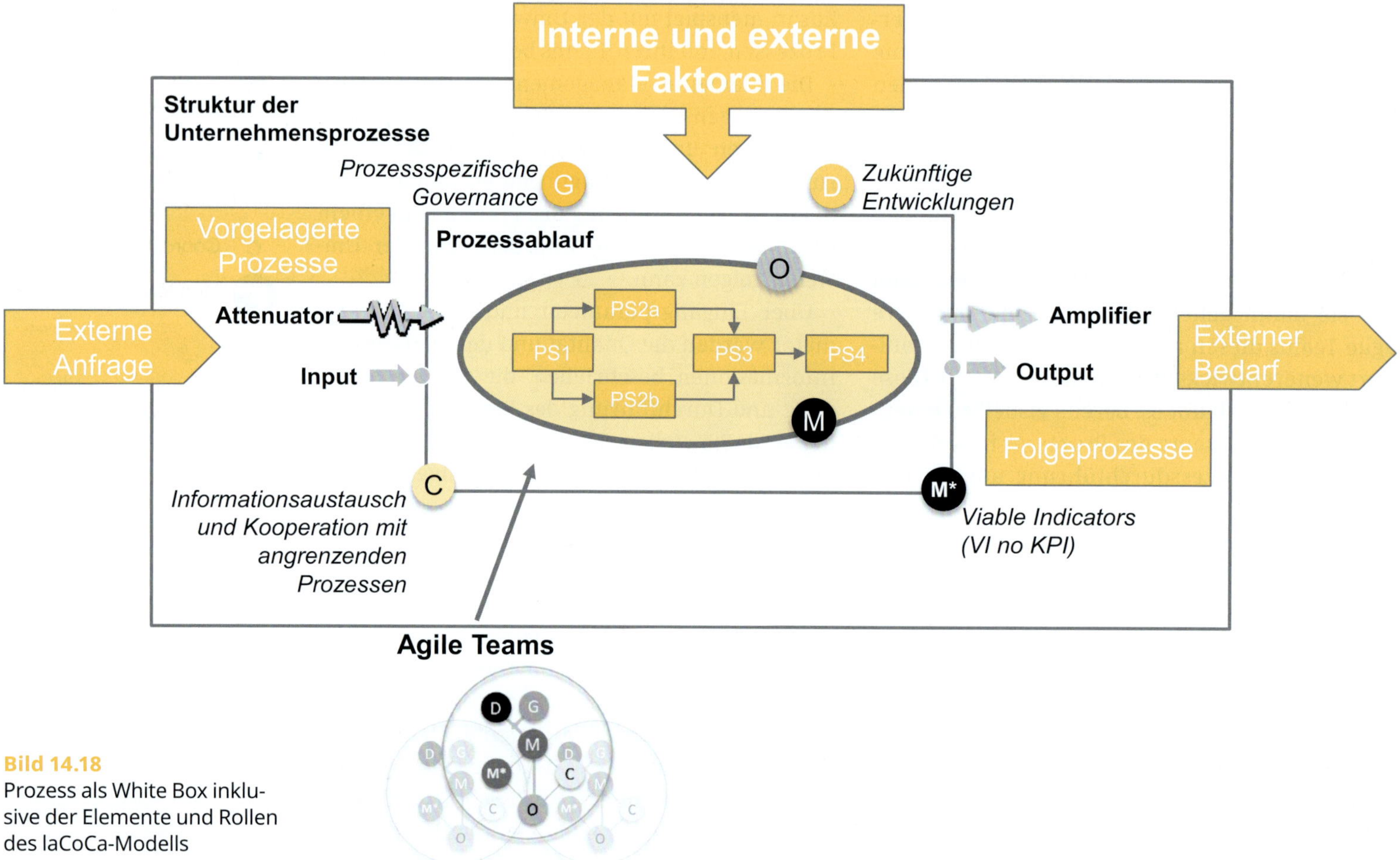

Bild 14.18
Prozess als White Box inklusive der Elemente und Rollen des laCoCa-Modells

Über die Kapselung des Prozesses als Black Box (Bild 14.19) ist es der Umwelt möglich, mit der Komplexität des Prozesses umzugehen, ohne sich mit dem Prozess selbst im Inneren auseinandersetzen zu müssen.

Ein sehr prägnantes Beispiel für eine komplexe Black Box ist ein Säugling. Um mit einem Säugling zu interagieren, der aufgrund seines unvorhersehbaren Verhaltens ein komplexes System darstellt, ist es nicht notwendig, die konkreten Abläufe seines Organismus im Inneren zu kennen und zu verstehen. Das heißt, auch Nicht-Mediziner sind in der Lage, einen Säugling zu versorgen und ihn in der Entwicklung seiner requisiten Varietät zu unterstützen und zu begleiten, bis er den notwendigen Reifegrad erlangt hat, um sich autark weiterzuentwickeln. Dass der Umgang mit dieser besonderen Black Box nicht trivial ist, können alle Eltern bestätigen.

Um mit einer Back Box interagieren zu können, sind die in Bild 14.20 dargestellten Parameter relevant.

Weitergehende Informationen über das interne Management und die operative Durchführung der Funktionen innerhalb der Black Box sind für die Nutzung und Integration dieser nicht relevant.

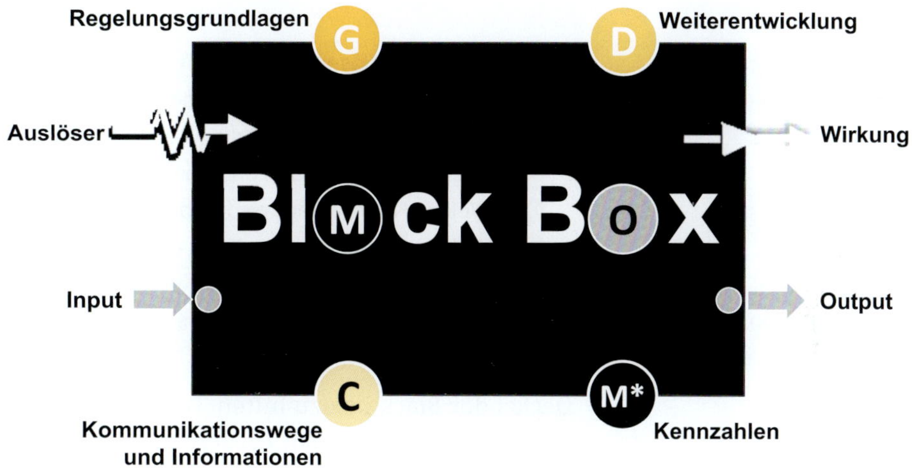

Bild 14.19
Prozess als Black Box mit allen Elementen und Rollen des laCoCa-Modells

Ist es nötig, diese Detailebene zu erreichen oder weiterzuentwickeln, ist der Blick in das Innere nötig, den wir über die White Box erhalten.

White Box

Kommen wir nun zur detaillierten Konfiguration und Nutzung eines Prozesses im Inneren. Betrachtet man, im Vergleich zur Black Box, die entgegengesetzte Perspektive und will festlegen können, wie die Elemente des Prozesses detailliert ablaufen, so ist, im übertragenen Sinne, der

Leitfragen zur Interaktion mit einer Black Box

- Welche Auslöser oder Einflussfaktoren aktivieren die Black Box? *Attenuator*
- Welche Eingangsparameter benötigt die Black Box und in welchem Format? *Input*
- G Welche Regeln sind für die Interaktion mit der Black Box relevant? *extern/intern*
- C Wie wird die Kooperation koordiniert? *extern/intern*
- M* Welche Kennzahlen werden benötigt oder bereitgestellt?
- D Welche Anforderungen muss die Black Box zukünftig erfüllen?
- Welche Ausgangsparameter werden bereitgestellt? *Output*
- Welche Wirkung oder welches Ergebnis wird erreicht? *Amplifier*

Bild 14.20 Leitfragen für Interaktion und Integration einer Black Box

Deckel der Black Box zu lüften. Darüber bekommen wir Einblick in den Prozess als White Box und können als verantwortliche Rollen, die den Prozess nutzen und weiterentwickeln, die darin enthaltenen Elemente festlegen (Bild 14.21).

Auf der Detaillierungsebene der White Box ist es unter anderem möglich, zu erkennen und zu definieren, welche Ressourcen und Kapazitäten ein Prozess für seine aktuelle und zukünftige Leistungsfähigkeit benötigt, welche operativen Tätigkeiten in welcher Reihenfolge durchgeführt werden, welche IT-Anwendungen und Daten für die Durchführung des Prozesses vorhanden sind oder aus Sicht des Development **D** erforderlich sein werden.

14.4.4 Agiles Prozessmanagement organisieren

Sollen in einer agilen Organisation Prozesse durch die Mitarbeiter selbst genutzt und auch weiterentwickelt werden, kann das in verschiedenen Formen organisiert werden. Entweder werden Prozesse von einem primär verantwortlichen Team definiert und entwickelt oder von kooperierenden Teams innerhalb und außerhalb der Organisation bzw. einer oder verschiedener Rekursionen. Es können auch die für die Rolle Development **D** verantwortlichen Mitarbeiter aller Teams der betroffenen Rekursionen gemeinsam die Weiterentwicklung des Prozesses gestalten. Diese können sich in interdisziplinären Gruppen

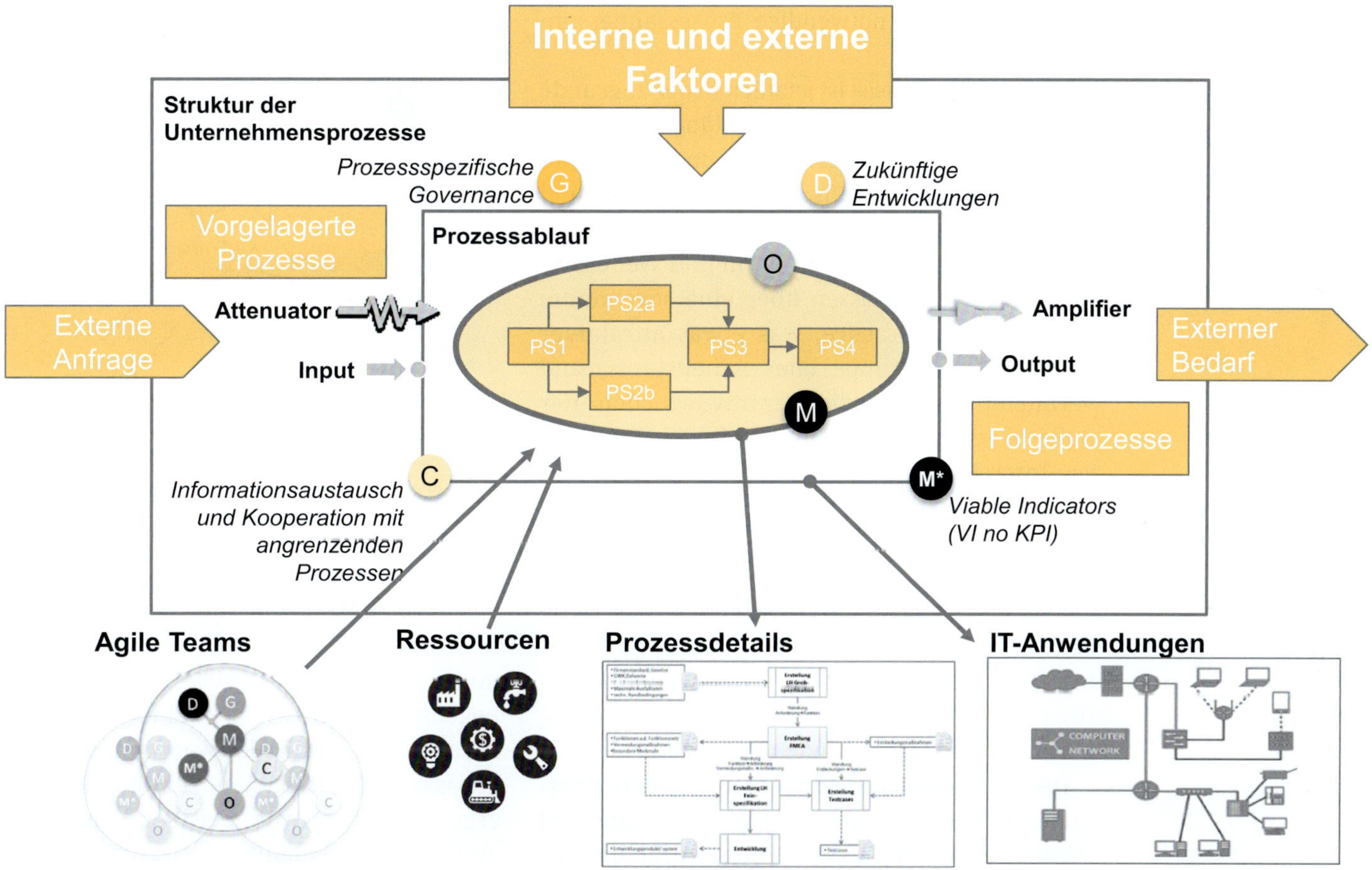

Bild 14.21 Elemente einer White Box

organisieren und notwendige Prozessanpassungen beschließen.

Die Vorgehensweise ist letztlich in der zugrunde liegenden Governance **G** des zuständigen Teams bzw. der Organisation festzulegen und klärt damit übergreifend und spezifisch die Modellierung und Weiterentwicklung von Prozessen.

Organisiert man die Definition und Weiterentwicklung von Prozessen über eine sogenannte Community of Practice, was etwas attraktiver klingt als Fachgruppe oder Arbeitskreis, und verbindet darüber die Verantwortlichen der Rolle Development **D** miteinander, so kann deren Interaktions- und Kooperationsnetzwerk zu den agilen Teams, die einen Prozess anwenden, exemplarisch wie in Bild 14.22 aussehen.

An einem konkreten Beispiel erklärt, können alle Rollenverantwortlichen für die Entwicklung des Auftragsabwicklungsprozesses übergreifend aus ihrer Development-Funktion **D** heraus analysieren, welche Veränderungen über die absehbaren Iterationszyklen notwendig sind.

Die Entwicklungsmaßnahmen werden übergreifend in der entsprechenden Community of Practice erarbeitet und dezentral durch die agilen Teams integriert. Über die zugrunde liegende Governance werden die übergreifend gültigen

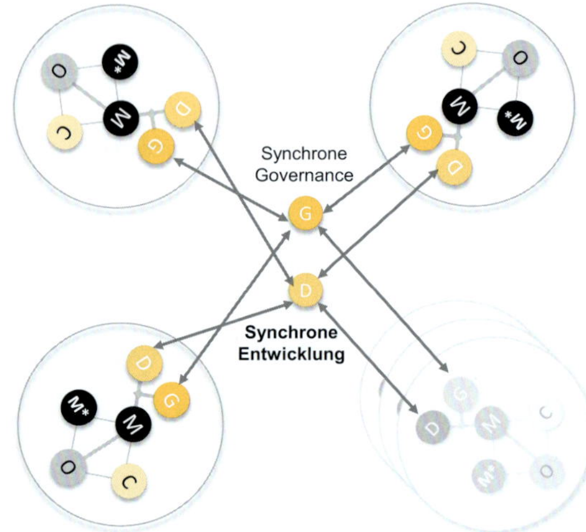

Bild 14.22 Interaktions- und Kooperationsnetzwerk einer agilen Organisation für die Definition und Weiterentwicklung von Prozessen

und spezifisch in den agilen Teams vereinbarten Regelungen und Vorgaben einbezogen. Auch die Inhalte der Governance werden nötigenfalls angepasst, wenn sich neue Rahmenbedingungen ergeben haben, wie beispielsweise eine veränderte Gesetzgebung.

Bei der Entwicklung von Prozessen ist die Qualität der Development-Funktion **D** als eine beratende zu verstehen. Wir kommen hier erneut auf das bereits vorgestellte Modell der Empowerment-Dynamik zu sprechen. Die Verantwortung für die Durchführung eines Prozesses, wie die jedweder Funktion der agilen Organisation, liegt in dem Zusammenspiel der Rollen Management **M** und Operations **O**. Die Rolle Development **D** nimmt diesen beiden gegenüber die Funktion eines Coachs oder Beraters ein und unterstützt sie dabei, die angemessenen Entwicklungsmaßnahmen zu identifizieren und zu implementieren.

Sie kann jedoch nicht vorschreiben, welche Maßnahmen durchzuführen sind oder wie und bis zu welchem Zeitpunkt dies abzuschließen ist. Agiert die Rolle Development **D** dennoch in dieser Form, so ist das ein Anzeichen dafür, dass hierarchisch-autoritäre Verhaltensmuster noch nicht durch agile Formen der Kooperation ersetzt wurden.

14.4.5 Entwicklungsperspektive für Prozessexperten

Für die etablierte Vorgehensweise der Prozessentwicklung und Prozessvorgabe durch Stabsstellen, wie beispielsweise einer Gruppe von Prozessverantwortlichen, bedeutet die hier beschriebene selbstorganisierte Vorgehensweise, dass sich ihre Aufgabe fundamental verändert. Sie persönlich sind als Experten dabei weiterhin sehr wertvoll und nützlich auch für eine agile Organisation.

> Mit der Nutzung und Entwicklung von Prozessen durch die betroffenen und verantwortlichen Mitarbeiter wird die Autorität zur Prozessentwicklung von der Stabsstelle an die Mitarbeiter in den zuständigen Teams übertragen.

Um einen maximal wirksamen und effizienten Prozess zu erhalten und seine Entwicklung auch in Zukunft sicherstellen zu können, sind das Element und die Rolle Development **D** notwendig. Diese Rolle kann man sich als Coach oder Berater vorstellen, der die bestehende Prozessleistung und -qualität ebenso beobachtet, wie es das zukünftig notwendige Leistungsniveau bestimmt.

Aus dem identifizierten und validierten Delta entwickelt die Rolle **D** Maßnahmen, die sicherstellen, dass die requisite Varietät des Prozesses den Einflussfaktoren der Umwelt weiter gewachsen ist.

Die Rolle stellt weiterhin fest, ob sich im Laufe der Zeit Synergien erschließen lassen, für deren Nutzung unterschiedliche Prozesse in einem einzigen konsolidiert werden müssen. Umgekehrt kann die Rolle **D** aber auch feststellen, dass ein bestehender Prozess zu umfangreich geworden ist und besser in mehrere Black-Box-/White-Box-Konfigurationen aufgeteilt wird, um weiterhin die notwendige Flexibilität hinsichtlich seiner Anpassungsfähigkeit an die Umwelt zu erhalten.

Für das Ausfüllen dieser Qualität der Rolle Development **D** im Kontext der Prozesse ist das bestehende Fachwissen von Prozessexperten oder Enterprise-Architekten von hohem Nutzen und sollte daher nicht leichtfertig infrage gestellt werden.

14.4.6 Strukturierung in qualitative Prozessgruppen

Innerhalb einer agilen Organisation, die sich gerade in den ersten Phasen ihrer Entwicklung befindet, ist es unvermeidbar, dass in diversen Teams sehr ähnliche Prozesse entstehen und damit eine gewisse Redundanz auftritt, die Ineffizienz durch vermeidbaren Doppelaufwand auslöst.

Über die Koordination und Kommunikationsmöglichkeiten der Rollen und Elemente **C** und **M*** ist es dieser Organisation möglich, derartige Entwicklungen unmittelbar zu erkennen und alternative Lösungen zu entwickeln.

Bei der Konsolidierung redundanter Prozesse kann es daher hilfreich sein, grundsätzlich die beiden Prozessqualitäten Geschäftsprozess (*Business Process*) und Unterstützungsprozess (*Enabling Process*) zu unterscheiden.

Die hauptsächliche Differenzierung liegt darin, dass sich ein Unterstützungsprozess in einem Kooperationsverhältnis zu mehreren Geschäftsprozessen befindet (Bild 14.23). Der Unterstützungsprozess kapselt also eine spezifische fachliche Funktion, die für verschiedene angeschlossene Geschäftsprozesse relevant ist, um funktionsfähig zu sein. Aus Gründen der Effizient und/oder der Effektivität werden diese Funktionen nicht innerhalb der eigenen Fachlichkeit durchgeführt, sondern in einem Unterstützungsprozess zusammengefasst.

Gründe hierfür können sein, dass für den Unterstützungsprozess ein spezielles Fachwissen notwendig ist, das nicht in der benötigten Qua-

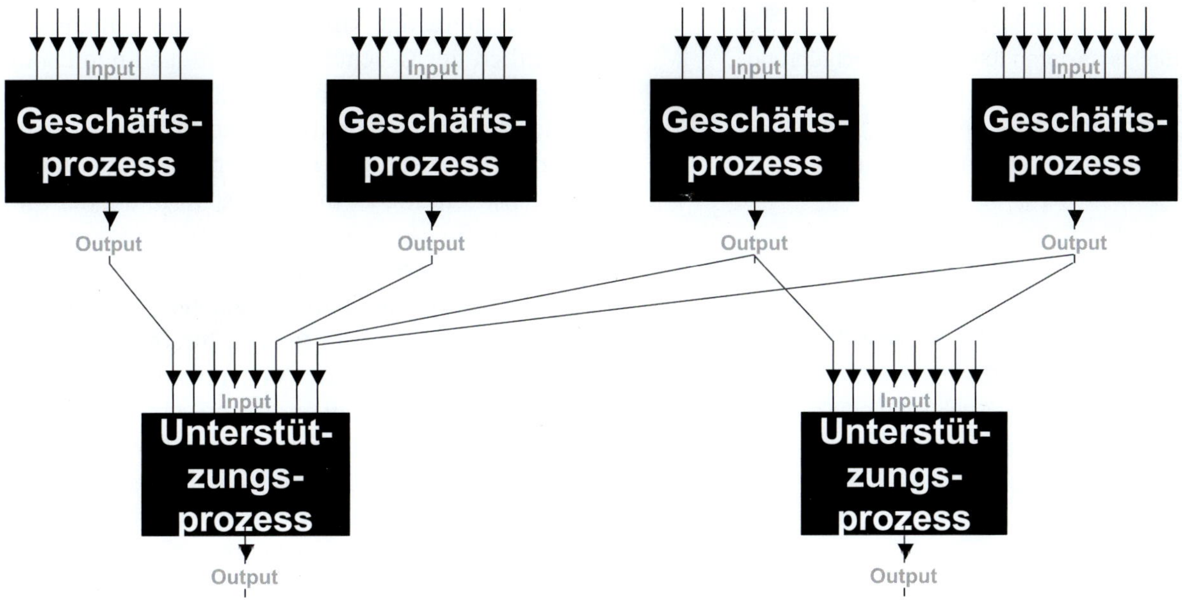

Bild 14.23
Geschäfts- und Unterstützungsprozesse

lität in allen Geschäftsprozessen gleichermaßen vorgehalten werden kann. Oder es handelt sich um eine spezielle Funktion, die innerhalb eines Geschäftsprozesses nur sporadisch, organisationsweit aber in Summe sehr häufig in Anspruch genommen wird.

Ein Beispiel zur Veranschaulichung ist der Prozess zur Gehaltsabrechnung. Es wäre sehr ineffizient, diesen Prozess in jedem einzelnen Geschäftsprozess dezentral anzusiedeln, da das Fachwissen zu diesem Thema sehr speziell ist und die Abwicklung für alle Mitarbeiter in einem gekapselten Prozess leichter angesprochen werden kann als dezentral in diversen Geschäftsprozessen.

Leitfragen

- Welche Auslöser oder Einflussfaktoren führen zur Durchführung des Prozesses? *Attenuator*
- Welche Eingangsparameter benötigt der Prozess? *Input*
- M Welche Rahmenbedingungen und Kapazitäten müssen bereitgestellt werden?
- G Welche Regeln sind relevant? *extern/intern*
- C Welche Informationen werden benötigt und wie wird die Kooperation organisiert? *extern/intern*
- M* Welche Kennzahlen werden benötigt oder bereitgestellt?
- O Wie wird der Prozess operativ ausgeführt? *Prozesse/Methoden*
- D Welche Anforderungen muss der Prozess zukünftig erfüllen?
- Welche Ausgangsparameter werden bereitgestellt? *Output*
- Welche Wirkung oder welches Ergebnis wird erreicht? *Amplifier*

Bild 14.24
Unterstützende Leitfragen für die Definition und Entwicklung von Prozessen in agilen Organisationen

> Ein Unterstützungsprozess zeichnet sich dadurch aus, dass er in einer standarisierten Form für jeden Geschäftsprozess gleichermaßen genutzt werden kann. Wohingegen Geschäftsprozesse untereinander und im Vergleich zu Unterstützungsprozessen individuell sehr stark abweichende Funktionen enthalten.

Eine derartige Unterteilung kann auch hinsichtlich der Geschäftsfähigkeiten sinnvoll sein, um bereits auf dieser Ebene der Rekursion eine leichter nachvollziehbare und effiziente Struktur sicherzustellen. Eine derartige qualitative Unterscheidung ist in der Beschreibung der Metadaten für Geschäftsfähigkeiten enthalten und folgt der gleichen Logik.

Wie bei den Geschäftsfähigkeiten sind auch bei der Entwicklung von Prozessen eine Reihe von Leitfragen nützlich, um sicherzustellen, dass ein Prozess wirklich notwendig und seine initiale Beschreibung vollständig und konsistent ist (**Bild 14.24**). Dies sicherzustellen ist unabhängig von dem Vorgehen, in dem die Definition und Weiterentwicklung von Prozessen durchgeführt wird. Ob innerhalb agiler Teams, die von ihnen verantwortete Prozesse behandeln, oder in übergreifenden, interdisziplinären Arbeitsgruppen (sogenannten *Communities of Practice*), in denen sich alle Mitarbeiter organisieren, die eine Development-D-Rolle ausfüllen.

Der gleichen Grundstruktur folgend, wie bei der Beschreibung von Geschäftsfähigkeiten, unterstützen die hier aufgeführten Leitfragen die Diskussion und Definition von Prozessen.

Wie bei der Entwicklung von Geschäftsfähigkeiten ist ein Steckbrief zur Unterstützung der initialen und interdisziplinären Gruppenarbeit hilfreich (Bild 14.25). Er ermöglicht die fokussierte Beschreibung der relevanten Elemente, um die generelle Funktionsweise und Qualität eines Prozesses aufzunehmen.

Wird dieser Perspektivwechsel nicht vollzogen, ist es vielleicht doch das geringere Übel, auf Prozessdefinitionen zu verzichten. Diese Entscheidung, die eingangs noch abgelehnt wurde, führt potenziell zu chaotischen Zuständen. Die zentralistische Vorgabe von Prozessen beizubehalten, führt dagegen zu einer agilisierten Bürokratie. Am Umgang mit Prozessen ist sehr gut erkennbar, wie überzeugt und konsequent oder wie halbherzig ein Unternehmen tatsächlich den Wandel zu einer agilen Organisation verfolgt.

Wenn der Reifegrad einer agilen Organisation festgestellt werden soll, dann ist der Grad der Autonomie und Selbstorganisation von Mitarbeitern sehr aufschlussreich, die für die Anwendung und Weiterentwicklung von Prozessen ihrer Rollen verantwortlich sind.

Die Entwicklung und Nutzung von Prozessen und deren Dokumentation als Black Box oder White Box und die Nutzung bestehender Prozessexpertise sind erfolgskritische Bestandteile einer agilen Organisation, die in ihrer Wirkung und ihrem Wert nicht unterschätzt werden dürfen.

Relevant für den Aufbau oder eine Neuausrichtung der Anwendung und Weiterentwicklung von Prozessen ist vor allem, dass der Wechsel der Sichtweise und das Verständnis im Umgang mit Prozessen konsequent vollzogen werden. Von einem Werkzeug der Arbeitsvorgabe und Leistungskontrolle müssen Prozesse zum integrierten Bestandteil der Selbstorganisation und ergebnisorientierten Leistungsoptimierung agiler Teams umgewandelt werden.

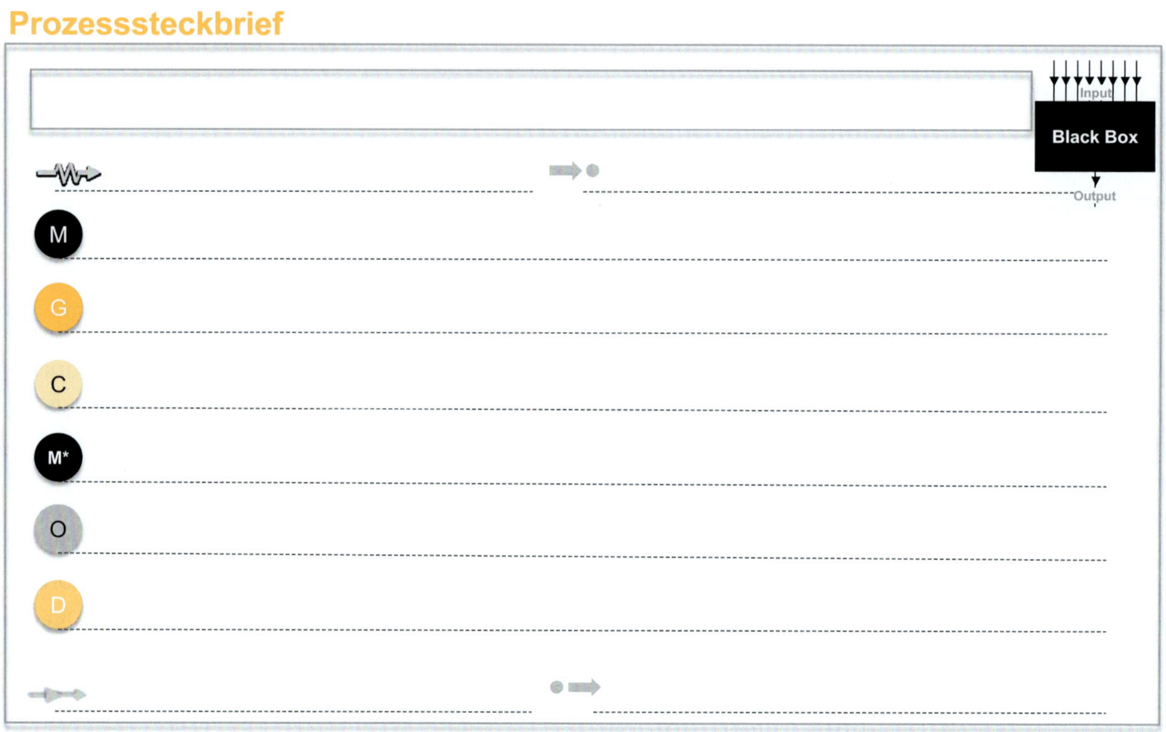

Bild 14.25
Prozesssteckbrief nach dem laCoCa-Modell

15 Organisations-konfiguration anpassen

Nachdem die erste Grundlage geschaffen ist und eine Definition zu dem Begriff der Geschäftsfähigkeit (*Capability*) vorliegt, geht es im nächsten Schritt darum, wie eine bestimmte Kombination dieser Geschäftsfähigkeiten in die Konfiguration des agilen Unternehmens eingeführt werden kann. Von der generischen Version des laCoCa-Modells soll in die spezifische Ausgestaltung eines individuellen Modells für ein Unternehmen übergeleitet werden.

Die bekannten zweidimensionalen und nicht miteinander kombinierbaren Darstellungsweisen, wie z. B. Organigramme, Domänenmodelle oder auch Prozessgrafiken, sind in ihrer Aussagekraft spezialisiert und daher nur limitiert in der Lage, zu erklären, wie ein Unternehmen insgesamt aufgebaut ist, wie es funktioniert und wer an welcher Stelle in der Organisation welche Aufgabe ausfüllt oder eine spezielle Verantwortung trägt.

Werden Transformationen von Geschäftsfähigkeiten und die Konfiguration einer Organisation über sogenannte Change-Management-Projekte top-down durchgeführt, so ist der Erfolg überschaubar und Widerstandssituationen die Regel. Hierarchische Mechanismen und Vorgehensmodelle zur Unternehmenssteuerung, ob nun operativ oder strategisch, vor allem in Fragen der Organisationsveränderung, sind nur sehr begrenzt wirksam.

Planen und führen wir eine Veränderung der Konfiguration der eigenen Organisation aber vor dem Hintergrund der Prinzipien selbstorganisierter und eigenverantwortlicher Teams und Mitarbeiter durch, so ergeben sich neue Möglichkeiten, die alle nötigen Elemente eines Change-

Management-Vorhabens bereits beinhalten und nicht gesondert sicherstellen müssen.

15.1 Konfiguration einer Organisation von Mitarbeitern für Mitarbeiter

In den vorausgehenden Abschnitten wurde beschrieben, wie die Entwicklung einer dynamischen Strategie und Geschäftsmodelle von den betroffenen Mitarbeitern selbst erarbeitet werden. Ein Grundsatz in selbstorganisierten und eigenverantwortlichen Organisationen ist, dass Mitarbeiter wie Erwachsene behandelt werden. Dies schließt auch den Umgang mit Verantwortung und Entscheidungsautorität mit ein.

Dieser Grundsatz ist auch für die Veränderung der Konfiguration einer Organisation wesentlich. Gehen wir wieder zurück zu dem Beispiel der neuen Geschäftsfähigkeit. Diese soll als neuer Bestandteil der bestehenden Organisation aufgebaut und etabliert werden.

Legt in einer hierarchisch strukturierten Organisation die Führungskraft oder eine übergeordnete Stabsstelle fest, an welcher Stelle der Organisation und in welcher Form eine Geschäftsfähigkeit aufzubauen ist, entscheiden in einer agilen Organisation spezifische Rollen und die für diese verantwortlichen Mitarbeiter über eine notwendige Anpassung der Unternehmenskonfiguration.

Aus der Sicht des laCoCa-Modells setzen sich die Mitarbeiter zusammen, die für ihre Themenbereiche, Rekursionsstufen und Geschäftsfähigkeiten die Rolle **D** (Development) ausfüllen und damit die Verantwortung für die Konfiguration des gesamten Systems tragen.

Die wichtige Voraussetzung ist hierbei, dass diese Form der Ausgestaltung einer Rolle in der gesamten Organisation, d. h. auf allen Rekursionsstufen, einheitlich in dieser Form akzeptiert, unterstützt und umgesetzt wird. Es gilt also der Grundsatz, dass jeder Mitarbeiter die Kompetenzen und die Autorität einer Rolle akzeptiert und umgekehrt davon ausgehen kann, dass dies auch ihm gegenüber und den Rollen, die er ausfüllt, entgegengebracht wird.

Der Unterschied zwischen dieser Form der Akzeptanz der Verantwortung und Autorität gegenüber einer Rolle im Gegensatz zu der einer Führungskraft ist, dass nicht aufgrund einer hierarchischen Position entschieden wird, sondern aufgrund des Verantwortungsbereichs des Mitarbeiters und der Kompetenz und Entscheidungsautorität einer Rolle.

Da die Verantwortung für einen Beitrag und eine Aufgabe der Rolle zugeordnet ist, erfüllt der Mitarbeiter lediglich die Aufgabe des Hüters dieser Rolle und muss sicherstellen, dass er den Anforderungen an die Rolle gerecht wird.

Es geht also nicht um die individuellen Aspekte des Mitarbeiters und welche hierarchische Autorität ihm zugeordnet ist, sondern um die Verantwortung, die eine Rolle für das Unternehmen trägt.

In diesem Bewusstsein und aus dieser Perspektive befassen sich agile Organisationen mit der Frage, wie die Konfiguration des Unternehmens ausgestaltet werden muss, damit jede Rolle in jeder Geschäftsfähigkeit der jeweiligen Verantwortung bestmöglich gerecht wird.

Das ist in seiner Ausrichtung und Wirkungsweise eine gänzlich andere Qualität als die Anforderung zur Umsetzung einer Veränderung aufgrund der Vorgabe oder Anweisung einer Führungskraft innerhalb einer Hierarchie.

15.2 Empfehlung zum Vorgehen

Die Ausgestaltung der neuen Geschäftsfähigkeit sollte von jenen Mitarbeitern durchgeführt werden, die eine entsprechende Rolle ausfüllen und mit den Kompetenzen ausgestattet sind, eine Geschäftsfähigkeit zu definieren.

Diese Mitarbeiter entwickeln und entscheiden zum einen darüber, an welcher Stelle der Organisation die neue Geschäftsfähigkeit aufgebaut und integriert wird, und zum anderen auch darüber, welche weitergehenden Rollen sie für diese Aufgabe konsultieren. Auch dieser Aspekt ist ein Wesenszug agiler Organisationen.

> Es geht nicht darum, einen unternehmensweiten Konsens darüber zu erreichen, welche Konfiguration die mit dem geringsten Widerstand oder der höchsten Akzeptanz in der Belegschaft ist, sondern darum, welche Konfiguration den höchstmöglichen Wirkungsgrad entfaltet. So kann die neue Geschäftsfähigkeit den größtmöglichen Nutzen für das Unternehmen erzielen.

Hier stoßen wir auf ein Problem, das in hierarchieorientierten Unternehmen sehr häufig anzutreffen ist. Da Zuständigkeiten nicht zwingend klar geregelt sind, erfolgt eine direkte Einflussnahme oft über die individuelle Machtausübung einzelner Personen. Dies ist überwiegend aus den Reihen der Führungskräfte zu beobachten, die versuchen, ihre Partikularinteressen zu wahren. Eine Dynamik, die unter dem Begriff der Unternehmenspolitik verstanden wird.

Als veranschaulichendes Beispiel ist darunter zu verstehen, dass der CFO persönlich Einfluss auf Entscheidungen oder Veränderungen nimmt, die im Bereich des Vertriebs oder in der Logistik liegen.

Er tut dies nicht, weil seine Rolle als CFO eine Verantwortung in Fragen des Vertriebs trägt, sondern weil seine hierarchische Position ihm die Autorität verleiht und er darüber die hierarchische Macht besitzt, sich in die Angelegenheiten fachfremder Bereiche einzumischen. Damit ist es ihm möglich, Veränderungen zu beeinflussen, die möglicherweise Auswirkungen auf den Finanzbereich haben, ohne dafür die Verantwortung zu tragen.

Das ist ein in sehr vielen Firmen verbreitetes, aber ausgesprochen fatales Verhaltensmuster, da der CFO, wie in unserem Beispiel stellvertretend genutzt, zwar die hierarchiebedingte Autorität besitzt. Entscheidungen anderer Personen und Bereiche zu beeinflussen, er aber nicht die Konsequenzen aus Fehlentwicklungen trägt.

In großen Organisationen und vor allem in Konzernstrukturen führt dieses Verhaltensmuster zu einer kritischen Unübersichtlichkeit und Orientierungslosigkeit darüber, welche Person innerhalb des Machtgefüges welche Entscheidungen fällt und welche Verantwortung trägt.

Wenn, wie in unserem Beispiel, nicht nur der CFO Einfluss auf fachfremde Bereiche nimmt, sondern auch umgekehrt der Vertriebsleiter auf Fragestellungen des Controllings oder der Arbeitsdirektor auf Vorhaben im Bereich Marketing, und der CEO dem COO Ratschläge gibt, die dieser nicht ablehnen kann, dann ist eine Organisation dem Zustand der Agonie ausgeliefert. Sie muss permanent einen Konsens erreichen, aber keinerlei Ergebnisse. Eine derartige Konsenskultur führt im schlimmsten Fall zu Wirkungslosigkeit, Stillstand und einer chronischen Verunsicherung der Mitarbeiter.

Agile Organisationen können sich einen derartigen Luxus nicht leisten. Der Aufwand für diese Form der Konsensarbeit, die am Ende dazu führt, dass nicht die bestmögliche Lösung entwickelt und umgesetzt wird, sondern der konsensfähigste Kompromiss, ist teuer und zeitaufwendig.

> Zeit ist der alles entscheidende Erfolgsfaktor für agile Organisationen und in noch viel größerem Maße für Organisationen im Wettbewerbsumfeld digitaler Geschäftsmodelle.

Dieses etwas langatmige, aber sehr realitätsnahe Beispiel, das vor allem in großen Unternehmen und Konzernstrukturen anzutreffen ist, erklärt auch, warum es etablierten Unternehmen so schwerfällt, den Traum von einem agilen Unternehmen zu realisieren. Sie stehen sich in Machtstrukturen, Konsenszwang und Statusvergleichen selbst im Weg und halten dies für unvermeidlich.

Der schwerwiegendste und mit Abstand kritischste Einschnitt und die grundlegend erforderliche Änderung liegen darin, dieses und vergleichbare Verhaltensmuster radikal zu unterbinden und die Verantwortung und Autorität einer einzelnen fachlichen Rolle bedingungslos zu akzeptieren und einzufordern.

Nur dann kann die zuständige Rolle, die eine bestehende Systemkonfiguration des Unternehmens verändern muss, auch in die Lage versetzt werden, dies in der bestmöglichen und für das Unternehmen wirksamsten Form zu tun. Die entgegengesetzte Konsequenz ist auch, dass sich kein Mitarbeiter hinter der Fehlentscheidung einer Konsenskultur verstecken oder damit aus der Verantwortung stehlen kann.

Der letzte Satz ist ausgesprochen relevant und sollte nicht zu schnell gelesen werden. Machen Sie bitte an dieser Stelle gedanklich eine kurze Pause und lassen Sie diesen Zusammenhang auf sich wirken. In agilen Organisationen gibt es viele Rollen, die Verantwortung für ihren individuellen Beitrag tragen. Aber die Rolle des Opfers existiert in agilen Organisationen nicht. Diese Konsequenz ist in ihrer Tragweite nicht zu unterschätzen und der Grund dafür, warum agile Organisationen dazu führen können, dass sich einzelne Mitarbeiter überfordert fühlen und daher eine derartige Kooperationsform ablehnen.

> Die Rolle des Opfers existiert in agilen Organisationen nicht!

Für die operative Erarbeitung der angepassten Konfiguration ist auch hier ein Vorgehen in Anlehnung an den OODA-Loop sehr geeignet. Da es sich um eine Aufgabenstellung handelt, die von der engen Kommunikation und Kooperation verschiedener Rollen und damit der verantwortlichen Mitarbeit abhängig ist.

Sind die verantwortlichen Rollen identifiziert, sollten eine Reihe von Fragen geklärt werden. Dabei bauen die Überlegungen in dieser Umsetzungsphase der dynamischen Strategie auf den Ergebnissen der Vorarbeiten auf, die sich mit dem fachlichen Was der neuen Geschäftsfähigkeit auseinandergesetzt und diese festgelegt haben.

In der aktuellen Phase der Weiterentwicklung und Anpassung der Konfiguration des Unternehmenssystems mit all seinen Geschäftsfähigkeiten und Rekursionsstufen geht es um das organisatorische Wie der Integration.

Das fachliche Was und das systemseitige Wie sind stark voneinander abhängige Themenschwerpunkte. Dennoch sollten sie getrennt voneinander bearbeitet werden. Der Grund liegt schlicht in der Expertise und dem Wissen, das die jeweiligen Mitarbeiter in ihren Rollen hierfür einbringen müssen.

Wird die fachliche Ausgestaltung einer neuen Geschäftsfähigkeit wie »Innovationsmanagement« festgelegt, ist es nötig, zu wissen, wie man Innovationsmanagement im Kern betreibt, welche Vorgehensmodelle existieren, was ein Inkubator ist und wie Methoden, wie z. B. Design Thinking oder LEGO Serious Play, für die Entwicklung von Innovationen und die Arbeit von Innovationsteams eingesetzt werden.

Die aktuelle Phase der Systemkonfiguration benötigt ein umfassendes Wissen und Erfahrung in der Anwendung der Designprinzipien und der Vorgehensweise zur Gestaltung von lebensfähigen, komplexen Systemen, basierend auf dem laCoCa-Modell. Die Inhalte dieser Wissensbereiche sind in den Kapiteln zu den Grundlagen erläutert worden und müssen für die Definition der Konfigurationsänderungen angewendet, validiert und in konkreten, praktikablen Anpassungsmaßnahmen vorbereitet und geplant werden.

Exemplarische Fragen zur Anpassung der Konfiguration des Unternehmens zur Integration der neuen Geschäftsfähigkeit »Innovationsmanagement« sind die folgenden:

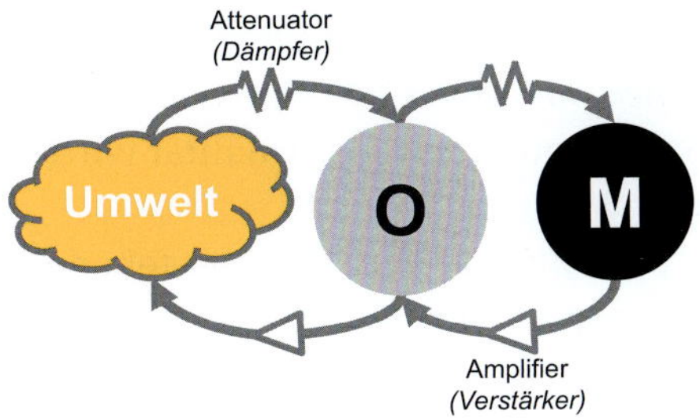

- Welche Leistungs- und Lieferbeziehung benötigt die neue Geschäftsfähigkeit zu den bestehenden (Definition und Beschreibung von Attenuator und Amplifier zu anderen Geschäftsfähigkeiten und der Umwelt)?

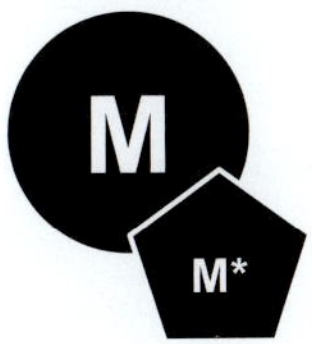

- Welche Viable Indicators (VIs) sind nötig, um die Performance der Geschäftsfähigkeit zu unterstützen? Mit welchen Rekursionsebenen werden diese VIs ausgetauscht? Welche Ressourcen und Kapazitäten benötigt die Geschäftsfähigkeit, um arbeitsfähig zu sein?
- Welche Auswirkungen haben die Arbeitsergebnisse der neuen Geschäftsfähigkeit auf andere Bereiche im Unternehmen? Sind diese durch die Arbeitsergebnisse der neuen Geschäftsfähigkeit in ihrer Arbeitsweise beeinträchtigt oder werden Abläufe erleichtert?
- Sind betroffene Rekursionsstufen in der Lage, die Arbeitsergebnisse der neuen Geschäftsfähigkeit zu übernehmen und weiterzuverarbeiten oder zu veredeln?
- Muss die Geschäftsfähigkeit an einer übergreifenden Stelle innerhalb des Unternehmens zentral aufgebaut werden und müssen seine Ergebnisse an bestimmte Rekursionsebenen, Geschäftsfähigkeiten und Mitarbeiter (Rollen) übergeben werden oder muss diese Geschäftsfähigkeit an unterschiedlichen Stellen im Unternehmen etabliert werden, um eine bestmögliche Wirksamkeit zu erzielen?

- Welche Koordination und Kommunikation von und zu der neuen Geschäftsfähigkeit wird benötigt? Können hierzu vorhandene Möglichkeiten und Wege genutzt werden oder müssen vorhandene erweitert, angepasst oder neue geschaffen werden?

- Welche Teile der bestehenden **G** (Governance) sind für die Durchführung der neuen Geschäftsfähigkeit relevant? Muss die bestehende **G** angepasst werden, um die Geschäftsfähigkeit zu unterstützen?
- Gehen gesetzliche Regelungen mit dem Aufbau der neuen Geschäftsfähigkeit einher, die beachtet werden müssen?
- Welche Auswirkungen hat die neue Geschäftsfähigkeit auf die Identität des Unternehmens? Entsprechen Inhalte und Ergebnisse der neuen Geschäftsfähigkeit dem Zweck des Unternehmens?
- Welche Aspekte der zukünftigen Entwicklung müssen im Zusammenhang mit der neuen Geschäftsfähigkeit berücksichtigt werden? Welche Bereiche des Marktes, welche Kunden oder welche Wettbewerber müssen zukünftig in ihrer Reaktion auf die Ergebnisse und Wirkungen der neuen Geschäftsfähigkeit beobachtet werden? Welche Rückkopplungen der Marktteilnehmer müssen berücksichtigt werden?
- Auf welche operativen Bereiche des Unternehmens wirken sich die Arbeitsergebnisse der neuen Geschäftsfähigkeit aus? Wenn es sich um eine Geschäftsfähigkeit innerhalb eines operativen Bereichs handelt, an welcher Stelle und in welcher Qualität wird sie dort integriert?
- Welche Änderungen im bestehenden Zusammenspiel der vorhandenen Geschäftsfähigkeiten müssen beachtet werden? Welche Auswirkungen auf die Leistungsfähigkeit der operativen Ebene hat die neue Geschäftsfähigkeit?

Aus den Ergebnissen zur Überarbeitung und Anpassung der Konfiguration des Unternehmens entsteht eine Reihe von Aktionen, die in ihrer Umsetzung zeitlich und kapazitiv geplant und durchgeführt werden müssen.

15.3 Ein Unternehmensmodell in 3-D

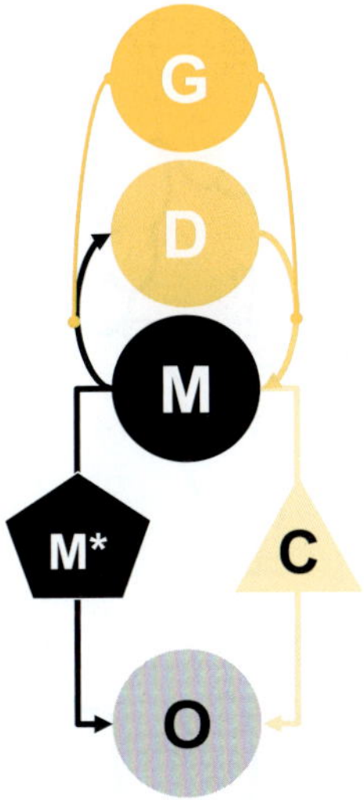

Das vorhergehende, zweidimensionale Domänenmodell wollen wir zunächst in ein dreidimensionales umformen. Die folgende Darstellung dient der 3-D-Visualisierung des vorhergehenden Beispiels eines zweidimensionalen Domänenmodells. Die Anwendung des vereinfachten VSM-Modells erlaubt es uns, eine integrierte und optisch leichter nachvollziehbare Darstellung aufzubauen.

Schritt 1 – Abbildung der Domänen Products, Sales und Marketing

Zu Beginn beschränken wir die Darstellung des Domänenmodells zunächst auf drei Domänen und ordnen diese der jeweiligen Qualität im laCoCa-Modell zu (Bild 15.1).

Ohne das Zusammenspiel und die Abhängigkeiten der Geschäftsfähigkeiten und die Kommunikation und Steuerung in dieser Stufe abgebildet zu haben, erhöht sich bei dieser Darstellung bereits der Informationsgehalt zur fachlichen Struktur des Unternehmens. So ist jetzt erkennbar, dass sich die Geschäftsfähigkeiten »Broker Programs«, »Customer Communication« und »Loyalty Management« in direkter Interaktion mit der Umwelt und darin enthaltenen Zielgruppen befinden. Außerdem sind sie durch die Zuordnung zum System Development **D** von ihrer Perspektive nach außen und auf die zukünftige Entwicklung der Umwelt, hier speziell der Kunden und Partner, ausgerichtet.

Im System Management **M** sind alle Geschäftsfähigkeiten angesiedelt, die innerhalb des Unternehmens den operativen Betrieb unterstützen und mit den nötigen Kapazitäten und Informationen versorgen, um deren Funktionsfähigkeit sicherzustellen. Darin sind Themen wie »Product Management«, »Sales Performance Management« oder »Marketing Resource Management« verortet.

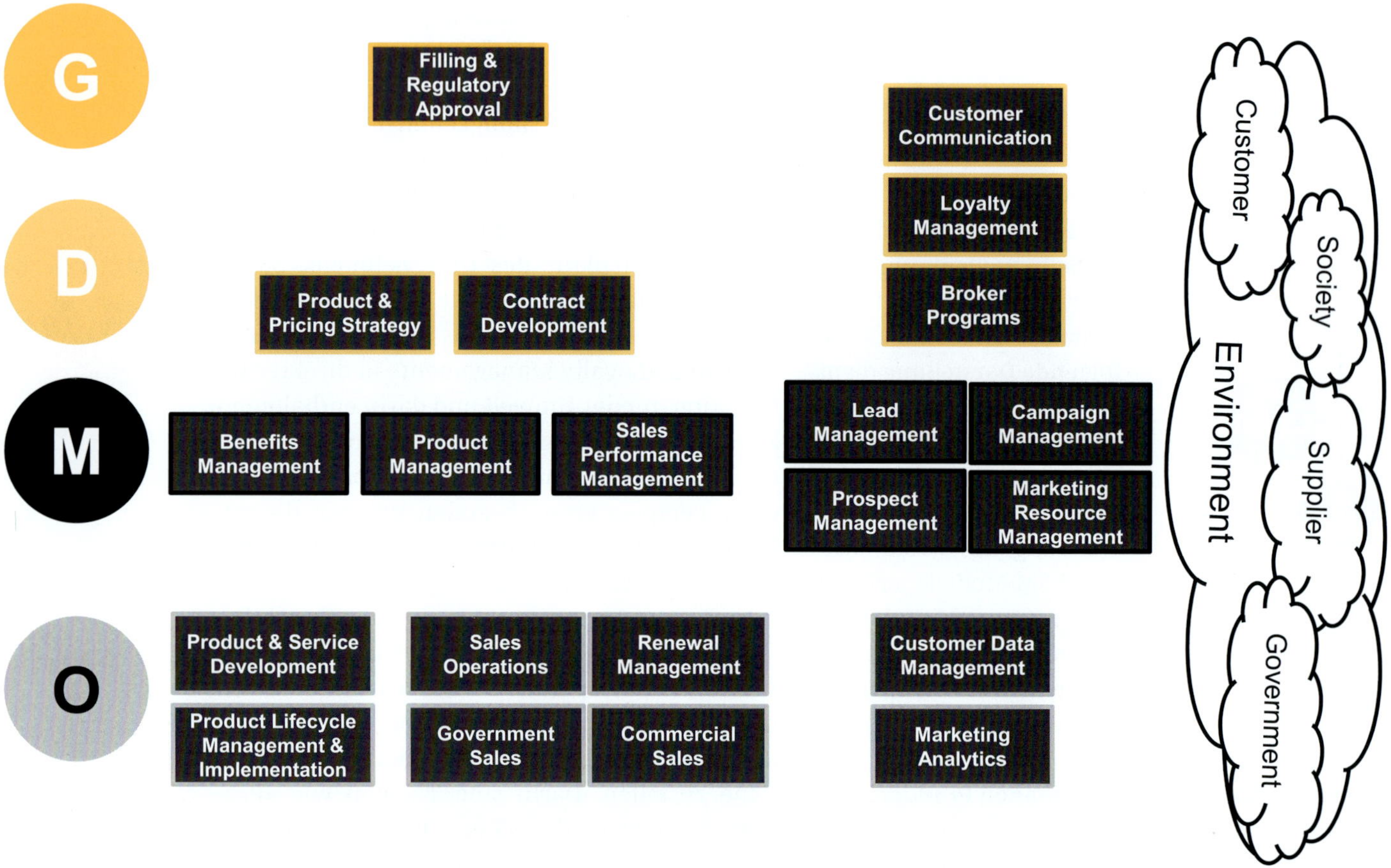

Bild 15.1 Zuordnung von Geschäftsfähigkeiten zu den Systemen des VSM in Anlehnung an die Business Capability Map

Auf der vierten Ebene, dem System Operation **O**, finden wir operative Geschäftsfähigkeiten wie »Product and Service Development«, »Sales Operations« oder »Commercial Sales«. Als Governance-Funktion dient die Geschäftsfähigkeit »Regulatory Approval«.

Schritt 2 – Zusammenhänge und Strukturen entwickeln

Diese erste Strukturierung erklärt direkt, welchen fachlichen Schwerpunkt eine Geschäftsfähigkeit besitzt und welchen Beitrag sie für das Gesamtunternehmen leistet. Es ist erkennbar, wie die Fähigkeiten miteinander in einer Interaktionsbeziehung stehen können oder müssen. So stellt »Product and Pricing Strategy« sicher, dass sowohl die Geschäftsfähigkeiten im Themenumfeld Vertrieb und Marketing ebenso mit den notwendigen strategischen Grundlagen ausgestattet werden wie das Produktmanagement. In der zweidimensionalen Darstellungsweise sind diese Informationen und Zusammenhänge weder erkennbar noch in dieser grafischen Form darstellbar.

Der gesteigerte Informationsgehalt und das erleichterte Verständnis der Zusammenhänge bergen auch Nachteile, die zu berücksichtigen sind. Die Entwicklung, Konfiguration und Darstellung eines Unternehmens in seinen Geschäftsfähigkeiten als laCoCa-Modell kann umso unübersichtlicher werden, je größer und umfassender das Modell ist.

Um dem entgegenzuwirken, ist die Nutzung großzügiger Flächen erforderlich, auf denen man interaktiv in Gruppen arbeitet. Hierfür eignen sich vor allem Poster oder Flipcharts, auf denen mit Post-it Notes gearbeitet wird. Damit wird vermieden, durch die Versuche einer PowerPoint-gerechten Darstellung die Interaktion und Dynamik der Gruppenarbeit zu limitieren.

Ein weiteres, hilfreiches Vorgehen besteht darin, den Detaillierungsgrad auf einem Niveau zu halten, welches der Menge der dargestellten Geschäftsfähigkeiten entspricht. Eine Abbildung aller Geschäftsfähigkeiten des Unternehmens sollte nicht gleichzeitig die detaillierte Darstellung von Kommunikationswegen oder Steuerungsmechanismen enthalten, sondern sich zunächst auf die fachlichen Inhalte und die Qualität für das Unternehmen konzentrieren.

Die weitergehende Behandlung von Details sollte stets auf einer Untermenge bzw. ausgewählten Gruppe von Geschäftsfähigkeiten begrenzt sein und den jeweils diskutierten oder zu entwickelnden Kontext darstellen. Die Abbildung aller Kommunikationswege und Kooperationsformen ist dann möglich und übersichtlich darstellbar (Bild 15.2).

Ein zusätzliches Mittel einer übersichtlichen und aussagekräftigen Darstellung des Unternehmensmodells ist die Rekursion. Worüber die angestrebte dreidimensionale Darstellungsweise schon deutlicher erkennbar wird und das entstehende Unternehmensmodell dem anatomischen Modell des menschlichen Organismus näher kommt.

Die weitergehende Entwicklung des Modells bringt uns gleichzeitig zum nächsten und dritten Schritt von der klassischen zur dreidimensionalen Konfiguration der Geschäftsfähigkeiten des Unternehmens sowie der Prüfung auf Funktionsfähigkeit und Vollständigkeit.

Schritt 3 – Transformation und Validierung

Das zuvor als Anschauungsbeispiel genutzte, zweidimensionale Domänenmodell enthält keinen Hinweis darauf, ob es vollständig und konsistent ist. Das bedeutet konkret, dass der Leser oder Nutzer des Modells davon ausgehen muss, dass eine Qualitätssicherung gesondert erfolgt und fachkundige Experten und Kenner der Unternehmensstruktur sichergestellt haben, dass die aufgeführten Geschäftsfähigkeiten vollständig sind und in ihrer Gesamtheit auch die Funktionsfähigkeit des Unternehmens wiedergeben.

Aus der Darstellung selbst ist diese Qualität nicht ersichtlich. Genau in diesem Aspekt, der in seiner Qualität und Bedeutung nicht überschätzt werden kann, liegt ein weiterer Vorteil und Nutzen der Entwicklung eines unternehmensspezifischen laCoCa-Modells.

Die Grammatik einer Sprache als Analogie ist hilfreich, um die Qualität dieser Sprache nachzuvollziehen. Wenn Sie einen Text lesen, der grammatikalische Fehler aufweist, oder einer Person zuhören, die eine Sprache erst kürzlich erlernt hat, werden grammatikalische Abweichungen unmittelbar und intuitiv erkannt. In gleicher Weise verhält es sich bei der Nutzung eines Unternehmensmodells, das auf dem laCoCa-Modell aufbaut, wenn man als Betrachter mit dieser Grammatik vertraut ist.

Man sieht als Nutzer eines Unternehmensmodells unmittelbar und unabhängig von einem fachkundigen Experten, ob die Darstellung korrekt ist, inwiefern sie der aktuellen Unternehmensrealität entspricht und diese wiedergibt, wenn es der »Grammatik« des laCoCa-Modells folgt.

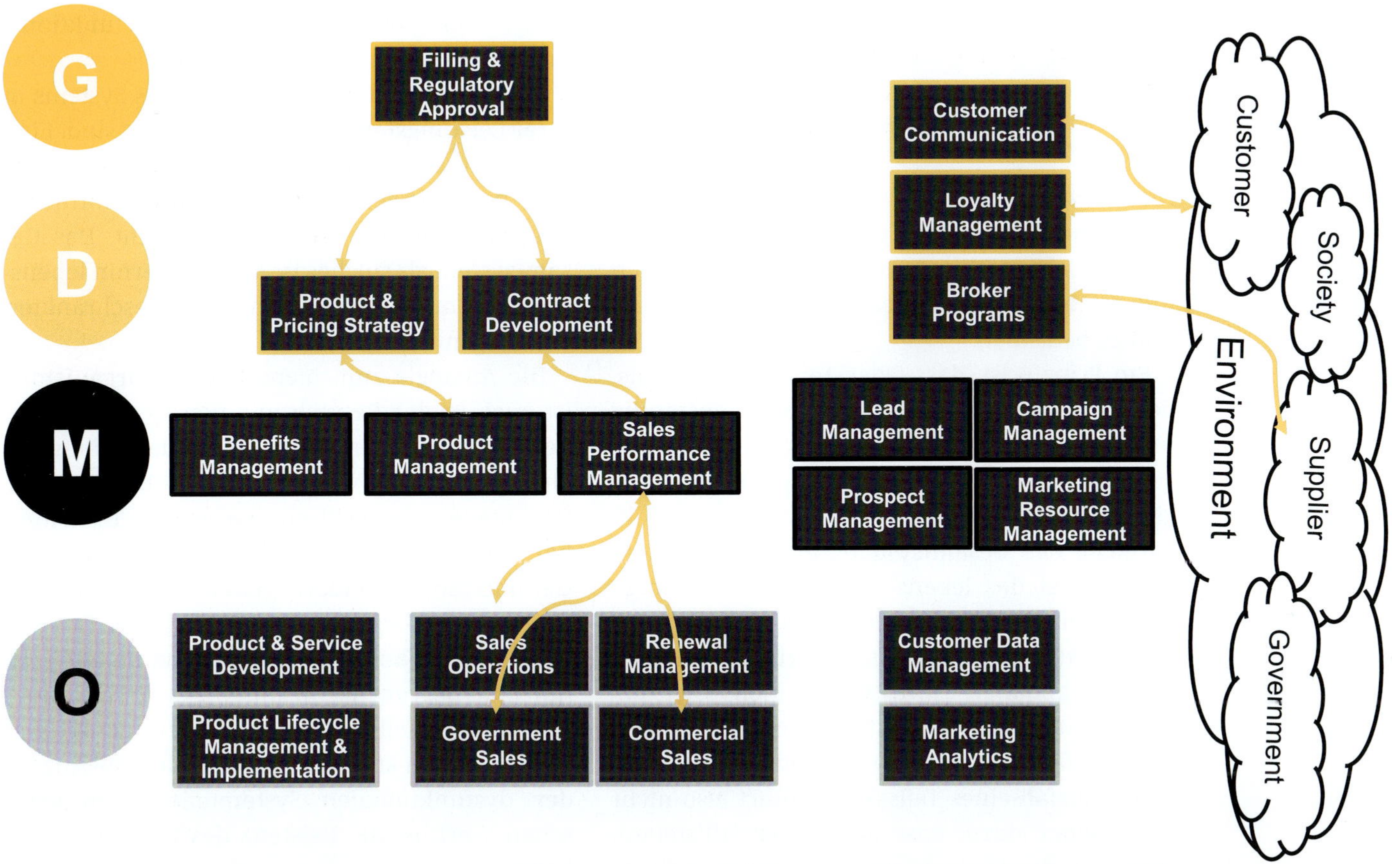

Bild 15.2 Zuordnung von Geschäftsfähigkeiten zu den Systemen des VSM mit den jeweiligen Kommunikationswegen

15.4 Anzuwendende Prinzipien

Die Anwendung dieser Struktur enthält eine Reihe von Grundsätzen und Prinzipien. Ziel ist es, überlebensfähige Systeme zu beschreiben und diese darauf aufbauend weiterzuentwickeln und zu betreiben.

Ein Prinzip ist, dass jeder Teil eines Systems, der als Rekursion definiert ist, eine eigenständig funktionsfähige, d. h. lebensfähige Einheit darstellt. So wie der menschliche Organismus weitgehend funktionsfähig bleibt, auch wenn Teilbereiche des Gesamtsystems ausfallen sollten. So zeichnet das lebens- und überlebensfähige System eines Unternehmens aus, dass die Gesamtfunktionsweise nicht von einem einzigen Element abhängig ist. Es weist einen Toleranzbereich auf, in dem Funktionseinschränkungen oder Ausfälle kompensiert werden können.

Der Ausfall eines Teilsystems führt also nicht unmittelbar dazu, dass alle Räder stillstehen. Wenn wir die Analogie zum menschlichen Organismus wieder nutzen, dann ist der Ausfall der Milz für den gesamten Organismus zwar nachteilig, aber der ist dennoch weiter funktions- und lebensfähig.

Dies gilt auch dann, wenn Teile des Systems in ihrer Leistungsfähigkeit eingeschränkt sind. Eine Erkältung stellt für den menschlichen Organismus beispielsweise eine Leistungsbeeinträchtigung dar, die ihn zeitweise schwächt. Das Gesamtsystem als solches ist aber weiterhin lebensfähig, wenn auch auf einem eingeschränkten Leistungsniveau.

Die Analogie zum menschlichen Organismus ist auch in der Betrachtung von Grenzsituationen weiterhin zutreffend. Wenn die Schädigung einzelner Organe oder die Anzahl erkrankter Organteile eine kritische Größe überschritten hat, dann beeinträchtigt dies nicht mehr nur das Gesamtsystem, sondern gefährdet die gesamte Existenz des Organismus. Auch dieses Extrembeispiel trifft auf Unternehmen zu, da auch sie nur eine begrenzte Anzahl eingeschränkt funktionsfähiger Teilsysteme oder Rekursionsstufen kompensieren können. Überschreitet die Anzahl der dysfunktionalen Systemteile einen kritischen Wert, ist die Existenz des Unternehmens bedroht.

In diesem Zusammenhang wird gerne der Begriff der Resilience – die Elastizität – einer Organisation verwendet. Diese Resilience ist ein zentrales Element unseres Systemdesigns entlang des laCoCa-Modells. Fällt beispielsweise der Leistungsbereich Marketing zeitweise aus oder ist er in seiner Kapazität oder Produktivität eingeschränkt, so können die Funktionen des Produktmanagements und des Vertriebs dennoch weiter ausgeführt werden. Sie müssen allerdings entsprechend konfiguriert sein und dürfen keine Abhängigkeiten aufweisen, die diese Eigenschaft verhindern.

Stellen wir die Domänen unseres zweidimensionalen Beispiels als Rekursionen des Systems dar und definieren »Sales«, »Products« und »Marketing« als eigenständig funktionsfähig, dann ergibt sich das in Bild 15.3 dargestellte Modell.

Sind die genannten Domänen in eigenständigen Rekursionen zusammengefasst, fällt auf, dass ursprünglich nur an einer Stelle im Unternehmen eine Geschäftsfähigkeit vorgesehen ist, die eine strategische Weiterentwicklung vorsieht (Development D). »Product & Pricing Strategy« ist in dem Beispiel eines klassischen 2-D-Domänenmodells in der Domäne »Product« enthalten. An keiner anderen Stelle des Beispiels ist die Geschäftsfähigkeit definiert, eine Strategie zu entwickeln.

Auch auf übergreifender Ebene existiert keine Geschäftsfähigkeit, in der eine Unternehmensstrategie für alle Domänen erstellt wird oder verteilte Strategien konsolidiert und harmonisiert werden.

Da für die Perspektive »Extern & Zukunft« die kontinuierliche Entwicklung von Strategien als notwendig angesehen werden muss, um in der Lage zu sein, auftretende Veränderungen der Umwelt zu analysieren und notwendige Maßnahmen für den Umgang mit diesen zu entwickeln, können wir bereits eine erste Dysfunktion in der Konfiguration und Ausprägung des Unternehmens identifizieren, ohne das Unternehmen selbst einer detaillierten Situationsanalyse unterzogen zu haben.

Die Grammatik des Designs des Unternehmens ist aus Sicht des laCoCa-Modells fehlerhaft bzw. unvollständig. Um die Statik der Architektur unseres Unternehmensdesigns zu verbessern und zur Abwechslung eine Analogie aus der Baubranche zu bemühen, müssen wir Erweiterungen und Änderungen vornehmen.

In unserer Transformation des klassischen Domänenmodells in ein laCoCa-Modell haben wir zu den vorhandenen Geschäftsfunktionen einige ergänzt, die fehlten. Die Entwicklung von

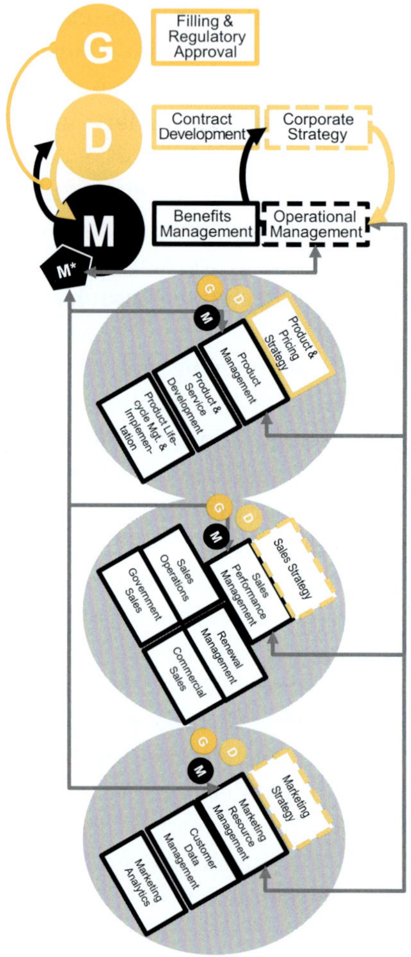

Bild 15.3
Geschäftsfähigkeiten innerhalb unterschiedlicher Rekursionsstufen des VSM in Anlehnung an die Business Capability Map

Strategien auf jeder einzelnen Rekursionsstufe wurde ebenso hinzugefügt wie die Geschäftsfähigkeit, eine übergreifende Konsolidierung und Harmonisierung von Einzelstrategien auf der ersten Rekursionsebene sicherzustellen.

Zusätzlich wurde die Geschäftsfähigkeit »Operational Management« auf der ersten oder initialen Rekursionsebene definiert, die eine systemweite Koordination und Unterstützung zum Einsatz notwendiger Ressourcen und Kapazitäten ermöglicht, die für eine operative Umsetzung der Strategie benötigt werden. An dieser Stelle wechselt die Perspektive von »Extern & Zukunft« nach »Intern & Gegenwart« und stellt sicher, dass für die aktive Umsetzung der erarbeiteten strategischen Maßnahmen auch die operativ benötigten Mittel und Rahmenbedingungen zur Verfügung stehen.

Weiterhin wurden die Systeme Coordination **C** und Monitoring **M*** ergänzt, um die notwendigen Informationen, Kommunikationswege und -mittel, die Maßnahmen zur Qualitätssicherung, Koordination aller Funktionen und Prozesse und die Nutzung dynamischer VI-Erhebung verfügbar zu machen. Darüber werden alle Rekursionsstufen, Teams und Systeme des Unternehmens miteinander verknüpft (VI: Viable Indicator, wie im Kapitel »Monitoring – VI anstatt KPI« dargestellt).

Wie in diesem konkreten Beispiel der Transformation aus einem klassischen Domänenmodell in ein dreidimensionales laCoCa-Modell zu erkennen ist, stellt eine iterative Konfiguration aller Systeme und Rekursionen eines Unternehmens sicher, dass alle lebensnotwendigen Geschäftsfähigkeiten vorgesehen, Redundanzen erkannt und die Funktions- und Kooperationsfähigkeit der verschiedenen Bereiche und Ebenen sichergestellt werden (Bild 15.4).

Was bei der Entwicklung eines dreidimensionalen Modells zusätzlich auffällt, ist, dass die vertrauten Denkmodelle und Denkstrukturen, die in Hierarchien, Abteilungen und Abgrenzungen denken, nicht angewendet werden können. Alle Überlegungen zur Konfiguration und Ausgestaltung von Geschäftsfähigkeiten und Zusammenhängen richten sich konsequent zumindest an den folgenden Fragen aus. Dabei ist die Perspektive dieser Fragen nicht auf eine einzelne Geschäftsfähigkeit fokussiert, sondern übergreifend aus Sicht der gesamten Organisation und der Konfiguration aller darin notwendigen Elemente und Strukturen:

- Was ist der Zweck des Unternehmens und der einzelnen Geschäftsfähigkeiten?
- Welche Geschäftsfähigkeiten werden an welcher Stelle im Unternehmen benötigt?
- Welche Güte und Ausprägung müssen die Geschäftsfähigkeiten haben, damit eine möglichst umfassende Funktionsfähigkeit erreicht werden kann?
- Wie vollständig und konsistent ist das Unternehmen insgesamt und in seinen Rekursionen?
- Wie lebensfähig sind die Rekursionen des Unternehmens, damit diese dynamisch, selbstverantwortlich und agil tätig sein können?
- Welche Informationen und Mittel der Kommunikation und Koordination sind für die einzelnen Bereiche und Rekursionsstufen im Unternehmen nötig?
- Welche VIs (Viable Indicators) sind nötig, um die Produktivität sowie die aktuelle und die zukünftig nötige Performance zu steuern und zu entwickeln?
- …

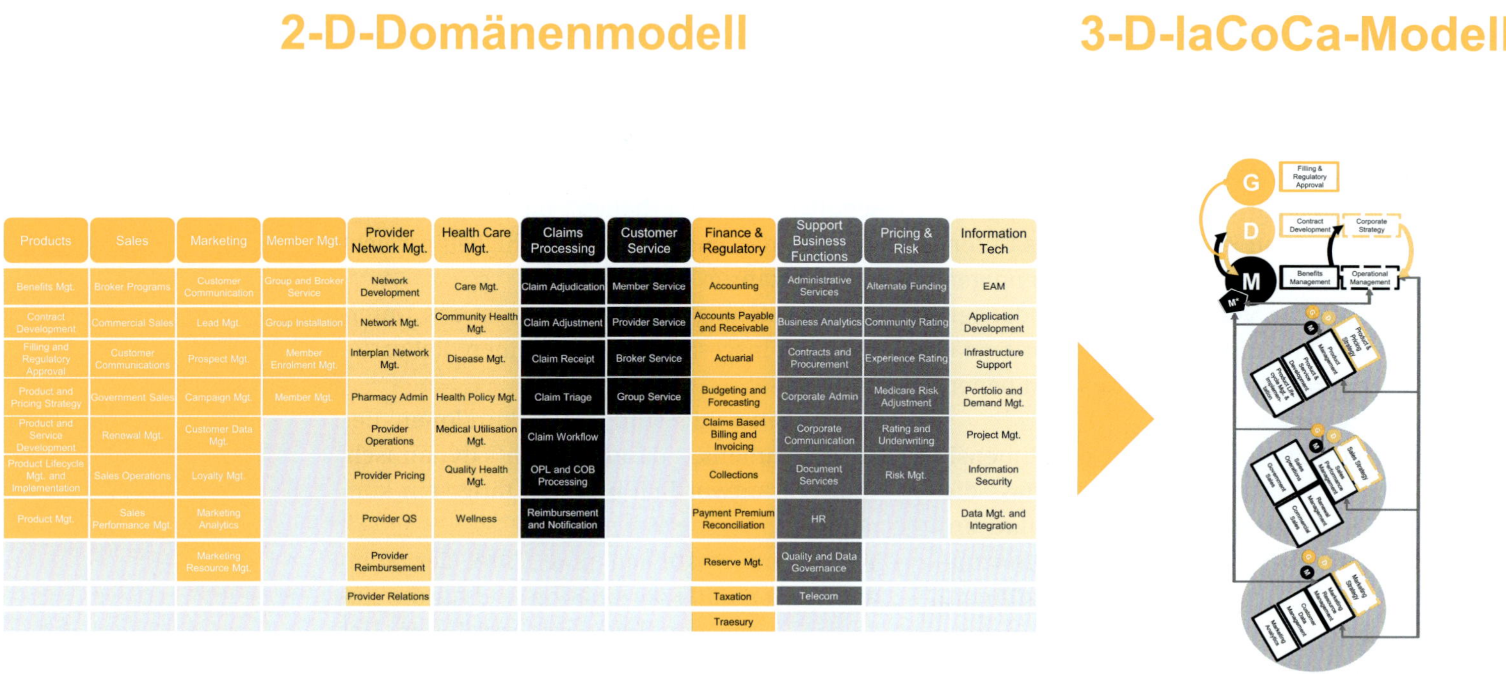

Bild 15.4 Gegenüberstellung der Darstellung eines 2-D-Domänenmodells im Vergleich zu einer 3-D-Darstellung auf der Grundlage des IaCoCa-Modells

15.5 Identifikation notwendiger Geschäftsfähigkeiten

Vertieft man sich in die Entwicklung eines dreidimensionalen laCoCa-Modells (3-D-Modell) zur Darstellung von Geschäftsfähigkeiten eines agilen Unternehmens, stößt man früher oder später immer auf die Frage ihrer jeweiligen Notwendigkeit.

Wie relevant ist eine einzelne Geschäftsfähigkeit? Die Frage ist deswegen so relevant, da die Arbeit an einem laCoCa-Modell erfahrungsgemäß unter den Beteiligten die Reaktion auslöst, es würde eine wesentliche Fähigkeit fehlen. Hier werden gerne Detaillierungsgrad und Vollständigkeit von Dokumentationen, also eine erwartete Form der Perfektion, mit notwendigen Informationen verwechselt.

Ziel der Entwicklung eines 3-D-laCoCa-Modells ist nicht, den existierenden Umfang der Geschäftsfähigkeiten zu erweitern oder zu vervollständigen. Diese Tendenz führt lediglich zu einem »overengineering« der Unternehmensarchitektur, wie es im Englischen bezeichnet wird.

Auch wenn der Hang zur Entwicklung eines vollständigen Modells und einer Komplettierung der Geschäftsfähigkeiten verständlich und nachvollziehbar ist, sollte dem rigoros entgegengewirkt werden.

Weniger ist mehr

Um das zu erreichen, sind die folgenden Leitfragen zur Orientierung nützlich:

- Wenn davon auszugehen ist, dass der aktuelle Umfang der Geschäftsfähigkeiten den existierenden Funktionsumfang, die bestehende Funktionsweise und Funktionsqualität widerspiegelt, welchen Nutzen würde die zusätzliche, als fehlend eingeschätzte Geschäftsfähigkeit stiften? Siehe auch Balance der requisiten Varietät.
- Was wäre als Konsequenz zu befürchten bzw. welche Risiken entstehen dem Unternehmen, wenn die zusätzliche Geschäftsfähigkeit weiterhin fehlt?
- Welchen messbaren (VI) Nutzen stiftet eine neue, als fehlend eingestufte Geschäftsfähigkeit dem Unternehmen? Und in welchem Ver-

hältnis steht dieser zu den Kosten, die ein physischer Aufbau der Fähigkeit in der Organisation verursacht?
- Ist die neue bzw. fehlende Geschäftsfähigkeit notwendig, um die Umsetzung der vorliegenden Strategie umzusetzen?
- Ist die zusätzliche Geschäftsfähigkeit, sofern ihre Notwendigkeit bestätigt ist, als eigenständige Fähigkeit zu behandeln und muss sie als solche auch in der Organisation aufgebaut werden? Oder handelt es sich lediglich um Geschäftsfähigkeiten, die eine Erweiterung oder Veredelung einer bereits existierenden darstellen?

Vorhandenes hinterfragen

Für bereits bestehende und beschriebene Geschäftsfähigkeiten ergeben sich ähnliche Leitfragen, um die Notwendigkeit ihrer Beibehaltung zu überprüfen:
- Welche Auswirkungen, Konsequenzen oder Risiken wirtschaftlicher oder qualitativer Art sind zu erwarten, wenn eine bestimmte Geschäftsfähigkeit eingestellt würde?
- Wie wettbewerbsdifferenzierend und wettbewerbsrelevant ist eine Geschäftsfähigkeit für das Unternehmen und was wäre die Folge, wenn diese an ein externes Unternehmen, einen Lieferanten oder Vertragspartner abgegeben würde? (Prüfung von Fertigungstiefe und Notwendigkeit der Eigenfertigung)
- Welchen Nutzen stiftet die Geschäftstätigkeit im Jahresüberblick im Vergleich zu den entstehenden Kosten (z. B. TCO, ROI)?
- Stellt die Geschäftsfähigkeit eine rechtliche Notwendigkeit dar und was wären die Konsequenzen, würde diese Fähigkeit wegfallen?
- Warum ist eine einzelne Geschäftsfähigkeit eigenständig notwendig oder kann sie als Erweiterung oder Veredelung mit einer anderen, ebenfalls bestehenden Geschäftsfähigkeit zusammengelegt werden?
- Ist die Geschäftsfähigkeit nötig, um einen VI (Viable Indicator) sicherzustellen, zu messen oder die Leistungsfähigkeit des Unternehmens dahin gehend zu ermöglichen?
- In welchem Umfang ist die Geschäftsfähigkeit für die Umsetzung der dynamischen Strategie oder des Strategiemusters relevant? Welche Teile der Strategie wären gefährdet oder ließen sich nicht umsetzen, wenn es die Geschäftsfähigkeit nicht gäbe?

Vergleichbare Fragen sind aus dem Fachgebiet des Risikomanagements von Unternehmen bekannt und werden dort verwendet, um eine wirtschaftliche Schätzung der Auswirkungen eintretender Risiken einer definierten oder angenommenen Eintrittswahrscheinlichkeit zu schätzen. Die hier aufgeführten Leitfragen verfolgen eine ähnliche Perspektive, betrachten diese aber aus der Sicht der Lebensfähigkeit eines Unternehmens und nicht ausschließlich aus der spezifischen Sicht des Risikomanagements.

15.6 Praktisches Vorgehen zur Erstellung eines laCoCa-Modells

Den Nutzen und die Struktur eines laCoCa-Modells zu verstehen und die Sinnhaftigkeit eines 3-D-Unternehmensmodells in dieser Form nachzuvollziehen, stellt den ersten wesentlichen Entwicklungsschritt dar. Daran schließt sich die praktische Fragestellung an, wie ein derartiges Modell, wenn man sich denn in der Lage sieht, die beschriebenen Prinzipien anzuwenden, erstellt wird.

Der erste Gedanke kann sein, sich mit Kollegen an einen Computer zu setzen und mit einem halbwegs geeigneten Grafikprogramm Modelle zu entwerfen. Dieser Schritt ist ein wichtiger, um die Arbeitsergebnisse in optisch ansprechender Form aufzubereiten und veröffentlichen zu können. Für die Entwicklung eines individuellen laCoCa-Modells oder von Teilen davon ist allerdings dringend von diesem Vorgehen abzuraten, da sie nur eine sehr eingeschränkte Form der Interaktion zulässt. Eine intensive Interaktion unter den Personen, die ein derartiges Modell erstellen, ist jedoch der entscheidende Erfolgsfaktor.

> Bewährt hat sich die Entwicklung eines laCoCa-Modells in einer auf Interaktion und Iteration ausgelegten Vorgehensweise in Kleingruppen von fünf Personen (plus/minus zwei), unterstützt durch einen Berater oder Designer, der mit der Entwicklung eines laCoCa-Modells vertraut ist.

Eine interaktive Gruppenarbeit kann in den folgenden Phasen durchgeführt werden.

- *Phase 0: Vorbereitung*
  In dieser Phase werden die verfügbaren Informationsgrundlagen des Unternehmens zusammengestellt und für die Nutzung in Kleingruppen vorbereitet. Hierzu werden ausgesuchte Beispiele in den Zustand eines laCoCa-Modells überführt. Diese Vorbereitung übernimmt der erfahrene Berater oder Designer.
- *Phase 1: Orientierung der Gruppenteilnehmer*
  Den Teilnehmern wird das Vorgehen in möglichst umfassender Form vorgestellt und an den vorbereiteten Beispielen verdeutlicht. Die einzelnen Schritte werden beschrieben und die zu erwartenden Ergebnisse der einzelnen Iterationen vorgestellt.
- *Phase 2: Fachliche Einführung, Training/Schulung*
  Die Grundstruktur und die Anwendung des laCoCa-Modells sowie der Inhalt der wissenschaftlichen Grundlagen, wie im ersten Teil des Buches dargestellt, werden den Teilnehmern vermittelt. Zusätzlich werden sie in das Vorgehen zu Beschreibung und Nutzung von Geschäftsfähigkeiten und die Modellierung agiler Prozesse eingeführt.
- *Phase 3: Praktische Übung*
  Durchführung praktischer Übungen zur Entwicklung von Geschäftsfähigkeiten mithilfe fiktiver Beispiele. Maximal fünf Geschäftsfähigkeiten je Beispiel.
- *Phase 4: Reflexion*
  Erster Austausch der Teilnehmer untereinander zu Erfahrungen und Eindrücken hinsichtlich Vorgehen und erreichter Arbeitsergebnisse.
- *Phase 5: Operative Entwicklung*
  Konkrete Bearbeitung einer praxisnahen Aufgabenstellung und Anfertigung eines konkreten Teils der Unternehmenskonfiguration anhand einer vorgegebenen Aufgabenstellung. Bearbeitungsintervalle sollten als Time Box gesteuert und iterativ durchgeführt werden.
- Beispielsweise geeignete Aufgabenstellungen:
  - Beschreibung und Konfiguration einer völlig neuen Geschäftsfähigkeit,
  - Übertragung eines Teils des bestehenden, zweidimensionalen Domänenmodells in die Darstellung als laCoCa-Modell,
  - Beschreibung definierter Teile des eigenen Unternehmens in Form eines laCoCa-Modells ohne die Grundlage eines existierenden Domänenmodells.

- *Phase 6: Reflexion zu den praktischen Erfahrungen*
  Wiederholung der Reflexion wie in Phase 4 beschrieben.
- *Phase 7: Iteration*
  Kontinuierliche Wiederholung der Phasen 5 und 4, je nach Anwendungssicherheit der Kleingruppe, bis zum Abschluss eines operativ verwertbaren Arbeitsergebnisses.

16 Umsetzung & Betrieb – Operatives Vorgehen und Transformation

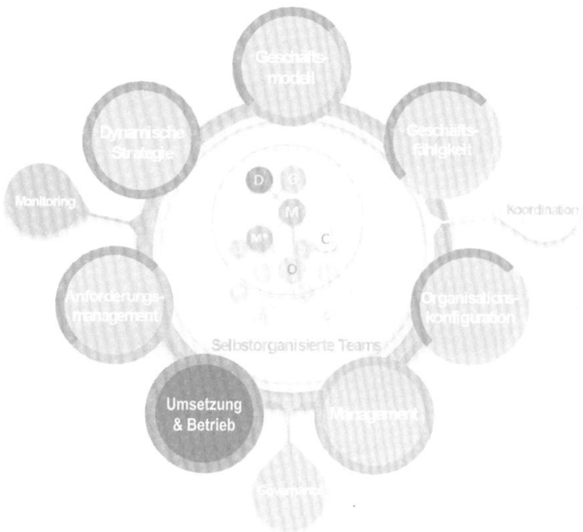

Umsetzung & Betrieb ist die mit Abstand wichtigste unter allen hier entwickelten Geschäftsfähigkeiten. Was immer wir im Rahmen des laCoCa-Modells und mit der laCoCa-Methode erreichen wollen, ist, dass agile und selbstorganisierte Teams in der Lage sind, ihre operative, alltägliche und fachliche Kernaufgabe so produktiv, sinnvoll und erfüllend wie möglich zu erbringen.

Innerhalb der Geschäftsfähigkeit Umsetzung & Betrieb, die dem System Operations **O** des laCoCa-Modells entspricht, ist die eigentliche fachliche Expertise der Mitarbeiter einer Organisation angesiedelt. Hier findet man beispielsweise das Wissen der Ingenieure, die Flugzeuge oder Automobile konstruieren und fertigen, die Ärzte, die ihr medizinisches Können unter Beweis stellen, die Facharbeiter einer Fabrik oder die Schreiner und Chemiker.

Das laCoCa-Modell und die zugehörige Methode sind faktische nichts weiter als die Grundlage oder das Vehikel, das benötigt wird, um das Fachwissen der Mitarbeiter bestmöglich und im Sinne des Unternehmens und in ihrem eigenen Interesse agil wirken lassen zu können.

Die operative Tätigkeit innerhalb der Geschäftsfähigkeit Umsetzung & Betrieb wird aus drei spezifischen Perspektiven betrachtet werden, die im Kontext des laCoCa-Modells und auch der Methode in direktem Bezug stehen. Wir wollen zunächst die Dynamik des Zusammenspiels der Geschäftsfähigkeit Management **M** und Operations **O** kurz zusammenfassen, die wir in den vorhergehenden Kapiteln bereits kennengelernt haben. Anschließend betrachten wir die Thematik der Umsetzung einer dynamischen Strategie in den operativen Betrieb, und was zu beachten ist, damit eine derartige Strategie Einzug in den

Alltag agiler Teams findet. Zuletzt gehen wir auf das generelle Themengebiet ein, wie ein Unternehmen als Ganzes aus einem hierarchisch geprägten Betriebszustand in einen agilen und selbstorganisierten überführt werden kann.

Die beiden letztgenannten Perspektiven sind an dieser Stelle besonders wichtig, da sie zum einen für den Erfolg eines Unternehmens entscheidend sind, eine entwickelte Strategie tatsächlich anzuwenden. Zum anderen ist eine immer wiederkehrende Frage in Firmen, die eine agile Transformation ihres Unternehmens anstreben, wie ein derartiges Vorhaben operativ umgesetzt und der Betrieb in einen agilen Zustand überführt werden kann.

16.1 Kooperation von Management und Betrieb

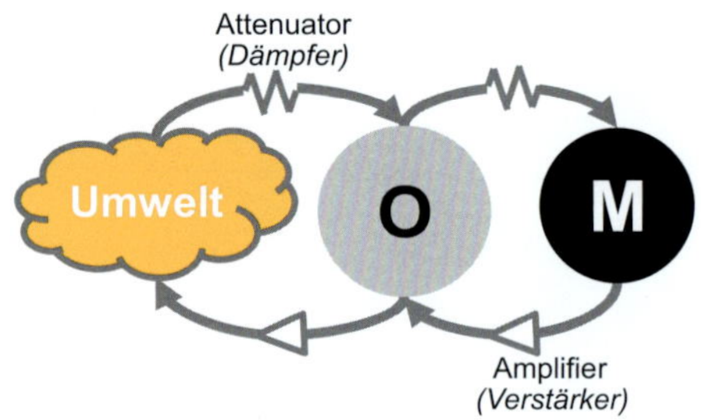

Die Geschäftsfähigkeiten Management **M** und Umsetzung & Betrieb **O** stehen in der gleichen Kooperationsbeziehung wie die Rollen Management **M** und Operations **O** in einem agilen Team. Ziel der Zusammenarbeit ist es, das notwendige Leistungsniveau der operativen Funktionen und Tätigkeiten in einer Balance zu halten, die sich zwischen den Anforderungen der Umwelt und der Leistungsfähigkeit eines Mitarbeiters, eines Teams, einer Gruppe von Teams und dem Unternehmen auf seiner initialen Rekursionsstufe bewegen.

Die Geschäftsfähigkeit Management **M** muss dahin gehend ausgestaltet sein, dass sie in der Lage ist, alle von Umsetzung & Betrieb **O** benötigten Kapazitäten und Ressourcen zur Verfügung zu stellen und somit die Rahmenbedingungen für einen möglichst reibungslosen und effektiven operativen Ablauf der Geschäftsprozesse zu ermöglichen. Dabei muss Management **M** darauf achten, dass sich die von Umsetzung & Betrieb **O** angeforderte Unterstützung im Rahmen der finanziellen und kapazitativen Möglichkeiten der betroffenen Rekursionsstufe bzw. des Unternehmens insgesamt bewegen.

Umgekehrt muss Umsetzung & Betrieb **O** darauf achten, dass die bereitgestellten Kapazitäten und Ressourcen so effektiv und effizient wie möglich eingesetzt werden. Die Interaktion beider Geschäftsfähigkeiten wird durch Monitoring **M*** mit dynamischen Kennzahlen (Viability Indicators) mit den nötigen Fakten über den Leistungszustand und das Leistungspotenzial der einzelnen Teams in den Rekursionsstufen der Organisation versorgt.

Aus diesem Zusammenspiel besteht der Alltag der Kooperationsbeziehung der beiden Geschäftsfähigkeiten und aller Prozesse und Teams, die diese anwenden. Die Geschäftsfähigkeit Coordination **C** stellt zusätzlich sicher, dass Kommunikation und Kooperation zwischen **M** und **O** in angemessener Form ablaufen.

Bei dem Aufbau einer agilen Organisation sollte darauf geachtet werden, dass diese Form der Kooperation einen stabilen Zustand und die Qualität der Selbstverständlichkeit erreicht hat, bevor der nächste Schwierigkeitsgrad angestrebt wird, die Umsetzung einer dynamischen Strategie.

16.2 Umsetzung dynamischer Strategien

Bei der Umsetzung der erarbeiteten Manöver und Maßnahmen zur Entwicklung von Geschäftsfähigkeiten und der Anpassung der Organisationskonfiguration haben die folgenden drei Methoden, je nach Kontext, Umfang und organisatorischen Anforderungen, spezifische Vor- und Nachteile.

Sequenzielles Vorgehen – Wasserfall

Handelt es sich um Maßnahmen und Aktionen, deren zeitlicher und kapazitiver Umfang auf eine kleine Personengruppe, z. B. maximal drei Personen, und auf eine überschaubare fachliche Expertise begrenzt und innerhalb von vier bis sechs Wochen von der betroffenen Gruppe eigenständig bearbeitet werden kann, ist die Umsetzung in einem sequenziellen Vorgehen angemessen (Bild 16.1).

Relevant hierfür ist die Einschätzung der verantwortlichen Mitarbeiter als Repräsentanten der von ihnen ausgefüllten Rollen. Sie legen fest, ob ein gemeinsames Verständnis zu den notwendigen Ergebnissen erreicht und untereinander vereinbart werden kann.

Dieses Verständnis kann als Text beschrieben oder als Prototyp, beispielsweise aus einem vorgelagerten Design-Thinking-Workshop, dargestellt und somit eineindeutig in seiner späteren Ausgestaltung und Wirkung nachvollzogen werden. Dies bedeutet, dass das zu erstellende Ergebnis eine geringe oder keine Erweiterung der bestehenden Komplexität des eigenen Systems, d. h. des Unternehmens, darstellt.

Übersteigt die Summe der umzusetzenden Maßnahmen oder Aktionen diesen Umfang und können diese nicht in endlicher Zeit, beispielsweise innerhalb von maximal fünf Arbeitstagen, abgeschlossen werden, dann ist von einer sequenziellen Vorgehensweise abzusehen und eine der folgenden beiden Methoden zu nutzen.

Kontinuierliches agiles Vorgehen – Kanban

Stellen die Maßnahmen und Aktionen zum Aufbau einer neuen Geschäftsfähigkeit die Erweiterung einer vorhandenen dar oder muss eine vorhandene Geschäftsfähigkeit angepasst oder ergänzt werden, um mit der neuen interagieren und kooperieren zu können, dann ist die Nutzung von Kanban (Bild 16.2) sinnvoll.

Bild 16.1 Vom Konzept bis zur Implementierung

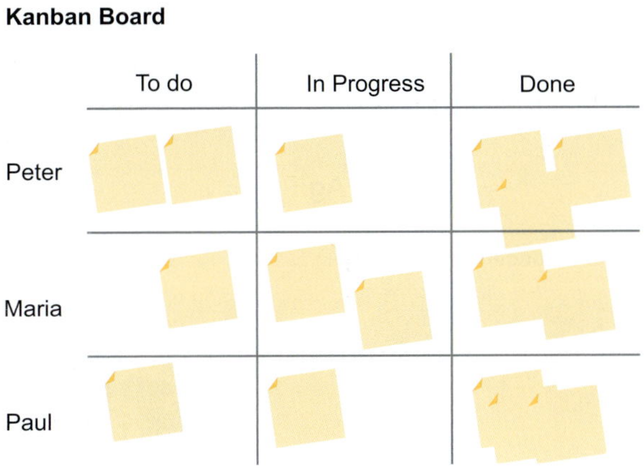

Bild 16.2 Kanban-Board

Voraussetzung hierfür ist, dass die bestehende Arbeitsweise der betroffenen Mitarbeiter in ihren unterschiedlichen Rollen bereits mit Kanban umgesetzt wird. Geeignet für die Arbeitsorganisation mit Kanban sind Tätigkeiten, die sich in einer definierten Form wiederholen, nicht aber technisch automatisierbar durchgeführt werden können.

Als Beispiel kann die Geschäftsfähigkeit »Auftragserfassung und Auftragsabwicklung von Standardprodukten« genutzt werden. Jeder Auftrag, der von einem Kunden ausgelöst wird, kann inhaltlich stark abweichend sein und muss daher, je nach Produkt und Leistung, individuell zusammengestellt, geprüft und weiterverarbeitet werden.

Die Reihenfolge der Arbeitsschritte ist immer die gleiche und unterliegt definierten Spielregeln der Kooperation. Für derart kontinuierliche Abläufe, die eine individuelle Kommunikation und Interaktion verschiedener Rollen erfordern, ist Kanban eine leicht anzuwendende und übersichtliche Strukturierungs- und Organisationshilfe.

Jeder neue Auftrag wird in der Eingangsspalte des Kanban Boards eingetragen und von dort in die weitergehenden Verarbeitungs- oder Veredelungsstufen übernommen, wenn die entsprechenden Kapazitäten und Prioritäten dies zulassen.

Eine Maßnahme zur Anpassung einer Geschäftsfähigkeit kann in seine Aktivitäten aufgeteilt und, wie ein eingehender neuer Auftrag, in das Kanban Board mit aufgenommen und bearbeitet werden.

Die etablierte und kontinuierliche Kommunikation und Kooperation der Mitarbeiter innerhalb des betroffenen Teams erlaubt es, dass die Aktionen umgesetzt werden und am Ende die Maßnahmen vollständig durchgeführt sind.

Voraussetzung hierfür ist, dass die Maßnahmen eine Erweiterung der bestehenden Fähigkeiten darstellen und kein vorhergehendes Projekt notwendig ist, um eine noch nicht verfügbare Grundlage oder Voraussetzung zu schaffen, die zwingend erforderlich ist.

Würde man ein Projekt innerhalb eines Teams initiieren, das mit Kanban eine kontinuierliche Leistung erbringen muss, würde dies zu einer Störung im Ablauf der Geschäftsfähigkeit führen und die Mitarbeiter überlasten. Wechselwirkungen dieser Art werden oft unterschätzt und führen, vor allem in Matrixorganisationen, zu einer Überlastungssituation der betroffenen Mitarbeiter hinsichtlich ihrer zeitlichen Kapazität.

Da Projekte überwiegend komplexe Vorhaben sind, deren Verlauf nicht sicher vorhergesagt werden kann, sollte man die Kombination von Regeltätigkeiten mit einmaligen Projekten oder die Kreativität von Menschen erfordernden Vorhaben trennen.

Inkrementelles agiles Vorgehen – agile Methoden
Für die Umsetzung von Maßnahmen, die nicht in die vorgenannten Kategorien fallen und sich durch Einmaligkeit und Unvorhersehbarkeit, also Komplexität auszeichnen, ist eine iterative agile Vorgehensweise geeignet (Bild 16.3).

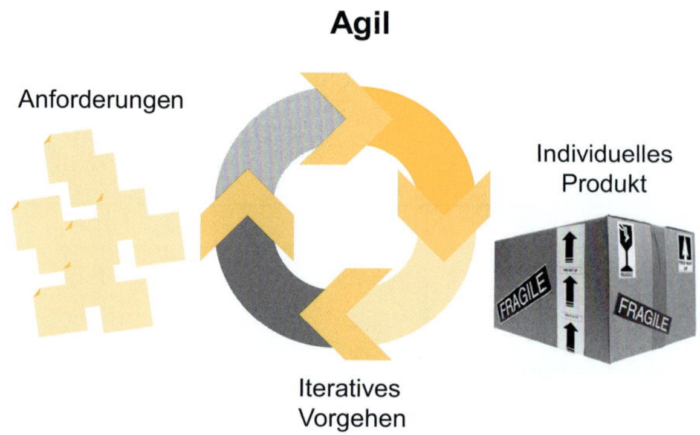

Bild 16.3 Agile Vorgehensweise

Im Gegensatz zu dieser ist Kanban viel mehr als eine iterative statische Vorgehensweise abzugrenzen, die sich, besser als agile Methoden, für kontinuierliche Leistungen eignet. Bei diesen steht unter anderem ein hohes Maß an Qualität oder Umsetzungsgeschwindigkeit vor einer möglichst hohen Kreativität, Individualität und Anpassbarkeit, also Agilität.

Projekte, die das Ziel verfolgen, ein neues Produkt herzustellen oder eine Innovation zu entwickeln, passen als Beispiele sehr gut in die zweite Kriteriengruppe.

Wie lange es dauert und was an Inhalten, Fertigkeiten, Fähigkeiten und Kapazitäten notwendig ist, um ein neues Produkt anzufertigen, ist nur unter großer Unsicherheit oder gar nicht absehbar. Ein bestehendes Produkt immer wieder zu produzieren und hierbei auch Abweichungen in einzelnen Eigenschaften mit einzubinden, ist auf der Grundlage von Erfahrungswerten, Statistiken, VIs und empirischen Werten möglich. Daher ist Kanban in diesem Fall die bessere Wahl.

Der Aufbau und die Etablierung der neuen Geschäftsfähigkeit kann es erforderlich machen, dass, je nach Kontext und Aufgabenstellung, innerhalb der bestehenden Konfiguration des Unternehmens alle drei Methoden angewendet werden.

Die jeweils für die Umsetzung ihrer individuellen Maßnahmen verantwortlichen Mitarbeiter entscheiden letztlich, welches Vorgehen für sie selbst, ihren Kontext und den Komplexitätsgrad ihrer Aufgabenstellung das geeignetste ist.

Von einer standardisierten One-Size-Fits-All-Vorgabe (OSFA), die für alle Teams, Geschäftsfähigkeiten, Rekursionsebenen und Subsysteme gelten soll, ist ebenso abzuraten wie vom Glauben, man müsse alle Aufgaben mit der Nutzung agiler Methoden umsetzen. Beides hat sich in der Praxis als gleichermaßen weitverbreitet wie schädlich erwiesen.

Das Grundmuster, das wir hier für die Bearbeitung eines konkreten Vorgehens und zum Aufbau und der Entwicklung einer spezifischen Geschäftsfähigkeit erläutert haben, kann aus dem Verständnis des laCoCa-Modells als erste Rekursionsstufe verstanden werden. In identischer Form können die hier beschriebenen Inhalte und Vorgehensweisen für alle anderen Aufgaben- und Fragestellungen im Unternehmen Anwendung finden und mit spezifischen Elementen angereichert werden. Allerdings sind die erläuterten Inhalte als Minimum zu verstehen. An diesen Elementen Reduzierungen vorzunehmen, bedeutet, ein agiles Unternehmen in einen dysfunktionalen Zustand hinein zu entwickeln.

16.3 Transformation – Veränderung operativ umsetzen

Ein neues Unternehmen nach dem laCoCa-Modell aufzubauen, ist kein einfaches Unterfangen. Speziell wenn bei den Gründern einer agilen Organisation noch keine ausreichende Erfahrung vorliegt. Dennoch sind das laCoCa-Modell und die laCoCa-Methode als Grundlage hier sehr nützlich. Gründer sollten sich im Vorfeld von einem erfahrenen Designer bei der initialen Planung zum Vorgehen Unterstützung einholen. Der Vorteil einer Neugründung ist auf jeden Fall, dass keine Unternehmenshistorie existiert, die aus einer Hierarchie in eine Heterarchie überführt werden muss. Die Risiken und Aufgabenstellungen sind daher bei der Neugründung eines Unternehmens verhältnismäßig überschaubar. Die inhaltlichen und methodischen Elemente sind für Start-up-Unternehmen ebenso anwendbar wie für hierarchisch strukturierte, die eine agile Transformation anstreben.

Ein bestehendes, bisher hierarchisch strukturiertes und organisiertes Unternehmen in eine agile Organisation umzuwandeln, ist, im Vergleich zu einem Neuaufbau, ungleich aufwendiger. Die Herausforderung der Transformation eines etablierten und über Jahre und Jahrzehnte erfolgreichen Unternehmens aus einer Hierarchie in eine Heterarchie wird von einer Fülle komplexer Faktoren bestimmt. Die relevanten Themenfelder werden im Rahmen unserer Erläuterungen umfassend behandelt. Neben den etablierten Verhaltensmustern aller Mitarbeiter und der Machtstruktur der Führungskräfte spielt die Ausgestaltung von Geschäftsfähigkeiten, Prozessen und Geschäftsmodellen eine wesentliche Rolle. Die größte Hürde in den Phasen der Veränderung und dem Wechsel in die neue Art einer agilen Unternehmensorganisation ist die fehlende Anwendungssicherheit aller Mitarbeiter, egal ob Führungskraft oder fachlicher Experte, mit den völlig andersartigen Arbeits-, Kommunikations- und Kooperationspraktiken.

Wege, wie diese Hürden konstruktiv überwunden werden können, sollen in diesem Kapitel behandelt werden. Dabei ist die empfohlene Vorgehensweise abweichend von den bekannten Methoden und Konzepten klassischen Change Managements zu verstehen. Der Fokus der Vorgehensweise, die hier präferiert und empfohlen wird, konzentriert sich darauf, dass alle betroffenen und beteiligten Mitarbeiter, von der Geschäftsführung bis zum Fachexperten, über das konkrete und persönliche Erleben in den Veränderungsprozess aktiv eingebunden sind und diesen dadurch explizit gestalten. Dieser Ansatz verfolgt das Ziel, eine entsprechend notwendige Anwendungssicherheit in der Nutzung von Modellen und Methoden aufzubauen und die Selbstwirksamkeit der Mitarbeiter zu fördern.

Der theoretische Ansatz klassischer Change-Management-Vorgehensweisen wird ganz bewusst ausgeschlossen, da er sich nicht bewährt hat. So paradox das auch klingen mag, es ist trotz dieser allgemein bekannten Tatsache nach wie vor üblich, zur Begleitung oder Unterstützung von Veränderungsvorhaben ein Change-Management-Projekt durchzuführen. Diesem Phänomen wollten wir eine Alternative entgegensetzen.

Der Transformationsprozess, wie wir ihn hier empfehlen, besteht aus fünf Phasen (Bild 16.4). Diese bauen jeweils aufeinander auf und sollten auch in der hier beschriebenen Reihenfolge umgesetzt werden.

Drei der fünf Phasen zeichnen sich dadurch aus, dass sie, je nach Größe und Veränderungsbereitschaft des Unternehmens, einer nicht abschätzbaren Eigenzeitlichkeit unterworfen sind. Das bedeutet schlicht, dass die Umsetzung der Aktivitäten in diesen Phasen von einer Vielzahl komplexer Faktoren beeinflusst wird, deren Verlauf zeitlich nicht vorhergesagt und daher auch nicht geplant werden kann.

Es ist lediglich möglich, sicherzustellen, dass die Durchführung der Aktivitäten in der nötigen Qualität und Konsequenz erfolgt, um die notwendigen oder bestmöglichen Rahmenbedingungen zu schaffen, damit alle Mitarbeiter eine möglichst positive Wahrnehmung der Transformation gegenüber entwickeln, diese annehmen und unterstützen.

So können die Risiken minimiert werden, die zwangsläufig entstehen, wenn sich Mitarbeiter dem Wandel verweigern oder diesen sogar sabotieren, da sie ihren Arbeitsplatz, ihren Status oder sich persönlich dadurch bedroht sehen.

Phase I: Handlungsbedarf feststellen

Bevor eine agile Transformation in Angriff genommen wird, sollten die verantwortlichen Entscheider prüfen, ob dieser Entschluss tatsächlich

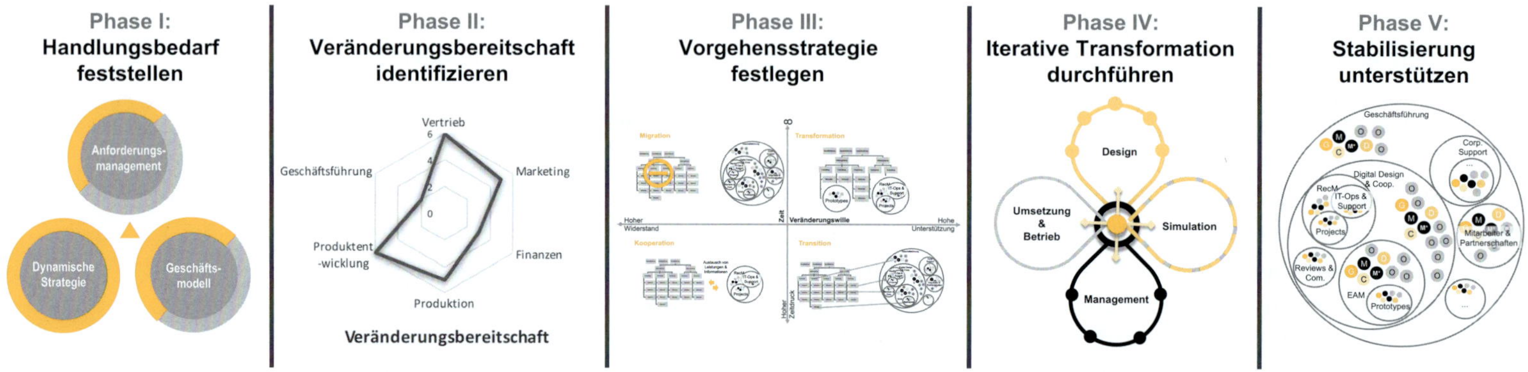

Bild 16.4
Transformationsprozess in fünf Phasen

der Handlungsnotwendigkeit des Unternehmens entspricht. Durch diese Prüfung soll sichergestellt werden, dass sich die Verantwortlichen darüber bewusst und darin einig sind, dass der Wechsel in eine agile Organisationsform und einen von Iteration und Selbstorganisation bestimmten Arbeitstag die richtige Antwort auf die zu lösenden Probleme und Aufgabenstellungen darstellt.

Nur weil agile Organisationen in aller Munde sind, bedeutet das nicht selbstverständlich, dass jedes Unternehmen von einem derartigen Wechsel automatisch profitiert. Diese Entscheidung überlegt und bewusst zu treffen, wird deswegen so betont, weil der einmal begonnene Transformationsprozess nicht ohne Konsequenzen gestoppt oder rückgängig gemacht werden kann. Eine agile Transformation ist ein von Zeitaufwand, Kosten und Mühen geprägtes Unterfangen und hat die Stigmatisierung agiler Arbeits- und Organisationsformen zur Folge, wenn sie scheitert.

Schon heute gibt es einige negative Beispiele dafür, wie Unternehmen darin gescheitert sind, Agilität zu etablieren und die Hürden nicht haben überwinden können. Als Ergebnis dieses Scheiterns befinden sich die betroffenen Unternehmen in einem schlechteren Zustand als vor der geplanten Transformation. Diese Unternehmen sind mit der Zielsetzung gestartet, die etablierte Hierarchie zu verlassen, um ein leistungsfähigeres und flexibles Arbeitsumfeld zu schaffen. Durch das Scheitern des Wechsels in eine Heterarchie sind sie gezwungen, wieder mit den Nachteilen der Hierarchie zu leben. Die Erwartungen und Hoffnungen vieler Mitarbeiter in diesen Unternehmen wurden zerstört, und die Hierarchie erscheint ihnen nun als alternativloses Übel. Wohl wissend, dass eine ganze Reihe von Firmen den Umstieg erfolgreich durchführen konnte.

> Es gibt bei dem Wechsel in eine agile Organisation keine zweite Chance. Daher muss der Entschluss hierzu fundiert sein.

Um festzustellen, ob eine Heterarchie die angemessene Organisationsform darstellt, sollte zur Orientierung der qualitative und quantitative Zustand der folgenden acht Kategorien im Unternehmen einer Situationsanalyse unterzogen werden:

- Kundenorientierung
- Entscheidungsgeschwindigkeit
- Innovationsfähigkeit
- Anpassungsfähigkeit an Marktveränderungen
- Produktivität
- Management von Marktrisiken
- Fehlertoleranz
- Umsetzungsgeschwindigkeit und -qualität

Für die meisten Unternehmen, die sich für den Wechsel in eine Heterarchie entscheiden, beinhaltet die Mehrzahl dieser Faktoren kritische Risiken mit einer daraus resultierenden hohen Handlungsnotwendigkeit.

Speziell wenn sich die vier Themengebiete Kundenorientierung, Innovationskraft, Entscheidungsgeschwindigkeit und Anpassungsfähigkeit an Marktveränderungen aus der Situationsanalyse als fehlend oder schwach ausgeprägt erweisen, ist der Nutzen einer agilen Organisation für das Unternehmen sehr wahrscheinlich.

Genau in diesen vier Aspekten zeigt sich die Stärke einer Heterarchie, da insbesondere eine konsequente Fokussierung auf die Anforderungen der Kunden und Märkte, die Förderung und Forderung von Kreativität, die Unterstützung der Entscheidungsfähigkeit von Mitarbeitern durch Selbstorganisation und Eigenverantwortung sowie die Anpassungsfähigkeit durch kontinuierliche Analyse externer Marktentwicklungen hier zentrale Eigenschaften darstellen.

Die Analyse der acht Kategorien sollte sowohl qualitativ durch Befragungen und Marktanalysen als auch quantitativ durch die Erhebung von Kennzahlen erfolgen. Hierbei ist das auf VIs basierte, dynamische Kennzahlenmodell aus diesem Buch sehr nützlich, da es insbesondere den Vergleich eines bestehenden mit einem notwendigen Leistungsniveau ermöglicht.

Die Durchführung von Kennzahlenanalysen erlaubt eine sachliche Auseinandersetzung mit den identifizierten Problemfeldern und Handlungsnotwendigkeiten und sichert so, dass Erwartungshaltung und realistisch erreichbare Entwicklungspotenziale in einem nachvollziehbaren Verhältnis betrachtet und eingeschätzt werden. Im Verlauf einer agilen Transformation dienen diese Messwerte dazu, die Entwicklung der Veränderungen einem kontinuierlichen Monitoring **M*** zu unterziehen und so festzustellen, ob die erreichte Entwicklung mit der angestrebten Wirkung erfolgt.

Die Nutzung von VIs schützt zusätzlich davor, dass willkürliche Erwartungen definiert werden, die unerreichbar sind und auch im Laufe der Transformation keine »kreative« Neuausrichtung und zusätzlich spontan entstehende Anforderungen den Umstellungsprozess überfrachten und damit zusätzliche Risiken entstehen lassen.

Phase II: Veränderungsbereitschaft identifizieren

Ist die Handlungsnotwendigkeit geklärt und auch bestätigt, dass eine agile Organisation für die Sicherung oder Steigerung der Überlebensfähigkeit des Unternehmens die angemessene Entwicklungsrichtung ist, stellen sich als Nächstes die folgenden beiden Fragen:

- Wie hoch ist die Bereitschaft der Mitarbeiter, den Wechsel aus einer Hierarchie in eine selbstorganisierte Heterarchie als eine für das Unternehmen notwendige und für sie individuell positive berufliche Entwicklungsperspektive anzunehmen (*agiles Potenzial*)?
- An welcher Stelle im Unternehmen ist ein geeignetes Umfeld zu finden, aus dem heraus oder in dem die agile Transformation beginnen sollte (*Veränderungswille*)?

Es gilt zum einen festzustellen, wie hoch der Veränderungswille der Mitarbeiter einer agilen Organisation gegenüber einzuschätzen ist oder wie massiv der Widerstand gegen eine derartige Entwicklung ausfallen kann. Ausprägung und Abweichung dieser beiden Werte festzustellen, ist die zentrale und erste Aufgabe zur Vorbereitung einer agilen Transformation selbst. Es genügt nicht, alleine als Geschäftsführung eine kritische Handlungsnotwendigkeit erkannt zu haben und eine Veränderung des Unternehmens anzuordnen, wenn die Mehrzahl der Mitarbeiter gegenteiliger Ansicht ist und weder Einschätzung noch Entscheidung teilen kann.

Eine strategische Entscheidung gegen den Widerstand der Unternehmenskultur durchsetzen zu wollen, kann katastrophale Folgen haben.

Eine entsprechende Umfrage und die persönliche Befragung einzelner Stakeholder und Meinungsbildner innerhalb der Firma sind der beste Weg, um herauszufinden, ob und in welchem Umfang die Mitarbeiter den angestrebten Wandel unterstützen oder ablehnen.

Am geeignetsten sind dazu Fragestellungen, die agile und hierarchische Prinzipien und Praktiken gegenüberstellen und die Befragten einschätzen lassen, welche Form der Organisationsstruktur und Kooperation aus ihrer Sicht für das Unternehmen und sie persönlich aktuell und zukünftig eine positive Entwicklung beschreibt, die das Überleben der Firma und ihren Arbeitsplatz sichert. Aus der Abweichung der sich hieraus ergebenden Wertepaare kann abgelesen werden, ob Ablehnung oder Zustimmung einer agilen Organisation gegenüber überwiegen.

Die zweite Frage baut auf den Ergebnissen der Befragung auf. Aus der Analyse der gewonnenen Antworten kann identifiziert werden, an welcher Stelle im Unternehmen unter den Mitarbeitern ein besonders hohes Interesse an einem Wechsel in eine agile und selbstorganisierte Arbeitsform besteht.

Ist man also auf der Suche nach der geeignetsten Stelle für den Aufbau eines ersten agilen Teams, also einem Nukleus oder einer Keimzelle im Unternehmen, aus der heraus der Transformationsprozess sukzessive und evolutionär entstehen kann, so sollte nach der Häufung der meisten positiven Reaktionen innerhalb der Organisation gesucht werden. Die Mitarbeiter mit der stärksten Affinität für agile Arbeitsformen sollten diejenigen sein, die als Pioniere das oder die ersten Teams formen. Welche fachliche Aufgabe sie dabei erfüllen, ist weniger relevant. Mitarbeiter mit einer positiven Grundhaltung der Aufgabenstellung gegenüber sind die wichtigsten Erfolgsfaktoren einer agilen Transformation.

Phase III: Vorgehensstrategie festlegen

Die vorgenannte Grundlagenarbeit ist für den dritten Schritt unerlässlich. In diesem geht es darum, festzulegen, welche Form der Vorgehensstrategie für die Durchführung der agilen Transformation die primär geeignetste ist.

Dabei sind zwei diametral entgegengesetzte Haltungsmuster der Mitarbeiter dem Faktor Zeit, also der Dinglichkeit der Handlungsnotwendigkeit, gegenüberzustellen.

Ist die Einstellung der Mitarbeiter einer agilen Transformation gegenüber überwiegend positiv und die für den Wechsel der Organisationsstruktur verfügbare Zeit eher langfristig anzusehen, so bietet sich eine bestimmte Vorgehensstrategie an. Diese fällt jedoch gänzlich anders aus, wenn die Mitarbeiter einer agilen Transformation ablehnend gegenüberstehen, die Handlungsnotwendigkeit aber ein unverzügliches und kurzfristiges Handeln erforderlich macht.

Die Dauer des Transformationsvorhabens ist demnach von der im Vorfeld festgestellten Veränderungsfähigkeit und dem Veränderungswillen der Mitarbeiter abhängig. Je positiver dieser Faktor ist, desto kürzer kann der Transformationsprozess potenziell ausfallen. Zusätzlich sind die damit einhergehenden Kosten, aber auch die Wahrscheinlichkeit eines Scheiterns potenziell reduziert. Dies gilt nicht nur für den Transformationsprozess selbst, sondern auch für das gesamte Unternehmen, seine wirtschaftliche Lage und Wettbewerbsfähigkeit betreffend.

Zu unterscheiden und zu bewerten sind die Vor- und Nachteile sowie die Konsequenzen der Strategien der Transformation, Transition, Kooperation oder Migration einer Unternehmensorganisation (Bild 16.5).

Die Strategien von Kooperation und Migration weisen hierbei die potenziell kürzeste Umsetzungsdauer auf. Der Wirkungsgrad der Kooperation, bei der eine separate und eigenständige Organisation als Tochterunternehmen oder ein Kooperationspartner aufgebaut wird, ist allerdings begrenzt. Bei der Migration können die Auswirkungen auf den Geschäftsablauf negativ verlaufen, da über sie der radikalste Ansatz verfolgt und eine völlig neue Organisation aufgebaut wird. Dort werden alle zukünftigen Geschäftsmodelle entwickelt und hergestellt, und das existierende Unternehmen wird sukzessive ersetzt. Dies ist dem Vorteil einer schnellen Durchführung gegenüberzustellen und muss mit geeigneten Steuerungs- und Kommunikationsmaßnahmen begleitet werden.

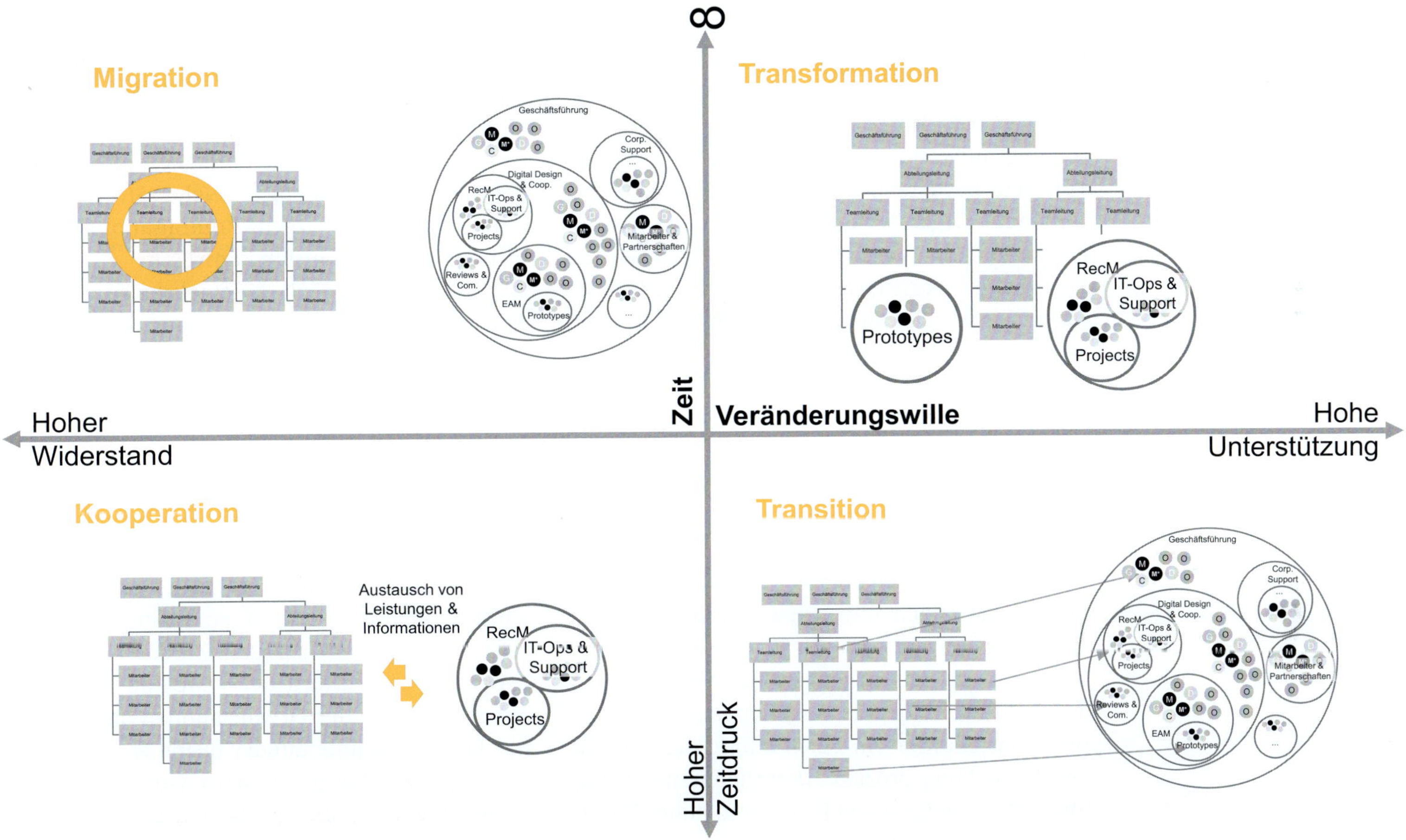

Bild 16.5 Qualitative Übersicht der vier grundlegenden Transformationsstrategien zum Aufbau agiler Organisationen

Die Umstellung der Organisation entlang einer Transition verursacht hinsichtlich der Umsetzungsdauer und der potenziellen innerbetrieblichen Reibungsverluste den höchsten Umsetzungsaufwand. Der Zustand des Übergangs von dem bestehenden Leistungsniveau der bestehenden Organisation in den der agilen Zielorganisation kann Verzögerungen verursachen, da Mitarbeiter schrittweise von der einen Organisationsstruktur in die andere wechseln. Es kann zu Kapazitätsengpässen kommen, die sich auf das laufende Bestandsgeschäft auswirken können. Einer Überlastung und Überforderung der Mitarbeiter muss daher entsprechend entgegengewirkt werden, und nötigenfalls muss man sie mit temporären Kapazitäten überbrücken. Der Vorteil einer Transition liegt im sukzessiven Vorgehen, das von allen beteiligten und betroffenen Mitarbeitern nachvollzogen werden kann.

Die Transformationsstrategie weist die geringsten negativen Auswirkungen auf, verlangt aber durch ihr evolutionäres Vorgehen und die organische Umstellungsform einen langfristig angelegten Umstellungsprozess. Unternehmensführung und Mitarbeiter müssen hierfür ein hohes Durchhaltevermögen aufbringen. Allerdings wird auch das Risiko reduziert, dass wertvolle Mitarbeiter und sogenannte Leistungsträger das Unternehmen verlassen, was durch einen zu kurzfristigen Wechsel der Organisationsmodelle erfolgen kann.

Vom Schwerpunkt der Zielsetzung und dem Grad der Handlungsnotwendigkeit eines Unternehmens ist abhängig, welche Strategie anzuwenden ist oder welche Kombinationsform alternativ verfolgt werden kann (Tabelle 16.1).

Ist Geschwindigkeit beispielsweise für den Aufbau und die Umsetzung neuer, digitaler Geschäftsmodelle notwendig, dann kann eine Kombination aus Kooperationsstrategie und Transformationsstrategie sinnvoll sein.

In diesem Fall wird eine neue Organisation, als eigenständiges Tochterunternehmen, parallel zum Mutterunternehmen gegründet, um die benötigten digitalen Geschäftsmodelle zu produzieren und zu vermarkten. Das Mutterunternehmen kann parallel hierzu in einen agilen Organisationszustand versetzt werden. Zu einem späteren Zeitpunkt, sobald sich der Reifegrad der agilen Arbeitsweise beider Organisationen angeglichen hat, können sie miteinander fusionieren.

Mit diesem Vorgehen wird vermieden, dass unterschiedliche und potenziell gegensätzliche Unternehmenskulturen aufeinandertreffen und das Tochterunternehmen von der üblicherweise

»mächtigeren« Mutterorganisation assimiliert oder neutralisiert wird.

Tabelle 16.1 Pro und Contra der vier grundlegenden Transformationsstrategien

Strategie	Pro	Contra
Migration	Kurzfristige Umsetzung mit geringem Investitionsbedarf	Potenziell negative Auswirkung auf Bestandsgeschäft
Transition	Sicherung von Know-how und Leistungsträgern	Hoher Umsetzungsaufwand und interne Reibungsverluste
Kooperation	Kurzfristiger Aufbau und flexible Anpassung	Beschränkter Wirkungsgrad mit erhöhtem Organisationsaufwand
Transformation	Hoher Akzeptanzgrad unter den Mitarbeitern	Langfristig anzulegende Umsetzung

Phase IV: Iterative Transformation durchführen

Ist die Handlungsnotwendigkeit erkannt, die agile Organisation als aussichtsreichste Entwicklungsform bestätigt, die Veränderungsbereitschaft der Mitarbeiter identifiziert und die Vorgehensstrategie ausgewählt, kann die eigentliche Durchführung der Transformation (Bild 16.6) beginnen.

Nehmen wir an, dass Sie sich für die Umsetzung der Transformationsstrategie entscheiden konnten, da die Handlungsnotwendigkeit zwar bestätigt ist, die zeitliche Ausdehnung jedoch einen evolutionären Prozess erlaubt.

Durch die Lektüre des Buches und das bisher erworbene Wissen zur Struktur des laCoCa-Modells besitzen Sie einen roten Faden, der im Kontext einer agilen Transformation angewendet werden kann. Die bisher erläuterten Schritte sind bereits konkrete Inhalte der beiden Geschäftsfähigkeiten »Anforderungsanalyse und -entwicklung« und »dynamische Strategieentwicklung«. Darauf aufbauend ist jetzt das Design der benötigten Geschäftsmodelle zu entwickeln, das Design der Geschäftsfähigkeiten zu erstellen und die Konfiguration der Organisationsstruktur festzulegen.

Diese Arbeitsergebnisse definieren somit die erste Ausbaustufe einer agilen Organisation, die über initiale Teams initiiert und aufgebaut wer-

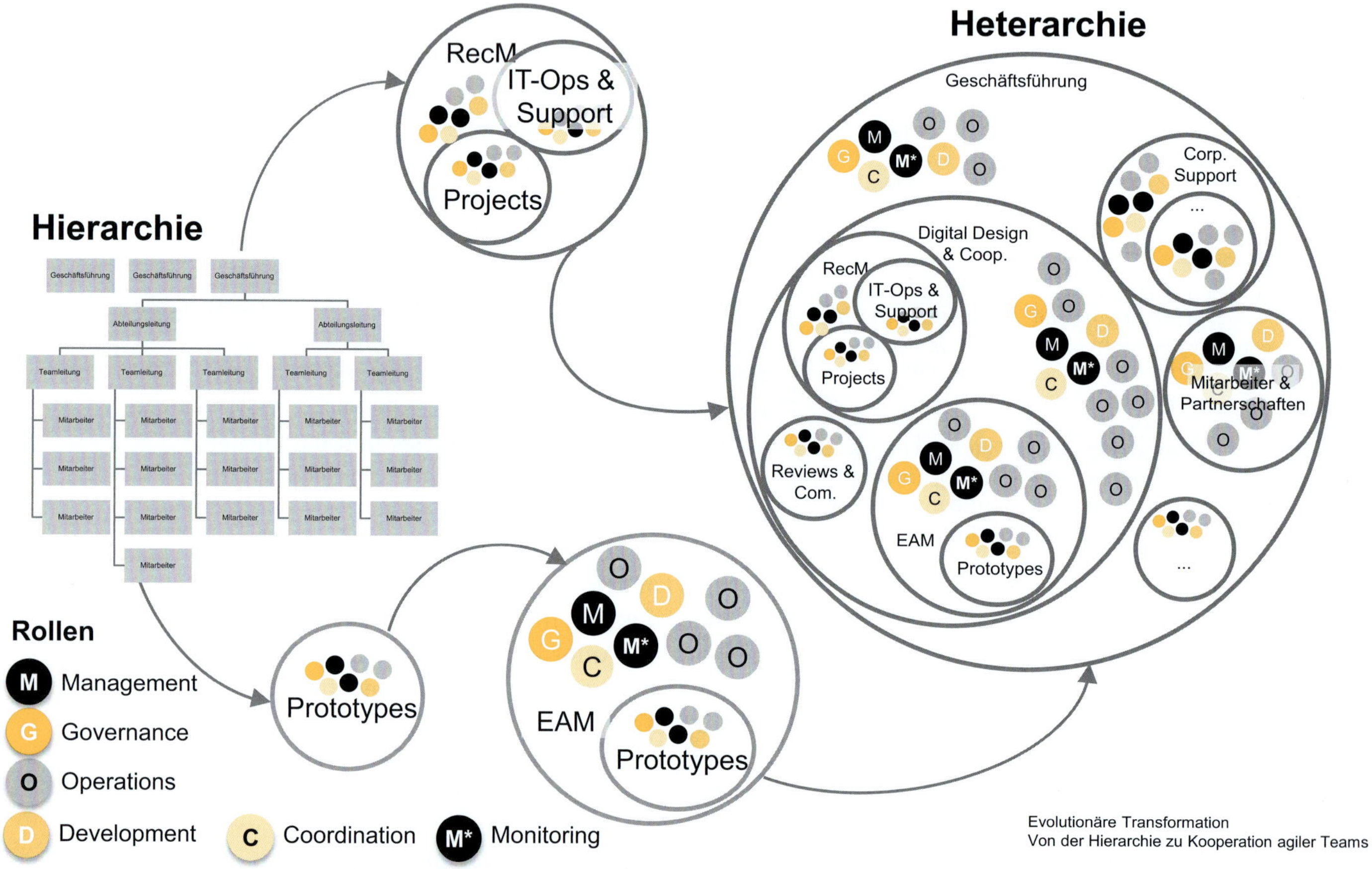

Bild 16.6 Von der Hierarchie zu Kooperation agiler Teams: Kontinuierliche, interaktive und evolutionäre Transformation einer hierarchischen in eine heterarchische Organisationsform

den soll. Indem Sie das laCoCa-Modell des Unternehmens über die Anwendung der laCoCa-Methode aufbauen, praktizieren Sie automatisch und emergent die iterative und agile Arbeitsform, die innerhalb der agilen Organisation als Zielzustand erreicht werden soll. Die Detaillierung der laCoCa-Methode befindet sich in Teil III.

Ist diese erste Ausbaustufe der ersten agilen Teams erreicht, wird in einer Simulation zunächst validiert, ob das erreichte Design in sich konsistent und anwendbar ist.

Erst im Anschluss an diese Simulation wird das erste agile Team ins Leben gerufen und den Mitarbeitern, die sich in der Umfrage als besonders interessiert zeigten und in der ersten Iteration bereits eingebunden waren, die operative Verantwortung übergeben.

Phase V: Stabilisierung unterstützen

Diesen erreichten initialen Konfigurationszustand gilt es zunächst zu festigen und zu stabilisieren. Das Ziel muss nun darin bestehen, die notwendige Anwendungssicherheit der Mitarbeiter dieser Keimzelle eines agilen Teams herzustellen. Sobald das erreicht ist, und die dafür notwendige Zeitspanne kann im Vorhinein nicht festgelegt werden, ist der wesentlichste Meilenstein in der Transformation erreicht. Es ist in dieser Phase nicht nur belegt, dass es möglich ist, aus einer hierarchischen Abteilung in ein heterarchisches Team zu wechseln, sondern es ist auch eine Ausbildungsstelle für alle nachfolgenden Mitarbeiter geschaffen worden, die agile Organisations- und Kooperationsformen erlernen wollen.

Von dieser ersten, stabilen Ausbaustufe ausgehend, können alle weiteren Schritte einer agilen Transformation in Iterationen so lange durchlaufen und angewendet werden, bis das gesamte Unternehmen oder alle für eine agile Transformation geeigneten Bereiche überführt sind.

Kritische Voraussetzungen und Erfolgsfaktoren

Um die hier präferierte Vorgehensweise anwenden zu können sind zwei Elemente als Voraussetzung nötig. Zum einen eine Geschäftsführung und eine initiale Gruppe überzeugter Mitarbeiter und eine Gruppe ausgebildeter Designer und Berater, die in der Lage sind, die Prinzipien und Praktiken des laCoCa-Modells und der laCoCa-Methode anzuwenden. Der Rest und der Erfolg des Wechsels in die agile Organisation sind von dem Durchhaltevermögen und der Disziplin der Beteiligten abhängig.

Diese wesentlichen Faktoren kann kein Modell, keine Methode und kein Fachbuch ersetzen.

TEIL 3

Iteratives Vorgehen mit der laCoCa-Methode

Nachdem wir die Grundlagen abgeschlossen und ein Verständnis zur Struktur des laCoCa-Modells mit allen darin enthaltenen Geschäftsfähigkeiten aufgebaut haben, wenden wir uns nun der laCoCa-Methode zu.

Die laCoCa-Methode deckt zwei aufeinander aufbauende Perspektiven einer agilen Organisation ab. Zum einen ist es mit der Anwendung der laCoCa-Methode möglich, eine agile Organisation von Grund auf aufzubauen oder eine bestehende, hierarchische Struktur in eine Heterarchie agiler Teams zu transformieren. Zum anderen bildet die laCoCa-Methode die kontinuierlich iterative Arbeitsweise einer agilen Organisation ab, die nach den gleichen Prinzipien strukturiert ist wie die Organisation selbst.

Das bedeutet, dass die Sprache bzw. die Grammatik, in der die Organisation strategisch und operativ tätig ist, mit der ihrer Konfiguration und dem Design ihres individuellen laCoCa-Modells der Geschäftsfähigkeiten konsistent übereinstimmt.

Für die praktische Anwendung der Methode ist in diesem Teil des Buches eine Struktur beschrieben, die alle bisher behandelten Grundlagen beinhaltet und diese in einer möglichst wirksamen Reihenfolge nutzt. Daher ist es notwendig, die Inhalte der ersten beiden Teile gelesen zu haben, da der dritte Teil darauf aufbaut und diese nicht wiederholt werden. Dadurch fällt die Beschreibung der laCoCa-Methode relativ überschaubar aus. Sie kann jedoch schwer verständlich wirken, wenn die Inhalte der ersten Teile ausgelassen werden.

Das nachfolgende Kapitel beschreibt die grundlegende Struktur und die Anwendung der laCoCa-Methode und wie sie auf jeder Ebene der Rekursion eines Unternehmens, innerhalb der eigenen Organisation und aller darin aufzubauenden und aktiven agilen Teams eingesetzt werden kann.

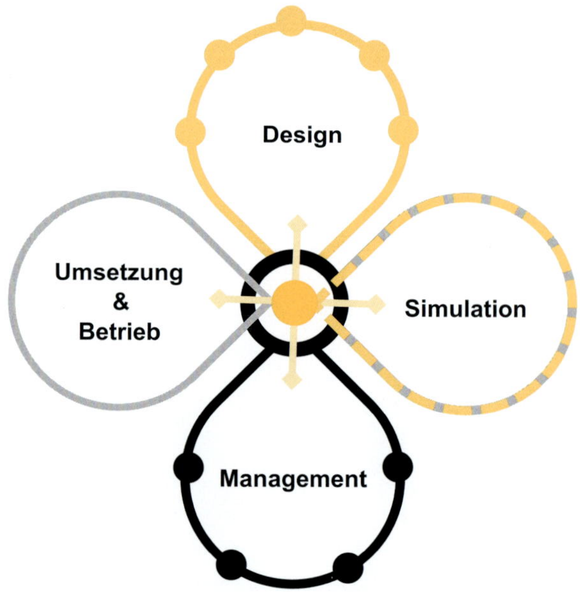

Das Design der laCoCa-Methode ist dabei konsistent nach den identischen Strukturen aufgebaut, die wir aus der Erstellung des laCoCa-Modells kennen. Damit ist sichergestellt, dass das Design des Unternehmens, das auf den bisher aufgeführten und erläuterten Prinzipien beruht, über eine Vorgehensweise erfolgt, die aus denselben Elementen besteht. Die dadurch erreichte Konsistenz gewährleistet, dass die Ergebnisse, die sich aus der Anwendung der laCoCa-Methode ergeben, nahtlos in den Alltag und die praktische Nutzung der Organisation übernommen und integriert werden können.

Reorganisationsprojekte, die üblicherweise notwendig sind, um einem Unternehmen eine effizientere Funktionsstruktur zu verleihen, werden damit überflüssig. Die Struktur und die Funktionsweise der Organisation werden durch die Anwendung der Methode unter anderem in folgenden Aspekten kontinuierlich weiterentwickelt.

- Entwicklung eines motivierenden Arbeitsumfelds, in dem Erwachsene einander respektvoll und auf Augenhöhe begegnen.
- Reifegrad der Geschäftsfähigkeiten und aller dazugehörigen Prozesse entsprechend den Anforderungen agiler Organisationen.
- Agile Anpassung der gesamten Organisation an sich ändernde Einflussfaktoren der externen Umwelt und der internen Funktionsweisen.
- Vertrautheit der Mitarbeiter mit der Anwendung agiler Organisationsstrukturen und der Nutzung darin enthaltener Kooperationswege und Kooperationsformen.
- Integration und Nutzung spezifischer Methoden zur Gestaltung agiler Arbeitsformen wie Scrum, Design Thinking, Management 3.0, Business Model Canvas etc.
- Integrierte und ganzheitliche Entwicklung dynamischer Strategien.
- Entwicklung analoger und digitaler Geschäftsmodelle für die Schaffung und Vermarktung wettbewerbsfähiger Services und Produkte.
- Kontinuierlicher Aufbau von Wissen und Erfahrungen im Rahmen einer emergent lernenden Organisation.

17 laCoCa-Methode: Grundgerüst

Das Ziel der laCoCa-Methode ist es, die Weiterentwicklung der bestehenden Unternehmensstruktur hin zu einer agilen Organisations- und Betriebsform zu unterstützen oder ein völlig neues Design einer agilen Organisation zu entwickeln.

Dabei soll sichergestellt werden, dass alle relevanten Bestandteile einer Organisation berücksichtigt und in einen vollständig funktionsfähigen Zusammenhang und Ablauf eingebunden und in die praktische Nutzung überführt werden.

Damit die strategische Entwicklung, das alltägliche Vorgehen und die definierte Organisationsstruktur des Unternehmens miteinander übereinstimmen, besteht auch die laCoCa-Methode aus den beiden generellen Perspektiven »Extern & Zukunft« und »Intern & Gegenwart« (Bild 17.1).

Diese beiden Perspektiven sind uns schon aus den Inhalten der Grundlagen und Vorüberlegungen sowie aus der Auseinandersetzung mit den Inhalten des laCoCa-Modells vertraut.

Die laCoCa-Methode beinhaltet außerdem alle der sechs bekannten Systeme Governance, Development, Management, Monitoring, Coordination und Operations. Im Kontext der Methode werden die Begriffe für die Systeme in leicht abgewandelter Form verwendet. So wird für das System Development **D** der Begriff »Design« verwendet und für Operations **O** »Implementierung & Betrieb«. Governance **G**, Management **M**, Monitoring **M*** und Coordination **C** bleiben unverändert.

Um die Anwendung der laCoCa-Methode in iterativer und kontinuierlicher Form anwenden zu können, werden die Systeme als Zyklen definiert. Diese Zyklen werden sukzessive durchlaufen und beinhalten wiederum spezifische Geschäftsfähigkeiten, um die jeweils benötigten Arbeitsergebnisse herzustellen. Die genutzten Geschäftsfähigkeiten entsprechen denen des laCoCa-Modells. Darüber wird die nötige Konsistenz zwischen dem Design des Unternehmensmodells und dem operativen und strategischen Vorgehen der Organisation sichergestellt.

Für die Sicherstellung von Praktikabilität und Ergebniskonsistenz beinhaltet die laCoCa-Methode zusätzlich den Zyklus der »Simulation«. Über diesen Zyklus wird gewährleistet, dass die Entwicklungsergebnisse aus den benachbarten Zyklen und den darin enthaltenen Geschäftsfähigkeiten auf ihre Funktionsfähigkeit und Konsistenz validiert werden.

Damit ist die Vorgehenslogik des OODA-Loop integriert, in der eine Prüfung der Erfolgswahrscheinlichkeit eines Vorgehens der eigentlichen Umsetzung dieser vorausgeht. Dieses Prinzip

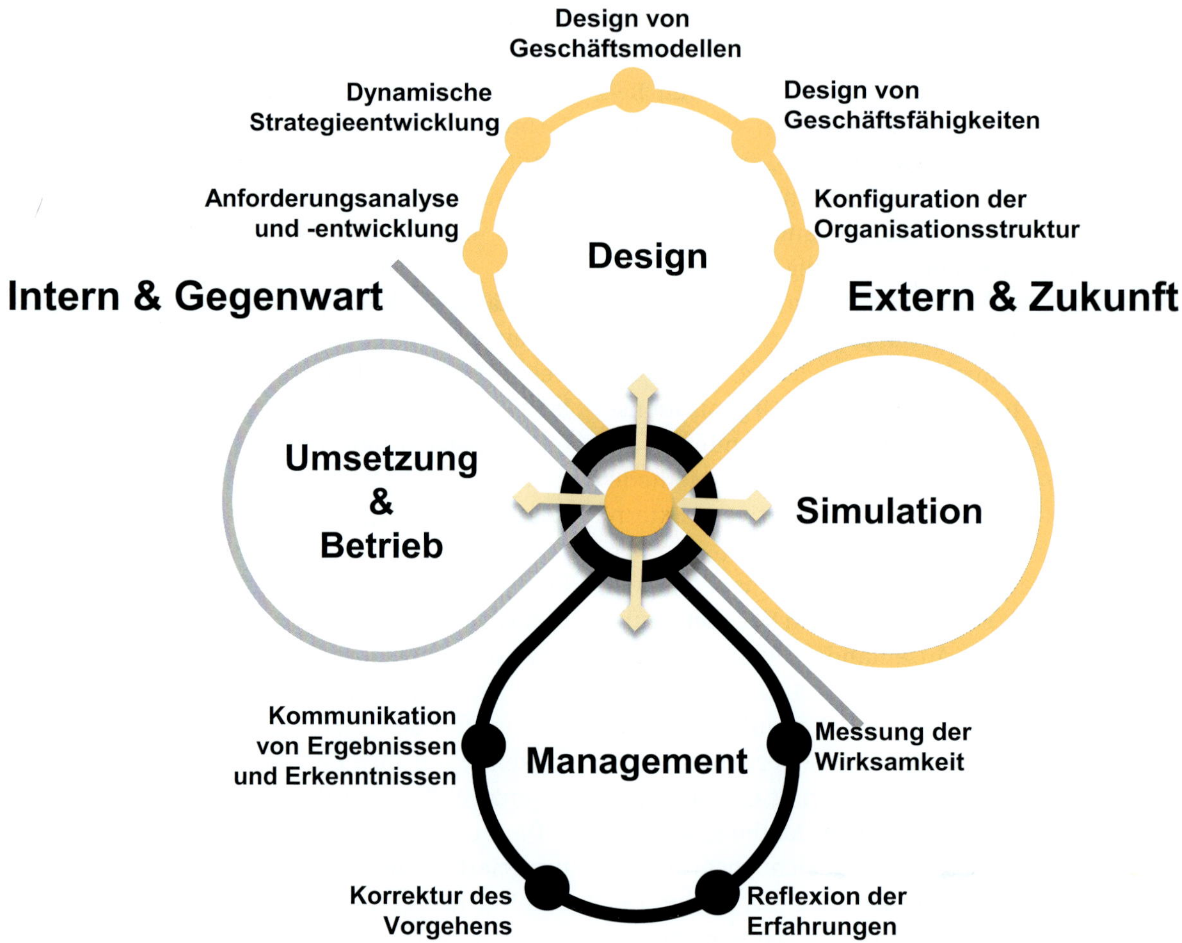

Bild 17.1 Die IaCoCa-Methode mit ihren vier interaktiven Zyklen

wird über den Zyklus »Simulation« als integraler Bestandteil der laCoCa-Methode konsequent eingebunden und angewendet.

Alle Bestandteile der laCoCa-Methode verteilen sich auf die vier ineinander übergehenden Zyklen, die in Bild 17.2 dargestellt sind und eine iterative und agile Anwendung notwendiger Geschäftsfähigkeiten ermöglichen. Die Details der vier Zyklen der laCoCa-Methode und die Nutzung der darin enthaltenen Geschäftsfähigkeiten werden nachfolgend Schritt für Schritt erläutert.

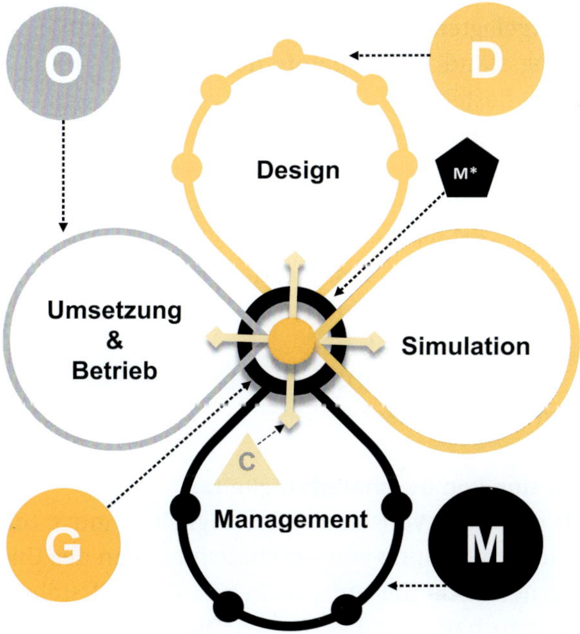

Bild 17.2 Zuordnung der Systeme des VSM zu den iterativen Zyklen der laCoCa-Methode

17.1 Zyklus »Design«

Der Dimension Development **D** des laCoCa-Modells entsprechend beinhaltet der Zyklus »Design« **D** alle Geschäftsfähigkeiten, die notwendig sind, um die bestehende Organisation in ihrer Weiterentwicklung und in der Konfiguration ihrer Geschäftsfähigkeiten und Prozesse auf die

Anforderungen zukünftiger Umwelteinflüsse vorzubereiten und anzupassen.

Um diese Vorbereitung und Anpassung durchführen zu können, sind im Zyklus »Design« **D** spezifische Geschäftsfähigkeiten enthalten, die für diese Aufgabe besonders relevant sind.

Anforderungsanalyse und -entwicklung

Die Anforderungsanalyse und -entwicklung stellt als Geschäftsfähigkeit sicher, dass in interdisziplinären Teams die Entwicklung externer Umwelteinflüsse kontinuierlich recherchiert und analysiert wird und die Ergebnisse hinsichtlich ihrer Relevanz, Kritikalität oder ihres Nutzens für die eigene Organisation bewertet und priorisiert werden.

Aus der Sicht des OODA-Loop entspricht dies der Phase »Observe«.

Dynamische Strategieentwicklung

Die dynamische Strategieentwicklung entwickelt aus den Ergebnissen und Erkenntnissen der vorausgegangenen Anforderungsanalyse und -entwicklung das entsprechende Strategiemuster, das aktuell angewendet werden muss. Die Geschäftsfähigkeit definiert die darauf aufbauende dynamische Strategie, um auf die identifizierten Einflussfaktoren und Entwicklungen der Umwelt angemessen zu reagieren. Sofern notwendig, wird ein alternatives Strategiemuster erarbeitet oder definiert und als Vorgabe an die nachfolgende Geschäftsfähigkeit im Zyklus weitergegeben.

Design von Geschäftsmodellen

Das Design von Geschäftsmodellen baut auf dem festgelegten Strategiemuster und dem Entwicklungsstand der dynamischen Strategie auf. Zu den bestehenden oder den zu entwickelnden Leistungen oder Produkten des Unternehmens werden die notwendigen Geschäftsmodelle entwickelt. Hierbei kann es sich um neue digitale oder analoge Geschäftsmodelle handeln oder kann ein bereits bestehendes angepasst werden, sofern dieses das Ende seines Lebenszyklus noch nicht erreicht hat.

Aus Sicht des OODA-Loop befinden wir uns in der Phase »Orient«.

Design von Geschäftsfähigkeiten

Das Design von Geschäftsfähigkeiten muss für die Entwicklung von Geschäftsmodellen des Unternehmens die entsprechende Geschäftsfähigkeit aufbauen und vorhalten. Dies ist notwendig, um die fachlichen Fähigkeiten und die Kapazität der benötigten Mitarbeiter, die Geschäfts- und Unterstützungsprozesse und die notwendigen Ressourcen der agilen Organisation entwickeln und wirksam verändern zu können.

Ebenso konsequent und notwendig ist es, die Geschäftsfähigkeit auf den Vorarbeiten von dynamischer Strategieentwicklung und Geschäftsmodellentwicklung aufzubauen.

Nachdem festgelegt ist, welche Leistungen oder Produkte zukünftig in einem definierten Markt zu einem definierten Zeitpunkt angeboten, erbracht und verkaufen werden müssen, ist zu definieren, welche der bestehenden Geschäftsfähigkeiten hierfür benötigt werden und gegebenenfalls anzupassen sind. Oder es sind neue Geschäftsfähigkeiten zu entwickeln, da eventuell ein völlig neues, weil digitales Geschäftsmodell dies erforderlich macht.

Aus vergleichbaren Gründen müssen bestehende Geschäftsfähigkeiten auch abgebaut werden, wenn bestehende Geschäftsmodelle das Ende ihres Lebenszyklus erreicht haben und zugehörige Leistungen oder Produkte nicht mehr wettbewerbsfähig produziert und vertrieben werden können.

Vor diesem Hintergrund wird deutlich, welche Bedeutung die Fähigkeit in einem Unternehmen besitzt, Geschäftsfähigkeiten zu entwickeln oder anzupassen. Dadurch wird das Fundament für ein wirksames und effizientes Zusammenspiel der unterschiedlichsten Funktionen und damit auch der dafür benötigten Mitarbeiter, Rollen und Ressourcen in der Organisation gelegt.

Aus Sicht des OODA-Loop ist dieser Schritt den Phasen »Orient« und »Decide« zuzuordnen.

Bild 17.3 zeigt die Anforderungsanalyse und -entwicklung, die dynamische Strategieentwicklung sowie das Design von Geschäftsmodellen im Überblick.

Konfiguration der Organisationsstruktur

Diese Phase folgt unmittelbar auf »Design von Geschäftsfähigkeiten« und stellt sicher, dass die betroffenen Stellen im Unternehmen und die in die Anpassungen einzubindenden Mitarbeiter identifiziert und in die anstehende Iteration der (Weiter-)Entwicklung aktiv eingebunden werden.

Die Arbeitsabläufe und Arbeitsinhalte sind so zu verändern, dass sie die Ausgestaltung der Geschäftsfähigkeit übernehmen und den neuen Zielzustand der Unternehmenskonfiguration implementieren.

Es handelt sich bei diesem Vorgehen nicht um eine Reorganisation, sondern um eine evolutio-

	Anforderungsanalyse & -entwicklung	Dynamische Strategieentwicklung	Design von Geschäftsmodellen
Ziel	Recherche und Sammlung relevanter Informationen über die zukünftige Entwicklungen von Märkten, Kunden, Wettbewerbern, Technologien, Gesellschaft und der hieraus entstehenden Einflussfaktoren	Definition der strategischen Ausrichtung in Bezug auf Organisation, Dienstleistungen, Produkte, Kosten, Wachstum und Innovation	Transformation der strategischen Ausrichtung hinsichtlich (digitaler) Geschäftsmodelle und der Definition von Anforderungen an neue oder bereits vorhandene Geschäftsfähigkeiten
Ergebnis	Faktenkatalog mit allen Analyseergebnissen und deren Priorität in Bezug auf die Auswirkungen auf das Unternehmen	Strategie für die bevorstehende Iteration, strategische VI und strategische Ziele	Definierte Reihe von Geschäftsmodellen inkl. individueller Umsetzungsplanung
Methode	Syntegrity, Anforderungsanalyse (inkl. Interviews, Fragebögen und Marktstudien)	Dynamische Strategie auf Grundlage von Strategiemustern	Design Thinking, Blue Ocean, Business Model Management

Bild 17.3 Anforderungsanalyse und -entwicklung, dynamische Strategieentwicklung und das Design von Geschäftsmodellen: Ziele – Ergebnis – Methode

näre Weiterentwicklung der bestehenden Konfiguration eines agilen Unternehmens hin zum nächsten stabilen Zustand, der zu erreichen ist, damit die Fähigkeiten des Unternehmens den Anforderungen der Umwelt erneut gerecht werden.

Die Struktur als solche und die Prinzipien des Organisationsdesigns bleiben dabei stabil und folgen den Vorgaben und Grundlagen des la-CoCa-Modells. Mit anderen Worten, es wird in diesem Schritt die Konfiguration des Unternehmensmodells lediglich angepasst.

Idealerweise sind hier, wie auch in allen übrigen Geschäftsfähigkeiten, interdisziplinäre Teams in die Erbringung und Ausgestaltung der einzelnen Entwicklungsschritte eingebunden oder werden von ihnen selbst verantwortet und durchgeführt.

Aus Sicht des OODA-Loop befinden wir uns in den Phasen »Orient« und »Decide«.

Bild 17.4 zeigt das Design von Geschäftsfähigkeiten sowie die Konfiguration der Organisationsstruktur im Überblick.

	Design von Geschäftsfähigkeiten	Konfiguration der Organisationsstruktur
Ziel	Analyse vorhandener Geschäftsfähigkeiten und Prozesse entlang strategischer Anforderungen und entwickelter Geschäftsmodelle; Design neuer Fähigkeiten oder Ersetzen vorhandener	Vorhandene Konfiguration der Organisation, notwendiges Fachwissen, Effektivität der Kommunikation und Kooperation und Umsetzung benötigter Entwicklungsmaßnahmen analysieren
Ergebnis	Aktualisiertes Modell der Geschäftsfähigkeiten inkl. der dafür notwendigen Prozesse und Ressourcen	Abweichungsanalyse und Entwicklungsplan
Methode	Lean EAM Business Capability Model, agile Entwicklung von Geschäftsfähigkeiten und Prozessen auf Grundlage des laCoCa-Modells	Lean EAM, Design agiler Teams auf Grundlage des laCoCa-Modells

Bild 17.4 Konfiguration der Organisationsstruktur: Ziele – Ergebnis – Methode

Die inhaltliche Ausgestaltung und Verantwortung des Zyklus »Design« **D** sollte von Experten aus der Geschäftsfähigkeit des Enterprise Architecture Management (EAM) übernommen werden.

Als Geschäftsfähigkeit ist das EAM in der Wirtschaft allgemein bekannt und wird in vielen Unternehmen intensiv angewendet. EAM wird zumeist als reines Fachgebiet der IT missverstanden und nicht ganzheitlich und übergreifend für die Definition und Gestaltung von Strategie und Geschäftsfähigkeiten eingesetzt.

> Die Entwicklung von Geschäftsfähigkeiten bestimmt maßgeblich die requisite Varietät einer agilen Organisation.

17.2 Zyklus »Simulation«

An den Zyklus »Design« schließt sich der Zyklus »Simulation« an. Hier werden, wie auch im OODA-Loop an dieser Stelle vorgesehen, die anstehenden Änderungen und evolutionären Weiterentwicklungen auf ihre Wirksamkeit hin getestet und validiert, bevor sie von den Zyklen »Management« und »Umsetzung & Betrieb« übernommen werden. Darin besteht ein wesentlicher Unterschied der laCoCa-Methode im Vergleich zu vielen anderen Vorgehensweisen zur Neugestaltung, Reorganisation oder Restrukturierung einer Unternehmensorganisation.

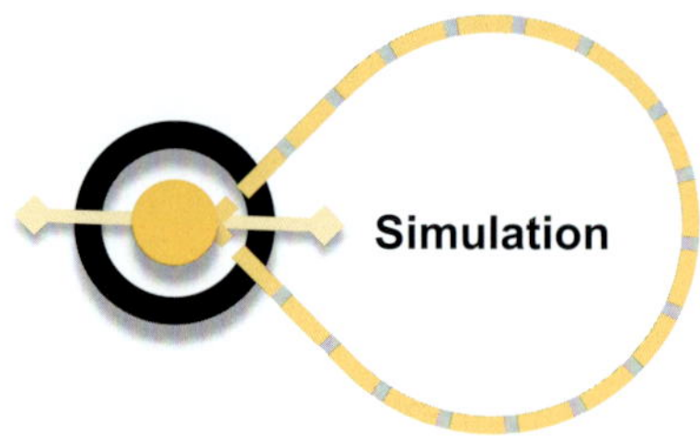

Reorganisationsvorhaben prüfen, wenn überhaupt, lediglich theoretisch die Wirksamkeit der geplanten Veränderung(en). In der Regel liegen den Reorganisationsschritten überwiegend wirtschaftliche Überlegungen zugrunde, seltener funktionale. Da in der Konfiguration einer Organisation nach dem laCoCa-Modell Effizienz und Effektivität als Designelemente bereits enthalten sind, ist die Umsetzung der wirtschaftlich sinnvollsten und funktional wirksamsten Lösung implizit und damit untrennbar gegeben. Diese Elemente müssen daher nicht im Nachgang einer Reorganisation oder gesondert über Lean-Management- und Six-Sigma-Projekte hinzugefügt werden.

Zusätzlich wird im Rahmen der Simulation validiert, dass alle vorgesehenen Anpassungen und Entwicklung ineinandergreifen, einander unterstützen und keine Kommunikationsbrüche, Prozessbrüche oder -lücken beispielsweise im Kennzahlenmodell und einer Kennzahlenerhebung auftreten. Zusätzlich werden mögliche Verstöße gegen oder Abweichungen von der vereinbarten Governance, ein Widerspruch mit der dynamischen Strategie oder dem umzusetzenden Geschäftsmodell im Rahmen der Simulation erkannt und können unmittelbar behoben werden. Darüber werden Nachteile oder Reibungsverluste im operativen Betrieb vermieden.

Simulationen können auf unterschiedliche Arten und Vorgehensweisen erfolgen und sind von der jeweiligen fachlichen Aufgabenstellung abhängig. Handelt es sich um Anpassungen aufgrund digitaler Geschäftsmodelle, so kann der überwiegende Teil der Simulationen und Validierungen IT-gestützt durchgeführt werden.

	Simulation
Ziel	Validierung der strategischen Ausrichtung und organisatorischen Verbesserungen auf der Grundlage von Simulationen und Prototyping, Übergeben strategischer Anforderungen und validierter Lösungen an die operativen Zyklen
Ergebnis	Validierte Simulation, Lernerfahrungen zur Nutzung der nächsten Iteration des Zyklus Design
Methode	Reverse Presentation, Rollenspiele, Monte-Carlo-Simulation, LEGO Serious Play, User Stories, Prototypen

Bild 17.5 Simulation: Ziel – Ergebnis – Methode

Dennoch ist auch hier die Simulation beispielsweise mit Kunden oder im Rahmen einer Laborsituation notwendig. Die Interaktion zwischen dem Anwender und der zu schaffenden IT-Lösung wird validiert, und es wird sichergestellt, dass die zu verarbeitenden Daten und zu durchlaufenden Prozesse konsistent sind.

Rollenspiele sind für Simulationen ein geeignetes Mittel zur Validierung. Diese haben zusätzlich den Effekt, dass sie einen impliziten Lerneffekt der Teilnehmer ermöglichen und den durch die Anpassungen betroffenen Personen das Nachvollziehen der Inhalte und Konsequenzen erleichtern. Mit Rollenspielen ist es vor allem möglich, Widerständen von Mitarbeitern effektiv vorzubeugen, da durch deren Mitwirkung und Integration aus Betroffenen Beteiligte werden, die in der Weiterentwicklung aktiv eingebunden sind. Weitergehende Vorgehensweisen für die Durchführung von Simulationen sind unter anderem Pilotprojekte, Feldversuche, Umfragen oder die Entwicklung und Nutzung von Prototypen.

Die Simulation ermöglicht die Rückkehr zum Designzyklus, wenn die Ergebnisse der durchlaufenen Testfälle oder Szenarien Lücken und Fehler sichtbar machen konnten. Diese Dynamik zwischen dem Designzyklus und dem Simulationszyklus zeigt, welche unmittelbare Form der Iteration und Korrektur gegeben ist und welche agilen Reaktionsmöglichkeiten sich hieraus selbstverständlich, also als immanenter Bestandteil, ergeben.

Wurde die Simulation erfolgreich oder ausreichend Erfolg versprechend abgeschlossen, kann der Übergang in den Managementzyklus stattfinden.

Aus Sicht des OODA-Loop sind wir mit diesem Schritt in der Phase »Decide« und führen hier den Schritt des Testens durch.

Bild 17.5 zeigt den Zyklus Simulation im Überblick.

17.3 Zyklen »Management« und »Umsetzung & Betrieb«

Die nun folgenden Zyklen sind untrennbar miteinander verbunden und stehen in einer kontinuierlichen Interaktion miteinander. Außerdem stellen sie den Wechsel der Perspektive »Extern & Zukunft« nach »Intern & Gegenwart« dar.

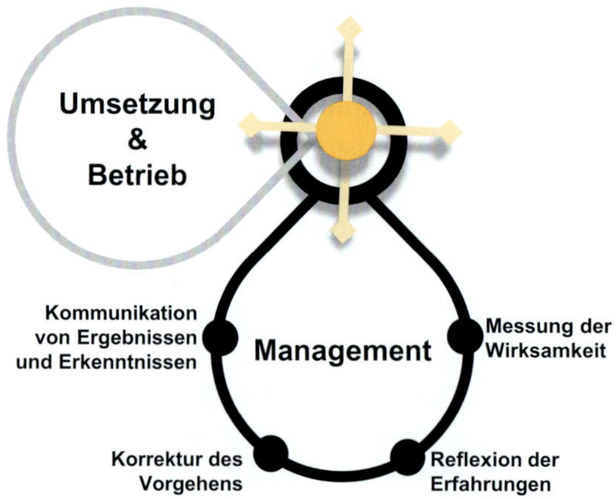

Etwas salopp ausgedrückt wird es jetzt ernst, da alle bisherigen Arbeitsschritte eine eher theoretische, wenn auch konsequent auf die praktische Umsetzung ausgerichtete Fokussierung hatten. Bei diesem Wechsel werden alle Vorbereitungen in die Unternehmensrealität übernommen und müssen hinsichtlich ihrer Wirksamkeit und des prognostizierten Verhaltens und Effekts angewendet, beobachtet und gesteuert werden. Dabei leisten der Zyklus »Management« wie auch der Zyklus »Umsetzung & Betrieb« ihren jeweils spezifischen Beitrag.

Der Managementzyklus stellt dem Zyklus »Umsetzung & Betrieb« die erforderlichen Mitarbeiter und Ressourcen zur Verfügung und stellt sicher, dass die operativ tätigen Teams und Infrastrukturen in einer Weise ausgelastet sind, die weder eine Überlastung, und damit das Risiko eines Ausfalls, noch eine Unterforderung, und die damit potenziell einhergehende Verschwendung, bewirkt.

Messung der Wirksamkeit

Unter anderem die genannte Auslastungssituation stellt der Managementzyklus durch eine iterative Erhebung und Auswertung von Messwerten und Informationen sicher, die er in der Geschäftsfähigkeit »Messung der Wirksamkeit« sammelt, analysiert und bereitstellt. Siehe hierzu auch die Erläuterungen im Kapitel »Monitoring – VI anstatt KPI«. Die hier erfassten Daten werden mit dem System Monitoring **M*** ausgetauscht, das nachfolgend erläutert wird.

Reflexion der Erfahrungen

Die sich an Messen der Wirksamkeit anschließende Geschäftsfähigkeit erlaubt es, Ergebnisse und Erkenntnisse der Mitarbeiter untereinander interdisziplinär auszutauschen, zu reflektieren und mit den Inhalten des Designzyklus zu vergleichen.

Abweichungen können so direkt identifiziert und hinsichtlich ihrer Kritikalität oder des potenziellen Nutzens bewertet werden.

Außerdem wird mittels einer iterativen Reflexion die Qualität der Kooperation aller Mitarbeiter einer agilen Organisation oder in den Teams der verschiedenen Rekursionsstufen kontinuierlich entwickelt. Entstehende Konflikte oder Reibungsverluste im Ablauf können damit aktiv und positiv beeinflusst werden, sobald diese erkennbar sind.

Korrektur des Vorgehens

Nach Übernahme der Reflexionsergebnisse wird in dieser Geschäftsfähigkeit, je nach Kritikalität oder Nutzenpotenzial, erarbeitet, welche Korrekturen im operativen Vorgehen nötig sind, um beispielsweise einer Fehlentwicklung entgegenzuwirken.

Kommunikation der Ergebnisse

Um den ausgesprochen relevanten Elementen von kontinuierlichem Lernen und Verbessern innerhalb einer agilen Organisation gerecht werden zu können, müssen alle gewonnenen Erkenntnisse und Erfahrungen vollständig kommuniziert werden. Von diesem Prinzip sollte nur in rechtlich zwingenden Fällen, wie dem Datenschutz oder bei notwendiger Geheimhaltung, abgewichen werden.

Der Geschäftsfähigkeit steht zu diesem Zweck das System Coordination **C** zur Verfügung, das innerhalb der laCoCa-Methode mit gekreuzten Verbindungslinien im Zentrum der Grafik dargestellt ist.

Die Ergebnisse der Messungen und die identifizierten Korrekturen werden vor allem an die Geschäftsfähigkeiten des Zyklus »Design« **D** übergeben. Darüber wird sichergestellt, dass die gewonnenen Erkenntnisse und Verbesserungspotenziale in die nächste Iteration einfließen und dort verarbeitet werden. Diese Form der Interoperabilität und Kooperation, wie sie in der laCoCa-Methode implizit enthalten sind, erlaubt den emergenten Aufbau lernender Organisationen.

Hier befinden wir uns im OODA-Loop in der Phase »Act« und setzen alle Maßnahmen operativ um.

Bild 17.6 fasst diese vier Aspekte, Messung, Reflexion, Korrektur und Kommunikation, zusammen. Ziel – Ergebnis – Methode

Sowohl aus dem Zyklus »Management« wie auch aus dem Zyklus »Umsetzung & Betrieb« sind die Kommunikation und der Wechsel in einen der benachbarten und miteinander verbundenen Zyklen jederzeit möglich. Neue Erkenntnisse oder auftretende Ereignisse, beispielsweise

	Messung der Wirksamkeit	Reflexion der Erfahrungen
Ziel	Messung auf Basis des VI-Modells zum Monitoring der Wirksamkeit umgesetzter Veränderungen und des neu gewonnenen Produktivitätsniveaus	Sammeln und analysieren von Ergebnissen, Hindernissen, Misserfolgen und Erfolgen, die in der zurückliegenden Iteration gewonnen wurden – keine Beurteilung
Ergebnis	(Emergente) Messergebnisse	Erkenntnisse als Zusammenfassungen unterteilt in bewährte Vorgehensweisen und Verbesserungspotenziale
Methode	VI-Modell auf Grundlage des laCoCa-Modells, Balanced Scorecards	Versammlungen, interdisziplinäre Workshops, Einzel- und Team-Coaching, Videokonferenzen, Telefonkonferenzen

Bild 17.6 Messung, Reflexion, Korrektur und Kommunikation: Ziel – Ergebnis – Methode

der Eintritt eines nicht absehbaren Risikos, können diesen Wechsel notwendig machen.

Durchgängig anwenden

Sinn und Zweck der iterativen Verzahnung ist es, immer einen, sich agil anpassenden und den Gegebenheiten entsprechenden Gesamtzustand zu erhalten und zu verhindern, dass einzelne Bereiche oder Teile der Organisation ein asynchrones und damit dysfunktionales Eigenleben entwickeln.

Da alle Geschäftsfähigkeiten der Zyklen aufeinander aufbauen und interdisziplinär durchgeführt werden, kann eine derartige Fehlentwicklung verhindert werden und dennoch gleichzeitig die Individualität und spezifische Leistungsfähigkeit eines agilen Teams oder einer Rekursionsstufe unterstützen.

	Korrektur des Vorgehens	Kommunikation von Ergebnissen und Erkenntnissen
Ziel	Wertschätzung der Erkenntnisse aus früheren Errungenschaften – positiv und negativ – und Vereinbarung zu notwendigen Änderungen, die in der kommenden Iteration angewendet werden	Austausch aller Erkenntnisse und identifizierten Korrekturmaßnahmen über die gesamte Organisation und ggf. mit Kunden und Kooperationspartnern
Ergebnis	Strategie für bevorstehende Iteration, Erreichen strategischer VI, Erreichen strategischer Ziele	Reflexionsergebnisse zur Verteilung innerhalb und außerhalb der Organisation
Methode	Auflistung von bewerteten Aktionen und Verbesserungen, die der folgenden Iteration als Bedarf/ Anforderung hinzugefügt werden	Kommunikationsstrategie und Plan inkl. Video, Newsletter, Web-Casts oder Blogeinträgen

Bild 17.6 (*Fortsetzung*) Messung, Reflexion, Korrektur und Kommunikation: Ziel – Ergebnis – Methode

	Umsetzung & Betrieb
Ziel	Ändern und implementieren identifizierter und vorbereiteter Änderungen an Organisation, Produkten, Dienstleistungen und Geschäftsfähigkeiten; operative Anwendung und Nutzung der neu entwickelten Handlungsvarietät
Ergebnis	Validierungder Ergebnisse aus der Simulation, Lernen für die nächste Iteration, erhöhtes Leistungsniveau
Methode	Agiles Projektmanagement, Kanban, Kaizen, Six Sigma, Industriestandards, Geschäftsmodelle und Prozesse etc.

Bild 17.7
Umsetzung und Betrieb: Ziel – Ergebnis – Methode

Um diese Agilität und Interaktivität sicherzustellen, muss gewährleistet sein, dass es keine administrativen oder bürokratischen Hürden zu überwinden gilt. Die Anwendung der laCoCa-Methode muss daher auf allen Arbeitsebenen und in allen Konstellationen der Kooperation von Mitarbeitern gleichermaßen angewendet werden. Andernfalls sind Reibungsverluste durch Zielkonflikte die Folge, die das Gesamtzusammenspiel innerhalb der Organisation behindern.

Bild 17.7 zeigt »Umsetzung & Betrieb« im Überblick.

17.4 Dreh- und Angelpunkte

»Monitoring«

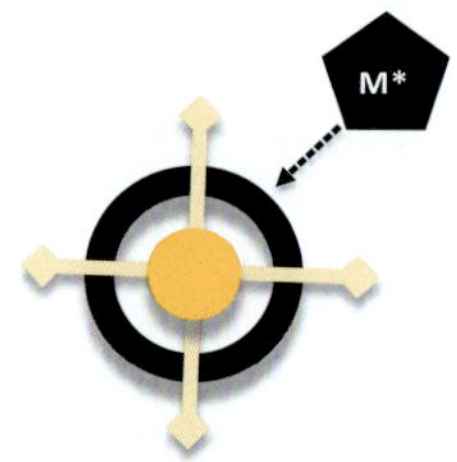

Um die Vitalwerte aller Bereiche des agilen Unternehmens nachvollziehen zu können, steht das Monitoring **M*** im Zentrum der Methode und stellt sicher, dass alle Messwerte (VI) in allen Zyklen zur Verfügung gestellt werden.

Die prognostizierte Wirkung einer Weiterentwicklung aus dem Designzyklus mit den aktuell erhobener und idealerweise emergent gewonnener Messungen können hierdurch in einen interdisziplinären Zusammenhang gebracht und ausgewertet werden. Derartige Vergleiche sind notwendig, um nachvollziehen zu können, ob ein angestrebter Entwicklungsstand erreicht werden kann oder ob dafür Korrekturmaßnahmen nötig sind.

Vitalwerte, die wir als Viable Indicators (VI) bezeichnen, stellen auch sicher, dass die dem Zyklus »Umsetzung & Betrieb« durch den Zyklus »Management« zur Verfügung gestellten Ressourcen und Kapazitäten im Gleichgewicht zur Auslastungssituation der operativen Teams stehen. Damit der Zyklus »Management« mit »Umsetzung & Betrieb« in einem ausgeglichenen Verhältnis kooperieren kann, so wie ein Homöostat das Gleichgewicht zwischen zwei interagierenden Systemen herstellt, sind Messwerte erfolgskritisch. Eine Unterforderung wird darüber ebenso verhindert wie eine andauernde Überbelastung der Mitarbeiter in den agilen Teams und der von ihnen genutzten Ressourcen.

»Governance«

Auf organisationsübergreifender Ebene wie auch in jedem agilen Team und auf jeder Ebene der Rekursion eines Unternehmens sind allgemeingültige und spezielle Regelungen zu berücksichtigen, die das Zusammenspiel der Teams und Rollen erleichtern und sicherstellen. Jeder Mitarbeiter kann dadurch die von ihm übernommene Verantwortung wahrnehmen.

Um ein möglichst reibungsloses Zusammenspiel der Zyklen der Methode zu gewährleisten, steht auch die Governance im Zentrum und stellt sicher, dass jede Iteration mit den Vereinbarungen und Regelungen versorgt wird, die sie für die Durchführung der jeweiligen Geschäftsfähigkeiten benötigt.

Governance als zentraler Bestandteil der Methode stellt auch sicher, dass diese Vereinbarungen und Regelungen eingehalten und Anpassungen vorgenommen werden, wenn externe oder interne Veränderungen dies nötig machen oder sich vorhandene Regelungen als nicht praktikabel oder nicht ausreichend effizient erweisen.

Die letzte und vielleicht wesentlichste Funktion der im Zentrum angesiedelten Governance ist die Sicherstellung der Sinnhaftigkeit des Unternehmensgegenstands sowie der Werte und Grundsätze der Organisation. Die Geschäftsfähigkeit der Governance stellt interdisziplinär sicher, dass als zentrale Orientierung in jeder Iteration und auf jeder Rekursionsstufe des Unternehmens nachvollzogen werden kann, welchen Zweck die Organisation insgesamt verfolgt und welcher Beitrag von jedem einzelnen Mitarbeiter und den agilen Teams geleistet werden soll.

»Coordination«

Die Funktionsfähigkeit wie auch die Fähigkeit zur Weiterentwicklung und Anpassung an sich verändernde Einflussfaktoren sind nicht zuletzt von der Güte und Geschwindigkeit der Kommunikation innerhalb einer Organisation und der darin wirkenden Mitarbeiter abhängig. Aus diesem Grund ist es zwingend erforderlich, dass jedwede benötigte Information über angemessene und unmittelbar erreichbare Kommunikationswege zur Verfügung steht und die Koordination der Mitarbeiter untereinander auf leicht nachvollziehbare Art und Weise erfolgt.

Die Geschäftsfähigkeit Coordination **C** stellt diese Grundlagen über alle Zyklen und für alle darin tätigen Mitarbeiter und Teams gleichermaßen homogen sicher. Die Erkenntnisse aus den Reflexionen des Zyklus »Management« **M** werden an dieser Stelle ausgewertet, um zu identifizieren, an welcher Stelle Änderungen in der Ausgestaltung von Koordination und Kommunikation erfolgen müssen.

Bei der Auswahl der Kommunikationswege und Kommunikationsformen muss die Geschäftsfähigkeit Coordination **C** darauf achten, dass eine Balance zwischen persönlichem Austausch der Mitarbeiter selbst und zielgruppengerecht aufbereiteter Informationsversorgung gewährleistet ist.

Alle Fragestellungen und Informationsbedürfnisse persönlich und in großen Gruppenveranstaltungen zu behandeln, ist nicht in allen Kommunikationsfällen angemessen und effizient. Umgekehrt ist eine vollständige Automation und technologiegestützte Kommunikation ebenfalls schädlich, wenn der persönliche Austausch, beispielsweise für die Entwicklung kreativer Ideen und Konzepte, eingeschränkt wird. Es gilt, für eine Balance zwischen persönlichem Zeitaufwand für die notwendige Kommunikation innerhalb eines Teams und verschiedener Teams untereinander und der notwendigen Informationsqualität zu sorgen.

Durch die Bereitstellung beispielsweise von internen Dokumentationen, Besprechungsprotokollen, Industrienormen, fachlichen Bewegungsdaten und Stammdaten, erworbenem Wissen und ähnlichen Inhalten erleichtert die Geschäftsfähigkeit den Zugang und die Nutzung alltagsrelevanter Informationen und erspart den agilen Teams und Mitarbeitern eine zeitaufwendige Suche und Validierung. Zusätzlich werden Fehlerquellen reduziert, wenn eine einheitlich und durchgängig durchgeführte Geschäftsfähigkeit dafür sorgt, dass die Qualität von Koordination und Kommunikation kontinuierlich entwickelt und sichergestellt wird.

In Verbindung mit der Bereitstellung von Informationen sorgt Coordination **C** für eine effiziente Form der Kooperation aller Mitarbeiter und Teams untereinander. Im Zuge der Informationsversorgung ist gleichermaßen sicherzustellen, dass die Wege und Möglichkeiten der Kooperation in einer koordinierten Form durchgeführt werden. Wann welche Person oder welches Team mit einem anderen in Kooperation treten muss, wie dabei vorzugehen ist und welche Abhängigkeiten bezüglich der Leistungs- und Lieferbeziehungen bestehen, analysiert und unterstützt die Geschäftsfähigkeit **C**.

Aufgrund seiner Funktion und Bedeutung für einen möglichst reibungslosen Gesamtablauf ist Coordination **C** ebenfalls im Zentrum der Methode angesiedelt. Nicht nur die Abläufe innerhalb eines Zyklus sind zu koordinieren, sondern auch die Kooperation und Kommunikation zwischen diesen. Dies kann nur sichergestellt sein, wenn **C** interdisziplinär fungiert und eine spezifische Verantwortung für diese Funktion und alle Geschäftsfähigkeiten und Prozesse wahrnimmt.

17.5 Integration spezifischer Methoden

Das Design der laCoCa-Methode ermöglicht es, in allen Zyklen spezifische Methoden, Vorgehensmodelle, Best Practices, Frameworks und Ähnliches zu integrieren. Damit kann dem individuellen Bedarf einer agilen Organisation an Kooperations- und Koordinationsunterstützungen entsprochen werden. Spezialisierte Methoden, wie Scrum, Design Thinking und das Business Model Canvas, aber auch beispielsweise größere Frameworks und Best Practices wie ITIL, COBIT und branchenspezifische Standards decken immer eine konkrete Frage- und Aufgabenstellung ab. Alle diese spezifischen Vorgehensmodelle haben gemeinsam, dass sie die Integration weitergehender Konzepte und Standards nicht berücksichtigen und auch nicht in ihrem Design darauf ausgelegt sind, ein Mindestmaß an Interoperabilität und Integrationsfähigkeit zuzulassen.

Mit der laCoCa-Methode ist eine derartige Integrationsmöglichkeit grundsätzlich gegeben und notwendig, um zwei Elementen gerecht zu werden, die wir in dem ersten Teil zu den wissenschaftlichen Grundlagen kennengelernt haben. Zum einen ist die Ergänzung der laCoCa-Methode nötig, um der Entwicklung requisiter Varietät, also der Handlungsvielfalt und Handlungsfähigkeit einer agilen Organisation zu entsprechen. Dabei sind die Geschäftsfähigkeiten und Vorgehensweisen als das Fundament zu verstehen, von dem alle zu integrierenden Erweiterungen ausgehen. Dieses Fundament sollte nicht verändert werden, um die grundsätzliche Funktionsfähigkeit und Stabilität einer agilen Organisation zu gewährleisten. Dies stellt sicher, dass eine Organisation bei Fehlentwicklungen einer Erweiterung ihrer requisiten Varietät immer auf einen kalibrierten und funktionsfähigen Ursprungszustand zurückgreifen kann. Das Risiko einer vollständigen Dysfunktionalität wird damit vermieden.

Zum anderen ist die Integration spezifischer Erweiterungen nötig, um die strukturelle Kopplung der agilen Organisation, wie sie von Humberto R. Maturana beschrieben wird, an ihre Umwelt zu fördern.

Die Grundstruktur einer Organisation muss ermöglichen, die identifizierte Nische eines Marktes auszufüllen. Wie und welche Nische auszufüllen ist, wurde zuvor durch die Entwicklung einer dynamischen Strategie festgelegt. Im Rahmen der Entwicklung und Anpassung der Geschäftsfähigkeiten ist dann festzustellen, welche spezifischen Methoden, Standards etc. benötigt werden, um die dynamische Strategie umsetzen zu können. Das System Coordination **C** stellt die Auswahl sicher und prüft im Zyklus »Simulation« die Anwendbarkeit. Anschließend werden die validierten Methoden und Standards in die Nutzung durch die agilen Teams überführt.

Die Vielfalt der möglichen Erweiterungen je Zyklus und Geschäftsfähigkeit ist in Bild 17.8 dargestellt. Welche Methoden und Standards letztlich eingebunden werden, ist von den Anforderungen externer Einflussfaktoren der Umwelt abhängig.

Um eine derartige Integration spezifischer oder spezialisierter Methoden und Standards vornehmen zu können, muss eine Anpassung

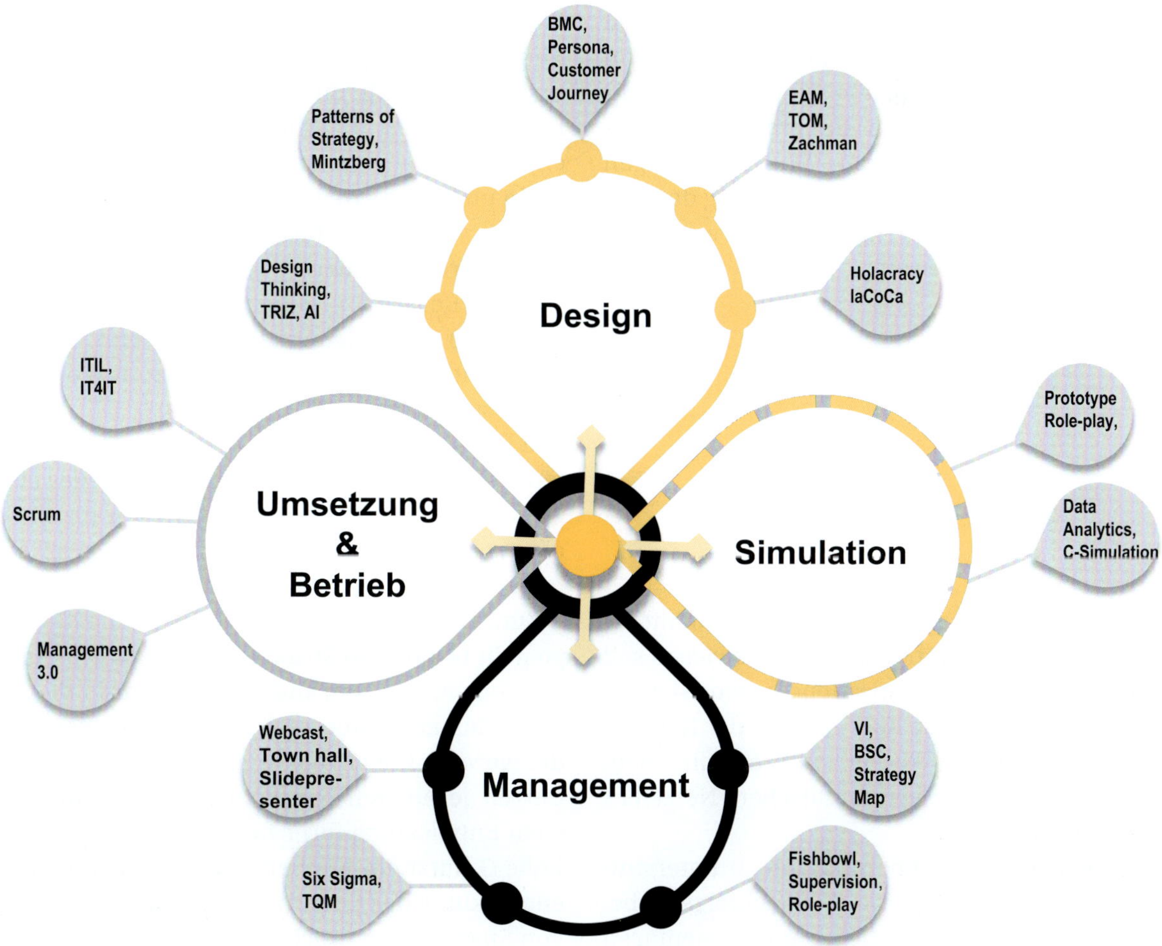

Bild 17.8
Kontextspezifische Integration eines spezialisierten Vorgehensmodells und Industriestandards zur bedarfsgerechten Ergänzung einer Geschäftsfähigkeit innerhalb der laCoCa-Methode

der funktionalen Logik nach dem laCoCa-Modell erfolgen. Da die Methoden und Standards von sich aus nicht dafür vorgesehen sind, integriert zu werden, muss deren Integrationsfähigkeit zunächst hergestellt werden. Wie das erfolgen kann, soll die exemplarische Anpassung der spezifischen Methode für agile Softwareentwicklung Scrum darstellen.

17.6 Boards für skaliert-agile Kollaboration (6-BoSAK)

Nach der Erklärung von Modell und Methode, den Zyklen und iterativen Vorgehensweisen soll nun ein Weg zur organisationsweiten, skalierbaren und synchronen Koordination der Kollaboration und Kommunikation von Teams in einem selbstorganisierten, heterarchischen Netzwerk beschrieben werden.

Um eine derartige Koordination zu unterstützen, ist ein Werkzeug wie das nachfolgend beschriebene nötig, damit die für die elementaren Rollen O, G, D, M, M* und C verantwortlichen Mitarbeiter ihre jeweilige Perspektive verfolgen und sich mit all ihren Kontakt- und Kollaborationspunkten innerhalb und außerhalb der eigenen Organisation abstimmen, Inhalte entwickeln und diese synchronisieren können.

Dem rekursiven Design des laCoCa-Modells folgend, repräsentiert jedes Element des Werkzeugs »6 Boards für skaliert-agile Kollaboration« (6-BoSAK) eine elementare Rolle und erlaubt gleichzeitig deren interdisziplinäre, also organisationsweite Integration (Bild 17.9).

Wie der Name des Werkzeugs bereits vermuten lässt, besteht es aus sechs Boards. Jedes einzelne repräsentiert die Perspektive jeweils einer elementaren Rolle. Dabei ist zwischen zwei Arten von Boards zu unterscheiden.

Zum einen gibt es Kanban Boards, die der allgemein bekannten Struktur und Logik von Kanban folgen, und zum anderen Pin Boards, die für die Publikation übergreifender Daten verwendet werden. Die elementaren Rollen D, M und O nutzen je ein Kanban Board zur kontinuierlichen Entwicklung ihrer fachlichen Themen. Die Rolle G nutzt ein Kanban Board für die Weiterentwicklung der Governance und zur Auflösung von Engpässen, die sich aus der Anwendung der

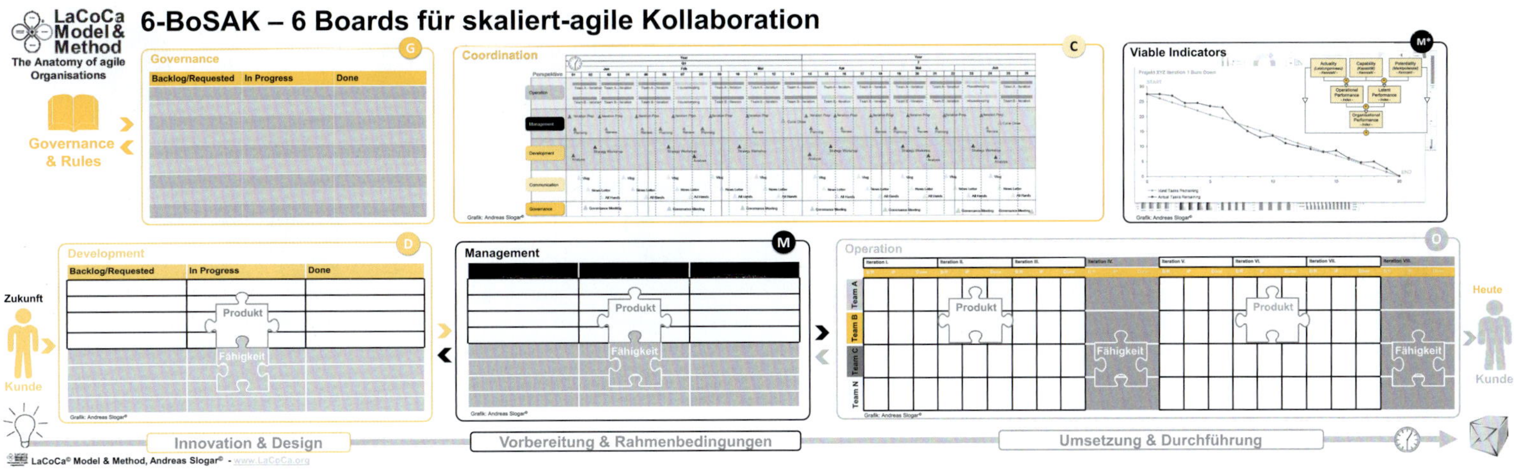

Bild 17.9 6-BoSAK – Gesamtdarstellung

Governance im Alltag der Teams ergeben und identifiziert werden. Die Ergebnisse der Arbeit der Rolle G münden in eine Aktualisierung und erneute Publikation der Governance.

Die Rollen M* und C hingegen nutzen Pin Boards zur Publikation aktueller Viable Indicators bzw. der geplanten Kollaborations- und Kommunikationstermine und -formate.

17.6.1 Die Elemente im Einzelnen

Die einzelnen Boards repräsentieren, wie bereits gesagt, die jeweilige Perspektive und Aufgabenstellung der elementaren Rollen des laCoCa-Modells. Die Inhalte der Boards werden in diesem Kapitel beschrieben (Bild 17.10).

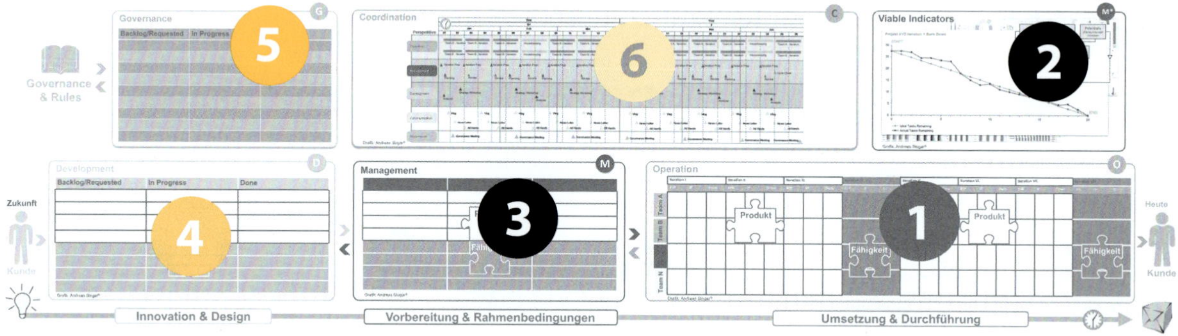

Bild 17.10
Navigationshilfe für den Aufbau der folgenden Unterkapitel mit der Beschreibung der Boards

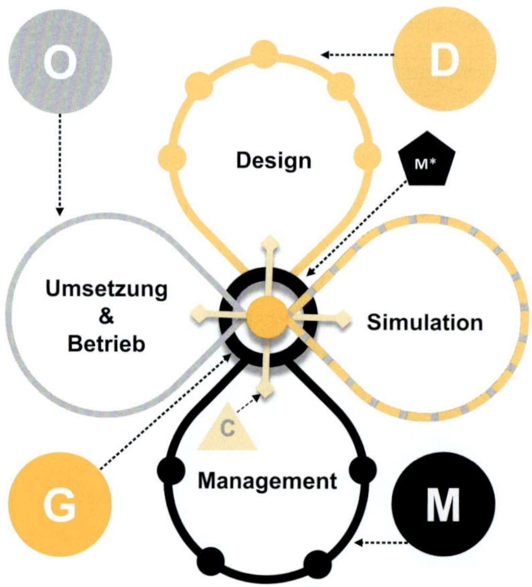

Bild 17.11
laCoCa-Methoden

Zusätzlich wird jedes Element den Zyklen und Dimensionen der laCoCa-Methoden (Bild 17.11) zugeordnet und es werden darüber hinaus Werkzeuge erwähnt, deren Verwendung im Kontext eines individuellen Elements nützlich sein kann.

17.6.1.1 Operations Board

Dreh- und Angelpunkt der operativen Arbeitsorganisation aller Teams ist das Operations Board. Darin abgebildet sind alle Teams einer Rekursion oder alternativ die Mitarbeiter einer entsprechenden fachlichen Kohäsion – d. h. einer inhaltlichen Gemeinsamkeit – mit ihren aktuell anstehenden Arbeitsinhalten und Planungen definierter Iterationen. Je nach Planungshorizont

1

Operation – Das Zentrum der Organisation: Agile Teams

Dreh- und Angelpunkt sind immer die Teams und die Möglichkeit zur Höchstleistung für jeden einzelnen Mitarbeiter

LaCoCa Model & Method
The Anatomy of agile Organisations

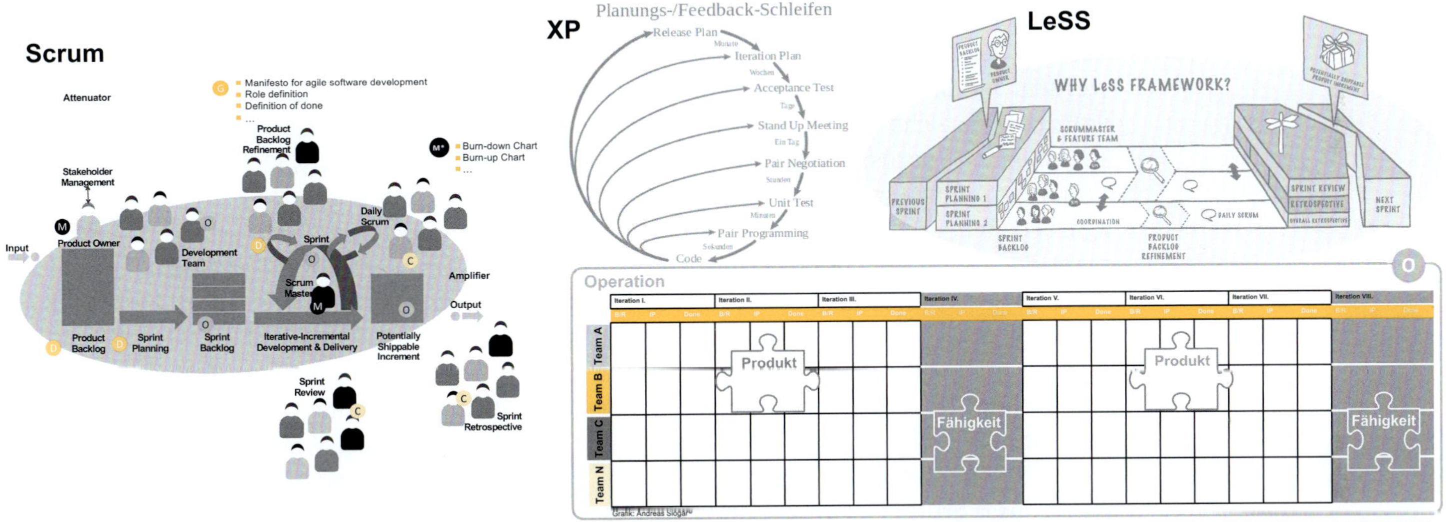

Unabhängig von den eingesetzten Methoden unterstützt das Board für die operative Arbeit des agilen Teams eine transparente Organisation. Der Wechsel zwischen Produktentwicklung und Entwicklung der eigenen Fähigkeiten im Team sichert den kontinuierlichen Know-how-Aufbau.

LeSS Framework: http://less.works | XP: https://de.wikipedia.org/wiki/Extreme_Programming

werden lediglich die aktuelle Iteration oder auch die nächsten zwei, drei oder mehr Zyklen behandelt.

Die Struktur der Spalten dieses Kanban Boards ist je nach Kontext und Aufgabenstellung von den Teams selbst festzulegen und sollte als Vereinbarung in der Governance festgehalten werden. So können auch Außenstehende nachvollziehen, welche Daten und Inhalte von den Teams in den Boards verarbeitet werden.

Aus der Erfahrung in der Zusammenarbeit mit agil arbeitenden Teams wurde in diesem Element des Operations Boards ganz bewusst ein Wechsel zwischen der Fokussierung auf die Entwicklung von produktseitigen Anforderungen und der Konzentration auf die Entwicklung der Fähigkeiten des Teams und seiner Mitarbeiter integriert.

Ashby lässt grüßen – vom Erhalt requisiter Varietät

Die Beachtung und die kontinuierliche Weiterentwicklung der fachlichen und persönlichen Fähigkeiten eines jeden Teammitglieds sind ebenso relevant wie die Realisierung neuer Produktanforderungen. Die Fähigkeit einer agilen Organisation, sich an dynamische Einflüsse der Umwelt anpassen zu können, beginnt damit, dass jeder Mitarbeiter sein individuelles Portfolio requisiter Varietät kontinuierlich überprüft und den Anforderungen entsprechend anpasst. Erinnern Sie sich noch an Ashbys Gesetz der requisiten Varietät? In Kapitel 3.3, als es um das Verständnis von Komplexität und dem Umgang damit ging, wurde das Gesetz von der erforderlichen (d. h. requisiten) Varietät vorgestellt.

Im Rahmen des Kanban Boards, in dem agile Teams ihre operative Tätigkeit planen und steuern, haben sie als integrierten Bestandteil des Werkzeugdesigns die Möglichkeit, ihre requisite Varietät konkret und kontinuierlich zu hinterfragen und weiterzuentwickeln (Bild 17.12).

Stellen wir uns zur Veranschaulichung vor, dass im Rahmen der Entwicklung neuer Produkte (beispielsweise bei einer Versicherung) die technologischen Möglichkeiten von Deep-Learning-Algorithmen oder anderen Elementen aus dem Umfeld der AI (Artificial Intelligence) eingesetzt werden sollen. Damit das möglich wird und ein Unternehmen nicht dauerhaft von externen Experten abhängig bleibt, ist es notwendig, die Fähigkeiten der eigenen Mitarbeiter entsprechend zu entwickeln. Das bedeutet konkret, dass Schulungen, Pilotprojekte oder die Entwick-

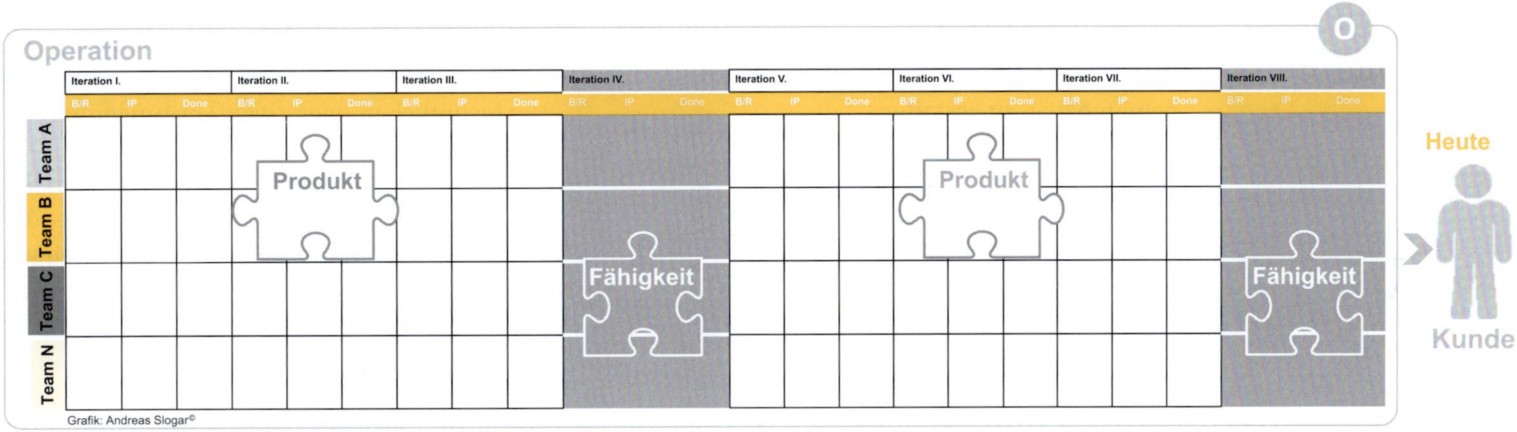

Bild 17.12 Detailansicht des Operations Boards mit konkretem Zeitbezug auf den gegenwärtigen Leistungsbedarf z. B. eines Kunden

lung von Prototypen notwendig sind, um das nötige Wissen in diesem Fachgebiet ebenso aufzubauen wie die Anwendungssicherheit ihrer Nutzung, z. B. durch Simulationen, herzustellen.

In explizit für diesen Zweck vorgesehenen und dafür reservierten Iterationen soll genau dieses Housekeeping sichergestellt und durchgeführt werden. Darüber wird verhindert, dass diese notwendige Weiterentwicklung operativen Prioritäten untergeordnet und damit der Aufbau requisiter Varietät vernachlässigt wird. Wird dies nicht explizit und konsequent durchgeführt, veralten das Wissen und die Fähigkeiten der Mitarbeiter sukzessive und die requisite Varietät der gesamten Organisation nimmt stetig ab. Das hat zur Folge, dass ein Unternehmen in Summe Einbußen in seiner Wettbewerbsfähigkeit und Anpassungsfähigkeit, also seiner Agilität und damit seiner Überlebensfähigkeit, hinnehmen muss.

Wie eingangs dieses Kapitels betont, ist das Operations Board der Dreh- und Angelpunkt des hier vorgestellten Werkzeugs. Alle nun folgenden Elemente haben ausschließlich zum Ziel, die Rahmen- und Arbeitsbedingungen der agil arbeitenden und selbstorganisierten Teams und damit der darin tätigen Mitarbeiter so reibungslos, effizient, produktiv und sinnstiftend wie irgend möglich zu gestalten.

Integration in die IaCoCa-Methode

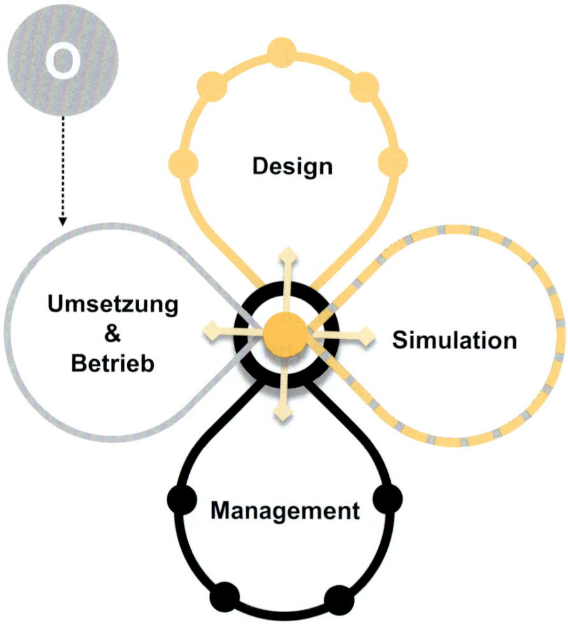

Das Operations Kanban mit allen einzelnen Teamboards ist aus der Sicht der IaCoCa-Methode dem Zyklus Umsetzung & Betrieb zuzuordnen.

Die eigentlichen operativen Leistungen in den Projekten und Geschäftsprozessen werden von den Fachleuten einer Organisation hier erbracht. Weiterführende Methoden oder Werkzeuge, die oft im Kontext operativer Kollaboration eingesetzt werden, sind beispielsweise die folgenden:

- Geschäftsprozesse zur Strukturierung operativer Teamarbeit wie beispielsweise Customer Relationship Management (CRM), Vertriebssteuerung, Logistik, Buchhaltung, Controlling,
- Management 3.0 zur Selbstorganisation von Teams in alltäglichen Detailfragen und Aufteilung von Verantwortungsbereichen und Aufgaben zwischen Vorgesetzten und Mitarbeitern in hierarchisch ausgerichteten Organisationen,
- Scrum für die iterative Durchführung von Software-Entwicklungsprojekten,
- IT4IT für das Prozessmanagement von IT-Betriebsleistungen wie Rechenzentrumsmanagement, Service Management, Availability Management etc.,
- SAFe und LeSS als Frameworks bzw. Methodengruppierungen für die umfassende Organisation operativer IT-Leistung.

17.6.1.2 Viable Indicators – VI Pin Board

2 **Viable Indicator (VI) – Monitoring des Leistungszustands**

Den Leistungszustand aktiv gestalten und damit Selbstorganisation agiler Teams wirksam praktizieren

LaCoCa Model & Method
The Anatomy of agile Organisations

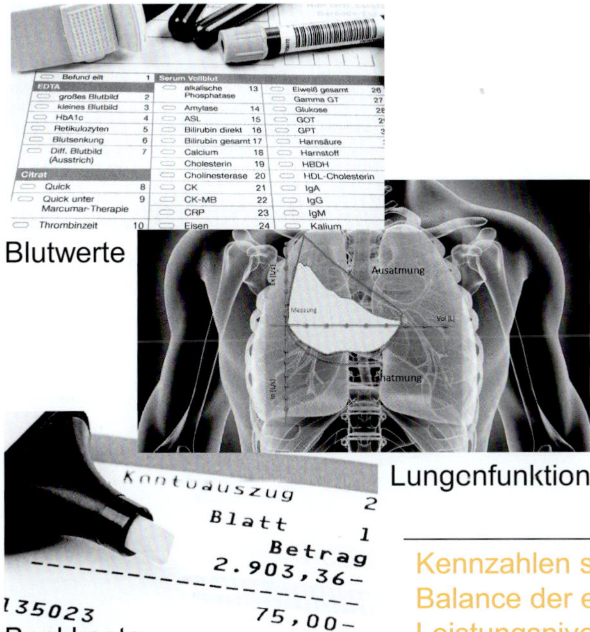

Blutwerte

Lungenfunktion

Bankkonto

- SLA Reports (Verfügbarkeit von IT-Anwendungen etc.)
- Fehler in Produktion
- Auslastungsgrad
- Produktivität (Burn-up, Burn-down etc.)
- Kundenzufriedenheit
- Mitarbeiter-zufriedenheit
- ...

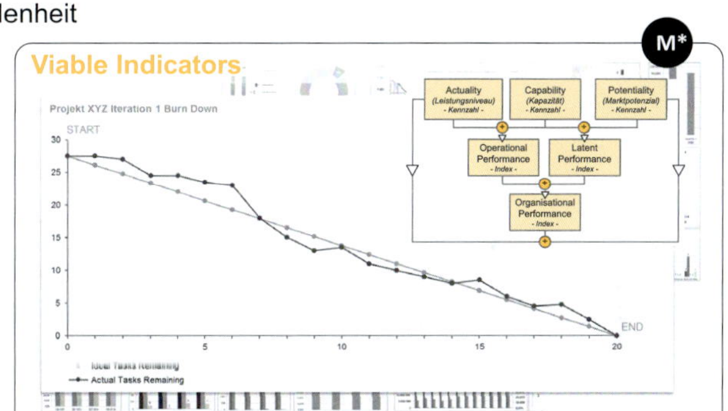

Grafik: Andreas Slogar©

Kennzahlen sind für selbstorganisierte Teams das zentrale Werkzeug, um die Balance der eigenen Leistungsfähigkeit im Vergleich zum notwendigen Leistungsniveau aktiv gestalten zu können.

Fotolia.de

Ob diese übergeordnete Zielsetzung ausreichend wirksam erreicht wurde, können einzelne Teams oder miteinander vernetzte Gruppen von Teams an den von ihnen definierten und für die selbstorganisierte Steuerung ihrer Arbeiten erhobenen Viable Indicators (VI) feststellen.

Zu diesem Zweck enthält das Design der 6-Bo-SAK ein Pin Board für das Monitoring und die Publikation aller VIs, die aus der täglichen Arbeit entstehen oder explizit erfasst werden (Bild 17.13). So erhalten das Team und jedes einzelne Mitglied Auskunft und Aufschluss über

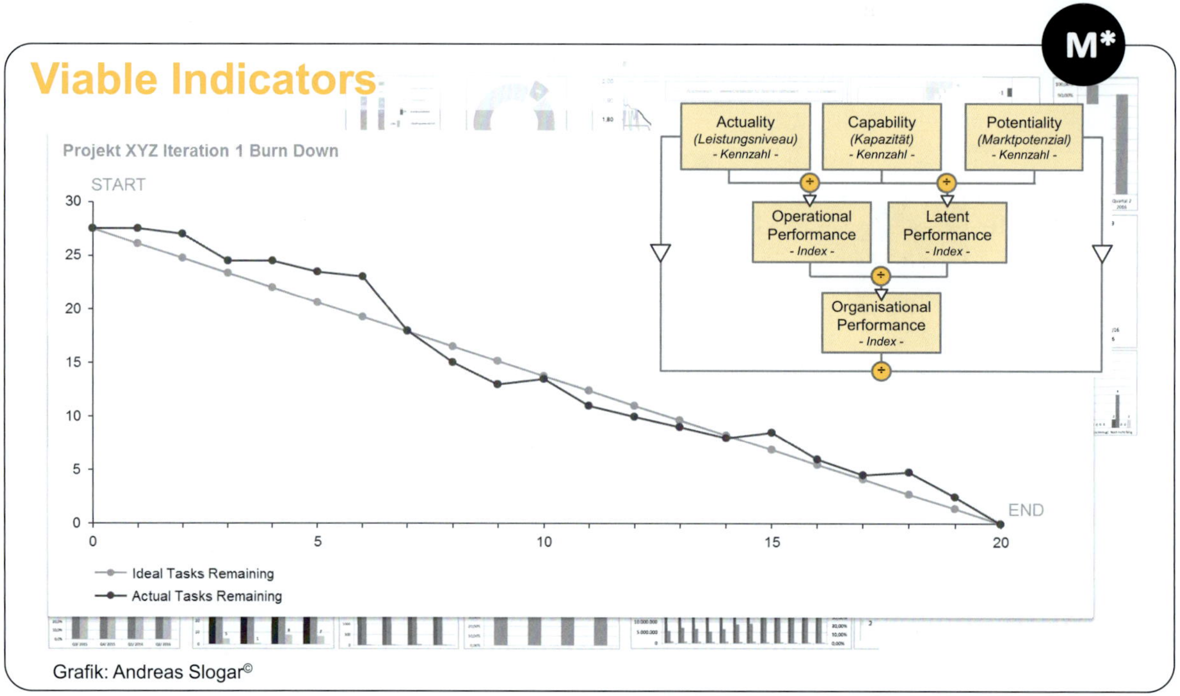

Bild 17.13
Detaildarstellung Viable Indicators Pin Board

den Zustand und die Balance des eigenen Leistungszustandes im Verhältnis zu dem in Beziehung stehenden Umfeld.

Auf dem Pin Board können beispielsweise die Ergebnisse der Burn-down und Burn-up Charts verschiedener Iterationen oder die neuesten Absatzzahlen aus dem Vertrieb enthalten sein. Auch Werte wie der aktuelle Status des Budgets oder die Entwicklung identifizierter Risiken und gelöster Kundenprobleme werden hier publiziert. Team Meetings, Workshops, Kollaborationsrunden, Daily Stand-ups und jede andere Form der Zusammenarbeit können hinsichtlich ihrer Diskussionen, ihrer Dialoge und fachlichen oder kooperativen Themen durch aktuelle Daten und Fakten unterstützt werden.

Im Gegensatz zu beispielsweise monatlich unternehmensweit explizit erstellten KPI-Reports, deren Quellen und Aussagekraft oft schwer nachvollziehbar sind, konzentrieren sich die VIs dieses Pin Boards auf den individuellen Kontext eines Teams, einer Gruppe von Teams, einer oder mehrerer Rekursionsstufen oder Communities of Practice und sind so fachbezogen für jedes Teammitglied nachvollziehbar und hinsichtlich ihrer Aussagekraft und ihres Nutzens bekannt.

So werden die VIs auch in teamübergreifenden Themengebieten aktiv eingesetzt: beispielsweise zur Organisation der Arbeiten oder zur Sicherstellung und Bereitstellung notwendiger Rahmenbedingungen, die benötigt werden, um in den einzelnen Teams überhaupt operative Leistung so reibungslos und effizient wie möglich oder nötig erbringen zu können. Für diesen Zweck wird wiederum das nächste Board als zentrale und operative Orientierungsstelle eingesetzt.

Integration in die laCoCa-Methode

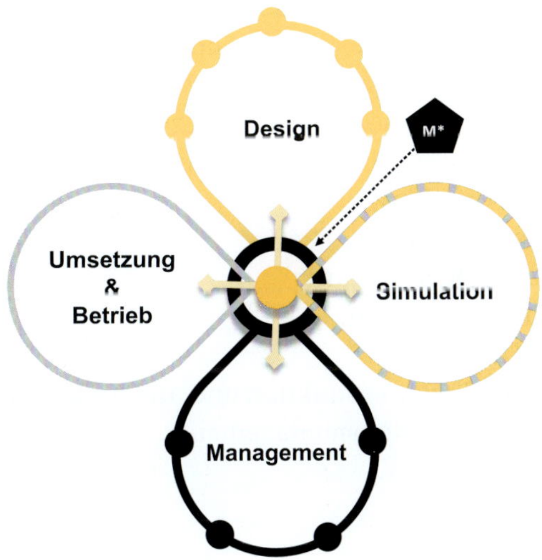

Kennzahlen und Kennzahlenmodelle oder, wie sie im Kontext von laCoCa genannt werden, Viable Indicators (VI) sind zentrale Bestandteile einer interdisziplinären Kollaboration und die Grundlage einer transparenten und für jedermann nachvollziehbaren Selbstorganisation vernetzter Teams. Diese werden vor allem im Rahmen der operativen und produktiven Teamkollaboration genutzt, um den internen Leistungszustand sichtbar und für jedes Mitglied im Team nachvollziehbar zu machen.

Im Umfeld klassisch-tayloristisch strukturierter Organisationen sind unter anderem die folgenden Kennzahlen und -modelle etabliert und können im Kontext agiler Selbstorganisation genutzt werden, sofern sie dem Prinzip des VI entsprechen und zu emergenten Aussagen führen:

- Free Cashflow,
- Cost of Delay,
- Balanced Scorecards,
- Customer Churn,
- EBIT,
- Fehler in der Produktion und andere Kennzahlen des Qualitätsmanagements.

17.6.1.3 Management Board

Damit jeder Mitarbeiter in seinem Team und in der Kollaboration mit anderen Teams den Rücken und die Hände frei hat, um sich auf seine eigentlichen, operativen Verantwortungen und seine Kompetenzen fokussieren zu können, müssen die verschiedensten Rahmenbedingungen organisiert und sichergestellt werden.

Fragen rund um notwendige Investitionsmittel und Budgets, benötigte Infrastruktur oder sonstige Ressourcen, selbst trivialste Details wie Meeting-Räume oder Büromaterial sollten die operativen Teams nicht von ihrer eigentlichen Tätigkeit abhalten oder dabei behindern.

Auch die Organisation erweiterter (Produktions-)Kapazitäten für die Umsetzung von Ideen, Projekten oder die Durchführung definierter Produktionsprozesse – beispielsweise über Kooperationspartner und Lieferanten – ist ein kritischer Erfolgsfaktor, der fokussiert bearbeitet und sichergestellt sein will. Diese Rahmenbedingungen vorzubereiten und sicherzustellen, ist daher alles andere als ein simples Unterfangen.

Diese Aufgaben im Verantwortungsbereich der Rolle Management sind keinesfalls einfach und dürfen als Erfolgsfaktor für eine produk-

3 Management – Rahmenbedingungen sicherstellen

Höchstleistung ist für agile Teams nur möglich, wenn die nötigen Rahmenbedingungen zur Verfügung stehen

LaCoCa Model & Method
The Anatomy of agile Organisations

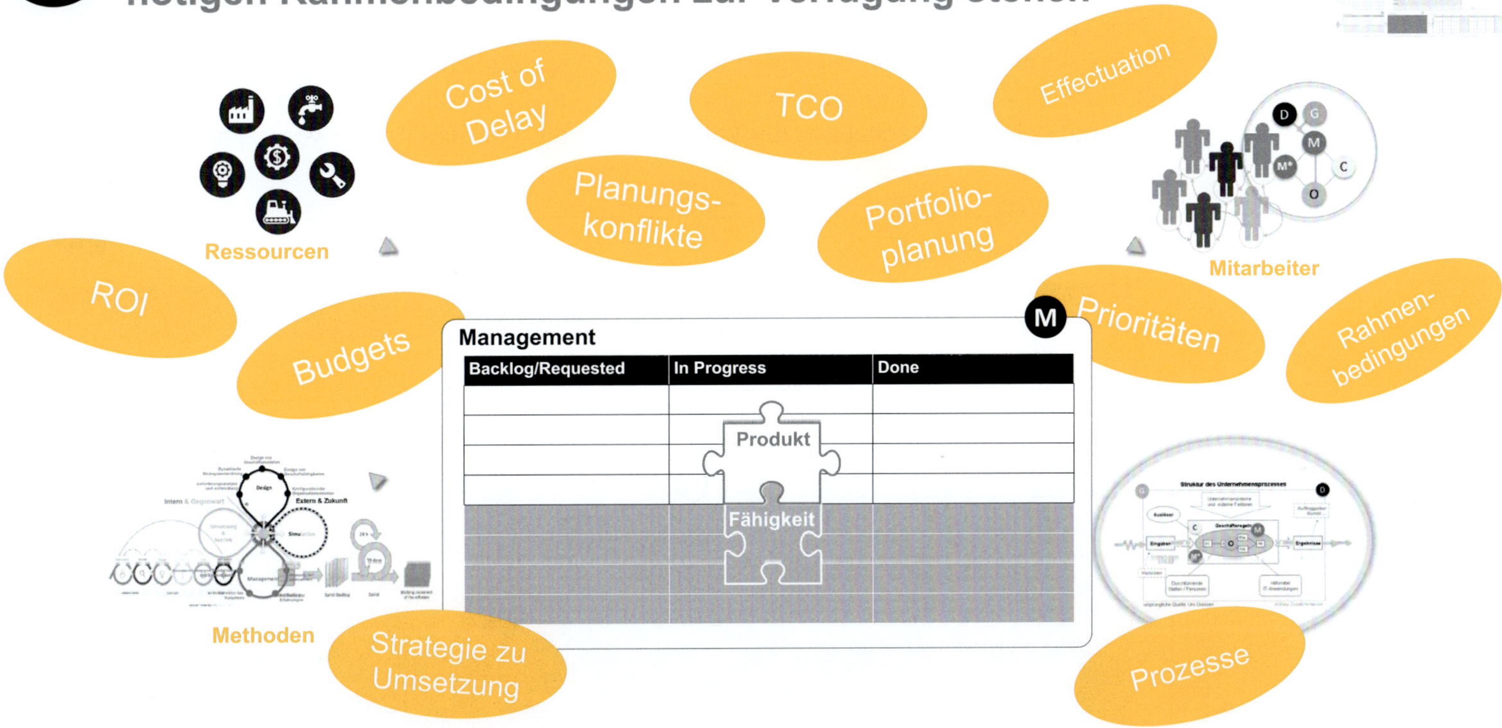

tive und erfüllende Arbeit – als Gegenbegriff zu frustrierender Arbeit – für jedes Team und jeden Mitarbeiter nicht unterschätzt, verharmlost oder vernachlässigt werden.

Das hierfür vorgesehene Kanban Board (Bild 17.14) macht für alle Beteiligten und Interessierten transparent, in welchem Zustand und Reifegrad sich die Sicherstellung der Rahmenbedingungen befindet, und auch, welche Faktoren die Bereitstellung gefährden. So können rechtzeitig alternative Lösungen und Vorgehensweisen vorbereitet und entwickelt werden.

Wird beispielsweise absehbar, dass die ursprünglich veranschlagten Investitionsmittel nicht in voller Höhe verfügbar sein werden, um die von den Teams vorgesehenen Anforderun-

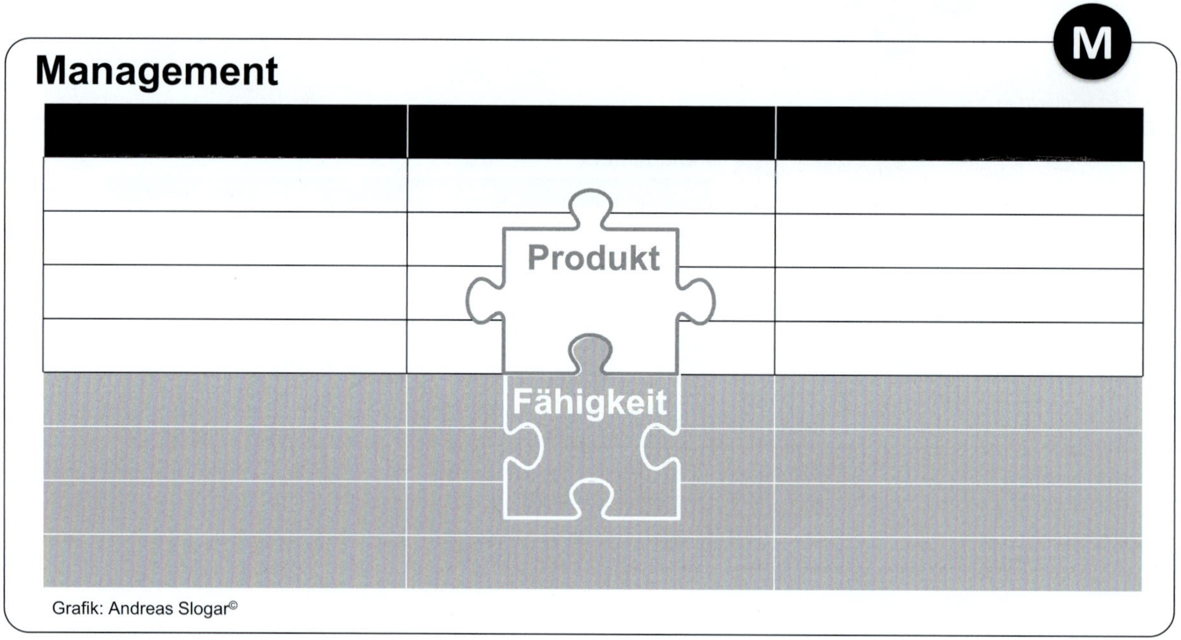

Bild 17.14
Detaildarstellung Management Board

gen und Leistungselemente in den bevorstehenden Iterationen zu realisieren, so kann unmittelbar zum Zeitpunkt der Problemidentifikation ein alternatives gemeinsames Vorgehen erarbeitet werden. In diesem konkreten Beispiel könnte der Funktionsumfang des Produktinkrements reduziert und die Anzahl geplanter User Stories reduziert oder repriorisiert werden. Oder aber spezifische Leistungsmerkmale eines Produktionsprozesses werden über alternative Wege sichergestellt, die den Rahmen der verfügbaren Finanzierung einhalten.

Wie schon im Kanban Board für die operativen Teams ist die Entwicklung der Fähigkeiten der Organisation und jedes einzelnen Mitarbeiters auch aus der Perspektive des Verantwortungsbereichs der Rolle Management integrierter Bestandteil des Gesamtvorgehens.

Sollen in einer anstehenden Iteration beispielsweise neue Produkteigenschaften hergestellt werden, muss im Rahmen der Vorbereitungen darauf geachtet werden, dass die Organisation zuvor benötigter Ausbildungsmaßnahmen vorgesehen ist. Das sollte zeitlich selbstverständlich vor der eigentlichen Realisierung durch die Teams stattfinden. Diese Maßnahmen zur Entwicklung der Fähigkeiten der Teams werden in die dezidierten Iterationen oder Phasen eingeplant, in denen das Housekeeping von den Mitarbeitern der Teams vorgesehen ist.

Integration in die laCoCa-Methode

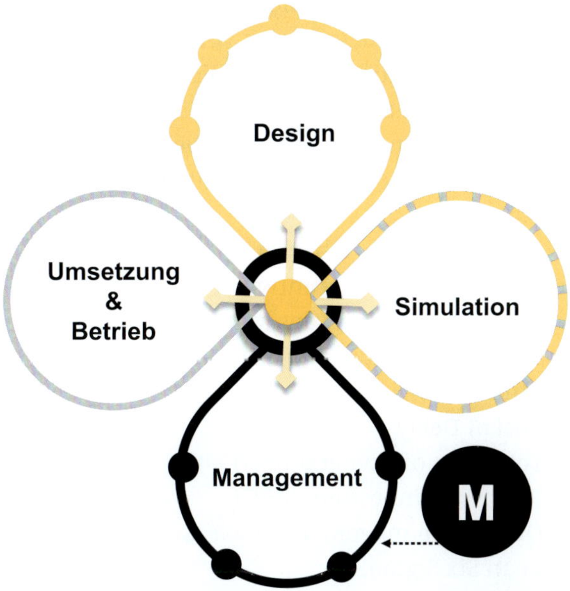

Die Managementperspektive nutzt im Rahmen der laCoCa-Methode eine ganze Reihe spezifischer Werkzeuge, um die Bereitstellung und Sicherstellung der operativ notwendigen Rahmenbedingungen und Voraussetzungen zu gewährleisten. Der Fokus des Managements ist, darauf zu achten, dass ein möglichst hoher Leistungsgrad der operativen Teams und ihrer Mitarbeiter erreicht werden kann, indem alle identifizierbaren und potenziellen Reibungsverluste und Risiken reduziert oder vermieden werden. Eine Intervention in die fachlichen Verantwortungsbereiche der operativen Teams und ein Befassen mit den Inhalten des operativen Vorgehens gehören nicht zur Verantwortung dieser Perspektive.

Um der beschriebenen und ausgesprochen anspruchsvollen Verantwortung gerecht werden zu können, nutzt das Management beispielsweise die folgenden Werkzeuge und Methoden:

- Effectuation,
- Cost of Delay,
- Total Cost of Ownership (TCO),
- Return on Investment (ROI),
- Qualitätsmanagement nach Six Sigma bzw. Lean Six Sigma,
- iteratives Planungsvorgehen wie die Inkrementplanung,
- Risiko- und Risikoumfeldanalyse.

17.6.1.4 Development Board

Welche Anforderungen an bestehende oder neue Produkte und Leistungen von der Umwelt, z. B. von verschiedenen Kundengruppen, benötigt werden, wird in der Perspektive Development und von den Verantwortlichen der Rolle D organisiert. Um dieses Themengebiet zentral zu bearbeiten und zu unterstützen, betrachten wir das dafür vorgesehene Kanban Board (Bild 17.15).

Umfang und Inhalte der Entwicklung von Produktanforderungen werden an dieser Stelle ebenso transparent gemacht wie Innovationen, Inventionen oder neue Merkmale bestehender Produktionsprozesse und Geschäftsfähigkeiten.

Konsequenterweise finden sich in dieser Perspektive auch die zukünftigen Anforderungen an die Fähigkeiten der Organisation und damit auch der Teams und individuellen Mitarbeiter wieder. Die Entwicklung und Aktualisierung des Know-hows und der Fähigkeiten der Organisation werden in Unternehmen, die nach klassisch-tayloristisch geprägten Strukturen organisiert sind, selten explizit bedacht, gefördert und sichergestellt. Will eine Organisation jedoch agil sein, muss diese, wie schon mehrmals dargelegt,

4 Development – Innovationen und Märkte entwickeln

Den Finger am Puls der Zeit; damit Produkte und Services dem Wettbewerb immer einen Schritt voraus sind

LaCoCa Model & Method
The Anatomy of agile Organisations

Design Thinking

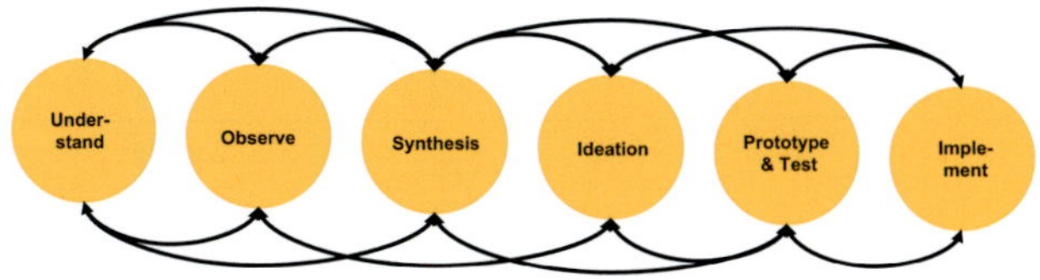

Business Model Canvas

Steckbrief zur Beschreibung eines neuen Geschäftsmodells

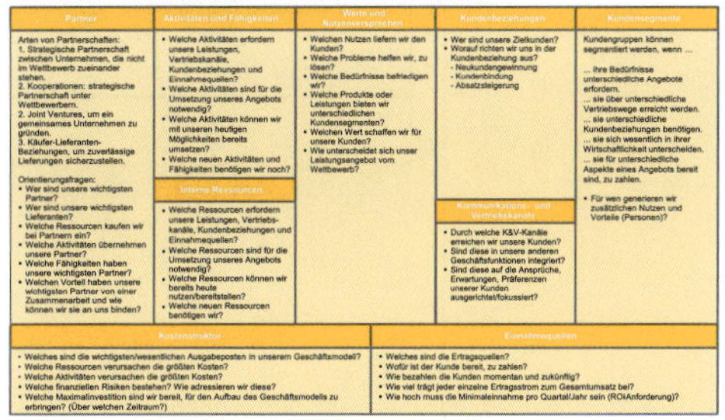

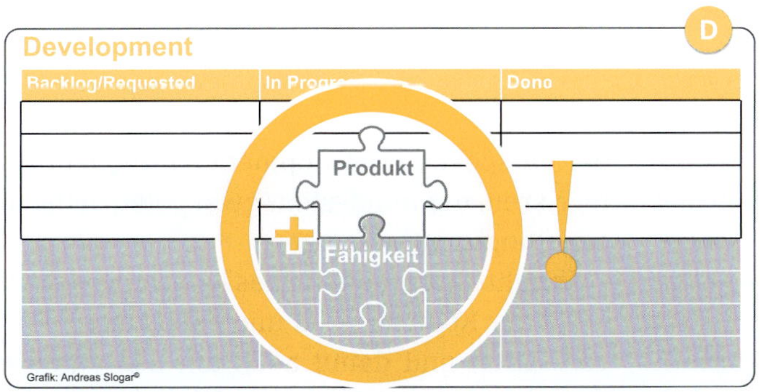

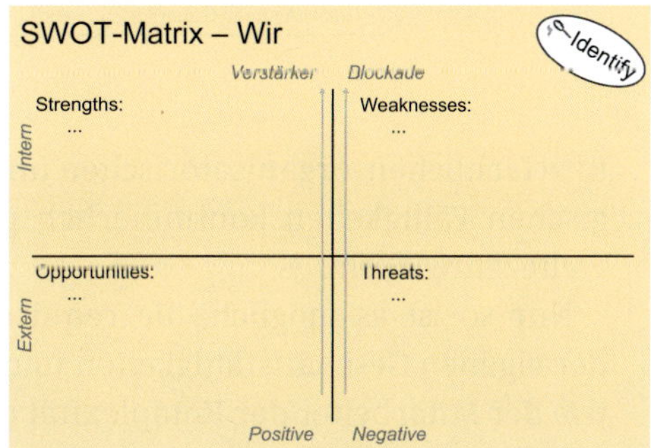

Innovation & Know-how

- IoT
- AI
- Big Data
- Digitalisation
- Augmented Reality
- Autonomous Driving
- Bitcoin
- Blockchain
- Robotic
- Digital Health
- Start -ups
- Mobile Computing
- Cyber Security
- ... and many more to come!

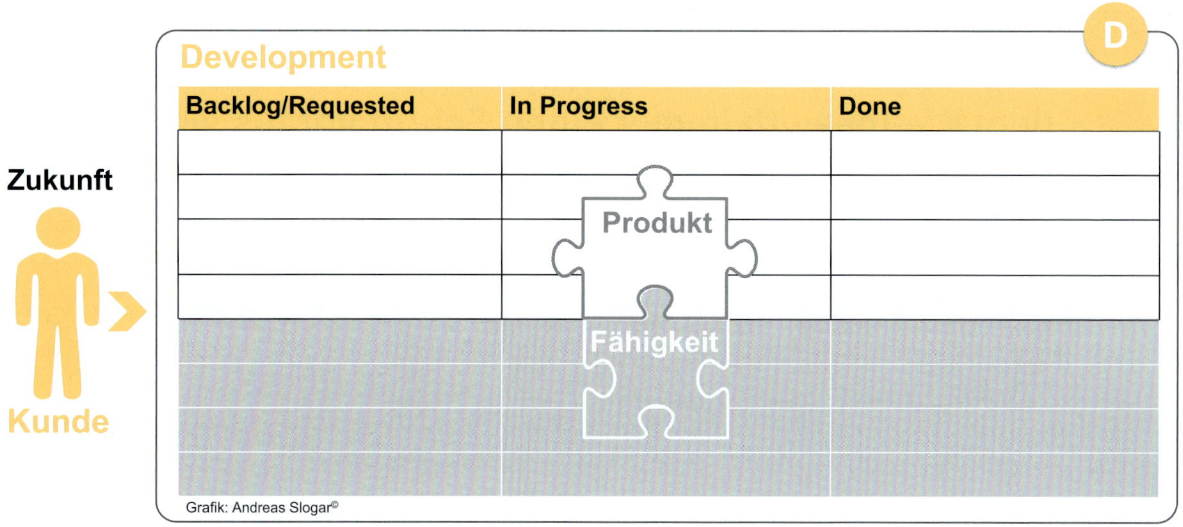

Bild 17.15
Detaildarstellung Development Board mit Zeitbezug zu den zukünftigen Anforderungen z. B. bestehender und potenzieller Kunden

ihre fachlichen, organisatorischen und technologischen Fähigkeiten kontinuierlich prüfen und weiterentwickeln.

Nur so ist es möglich, die requisite Varietät der eigenen Geschäftsfähigkeiten und die Expertise der Mitarbeiter der Komplexität der Umwelt und ihrer Dynamik anzupassen. Das ist letztlich Ausdruck und Erkennungsmerkmal des agilen Modus, in dem sich eine Organisation befindet. Daher ist es unerlässlich, dies bereits im Design der Perspektive Development konsequent zu integrieren, um mindestens zwei potenziellen Entwicklungen vorzubeugen.

Es geht zum einen um das kontinuierliche Veralten der Kompetenzen und Fähigkeiten der Organisation und damit auch um den damit einhergehenden Verlust der Wettbewerbs- und Überlebensfähigkeit. Zum anderen entsteht ein chronisches Hinterherlaufen und Nachholen der nötigen Fähigkeiten in einem rein reaktiven

Modus, nachdem eine Entwicklungs- oder Anpassungsnotwendigkeit erkannt wurde.

Beide Entwicklungen gehen meist zulasten der Mitarbeiter selbst. Entweder müssen sie durch ein derartiges Versäumnis früher oder später um ihren Arbeitsplatz bangen, weil ihr Fachwissen und ihre Fähigkeiten keinen Kundenbedarf mehr decken, oder sie müssen in Überlastungssituationen zusätzlich zur operativen Tätigkeit benötigte Fachkompetenz aufbauen.

Beide Fälle sind ganz simpel vermeidbar, wenn man die Anforderungen an die Produkte und Leistungen der Organisation mit den Anforderungen an die Fähigkeiten der Organisation selbst gleichsetzt.

Die in der Perspektive Development erarbeiteten Anforderungen an die Fähigkeiten der Dimensionen Produkt/Leistung und Mitarbeiter sind Arbeitsgrundlage für die bereits beschriebene Perspektive Management, in der die Rahmenbedingungen sichergestellt werden, damit sie in der operativen Umsetzung realisiert werden können.

Dabei sind die Anforderungen an die Produkte und die Leistungen in den Iterationen der Realisierung und Produktion, der Aufbau neuer Fähigkeiten der Organisation und der Mitarbeiter in der Phase des sogenannten Housekeepings vorgesehen.

Integration in die IaCoCa-Methode

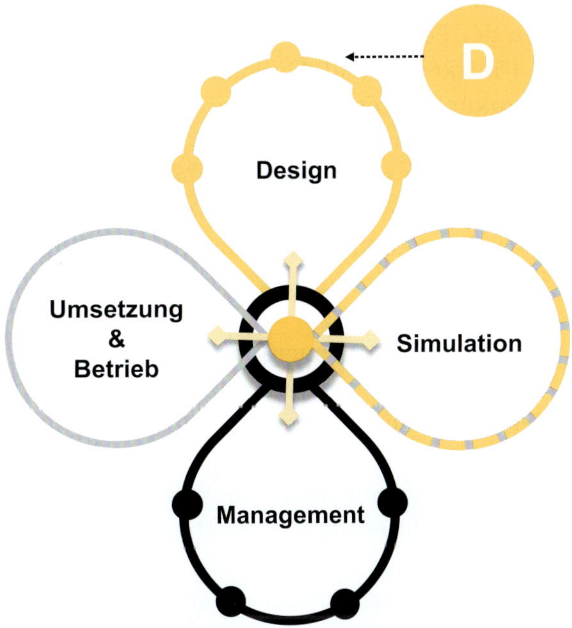

Aus der Perspektive Development liegt das Hauptaugenmerk auf der strategischen Entwicklung der gesamten Organisation und der in ihr vorhandenen Produkte und Serviceleistungen sowie auf dem Wissen und den Fähigkeiten der Mitarbeiter und ihrer Teams.

Damit in der Perspektive Operations die bestehenden Leistungen und Produkte weiterentwickelt oder neue entwickelt werden können, liegt es an der Perspektive Development, die aktuellen Fähigkeiten und Marktanforderungen mit den zukünftig antizipierten zu vergleichen. Die nachfolgend aufgeführten Werkzeuge und Methoden haben sich allgemein etabliert und genießen international einen hohen Akzeptanzgrad in diversen Branchen und Unternehmen:

- Design Thinking,
- TRIZ,
- Personas und Customer Journey,
- Patterns of Strategy und Mintzberg als Mittel der Entwicklung einer Unternehmensstrategie,
- Business Model Canvas zur Vorbereitung der Operationalisierung strategischer Umsetzungswege,
- EAM, TOM, Zachman für die Organisation der Unternehmensarchitektur insgesamt.

17.6.1.5 Governance Board

Das koordinierte Zusammenspiel aller Perspektiven, der für die jeweilige Rolle verantwortlichen Mitarbeiter und der interdisziplinären Teams, wird über Spielregeln organisiert und sichergestellt. Diese werden von allen Beteiligten gemeinsam entwickelt und verbindlich akzeptiert. Die in einem sogenannten Rulebook, Playbook oder einer Verfassung – die Benennung ist den jeweiligen sprachlichen Vorlieben überlassen – zusammengefassten und publizierten Spielregeln unterliegen der Notwendigkeit einer kontinuierlichen Anpassung und Ergänzung. So wird sichergestellt, dass die Spielregeln alltagstauglich, sinnvoll und nützlich sind und möglicherweise entstandener Bürokratie entgegengewirkt werden kann.

Konsistent wird dies über ein eigenes Kanban Board erreicht, aus dem ersichtlich wird, welche Vereinbarungen sich aktuell in der Ausgestaltung befinden oder bereits abschließend definiert wurden und zum nächsten Veröffentlichungstermin in den Status der operativen Verbindlichkeit übernommen werden (Bild 17.16).

Durch diesen Schritt wird eine aktualisierte Version der Spielregeln dokumentiert, die anschließend über etablierte Kommunikationswege innerhalb und auch außerhalb des Teams und der gesamten Organisation bereitgestellt und publiziert werden.

5 Governance – Spielregeln entwickeln und vereinbaren

Eine reibungslose, nachvollziehbare und sinnstiftende Zusammenarbeit benötigt verbindliche Spielregeln

LaCoCa Model & Method
The Anatomy of agile Organisations

- Sinn, Zweck und Wirkung des Teams festlegen
- Spielregeln für eine reibungslose Zusammenarbeit im Team und mit anderen Teams vereinbaren und entwickeln
- Regeln immer wieder hinterfragen und nötigenfalls anpassen
- Regeln, **nicht** Bürokratie
- Verantwortlichkeiten im Team festlegen

Spielregeln ermöglichen Kooperation und reduzieren Risiken

Verordnung (EU) 2016/679 Datenschutz-Grundverordnung

Logos http://de.wikipedia.org

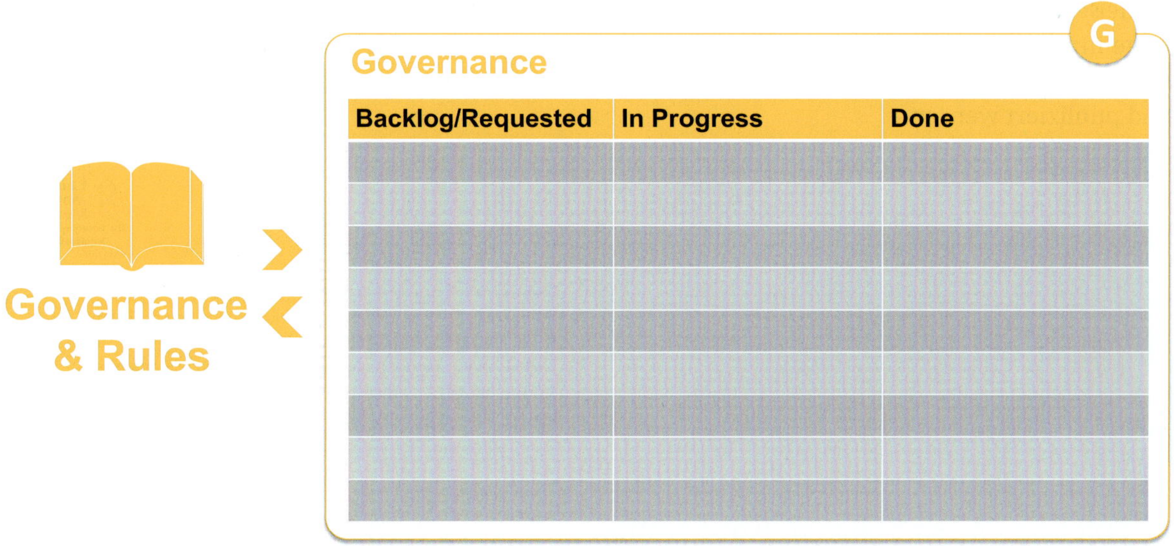

Bild 17.16
Detaildarstellung Governance Board mit der Übersicht der aktuell in der Definition und Klärung befindlichen Regelungen

Integration in die laCoCa-Methode

Die Governance-Perspektive verantwortet die Organisation von Regeln und Vereinbarungen, die eine möglichst reibungslose und unbürokratische Kollaboration aller Mitarbeiter, Teams und Stakeholder ermöglicht.

Da Governance nicht vorschreibt, welche Regelungen Anwendung finden sollen oder müssen, sondern sicherstellt, dass die notwendigen Regelungsvorgaben und -grundlagen bekannt, definiert und vereinbart sind, liegt der Schwerpunkt der Ausübung dieser Verantwortung in der Beobachtung, der Messung und der Kommunikation.

Die für die Rolle und/oder Perspektive Governance verantwortlichen Mitarbeiter beobachten die Anwendung geltender Regelungen, messen deren Wirksamkeit bzw. Einhaltung und ihre Anwendbarkeit im Alltag der betroffenen und beteiligten Mitarbeiter. Sie treten in die Kommunikation mit den Mitarbeitern und Teams, um

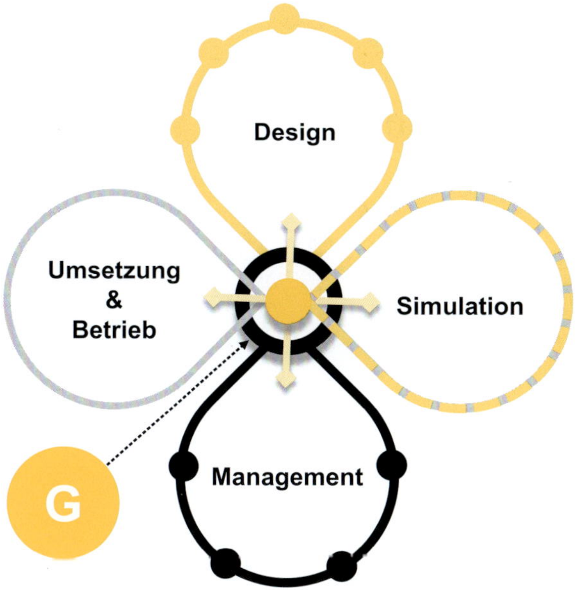

identifizierte Engpässe, Lücken oder wahrgenommene Konflikte anzusprechen, aufzulösen und zu schließen.

Die Governance-Perspektive ist demnach eine kontinuierliche Aktivität, die eine konsequente Weiterentwicklung und Anpassung erfordert. Für die Ausübung dieser Verantwortung hilfreiche und nützliche Werkzeuge und Methoden sind nachfolgend exemplarisch aufgeführt:

- Fish-Bowl-Dialoge mit Fokus auf Erfahrungsaustausch von Mitarbeitern zu seltenen oder zukünftig notwendigen Regelungen,
- World-Café zur Organisation von Dialogen in Großgruppen,
- Syntegration nach Stafford Beer,
- kollegiale Fallberatung,
- Community of Practice für den unternehmensweiten und interdisziplinären Austausch von Erfahrungswerten zur Anwendung der Governance-Perspektive.

17.6.1.6 Coordination Board

Alle Termine zu definierten und vereinbarten Kommunikationsmaßnahmen und Kommunikationswegen eines Teams mit Veranstaltungsorten, Zeitpunkten und Formaten der Kollaboration werden auf dem Coordination Pin Board geplant, festgehalten und publiziert (Bild 17.17).

Ob es beispielsweise um den vorgenannten Termin zur Veröffentlichung der aktualisierten Version der Governance oder um Ort und Zeitpunkt der bevorstehenden Inkrementplanung, die Termine und die Teilnehmer der verschiedenen Communities of Practice oder die Terminplanung für Newsletter, Webcasts und Feiern

6 Coordination – Koordination und Kommunikation verbindet

Termine und Formate persönlicher Kooperation und interdisziplinärer Kommunikation transparent machen

LaCoCa Model & Method
The Anatomy of agile Organisations

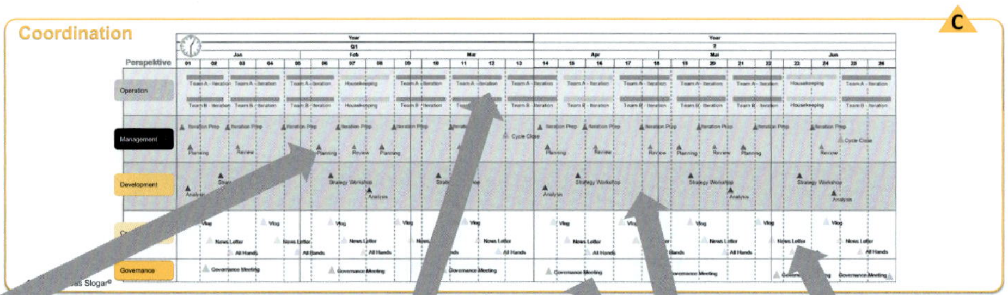

z.B. Workshops zur Inkrementplanung

Übersicht der operativen Iterationen der Teams

Workshops zur Aktualisierung und Entwicklung der Kooperationsvereinbarungen

z.B. Design Thinking oder Blue Ocean Workshops zur Produktentwicklung

Corporate TV

Town Hall Meeting

Wiki (Blog Eintrag)

News Letter

Webcast

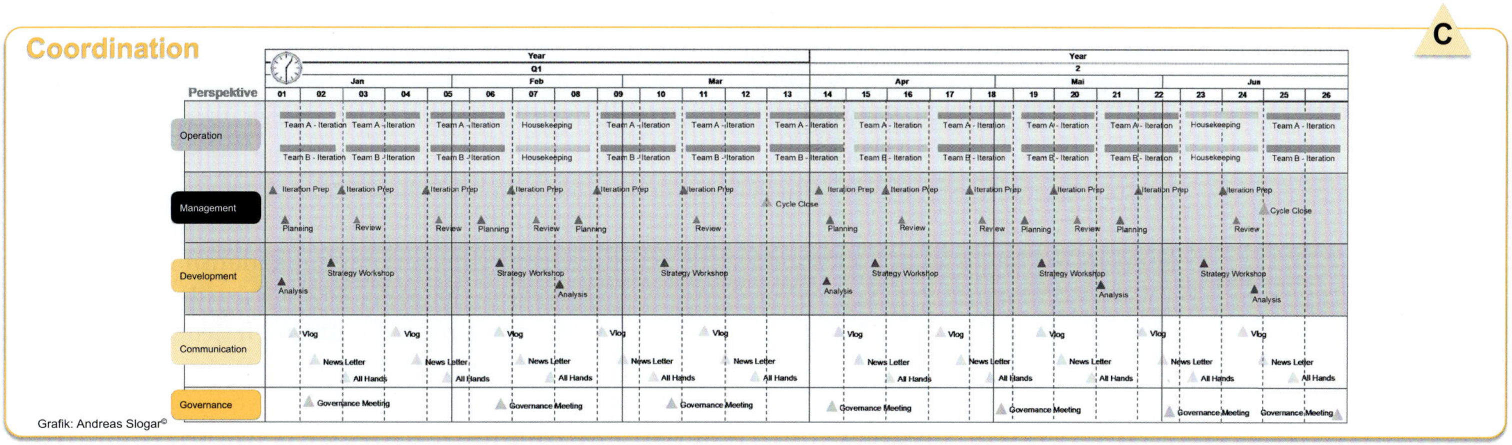

Bild 17.17 Detailansicht Coordination Pin Board mit den Kollaborationsperspektiven Operations, Management, Development und Governance sowie der Kommunikationsperspektive

geht – die Übersicht zu all diesen Details ist über das Coordination Board für jedermann zugänglich.

Der für die Rolle C verantwortliche Mitarbeiter plant darüber beispielsweise auch die Termine der Workshops, in denen die Qualität der Zusammenarbeit der Teams und ihrer Mitarbeiter untereinander besprochen und identifizierte Konflikte oder Reibungsverluste in der Kommunikation behandelt und behoben werden.

Kurz gefasst: Das Coordination Board erlaubt es, den Überblick über die verschiedenen Perspektiven der Boards zu behalten und sicherzustellen, dass die relevanten Teilnehmer und Stakeholder über die Termine und Inhalte der Arbeitsgruppe und Treffen informiert sind oder sich eigenständig informieren können.

Außerdem werden durch die explizite Organisation und Veröffentlichung einer koordinierten Kollaboration und Kommunikation Terminüberschneidungen vermieden, was ansonsten zu Reibungsverlusten führt, die die Produktivität der Mitarbeiter reduzieren und zu oft den Frust erhöhen. Auch dieses bekannte Phänomen kann durch eine konsequente Nutzung der 6-BoSAK vermieden, mindestens aber reduziert werden.

Integration in die IaCoCa-Methode

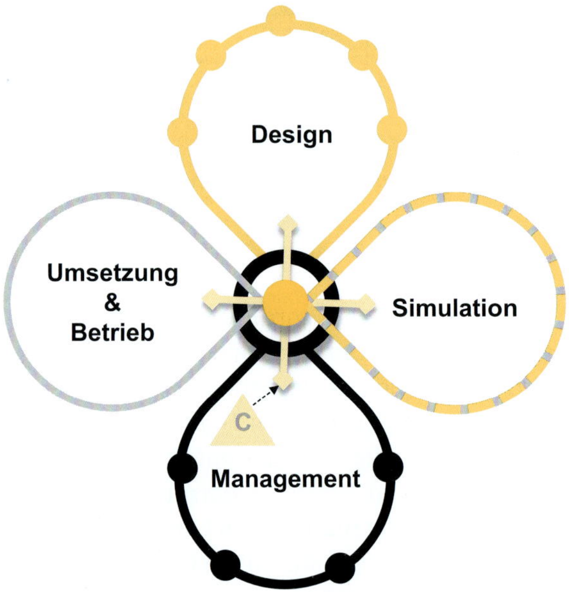

In der Perspektive Coordination dreht sich alles um Beobachtung und Kommunikation. In der Verantwortung der Mitarbeiter, die sich um die Coordination kümmern, liegen daher Werkzeuge und Methoden, die einen direkten und kontinuierlichen Dialog verschiedenster, interdisziplinärer Personengruppen unterstützen.

Dabei gilt es, Kommunikationslücken und Konflikte in der Kollaboration zu identifizieren, anzusprechen und aufzulösen. Jeder Engpass, der aus Reibungsverlusten in der Kollaboration oder der Kommunikation von Mitarbeitern und Teams entsteht, ist ein konkretes Potenzial und damit ein wahrer Schatz für die konkrete und zielgerichtete Weiterentwicklung der Organisation. Um diesen Schatz zu bergen, eignen sich die folgenden Werkzeuge und Methoden:

- Für die Kollaboration:
  - Retrospektiven mit Mitarbeitern und Teams,
  - Supervisionsrunden,
  - Fish-Bowl-Dialoge,
  - kollegiale Beratung,
  - individuelles Coaching und Team-Coaching,
  - Rollenspiele zur Simulation von Abläufen und Konfliktsituationen.

- Für die Kommunikation:
  - Kommunikationsmatrix/Interventionsmatrix,
  - Stakeholder-Analyse,
  - Newsletter (E-Mail mit Status- und Update-Informationen für definierte Lesergruppen – kein Spam!),
  - Webcasts, Podcasts, Audiocasts,
  - Videoaufzeichnungen von Vorträgen oder Vorstellungen fachlicher Inhalte als digitale Kommunikationskonserven zur organisationsweiten Nutzung auf Plattformen wie SlidePresenter.com.

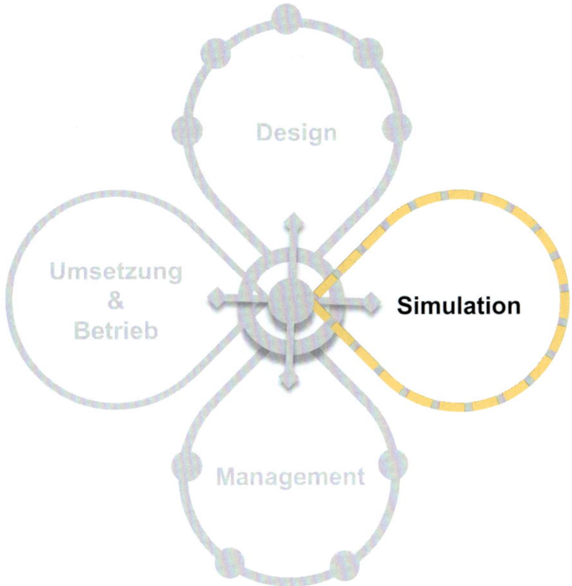

17.6.2 Simulieren geht über Studieren

Integraler Bestandteil einer iterativen Arbeitsweise ist es, in regelmäßigen Zyklen Reflexionsphasen zu durchlaufen, in denen die erreichten Ergebnisse und die bisher angewendete Kollaborationsweise überdacht werden. Der Wechsel zwischen Aktionsphasen und Reflexionsphasen verhindert, dass die Mitglieder eines Teams oder einer Rekursionsgruppe von Teams betriebsblind werden oder die Entwicklung ihrer Fähigkeiten vernachlässigen.

Ebenso relevant und nützlich wie die kritische Würdigung bisheriger Ereignisse und Entwicklungen sind auch die Prüfung und Bewertung der Wirksamkeit zukünftiger Änderungen und Entwicklungen durch Simulationen. In jeder Phase der Entwicklung eines neuen Produkts oder einer neuen Dienstleistung kann ein Team über Simulationen annäherungsweise abschätzen, wie ausgereift, kundenfreundlich, marktfähig, nachhaltig etc. das jeweilige Teil- oder Endergebnis ausfallen wird. Um inkrementelle Kollaborationsfortschritte zeitnah bewerten, die weitere Entwicklung steuern und nötigenfalls anpassen zu können, sind Simulationen ein wertvolles Instrument.

Dabei können Simulationen in den unterschiedlichsten Formen durchgeführt werden. Es gibt rein theoretische und auch ganz praktische Wege, eine Simulation durchzuführen, um Erkenntnisse zu gewinnen, die in die weitere Vorgehensweise übernommen werden können. Dabei ist das Ziel stets, Aspekte des angestrebten Zielzustandes bzw. der beabsichtigten Wirkung – beispielsweise einer neuen Dienstleistung – durch Imitation vorwegzunehmen.

Die Erkenntnisse hieraus sollen z. B. Lücken in der Konzeption, qualitative Mängel der Umsetzung oder überflüssige und damit teure Elemente oder Eigenschaften sichtbar machen. Über Simulationen wird der Dialog von Mitgliedern eines oder mehrerer Teams unterstützt, um ein möglichst einheitliches Verständnis zum aktuellen Stand der Entwicklungs- oder Arbeitsleistung zu erzielen.

Dabei kommt es vor allem darauf an, dass durch Simulationen sichtbar wird, was bisher nicht sichtbar war. Relevanter, als durch eine Simulation zu bestätigen, was schon bekannt ist oder was erwartbar war, ist es, herauszufinden, was noch unbekannt ist und was die unerwarteten, die überraschenden Entwicklungen sind, sein werden oder sein könnten. Nicht zu wissen, was man nicht weiß, ist die kritischste und vermeidbarste Quelle potenzieller Risiken, die schnell in nicht oder nur sehr schwer kompensierbarer Dynamik resultieren.

Simulationen sind deswegen auch ein wertvolles Kommunikationsmittel, um sich und sein Team vor Selbsttäuschung und Selbstüberschätzung zu schützen und sein Umfeld und dessen Erwartungen über Möglichkeiten und Limitierungen zukünftiger Ergebnisse aktiv zu steuern.

Neben den Hinweisen und Empfehlungen zur Durchführung von Simulationen aus dem vorhergehenden Kapitel zum Zyklus »Simulation« können – je nach Kontext der verfügbaren Zeit oder der verwendbaren Ressourcen – unter anderem die folgenden Anregungen angewendet werden, um Simulationen durchzuführen.

Schreibtischtest

Geschäftsprozesse, ihre Unterprozesse und Prozessschritte können schnell kompliziert und damit unübersichtlich werden. Die Nutzung von Prozessdiagrammen ist zur Dokumentation ebenso notwendig, wie sie für den Leser ermüdend ist. Spielt man aber einen Geschäftsprozess am Schreibtisch durch und schreibt dazu die Prozessschritte auf Moderationskarten, kann man sie im Dialog mit mehreren Mitgliedern eines Teams oder auch mit fachfremden Personen in theoretischer Form nachahmen und nachstellen. Inkonsistenzen, Wiederholungen oder Überflüssiges kann über diese Art der Simulation schnell identifiziert werden. Lösungsansätze, die helfen, das erkannte Problem zu lösen, sind im Rahmen dieser Simulationsform automatisch als kreatives Nebenprodukt erhältlich.

Die Macht der Perücke

Sollen die Verantwortungsbereiche und fachlichen Themenfelder von Rollen validiert und soll deren Ausgestaltung auf ihre Anwendbarkeit in der alltäglichen Praxis überprüft werden, bietet sich die Simulation durch Rollenspiele an. Um zu unterstützen, dass sich jeder Teilnehmer einer derartigen Simulation in seine Rolle einfinden und von seiner aktuellen Tätigkeit für die Zeit der Simulation distanzieren kann, ist die Nutzung farbiger Perücken ebenso hilfreich wie unterhaltsam.

Alleine der Anblick von beispielsweise 15 Teilnehmern einer Rollensimulation, die mit roten, gelben, blauen, violetten oder grünen Perücken ausgestattet sind, ist eine Augenweide und lockert auch die verkrampfteste Situation sofort auf.

Farbige Perücken haben außerdem den Effekt, dass ihr Träger in seiner aktuellen Funktion, vor allem wenn er ein Teil der eventuell noch gültigen Entscheidungshierarchie ist, nicht mehr wahrgenommen wird. Die Perücke trennt nicht nur den Träger für die Dauer der Simulation von seiner aktuellen Funktion und erleichtert es ihm, sich in die zu simulierende Rolle einzufinden, sie hilft auch dem Umfeld, die nötige Distanzierung aus ihrer Perspektive zu nutzen.

Simulationen dieser Art sind vor allem auch für Teams geeignet, die sich in das Rollenmodell von laCoCa einfinden wollen und mithilfe farbiger Perücken die spielerische Beschäftigung der Rollenaufgaben im Rahmen von Governance oder eines Management Meetings einüben wollen. So wird über die Farbe der Perücke für jeden Teilnehmer visuell sichtbar, welche Rolle und damit welchen Aufgabenbereich der jeweilige Teilnehmer einnimmt.

Skaliert-agile Kollaboration organisationsweit synchronisieren

Wenn jedes Team mit den vorgestellten sechs Boards arbeitet, ist eine erste Grundlage geschaffen, um die aktuellen und zukünftigen Arbeitsinhalte kontinuierlich transparent zu machen und in Meetings oder Stand-ups aktiv gemeinsam zu erörtern.

Doch nur selten operieren einzelne Teams isoliert auf einer Insel der Glückseligkeit und müssen sich nicht mit einer ganzen Reihe angrenzender Teams und Organisationsbereiche abstimmen, die sie als Kooperationspartner oder als Nutzer bzw. Abnehmer ihrer Leistungen oder Produkte einbinden müssen und wollen.

Um dies zu ermöglichen, ist es zum einen sinnvoll, wenn alle Teams und alle angrenzenden Organisationseinheiten ihrerseits die sechs Boards für die individuelle Arbeitsorganisation verwenden. Dabei sollte die Struktur in allen Teams einheitlich und konsistent sein. Die Inhalte weichen naturgemäß je nach Kontext ab.

Wird im Laufe der Zeit festgestellt, dass die hier beschriebene, initiale Grundstruktur nicht ausreicht, kann über die übergreifende Zusammenarbeit der Verantwortlichen der Rolle C eine angepasste Struktur entwickelt und im Rahmen der Governance Meetings vereinbart werden. Das ermöglicht es, die Struktur der Boards den Anforderungen an die Teams anzugleichen und dennoch deren interdisziplinäre, also organisationsübergreifende Kompatibilität zu erhalten. Ein derartiges Vorgehen ist nötig, um die (Arbeitsstände der) Inhalte einzelner Boards und einzelner Perspektiven organisationsübergreifend konsolidieren und synchronisieren zu können (Bild 17.18). Wenn sich beispielsweise verschiedene Mitarbeiter der Rolle D in einer Community of Practice oder im Rahmen eines Design-Thinking-Workshops treffen, reduziert es potenzielle Reibungsverluste, wenn alle Themeninhalte in vergleichbarer Struktur verfügbar sind und somit miteinander verknüpft, verglichen und gemeinsam weiterentwickelt werden können. Außerdem stellt dieses Vorgehen sicher, dass fachliche Synergien identifiziert, genutzt und Redundanzen vermieden werden können.

Wenn dagegen jeder Teilnehmer seine individuelle Struktur favorisiert, ist es ungleich aufwendiger einen Vergleich und eine Verbindung

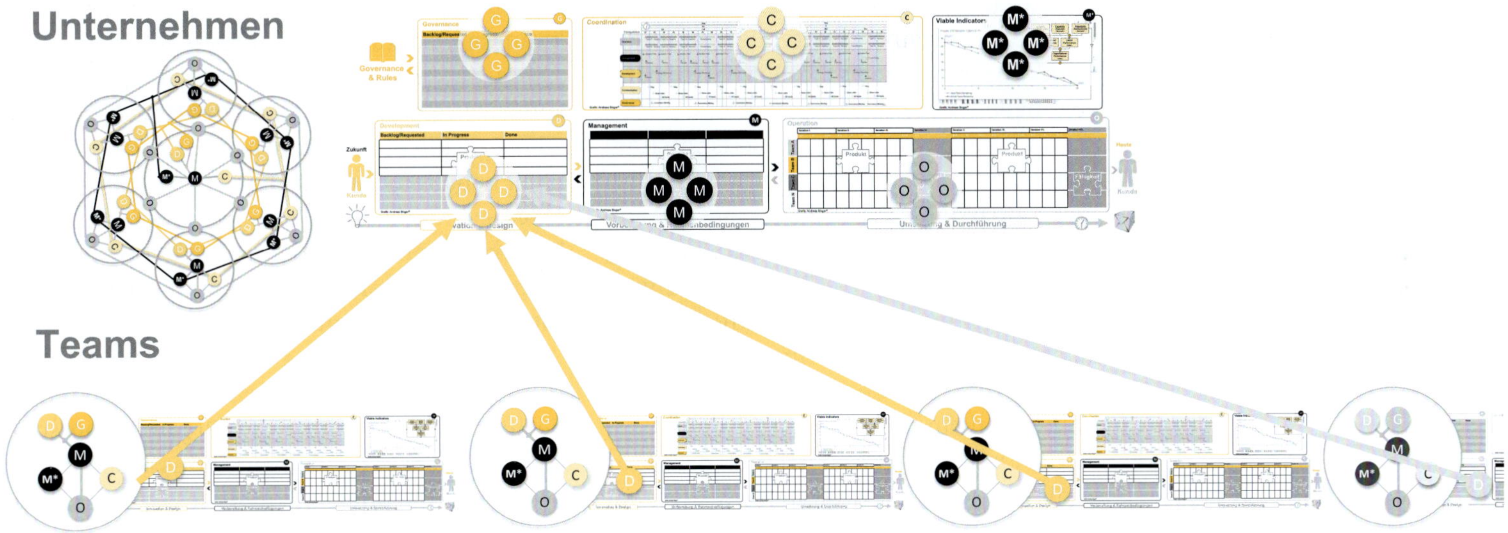

Bild 17.18 Organisationsweite und interdisziplinäre Synchronisation der individuellen Boards über das Prinzip der Rekursion z. B. im Rahmen von Community-of-Practice-Workshops

der Inhalte herzustellen. Der Hang zur Individualisierung und zur Betonung (vermeintlich) notwendiger Besonderheiten ist in Unternehmen leider sehr weit verbreitet. Dabei wird die Notwendigkeit spezifischen Wissens mit der Notwendigkeit einer gemeinsamen Grundlage zur inhaltlichen Kollaboration oft verwechselt.

Das eine zu tun, ohne das andere zu lassen, ist eine Vorgehensweise, die eine gewisse Disziplin und gegenseitige Wertschätzung erfordert. Der Schlüssel hierzu liegt im Dialog der Beteiligten, in dem Gemeinsamkeiten gezielt analysiert und identifiziert werden. Allerdings ist das nur möglich, wenn die übergreifende Überzeugung etabliert ist, dass eine interdisziplinäre Kollaboration für jeden Einzelnen wertvoller ist als die Separation durch individuelle Vorlieben und Überzeugungen.

Es ist ein wenig wie mit Fremdsprachen: Man kann jede Fremdsprache erlernen und im Laufe der Zeit jeden Gesprächspartner verstehen. Doch ist es insgesamt weniger aufwendig, produktiver und reduziert Missverständnisse und Kommunikationsverluste, wenn sich alle auf eine Sprache einigen und nur diese nutzen. Weniger frustrierend ist es auf Dauer übrigens auch. Damit ist nicht gesagt, dass die Individualität und die Expertise jedes Einzelnen darunter leiden müssen. Ganz im Gegenteil. Auf Grundlage einer gemeinsamen Sprache können individuelle Fähigkeiten, Kenntnisse und Talente wesentlich leichter eingebracht und genutzt werden.

Dieser Form der interdisziplinären Synchronisation und Kollaboration folgen konsequenterweise die bereits beschriebenen Prinzipien einer rekursiven Struktur. Damit wird überhaupt erst möglich, dass die Zusammenarbeit der Teams theoretisch in beliebigem Umfang skaliert werden kann. Allerdings findet der Grad der Skalierung in der Anzahl der persönlichen Kontakte, die ein Mensch überblicken und organisieren kann, seine natürliche Limitierung.

Aus empirischen Erkenntnissen gibt es beispielsweise den Wert, dass ein Mensch maximal 150 persönliche Kontakte organisieren, im Überblick behalten und pflegen kann. Darin sind die privaten Kontakte zu Freunden und der Familie bereits enthalten. Wenn man derartige Richtwerte ignoriert, leidet die Qualität der Kollaboration und Kommunikation.

Beim Design einzelner Teams, der jeweiligen Anzahl an Teammitgliedern und Kontakten innerhalb und außerhalb der Organisation sollte daher auf dieses Größenverhältnis geachtet werden. Wenn die Intensität und die Qualität der Zusammenarbeit und des interdisziplinären Austauschs relevante Dimension der Organisation sind, um der Zielsetzung und dem zugrunde liegenden Sinn und angestrebten Zweck zu entsprechen, empfiehlt sich eine kontinuierliche Beobachtung der Kollaborationssituation.

Da erweist sich das Design des laCoCa-Modells als vorteilhaft und nützlich, denn die Verantwortlichen der Rolle C haben genau hierauf ein Auge und tauschen sich über die sechs Boards organisationsweit aus und können notwendige Anpassungen anstoßen.

17.6.3 Aktive Kollaboration in Projekträumen

Die sechs Boards werden entweder physisch an Wänden angebracht, um die persönliche Zusammenarbeit und den direkten Dialog aller Teammitglieder zu unterstützen, oder in digitaler Form in IT-gestützten Tools wie Jira, Trello (Bild 17.19), Wekan oder ähnlichen Lösungen abgebildet.

Dabei ist die physische Form der digitalen vorzuziehen, da nur mit dieser eine persönliche und aktive Interaktion der Teammitglieder sichergestellt werden kann. Physische Boards eignen

Physisch in einem Projektraum angebrachtes Kanban Board

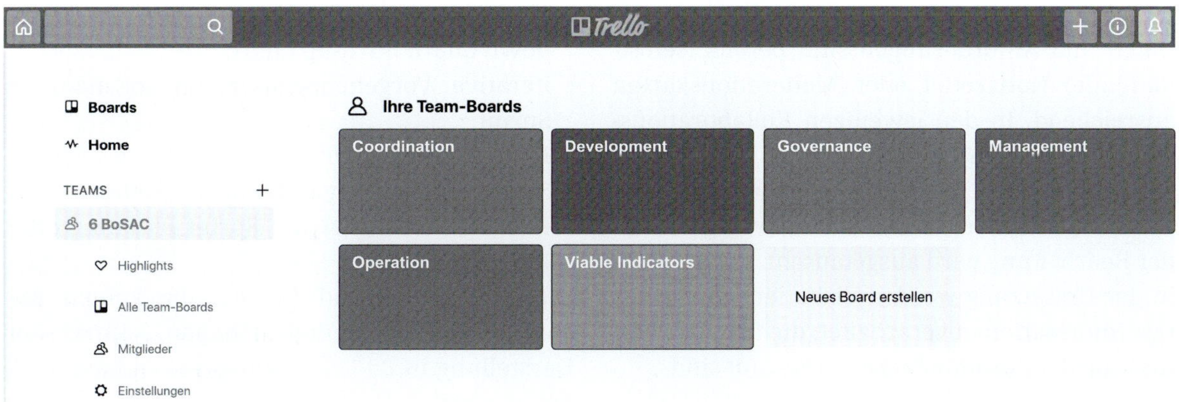

Bild 17.19
6-BoSAKs in Trello

sich als Grundstruktur in sogenannten Obeyas, wie Arbeitsräume für die direkte Kollaboration aus dem Umfeld der Lean-Management-Methoden genannt werden. Diese Räume sind auch unter Begriffen wie Projektraum oder War Room bekannt. In den Anfängen der Kybernetik wurden diese Räume von Stafford Beer im Rahmen des Cybersyn-Vorhabens in Chile Opsroom genannt. Auch der Begriff des Cyber Rooms ist passend, wenn man die kybernetische Grundlage des laCoCa-Modells und seine miteinander vernetzende Wirkung betonen möchte.

Die Boards können an den Wänden derartiger Kollaborationsräume entweder aufgemalt oder einfach mit Klebeband angebracht werden.

Für die Beschreibung und Bearbeitung von Daten und Anforderungen sind bereits (selbsthaftende) Notizzettel oder Moderationskarten ausreichend. In den jeweiligen Kollaborationsterminen werden die bestehenden Notizen von den anwesenden Teammitgliedern und Teilnehmern inhaltlich besprochen, der jeweilige Status der Bearbeitung wird ausgetauscht, Hindernisse in der Umsetzung werden diskutiert oder sonstige Informationen verarbeitet, die für die Organisation der Zusammenarbeit relevant sind.

17.7 CyberScrum – Scrum à la laCoCa

Das Vorgehensmodell oder die Methode Scrum kann, vereinfacht gesagt, in die folgenden Bestandteile aufgeteilt werden. Hierbei konzentrieren wir uns auf die Definition der ursprünglichen Version von Scrum und nicht auf die Weiterentwicklungen wie SAFe, LeSS oder andere.

- Rollenmodell bestehend aus Scrum Master, Product Owner und Development Team,
- Ergebnistypen wie Product Backlog, Sprit Backlog, Potentially Shippable Increment (of a Product), User Story, Definition of Done etc.,
- VI (dynamische Kennzahlen) wie das Burndown Chart, Burn-up Chart,
- iterative Vorgehensphasen im sogenannten Sprint,
- Kommunikationsrituale wie Daily Scrum, Sprint Retrospective oder Sprint Review,
- Kooperationsmittel wie Sprint Planning oder Planning Poker.

Diese Elemente und Inhalte, die keinen Anspruch auf Vollständigkeit haben, können der Darstellung in Bild 17.20 entsprechend zugeordnet werden.

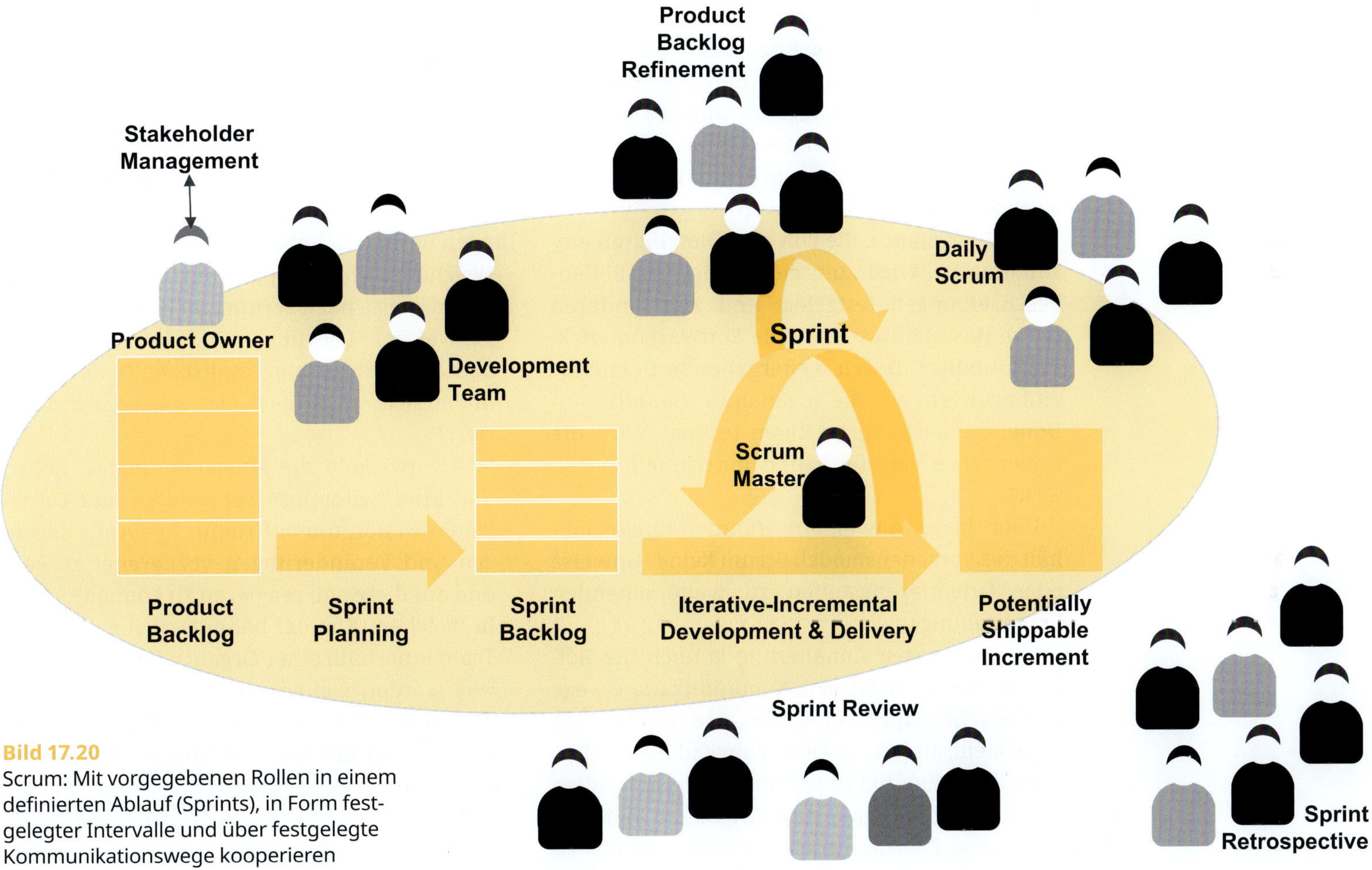

Bild 17.20
Scrum: Mit vorgegebenen Rollen in einem definierten Ablauf (Sprints), in Form festgelegter Intervalle und über festgelegte Kommunikationswege kooperieren

Das ist für die rein operative Sichtweise zur Entwicklung, Verfeinerung und Umsetzung fachlicher Anforderungen, den sogenannten User Stories, auch angemessen und ausreichend. Diese User Stories sollen im Rahmen eines Entwicklungsprojekts durch ein Sprint Team in eine Softwarelösung überführt werden.

Die Governance, die von allen Beteiligten einzuhalten ist, wird zum einen über die Rollenbeschreibungen festgelegt und zum anderen durch das Manifest für agile Softwareentwicklung fundiert. Durch weitergehende Detailvereinbarungen, wie die sogenannte Definition of Done, die jedes Sprint Team festlegt, wird die Governance verfeinert und individuell erweitert.

Über diesen Anwendungsrahmen hinaus enthält das Vorgehensmodell Scrum keine Hinweise oder Orientierungshilfen zu weitergehenden Fragestellungen.

In einer ersten Annäherung können die Rollen, Kooperationsformen, Kommunikationswege und Ergebnistypen von Scrum, wie in Bild 17.21 dargestellt, als laCoCa-Modell abgebildet werden. Betrachtet man die in Scrum definierten Rollen als einem agilen Team zugehörig, dann kann die qualitative Zuordnung zu den Systemen des laCoCa-Modells erfolgen. Bild 17.22 stellt diese Verbindung dar.

Auf diesem Niveau haben wir eine Überführung der Scrum-Nomenklatur in die des laCoCa-Modells erreicht. Allerdings ist diese aus Sicht des laCoCa-Modells nicht vollständig und auch nicht ausreichend, da die folgenden Fragestellungen noch unbeantwortet bleiben.

- Welche Geschäftsfähigkeiten sind in der Vorgehensweise nach Scrum enthalten?
- In welcher Leistungs- und Lieferbeziehung bzw. in welcher homöostatischen Dynamik befindet sich ein Projekt, das nach Scrum operiert?
- Wie entwickeln die einzelnen Teams, Rollen und Mitarbeiter ihre Fähigkeiten und Fertigkeiten weiter, um auf zukünftige Anforderungen und Veränderungen vorbereitet zu sein und auf diese agil reagieren zu können?
- In welchem Kontext befindet sich ein Scrum-Team innerhalb einer Organisation?
- Wie werden weitergehende Teams, die nach dem gleichen Modell arbeiten, aufgebaut und miteinander in ein Kooperationsverhältnis gebracht (Stichwort Skalierung)?
- Wie sieht die Strategie aus, nach der die Teams zukünftig vorgehen wollen, um den absehba-

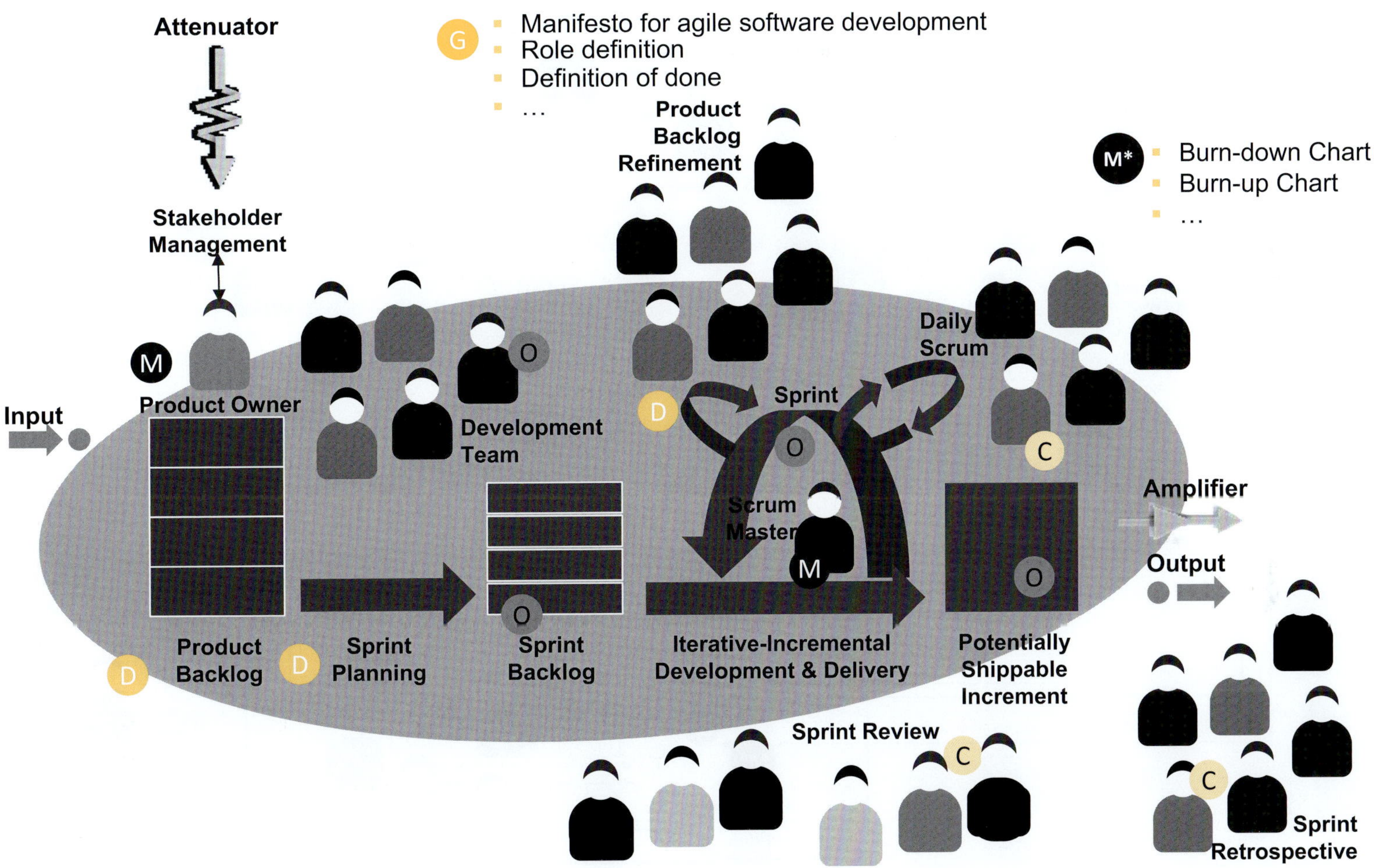

Bild 17.21 Rollen, Kooperationsformen, Kommunikationswege und Ergebnistypen von Scrum als laCoCa-Modell

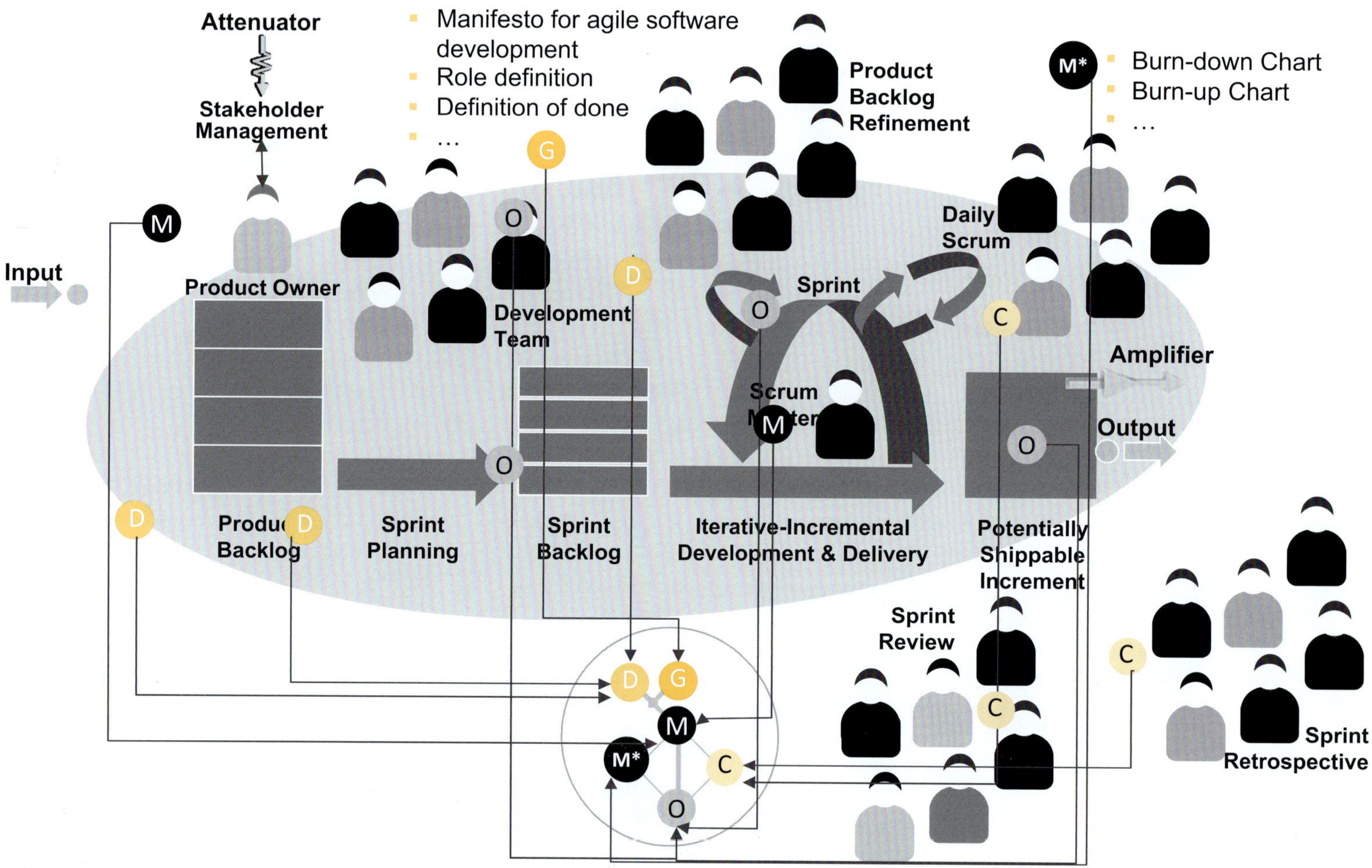

Bild 17.22 Qualitative Zuordnung von Scrum zu den Systemen des IaCoCa-Modells

ren oder angestrebten Veränderungen zu entsprechen?
- ...

Diese Fragen stellen einen Auszug der Themenfelder dar, die von der initialen Konzeption von Scrum nicht beantwortet werden können und ursprünglich auch nicht berücksichtigt wurden. Das ist nachvollziehbar, da die geistigen Mütter und Väter von Scrum ausschließlich eine Lösung für die Kernfrage entwickeln wollten, wie die Softwareentwicklung an sich agiler durchgeführt werden kann. Und diese Frage wurde ausgesprochen wirksam beantwortet, wenn man sich die Anzahl der mit diesem Vorgehensmodell umgesetzten Softwareentwicklungsprojekte ansieht.

Sollen aber die vorgenannten Themengebiete behandelt werden und soll die Integration von Scrum-Teams in den Kontext eines Unternehmens erfolgen, müssen wir, nach der Dekomposition des ursprünglichen Vorgehensmodells und dem Design nach dem laCoCa-Modell, noch weitere Transformationen durchführen.

Versuchen wir, die ersten vier Fragen zu beantworten:
- Welche Geschäftsfähigkeiten sind in Scrum enthalten?
- Dynamik der Homöostase?
- Agile Weiterentwicklung der Teams?
- Kontext der Organisation?

Generell konzentriert sich Scrum auf zwei Perspektiven.
- Die kontinuierliche Entwicklung fachlicher Anforderungen (funktionaler wie auch nicht funktionaler Qualität) in Form von User Stories.
- Die iterative Realisierung von Softwarelösungen bzw. Softwareprodukten, die in kontinuierlich wachsendem Funktionsumfang genutzt oder ausgeliefert werden können.

Teilt man diese beiden Perspektiven in eigenständige, aber miteinander eng kooperierende Geschäftsfähigkeiten auf, ist folgende Weiterentwicklungsstufe möglich.

Zur Veranschaulichung nennen wir die beiden Geschäftsfähigkeiten »Produkt > Design« und »Produkt > Realisierung« (Bild 17.23). Aus der Nomenklatur ist abzulesen, dass es sich dabei um zwei Geschäftsfähigkeiten der fachlichen Domäne »Produkt« handelt.

Beide stehen in einer direkten homöostatischen Dynamik zueinander, da die Anforderungen aus der Geschäftsfähigkeit »Produkt > Design« direkte Auswirkungen auf die Arbeits-

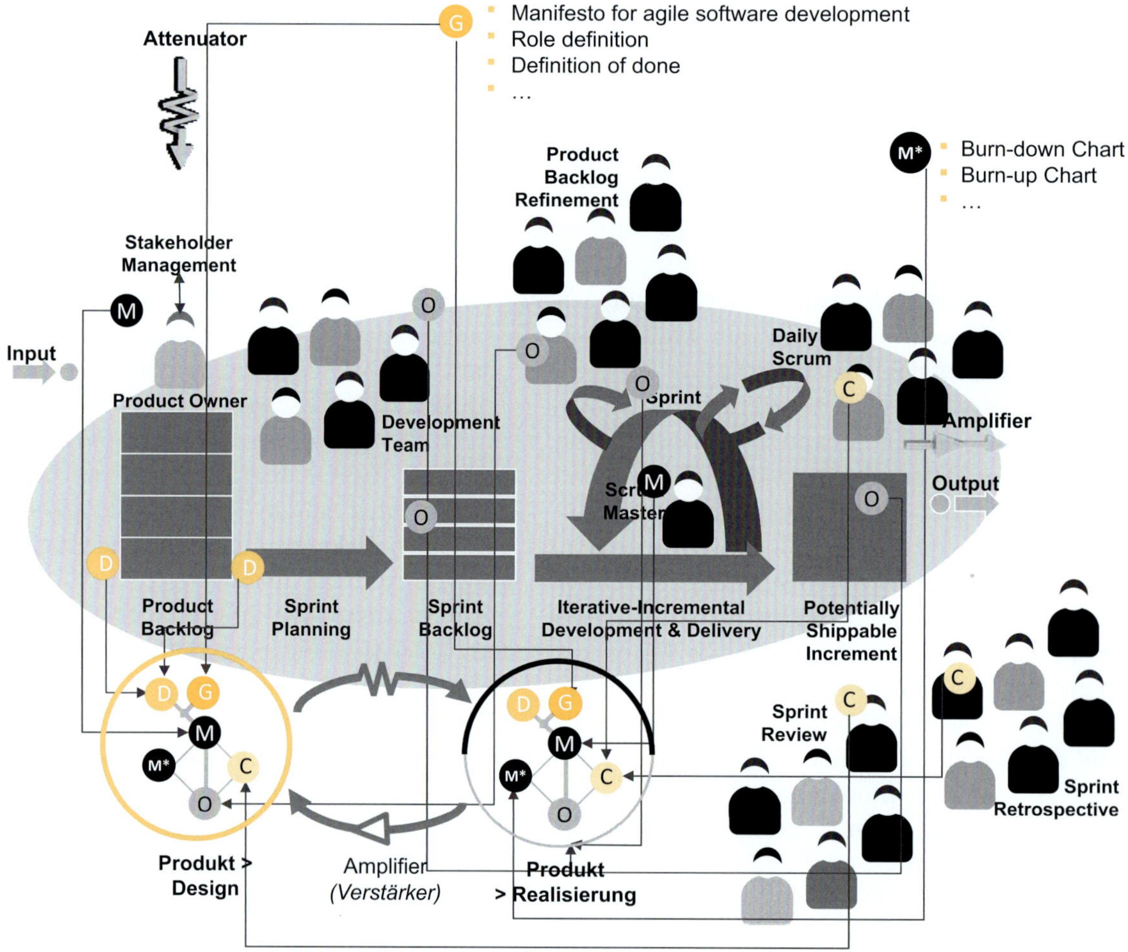

Bild 17.23
Scrum mit Weiterentwicklung

abläufe und -inhalte der Geschäftsfähigkeit »Produkt > Realisierung« aufweisen. Umgekehrt wirken die Arbeitsergebnisse der Geschäftsfähigkeit »Produkt > Realisierung« wiederum direkt auf die erste Geschäftsfähigkeit zurück.

Beide stehen, wie es in Scrum vorgesehen ist, in einer direkten Wechselwirkung (Homöostase) zueinander. Die inkrementellen Realisierungsergebnisse, in Scrum PRI (Potentially Releasable Increment) oder MVP (Minimum Viable Product) genannt, aus »Produkt > Realisierung« werden den beteiligten Mitarbeitern der Teams aus »Produkt > Design« nach Abschluss eines Sprints im Rahmen eines Sprint Review Meeting vorgestellt. Diese bestätigen die vorgestellten MVPs, oder identifizierte Änderungen werden als neue User Stories formuliert und dem Backlog hinzugefügt.

Durch diese konkretere Ausarbeitung der Interaktion zwischen den beiden Geschäftsfähigkeiten und damit auch implizit der Mitarbeiter, die in den jeweiligen Teams für die definierten Rollen verantwortlich sind, hat sich die Qualität der ursprünglichen, qualitativen Zuordnung verändert.

So hatte in unserer initialen Zuordnung der Elemente und Rollen aus Scrum der Kooperationsschritt »Product Backlog Refinement« die Qualität Development **D**. Dies rührt daher, dass die Verfeinerung von Anforderungen an das zu realisierende Softwareprodukt auf eine zukünftige Ausrichtung fokussiert ist.

Durch den Perspektivwechsel hat dieser Kooperationsschritt die Qualität Operations O erhalten. Aus der Sicht der Geschäftsfähigkeit »Produkt > Design« ist die Verfeinerung des Product Backlog eine operative Tätigkeit.

Für die vollständige Definition eines Homöostaten müssen wir noch die Einflussfaktoren der Umwelt mit einbeziehen. Diese werden von der Geschäftsfähigkeit »Produkt > Design« analysiert und bewertet. Daraus ergeben sich diejenigen Anforderungen, die in Form der besagten User Stories an »Produkt > Realisierung« übergeben werden.

Die Arbeitsergebnisse dieser wirken wiederum auf die Umwelt, und deren Reaktion auf das MVP wird von »Produkt > Design« erneut analysiert, ausgewertet und nötigenfalls in neuen Anforderungen verwertet.

Der komplette Homöostat kann wie in Bild 17.24 dargestellt werden.

Durch die Aufteilung in zwei kooperierende Geschäftsfähigkeiten und die vollständige Einbindung der Systeme des laCoCa-Modells ist es

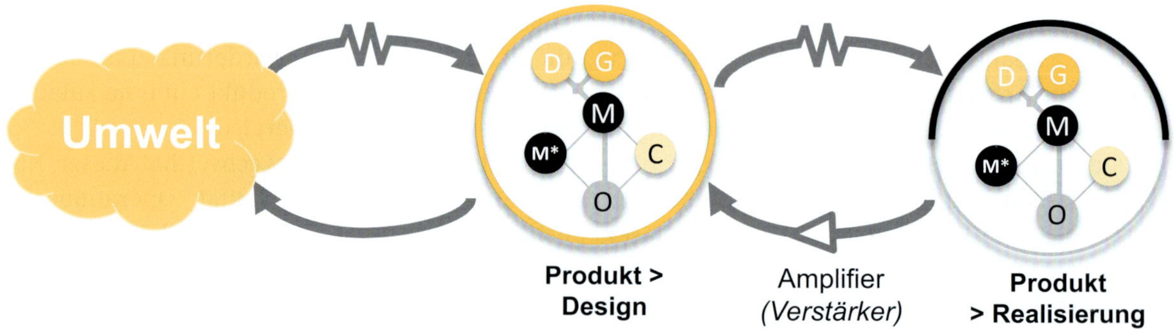

Bild 17.24
Homöostat unter Einbezug der Umwelt

jetzt auch möglich, unter anderem für deren individuelle Weiterentwicklung zu sorgen.

So kann jetzt, was in Scrum nicht vorgesehen ist, die Weiterentwicklung von Fähigkeiten und Fertigkeiten der Mitarbeiter, die Definition dynamischer Strategien, die Konfiguration agiler Organisationsstrukturen etc. einer Geschäftsfähigkeit und der darin definierten Rollen durchgeführt werden. Diese Aspekte enthält Scrum in seiner Reinform nicht. Diese Ergänzung stellen zwei wesentliche Aspekte sicher.

An der Nutzung und der Ausrichtung von Scrum wurde nichts verändert. Damit entsprechen wir einem wichtigen Anspruch der Entwickler von Scrum. Diese haben die Aussage geprägt, dass etwas in einer Organisation falsch läuft, wenn man an Scrum und den zugrunde liegenden Prinzipien und dem Modell selbst Veränderungen vornimmt. Diese Aussage nehmen wir absolut ernst und respektieren die Sichtweise. Wir nutzen Scrum weiterhin und unverändert, wofür das Vorgehensmodell im Kern seiner Spezialisierung entwickelt wurde und sich tausendfach bewährt hat.

Unsere Ergänzungen erlauben es zusätzlich zu dieser Spezialisierung, die wertvollen Vorteile und Möglichkeiten von Scrum in den Kontext einer agilen Organisation einzubinden und die individuellen Fähigkeiten und Schwerpunkte auf zukünftige Notwendigkeiten und Einflüsse vorzubereiten und auszurichten.

Womit wir zu der Fragestellung der Einbindung in den Kontext einer agilen Organisation kommen, die wir im vorhergehenden Kapitel aufgeworfen haben.

Innerhalb eines Unternehmens werden Scrum-Teams nicht isoliert und ohne eine Interaktionsbeziehung zu ihrem direkten und indirekten Umfeld aufgebaut und genutzt. Wäre das der Fall, so würden wir uns in einer Laborsituation befinden. In der Realität einer agilen Organisation kooperiert ein Scrum-Team mit weiteren Teams und nutzt die von ihnen beigetragenen Geschäftsfähigkeiten. Beispielsweise sind darunter das IT-Architekturmanagement, die Unternehmensentwicklung, die Finanzplanung oder das Personalmanagement zu finden. Diese und viele weitere Geschäftsfähigkeiten nutzt ein Scrum-Team direkt oder indirekt, um seine eigene Leistung erbringen zu können.

Durch das Hinzufügen weiterer homöostatischer Dynamiken kann das unmittelbare und mittelbare Kooperationsumfeld definiert und dargestellt werden. In Bild 17.25 haben wir die Geschäftsfähigkeiten »Unternehmen > Dyn. Strategieentwicklung« und »IT-Architektur > Design« exemplarisch hinzugefügt.

In Bild 17.25 sind drei Informationen erkennbar.

- Welche Geschäftsfähigkeit wirkt auf eine andere ein und in welchem Verhältnis stehen diese zueinander.
- Welche Geschäftsfähigkeiten bilden einen Homöostaten und nehmen damit Einfluss auf die Umwelt bzw. reagieren auf Umwelteinflüsse.
- An welcher Stelle der Organisation kann über Rekursionen eine Skalierung der Leistungskapazität erfolgen und in welcher Form ist das nötig.

Mit dem letzten Aufzählungspunkt haben wir auch die Fragestellung der Skalierung von Scrum-Teams beantwortet. Da Rekursionen ein grundlegendes Designelement des laCoCa-Modells darstellen, ist die Erweiterung einer agilen Organisation um weitergehende Kapazitäten oder zusätzliche Geschäftsfähigkeiten selbstverständlich.

Sollten Sie die praktische Anwendung des laCoCa-Modells und der laCoCa-Methode üben wollen, wäre die Transformation der eingangs zu diesem Kapitel erwähnten Vorgehensmodelle SAFe oder LeSS interessant. Beide versuchen, Scrum explizit die Fähigkeit der Skalierung in einem übergreifenden Kontext hinzuzufügen. Das aktuelle Resultat bei diesen, aber auch allen anderen Veröffentlichungen ist allerdings ein bürokratischer Überbau. Der eigentliche Vorteil von

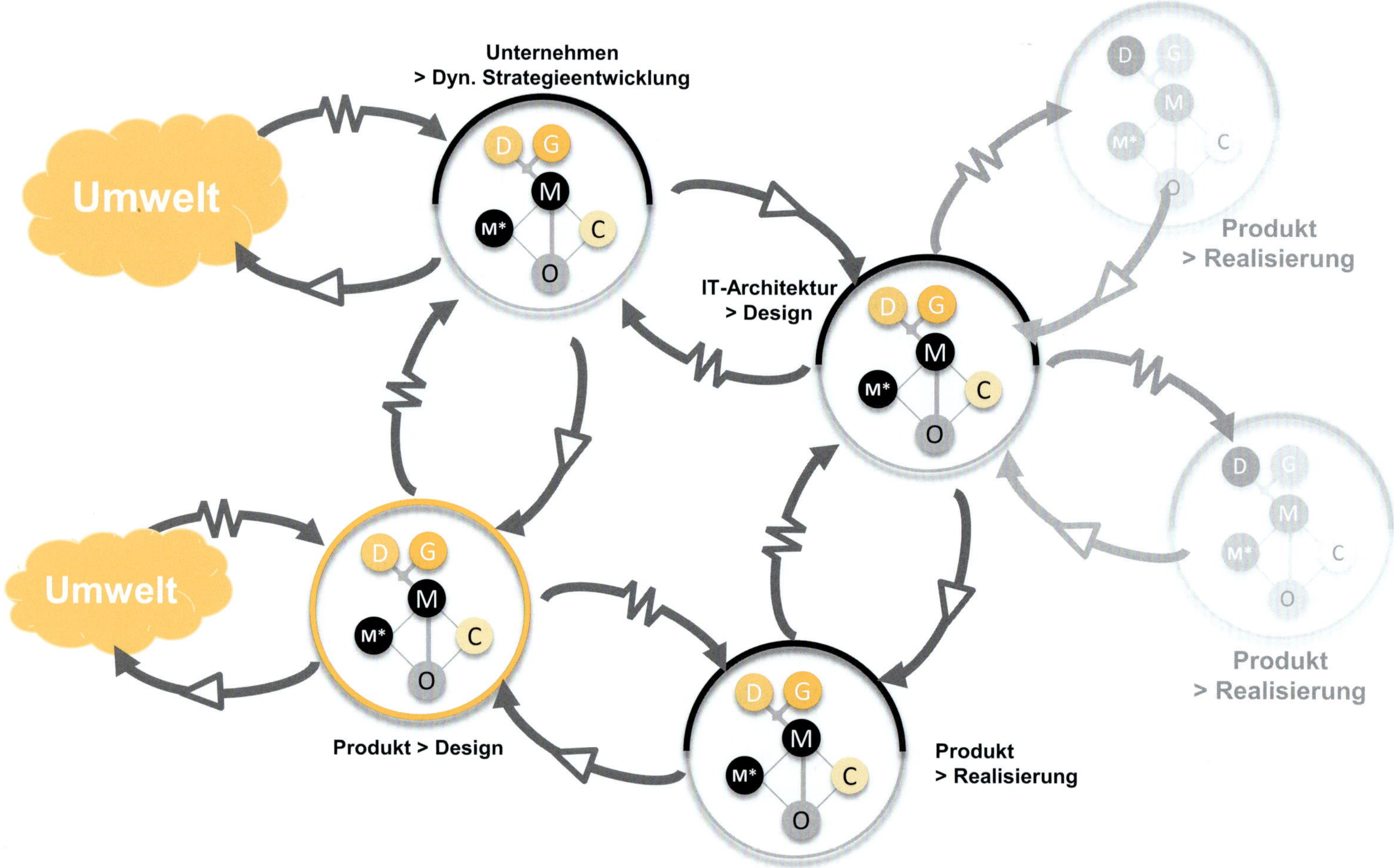

Bild 17.25 Homöostatische Dynamik

Scrum, agil und in direkter Kooperation mit den Nutzern der zukünftigen Software arbeiten zu können, ist darüber in den Hintergrund getreten oder sogar verloren gegangen.

Vielleicht ist es ja möglich, über das laCoCa-Modell und die laCoCa-Methode zu den Ursprüngen von Scrum zurückzufinden und diese ausgesprochen wirkungsvolle Kooperationsform zu skalieren und darüber in großen Organisationen zu integrieren.

TEIL 4

Konkrete Anwendung und angrenzende Themen

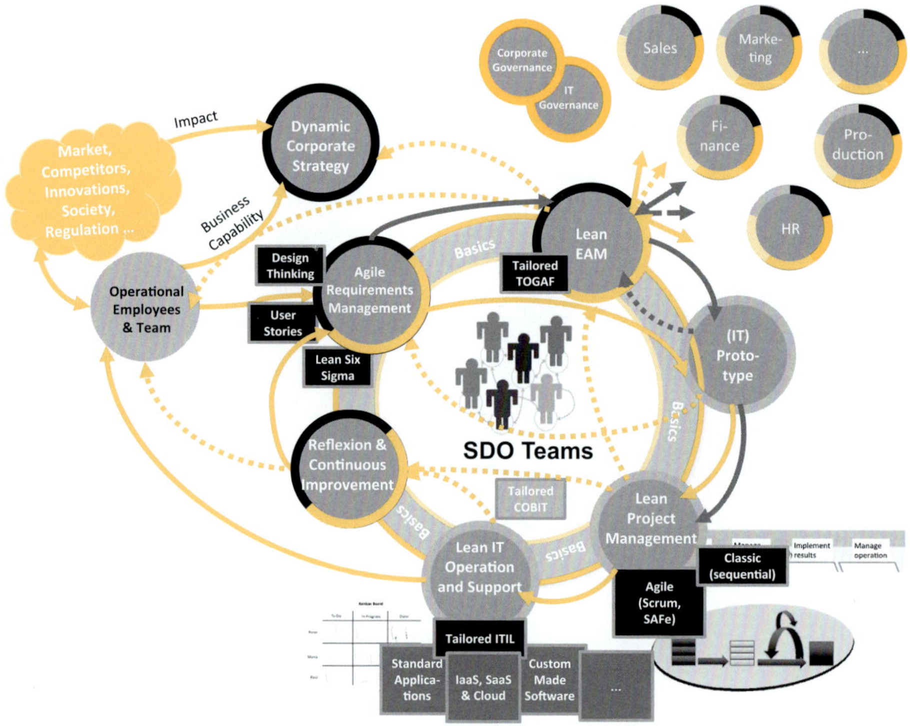

Dieser Teil des Buches enthält eine knappe Einführung in die beispielhafte Struktur einer auf den Inhalten des laCoCa-Modells aufgebauten, agilen IT-Organisation innerhalb eines Unternehmens. Im Anschluss an das Beispiel erfolgt ein Exkurs zu angrenzenden Themen, die wichtig sind, aber im Rahmen dieses Buches nicht behandelt werden konnten. Daher sollten diese Themen zumindest im Überblick dargestellt werden.

Das dargestellte Beispiel ist keine Blaupause und dient nicht als Best Practice, die für eine Anwendung in genau dieser Form für jedes Unternehmen geeignet ist. Das Beispiel dient lediglich zur Veranschaulichung, in welcher Art und Weise die vorgestellten Grundlagen und Vorgehensweisen zur Entwicklung einer agilen Organisationsstruktur angewendet werden können. Je nach Unternehmenskontext, Unternehmenskultur und Reifegrad der Nutzung agiler Arbeitsformen wird das jeweilige Design unterschiedlich ausfallen.

Der Streit um die wirksamste und beste Form der Organisation von Teams und des Managements von Unternehmen und ihrer IT ist in vollem Gange. An mancher Stelle erinnert die Diskussion der Anhänger von Kanban oder Scrum, den Verfechtern selbstorganisierter Teams mit den Anhängern hierarchisch durchstrukturierter Berichtslinien, an einen dogmatischen Disput von Experten über das beste Betriebssystem, die einzig wahre Programmiersprache oder den besten Fußballverein.

Derartige Diskussionen wirken antiquiert, sind vor allem aber Ausdruck einer intensiven Suche nach einer neuen Form der Unternehmenssteuerung.

Entwicklungen wie Management 3.0 oder Design Thinking zeigen, dass Selbstverantwortung, Selbstorganisation und die Integration der Intelligenz und Kreativität vieler – wie durch Crowdsourcing und Crowdthinking praktiziert – die klassischen, hierarchisch-sequenziellen Organisations- und Kommunikationsformen verdrängen. Dies trifft vor allem für IT-nahe Arbeitsumfelder zu.

Produktivität, Wirksamkeit und Zufriedenheit der Beteiligten sind hier messbar besser als auf traditionellem Wege erreichbar. Allerdings sind die Anforderungen an Manager und Mitarbeiter ungleich höher als in einer stärker hierarchischen Welt. Kommunikationsfähigkeit und Überzeugungskraft sind bei Managern und Mitarbeitern weitaus erfolgskritischere Faktoren geworden, wie auch die Bereitschaft zur Übernahme von Verantwortung.

Die Anforderungen an die eigene Disziplin steigen, da die »modernen« Arbeitsformen und -methoden die ungeschminkte Sichtbarkeit der Leistungsfähigkeit von Teams und einzelnen Mitgliedern mit sich bringen. Hier kann ein willkürlicher, unstrukturierter und ungesteuerter Einsatz agiler Arbeitsweisen zu kritischen Konflikten und Stresssituationen bei den beteiligten Mitarbeitern führen, die Manager dringend vermeiden müssen.

Die laCoCa-Methode eröffnet einen Weg aus der Kakofonie neuer Trends und Methoden und hilft dabei, die für das jeweilige Unternehmen und seinen Kontext richtigen herauszufiltern und in einen wirkungsvollen und ergebnisorientierten Zusammenhang zu bringen.

Das hier zusammengestellte Beispiel erläutert, wie ein derartiger Kontext für den IT-Bereich eines Unternehmens ausgestaltet werden kann.

18

laCoCa @ IT: Anwendungsbeispiel aus der IT

Wie man es dreht oder wendet, der Ausgangspunkt aller Aktionen und Projekte ist die Anforderung. Diese wirkt aus vielfältigen Richtungen und Gründen auf ein Unternehmen ein.

Grob zu unterscheiden sind zwei grundsätzliche Kategorien (Bild 18.1): Externe Faktoren, also Anforderungen des Marktes, der Kunden oder der Gesetzgeber und des Wettbewerbs. Dies sind Faktoren, auf die ein Unternehmen keinen Einfluss nehmen kann, sondern auf die es sich einstellen und auf die es handeln muss, um weiter zu bestehen. Interne Faktoren dagegen können durch das Unternehmen selbst direkt beeinflusst werden. Belegschaft, interne Prozesse und Geschäftsfähigkeiten oder auch Partnerunternehmen stellen solche interne Faktoren dar. Alle Faktoren gehen idealerweise in die Entwicklung der Unternehmensstrategie ein.

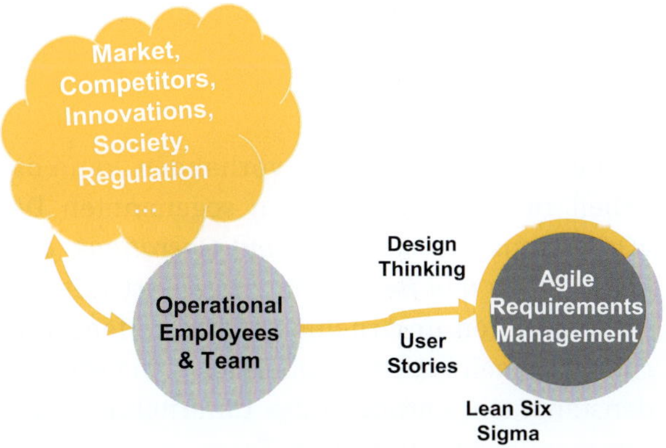

Bild 18.1 Interne und externe Anforderungen

Üblicherweise wird, ausgehend von dieser Unternehmensstrategie, die IT-Strategie entwickelt. Damit die IT-Landschaft einer Firma nicht zum Selbstzweck wird und die individuellen Interessen einzelner Bereiche oder Personengruppen unterstützt werden, sondern der Umsetzung der Unternehmensziele nützt. Da die digitale Revolution die IT in das Zentrum der Unternehmensentwicklung gerückt hat, sollte keinerlei eigenständige IT-Strategie mehr entwickelt werden. Vielmehr ist es notwendig, die Entwicklung der IT zum integralen Bestandteil der Unternehmensstrategie zu machen (Bild 18.2).

Strategie oder Chaos

Dass es Strategien überhaupt gibt und diese auch als Arbeitsgrundlage den Alltag im Unternehmen ausrichten, ist in vielen Unternehmen immer noch nicht selbstverständlich. Und selbst wenn es sie gibt, wird deswegen nicht darauf geachtet, dass alle Aktivitäten im Unternehmen einen Bezug zu ihnen haben. Doch gerade für Firmen, die darauf abzielen, agiler, »leaner« und

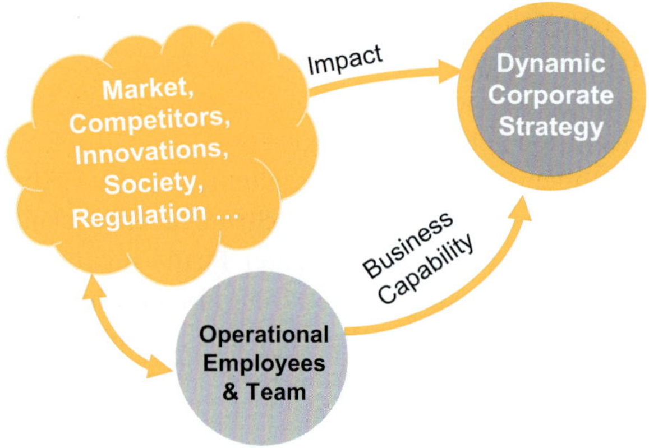

Bild 18.2 Dynamische Strategieentwicklung

selbstorganisierter zu arbeiten, ist eine Unternehmensstrategie und idealerweise noch eine auf Strategiemuster aufbauende dynamische Version dieser überlebensnotwendig.

Diese Strategie des Unternehmens sollte allen Mitarbeitern als Kompass dienen, damit nachvollziehbar definiert und verständlich ist, welchen Zielzustand alle selbstverantworteten Arbeiten erreichen müssen und was für das Unternehmen wichtig ist.

Ohne diese Orientierungshilfe ist jedes Projekt genauso richtig und nötig, wie es gleichzeitig falsch und »Muda« (japanisch für *Verschwendung*) ist. In voller Pracht wird dieser Zustand auch Chaos genannt.

Dann lieber hierarchiegetrieben weiterarbeiten, anstatt lean und agile ein Unternehmen in den Konkurs zu treiben.

Das Potenzial konsequenter SDO-Teams

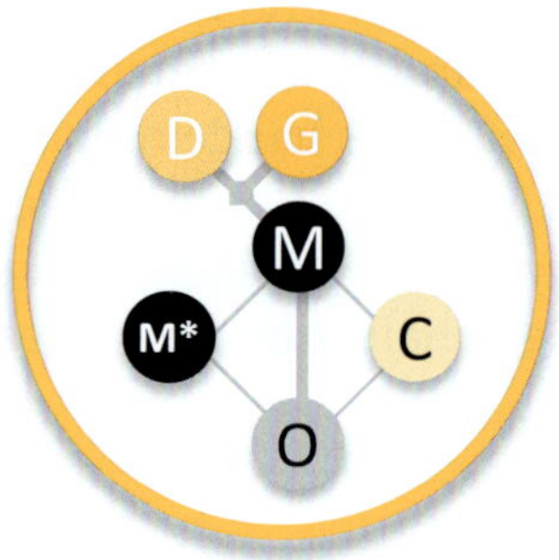

Ist die nötige Orientierung vorhanden, kann die Arbeit in agilen Teams, den sogenannten DevOps-Teams (*Development and Operations*, also *Entwicklung und Betrieb*) durchgeführt werden. Diese arbeiten unternehmensübergreifend und sind personell interdisziplinär aus den verschiedensten Fachrichtungen des Unternehmens zusammengesetzt. Derartige Teams weisen eine wesentliche Schwachstelle auf, auf die in der Praxis geachtet werden muss.

DevOps-Teams werden in der aktuellen Anwendung ohne einen zwingenden Bezug zur Strategie des Unternehmens potenziell aufgebaut und eingesetzt. Dieser Zustand wird allgemein als unkritisch angesehen, da die Arbeit in interdisziplinären Teams an sich bereits eine wesentliche Verbesserung der Kooperation zwischen den Fachbereichen einer Organisation darstellt.

Wie aber wird sichergestellt, dass ein Arbeitsergebnis eines solchen Teams einen Abnehmer findet oder das Erreichen eines Unternehmensziels sichert? Damit aus DevOps-Ergebnissen nicht »*solution looking for a problem*« wird, muss bei der Initialisierung und Beauftragung übergreifender Kooperation der Strategiebezug sichergestellt sein. Dies wird erreicht, indem, zusammen mit den umzusetzenden Anforderungen, festgehalten wird, welches strategische Unternehmensziel zu unterstützen ist. Anhand dynamischer Kennzahlen (VIs) kann dies im Verlauf der Arbeit des Teams nachvollzogen werden.

Wird ein derartiges DevOps-Team, das verschiedentlich auch BizDevOps-Team genannt wird, innerhalb der dynamischen Strategie geführt, können wir von einem strategischen Entwicklungsteam, kurz SDO-Team (Strategic Development Team) sprechen.

Die Perspektive eines SDO-Teams geht in dieser Definition noch wesentlich weiter als die bekannten BizDevOps-Teams, die ebenfalls mehr und mehr Beachtung und Anwendung finden (BizDevOps: Business Development and Operations).

Ein BizDevOps-Team integriert die Fachbereiche eines Unternehmens, in dem nicht nur für die Entwicklung und den Betrieb von IT-Lösungen kooperiert, sondern ein fachliches Themengebiet vollständig verantwortet wird. Es stellt damit eine noch engere operative Kooperationsform dar, als es bereits bei den DevOps-Teams der Fall ist. Was hier allerdings immer noch fehlt, ist die konsequente Ausrichtung an der Unternehmensstrategie. Diesen Aspekt betont das SDO Team durch seine Konfiguration und die Grundlage der fachlichen Prioritäten, die immer von den Zielsetzungen der Unternehmensstrategie ausgehen.

Derartige SDO-Teams sind Instanzen agiler und selbstorganisierter Teams, wie wir sie im Rahmen des laCoCa-Modells definiert haben.

Das Ende des Konzeptromans
Zur Ausgestaltung und Klärung von Anforderungen und der Entwicklung von Lösungs- und Umsetzungswegen nutzen SDO-Teams unter anderem Methoden aus dem agilen oder dem Usability-/UX-Umfeld (Bild 18.3).

Dabei stehen die tatsächlichen Bedürfnisse des Nutzers/Anwenders und seine Aufgaben sowie die Entwicklung praxisorientierter Lösungen vor der Erstellung von »Konzeptromanen«. Denn meist werden diese weder gelesen noch verstanden. Selbst bei der Durchführung öffentlicher Ausschreibungen sichert die Integration agiler Methoden, mit ihren engen Feedback-Schleifen, dass die wirklich relevanten Anforderungen in einer, für Dritte, möglichst unmissverständlichen Definition den Weg in das Lastenheft finden und nicht alle Anforderungen, die sich irgendwie beschreiben lassen.

Das Zusammenspiel der IT-Realisierung
Die Umsetzung einer fachlichen Anforderung in Funktionen einer IT-Lösung kann in zwei grundlegende Kategorien unterteilt werden.

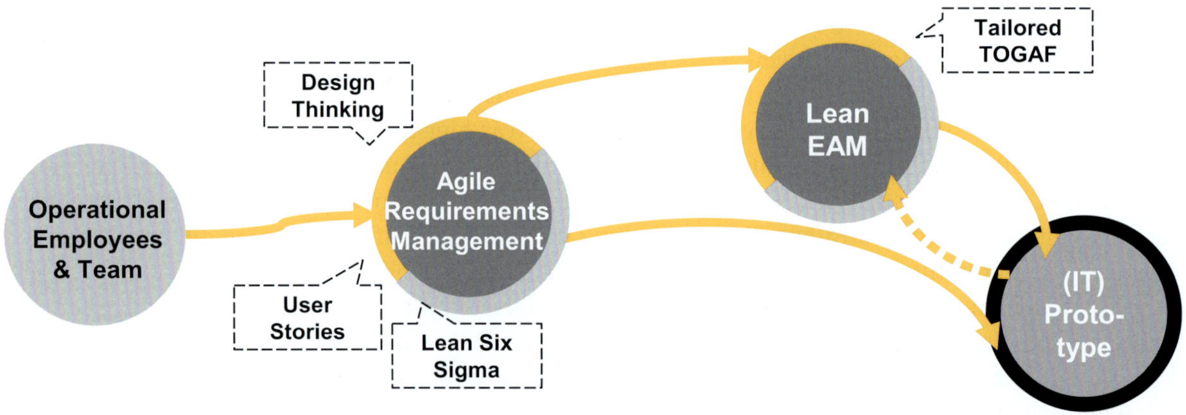

Bild 18.3
Agile Methoden nutzen

Simple Anforderungen, die keine Bebauungsrelevanz haben, werden innerhalb des SDO-Teams direkt in die Realisierung übernommen. Für diese ist auch die Erstellung von Prototypen gegebenenfalls nicht notwendig. Als bebauungsrelevant sind Anforderungen zu verstehen, deren fachliche und technische Umsetzung die Bearbeitung durch einen mit der Architektur der IT-Landschaft des Unternehmens vertrauten Experten erfordert. Die technische Umsetzung ist bei diesen Anforderungen nicht offensichtlich.

Komplexe Anforderungen hingegen, die aus der Sicht des EAM (Enterprise Architecture Management) eventuell über verschiede Lösungswege Einzug in die Unternehmens- und IT-Architektur finden können, müssen nötigenfalls in intensiven Bebauungsszenarien bearbeitet und durch mehrere Prototypen, hinsichtlich eines angemessenen Umsetzungswegs, geprüft werden (Bild 18.4).

Um auch während der Umsetzungsphase flexibel und für neue Entwicklungen handlungsfähig zu bleiben, wird das Projekt zur Realisierung der IT-Lösung agil, z. B. nach Scrum oder SAFe, durchgeführt. Es wird jedoch nicht eine dieser spezifischen Methoden agiler Softwareentwicklung für die Strukturierung und Organisation des gesamten IT-Bereichs und aller in dieser Rekursionsstufe konfigurierten Teams eingesetzt.

Operations und Support – so intensiv wie nötig

Die Realisierungsergebnisse aus agilen Projekten werden den späteren Anwendern kontinuierlich zur Verfügung gestellt. Dies bedeutet, dass der IT-Betriebsbereich Teil der SDO-Teams ist und auch mit einem Continuous-Delivery-Vorgehen (Sammlung von Techniken, Prozessen und Werkzeugen, die den Softwareauslieferungsprozess verbessern) umgehen können muss. Hierzu ist es nützlich, sich an den ausgereiften Praktiken wie ITIL zu orientieren, diese aber in einer maßgeschneiderten (*Tailored ITIL*) Version einzusetzen. Alles in ITIL ist richtig, aber nicht alles in dieser Best Practice ist auch immer und für alle Unternehmen und Vorhaben vollständig notwendig. Nützlich ist hier, konsequent die Prinzipien des Lean Management anzuwenden (Bild 18.5) und nur jene Elemente für das Operations- und Support-Management zu nutzen, die im Kontext der eigenen IT-Landschaft und der aktuellen Unternehmenskonfiguration benötigt werden.

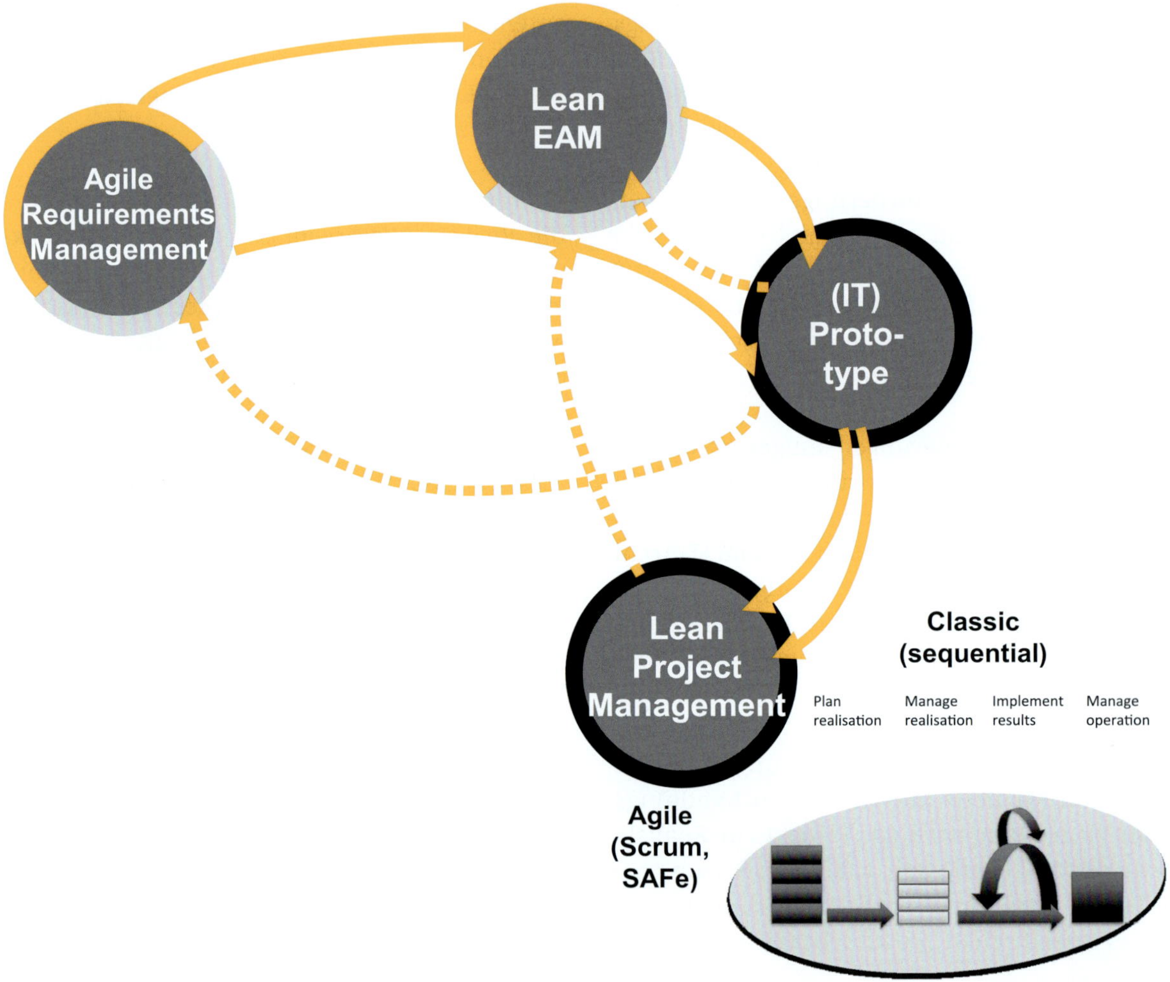

Bild 18.4
Konkreten Umsetzungsweg finden

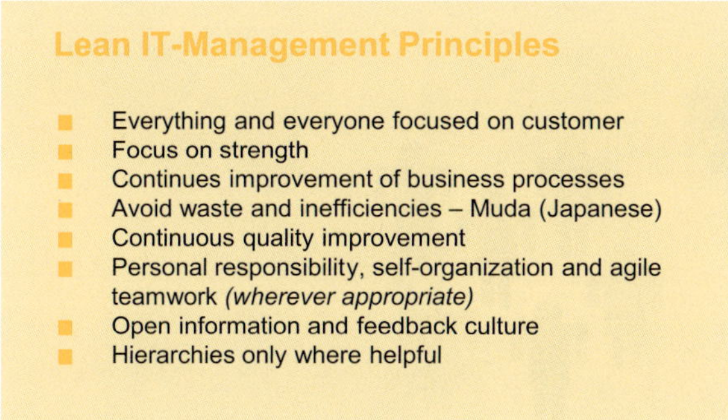

Bild 18.5 Lean-Prinzipien nutzen

Und stetig ist der Wandel

Teams, die sich an agilen und Lean-Management-Vorgehensweisen orientieren, streben danach, selbstorganisiert und effizient zu arbeiten. Um dies zu erreichen, müssen sich SDO-Teams permanent den Spiegel vorhalten und die Frage stellen, ob die erreichten Ergebnisse den Anforderungen und Bedürfnissen der Anwender und des Unternehmens gerecht werden (Bild 18.6). Wie in agilen Teams à la Scrum die Retrospektive zwingend vor einer weiteren Iteration steht, steht auch die Reflexion des Erreichten als Element der laCoCa-Methode vor der nächsten Iteration des SDO-Teams.

Hier ist eine 360-Grad-Analyse das Mittel der Wahl, um nicht nur innerhalb des eigenen Teams und des direkten Umfelds herauszufinden, welche Wirkung erreicht wurde, sondern auch bei Kunden, Anwendern und den unterschiedlichen benachbarten agilen Teams.

Bei der Reflexion geht es nicht nur um die eigene Wirksamkeit und die Professionalität der Zusammenarbeit im eigenen oder den angrenzenden Teams, sondern auch um die Qualität der Kooperation mit Personengruppen wie beispielsweise HR, Controlling und anderen Unterstützungsfunktionen, die in jedem Unternehmen notwendig sind und ebenfalls nicht einem Selbstzweck dienen, sondern im Kontext des Gesamtunternehmens operieren.

Je besser die Basis, desto effizienter das Team

Damit die Arbeit in den SDO-Teams und mit ihrem Umfeld, so reibungslos wie möglich abläuft, ist eine solide Basis entscheidend (Bild 18.7). Diese besteht aus einer Art Werkzeugkasten oder Rohstoffen, die jedes Vorhaben in einem Unternehmen benötigt, um nicht immer wieder alle Räder neu erfinden zu müssen. Zu diesen Rohstoffen gehören beispielsweise das fachliche Datenmodell und eine Data Governance, damit

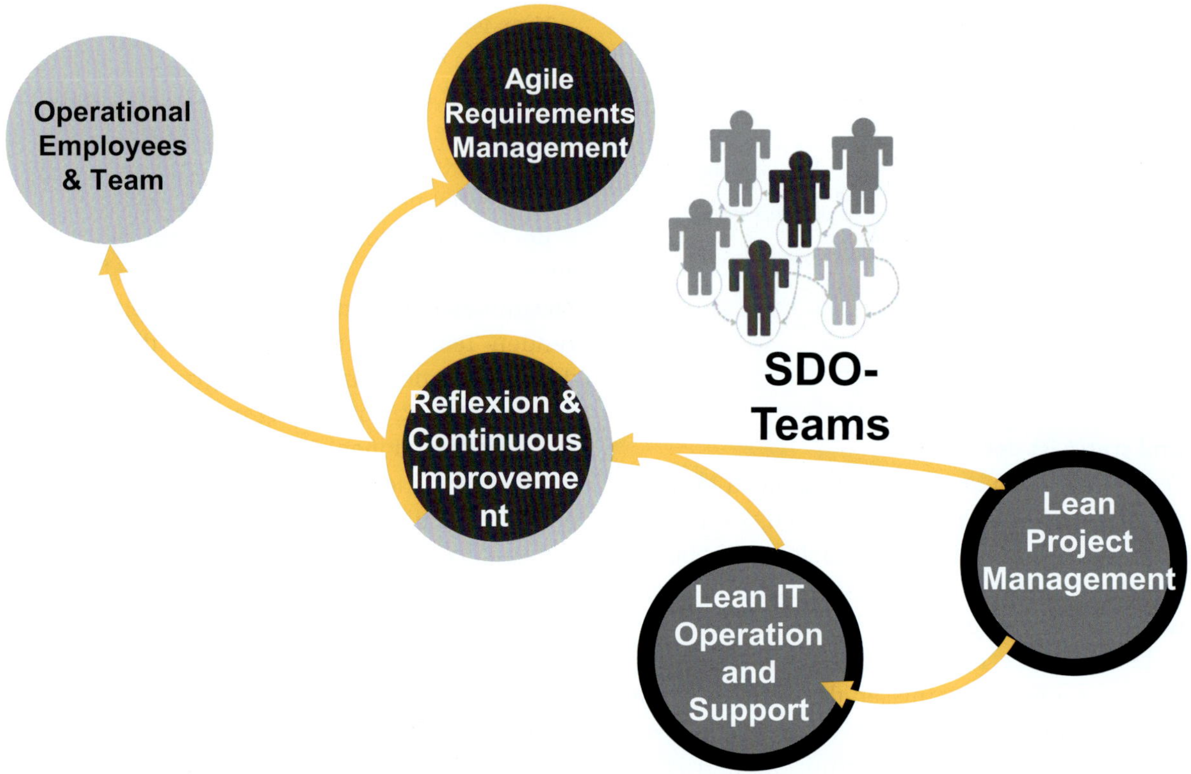

Bild 18.6
Ständige Reflexion nötig

nicht jedes Mal erneut nach Daten und den Zuständigen gesucht oder Vereinbarungen zur Datenverantwortung getroffen werden müssen. Nachfolgend die zentralen Basics:

- IT-Governance embedded in Corporate Governance
- Business Architecture (Current/Future)
- Business Domain Model

- Business Data Model
- Data Governance & Data Protection Guidelines
- Business and Support Processes
- KPIs and Maturity Models

Je lückenhafter derartige Grundlagen sind, desto kostspieliger, unvorhersehbarer und ineffizienter und frustrierender ist die Arbeit des SDO-Teams.

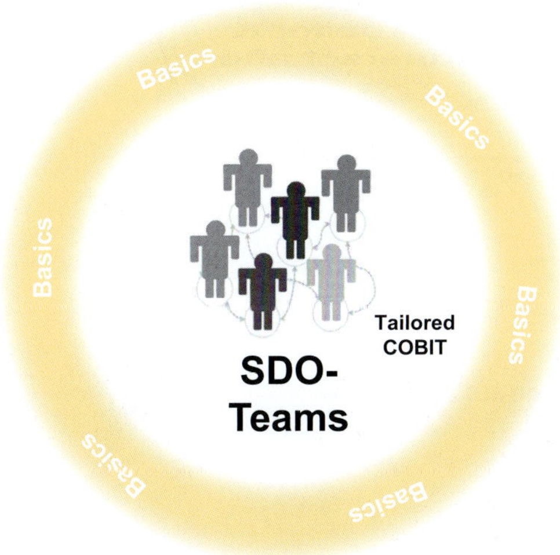

Bild 18.7 Die Basis ist entscheidend

Abbildung einer agilen und selbstorganisierten IT in zwei Ebenen

Nachdem im vorhergehenden Kapitel die einzelnen Elemente der Geschäftsfähigkeiten in einer ersten Übersicht beschrieben wurden, fehlt noch die Abbildung dieser in Form einer Organisation interdisziplinärer und agiler Teams, die den Designprinzipien des laCoCa-Modells folgen und in ihrer praktischen Arbeit die interaktiven Zyklen der laCoCa-Methode anwenden.

Bild 18.8 veranschaulicht diese Gesamtkonfiguration, in der die Geschäftsfähigkeiten der Organisation in der jeweiligen Qualität (**D**, **G**, **C**, **M**, **M*** und **O**) erkennbar sind. Zusätzlich ist die Kooperation agiler Teams als sogenanntes SDO-Team dargestellt. Über verschiedene Kommunikations- und Informationswege sind diese Teams und die von ihnen genutzten Geschäftsfähigkeiten und Prozesse miteinander verbunden.

Idealerweise sind auch alle angrenzenden Organisationsbereiche nach den Prinzipien des laCoCa-Modells konfiguriert, damit diese mit den agilen Teams des IT-Managements reibungslos kooperieren und sich in die Logik der Teams integrieren können.

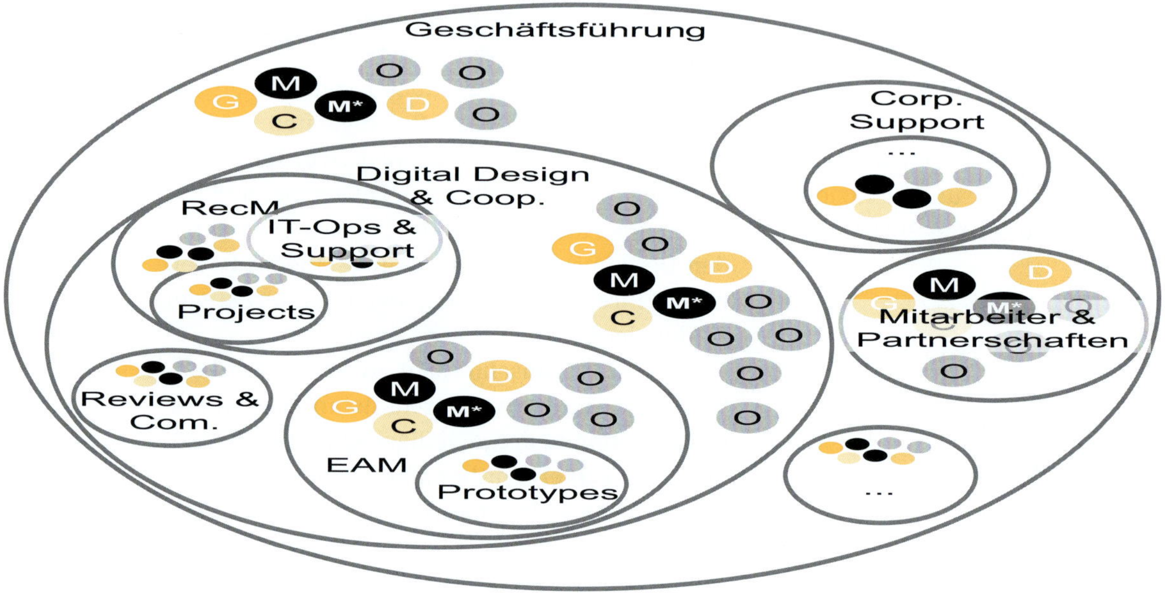

Bild 18.8 Konfiguration aller Teams, Geschäftsfähigkeiten, Kommunikation und Kooperationswege auf zwei Ebenen

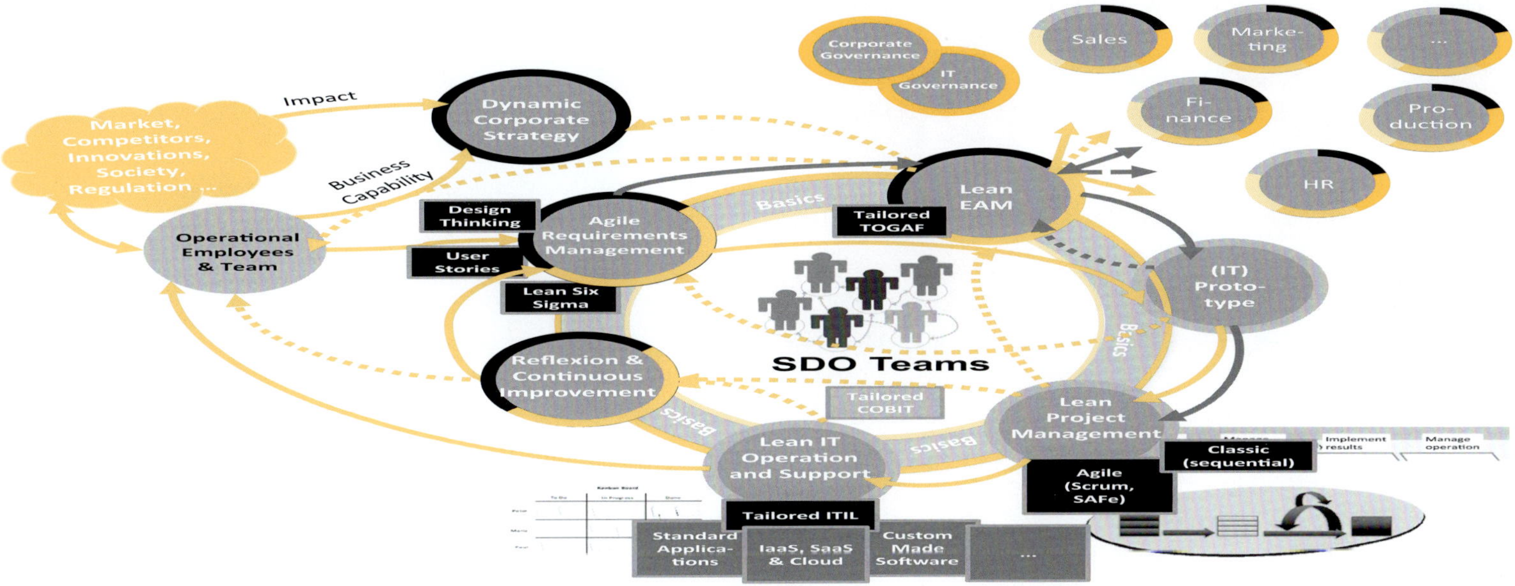

Bild 18.8 (*Fortsetzung*) Konfiguration aller Teams, Geschäftsfähigkeiten, Kommunikation und Kooperationswege auf zwei Ebenen

19

Praxisbeispiel: Die Gothaer auf dem Weg zur agilen Organisation – laCoCa @ Gothaer

»Grau, teurer Freund, ist alle Theorie.« Diesen Satz kennen wir alle aus Goethes *Faust*. Obwohl die bisher zusammengetragenen Inhalte auf einer soliden wissenschaftlichen Grundlage beruhen und mit Beispielen aus der Praxis angereichert wurden, mögen sie auf den einen oder anderen Leser dennoch etwas theoretisch wirken.

Um diesem Eindruck entgegenzuwirken und um weitere Anregungen für die praktische Anwendung der Inhalte und Möglichkeiten des laCoCa-Modells und der Methode zur Verfügung zu stellen, befasst sich das folgende Kapitel mit dem Vorgehen und den Erfahrungen der Gothaer Versicherung AG, die ihre Mitarbeiter im Rahmen der eigenen agilen Transformation gesammelt haben.

Das folgende Praxisbeispiel der Gothaer bezieht die Überlegungen der Vorstandsmitglieder ebenso ein wie die Beschreibung des Vorgehens im Vorfeld und im Verlauf der Transformation. Da ein derart ambitioniertes und komplexes Vorhaben, einen Konzern mit über 5500 Mitarbeitern in einen Modus der agilen Kollaboration zu versetzen, vielschichtig und langwierig ist, konzentriert sich dieser Bericht auf die Transformationsinitiative GoAgile, die im Zuge der Gesamtstrategie Gothaer 2020 entwickelt wurde und seit 2018 in der Umsetzung ist.

19.1 Ausgangslage und strategische Sicht

In diesem Gastbeitrag von Dr. Christopher Lohmann, Vorstandsvorsitzender der Gothaer Allgemeine AG und Dr. Mathias Bühring-Uhle, Vorstand IT und Operations der Gothaer Gesellschaften werden die strategischen Überlegungen detailliert erörtert, die das Vorstandsteam der Gothaer Versicherung dazu bewogen haben, die Potenziale und Vorteile einer agilen Transformation zu prüfen.

19.1.1 Unsicherheit, Marktdynamik und Innovationsdruck erfordern agiles Arbeiten – ein Erfahrungsbericht aus der Versicherungsbranche

Die Versicherungsbranche unterliegt heute einer hohen Veränderungsgeschwindigkeit. Zentrale Treiber sind die neuen Möglichkeiten und Kundenerwartungen, die im weitesten Sinne aus der Digitalisierung modernen Lebens resultieren. Ob in der Interaktion mit Kunden und Vertriebspartnern, bei der Entwicklung neuer Produkte, in der Automatisierung von Prozessen oder in der Nutzung von Daten: Nahezu jeder Aspekt des Geschäftsmodells von Versicherern unterliegt dem Wandel im Zuge digitaler Möglichkeiten und Erfahrungen.

Wir befinden uns inmitten eines radikalen Umbruchs. Allein Unternehmen, die sich dem stellen und ihr Geschäftsmodell schnell und nachhaltig an die veränderten Rahmenbedingungen anpassen, werden sich langfristig am Markt behaupten können. Agile Arbeitsweisen und Organisationen sind dabei zunehmend Antworten von Unternehmen, denn die Anpassungs- und Widerstandsfähigkeit gegen schnelle und vielleicht auch plötzliche und grundlegende Veränderungen sind ein wesentlicher Erfolgsfaktor.

Vor diesem Hintergrund modernisiert sich die Gothaer nicht nur technologisch und prozessual; sie entwickelt auch eine Unternehmenskultur, die die Veränderungsfähigkeit aller Beteiligten fördert. In diesem Beitrag möchten wir auf Aspekte des *Gothaer Way of Change* detaillierter eingehen.

Aus der **Makrosicht** und über einen längeren Zeitraum betrachtet hat es mit Blick auf echte Innovation in der Versicherungswirtschaft in den letzten Jahren und Jahrzehnten nur wenig Dynamik gegeben. Genau das ändert sich mit der Digitalisierung.

Produktseitig konzentriert sich das Angebot – und auch die Nachfrage – auf Produkte, die es in ihrer Grundstruktur seit vielen Jahren gibt. Die größte Veränderung hat es im Bereich der Lebensversicherung mit der flächendeckenden Umstellung auf fondsgebundene Produkte gegeben. Auch Risiken und Chancen des technischen Fortschritts haben neue Produkte und Dienstleistungen hervorgebracht – die Cyberversicherung etwa oder die Nutzung moderner Techniken in Risikozeichnung, Risikomanagement und Schaden. Doch während sich solche *Sekundärinnovationen* langsam im Markt etablieren, haben sich wirklich innovative Ansätze wie Mikroversicherungen oder situative Angebote noch nicht durchgesetzt.

Mehr noch: Es ist in nicht unwesentlichen Teilen unklar, welchen Einfluss die Erfahrungen von Kunden im Netz auf ihre Erwartungen und ihr Verhalten haben, wie also Versicherungsangebot und -nachfrage der Zukunft aussehen. Klar scheint zwar, dass zukünftig alles einfacher werden muss: die Produkte, der Zugang zu Beratung, Abschluss- und Vertragsinformationen sowie die Geschwindigkeit und Automatisierung in allen Geschäftsprozessen. Auch dass Versicherer ihre Angebote erweitern müssen und sich ihre Rolle zum umfassenden Partner des Versicherten und damit weg vom reinen Erstatter von Leistungen wandelt, ist wenig umstritten; die Schaffung und Etablierung von Ökosystemen ist das neue Mantra. Aber ob Kunden künftig weiter ihren Hausrat wie heute versichern, ist fraglich. Denkbar ist, dass sich Versicherungsschutz stärker atomisiert oder in größeren Dienstleistungen aufgeht. So könnten nur einzelne Gegenstände oder auch nur in bestimmten Phasen abgesichert werden. Andererseits könnten Ökosysteme entstehen, die für das gesamte Themenfeld »Wohnen« Dienstleistungen zusammenführen, bei denen der Versicherungsschutz nur eine Teilleistung von vielen integrierten, bequem verfügbaren Angeboten ist.

Auf der **Vertriebsseite** – dem Zugangsweg zum Kunden – liegt die letzte Basisinnovation, der Direktabsatz, schon lange zurück. Direktvertrieb findet mittlerweile fast ausschließlich über elektronische Medien statt und hat sich bei einem niedrigen zweistelligen Marktanteil eingependelt mit langsam steigender Tendenz – deutlich langsamer, als noch vor einigen Jahren erwartet. Er stagniert, und von den Wachstumshoffnungen, die noch zu Beginn des Jahrtausends dominierten, ist wenig geblieben. Stark verändert hat sich mit der Digitalisierung hingegen das Informationsverhalten von Versicherungskunden. Der führende Kanal für den Erstkontakt zu einem Versicherer ist mittlerweile das Internet. Doch in mehr als vier von fünf Fällen schließt der Kunde nicht online ab. Dabei kann der Kunde aus einer Fülle von stationären Vertrieben auswählen. Wie sich die weiter wandeln, ob der persönliche Vertrieb seine Bedeutung behält oder ob nicht doch der Robo-Advisor auch in der Versicherung Einzug hält, ist offen. Offen ist auch, ob und wie Versicherer den direkten Zugang zu ihren Kunden verteidigen oder ob sie perspektivisch zum reinen Zulieferer werden.

Die notwendige Radikalität der Veränderung liegt letztlich genau hierin begründet: Wie sich die Grundstruktur von Versicherungsangeboten ändern muss, ob sie stand alone überlebt oder nur noch als Teil von Ökosystemen besteht, ist ungeklärt. Ebenso die Frage, auf welchen Wegen der hybride Kunde künftig erreicht und (wenn überhaupt möglich) gebunden werden kann. Diese Notwendigkeit, neue Wege zu gehen, auszuprobieren und sich laufend zu korrigieren, trifft auf eine Industrie, die infolge eines lange Jahre fehlenden Innovationsdrucks in IT der operativen Betriebe und der Kundenschnittstellen veraltet ist. Nach wie vor dominiert ein tayloristisch-industrielles Paradigma in vielen Bereichen und Unternehmen.

Die Gründe hierfür mag man in der geringen Innovationskraft der Versicherungsbranche und seiner Manager suchen. Tatsächlich dürfte es aber einen ökonomisch-rationalen Grund dafür geben: Das emotionale Engagement von Kunden und auch die Experimentierfreude in Bezug auf Versicherungen waren und sind gering. Das führt dazu, dass der Innovationsdruck auf die Versicherungsanbieter bis heute nicht so hoch ist wie in vielen anderen Branchen. Zweiter »Stabilitätsfaktor« im Sinne der Beibehaltung des Status quo war lange die Regulatorik. Hohe Anforderungen an den Betrieb von Versicherungen, an Fähigkeiten, Kapital, Datenschutz, Berichtspflichten, Datenanalyse und vielem mehr erschweren Markteintritte und -dynamik.

Wir sind uns sicher, dass sich trotz der stabilisierenden Faktoren all dies ändern wird – und zwar sehr schnell und grundlegend. Hochperformante IT, günstige Datenspeicherung und analytisches Wissen nehmen zu, und die Beschaffung von Kapital stellt schon länger kein wesentliches Problem mehr dar. Kooperationen und der Gedanke der Plattformbildung nehmen zu; große Versicherer bieten ebenso wie agile Start-ups wesentliche Teile des Versicherungsgeschäftsmodells an. Mit *Insurance as a Service* wird der Betrieb von Versicherung zur Dienstleistung. Mit einem Wort: Markteintrittsbarrieren verlieren an Bedeutung, und das in einer strukturell profitablen Industrie. Ändern sich in einem solchen Umfeld auf Basis der Erfahrungen in der digitalen Welt die Erwartungen der Kunden, wird unser Markt schnell attraktiv für neue Marktteilnehmer – ausländische Versicherer, InsurTechs oder Spezialisten für datengetriebenes Management der Kundenschnittstelle aus anderen Industrien. Für Marktspieler also, die eben in der Bedienung moderner, sich wandelnder Kundenerwartungen jede Menge Erfahrung haben.

Insofern blicken wir einer sich stark wandelnden, an Dynamik gewinnenden Zukunft entgegen. Als etablierte Versicherer werden wir unseren Platz im Markt nur behaupten, wenn wir uns dem skizzierten Innovationswettbewerb stellen und schnell und flexibel auf neue digitale Möglichkeiten und sich erst noch ausbildende, volatile Kundenerwartungen reagieren. Unsicherheit, Marktdynamik und Innovationsdruck sind Bedingungen, in denen agile Arbeitsweisen und Organisationsformen relevant werden. Das ist der Ausgangspunkt für die Transformation der Gothaer.

Die Gothaer ist ein mittelgroßer Versicherer mit Fokus auf den deutschen Markt. 2020 feiern wir unseren 200. Geburtstag – das Unternehmen blickt also mit viel Erfahrung in die Zukunft. Dabei gilt für die Gothaer all das, was für alle etablierten Versicherer gilt, denn wir sind genau in dem Rahmen erfolgreich, den wir eingangs als überkommen und Vergangenheit kritisch skizziert haben. Dennoch blicken wir mit Zuversicht in die Zukunft. Warum?

Nun, zum einen sind wir davon überzeugt, dass uns unsere Marke und die Verbundenheit zugutekommen werden, wie sie für einen Versicherungsverein auf Gegenseitigkeit typisch ist. Die Gothaer gehört nicht Aktionären, sondern ihren Kunden. Jeder Kunde ist zugleich auch Mitglied des Vereins auf Gegenseitigkeit und Teil der Gothaer Gemeinschaft. Verbundenheit mit dem Unternehmen gilt aber nicht nur für unsere Kunden und Vertriebspartner, sondern auch für unsere Mitarbeiter. Identifikation und Engagement für die Gothaer sind überdurchschnittlich und damit ein wesentlicher Baustein für eine erfolgreiche Transformation des Unternehmens.

Helfen wird uns zudem, dass wir als großer Mittelständler noch eine Größe haben, die für Agilität spricht und sie ermöglicht. Die Gothaer wurde 1820 von Unternehmern für Unternehmer gegründet, und ein gehöriges Maß an Unternehmertum prägt das Unternehmen bis heute. Das bestätigen gerade die Mitarbeiter immer wieder, die aus anderen Unternehmen zu uns wechseln.

Aber die Marke, die Gemeinschaft oder Größe per se sind natürlich keine Garanten für erfolgreiche Veränderung. Gelingen wird uns der Wandel nur, wenn wir alle Teile des Unternehmens in Bewegung setzen, wenn Agilität und *Client Centricity* in jedes Büro Einzug halten, und wenn es uns gelingt, unsere Partner auf unserem Weg mitzunehmen. Dazu sind wir entschlossen, das Topmanagement hat sich vollumfänglich auf diesen neuen Weg committet und unterstützt die Veränderungen aktiv.

19.1.2 Worauf fokussieren wir uns im Veränderungsprozess?

Wichtig ist erstens die **passende Methodik**. Die Gothaer setzt schon lange auf agile Methoden, wie andere Unternehmen insbesondere bei der Entwicklung von Software. Seit einigen Jahren stellen wir auch in anderen Bereichen auf agile Projekte um, etwa in der Entwicklung von Produkten und Dienstleistungen. Mitarbeiter werden dabei Vollzeit einzelnen, in der Regel bereichsübergreifenden Projekten und Programmen zugeordnet. Diese Projekte sind geprägt vom Gedanken des Minimum Viable Products (MVP), der schnellen und iterativen Verprobung von Produktideen, von sich selbst steuernden und koordinierenden Teams.

Unsere ersten Erfahrungen mit agilem Arbeiten sind gut. Die Time-to-Market neuer Produkte hat sich deutlich verkürzt, die ersten konkreten Markteinführungen sind überdurchschnittlich erfolgreich. Und nicht zu unterschätzen ist auch der Beitrag einzelner agiler Projekte auf den Transformationsprozess des gesamten Unternehmens.

Als hilfreich hat sich zweitens erwiesen, sehr konsequent **Rahmenbedingungen** zu schaffen, in denen agiles Arbeiten gedeihen kann. Dazu gehört die Unterstützung durch erfahrene Berater und Coaches, die klare Definition von Rollen oder auch das Schaffen von räumlicher Nähe für die agilen Teams. Auch für uns als Vorstände hat sich das Arbeiten im agilen Kontext geändert: Einmal in der Woche treffen wir uns am Kanban Board, um im agilen Kontext unsere Aufgaben zu besprechen und zu priorisieren. Für die agilen Teams übernehmen wir strategische und Governance-Funktionen, wie sie Andreas Slogar in diesem Buch ausführlich beschreibt.

Wirklich erfolgreich wird die agile Transformation aber nur sein, wenn die Haltung, wenn das **Mindset** stimmt, wenn sich in der Organisation also ein Denken breitmacht, das auf Agilität, Selbststeuerung und Zusammenarbeit einzahlt. Genau aus diesem Grund haben wir bei der Gothaer Mindset@Gothaer in einem intensiven Bottom-up-top-down-Dialog entwickelt und eingeführt. Das ist wichtig, denn alle gelernten Methoden und räumlichen Veränderungen werden nichts bewirken, wenn unsere Mitarbeiter nicht bereit sind, Verantwortung nicht nur zu übernehmen, sondern zu begrüßen, wenn Kompetenz und nicht Macht entscheidet oder wenn die Zusammenarbeit über Bereichsgrenzen nicht funktioniert. All das muss sich ändern, und die richtige Haltung ist ein Schlüsselbaustein auf dem Weg.

Auch hierzu sind unsere ersten Erfahrungen ermutigend, und es erweist sich als Erfolgsfaktor, dass wir die Kulturveränderung in der Gothaer in der Breite überzeugend vorantreiben – nicht nur in agilen Kontexten, sondern flächendeckend bis hin zu jedem Mitarbeiter unabhängig von seiner Funktion. Mitarbeiter in agilen Projekten sind trotz des Fokus und der Rigidität des agilen Arbeitens hoch motiviert, sie erleben Gemeinschaft und Selbststeuerung und erkennen und schätzen den Sinn dessen, was sie tun. Die Energie in den agilen Teams ist hoch, und doch ist agiles Arbeiten nicht für jeden etwas. So sehr wir uns darüber freuen, dass gerade junge Talente sich von dieser Form des Arbeitens angezogen fühlen, müssen wir immer wieder auch Mitarbeiter aus dem Prozess nehmen, weil sie mit den Rollen oder der Rigidität des Prozesses nicht zurechtkommen. Dennoch stellen wir fest, dass sich nicht nur in den einzelnen Teams, sondern im gesamten Unternehmen die Zusammenarbeit verbessert, zwischen Fachbereichen und IT, zwischen Marketing, Vertrieb und Sparten.

Die guten Erfahrungen mit agilen Projekten haben uns bewogen, einen Schritt weiterzugehen und erste **Organisationsformen** zu erproben, die die Hürden zwischen Hierarchien und verschiedenen Bereichen überwinden und die Grenzen zwischen Projekt- und Linienorganisation verschwinden lassen. Vorreiter ist dabei der Bereich Gewerbe, in dem in etwa drei Jahren durchsetzt von agilen Arbeitsformen ein völlig neues Gewerbeprodukt auf einer völlig neuen IT-Plattform entstanden ist. Produkt, Systeme wie Prozesse waren mit erheblichen Veränderungen verbunden, die innerhalb wie außerhalb des Unternehmens nicht unumstritten waren. In diesem Umfeld in time, function und budget zu liefern, hat das Team zusammengeschweißt – exzellente Voraussetzung für die Überführung in ein nunmehr nur noch agil arbeitendes Team. Das heißt konkret, dass ca. 50 Mitarbeiter aus drei Vorstands- und elf operativen Bereichen dauerhaft zusammenarbeiten mit dem Ziel, den Gewerbekunden gut zu bedienen, mit top Produkten, angebunden an Vertriebspartner, stark in der Operativen und im Schaden. Diesem ersten Piloten wird zeitnah ein zweiter aus dem Geschäftsbereich Gesundheit folgen.

In den agilen Piloten wollen wir testen, ob und wie Agilität eine Antwort auf die eingangs beschriebenen Herausforderungen für die Gothaer als mittelständischer Versicherer in einer sich rasch verändernden Marktrealität ist. Wir wollen eine Organisationsform finden und schaffen, die uns als Gothaer entspricht, sich zugleich aber kennzeichnen lässt durch höhere Sensibilität für Veränderungen des relevanten Umfeldes, eine bessere Reaktionsfähigkeit und Resilienz auf exogene Einflüsse und eine höhere Innovationsrate. Wesentliche Bausteine der agilen Transformation lassen sich dabei direkt aus dem agilen Arbeiten in Projekten ableiten. Dazu gehören insbesondere die Ausrichtung der Organisation an externen Zielgruppen wie Kunden, Vermittler, eine optimale bereichsübergreifende Kollaboration, sich selbst organisierende Teams, die Delegation von Verantwortung und Entscheidungshoheit in diese Teams, Empowerment sowie die Ausrichtung auf gemeinsame Ziele.

Ob die agilen Piloten erfolgreich sein werden und wo sie uns hinführen, wissen wir heute nicht. Auch das ist typisch für agiles Arbeiten und müssen wir aushalten. Im Kern geht es bei den Piloten darum, das experimentell-iterative Vorgehen, das für agile Projekte typisch ist, auf die Organisationsentwicklung anzuwenden. Es gibt eben nicht *die* agile Organisation, eine Blaupause oder ein »one-size-fits-all«. Als übergeordnetes Prinzip muss es in seiner jeweiligen Ausprägung erst noch ausdifferenziert und funktions- bzw. bereichsspezifisch umgesetzt werden. So lernen wir, jeden Tag, innerhalb der agilen Piloten wie an ihren Rändern, an den Schnittstellen zu den Bereichen, die heute (noch) nicht agil arbeiten.

Treiber für das Lernen, die Veränderung und das Feinschleifen der Organisation sind dabei die Teams selbst. Denn auch das Prinzip der Selbststeuerung haben wir auf die Organisationsentwicklung übertragen. Das motiviert und setzt Kräfte frei, ist aber auch wirklich herausfordernd.

Was bedeutet das langfristig für die gesamte Organisation? Wie entwickelt sich die Gothaer, wenn die Piloten erfolgreich sein sollten? Auch das wissen wir heute nicht, wir fangen aber an, uns damit zu beschäftigen. Vermutlich werden in der Perspektive marktnahe Bereiche wie die Produktentwicklung eine andere Ausprägung haben als etwa die operationellen Bereiche wie Betrieb und Schaden. Beide Bereichsformen sind für ein Unternehmen notwendig und die spezifischen Ausprägungen gleichwertig. Aber während Erstere in Form von Wertströmen als eine Form des permanenten, institutionalisierten Scrum arbeiten könnten, wie wir sie jetzt pilotieren, würde man in operativen Bereichen wie Betrieb oder Schaden eines Versicherers eine moderatere Form definieren müssen, die der Bewältigung gleichartiger Aufgaben entgegenkommt. Hier ist etwa die Einführung von selbstorganisierten Teams denkbar. Neben der konkreten Ausprägung in einzelnen Bereichen ist zudem ein Kooperationsmodell zu entwickeln, welches eine Zusammenarbeit unabhängig von der Methode, also im Beispiel zwischen Wertströmen und operativen Bereichen, erlaubt. Dabei geht es erneut nicht darum, dass wir die agile Gothaer top-down definieren und sie dann passend machen. Stattdessen gestalten wir das Thema im Rahmen gemeinsam, erproben zusammen Ideen und lernen daraus.

Ziel dieses Vorgehens ist die Entdeckung des *Gothaer Way of Agile*, also der spezifischen, auf die besonderen Herausforderungen der Gothaer passende Agilität. Sie ist unsere Antwort auf die eingangs beschriebene Notwendigkeit zur Veränderung, zum radikalen Wandel. Wie bei den Projekten wird diese Reise nur erfolgreich sein, wenn es uns gelingt, das Mindset und das Verhalten der Gothaerianer in Richtung Eigenverantwortung, Selbstorganisation und Unternehmertum weiterzuentwickeln. Agilität ist kein reines Werkzeug, sie ist nicht gleichzusetzen mit agilen Methoden wie Scrum oder Design Thinking. Agilität beginnt im Kopf, sie ist eine Denkhaltung, ein Führungs- und Organisationsprinzip, und wird durch die richtigen Methoden und Prozesse unterstützt. Erst durch die praktische Anwendung wird sie etabliert. Das gilt für Projekte, und das gilt für die Weiterentwicklung unseres Unternehmens: Agile Methoden sind nur für einen Teil der Vorteile verantwortlich – den größten Mehrwert bietet die gemeinsame Einstellung. Wir wollen unsere Denkweise verändern: weg von starren Hierarchien, weg von langen Abstimmungswegen, hin zu einer flachen und durchgängigen Struktur. GoAgile soll uns helfen, dass alle agilen Erfahrungen auf fruchtbaren Boden fallen.

19.2 Vorgehen und Vorbereitung

Auf der Grundlage des vorhergehenden Gastbeitrags werden im folgenden Kapitel das praktische Vorgehen und die Vorbereitungen zum Wechsel in eine agile Organisation des gesamten Unternehmens beschrieben.

Anfang 2018 wurde im Rahmen der Konzeption des Transformationsvorhabens GoAgile von den Fachleuten der strategischen Konzernentwicklung ein Vorgehen in drei grundlegenden Phasen entworfen und von den Vorstandsmitgliedern verabschiedet. Allen Entscheidern war bewusst, dass es kein Standardmodell für agile Organisationen gibt, das man hätte übernehmen können. Daher sollte auf dem Weg der Entwicklung des *Gothaer Way of Agile* für das Design und den Aufbau einer agilen Organisationsstruktur und Kollaborationsform im gesamten Unternehmen in drei konkreten Abstufungen iterativ vorgegangen werden.

Die folgenden Orientierungspunkte wurden für das Vorgehen vereinbart:

1. Phase 2018: Säen
   - Entwicklung der Vision und Festlegung von Leitplanken
   - Kontinuierliche Entwicklung inkrementeller Veränderungen über sogenannte MVC (Minimum Viable Changes) in den Bereichen
     - Organisation
     - Prozess
     - Governance
   - Aufbau erster Teams für die Durchführung von Pilotprojekten
   - Sensibilisierung der Mitarbeiter inklusive aller Führungskräfte im Konzern für das Thema Agilität
   - Arbeitsaufträge und Projekte agil durchführen
2. Phase 2019: Wachsen
   - Learn and Adapt – kontinuierliches Auswerten gewonnener Erkenntnisse und Anpassen der Vorgehensweise
   - Verfeinerung des MVC-Vorgehens
   - Maßnahmen »fit for agile« – Kenntnisse zu agiler Kollaboration in der gesamten Organisation weiter ausbauen
   - Ausweitung von Pilotprojekten und der Anzahl darin engagierter Mitarbeiter

3. Phase 2020: Ernten
   - Learn and Adapt – Fortsetzung und Etablierung kontinuierlicher Auswertung gewonnener Erkenntnisse und Anpassen bestehender Vorgehensweisen
   - Rollout – konzernübergreifende Ausweitung der aus den Pilotierungen erarbeiteten agilen Kollaborations- und Organisationsformen

Diese drei Phasen wurden, wie bereits erwähnt, initial von den Mitarbeitern der Konzernentwicklung zusammen mit den Vorstandsmitgliedern beschrieben – wohl wissend, dass dieser rote Faden lediglich als Orientierungshilfe zu verstehen ist. Die im Laufe der Zeit gewonnenen Erkenntnisse und das wachsende Verständnis zu agilen Kollaborationsformen sollten es ermöglichen, diese erste Version entsprechend anzupassen.

An der Formulierung und Ausrichtung der drei Phasen wird bereits das mentale Modell erkennbar, das dem gesamten GoAgile-Vorhaben zugrunde liegt: Es wurden von vornherein weder ein Zielzustand noch ein Zieltermin mit vorgegebenen Kennzahlen definiert oder vorgeschrieben. Die operative Ausgestaltung und Entwicklung wurde gänzlich den engagierten Mitarbeitern anvertraut.

Diese Vorgehensweise und Ausrichtung baut auf einer detaillierten Analyse bestehender Erfahrungswerte zu agilen Transformationen sowohl aus der eigenen Branche als auch aus fachfremden Marktsegmenten auf. Zusätzlich hat eine Reihe von Treffen zum persönlichen Erfahrungsaustausch mit Unternehmen wie der ING oder der Achmea in den Niederlanden bestätigt, dass der prinzipielle Wechsel in einen nach agilen Grundsätzen und Modellen organisierten Konzern sinnvoll ist. Allerdings wurde auch evident, dass es für die ganzheitliche Transformation eines Finanzdienstleistungsunternehmens der eigenen Größe noch keine ausreichenden Praxiserfahrungen gibt, die hätten übernommen werden können.

Diese Einsichten haben dazu geführt, dass ein vollständig eigenständiges Vorgehen entwickelt werden musste, das zum einen die bereits vorhandenen Erfahrungen der eigenen Organisation in der Nutzung von Methoden für agiles Projektmanagement und Innovationsmanagement integriert und zum anderen Elemente ergänzt, die für eine agile Transformation des gesamten Konzerns notwendig sind.

Neben der vertrauten Vorgehensweise zu agilem Projektmanagement sollten auch Geschäftsprozesse und Linienfunktionen, sogenannte Geschäftsfunktionen wie Marketing, Vertrieb, Finanzen und Controlling oder das Personalmanagement, sukzessive in die agile Transformation mit eingebunden werden. Eine Aufteilung in agil und klassisch vorgehende Unternehmensbereiche sollte von vornherein ausgeschlossen werden, um eine »Zwei-Klassen-Gesellschaft« innerhalb der eigenen Organisation zu verhindern.

Dass es den Mitgliedern des Vorstands und dem Vorstandsvorsitzenden mit ihrem Vorhaben ernst ist und es sich nicht um ein Experiment hinter den Kulissen handelt, wurde mit der offiziellen Vorstellung der Transformationsinitiative GoAgile im Rahmen der Bilanzpressekonferenz im Jahr 2018 deutlich.

Logo der strategischen Initiative GoAgile des Gothaer Konzerns

Damit wurde der offizielle Startschuss für die nächsten Schritte und die erste Phase der Transformation gegeben.

19.3 Kernteam, Koordinationsteams und Wertströme

Als organisatorische Anlaufstelle und Koordinationspunkt der Initiative GoAgile wurde zunächst das Kernteam gegründet, das Anfang März 2018 ins Leben gerufen wurde. Es stellt zum einen die Koordination der eigenen Initiative und zum anderen die enge Verzahnung und Kommunikation mit der parallel durchgeführten Initiative »Moderne Arbeitswelt (MoAW)« sicher.

Die Initiative MoAW koordiniert den Umbau der Büroräume, um zukünftig die Kollaboration agil arbeitender Teams mit einer entsprechenden räumlichen Infrastruktur zu unterstützen und die spontane Kommunikation und Interaktion von Mitarbeitern noch stärker zu fördern.

Dazu werden die bestehenden Büroräume, die meist auf Einzelpersonen bzw. Kleingruppen bis maximal vier Personen ausgelegt sind, in weiträumige und helle Kooperationsflächen umgeformt. In diesen modernen Arbeitswelten soll es einfacher möglich sein, direkte Abstimmungen und Workshops durchzuführen und an entsprechend präparierten Stellwänden mit Kanban Boards und digitalen Whiteboards kooperativ zu arbeiten.

Der Wechsel zwischen kreativer Interaktion in Gruppen und der konzentrierten Einzelarbeit soll durch entsprechende Räumlichkeiten ebenso möglich sein wie der persönliche Austausch in zwangloser Runde an der Kaffeemaschine oder bei einer gemeinsamen Pause am Tischkicker oder in der Sofaecke.

Beide Initiativen sind in das Gesamtvorhaben Change@Gothaer 2020 eingebunden, das als Programm die strategischen Handlungsfelder Agilität, Befähigung, Mindset & Diversity, Mitarbeiteridentifikation und Institutioneller Rahmen integriert.

Das GoAgile-Kernteam wurde mit einem Coach aus den eigenen Reihen der Gothaer IT besetzt, der langjährige Erfahrung in der Begleitung agiler Projektteams mitbringt. Zusätzlich hat der Leiter der Konzernentwicklung die Rolle des Product Owners übernommen, um als fachlicher Kunde und Verantwortlicher für die Definition von Geschäftsanforderungen zu fungieren.

In einem offenen Bewerbungsverfahren konnten sich interessierte Mitarbeiter aller Ressorts interdisziplinär engagieren und so ihre individuellen Ideen, Fähigkeiten und Erfahrungen einbringen. Aus den Bewerbungsrunden sind letztlich zwei sogenannte Wertströme entstanden, die aus dem Geschäftsbereich Gewerbe- und, etwas später, aus dem Bereich der Gesundheitsversicherung entstanden sind. Die Mitarbeiter beider Themengebiete konnten bereits auf eine mehrjährige Erfahrung in der Kollaboration in agilen Projekten zurückgreifen und brachten entsprechend das notwendige Mindset mit, das für eine interdisziplinäre und selbstorganisierte Arbeitsform von grundlegender Bedeutung ist.

Die Wertströme, in denen alle Aufgaben einer Wertschöpfungskette zusammengefasst sind, werden von je einem Koordinationsteam begleitet. Diese haben die Aufgabe, die Mitarbeiter in den Teams eines Wertstroms beim Aufbau und der Erprobung agiler Kollaborationsformen zu unterstützen und den organisatorischen Rah-

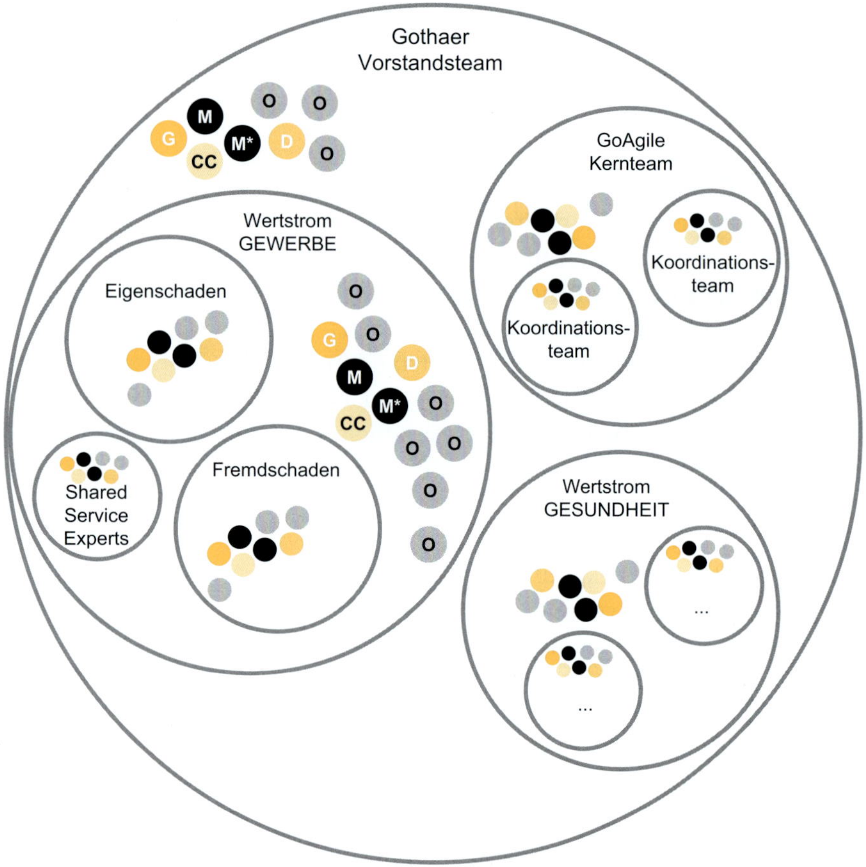

Bild 19.1 Rekursive Struktur der unmittelbar kollaborierenden Teams der GoAgile-Initiative

men sowie die Rahmenbedingungen sicherzustellen.

Das Kernteam bestand am Ende seiner Konfigurationsphase aus ca. 15 Mitgliedern, die einen Querschnitt der verschiedensten Konzernbereiche wie Vertrieb, Marketing, Personal, Produktentwicklung und Produktion repräsentierten. In den Wertströmen, die von ihren Koordinationsteams unterstützt wurden, haben sich zwischen 40 und 60 Mitarbeiter engagiert (Bild 19.1).

So war ein Nukleus von ca. 100 Mitarbeitern geschaffen, der als initiale Keimzelle einer evolutionären Transformation des Konzerns mit ca. 5500 Mitarbeitern, 4,1 Millionen versicherten Mitgliedern und Beitragseinnahmen von 4,4 Milliarden Euro zu verstehen ist. Diese Kennzahlen stammen aus dem Jahr 2017.

Die Mitglieder von Kernteam und Koordinationsteams haben in der GoAgile-Initiative neben ihrer operativen Tätigkeit mitgewirkt und ca. 40 % ihrer Arbeitszeit dafür allokieren können. Dieser Umfang war auch Teil der Bewerbungsbedingungen, die im Vorfeld des Aufbaus der Teams von den interessierten Mitarbeitern eingeplant bzw. von deren Vorgesetzten eingeräumt werden mussten.

Das Kernteam und die Koordinationsteams haben wöchentliche Regeltermine vereinbart, in denen sie eine regelmäßige und konsistente Arbeit an den fachlichen und konzeptionellen Inhalten der Initiative durchführen und sich organisatorisch synchronisieren können.

Operativ moderiert wurde die Arbeit des Kernteams von einem internen Scrum Master. Scrum wurde als Methode zur projekthaften Kollaboration gewählt, weil die Mitarbeiter mit ihr bereits ausreichend vertraut waren.

Um alle Teams zusätzlich konzeptionell zu unterstützen, wurde über eine externe Ausschreibung eine Unternehmensberatung gesucht, die mit entsprechender fachlicher Expertise und Erfahrung in Transformationsvorhaben bei der Entwicklung der grundlegenden Strukturen und Kollaborationsformen mitwirkt und die engagierten Mitglieder ausbildet. Insgesamt hat das GoAgile-Kernteam Konzepte und Vorgehensempfehlungen von 21 Unternehmensberatungen ausgewertet und bewertet. Aus dieser umfassenden Evaluierung heraus fiel die Wahl auf die Verwendung des laCoCa-Modells und der entsprechenden Methode.

19.4 Durchführung der ersten Phasen

Als Grundlagen und zur Vorbereitung der späteren Pilotierung in der zweiten Phase der GoAgile-Initiative befasste sich die erste mit den nachfolgenden drei Arbeitsschwerpunkten:

- Verständnis:
  Aufbau eines grundlegenden und gemeinsamen Verständnisses unter den Mitgliedern der GoAgile-Teams zu einer agilen Organisation und den Prinzipien einer interdisziplinären und unternehmensweiten Kollaboration.
  Im Zuge der Entwicklung dieser Verständnisgrundlage wurde auch ein Glossar angelegt, in dem die genutzten Begriffe mit einer einheitlichen Definition dokumentiert und vereinbart wurden. Es stellte sich schon zu Beginn der ersten Phase heraus, dass ein einheitliches Verständnis zu Begriffen wie Agilität, Geschäftsfunktion, Rolle, Skill, Dynamik etc. unternehmensübergreifend noch nicht erreicht war. Um eine möglichst reibungslose Kommunikation mit möglichst geringer Wahrscheinlichkeit für Missverständnisse sicherzustellen,

mussten die selbstverständlich genutzten Begriffe explizit definiert werden.

- Grundmodell:
  Es wurde ein sogenanntes Grundmodell als Beschreibung aller Bestandteile, die eine agile Kollaboration benötigt, entwickelt.
  Zu diesen Bestandteilen zählen Werkzeuge wie Customer Journey oder Persona, Geschäftsfunktionen, in denen Prozesse und Ressourcen zusammengefasst sind, sowie die Designprinzipien der Strukturierung agiler Teams und der darin enthaltenen Rollen und Verantwortungsbereiche. Außerdem im Grundmodell enthalten sind Methoden und deren Nutzung zur Umsetzung spezifischer Aufgabenstellungen wie beispielsweise die Inkrementplanung, das Kommunikationsmanagement, die Weiterentwicklung fachlicher Fähigkeiten und Wissensgebiete der Mitglieder in den Teams eines Wertstroms, die Kooperation mit angrenzenden Fachbereichen, die beispielsweise noch nicht nach agilen Prinzipien und auf Basis des Grundmodells organisiert sind, mit einem Wertstrom aber in einer Interaktionsbeziehung stehen müssen oder wollen. In einem späteren Kapitel werden die detaillierten Inhalte des Grundmodells näher beschrieben.
- Spielregeln:
  Aus den Dialogen zu den vorhergehenden Schwerpunkten entwickelt sich die Notwendigkeit, Spielregeln zu erarbeiten, die eine Kollaboration in selbstorganisierten Teams ermöglicht und unterstützt, ohne eine hierarchische Führungsrolle als Steuerungselement zu benötigen.
  Zu diesen Spielregeln wurde in der ersten Phase der Initiative ein initialer Arbeitsstand erstellt, der im Laufe der späteren Pilotierung im Rahmen der zweiten Phase von den Mitgliedern der Wertstromteams modifiziert und ergänzt wird. Ein spezifisches Ergebnis der Entwicklung von Spielregeln war daher die grundsätzliche Spielregel zur Entwicklung dieser Regeln. Hierbei handelt es sich nicht um einen Satz mit Tippfehlern, sondern um Ausdruck des konsequent rekursiven Designs des gesamten Vorgehens und der Einhaltung, keine Verhaltensvorgaben zu definieren, sondern Rahmenbedingungen für agile Kollaboration zu schaffen.
  Diese Vorarbeit mündete in einer Governance, die festlegte, wie Spielregeln und Vereinbarungen getroffen und kommuniziert werden – nicht, welche Spielregeln zu treffen sind. Ziel

war es, einen Orientierungsrahmen für die spätere Pilotierungsphase zur Verfügung zu stellen und keine Bürokratie zu entwickeln, die von agil arbeitenden Teams als Belastung und externes Steuerungsmittel missverstanden werden könnte. Die initialen Spielregeln wurden in einem sogenannten Playbook zusammengestellt und zum Ende der ersten Phase veröffentlicht.

19.5 Teamschnitte und Wertströme

Als Brücke aus der bisherigen Form der linienorientierten, sequenziellen Arbeitsweise in eine Kollaborationsform interdisziplinärer und agiler Teams war es für die Mitglieder in den Wertströmen hilfreich, die Entwicklung des sogenannten Teamschnittes an den Phasenanfang zu stellen.

Dabei wurden in Workshops, an denen beispielsweise alle Mitglieder aus dem fachlichen Umfeld des Wertstroms für Gewerbeversicherungen beteiligt waren, zunächst alle benötigten fachlichen Wissensgebiete zusammengetragen. Von den Teilnehmern wurde hierzu bewertet, welches Wissen in welcher Qualität als Kernkompetenz innerhalb der Teams eines Wertstroms angesiedelt sein muss und welches Know-how temporär benötigt und daher besser aus einem kooperierenden Fachbereich bedarfsweise eingebunden wird. Diese Kompetenzen können als Kern- und Schalenkompetenz verstanden werden.

Daraufhin wurde innerhalb eines Wertstroms und seiner internen Teams zwischen Fachgebieten und Verantwortungsbereichen differenziert, die einem konsistenten Aufgabengebiet zugeordnet werden müssen, und jenen, die multiplen Aufgabengebieten zugeordnet sein können.

Es folgte eine interne Unterteilung stabiler Teams und sogenannter Shared Services. Letztere zeichnen sich dadurch aus, dass das darin organisierte Fachwissen für den Wertstrom eine Kernkompetenz darstellt, die jedoch unter den Teams des Wertstroms selbst temporär, je nach Kontext einer Aufgabenstellung, benötigt wird.

Das Design der Teamschnitte wurde, wie alle Arbeitsergebnisse, kontinuierlich und iterativ entwickelt und immer wieder den Erkenntnissen aus Reflexionsrunden angepasst. Diese evolutionäre Entwicklung ist in Bild 19.2 sehr gut ersichtlich.

Damit agile Teams innerhalb eines Wertstroms in der Lage sind, mit den klassisch strukturierten Linienorganisationen zu Kooperieren und zu kommunizieren, werden ergänzende Strukturen benötigt. Diese stellen Schnittstellen (Bild 19.3) zur Verfügung, die es unternehmensweit und interdisziplinär erlauben, dass Mitarbeiter unabhängig von ihrer Organisationsstruktur zusammenarbeiten können. Dabei können die elementaren Rollen sogar dazu genutzt werden, um externe Dienstleister und Partnerunternehmen in das Kooperationsmodell zu integrierten.

Aus dem initialen Design und der Anbindung an die nach klassischen Prinzipien strukturierte Linienorganisation hat sich im Laufe der Zeit eine Konfiguration aus sechs Teams (Bild 19.4) innerhalb des Wertstroms Gewerbe entwickelt – und auch dieser repräsentiert lediglich die Momentaufnahme eines spezifischen Entwicklungsstands.

Die Zusammenfassung einzelner Teams in einen Wertstrom ist im Sinne einer Wertschöpfungskette als in sich konsistente Konfiguration von Geschäftsfunktionen, Wissensgebieten und Qualifikationen zu verstehen, die alle Anforderungen eines Produkt- oder Kundensegments weitgehend autark abdecken und abwickeln können. Das bedeutet, dass die Abhängigkeit eines Wertstroms und der in ihm organisierten Wertschöpfung weitestgehend unabhängig von Schalenkompetenzen ist und alle notwendigen Entscheidungen innerhalb der eigenen fachlichen Verantwortungsbereiche fällen kann. Wertströme können sich in unterschiedlichen Qualitäten ausprägen und entweder zur direkten Wertschöpfung beitragen und primär auf den Kunden ausgerichtet zu sein oder als sogenannter Entwicklungswertstrom unterstützend fungieren (Bild 19.5).

Ein definierter Teamschnitt ist, wie auch die Konfiguration eines Wertstroms, immer nur als Momentaufnahme des jeweils aktuellen Entwicklungszustands und Aufgabengebiets zu verstehen. Beide Ebenen können nach jeder Iteration modifiziert und ergänzt werden. Wie diese Anpassungen und Entwicklungen durchgeführt werden, ist im Rahmen der Governance in den Details des Playbooks, also der jeweils geltenden Spielregeln, für jedermann nachvollziehbar beschrieben.

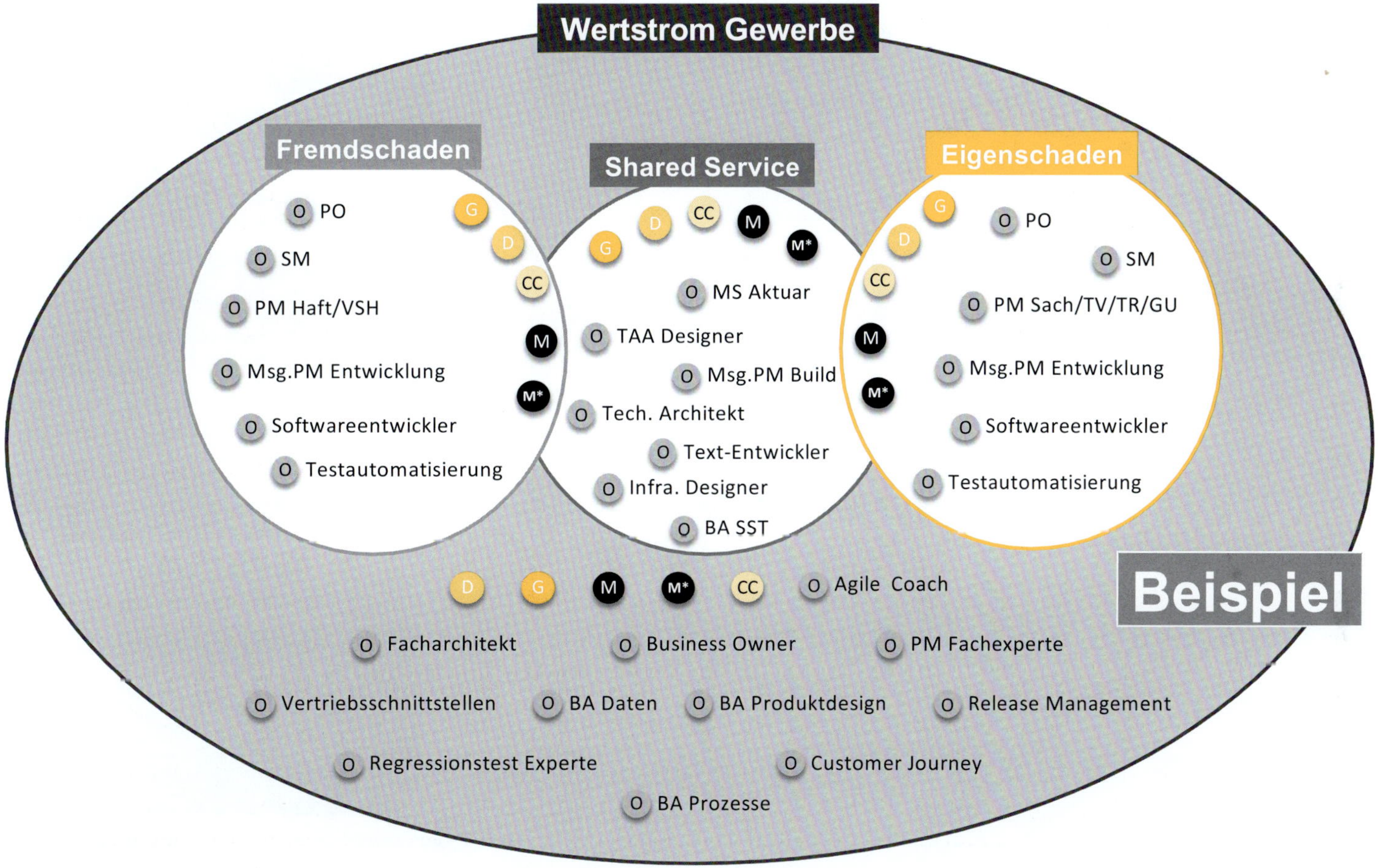

Bild 19.2 Wertstrom Gewerbe

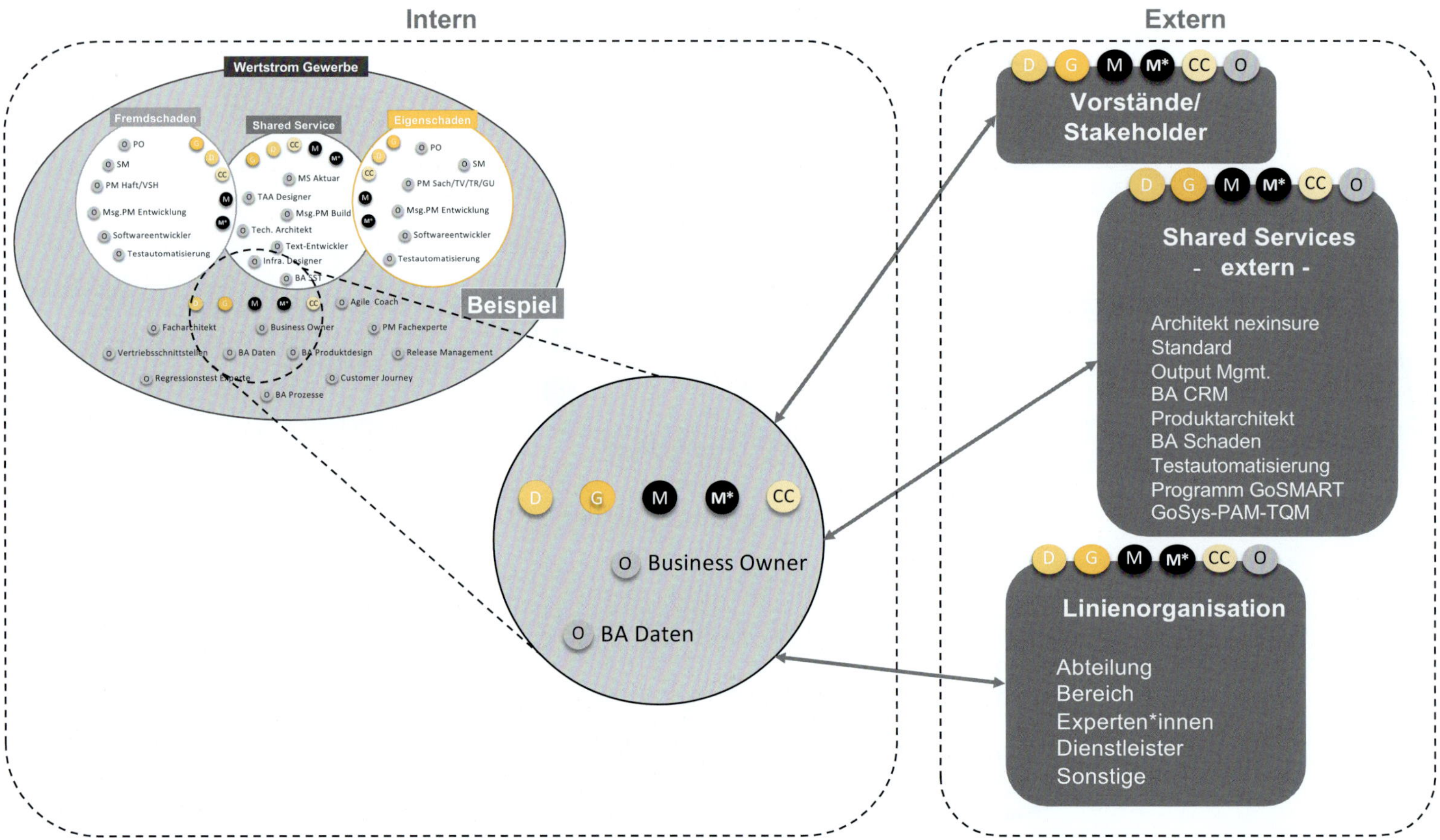

Bild 19.3 Wertstrom Gewerbe und Integration von Vorstand und Linienorganisation

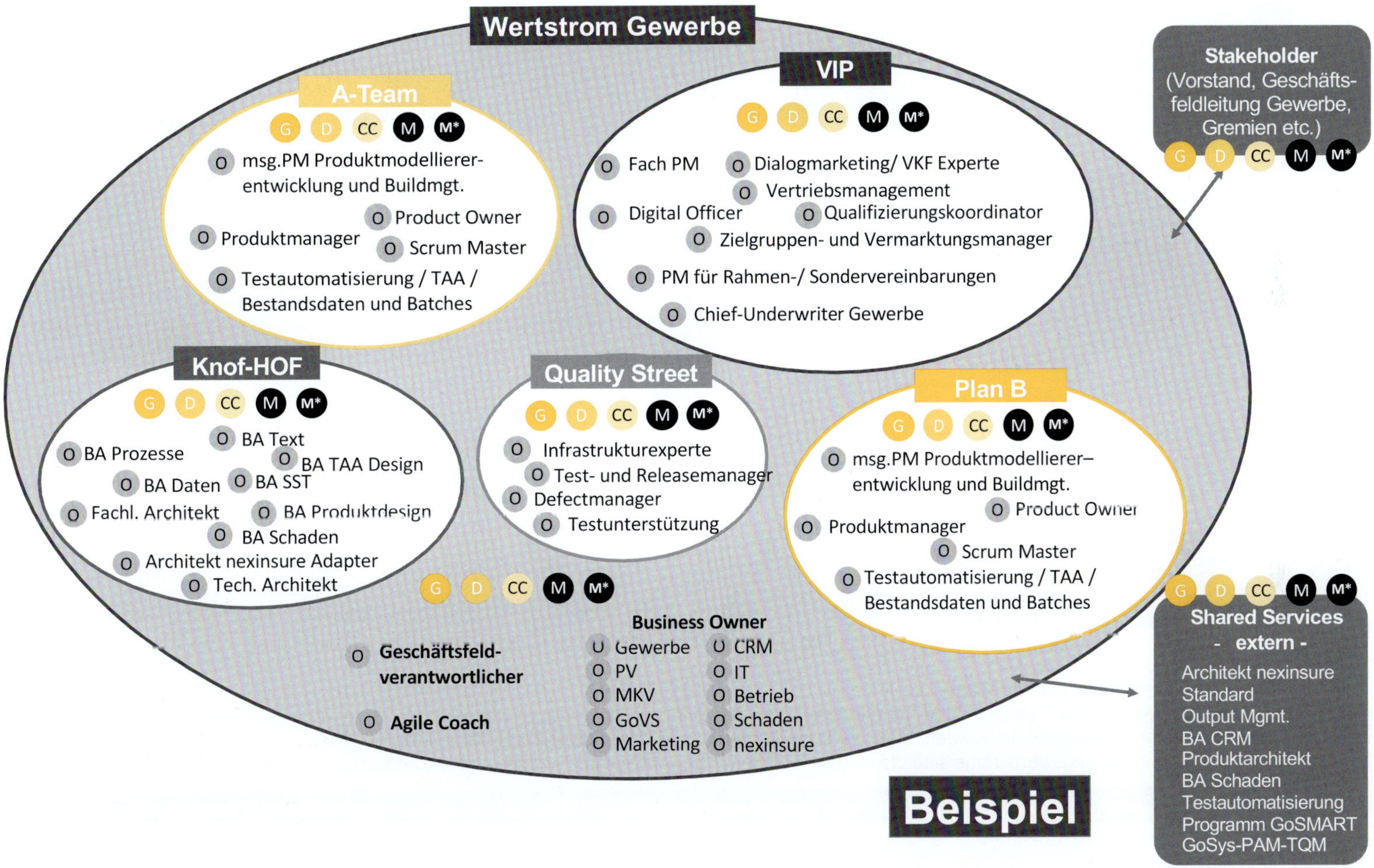

Bild 19.4 Teamschnitt 3

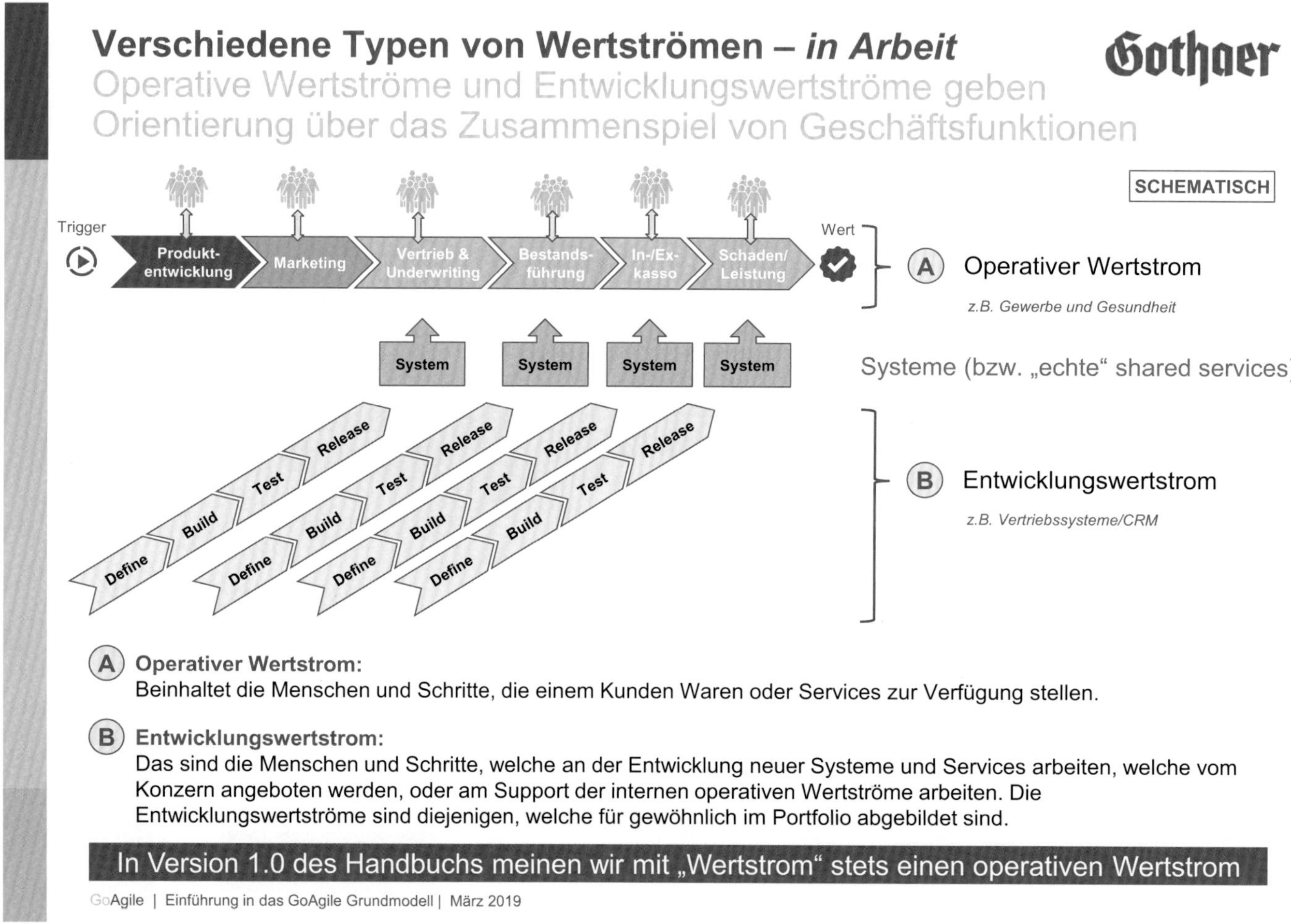

Bild 19.5 Verschiedene Typen von Wertströmen

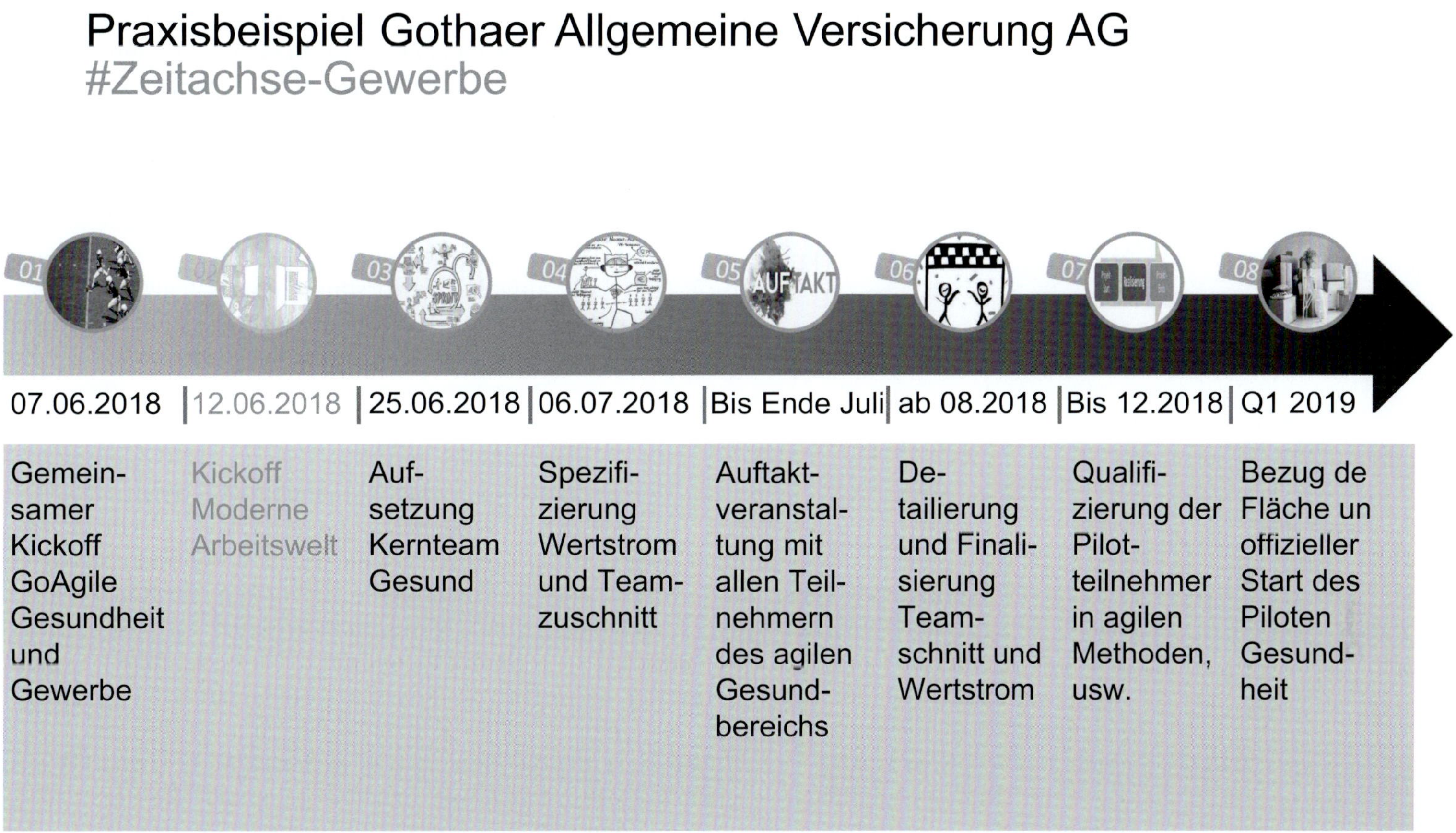

Bild 19.6 Zeitachsen der Entwicklung des Wertstroms Gewerbe

So hat beispielsweise der Wertstrom Gewerbe eine ganze Reihe von Entwicklungsschritten im Vorfeld der eigentlichen Pilotierung umgesetzt, um den Reifegrad zu erreichen, der notwendig ist, um in iterativer Vorgehensweise den vollständigen Aufgaben- und Verantwortungsumfang abdecken zu können (Bild 19.6).

19.6 Vorstandsmitglieder – die Quellrekursion des Konzerns

Die Vorstandsmitglieder haben im Gesamtvorhaben GoAgile ebenfalls eine ausgesprochen wichtige Funktion. Um die Zusammenarbeit zwischen ihnen und den Wertstromteams so eng wie möglich zu gestalten, wurden verschiedene Kanban Boards eingerichtet, mit deren Hilfe die Vorstandsmitglieder wöchentlich aktuelle Hürden und Problemstellungen aus den Wertströmen diskutieren und auf ihrer Ebene klären.

Über diese Form der Integration des Vorstands ist es möglich, ihn zum einen über den Entwicklungsstand der operativen Fortschritte der Wertströme ebenso auf dem Laufenden zu halten wie über den aktuellen Status der Entwicklung des Grundmodells und die Details der zukünftigen, agilen Kollaborationsformen. Außerdem wird so sichergestellt, dass sich die eigentliche Kernaufgabe des Vorstands, die strategische Ausrichtung der Konzernentwicklung zu definieren und als Orientierung und Arbeitsgrundlage an die Wertstromteams weiterzugeben, nahtlos integriert. Die Vorstandsmitglieder selbst profitieren ihrerseits von der direkten Rückkopplung hinsichtlich der Anwendbarkeit, Realisierbarkeit und Nachvollziehbarkeit ihrer Vorarbeiten und auch von einer emergenten Neuorientierung ihrer eigenen Rolle als Vorstand im Kontext einer agilen Organisationsstruktur.

Dem Modell der Rekursion folgend, stellt das Vorstandsteam die Quellrekursion des gesamten Konzerns dar. Somit füllen sie initial die elementaren Rollen D, M, G, C und M* aus, mit deren Arbeitsergebnissen die verantwortlichen Mitarbeiter der elementaren Rollen der Folgerekursionen wiederum ihre eigene Tätigkeit orientieren und ausgestalten können.

Diese Weitergabe und Übernahme von Arbeitsergebnissen ist ihrerseits an eine unmittelbare Rückkopplung gebunden, wie im Modell der Homöostase beschrieben, das im Rahmen der Grundlagen des ersten Teils in diesem Buch erörtert wurde.

Die Kanban Boards der Vorstandsmitglieder weisen dabei die gleiche Struktur wie die in den Teams eines Wertstroms auf. Die Struktur der in den Teams und von den Vorstandsmitgliedern genutzten Boards entspricht dem Design der 6-Bo-SAK, das bereits beschrieben wurde (Bild 19.7).

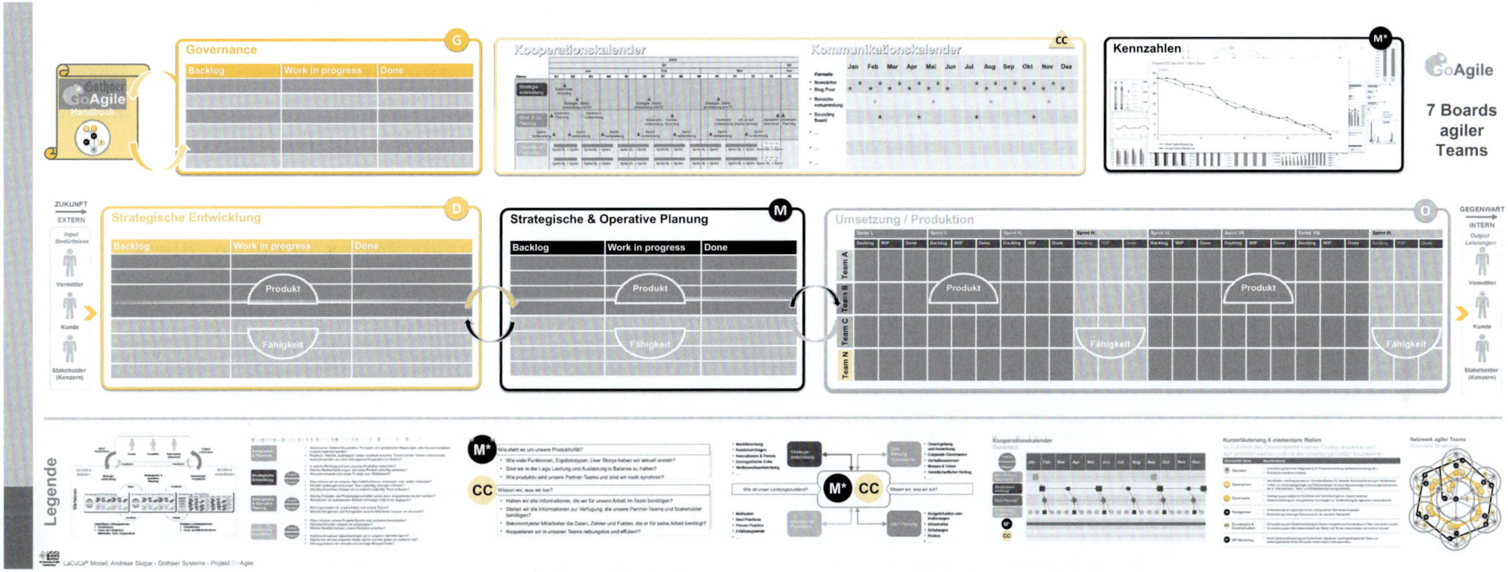

Bild 19.7 Boards für die Organisation agiler Zusammenarbeit

19.7 Die Details des Grundmodells

Um eine gemeinsame Verständnis- und Kollaborationsgrundlage für alle Mitarbeiter in den agilen Teams der Wertströme zu schaffen, wurde das sogenannte Grundmodell entwickelt. Zusätzlich hat das Grundmodell die Aufgabe, sicherzustellen, dass es auch den klassisch strukturierten Linienorganisationen möglich ist, mit den Wertströmen zusammenzuarbeiten. Diese Integrationshilfe ist unter anderem für den Zeitraum der zweiten Phase notwendig, in der die Linienorganisationen der Ressorts selbst noch nicht in den agilen Modus Operandi wechseln, aber die Kollaboration pilotiert werden soll.

Im Gegensatz zum statischen Zielbild einer tayloristischen Organisation, in dem definiert ist, welchen Zustand eine Reorganisationsmaßnahme erreichen soll, beschreibt das Grundmodell die Elemente und Arbeitsmittel, mit denen eine agile Organisation arbeitet, und die Mechanismen, mit denen sie sich selbstorganisiert immer wieder weiterentwickelt und anpasst.

Zielsetzung des Grundmodells ist es, darüber dem angestrebten Zustand einer kontrollierten und kontinuierlichen Instabilität durch kontinuierliche Anpassung Stabilität und Orientierung zu geben, damit alle Mitarbeiter sukzessive den Modus der agilen Kollaboration als Selbstverständlichkeit adaptieren.

Ausgangspunkt des Grundmodells ist es, das Selbstverständnis als agile Organisation und die Motivation zu etablieren, aus der heraus die Gothaer die Transformation in den Modus der Agilität vollziehen will (Bild 19.8).

Im Kontext eines Wertstroms bietet das Grundmodell, wie ein Werkzeugkasten, alle notwendigen Bestandteile an, die agile Teams benötigen, um sich selbst zu organisieren und ihre Kollaboration intern und mit ihrer Umwelt kontinuierlich entwickeln und gestalten zu können.

Damit nicht jeder Wertstrom diese Elemente immer wieder selbst erarbeiten muss, hat das Kernteam im Rahmen der ersten Phase zusammen mit den Koordinationsteams eine initiale Version des Grundmodells mit den bestehenden Wertströmen erstellt. Wie alle Elemente einer agilen Organisation ist auch das Grundmodell nicht als fertig anzusehen und verfolgt auch keinen endgültigen Reifegrad. Es dient als Ausgangsversion einer kontinuierlichen Entwicklung, die durch immer wieder gewonnene Erkenntnisse und Einsichten weiterentwickelt und von den Mitarbeitern in den Teams der Wertströme angepasst wird.

Als grundsätzlich und somit als Teil einer übergreifenden Governance ist lediglich zu verstehen, dass es im gesamten Konzern nur ein einziges Grundmodell agiler Kollaboration geben soll. Auf diesem Fundament kann ein einheitliches Verständnis aller Mitarbeiter zu diesem Thema

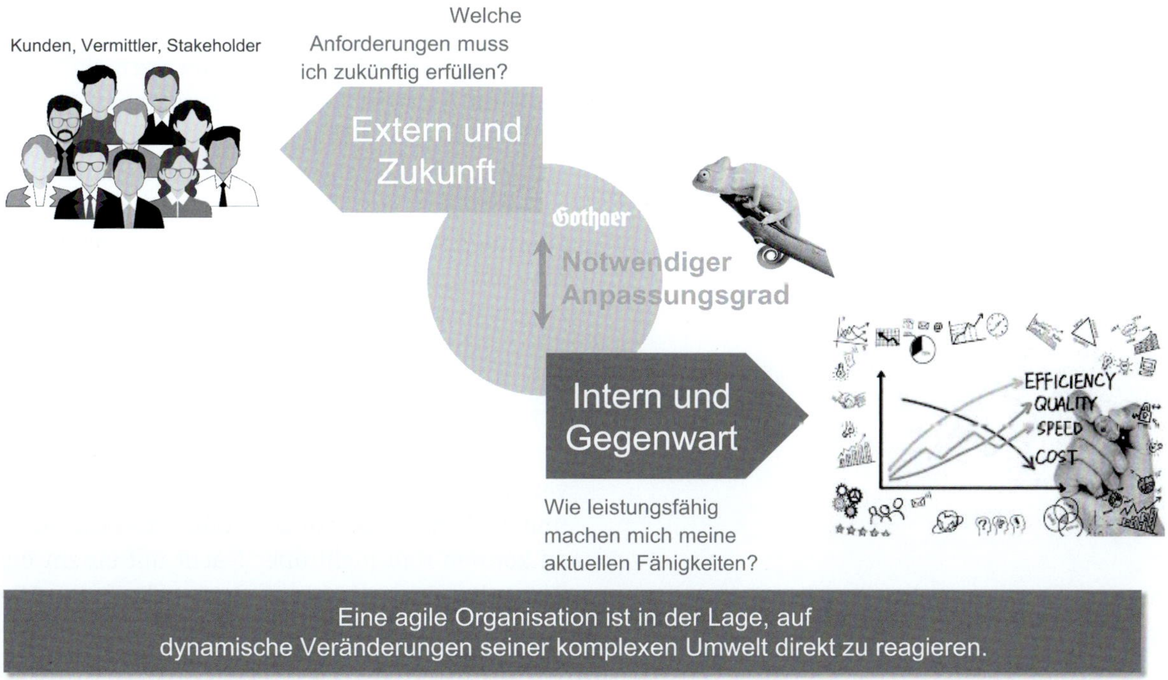

Bild 19.8
Verständnis einer agilen Organisation

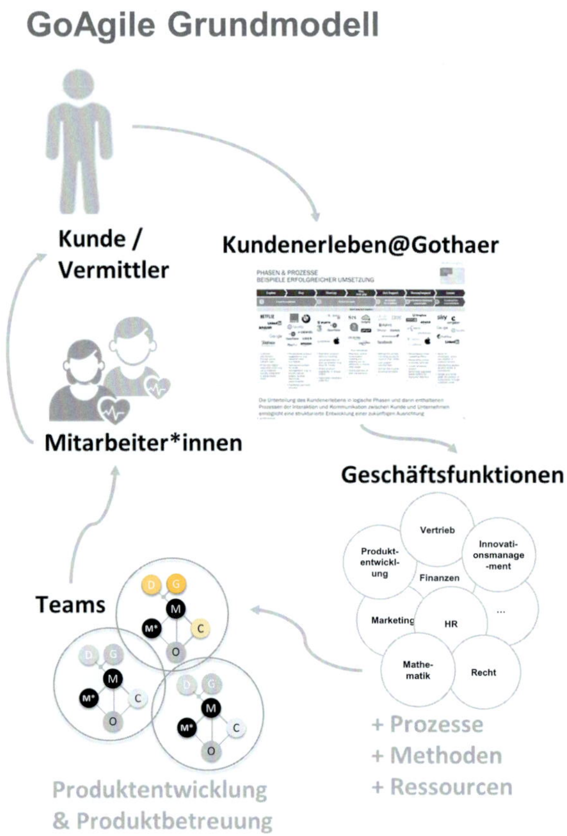

Bild 19.9 Elemente des Grundmodells

aufgebaut, etabliert und auch zukünftig gemeinsam weiter gestaltet werden.

Die Entwicklung individueller Modelle agiler Kollaboration hätte zur Konsequenz, dass diese an den internen Schnittstellen verschiedener Konzernbereiche und Abteilungen, die eine Kooperation mit agilen Wertströmen und Teams anstreben, immer wieder aufs Neue Vereinbarungen aushandeln und weiterentwickeln müssten. Dieser Zustand würde vermeidbaren Aufwand verursachen, zu Redundanzen führen und damit zwangsläufig einen Widerspruch zur eigentlich angestrebten Agilität darstellen.

Entscheidet sich ein Ressort dazu, selbst einen oder mehrere Wertströme aufzubauen und darüber sukzessive in eine agile Kollaborationsform zu wechseln, dient das Grundmodell als Orientierungshilfe, um sich in dieses Themengebiet leichter ein- und sich darin zurechtfinden zu können.

Das Grundmodell ermöglicht es außerdem, die verfügbaren Werkzeuge aus dem Kasten nach und nach zusätzlich zu den etablierten einsetzen zu können und nicht über Nacht mit einem Big Bang alles Operative verändern zu müssen. Alle Elemente auf einmal einführen zu wollen, wäre riskant und würde potenziell eine Überforderung der beteiligten Mitarbeiter in ihren Teams darstellen. Ohne das Vorhandensein entsprechender Anwendungssicherheit agiler Kollaborationsformen würde in der Folge mehr Frust ausgelöst, als den Nutzen agiler Kollaboration anhand kontinuierlicher Erfolge und positiver Arbeitsergebnisse erlebbar zu machen.

Nach der erwähnten Beschreibung von Motivation, Verständnis und Zielsetzung der agilen Organisation beschreibt das Grundmodell in seinem zweiten Teil die bereits erwähnten Elemente (Bild 19.9). Diese werden nachfolgend kurz skizziert, um einen Eindruck von den Inhalten und dem Umfang zu vermitteln.

Kunde & Vermittler
Orientierungspunkt der gesamten Ausrichtung agiler Kollaboration der GoAgile-Initiative ist der Kunde als eigentlicher Nutzer einer Versicherungsleistung bzw. der Vermittler, der mit der Gothaer kollaboriert und deren Versicherungsleistung verkauft. Damit dieser Orientierungspunkt konkret ausgestaltet wird und als Grundlage für die Entwicklung neuer und die Erbringung bestehender Versicherungsleistungen ist, beginnt das Grundmodell mit der Definition von Personas (Bild 19.10).

Das Profil eines Kunden soll zur Identifikation seiner spezifischen Anforderungen an die Versicherungsleistung der Gothaer dienen und diese dabei unterstützen, die eigenen Angebote im Vergleich zum Wettbewerb leistungsfähiger und attraktiver zu gestalten. So soll ein kontinuierlicher Wettbewerbsvorteil der eigenen Versicherungsangebote herausgearbeitet und iterativ verbessert und weiterentwickelt werden.

Kundenerleben@Gothaer
Wie positiv oder attraktiv die Interaktion für einen bestehenden oder potenziellen Kunden mit der Gothaer tatsächlich verläuft, soll durch die Nutzung von Customer Journey Maps (Bild 19.11) und die darüber mögliche, kontinuierliche Analyse des Kundenerlebens verfolgt werden.

Erkenntnisse aus direkter Kundeninteraktion im Callcenter oder dem Interaktionsverlauf über digitale Medien und Kommunikationswege fließen interdisziplinär in diese Analysen ein und werden für die Ausgestaltung der nächsten Iterationen zur Produktentwicklung und Verbesserung der Serviceleistung genutzt.

Eine Persona beschreiben

Gothaer

Wir betrachten bei der Beschreibung einer Persona ein Individuum, welches die Rolle des Kunden einnehmen kann

Beispiel Vermittler = Kunde

Beschreibung der Person

Bezirksdirektion; 4 Innendienstmitarbeiter und 3 angestellte Verkäufer, seit 33 Jahren bei der Gothaer, kümmert sich im Schwerpunkt um die Großkunden, ist aktiv in der isa.

Reist gerne und isst gerne, engagiert sich im Stadtteil im Lions Club und liest gerne

Thomas

54 Jahre

aus Essen

1,80 m

102 kg

Das sind meine Ziele

Agentur stabil halten und weiterhin jährlich Arnoldi zu erreichen. Will in sieben Jahren die Agentur an die Tochter übergeben und dann mit seiner Frau den Ruhestand genießen

Das sind meine Probleme

Vertrieblichen Druck - den kennt er, aber er hat das Gefühl, immer weniger Zeit für die Kundschaft zu haben. Neues IT-System, das Agenturabläufe verändert, nervige Bürokratie, viele Themen in der isa; das alles frisst Zeit. Außerdem haben die Kunden zunehmend Spezialfragen, die mit dem sperrigen Innendienst geklärt werden müssen und auf die es oft keine gute Antwort gibt. Steht dem Neuen aus der Hauptverwaltung mittlerweile skeptisch gegenüber

Ein typischer Tag

Uhrzeit	Der Tag
6:30	Der Wecker und Frühstück
7:20	Fahrt in die Agentur 28 km, STAU!!
8:15	Ankunft, erste Tasse Kaffee, direkt 4 drängende Fragen der Büroleiterin
9:00	Klären zweier Fragen mit Innendienst – eine gelöst
9:45	Agenturrrunde – Schwerpunkt CRM
11:00	30 min Fahrt zum Termin beim Gewerbekunden
12:30	Schnell ein warmes Brötchen beim Metzger, danach wieder in die Agentur
13:45	Rücksprache im Büro
15:00	Telko mit Sprecherausschuss
16.30	Fahrt zum vermögenden Privatkunden in Witten und Gespräch zur Vermögensanlage
18:30	Kundentelefonat aus dem Auto auf dem Rückweg nach Hause

GoAgile Handbuch | Version 1.0 | Dezember 2018

Bild 19.10 Steckbrief für die Beschreibung einer Persona

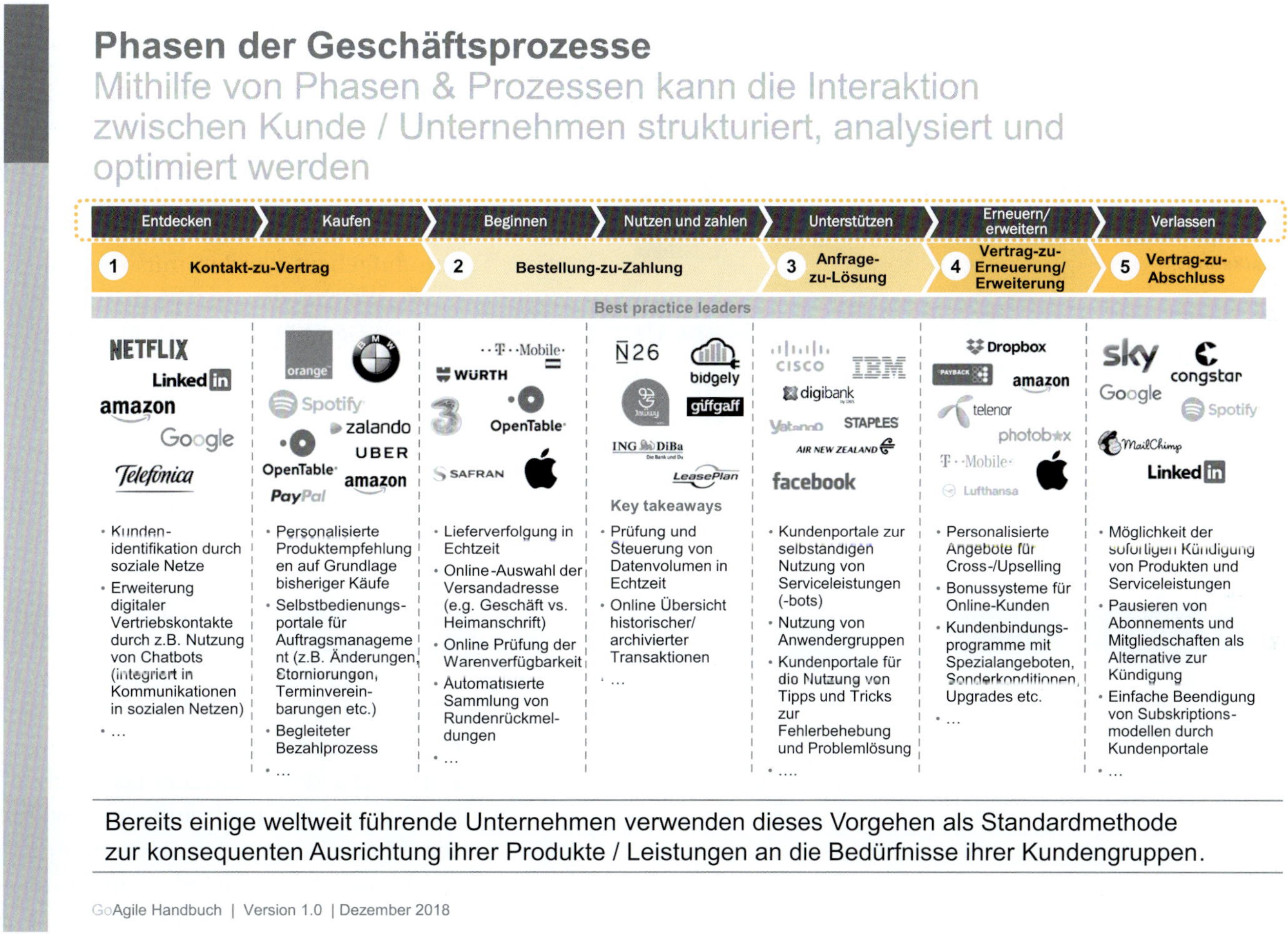

Bild 19.11 Prinzipieller Aufbau einer Customer Journey

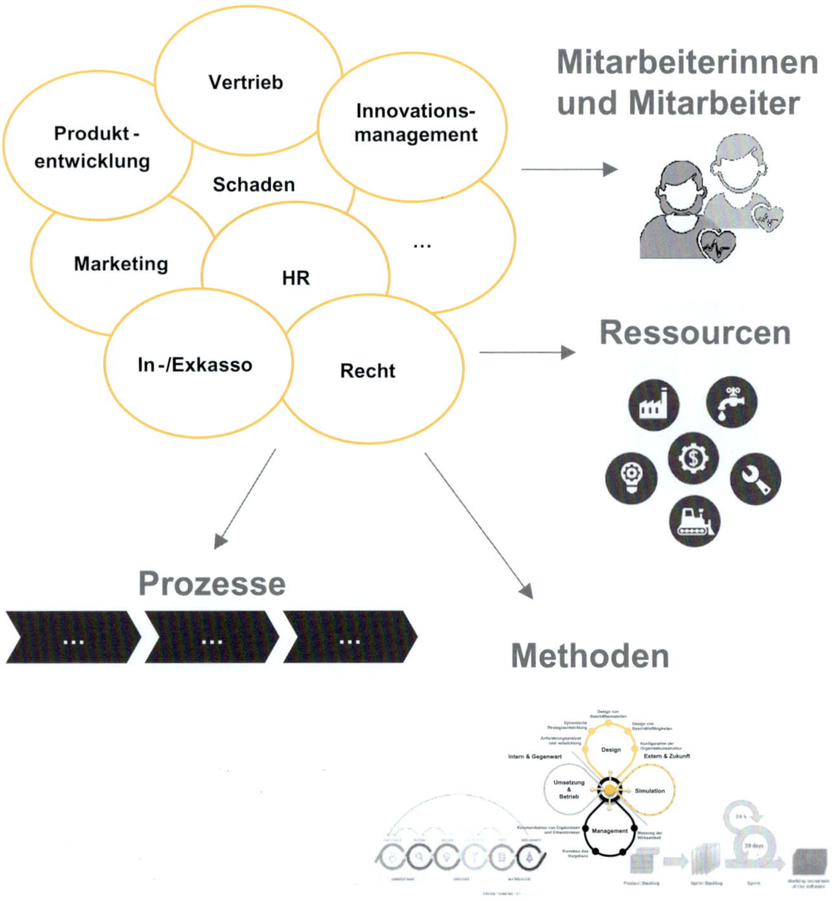

Bild 19.12 Elemente von Geschäftsfunktionen

Geschäftsfunktionen

Bevor die genannten Erkenntnisse im Rahmen einer Iteration beispielsweise in eine Produkt- oder Prozessverbesserung einfließen, wird festgestellt, welche der vorhandenen Geschäftsfunktionen, wie Geschäftsfähigkeiten innerhalb der Gothaer genannt werden, angepasst oder neu aufgebaut werden müssen. Dabei wird geprüft, welche der in Geschäftsfunktionen genutzten Geschäftsprozesse, Methoden oder Ressourcen, z. B. eine IT-Lösung, anzupassen sind und welche Art der Entwicklung notwendig ist (Bild 9.12).

Dabei kollaborieren die für die elementaren Rollen verantwortlichen Mitarbeiter in den Teams eines Wertstroms bereits interdisziplinär miteinander und treffen im Rahmen ihrer Inkrementplanung die nötigen Entscheidungen und Vorbereitungen.

An dieser Stelle der Überlegungen wird sehr früh sichtbar, welches Know-how innerhalb der eigenen Teams unter den Mitarbeitern für die Umsetzung der Entwicklungsmaßnahmen vorhanden ist oder noch aufgebaut werden muss. Die Überlegungen der Inkrementplanung des Wertstroms beziehen neben den Anforderungen der Kunden an die eigenen Produkte und Leistungen auch die vorhandenen und zukünftig benötigten Leistungen und Fertigkeiten der Mitarbeiter konsequent mit ein. So wird sichergestellt, dass sich die agilen Teams zum einen kontinuierlich auf einem aktuellen Wissensstand halten und dass zum anderen die Abhängigkeit von externen Spezialisten und Unternehmensberatern auf dem nötigen Mindestmaß verbleibt.

Team und Mitarbeiter

Das letzte und relevanteste Element des Grundmodells sind der Mitarbeiter selbst und die Organisation seiner individuellen Arbeit und Kollaboration im Team. Wie werden die Fähigkeiten der einzelnen Mitarbeiter und Teams beschrieben und entwickelt? Welches Verständnis fachlicher Rollen ist anzuwenden? Wie sind diese in den Kanon der elementaren Rollen O, D, G, M, M* und C einzubetten?

Dieser Aspekt ist deswegen so relevant, damit die selbstorganisierten Teams dazu in der Lage sind, über ein gemeinsames Verständnis zum einen die individuelle Entwicklung einer fachlichen Karriere zu entwickeln: im Sinne des T-Shape-Modells sukzessive vom Kenner zum Könner und letztlich zum Experten eines Fachgebiets. Zum anderen können sie so gemeinsam an der Definition und Entwicklung der benötigten Kenntnisse und Fähigkeiten der Mitarbeiter in den Wertstromteams arbeiten.

Aus diesem Grund sind im Grundmodell unter anderem Werkzeuge wie Rollenbeschreibungen und Kompetenzräder enthalten, die als Arbeitsgrundlage für die vorgenannten Punkte genutzt werden können. Zusätzlich ermöglichen sie es, die Konfiguration der einzelnen Teams in einem Wertstrom festzulegen und iterativ an die sich ergebenden Notwendigkeiten und Marktentwicklungen anzupassen. Diese Anpassung drückt sich in immer neuen Teamschnitten aus, die wir in dem Unterkapitel »Teamschnitte und Wertströme« bereits erörtert haben.

An dieser Stelle schließt sich der Zyklus, in dem die fünf Elemente des Grundmodells – Kunde/Persona, Customer Journey, Geschäftsfunktion, Team und Mitarbeiter – miteinander in Beziehung stehen. Am Ende dieses Zyklus steht der Mitarbeiter in seinem Team, der die eigentliche Geschäftsleistung in der Interaktion mit dem Kunden erbringt und somit die primäre Stelle darstellt, an der die Wettbewerbsfähigkeit im direkten Vergleich zum Markt wirksam wird.

19.8 Vom Was zum Wie – die Anwendung des Grundmodells

Haben sich die bisherigen Inhalte des Grundmodells mit der Beschreibung seiner Elemente befasst und das Was der notwendigen Inhalte und Werkzeuge vorgestellt, folgt nun der Bereich, in dem die Mitarbeiter von Kernteam, Koordinationsteam und Wertstrom entwickelt haben, wie diese Elemente im Alltag eingesetzt werden sollen und welchen Nutzen sie damit schaffen können.

Ausgangspunkt ist hier das Kooperationsmodell (Bild 19.13). Es beschreibt, wie die Ebenen Development, Management und Operations miteinander interagieren und die Erkenntnisse aus der Entwicklung von Persona und Interaktionsanalyse aus der Customer Journey verarbeitet werden. Zusätzlich wird beschrieben, wie Coordination und Monitoring dabei unterstützen, die Kollaboration der elementaren Rollen und Ebenen so reibungslos wie möglich zu gestalten und die Wirksamkeit des selbstorganisierten Vorgehens über Kennzahlen transparent zu machen.

Anmerkung

Der Begriff Kooperation, wie er im Kontext des Grundmodells verwendet wird, ist synonym zum Begriff der Kollaboration zu verstehen, wie er in diesem Buch, vor allem im Kapitel über die 6-BoSAK, verwendet wird.

Außerdem wird im Grundmodell die elementare Rolle **C**, Coordination, **CC genannt**: Coordination und Communication. Den Mitarbeitern des Kernteams und der Koordinationsteams war es wichtig, die beiden Aspekte zu betonen, die den Verantwortungsbereich dieser Rolle prägen.

Letztlich ist jede Organisation frei darin, welche Begriffe oder Benennungen sie den elementaren Rollen des laCoCa-Modells zuordnet. Relevant ist ausschließlich, dass die Verantwortungsbereiche der elementaren Rollen konsequent eingehalten und angewendet werden und organisationsübergreifend ein homogenes Verständnis von ihnen entwickelt wird und erhalten bleibt.

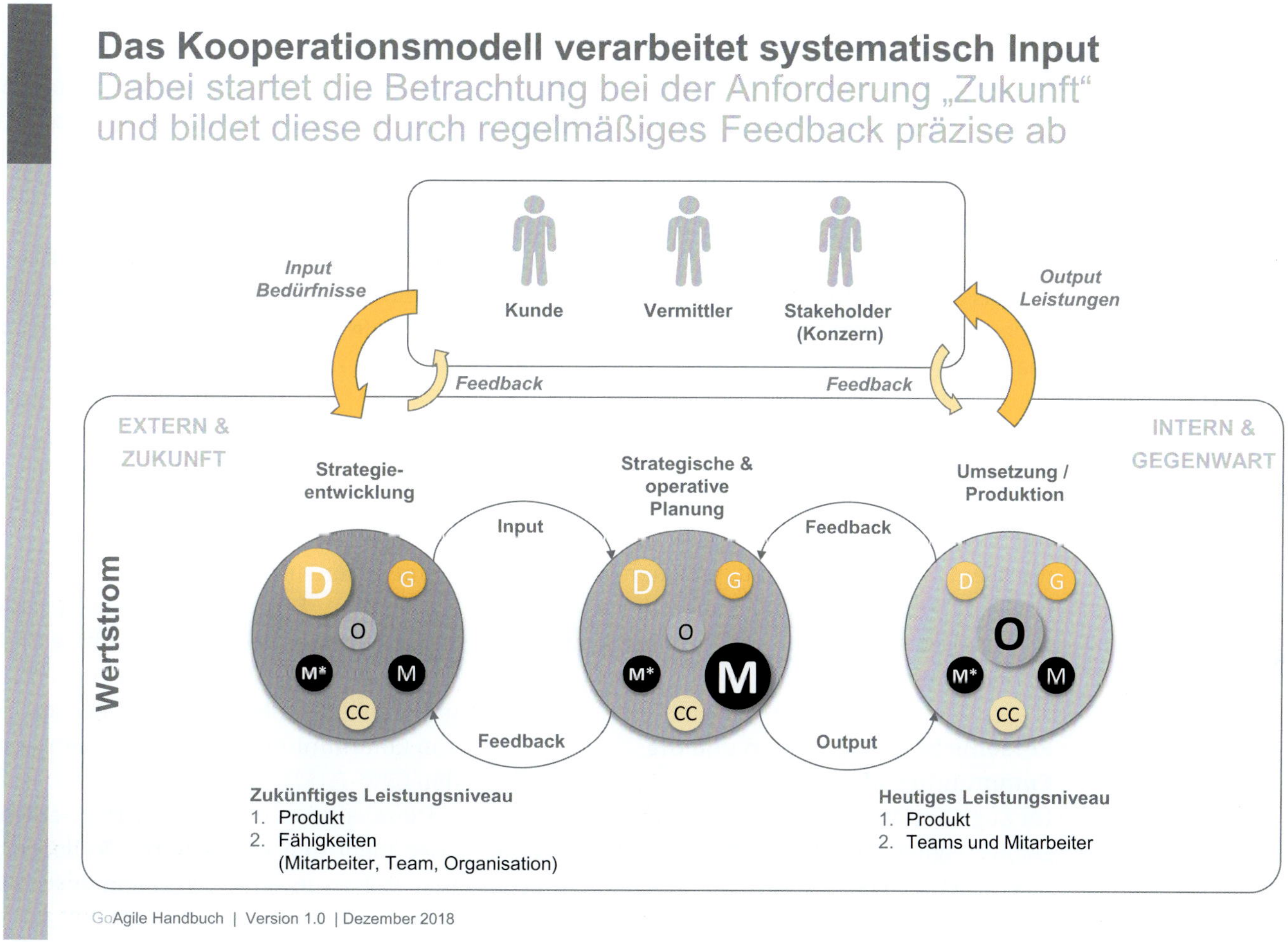

Bild 19.13 Auf den Kunden fokussiertes Kooperationsmodell

An dieser Stelle im Kooperationsmodell schließt sich der Kooperationskalender an (Bild 19.14). Dieser operationalisiert das zeitliche Zusammenspiel der Ebenen Development, Management und Operation und organisiert, zu welchen Terminen und in welchem Umfang Maßnahmen und Ereignisse im Rahmen der Kommunikation und des Monitorings, also der Erhebung und Auswertung von VIs, erfolgen.

Der Kooperationskalender wird von jedem Team und von jedem Wertstrom veröffentlicht, und die Einträge werden nach rekursiver Logik miteinander synchronisiert. So kann jedes Mitglied eines Teams und jeder Mitarbeiter aus einer beliebigen Organisationseinheit aus dem Unternehmen nachvollziehen, wann wer was mit wem wozu geplant hat, welcher Workshop wann und wozu stattfinden soll oder wann die nächste Inkrementplanung terminiert ist, an der er teilnehmen kann.

Persönliche Kollaboration und die Communities of Practice

Im Zuge der Ausführungen zu den sechs Boards skaliert-agiler Kollaboration haben wir schon das Design und den Einsatz von Obeyas oder Projekträumen beschrieben. Derartige Infrastrukturen zur direkten und persönlichen Kollaboration aller Teammitglieder werden auch im Rahmen des Grundmodells genutzt. So können z. B. die täglichen Stand-up Meetings der Teams oder auch die Organisation einer Inkrementplanung in einem derartigen Umfeld stattfinden.

Da beabsichtigt ist, dass alle Teams eines Wertstroms mit den gleichen Kanban und Pin Boards arbeiten, ist es möglich, eine übergreifende Abstimmung und Synchronisation der jeweiligen Arbeitsstände durchzuführen (Bild 19.15). Dieses Vorgehen stellt die Kommunikation und Kollaboration auf der operativen Ebene aus der jeweiligen Perspektive von Governance, Development, Management und der Operationsteams sicher.

Um einen interdisziplinären und teamübergreifenden Erfahrungsaustausch und einen Transfer gewonnener Erkenntnisse und Einsichten zu ermöglichen, können die Projekträume mit den darin befindlichen Boards zusätzlich von Communities of Practice (CoPs) genutzt werden (Bild 19.16).

Diese sind entweder nach Themengebieten oder nach den elementaren Rollen organisiert und stehen in einem regelmäßigen Dialog, um sich über Erfahrungen in den zurückliegen-

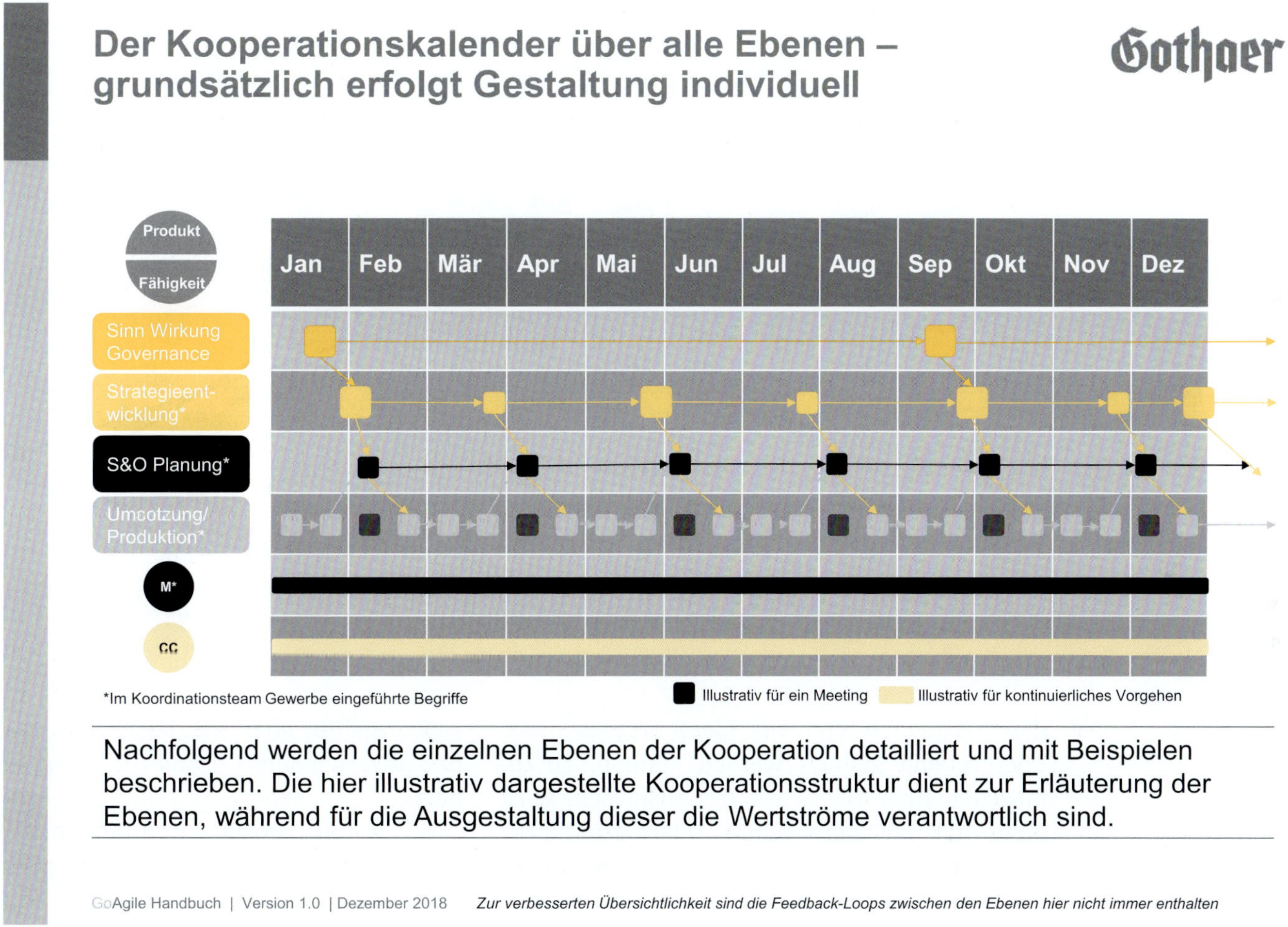

Bild 19.14 Aufbau eines Kooperationskalenders

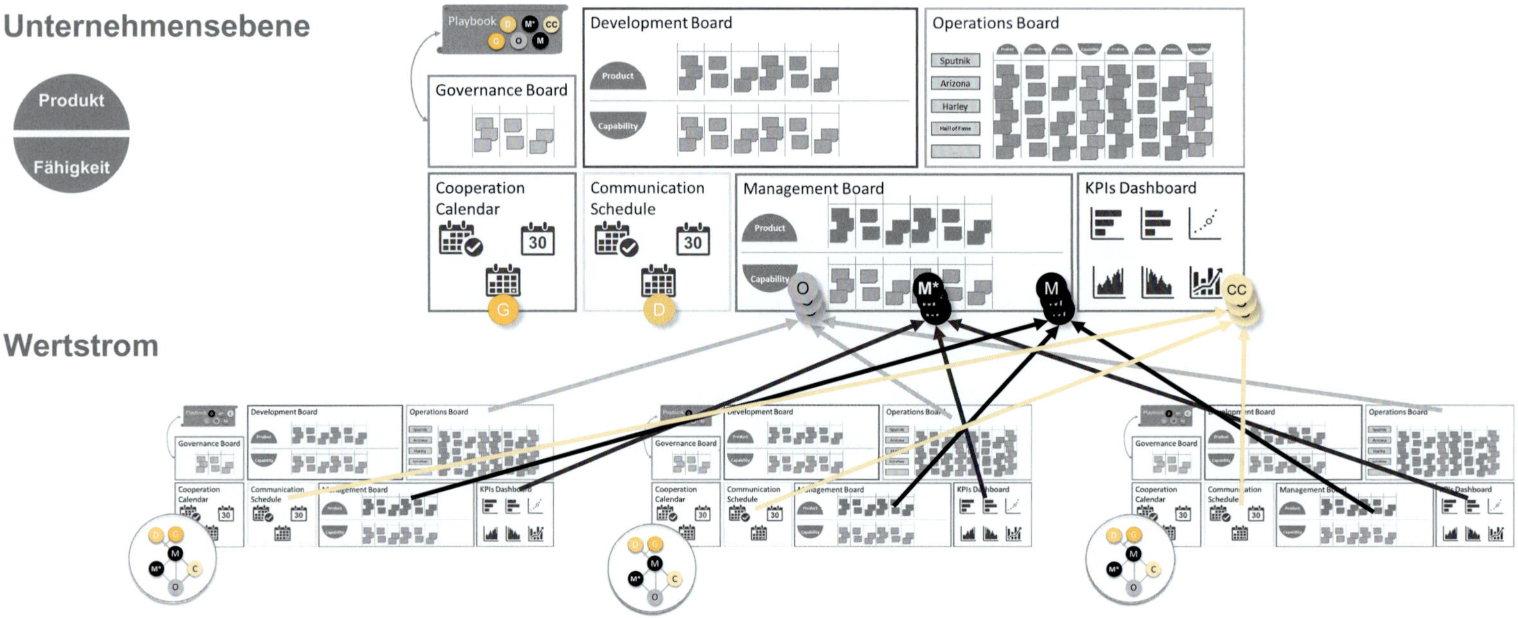

Bild 19.15 Unternehmensweite Synchronisation von Entwicklungsfortschritten und Kommunikationsinhalten

den Iterationen und wie diese organisationsübergreifend genutzt werden können, auszutauschen. Über diese Form des Austauschs wird nicht nur die Entwicklung interdisziplinärer Fachkompetenz sichergestellt, sondern vor allem ein kulturell notwendiges Zusammengehörigkeitsgefühl aller Mitglieder der Wertströme und angrenzenden Organisationsbereiche gefördert.

Wie bereits erwähnt und betont, ist es nicht ausreichend, lediglich eine Anatomie für die agile Organisation zu entwickeln, sondern es

Teamübergreifende Synchronisation

Übergreifende Synchronisation, Erkenntnis- und Wissens-transfer findet in verschiedenen Communities of Practice statt

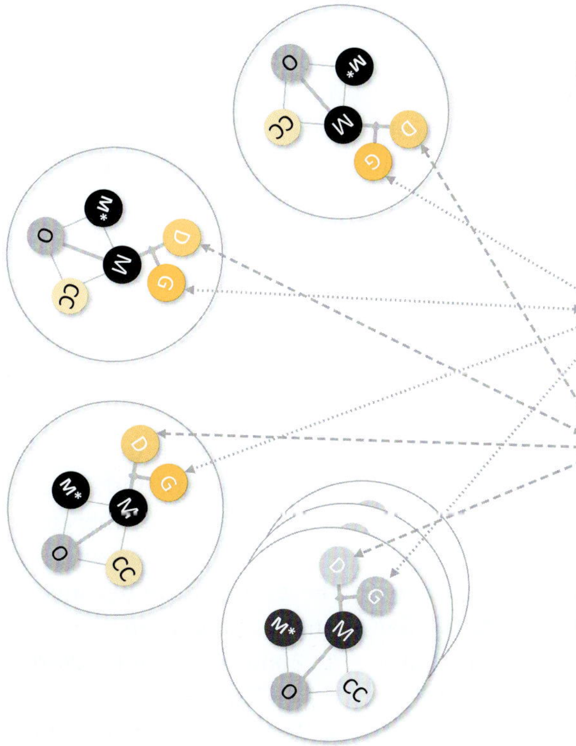

O Kenner, Könner und Experten treffen sich in sogenannten **Communities of Practice** zur kollegialen Beratung, zu Erfahrungsaustausch und **Wissenstransfer** (potenzieller Teil der Karriereentwicklung).

CC Die **synchronisierte** Entwicklung und der bedarfsgerechte **Austausch von Zahlen, Daten und Fakten** (Z.D.F.) sowie die Entwicklung angemessener **Methoden, Kommunikationsmittel und Kooperationswege** stimmen die Verantwortlichen der Rollen-CC untereinander ab.

G Konsistenz, Nachvollziehbarkeit und Anwendbarkeit von **Regelungen** und Vereinbarungen werden von den Verantwortlichen der Rollen-G ebenso entwickelt wie die Siohcrstcllung, dacc dor **Untornohmoncsinn** mit den **Beiträgen der Teams** harmoniert.

D **Zukünftige Anforderungen** und entsprechend notwendige Entwicklungen von (Geschäfts-)Funktionen und Produkteigenschaften erarbeiten die Verantwortlichen der Rollen-D in regelmäßigen Intervallen oder spontan, wenn eine relevante Dynamik der Umwelt identifiziert und bewertet ist.

M M* Die Übersicht über das **Leistungsniveau** und den Bedarf an **Mitarbeiterkapazitäten** und **Ressourcen** stimmen die Verantwortlichen für M und M* ebenfalls in interdisziplinären Zirkeln ab und können so den Umgang mit Auslastungsniveau und Lastspitzen organisieren.

GoAgile Handbuch | Version 1.0 | Dezember 2018

Bild 19.16 Strukturierung von Communities of Practice – CoP

besteht eine Notwendigkeit, auch auf die emotionale Seite der Organisation, also die Psyche der Mitarbeiter zu achten. Die Etablierung und aktive Nutzung von CoPs ist der wesentliche Katalysator, der sicherstellt, dass neben all der operativen Fokussierung der persönliche Austausch und die so wesentliche emotionale Verbindung der Mitarbeiter untereinander Raum finden und gepflegt werden können. Networking ist wohl das neudeutsche Wort, das man hier nutzen kann. Aus der Sicht des laCoCa-Modells ist es die Dualität von Anatomie und Psychologie, die als zwei interdependente Dimensionen desselben komplexen Systems zu verstehen sind.

19.9 Das Playbook und seine Inhalte

Eine weitere Ebene der Detaillierung und des Transfers des Grundmodells in den Alltag der agilen Teams ist das Playbook. Bisher wurde ausgeführt, aus welchen Elementen das Grundmodell besteht und wie es operativ eingesetzt werden kann. Das Playbook schließt sich als letztes Element in der Reihe der Werkzeuge an und beschreibt, nach welchen Regeln und Vereinbarungen die vorher genannten Werkzeuge angewendet und weiterentwickelt werden sollen. Dabei ist auch das Playbook mit seinen Vereinbarungen und Festlegungen als lebendiges Element einer immerwährenden Weiterentwicklung und kontinuierlichen Anpassung unterworfen. Dieser Zustand wird über das bereits beschriebene Governance Board transparent und damit für jedermann nachvollziehbar.

Das Playbook selbst wird dabei nach festgelegten Regeln weiterentwickelt. So kann sichergestellt werden, dass kein Wildwuchs an potenziell widersprüchlichen Regularien entsteht und einer tendenziellen Bürokratie entgegengewirkt werden kann.

Im Rahmen der GoAgile-Initiative wurden vom Kernteam und den Koordinationsteams die folgenden Themenbereiche als Starthilfe für die Teams in den Wertströmen vorbereitet, die von diesen im Laufe der anschließenden Pilotphase angepasst werden.

1. Ziele der GoAgile-Wertströme und ihrer agilen Teams
2. Inhalte und Anwendungsbereiche des Playbooks

3. Vorgehen zum Aufbau eines Teams
   a. Wahlverfahren der Verantwortlichen für die elementaren Rollen G, M, CC, M* und D
   b. Festlegung und Vereinbarung bezüglich der Verantwortung und Handlungsbereiche der Rollen
   c. Befugnisse über Verantwortungsbereiche von Rollen
   d. Vertretungsregelung
4. Vorgehen zur Anpassung der elementaren Rollen
5. Priorisierung von Aufgaben und Verteilung von Ressourcen
6. Prozess zur Entwicklung der Governance und des Playbooks
7. Durchführung des Governance Meetings
8. Durchführung strategischer und operativer Planung
9. Durchführung operativer Meetings
10. Interdisziplinäre Abstimmung und Weiterentwicklung der Teamkooperationen über Communities of Practice
11. Schnittstellen zu bestehenden Konzernprozessen
12. Erfüllung regulatorischer Anforderungen

Dieser Themenkanon hat keinen Anspruch auf Vollständigkeit, und er wird diesen Zustand sicherlich im Kontext einer agilen Organisation auch nie erreichen. Das ist genau der Zustand, der über das Grundmodell und seine Inhalte erreicht und gefördert werden soll.

Das Playbook ist ein wesentlicher Bestandteil, um dieses Vorgehen und die damit einhergehenden Denkmodelle in den Alltag aller Teammitglieder einziehen zu lassen und diese erfolgreich, sinn- und nutzenstiftend anwendbar und erlebbar zu machen.

19.10 Weitere Schritte

Im Laufe der bisher beschriebenen Vorbereitungsarbeiten der ersten Phase ist eine ganze Reihe von Detailthemen sichtbar geworden, die im Rahmen der Pilotphase behandelt werden sollen.

- **Brückenbauer**
  Die Anbindung von Kooperationspartnern aus der Linienorganisation bedarf spezieller Kooperationsvereinbarungen oder Schnittstellen-

beschreibungen, um den noch nicht agil organisierten Konzernressorts die Kollaboration mit den Teams in den Wertströmen zu erleichtern. Diese sozusagen temporäre Brücke wurde beispielsweise bereits mit dem Ressort Vertrieb und Marketing erstellt und erlaubt so ein einheitliches Verständnis im Umgang mit Kern- und Schalenkompetenzen sowie den jeweiligen Bereichen und deren gegenseitiger Integration. Die mit dem Ressort Vertrieb und Marketing erarbeitete Brücke kann als Blaupause für weitere Konzernbereiche wiederverwendet werden und somit den Einstieg oder Umstieg in agile Kollaborationsformen insgesamt erleichtern.

- **Aktion versus Reflexion**
  Reflexionsrunden zum Abschluss einer Iteration sind in den Teams der Wertströme bekannt und werden zur Gewinnung operativer Erkenntnisse angewendet. Im Rahmen der Pilotierung sollen zusätzlich explizit übergreifende Reflexionsrunden durchgeführt werden, die sich speziell mit den Fragestellungen der Initiative GoAgile und den darüber angestrebten Zielsetzungen auseinandersetzen. Andernfalls ist zu befürchten, dass dieses übergeordnete Ziel zu wenig Beachtung erfährt, sich die Teams zu sehr auf ihre operativen Details fokussieren und die Entwicklung der agilen Kollaboration darunter leidet.
- **Probieren, nicht studieren**
  Der gezielte Aufbau der nötigen Anwendungssicherheit der Teammitglieder in der Nutzung und Weiterentwicklung von Grundmodell und Playbook soll explizit durch Simulationsrunden und Rollenspiele gefüttert werden, um so im Laufe der Zeit das bewusste und nachhaltige Ersetzen von Gewohnheiten der bisherigen Vorgehensweise herbeizuführen und ein Rückfallen in gewohnte und vertraute Verhaltens- und Kollaborationsmuster zu verhindern.
- **Coaching von Kollegen für Kollegen – Wechsel zur Rolle CC**
  Als weiterer Verstärker der Etablierung neuer Kollaborations- und Verhaltensmuster sollen interne Mitarbeiter als agile Coaches Kollegen dabei unterstützen, neue Arbeitsformen einzuüben und zur Selbstverständlichkeit werden zu lassen. Diese Coaches sollen sich primär darauf konzentrieren, den für die Rolle CC verantwortlichen Mitarbeitern den Einstieg in die operative Durchführung der Aufgaben dieses integrierten Team-Coaches zu erleich-

tern. Über diese Unterstützung wird das kollegiale Coaching als integraler Bestandteil der Kollaboration im Team etabliert und der Bedarf für agile Coaches aufgehoben.

- **Kennzahlen zur objektiven Selbstorganisation**
  Neben den bekannten und etablierten Burndown und Burn-up Charts von Teams, die iterative Projekte nach Scrum organisieren, ist im Rahmen der Pilotphase die Entwicklung von VIs notwendig, um sicherzustellen, dass sich die Wertstromteams in die Lage versetzen, ihren individuellen Leistungszustand zu messen, objektiv zu beurteilen und in der notwendigen Balance zu halten.
- **Version 1.0 des »Gothaer Way of Agile«**
  Am Ende der zweiten Phase steht die Entwicklung eines ersten Vorgehensmodells der Gothaer, das im Rahmen der dritten Phase eingeführt werden soll. Der gesamte Konzern soll damit evolutionär in einen agilen Kollaborationszustand versetzt werden. Diese Phase vorzubereiten ist integraler Bestandteil des weiteren Vorgehens und wird den Fokus des Kernteams darstellen, um den Übergang aus dem Pilotzustand in die alltägliche Normalität der dritten Phase sukzessive einzuleiten.
- **Führungsaufgaben neu denken**
  Dass Führungskräfte, besser als Orientierungskräfte bezeichnet, auch in agilen Organisationen eine wesentliche Rolle spielen und eine kritische Verantwortung tragen, ist auch im Verständnis der Gothaer enthalten. Durch den Übergang der fachlichen Entscheidungsautorität von den Führungskräften auf die Mitarbeiter in den agilen Teams ist deren Rolle neu zu definieren und den neuen Kollaborationsformen anzugleichen. Um das zu erreichen, hat die Gothaer schon vor dem Beginn der GoAgile-Initiative einen umfassenden Schulungskatalog erarbeitet und allen Führungskräften angeboten, das Thema Führung@Gothaer im Kontext der agilen Transformation neu auszurichten.
  Damit sollte sichergestellt werden, dass sich die Führungskräfte zum einen als wesentlicher Teil der Transformation verstehen und eine weitergehende berufliche Zukunft und Perspektive ihrer Rolle im Konzern entwickeln und erkennen. Zum anderen sollten sie die Neuausrichtung ihrer Rolle und ihres Aufgabenbereichs sowie die dafür notwendige Anwendungssicherheit aufbauen, damit sie in der Lage sind, die notwendigen Rahmenbedin-

gungen zu schaffen, um Höchstleistungen in agilen Teams zu ermöglichen und weder Leistungsvorgaben zu definieren noch Entscheidungsbedarfe von ihrer Person abhängig zu machen.

Wie die Ausgestaltung der agilen Kollaborations- und Organisationsformen kristallisiert sich auch die zukünftige Rolle der Führungskraft im Rahmen der zweiten Phase weiter heraus und wird in den Kontext der agilen Teams integriert. Dabei sind beispielsweise Fragen zu disziplinarischen Themen oder zum Umgang mit Einstellungen, Gehaltserhöhungen, Wiedereingliederungen und wie die arbeitsrechtlich einzuhaltenden Vorgaben zu den Nebenpflichten aus dem Anstellungsverhältnis umgesetzt werden, die Arbeitnehmer und Arbeitgeber gleichermaßen zu erfüllen haben, zu klären.

19.11 Erstes Fazit und bisherige Erfahrungen

Was in der ersten und zu Beginn der zweiten Phase an Erkenntnissen sichtbar wurde und die Schlüsse, die schon jetzt zulässig sind, erlauben es, den weiteren Verlauf der Transformation positiv und konstruktiv zu gestalten. Diese Entwicklung bestätigt bereits das Grundprinzip agiler Kollaboration, das die iterative und schrittweise angepasste Vorgehensweise auf der Grundlage gewonnener Erkenntnisse postuliert.

Folgende Punkte stellen die Details der ersten Phase dar und werden direkt in die Gestaltung der anstehenden Iterationen einfließen.

Aufwand einer agilen Transformation

Auf der Grundlage der bisher gewonnenen Kenntnisse aus agilen Projekten wurde im Vorfeld der ersten Phase der Aufwand für die Mitglieder des Kernteams und auch der Koordinationsteams so eingeschätzt, dass diese ihr Engagement für GoAgile neben ihrer operativen Rolle und Verantwortung leisten können. Im

Laufe der Konzeptionsphase stellte sich allerdings heraus, dass es eine Sache ist, Projekte agil durchzuführen und dazu Methoden agiler Kollaboration, wie beispielsweise Scrum, zu nutzen, es aber etwas anderes ist, die vielschichtigen Ebenen und Themenfelder einer agilen Organisation zu erarbeiten. Die Komplexität der zweiten Thematik übersteigt agile Projektarbeit um ein Vielfaches, was zur Folge hatte, dass die ursprüngliche Planung als »nebenberufliches« Engagement sich nicht umsetzen ließ. Diese Entwicklung führte dazu, dass die erwartete Produktivität in der Erarbeitung der Grundlagen Grundmodell und Playbook nicht erreicht werden konnte und bezüglich der Detailtiefe der Themenfelder Kompromisse akzeptiert werden mussten. Im Rahmen der Pilotierung werden daher die fehlenden Details von den Mitarbeitern in den Teams der Wertströme direkt erarbeitet werden müssen. Dieser Umstand hat sowohl positive als auch negative Implikationen. Auf der negativen Seite ist zu erwarten, dass die Mitarbeiter in den Pilotteams mehr Zeit auf die Erarbeitung von Inhalten des eigenen Vorgehensmodells verwenden müssen und somit weniger zeitlichen Freiraum haben, um die Bestandteile des Grundmodells anzuwenden, anzupassen und zu validieren. Als positiven Effekt kann man allerdings sehen, dass dadurch die Inhalte des Grundmodells einen höheren Akzeptanzgrad unter den Mitarbeitern selbst erfahren werden, da sie diese selbst erstellt haben. Der »Not invented here«-Faktor kann somit weitestgehend minimiert werden.

Was für die Mitglieder von Kernteam und Koordinationsteams als Erkenntnisgewinn zu verzeichnen ist, ist die Tatsache, dass eine agile Transformation eine Vollzeitbeschäftigung ist und dass eine Freistellung von Mitarbeitern für die gesamte Zeit der ersten und zweiten Phase mehr Wirkung in der Umsetzung der Initiative ermöglicht hätte.

Vorstandsintegration

Als ausgesprochen vorteilhafte Maßnahme hat sich die frühe und möglichst nahtlose Integration der Vorstandsmitglieder in die aktive Kollaboration der GoAgile-Initiative erwiesen. Anstelle einer ritualisierten Präsentation von Entwicklungsergebnissen der Initiative im Rahmen von Vorstandssitzungen oder Strategieklausuren hat die aktive Einbindung der Vorstandsmitglieder durch die beschriebenen Kanban Boards dazu geführt, dass die Akzeptanz und das Verständnis von Ergebnissen und Rückschlägen sehr hoch ausgefallen sind. Außerdem wurde die Organisation davon befreit, den Vorstand zusätzlich und separat über den Verlauf zu informieren. Diese Kommunikationsform erfordert allgemein zusätzlichen Arbeits- und Abstimmungsaufwand, der über die direkte Integration vermieden wurde. Zusätzlich können die Vorstandsmitglieder ihr zukünftiges Selbstverständnis an praktischen Fragestellungen entwickeln, anstatt einer rein theoretischen Festlegung ohne praktische Validierung nachzugehen.

Die aktive Integration des Vorstands in das Transformationsgeschehen hat außerdem eine direkte Auswirkung auf die Unternehmenskultur. Hat der Vorstand in der Vergangenheit beispielsweise Restrukturierungsmaßnahmen angeordnet und den Verlauf sowie die Ergebnisse geprüft, so ist seine aktive Kollaboration in der agilen Transformation für alle Mitarbeiter ein sichtbarer Wechsel im Verhaltensmuster der Vorstandsmitglieder.

Darüber wird für jedermann sichtbar, dass sich durch agile Kollaboration auf allen Ebenen des Konzerns Veränderungen ergeben und der Vorstand von diesem Prozess nicht ausgenommen ist. Als Verstärker der Akzeptanz unter den Angestellten ist dieser Faktor in seiner Wirkung und Vorbildfunktion nicht zu unterschätzen.

Grundmodell

Die Notwendigkeit eines gemeinsamen Verständnisfundaments in Form eines Grundmodells hat sich im Rahmen der durchgeführten Simulationen als richtig und wesentlich bestätigt. Als gleichermaßen notwendig hat sich erwiesen, dass parallel zur Entwicklung des Grundmodells auch ein Kommunikations- und Schulungskonzept erstellt werden musste, das die Inhalte und die Nutzung des Grundmodells transportiert und für jede interessierte Partei im Konzern, d. h. vor allem für solche außerhalb der Wertströme, nachvollziehbar und zugänglich macht. Die Verteilung von PowerPoint-Dateien mit erklärenden Folien erwies sich als nicht ausreichend wirksam und selbsterklärend. Die Begleitung der Kommunikation durch eine aktive Vorstellung der Inhalte des Grundmodells durch die Mitglieder des Kernteams und der Koordinationsteams hat wiederum eine zu geringe Reichweite erlaubt und zu zusätzlicher zeitlicher Inanspruchnahme der Mitarbeiter geführt. Im weiteren Verlauf der Transformation sollen daher vermehrt Simulationen genutzt werden, die es den Teilnehmern erlauben, die Inhalte des Grundmodells aktiv zu erleben und weniger auf eine theoretisch-intellektuelle Vermittlung der Inhalte zu fokussieren. Der Effekt der Nutzung von Simulationen ist deutlich nachhaltiger und führt dazu, dass positive Narrative über die erlebten Elemente des Grundmodells von den Simulationsteilnehmern in der Organisation weitergegeben werden.

Pilotphase oder operativer Testlauf

Im Vorfeld der ersten Phase wurde auf der Grundlage der Hypothese gearbeitet, dass die konzeptionellen Grundlagen im Rahmen einer Pilotphase erprobt, angepasst und validiert werden.

Darüber sollte sukzessive eine erste Version des besagten »Gothaer Way of Agile«-Vorgehensmodells erarbeitet und anschließend konzernweit eingeführt werden. Was bei der Durchführung einer Pilotierung in ihrem Wesen enthalten sein sollte, ist die Freiheit bzw. der Freiraum, ohne permanente Erfolgs- und Lieferverpflichtungen neue Kollaborationsformen erarbeiten, erlernen und validieren zu können. An dieser Stelle hat sich gezeigt, dass die Begeisterung und das Engagement der Mitarbeiter in den Teams der Wertströme dazu geführt haben, das man in den ersten Iterationen der Pilotierung die eigene Leistungsfähigkeit überschätzt und die notwendige, freie Zeit für das Erproben, Simulieren und Verinnerlichen neuer Kollaborationsformen unterschätzt hat. Das führte dazu, dass die zu Iterationsbeginn abgegebenen Lieferzusagen an die benachbarten Organisationseinheiten eingehalten werden mussten. Das überschätzte Produktivitätsniveau hatte zur Folge, dass alle Aktivitäten zur agilen Teamentwicklung zurückgestellt wurden. Aus einer gemeinsamen Reflexion der Teams, vor allem im Wertstrom Gewerbeversicherung, und des Koordinationsteams zu dieser Entwicklung wurde als Korrektur erarbeitet, dass die Anteile an operativen Anforderungen in den anstehenden Inkrementplanungen bewusst auf einem Minimum gehalten und die Stakeholder in den kooperierenden Organisationseinheiten aktiv über den geplanten Produktivitätsrückgang informiert werden sollten. Anhand dieser Gegenmaßnahme soll sukzessive in den ausbalancierten Zustand einer Pilotphase gefunden werden, in der sowohl operative Produktionsergebnisse und -resultate als auch die Entwicklung neuer, agiler Kollaborationsformen gleichermaßen berücksichtigt werden.

20 Weitergehende Themengebiete

Im Zuge des Buches zur Anatomie agiler Unternehmen sind bereits eine Fülle von Themen und Fragestellungen behandelt worden. Dennoch ist der hier behandelte Kanon nur als Spitze des Eisbergs der Entwicklung und Verbreitung agiler Organisationsformen anzusehen. Eine ganze Reihe weitergehender Fragen, die vor allem rechtliche und gesellschaftspolitische Punkte betreffen, können im Rahmen des Buches nicht behandelt werden.

Dennoch sollen einige dieser Themengebiete zumindest angerissen werden, da sie im weitergehenden Diskurs agiler Organisationen eine relevante Rolle spielen. Zu hoffen ist, dass sich weitere Fachleute finden, die in der Lage sind, diese und die vielen weitergehenden Fragen zu behandeln und Lösungsvorschläge hierzu zu publizieren.

So wird es möglich sein, den Reifegrad der Grundlagen agiler Organisationen sukzessive zu verbessern.

Heterarchie weiterdenken

Wenn es in einem agilen Unternehmen, d. h. einer Heterarchie, keine disziplinarischen und hierarchischen Strukturen mehr gibt und sich alle Mitarbeiter aus einer Eltern-Kind-Beziehung in eine Organisation von Erwachsenen entwickelt haben, stellt sich eine weitergehende Frage.

Sind die rechtlichen Unternehmensformen noch zeitgemäß, wenn alle Mitarbeiter in einer eigenverantwortlichen und selbstorganisierten Arbeits- und Organisationsform miteinander kooperieren? Ist in einer Heterarchie das Modell einer Geschäftsführung oder eines Vorstands noch angemessen? Wie partizipieren erwachsene Mitarbeiter am Erfolg einer Firma, die einen einzigen Eigentümer aufweist, dem alle Gewinne zufließen, der aber rechtlich alle Risiken trägt, obwohl er die Verantwortung für die erbrachte Leistung an seine Mitarbeiter abgegeben hat? Und wie geht man mit den Fragen der Haftung aus rechtlicher Sicht in derartigen Konstellationen zukünftig um?

Die Veränderungen aus der Entwicklung agiler Organisationen und hierarchisch aufgebauter Unternehmen stehen nach wie vor am Anfang. Und je weiter sich der Reifegrad und die Akzeptanz agiler Organisationen entwickeln, desto weiter werden sich auch die rechtlichen Grundlagen und Rahmenbedingungen anpassen müssen, damit letztlich vielleicht ganze Nationen und ihre Gesellschaften insgesamt in den

Zustand einer erhöhten Agilität wechseln können.

Dieser Aspekt stellt ein Themengebiet dar, das im Rahmen des Buches nicht behandelt werden kann, aber im Rahmen der weitergehenden Entwicklung agiler Unternehmen eine sehr tragende und die gesellschaftliche Entwicklung fördernde oder behindernde Rolle spielen wird. Stafford Beer hat diesen Gedankengang dahin gehend weiterentwickelt, dass er in seinem Buch *Designing Freedom* (1993) dargelegt hat, wie eine ganze Nation ihre Strukturen auf den Grundlagen der Kybernetik aufzubauen vermag. Eine lohnende Lektüre für jeden Leser, der diese Idee vertiefen möchte.

Agile Organisation, keine demokratische Organisation

Wann immer sich Mitarbeiter in Unternehmen mit dem Aufbau einer agilen Organisation auseinandersetzen, gelangt die Diskussion darüber an einen ganz bestimmten und sehr neuralgischen Punkt. Bei diesem geht es um das Selbstverständnis und die Zielsetzung einer agilen Organisationsform.

Aus Gründen, die nur zu vermuten sind, ist die Vorstellung weitverbreitet, eine agile Organisation würde demokratischen Strukturen und Logiken folgen. Sie sei demnach eine Organisation von Gleichberechtigten, die jede Entscheidung, Lösungsmöglichkeit oder Idee debattieren und anschließend über diese abstimmen. Der Antrag, der die meisten Stimmen auf sich vereinen kann, wird letztlich umgesetzt.

Diese Vorstellung rührt aus einem Missverständnis her, das daraus entsteht, dass Mitarbeiter in einer agilen Organisation Verantwortung für ihre Tätigkeit übernehmen und auch die dafür notwendige Autorität erhalten. Das ist so weit auch korrekt. In Ermangelung eines nennenswerten Wissensstands über die Konzepte agiler Organisationen wird, da ja eine hierarchische Struktur abzulösen ist, die einzige bekannte alternative Organisationsform als Grundlage genutzt. Und das ist bekanntlich die Demokratie.

Dass die agile Organisation eine gänzlich von Hierarchie, Demokratie, Monarchie etc. zu unterscheidende Form der Kooperation darstellt, ist noch sehr wenig bekannt. Daher die Notwendigkeit zu Diskussion und Verständnisklärung.

Im Laufe dieses Buches wurde versucht, darzulegen, dass der Aufbau einer agilen Organisation und die Kooperation von Erwachsenen ein sehr wirksames Design für den Betrieb eines hochgradig leistungsfähigen, anpassungsfähigen und damit überlebensfähigen Unternehmens sind. Dreh- und Angelpunkt hierbei ist es, dem einzelnen Mitarbeiter die Verantwortung für die durch ihn zu erbringende Leistung zu übertragen und ihn auch mit der dafür notwendigen Entscheidungsautorität auszustatten. Dies erlaubt ihm, seine Aufgabe auf dem für ihn höchstmöglichen Leistungsniveau zu erbringen. Die interdisziplinäre Kombination einer Vielzahl von selbstorganisierten und eigenverantwortlichen Mitarbeitern führt in Summe zu Aufbau und Betrieb eines agilen Unternehmens. Indem jeder Einzelne seinen Beitrag leistet und mit Kollegen kooperiert, die sich den gleichen Grundlagen der Kooperation verpflichten, entsteht ein agiles und von gleichermaßen Wertschätzung und Leistung geprägtes Arbeitsumfeld. Die Selbstwirksamkeit der Mitarbeiter wird darüber gleichermaßen gefördert und gefordert.

Das hier nochmals fokussiert gezeichnete Profil der Ausrichtung und des Charakters eines agilen Unternehmens lässt bereits erkennen, dass dieses wenig Ähnlichkeit zu demokratisch geprägten Strukturen besitzt.

Diesen Unterschied zu beachten, ist ausgesprochen wichtig, um zu verstehen, warum eine agile Organisation nicht demokratisch geführt werden kann. Eine Demokratie lebt vom Pluralismus und davon, dass beispielsweise eine Nation im Sinne einer mehrheitlich getragenen Entwicklung geführt wird. Das bedeutet nicht zwingend, dass diese Mehrheitsentscheidungen immer die besten Entscheidungen sind. Man denke nur an den Brexit aus der EU, der im Juni 2016 von den Wählern des Vereinigten Königreichs beschlossen wurde. Dass dieser Entschluss für die wirtschaftliche Entwicklung des Vereinigten Königreichs nachteilig ist, wird von einer großen Anzahl an Fachleuten überwiegend bestätigt.

Eine agile Organisation, die nach den Prinzipien und Grundlagen aufgebaut ist, die wir in diesem Buch dargestellt haben, würde eine derartige Entscheidung wahrscheinlich nicht fällen. Sie würde vielmehr über die unterschiedlichen Rollen innerhalb der Teams und die Rekursionen der Organisation die Veränderung der externen Einflussfaktoren analysieren und bewerten, welche Anpassungen der Geschäftsfähigkeiten, Geschäftsmodelle und der dynamischen Strategie vorbereitet und durchgeführt werden müssen. Diese Analysen erfolgen aufgrund sachlicher Notwendigkeiten. Überzeugungen, Dogmen, Emotionen oder kulturelle Besonderheiten spielen hier eine untergeordnete Rolle und sind nicht Grundlage einer Entscheidung.

Außerdem wird in einer Demokratie die Entscheidungsgewalt für die Entwicklung und Steuerung einer Nation von den Bürgern durch freie Wahlen an Parteien und Politiker delegiert. Darin ist der offensichtlichste Unterschied zwischen einer agilen Organisation und einer Demokratie zu erkennen. In der agilen Organisation verbleibt die Verantwortung für eine Aufgabe bei der Person, die die Verantwortung trägt oder übernommen hat. Sie kann sich mit Kollegen, Freunden oder Experten austauschen und beraten. Entscheiden muss sie für die Funktionen der Rollen, die sie ausfüllt, eigenständig und unabhängig.

Diese Gegenüberstellung sollte ausreichen, um die grundlegenden Unterschiede zwischen diesen Organisationsformen darzulegen.

Dennoch gibt es wichtige Gemeinsamkeiten, die nicht ungenannt bleiben sollen. Wie in einer Demokratie baut auch eine agile Organisation im Kern der Kooperation der beteiligten Personen auf einer Verfassung auf, die wir Governance nennen. Auch wenn das Wort Verfassung etwas zu schwergewichtig klingt, so ist die Governance für ein agiles Unternehmen nicht weniger relevant wie die Verfassung für einen demokratischen Staat. Beide regeln das Zusammenleben oder eben die Kooperation innerhalb der Organisation und auch außerhalb, mit ihrer Umwelt.

Und so wie ein Verstoß gegen die Grundsätze der Verfassung rechtliche Konsequenzen haben kann, bleibt auch ein Verstoß gegen die Regelungen der Governance nicht ohne Folgen.

Wird die Governance einer agilen Organisation ernst genommen und werden deren Regelungen konsequent beachtet, dann kann ein Verstoß im extremsten Fall dazu führen, dass ein Mitarbeiter ausgeschlossen wird. Wir erinnern uns, geltende Rechtsprechung ist auch für eine agile Organisation gültig und in der Governance verankert. Verstößt ein Mitarbeiter beispielsweise gegen das geltende Arbeitsrecht oder den Datenschutz, so kann ihn das den Arbeitsplatz kosten und weitergehende rechtliche Konsequenzen nach sich ziehen.

So groß die Gemeinsamkeiten in diesem Punkt auch sind, so sehr unterscheiden sich agile Organisationen doch von demokratischen Prinzipien und Strukturen.

Der Diskurs über diese Unterschiede und Gemeinsamkeiten sollte in jedem Unternehmen geführt, und die Modelle sollten miteinander verglichen werden. Darüber wird das Verständnis zum Wesen und der Funktionsweise einer agilen Organisation gefördert, und es hilft auch jedem einzelnen Mitarbeiter, besser zu verstehen, welchen Beitrag er selbst und unmittelbar zum Erfolg des Unternehmens beitragen kann. Worin letztlich ebenfalls ein fundamentaler Unterschied zwischen agiler Organisation und Demokratie zu erkennen ist.

Arbeitsrecht und Selbstorganisation

Ein weiteres, im Rahmen der Entwicklung agiler Organisationen immer wiederkehrendes Thema ist die Abbildbarkeit arbeitsrechtlicher Vorgaben in selbstorganisierten Unternehmen, in denen es keine disziplinarischen Vorgesetzten gibt. Prinzipiell ist zu sagen, dass, wie in dem vorhergehenden Abschnitt bereits behandelt, geltendes Recht auch in agilen Organisationen seine Gültigkeit behält. Die Wiederholung dieser Selbstverständlichkeit erfolgt lediglich, um Missverständnissen vorzubeugen.

Die Frage ist vielmehr, wie rechtliche Regelungen in agilen Organisationen, wie wir sie in diesem Buch entwickelt haben, durchgesetzt werden. Es gilt ein Äquivalent zu finden, das, wie in einer hierarchischen Organisation, die disziplinarische Gewalt und Weisungsbefugnis aus der Sicht des Arbeitgebers besitzt.

Die Regelungen hinsichtlich der disziplinarischen Gewalt sind direkt herstellbar. Es bieten sich hierfür unterschiedliche Lösungsvariationen an. Eine besteht darin, dass der Rolle Governance **G**, aus der Sicht des laCoCa-Modells, diese Kompetenz zugeteilt wird. Sie ist ohnehin für die Definition und Einhaltung der Governance verantwortlich und damit für die Aufgabenstellung entsprechend geeignet.

Verstößt ein Mitarbeiter beispielsweise gegen die arbeitsrechtlichen Grundlagen, die als Bestandteil der Governance einer agilen Organisation zu verstehen sind, dann ist es an der Rolle Governance **G**, dafür Sorge zu tragen, dass die entsprechenden Konsequenzen folgen. Das kann so weit gehen, dass einem Mitarbeiter gekündigt wird. Durch die rekursive Struktur des laCoCa-Modells ist es ebenfalls möglich, dass der Arbeitsdirektor oder der Geschäftsführer, als rechtlich zuständige Funktion, die den Arbeitsvertrag des Mitarbeiters unterzeichnet, eingebunden ist. Das bedeutet, dass rechtliche Verstöße im Zweifelsfall bis zum Arbeitsdirektor eskaliert werden müssen oder können und dies von der Struktur des laCoCa-Modells auch sichergestellt werden kann.

Themengebiete, wie beispielsweise die Weisungsbefugnis, sind dahin gehend bezüglich der Integration in eine agile Organisation weniger einfach abbildbar. Die rechtliche Weisungsbefugnis des Arbeitgebers erlaubt es, dass eine Vorgabe, auch gegen den Willen des Mitarbeiters, sofern sie zumutbar ist, ausgesprochen werden kann.

In der deutschsprachigen Wikipedia ist hierzu die folgende Definition zu finden.

> Auszug: »*Die Arbeitsteilung verlangt auch eine Einteilung in ausführende und leitende Tätigkeit, die durch eine gegenseitige Rangordnung gekennzeichnet sind. Einer Führungskraft steht die Befugnis zu, im Rahmen des Direktionsrechts mittels Weisung Aufgabenträgern ausführender Tätigkeiten vorzuschreiben, welche Handlungen sie vorzunehmen und welche sie zu unterlassen haben. Vorgesetzte können mündlich (Auftrag, Befehl) oder schriftlich (Arbeitsanweisungen, Dienstanweisungen) von ihrem Weisungsrecht Gebrauch machen. Durch ihre Führungskompetenz übernehmen sie Fremdverantwortung und delegieren Durchführungskompetenzen. Zu den Führungsaufgaben eines Vorgesetzten gehören Organisation, Planung, Zielsetzung, Entscheidung, Koordination, Information, Mitarbeiterbewertung und Kontrolle. Zudem übernehmen Vorgesetzte (bei juristischen Personen ausschließlich die rechtlichen Vertreter) straf- und schuldrechtlich auch die Verantwortung, dass die ihnen Untergebenen hinreichend, gerade auch im Hinblick auf die Arbeitssicherheit, geschult sind.*«

Die Frage ist allerdings, wie dieser rechtlichen Regelung entsprochen werden kann, ohne in die problematische Eltern-Kind-Dynamik zu verfallen und das erreichte Kooperationsverhältnis unter Erwachsenen aufzugeben.

Aus den Möglichkeiten des laCoCa-Modells ist folgende Konstellation anwendbar. Die Rollen Management **M** und Operations **O** handeln untereinander aus, welche Aufgaben in welchem Umfang umzusetzen sind und welche Kapazitäten dafür benötigt werden. Im Konfliktfall, also wenn eine notwendige Umsetzung durch Operations **O** nicht erfolgen kann, das Direktionsrecht des Arbeitgebers dies aber zulassen würde, so ist die Rolle Governance **G** von den ersten beiden Rollen zu konsultieren, um den Konflikt entsprechend aufzulösen. Das hat den Vorteil, dass eine sachliche Lösung gefunden werden kann, die frei von Partikularinteressen und Machtpositionen gehalten werden kann.

Dem hier aufgeführten Vorgehensmuster folgend, können sukzessive alle Fragestellungen behandelt werden, die aus rechtlicher Sicht erfüllt sein müssen. Der Vorteil des laCoCa-Modells ist dabei, dass die darin enthaltenen Grundelemente es erlauben, entsprechend vollständige Lösungen zu finden, ohne die Prinzipien der agilen Organisationsform dafür opfern zu müssen.

Selbstorganisation und Betriebsräte

Im Zuge der vielfältigen Diskussionen zu den Themen rund um agile Unternehmensstrukturen und selbstorganisierte Teams wird immer wieder die Rolle der Gewerkschaften und Betriebsräte beleuchtet. Die Frage, die häufiger gestellt wird, ist, ob Betriebsräte (BR) in agilen, selbstorganisierten Unternehmen noch notwendig sind?

Wenn die Interessen aller Mitarbeiter den gleichen Stellenwert haben und alle Entscheidungen und Zielsetzungen völlig transparent jedem Mitarbeiter zur Verfügung stehen und jeder Mitarbeiter an der Gestaltung des Unternehmens teilnehmen kann, ist dann eine Interessenvertretung für Angestellte noch nötig? Die Aufgabe der BR ist es, die Interessen der angestellten Mitarbeiter eines Unternehmens zu vertreten und sich für die Durchsetzung ihrer Interessen zu engagieren. Gewerkschaften verhandeln Tarifverträge und stellen sicher, dass die Gehaltsentwicklung unterschiedlichster Berufsgruppen der wirtschaftlichen Entwicklung eines Landes entspricht. Die Errungenschaften und die Qualität, die in der Geschichte der Gewerkschaften und der Betriebsräte errungen wurden, stellen einen wesentlichen Faktor für die Qualität der Arbeitsbedingungen dar, wie wir sie heute in Europa, und allen voran in Deutschland, kennen.

Soll dies durch den Wechsel aus der Hierarchie in die Heterarchie nicht mehr nötig und damit obsolet sein und deswegen abgeschafft werden?

Zentrale Aufgaben von Betriebsräten sind, innerbetriebliche Willkür zu verhindern, Verhaltens- und Leistungskontrolle oder auch im Zuge der fortschreitenden Digitalisierung immer wichtiger werdende Themenfelder, wie den Datenschutz, im Sinne der Arbeitnehmer zu streuen oder zu entwickeln. Betriebsräte stellen in Unternehmen ein wesentliches und unersetzliches Regulativ zwischen Arbeitgeber und Arbeitnehmer dar. Solange es abhängige Anstellungsverhältnisse gibt, sind das Wirken und die Bedeutung von Betriebsräten unstrittig.

Was allerdings erfolgen wird, ist, dass Betriebsräte im Umfeld agiler Unternehmen ihre Funktion und Rolle werden anpassen müssen. Diese Notwendigkeit ist an dem Themengebiet der Leistungs- und Verhaltenskontrolle gut zu erkennen. In agilen Unternehmen, die auf Selbstorganisation und Eigenverantwortung aufbauen, wie es im laCoCa-Modell der Fall ist, befindet sich ausschließlich der Mitarbeiter selbst in der Position, seine Leistung zu kontrollieren. Dazu stehen ihm die dynamischen Kennzahlen (VIs) des Unternehmens zur Verfügung. Allerdings unterliegen auch diese dem Datenschutz und dürfen keinen Rückschluss auf die einzelne Person erlauben.

Der Unterschied liegt in einer agilen Organisation vielmehr darin, dass der Vorgesetzte wegfällt, der die Leistung des Mitarbeiters innerhalb einer Hierarchie und in der disziplinarischen Führung bewertet. Die Konsequenz aus diesem augenscheinlich positiven Unterschied ist, dass die individuelle Leistung eines Mitarbeiters allerdings direkt und unmittelbar für sein gesamtes Arbeitsumfeld sichtbar und nachvollziehbar wird. Wenn der einzelne Mitarbeiter der Verantwortung nicht gerecht werden kann, die er für seine Rolle oder Rollen trägt, so ist das für alle Kooperationspartner sichtbar.

Da der einzelne Mitarbeiter selbst und unmittelbar die Verantwortung für seine Aufgabe trägt und kein Vorgesetzter mehr Anweisung und Arbeitsaufträge an ihn vergibt, kann sich der Mitarbeiter nicht mehr hinter seinem Vorgesetzten »verstecken«. Damit ist gemeint, dass, im Gegensatz zu Arbeitsverhältnissen, die auf dem Grundsatz der direkten Weisungsbefugnis beruhen, der Mitarbeiter und nicht der Vorgesetzte definiert, welche Arbeitsaufträge und -inhalte durch den Mitarbeiter auszuführen sind. Daher ist auch er selbst derjenige, der bewerten muss, ob die Ausführung der Aufgaben die notwendige Qualität aufweist.

Das Problem mit dieser Perspektive ist, dass im Arbeitsrecht und in den üblicherweise bestehen Formulierungen keine Möglichkeit besteht, ein Arbeitsverhältnis, das auf dem Grundsatz der Weisungsbefugnis aufbaut, aufzulösen.

Das führt dazu, dass zwischen der angestrebten Arbeitsrealität agiler Organisationen und dem etablierten Arbeitsverhältnis mit seinen rechtlichen Definitionen eine Reihe von Konflikten zu erwarten ist. Diese werden im Regelfall nicht sichtbar, jedoch im Grenzfall. Und an dieser Stelle sind die Betriebsräte die richtigen Ansprechpartner, um gemeinsam mit den Arbeitgebern eine Lösung zu finden, wie geltendes Recht im Sinne des Angestellten und des beschäftigenden Unternehmens Anwendung finden kann.

Insgesamt wird aus diesen Überlegungen, die keinesfalls vollständig oder vollständig durchdacht sind, sichtbar, dass die Liste der offenen Fragestellungen noch sehr lang ist und Betriebsräte ungebrochen ihre Aufgabe als Regulativ zwischen Arbeitgeber und Arbeitnehmer wahrnehmen müssen, um den Wechsel der Organisationsstrukturen positiv zu gestalten.

Bedenklich ist allerdings eine Entwicklung, die bei verschiedenen, meist kleineren Unternehmen zu beobachten ist, die sich agile Organisationsformen aneignen. Hier gibt es Beispiele, in denen Mitarbeiter nicht mehr auf der Grundlage eines Arbeitsvertrags beschäftigt werden, sondern als Selbständige über einen Leistungsvertrag mit dem Unternehmen in einer Vertragsbeziehung stehen. Die Logik hinter dieser Konfiguration ist ebenso einleuchtend wie bedenklich. Wenn alle Mitarbeiter selbstorganisiert und eigenverantwortlich sind, dann können sie als Unternehmer im Unternehmen verstanden werden. Nur zu natürlich erscheint es dann, wenn diese Arbeitnehmer nicht als Angestellte verstanden werden, sondern als Selbständige, die nur sich selbst und nicht dem Unternehmen gegenüber verpflichtet sind.

Die Konsequenz hieraus ist allerdings, dass damit alle Vorteile und Absicherungsmechanismen wegfallen, die für den Schutz von Angestellten vorgehalten werden. Durch eine derartige Form des Kooperationsvertrags zwischen Selbständigen wird im Grunde der Zustand der Scheinselbständigkeit forciert. Welche Auswirkungen dies auf einen Sozialstaat wie die Bundesrepublik hat, bleibt zu beobachten. Auch hier sind Betriebsräte ebenso wie Arbeitgeber und Gewerkschaften gefordert, Lösungen zu entwickeln, die sich der entstehenden Dynamik in den Arbeitsformen agiler Unternehmen widmen und mit den entstehenden Konsequenzen für den Arbeitsmarkt befassen.

Auch wenn diese Entwicklung noch verhältnismäßig jung ist, kann jetzt schon davon ausgegangen werden, dass für Wirtschaftsnationen, die zur Förderung agiler Unternehmen die auftretenden arbeits- und gesellschaftsrechtlichen Fragestellungen lösen, ein interessanter Wettbewerbsvorteil entsteht.

21 Literatur

Beer, S.: *Brain of the Firm.* Second Edition, Wiley 1981
Beer, S.: *Brain of the Firm*. 2 Rev ed., John Wiley & Sons 1995
Beer, S.: *Designing Freedom*. House of Anansi Press 1993
Beer, S.: *Diagnosing the System for Organizations*. Wiley 1985
Beer, S.: *Kybernetik und Management*. 3. erw. Aufl., S. Fischer Verlag 1967. Original: Cybernetics and Management. English Universities Press 1959
Beer, S.: *The Heart of Enterprise.* John Wiley & Sons 1995
Cybersyn: Opsroom. http://www.cybersyn.cl/ingles/cybersyn/opsroom.html
Darwin, C.: *Über die Entstehung der Arten*. 1. Auflage 1859, *https://de.wikipedia.org/wiki/Über_die_Entstehung_der_Arten*
Deutsche Wirtschaftsnachrichten (2013): Technologie: *Jeder zweite Job wird durch Automatisierung wegfallen. http://deutsche-wirtschafts-nachrichten.de/2013/12/26/technologie-jeder-zweite-job-wird-durch-automatisierung-wegfallen/*. 5.3.2018
Emerald, D.: *The Power of TED * (*The Empowerment Dynamic)*. 10th Anniversary Edition, Polaris Publishing Group 2016
GALLUP Engagement Index Deutschland: *http://www.gallup.de/file/184010/Praesentation%20zum%20Gallup%20Engagment%20Index%202016.pdf*. 03.1.2018
Harvard Business Manager: »*Die wichtigsten Managementgurus*«. *http://www.harvardbusinessmanager.de/blogs/a-789918.html. 05.10.2011*
Hoverstadt, P.: *The Fractal Organization*. Wiley 2008
Hoverstadt, P.; Loh, L.: *Patterns of Strategy*. Taylor & Francis 2017
Kahneman, D.: *Thinking, Fast and Slow*. Penguin 2012
Kaplan, R. S.; Norton, D. P.: *Der effektive Strategieprozess. Erfolgreich mit dem 6-Phasen-System*. Campus Verlag 2009 – Originaltitel: *The Execution Premium*. Harvard Business Review Press 2008
Kaplan, R. S.; Norton, D. P.: *Strategy Maps*. Schäffer Poeschel Verlag 2004
Karpman, S.: *A Game Free Lif*e. The definitive book on the Drama Triangle and Compassion Triangle by the originator and author. The new transactional analysis of intimacy, openness, and happiness. Self Published 2014
Kübler-Ross, E.: *On Death and Dying. What the Dying Have to Teach Doctors, Nurses, Clergy and Their Own Families*. Scribner 2014
Laloux, F.: Reinventing Organizations, Vahlen 2015
Mahayni, Z.: »*Mensch, Maschine, Netzwerke – Der Mensch im Zeitalter maschineller Superintelligenz*«. In: Jürgen Krahl, Josef Löffel (Hrsg.): Zwischen den Welten. Band 6, Industrie 4.0. Cuvillier Verlag 2016
Osterwalder, A.; Pigneur, Y.: Business Model Generation. Campus Verlag 2010
Ramm, J.; Tjøtta, S.; Torsvik, G.: *Incentives and creativity in groups*. Universität Stavanger, Norwegen 2013
Sinek, S.: »*How great leaders inspire.*« TED Talk. *https://www.ted.com/talks/simon_sinek_how_great_leaders_inspire_action*
Sprenger, R. K.: *Mythos Motivation*. Wege aus einer Sackgasse. 20. Auflage, Campus Verlag 2014

22 Abkürzungen/ Glossar

Best Practice	Der Begriff Best Practice, auch Erfolgsmethode, Erfolgsmodell oder Erfolgsrezept genannt, stammt aus der angloamerikanischen Betriebswirtschaftslehre und bezeichnet bewährte, optimale bzw. vorbildliche Methoden, Praktiken oder Vorgehensweisen im Unternehmen. Quelle: *https://de.wikipedia.org/wiki/Best_practice* – Stand: 01.10.2016.
BizDevOps	Unter der Abkürzung BizDevOps (Business Development and Operations) werden interdisziplinäre Teams verstanden, in denen Mitarbeiter aus Fachbereichen und der IT interdisziplinär zusammenarbeiten und neben der Entwicklung von IT-Lösungen auch die Verantwortung für ein Fachthema besitzen.
BPA	Business Process Automation
BPM	Business Process Management
Cloud-Angebote oder Cloud Computing	»... beschreibt die Bereitstellung von IT-Infrastruktur wie beispielsweise Speicherplatz, Rechenleistung oder Anwendungssoftware als Dienstleistung über das Internet.« Quelle: https://de.wikipedia.org/wiki/Cloud_Computing – Stand: 16.04.2017.
Continuous Delivery	Bezeichnet eine Sammlung von Techniken, Prozessen und Werkzeugen, die den Softwareauslieferungsprozess (englisch: Deployment) verbessern. Quelle: *https://de.wikipedia.org/wiki/Continuous_Delivery* – Stand: 04.10.2016.
Dramadreieck	Beschreibt ein grundlegendes, in vielen Märchen und Heldensagen lange tradiertes Beziehungsmuster zwischen mindestens zwei Personen, die darin die drei Rollen des Opfers, des Verfolgers und des Retters einnehmen. Im Modell des Dramadreiecks wird beschrieben, wie diese Rollen zusammenhängen und wie sie oft reihum gewechselt werden. Quelle: *https://de.wikipedia.org/wiki/Dramadreieck* – Stand: 12.09.2016.
Drucker, Peter Ferdinand	* 19.11.1909 in Wien; † 11.11.2005 in Claremont. US-amerikanischer Ökonom österreichischer Herkunft.
Dynamik	»Die Dynamik (griechisch dynamis für »Kraft«) ist das Teilgebiet der Mechanik, das sich mit der Wirkung von Kräften befasst. In der Physik wird unter Dynamik die Beschreibung der Bewegung von Körpern in ihrer Abhängigkeit von den einwirkenden Kräften verstanden.« (Quelle: *https://de.wikipedia.org/wiki/Dynamik_(Physik)*.

EAM	Das Enterprise Architecture Management steuert innerhalb eines Unternehmens, als spezifische Geschäftsfähigkeit, das Zusammenspiel aller bestehenden und zukünftigen Geschäftsmodelle.
EAM	Enterprise Architecture Management
EDI	Electronic Data Interchange (elektronischer Datenaustausch)
EDIFACT bzw. UN/EDIFACT	United Nations Electronic Data Interchange for Administration, Commerce and Transport
Endlicher Automat	Ein endlicher Automat (EA, auch Zustandsmaschine, Zustandsautomat; englisch finite state machine, FSM) ist ein Modell eines Verhaltens, bestehend aus Zuständen, Zustandsübergängen und Aktionen. Quelle: https://de.wikipedia.org/wiki/Endlicher_Automat – Stand: 12.09.2016.
Extrinsisch	Bedeutet von außen her (angeregt), nicht aus eigenem Antrieb erfolgend. Das Wort extrinsisch stammt von dem lateinischen extrinsecus und wird allgemein verwendet, um äußere Faktoren oder Motivationen zu beschreiben. Der Gegenbegriff lautet intrinsisch (von innen her, durch in der Sache liegende Anreize bedingt). Quelle: https://de.wikipedia.org/wiki/Extrinsisch – Stand: 16.09.2016.
Führungsspanne	Beschreibt die Anzahl der einer disziplinarischen Führungskraft zugeordneten Mitarbeiter. Diese Spanne kann, je nach fachlichem Umfang der Aufgabe eines Unternehmensbereichs, bei fünf bis mehreren Hundert Mitarbeitern liegen. Dabei wird die Führungsspanne größer, je höher der Anteil an repetitiven und standardisierten Tätigkeiten von den Mitarbeitern ausgeführt wird.
Gallup, Inc.	Gegründet 1935, Markt- und Meinungsforschungsinstitute mit Sitz in Washington, D. C.
HRS	Hotel Reservation Service Robert Ragge GmbH, Hauptsitz in Köln. Deutsches Unternehmen der Touristikbranche. HRS ist Anbieter der gleichnamigen Website für die weltweite Buchung von Hotelzimmern für Firmen und Privatpersonen.
Industrielle Revolution	Unter der industriellen Revolution wird die tief greifende und dauerhafte Umwälzung der wirtschaftlichen und sozialen Verhältnisse verstanden, die in der zweiten Hälfte des 18. Jahrhunderts begann und im gesamten 19. Jahrhundert zum weltweiten Wandel von einer Agrar- zur Industriegesellschaft führte.

Inkrement	Unter Inkrement wird ein in sich geschlossener Teil einer (Produkt-)Entwicklung oder nutzbare Zwischenergebnisse verstanden. In der agilen Softwareentwicklung auch als Minimal Viable Product (MVP) oder Minimal Viable Increment (MVI) bezeichnet.
Intermediär	lateinisch für »dazwischenliegend«
Intrinsisch	Lateinisch intrinsecus für »inwendig« oder »hineinwärts«, bedeutet ursprünglich »innerlich« oder »nach innen gewendet«, in einer späteren Umdeutung auch »von innen her kommend«. Intrinsische Eigenschaften gehören zum Gegenstand selbst und machen ihn zu dem, was er ist. Der Gegenbegriff ist extrinsisch. Quelle: https://de.wikipedia.org/wiki/Intrinsisch – Stand: 16.09.2016.
KPI	Key Performance Indicator
Kübler-Ross, Elisabeth	* 08.07.1926 in Zürich; † 24.08.2004 in Scottsdale, Arizona. Schweizerisch-US-amerikanische Psychiaterin.
laCoCa	Lean and agile Cooperation and Capability
Lingua franca	Beliebige natürliche oder künstliche Sprache, die gewohnheitsmäßig als Sekundär- und Verkehrssprache zwischen Sprechern unterschiedlicher Sprachgemeinschaften verwendet werden. (In Anlehnung an *https://de.wikipedia.org/wiki/Lingua_franca*).
Manöver	Unter Manöver sind einzelne, in sich geschlossene Maßnahmen oder Aktionsgruppen zu verstehen, die in ihrer Summe zur Umsetzung der dynamischen Strategie, auf der Grundlage eines Strategiemusters, führen.
Mentales Modell	Ein mentales Modell ist die Repräsentation eines Gegenstands oder eines Prozesses im Bewusstsein eines Lebewesens. Quelle: *https://de.wikipedia.org/wiki/Mentales_Modell* – Stand: 28.05.2016.
MVP	Minimum Viable Product. Stellt eine Abstraktion des PRI dar und ist nicht auf Softwareentwicklungen alleine limitiert, sondern kann auf jedwede Produktentwicklung angewendet werden, sofern diese eine inkrementelle Entwicklung zulässt oder nutzen kann.
NGO	Non-Governmental Organization

NPO	Non-Profit Organization
PRI	Potentially Releasable Increment. Beschreibt den potenziell nutzbaren Entwicklungsstand eines Softwareprodukts, das neue Funktionalitäten für die Nutzer oder Auftraggeber bereitstellen kann.
Publilius Syrus	Wahrscheinlich 90 bis 40 v. Chr. Römischer Moralist, Aphoristiker und Possenschreiber, Quelle: Publilius Syrus, Sprüche (Sententiae), um 50 v. Chr.
ROI	Return on Investment
Safe Harbor	Englisch für »sicherer Hafen«, teilweise auch: Safe-Harbor-Abkommen, Safe-Harbor-Pakt. Beschluss der Europäischen Kommission auf dem Gebiet des Datenschutzrechts aus dem Jahr 2000. Durch den Beschluss sollte es Unternehmen ermöglicht werden, personenbezogene Daten in Übereinstimmung mit der europäischen Datenschutzrichtlinie aus einem Land der Europäischen Union in die USA zu übermitteln. Die Bezeichnung als »Abkommen« rührt daher, dass dieses Vorgehen mit den USA abgesprochen worden war. Die Safe-Harbor-Entscheidung ist vom Europäischen Gerichtshof (EuGH) am 6. Oktober 2015 für ungültig erklärt worden. Seit dem 1. August 2016 kann eine Nachfolgeregelung angewendet werden, die den Namen EU-US Privacy Shield trägt. Quelle: *https://de.wikipedia.org/wiki/Safe_Harbor – Stand 02.09.2016*.
SDO-Team	Strategic Development Team
Selbstwirksamkeits-erwartung	Das Konzept der Selbstwirksamkeitserwartung (SWE) (engl. perceived self-efficacy) wurde von dem Psychologen Albert Bandura in den 1970er-Jahren entwickelt. Quelle https://de.wikipedia.org/wiki/Selbstwirksamkeitserwartung – Stand: 12.03.2016.
SOA	Service-Oriented Architecture
Software as a Service (SaaS)	Teilbereich des Cloud Computing. Das SaaS-Modell basiert auf dem Grundsatz, dass die Software und die IT-Infrastruktur bei einem externen IT-Dienstleister betrieben und vom Kunden als Dienstleistung genutzt werden. Für die Nutzung von Online-Diensten werden ein internetfähiger Computer sowie die Internetanbindung an den externen IT-Dienstleister benötigt. Der Zugriff auf die Software wird meist über einen Webbrowser realisiert. Quelle: *www.de.Wikipedia.org* – Stand: 24.09. 2016.

TCO	Total Cost of Ownership
TED	Eingetragenes Warenzeichen von David Emerald.
User Experience	Der Begriff User Experience (Abkürzung UX, deutsch wörtlich Nutzererfahrung, besser Nutzererlebnis oder Nutzungserlebnis – es wird auch häufig vom Anwendererlebnis gesprochen) umschreibt alle Aspekte der Erfahrungen eines Nutzers bei der Interaktion mit einem Produkt, Dienst, einer Umgebung oder Einrichtung. Quelle: https://de.wikipedia.org/wiki/User_Experience – Stand: 13.10.2016.
Wiener, Norbert	* 26.11.1894 in Columbia, Missouri; † 18.03.1964 in Stockholm. US-amerikanischer Mathematiker. Er ist als Begründer der Kybernetik bekannt, ein Ausdruck, den er in seinem Werk Cybernetics or Control and Communication in the Animal and the Machine (1948) prägte. Quelle: *wikipedia.de* – Stand: 16.12.2016.
Wodehouse, Pelham Grenville	* 15. Oktober 1881 in Guildford, Surrey; † 14. Februar 1975 in Southampton, New York. Schriftsteller.
XML	Die Extensible Markup Language ist eine Auszeichnungssprache zur Darstellung hierarchisch strukturierter Daten. Meist durch den Austausch von Textdateien.

23 Index

Symbole

A

B

C

D

N

O

P

Q

R

S

24 Über den Autor

ANDREAS SLOGAR war in den USA, Europa, dem Mittleren Osten und Afrika tätig und hat umfassende Erfahrung in strategischer und operativer Managementarbeit aufgebaut.
Er ist Gründer des Blue-Tusker-Expertennetzwerks, dessen Mitglieder karitative Projekte unterstützen, indem sie ihre Honorare spenden.

Weitere Informationen unter:
www.bluetusker.com
www.lacoca.org